FOR REFERENCE

Do Not Take From This Room

The Clementine Atlas of the Moon

The Clementine mission was launched in 1994 as a joint project between NASA and the US Department of Defense. The scientific goals of the mission were to map the Moon and an asteriod with small, advanced sensors. The lunar portion of the mission was a huge success, and a large amount of scientific data was collected. The mission gave scientists their first global look at the Moon with both the near and far sides being mapped extensively. This atlas is based on the data collected by the Clementine mission, with some additional information from the later Lunar Prospector mission. It covers the entire Moon in 144 Lunar Aeronautical Charts (LACs), and represents the most complete database of the nomenclature in existence, listing virtually all named craters and other features. This is the first atlas to show the entire lunar surface in uniform scale and format. A section of colour plates shows lunar composition and physical properties, and the atlas also includes a brief history of lunar science and exploration. *The Clementine Atlas of the Moon* is in a form that is useful both for easy reference and for detailed study of the Moon.

BEN BUSSEY is a Senior Staff Scientist at the Johns Hopkins University Applied Physics Laboratory, Laurel, Maryland. He obtained his Ph.D. in Planetary Geology at University College London, and since then has worked in various locations including the Lunar Planetary Institute in Houston, the European Space Agency in The Netherlands, and the University of Hawaii in Honolulu. His reasearch speciality is remote sensing of the planetary surfaces, with a particular interest in the lunar poles. He received a NASA Group achievement award for his participation in the Near Earth Asteroid Rendezvous mission.

PAUL D. SPUDIS was deputy leader of the science team for the Clementine mission to the Moon. He obtained his Ph.D. in Geology at the Arizona State University, and since 1982 has been a Principal Investigator in the Planetary Geology program of the NASA Office of Space Science, Solar System Exploration Division, specialising in research on the processes of impact and volcanism on the planets. He is a Senior Staff Scientist at the Johns Hopkins University Applied Physics Laboratory, Maryland, and a Visiting Scientist at the Lunar and Planetary Institute, Houston, Texas.

The Clementine Atlas
of the Moon

Ben Bussey
Johns Hopkins University Applied Physics Laboratory

Paul D. Spudis
Lunar and Planetary Institute
and Johns Hopkins University Applied Physics Laboratory

PUBLISHED BY THE PRESS SYNDICATE OF THE UNIVERSITY OF CAMBRIDGE
The Pitt Building, Trumpington Street, Cambrige, United Kingdom

CAMBRIDGE UNIVERSITY PRESS
The Edinburgh Building, Cambridge CB2 2RU, UK
40 West 20th Street, New York, NY 10011–4211, USA
477 Williamstown Road, Port Melbourne, VIC 3207, Australia
Ruiz de Alarcón 13, 28014 Madrid, Spain
Dock House, The Waterfront, Cape Town 8001, South Africa

http://www.cambridge.org

© D. B. J. Bussey and P. D. Spudis 2004

This book is in copyright. Subject to statutory exception
and to the provisions of relevant collective licensing agreements,
no reproduction of any part may take place without
the written permission of Cambridge Unversity Press.

First published 2004

Printed in the United Kingdom at the University Press, Cambridge

Typeface Stone Serif 9.5/13pt   *System* QuarkXpress® [SE]

A catalogue record for this book is available from the British Library

Library of Congress Cataloguing in Publication data

ISBN 0 521 81528 2 hardback

The publisher has used its best endeavours to ensure that the URLs for external websites referred to in this book are correct and active at the time of going to press. However, the publisher has no responsibility for the websites and can make no guarantee that a site will remain live or that the content is or will remain appropriate.

In Memory of Our Friend and Colleague,

Graham Ryder
1949–2002

Ex Luna, Scientia

Contents

Preface	ix
Part I　The Moon	xi
Part II　The Clementine lunar atlas	1
Gazetteer	291
Colour plates between pages xliv and xlv	

Preface

An atlas serves many purposes: the need to have a ready compilation of maps to locate features, a desire casually to explore an unknown territory, or a summary of existing knowledge about a barely familiar place. In our case, the impetus and inspiration to make an atlas based on data from the highly successful Clementine mission in 1994 began many years ago, even before the Clementine mission. An out-of-print book, *The Times Atlas of the Moon* (edited by H. A. G. Lewis, Times Newspapers Limited Printing House, London, 1969) has been a boon to serious lunar students for many years. This book, although containing much 'slick' front matter hyping the impending landing of Apollo 11 on the Moon, conveniently bound together all of the published US Air Force LAC (Lunar Aeronautical Charts) series of lunar maps, originally published separately at a scale of 1:1 000 000. The LAC series consisted of airbrushed, shaded-relief maps, overlain by topographic contour lines (determined from Earth-based telescopic images) and the nomenclature of lunar features. Having this wonderful map series in a single, bound, easy-to-reference volume was very handy and this book is both used and treasured by working lunar scientists to this day (hence, its rarity and cost on the used-book market).

As wonderful as the *Times Atlas* was and is, it has several drawbacks, aside from its unavailability. It uses old versions of the LAC charts – these maps were drawn in the early 1960s, from telescopic images, and the subsequent 40 years of spacecraft exploration have produced an abundance of exciting, new images and data with which to compile an atlas. Prior to the 1960s, we could see only the near side of the Moon and only 44 LACs that cover the near side are included in the *Times Atlas* (and were all that were ever drawn by the Air Force Chart and Information Center in the 1960s). The whole Moon consists of *144* LAC charts and no atlas in existence shows the entire lunar surface in uniform scale and format. Finally, the wonderful new data about the Moon returned from the Clementine (1994) and Lunar Prospector (1998) missions have greatly augmented our understanding of lunar processes and history. As these data are processed and studied, we have felt an even greater need for a new atlas that covers the whole Moon, in a form that makes it useful for both ready reference and detailed, protracted study. We have also heard from many colleagues, both professional and amateur, who have expressed similar wishes for such a product.

This book is our attempt to address that need. It is the first atlas in history to portray the entire Moon using the LAC standard quadrangle series. We have endeavoured to render both the surface morphology of the Moon (using the excellent US Geological Survey global shaded-relief image) and the albedo and colour of the lunar surface (using the image data from the Clementine mission). In addition, *The Clementine Atlas of the Moon* represents the most complete lunar nomenclature database in existence. Since the mid 1970s, lunar nomenclature has been somewhat in disarray. The International Astronomical Union (IAU) maintains the official nomenclature database (available on-line at http://planetarynames.wr.usgs.gov/moon/moonTOC.html) and includes entries on all officially named craters, but does not include entries on the myriad satellitic craters (known to lunar students as the Mädler system) that surround the named craters on the Moon. In 1982, Leif Andersson and Ewen Whitaker published the *NASA Catalogue of Lunar Nomenclature* (NASA Reference Publication 1097, US Government Printing Office, Washington D.C.). The names in this catalogue reflect both the old Mädler nomenclature of longstanding use by the astronomical community (for details on the lunar 'nomenclature controversy', see E. A. Whitaker, *Mapping and Naming the Moon*,

Preface

Cambridge University Press, 1999) and many new names for features added by the Apollo astronauts and other terms of 'unofficial status'. For this work, we have merged these two nomenclature databases into a single, consistent database of all named craters and other features on the Moon. In *The Clementine Atlas of the Moon*, feature names and crater names are displayed on an annotated LAC shaded-relief map. Virtually all prominent satellitic craters (i.e. those designated by a patronymic crater name and Roman letter, e.g. Hadley C) are also shown, another first for the entire Moon. The atlas highlights some details about the Moon, its history and evolution, exploration, and the Clementine mission, to give the reader some context to their own lunar exploration as they page through this book. Finally, we include, again in a standard, uniform format, some of the key new global data sets that are currently revolutionising our understanding of the Moon and its history. These global maps are shown as colour plates.

It is our wish that this new atlas both serves old lunar friends and makes new ones for the Moon. We believe the Moon is a fascinating and wonderful object – a world unto itself, full of rich history and fascinating stories. Our Moon will someday become one of humanity's first footholds off-planet. The most valuable real estate in the Solar System lies in Earth's own backyard. We should investigate property where we have in the past, and will again in the future, invest our time, interest, money, and dreams. One should always have a prospect of property in which one is investing. This atlas is our attempt at such a prospect.

Ms Linda Xie compiled an early digital version of the 1982 lunar nomenclature database and Mrs Anne Spudis both revised it and proof checked it against our global maps – both spent many hard hours in these tasks and we thank them for their efforts. Dr Cari Corrigan (a.k.a. Mrs Ben Bussey) also helped us put many of the LAC maps into a final form for publication, and we are grateful for her efforts.

Part I The Moon

Introducing the Moon – its motions, properties and history

Earth's Moon is mankind's first offshore island in space, an exotic world with its own unique properties. The Moon's motions and environment create challenges and opportunities. The following is a brief description of the general properties of the Moon, its motions and environment, surface, geology and history.

Basic properties and motions

The Moon is quite large in relation to the planet it orbits, measuring about one-quarter the radius of the Earth (Table 1). In surface area, the Moon at 38 million square kilometres is slightly larger than the continent of Africa. The tenuous lunar atmosphere is a near-perfect vacuum; no weather affects its terrain and the sky is perpetually black. Stars are visible from the surface during daytime, but difficult to see because the glare reflected from the surface dilates the pupils. At high noon, the surface temperature can be over 100 °C and, at midnight, as low as −150 °C. The lunar day (the time it takes to rotate once on its spin axis) is about 29 Earth days or 708 h, and daylight on the Moon (sunrise to sunset) lasts almost two weeks. Because the Moon has only 1% of the mass of the Earth, its surface gravity is only one-sixth as strong. Thus, an astronaut who weighs 200 lb on the Earth will weigh 34 lb on the Moon.

The Moon moves in an elliptical path around the Earth, completing its circuit once every 29 days. This equals the amount of time it takes for the Moon to rotate once on its axis (the lunar day). In consequence, the Moon shows the same hemisphere (the *near side*) to the Earth at all times. Conversely, one hemisphere is forever turned away from

Table 1. *Basic data about the Moon*

Mass	7.35×10^{22} kg (1% mass of Earth)
Radius	1738 km (27% radius of Earth)
Surface area	3.79×10^7 km² (7% area of Earth)
Density	3340 kg/m³ (3.34 g/cm³)
Gravity	1.62 m/s² (17% of Earth)
Escape velocity	2.38 km/s
Orbital velocity	1.68 km/s
Inclination of spin axis (to Sun)	1.6°
Inclination of orbital plane (to Sun)	5.9°
Distance from Earth	
closest	356 410 km
farthest	406 697 km
Orbital eccentricity	0.055
Albedo (fraction light reflected)	0.07–0.24 (average terrae: 0.11–0.18; average maria: 0.07–0.10)
Rotation period (noon-to-noon; average)	29.531 Earth days (708 h)
Average surface temperature	107 °C day; −153 °C night
Surface temperature in polar areas	−30 °C to −50 °C in light; −230 °C in shadows

The Moon

Figure 1. The Moon orbits the Earth once every 28 days, which also happens to be the period of its revolution, resulting in our seeing only one side of it. As the Moon orbits the Earth, we see different parts of it illuminated by the Sun, resulting in its phases. From *The Lunar Sourcebook* (G. Heiken, D. Vaniman and B. French, editors, Cambridge University Press, 1991, Fig. A.3.1).

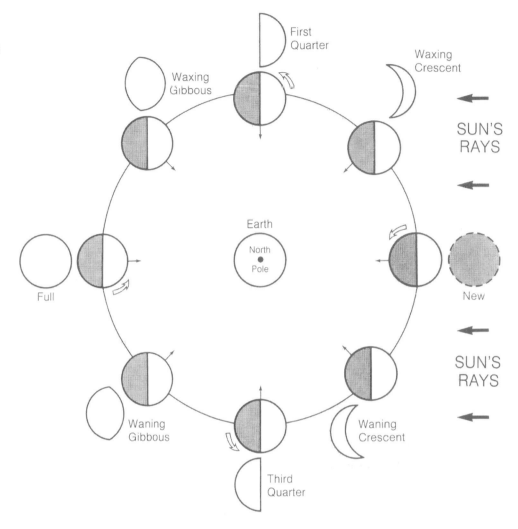

us (the *far side*) (Figure 1). Before the space age, the far side of the Moon was completely unknown territory and was first revealed to human gaze when it was photographed by the Soviet spacecraft Luna 3 in 1959.

The elliptical orbit of the Moon results in a variable distance between Earth and Moon. At perigee (when the Moon is closest to the Earth), the Moon is a mere 356 410 km away; at apogee (the farthest position), it is 406 697 km away. This difference is enough so that the apparent size of the Moon in the sky varies; its average apparent size is about one half of a degree, or about the size of a pea held at arm's length. In works of art, a huge lunar disc looming above the horizon is often depicted, but such an appearance is an optical illusion – when the Moon is seen near the horizon it can be compared in size with distant objects on the horizon, such as trees, making it seem large while a Moon near zenith (overhead) cannot be compared easily with earthly objects and hence, seems smaller.

The plane of the Moon's orbit lies neither in the equatorial plane of the Earth nor in the ecliptic plane, the plane in which nearly all the planets orbit the Sun (Figure 2). The spin axis of the Moon is nearly perpendicular to the ecliptic plane, with an inclination of about 1.5° from the vertical. This simple fact has some really significant consequences. Because its spin axis is nearly vertical, the Moon experiences no 'seasons', as does the Earth, whose spin-axis inclination is about 24°. So, as the Moon rotates on its axis, an

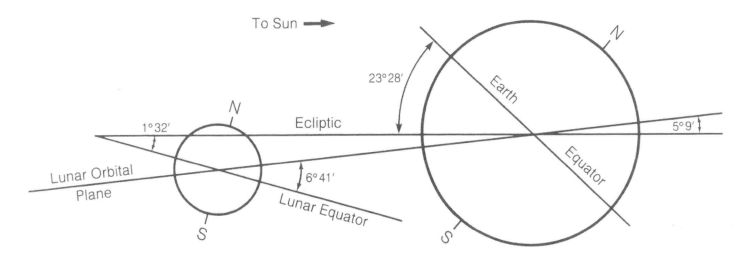

observer at one of its poles would see the Sun hovering close to the horizon. A large peak near the pole might be in permanent sunlight while a crater floor could exist in permanent shadow. In fact, we now know that permanently shadowed areas exist, most notably near the south pole. The existence of such regions has important implications for a return to the Moon.

As the Moon circles the Earth, they occasionally pass in front of and block the Sun for each other, causing *eclipses*. A *solar eclipse* occurs when the Moon gets between the Sun and the Earth and can only occur at new Moon (the far side of the Moon is facing the Sun). Because of the variable distance between Earth and Moon, the Moon's inclined orbital plane and smaller size, solar eclipses are quite rare (years may pass between total solar eclipses), so their occurrence is always subject to much excitement. A *lunar eclipse*, in contrast, occurs when the Earth gets between the Moon and the Sun. These events happen much more frequently, as the Earth's shadow has a much larger cross-sectional area than the Moon's shadow. Lunar eclipses can occur only during a full Moon (or new Earth). As the shadow of the Earth slowly covers the full Moon, the lunar surface takes on a dull red glow, caused by the bending of some sunlight illuminating the Moon through the thick atmosphere of the Earth.

The Moon is gradually receding from the Earth. Early in planetary history, the Earth was spinning much faster and the Moon orbited much closer than now. Over time, energy has been transferred from the Earth to the Moon, causing the spin rate of the Earth to decline and the Moon to speed up in its orbit, thus moving farther away (the current rate of recession is about 3 cm/year). Such recession will continue; some day, the Moon will be too far away to create a total solar eclipse! Fortunately for lovers of cosmic spectacles, this will not happen for at least another few million years.

As the Moon orbits the Earth, we can peek around its edges because of a phenomenon known as *libration*. Libration in latitude is caused by the 7° inclination of the plane of the Moon's orbit to the Earth's equator. This inclination allows us to 'gaze over the top and bottom edges' of the Moon as it moves slightly above or slightly below the equatorial plane. Libration in longitude is caused by the Moon's elliptical orbit, which permits Earth viewers to look around its leading or trailing edge. An additional longitudinal libration is caused by parallax, the effect that allows you to see more by moving side to side, in this case by the diameter of the Earth as it rotates on its axis during the terrestrial day. All told, these libration effects permit us to see slightly more than a single hemisphere, and over the course of time we can see about 59% of the lunar surface from the Earth.

Figure 2. The Moon's orbit is in neither the equatorial plane of the Earth nor the ecliptic plane of its orbit about the Sun. However, the lunar spin axis is tilted only about 1.5° from normal to the ecliptic, resulting in very little seasonal variation in lighting at the lunar poles. From *The Lunar Sourcebook* (G. Heiken, D. Vaniman and B. French, editors, Cambridge University Press, 1991, Fig. A.3.2).

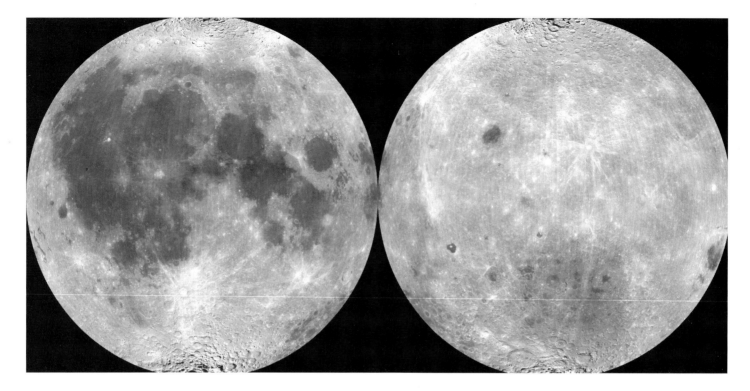

Figure 3. Clementine 750 nm mosaics of the near and the far side, in Lambert equal-area projection. Note that most of the dark smooth mare deposits occur on the lunar near side (left), while the far side (right) is dominated by bright highlands. The slightly dark region in the southern far-side hemisphere is the floor of the South Pole–Aitken basin, the largest impact feature on the Moon.

The gravitational influence of Sun, Earth and Moon upon each other results in *tides*, which are bulges in the radius of the Earth induced by gravitational attraction. Tides most often are associated with oceans, but the solid Earth also undergoes an up and down motion caused by tides. Because the Earth attracts the Moon just as much in reverse, the Moon also experiences a tidal bulge, one that mirrors the tidal effects on the Earth. The raising and lowering of solid-body tides on the Earth and Moon cause friction inside the two planets creating a heat source called tidal dissipation. This energy source may have been very important early in the history of the Solar System, when Moon and Earth were closer together, but is currently only a minor source of planetary heat.

Surface features

The Moon's surface (Figure 3) consists of two major types of terrain: the bright, rugged highlands (or *terrae* in Latin) and the darker, smoother plains, sometimes called the lunar 'seas' (or *maria*). The terrae consist of light grey, high-standing blocks of terrain covered by a seemingly endless sequence of overlapping craters, ranging in size from small craters at the limit of resolution on even the best photographs to large multi-ringed basins (some of which exceed 2600 km in diameter). All the basins and nearly all of the craters are created by the impact of solid bodies on the Moon. The great number of impact craters in the highlands reminds us that the Moon's early history was exceedingly violent. The top few kilometres of the crust has been broken up, crushed, and repeatedly mixed by the force of these collisions.

The dark maria cover about 16% of the lunar surface and are concentrated on the hemisphere facing Earth (near side). While the maria occur almost everywhere as the fill within impact basins, they are geologically distinct. It is important to distinguish between such features as the Imbrium basin (a large, ancient impact structure) and Mare

Table 2. *Lunar geology – events and ages*

System	Age (10^9 years)	Remarks
Pre-Nectarian	Began: 4.6 Ended: 3.92	Includes crater and basin deposits and many other units formed before the Nectaris basin impact; includes formation of lunar crust and its most heavily cratered surfaces.
Nectarian	Began: 3.92 Ended: 3.85	Defined by deposits of the Nectaris basin (a large multi-ring basin on the lunar near side); includes almost four times as many large craters and basins as the Imbrian system; may also contain some volcanic deposits.
Imbrian	Began: 3.85 Ended: 3.15	Defined by deposits of the Imbrium basin; includes the striking Orientale basin on the Moon's extreme western limb, most visible mare deposits, and numerous large impact craters.
Eratosthenian	Began: 3.15 Ended: about 1.0	Includes those craters that are slightly more degraded and have lost visible rays; also includes most of the youngest mare deposits.
Copernican	Began: about 1.0 Ended: (to present)	Youngest segment in the Moon's stratigraphic hierarchy; it encompasses the freshest lunar craters, most of which have preserved rays.

Imbrium (the dark, smooth volcanic plains that later filled the basin). The maria are significantly younger than the highlands and thus have accumulated fewer craters. This difference in crater density is quite pronounced and easily seen through a small telescope or binoculars. Long before Apollo astronauts visited it, geologists recognised that a substantial amount of time had elapsed between the heavy bombardment of the highlands and the final emplacement of the visible maria.

In the very best telescopic photographs, arcuate raised lobes can be seen in some mare regions, giving rise to the idea that the maria consist of volcanic lava flows. Photographs taken by spacecraft in lunar orbit show evidence, including lava channels (sinuous rilles), domes, cones and collapse pits, confirming such an origin. Chemical analyses made in 1967 by automated Surveyor landers – and later the study on Earth of actual lunar samples – showed that the maria are indeed volcanic outflows. They appear darker than the terrae because of their higher iron content.

Geologists can go beyond the scrutiny of the Moon's impacts and volcanic landforms. They can assess the lunar surface in a fourth dimension – time – by determining the relative ages of geologically discrete surface 'units'. According to the geologic Law of Superposition, younger materials overlie, embay, or intrude older ones. This simple but powerful methodology has allowed us to make geologic maps of the entire Moon and to produce a formal stratigraphic sequence for events throughout its history (Plate 6; Table 2). However, stratigraphic analysis by itself cannot determine the *absolute* ages of surface units. Our understanding of those ages, as well as compositions and rock types, waited until the return of samples from the lunar 'field trips' undertaken by the Apollo and Luna missions.

A short history of early lunar exploration

The early history of the space program was dominated by the 'space race' between the United States of America and the (former) Soviet Union (USSR). The launch of the Soviet satellite Sputnik in October 1957 sent shock waves through the American psyche. With the successful launch of Explorer 1 into Earth orbit by Wernher von Braun and his colleagues in January 1959, America entered the race and the battle was joined. Over the next several years, the United States seemed to be catching up to the Soviets as it orbited many satellites and prepared to send men into the unknown, but once again, the Soviets struck first, as Yuri Gagarin was launched into Earth orbit in April 1961. The new American president, John F. Kennedy, searched desperately for a field to challenge the Soviets successfully. After due consideration, Kennedy set a decade-long goal of landing a man on the Moon and returning him safely to Earth.

Important information was needed about the Moon in advance of human missions to assure a safe voyage and landing. We needed to learn how to control spacecraft at lunar distances, how to maintain an orbit around the Moon, and how to land and operate safely where we didn't know the surface conditions. Having these knowledge requirements ensured the need for precursor missions, missions that would not only blaze the trail for the people to follow, but would invariably advance our understanding of the Moon and its environment in major ways (Table 3).

Ranger, Surveyor, and Lunar Orbiter

Three flight projects by the United States added to our pre-Apollo understanding of the Moon and data from those missions still provide scientific insight. They showed that the surface, while dusty, did not contain deep pools of quicksand-like dust waiting to swallow unsuspecting spacecraft. Smooth, boulder-free areas in the maria were identified and mapped. Nearly the entire surface of the Moon was photographed at resolutions ten times better than could be obtained from the Earth, allowing us to extend geological mapping to the entire globe and illustrating the nature of the terrain types and their implications for lunar history. We even made the first chemical analyses of the surface, confirming the volcanic origin of the maria and found something unusual and unexpected in the highlands.

The Ranger programme started in late 1959. It was a hard lander designed to take close-up images of the Moon. It would destroy itself upon impacting the Moon at near escape velocity (2.5 km/s). Several Ranger flights either blew up on launch, missed the Moon completely, or silently crashed into the lunar surface without transmitting a single picture. Finally, on 31 July 1964, the Ranger 7 spacecraft returned a spectacular series of close-up photographs of a portion of Oceanus Procellarum, the largest expanse of maria on the Moon. Each image showed a smaller and smaller area at greater resolutions than ever before (Figure 4). From the Ranger 7 mission, we discovered that craters on the surface continue downward in size to the limits of resolution. The Ranger photographs allowed us to decipher the nature and dynamics of the ground-up, powdery surface layer (the *regolith*) that covers the Moon everywhere.

The next mission, Ranger 8, was sent in early 1965 to the western edge of Mare Tranquillitatis. Once again, we saw the crater-upon-crater texture typical of the lunar surface at close ranges. Having scouted two different regions of the maria, the last Ranger

Table 3. Lunar exploration missions: robotic and human

Mission	Launch date (month/year)	Country	Type
Luna 1	01/59	USSR	Flyby
Luna 2	09/59	USSR	Hard lander
Luna 3	10/59	USSR	Flyby (pictures of far side)
Ranger 3	01/62	USA	Hard lander (missed Moon)
Ranger 4	04/62	USA	Hard lander (hit far side)
Ranger 5	10/62	USA	Hard lander (missed Moon)
Luna 4	04/63	USSR	Flyby (missed Moon)
Ranger 6	01/64	USA	Hard lander (TV failed)
Ranger 7	07/64	USA	Hard lander
Ranger 8	02/65	USA	Hard lander
Ranger 9	03/65	USA	Hard lander
Luna 5	05/65	USSR	Soft lander (crashed)
Luna 6	06/65	USSR	Soft lander (missed Moon)
Zond 3	07/65	USSR	Flyby (pictures of far side)
Luna 7	10/65	USSR	Soft lander (crashed)
Luna 8	12/65	USSR	Soft lander (crashed)
Luna 9	01/66	USSR	First soft landing
Luna 10	03/66	USSR	First lunar orbiter
Surveyor 1	05/66	USA	First American soft lander
Lunar Orbiter 1	08/66	USA	Orbiter
Luna 11	08/66	USSR	Orbiter
Luna 12	10/66	USSR	Orbiter
Lunar Orbiter 2	11/66	USA	Orbiter
Luna 13	12/66	USSR	Soft lander
Lunar Orbiter 3	02/67	USA	Orbiter
Surveyor 3	04/67	USA	Soft lander
Lunar Orbiter 4	05/67	USA	Orbiter
Explorer 35	07/67	USA	Orbiter
Lunar Orbiter 5	08/67	USA	Orbiter
Surveyor 5	09/67	USA	Soft lander
Surveyor 6	11/67	USA	Soft lander
Surveyor 7	01/68	USA	Soft lander
Luna 14	04/68	USSR	Orbiter
Zond 5	09/68	USSR	Flyby and return
Zond 6	11/68	USSR	Flyby and return
Apollo 8	12/68	USA	First humans to orbit Moon
Apollo 10	05/69	USA	Test of LM in lunar orbit
Luna 15	07/69	USSR	Sample returner (crashed)
Apollo 11	07/69	USA	First human landing on Moon
Zond 7	08/69	USSR	Flyby and return
Apollo 12	11/69	USA	Pinpoint landing at Surveyor 3
Apollo 13	04/70	USA	Flyby–aborted after explosion
Luna 16	09/70	USSR	First robotic sample return
Zond 8	10/70	USSR	Flyby and return
Luna 17	11/70	USSR	Surface rover

Table 3 (*cont.*)

Mission	Launch date (month/year)	Country	Type
Apollo 14	01/71	USA	Landing at Fra Mauro highlands
Apollo 15	07/71	USA	Hadley–Apennines; lunar rover
Luna 18	09/71	USSR	Orbiter (crashed)
Luna 19	09/71	USSR	Orbiter
Luna 20	02/72	USSR	Sample returner
Apollo 16	04/72	USA	Landing in Descartes highlands
Apollo 17	12/72	USA	Landing; last Apollo mission
Luna 21	01/73	USSR	Surface rover
Luna 22	05/74	USSR	Orbiter
Luna 23	10/74	USSR	Sample returner (failed)
Luna 24	08/76	USSR	Sample returner
Muses A	01/90	Japan	Orbiter
Clementine	01/94	USA	Orbiter (global mapping)
Lunar Prospector	01/98	USA	Orbiter (global mapping)

Figure 4. First image of the Moon taken by the hard-landing US spacecraft, Ranger 7. The area photographed is centred at 13° S, 10° W and covers about 360 km from top to bottom. The large crater at centre right is the 108 km diameter Alphonsus. Mare Nubium is at centre and left. The Ranger 7 impact site is off the frame, to the left of the upper left corner. (Ranger 7, B001.)

mission (Ranger 9, March 1965) was sent to the spectacular ancient crater Alphonsus, a highlands area on the eastern edge of Mare Nubium. Alphonsus represents a class of feature called a floor-fractured crater; cracks found on the floor of the crater, in addition to small, dark-rimmed craters that might be cinder cones, are thought to be manifestations of volcanism.

As Ranger finished giving us our first close look at the Moon, preparations were being made to soft land and touch its surface for the first time. Surveyor was originally a spacecraft with orbiter and lander elements, but the orbiter portion was dropped and work concentrated on the lander to best support Apollo. After much effort, the Soviets beat the Americans to the punch once again (for the last time, as it later turned out) and succeeded at a soft landing on the Moon in February 1966 with their Luna 9 spacecraft. Television pictures showed a surface similar to hard-packed sand, covered with a thin layer of dust.

The first American landing, Surveyor 1 in early June 1966, returned hundreds of detailed pictures of the surface, showing us the Moon as it would appear to an astronaut standing on the surface. The Surveyor pictures recorded the ground-up regolith, documenting that it was strong enough to support the weight of the people and machines that would soon be visiting. Five Surveyors (1, 3, 5, 6 and 7) successfully landed on the Moon; Surveyor 3 carried a trenching tool, designed to dig into the surface and study its properties and strength at depth. This trenching scoop and TV camera were returned to the Earth three years later by the Apollo 12 astronauts (Figure 8), proving that hardware could withstand long exposure to the lunar environment. Surveyor 5 carried the first experiment designed to measure the Moon's composition, an instrument designed to determine the chemistry of the surface. From these data, we found that the maria were rich in magnesium and poor in aluminium, results consistent with a composition of basalt, a very common type of lava on the Earth.

Having landed Surveyor 6 at another mare site (Sinus Medii), the last mission, Surveyor 7, was sent to one of the most spectacular locales on the Moon, the rough, hazardous rim of the crater Tycho (LAC 112), deep in the southern highlands. Surveyor 7 beat the odds by safely landing at Tycho in January 1968. Although Surveyor 7 returned fascinating views of a complex crater rim (Figure 5), its most significant experiment was the first determination of the chemistry of the highlands. The data showed a surface relatively rich in aluminium and depleted in magnesium, a reversal of the trends seen in the data from the maria. The team analysing this information suggested that unusual rock types, including one called 'anorthosite', might be the main components of the highlands. Anorthosite and related rocks are made up mostly of a single type of mineral, plagioclase feldspar, a calcium- and aluminium-rich silicate. If this supposition was correct, it would have significant implications about the history of the Moon.

The last major task for the robotic precursors to Apollo was the making of detailed maps of the Moon. Five Lunar Orbiter spacecraft flew in the span of a year between August 1966 and August 1967. Each one was an overwhelming success. Unlike the other precursor missions designed from scratch, the Lunar Orbiter camera design was based upon the design of classified, espionage spacecraft, designed to photograph features at high resolution from space. The first three Orbiters were placed in near-equatorial orbits, similar to those to be used by the upcoming Apollo missions, and returned dozens of very high-resolution pictures of the proposed landing sites. Features as small as 0.5 m in size were recognised, classified, and mapped. With the scouting of the landing sites accomplished, the last two Orbiters were sent into near-polar orbits so that the entire surface would come into camera view. Lunar Orbiter 4 mapped the entire near side at a

Figure 5. Mosaic of the rim area of Tycho from the highland region of the crater taken by the Surveyor 7 spacecraft. This lander landed on 10 January 1968 at 40.88° S, 11.45° W and took about 21 000 photos over a month, some of which were used to make up this mosaic. The block in the foreground is about 0.5 m across and the crater is about 1.5 m in diameter. The hills on the horizon are about 13 km away. (Surveyor 7, 68-H-40.)

resolution ten times better than the very best views from the Earth (Figure 6(a)). Lunar Orbiter 5 made very detailed, high-resolution mosaics of sites of high scientific interest, including the fresh craters Copernicus, Tycho and Aristarchus, and volcanic regions such as the Marius Hills, Rima Bode and Hadley Rille, a future Apollo landing site (Figure 6(b)). The pictures returned by the Lunar Orbiter series paved the way for the Apollo missions and gave us images of the Moon that are still used extensively today.

The Lunar Orbiters also revealed an unexpected hazard for the Moon voyagers. The orbits of the spacecraft changed with time because subsurface zones of high-density material tugged at the Orbiters, gradually pulling the spacecraft towards the Moon. These regions, called 'mascons' for 'mass concentrations', are associated with the large, circular maria and were our first unintended 'probe' of subsurface conditions. Thus, the Orbiters made our first gravity map of the Moon. We now think that the uplift of mantle rocks is the dominant cause of the mascons, but some contribution from lava flooding is probable. More importantly for lunar exploration, the mascons were a potential hazard for the upcoming Apollo missions, and their effects on the orbits of spacecraft around the Moon had to be comprehended before the missions could be successful.

The Apollo program – Man goes to the Moon

The first humans to look at the Moon close-up were Frank Borman, Jim Lovell, and Bill Anders, the crew of Apollo 8, who orbited the Moon in December 1968. Apollo 8 was only the second manned Apollo flight (Apollo 7 conducted an Earth-orbiting mission in October 1968) and was the first manned flight of the Saturn 5 rocket. Apollo 8 made ten

Figure 6(a). Lunar Orbiter 4 image of Orientale basin, 930 km in diameter, only the extreme eastern part of which can be seen from Earth. The basin forms a giant 'bulls-eye' on the western limb of the Moon, with three distinct circular rings. The basin was formed by a giant impact early in the Moon's history. The north is towards the top. (LO IV-187 M.)

orbits of the Moon, making detailed visual observations of the surface, taking photographs of the far side and of the far-eastern Apollo landing site, finding it to be unexpectedly rough. As had been feared from the Lunar Orbiter data, the spacecraft orbit was indeed disturbed by the presence of the high-density, subsurface 'mascons' and this hazard would have to be understood and dealt with during the upcoming landing attempts. One of the most significant emotional impacts created by the Apollo 8 mission was its famous photograph of a beautiful, blue–green Earth appearing to rise slowly above the stark, grey 'wasteland' of the Moon (Figure 7).

Two additional missions tested the Apollo spacecraft, paving the way for the first landing on the Moon by Apollo 11 in Mare Tranquillitatis (LAC 60). This mission accomplished quite a bit of science as well. Astronauts Neil Armstrong and Buzz Aldrin set out

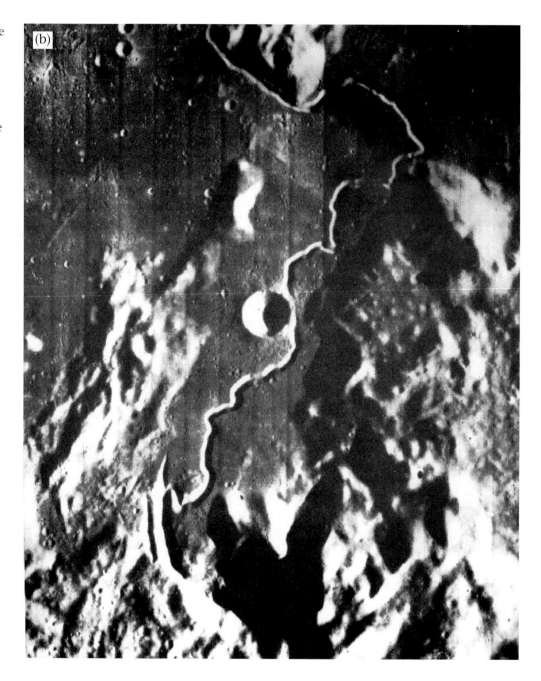

Figure 6(b). Image acquired by the Lunar Orbiter 5 showing the location of the Apollo 15 landing site, the Hadley Rille and the surrounding regions. The rille is the sinuous depression running from the top to the bottom of the image. To the right are the Apennine mountains, which rise over 5 km above the mare plain. Apollo 15 landed near the very rightmost extension of the rille, near the top of the image. The large crater in the centre of the image is the 30 km diameter Hadley C (see LAC 41). North is up. (LO V-105 M.)

a small seismometer, which documented that the Moon is extremely quiet and 'moonquakes' are small and rare. They also deployed a laser reflector, with which the distance between Earth and Moon was measured to within a few centimetres. Such precision measurements allowed us carefully to track the Moon's orbital motion and the drift of the continents on the Earth. The astronauts collected about 40 kg of rock and soil samples from the immediate vicinity of the LM. The return of this material to the Earth answered some of the most important questions about the Moon that had accumulated over the years.

The results of the Apollo 11 mission showed that the maria are very old and made of volcanic rock. Because basaltic lava forms by partial melting of a certain type of rock, the Apollo 11 basalts showed that the interior of the Moon was not primitive in composition,

Figure 7. Although the Earth is stationary in the sky from the lunar surface, the motion of spacecraft in lunar orbit caused the Earth to appear to 'rise' above the horizon on each revolution. This is the famous 'Earthrise' picture, taken by Apollo 8, the first human mission to the Moon in December 1968. (AS 08-13-2252.)

but created in an earlier melting episode. The surface layer (regolith) is made of ground-up bedrock, partly crushed into powder and partly fused by impact melting. One finding yielded a major insight into lunar evolution: tiny, white fragments found in the soil are clearly different from the local bedrock. These fragments are pieces of the highlands, thrown to the Apollo 11 site by distant impacts, a result foreshadowed by the chemical analysis of Tycho ejecta made by the Surveyor 7 spacecraft. If the highlands were really made of this unusual rock type, 'anorthosite', it implied that the early Moon may have been nearly completely molten, an astonishing concept for a planet as small as the Moon! This concept, called the 'magma ocean', was reinforced by subsequent mission results.

The second lunar landing occurred in November 1969. Apollo 12 astronauts Pete Conrad and Alan Bean made a pinpoint landing that corrected for the effects of the dreaded mascons and landed only a few tens of metres from the Surveyor 3 spacecraft in eastern Oceanus Procellarum (LAC 76). This landing site, like that of Apollo 11, was in the maria and featured deposits that were slightly less cratered (therefore younger) than those sampled at Tranquility Base. This mission featured two moonwalks, each over 3 h long, and the emplacement of a nuclear-powered geophysical network station, the

The Moon

Figure 8. The Surveyor 3 spacecraft, with the Apollo 12 Lunar Module 'Intrepid' in the background. The Surveyor, which landed on 20 April 1967, is about 180 m from the LM and, on the second EVA (extra-vehicular activity), astronauts Pete Conrad and Alan Bean visited the craft, took pictures, and removed some parts for return to Earth. This northwest-looking photo was taken by Alan Bean. The Surveyor 3 spacecraft is about 3 m from the ground to the highest point on the solar panels. (AS 12-48-7100.)

ALSEP (Apollo Lunar Surface Experiment Package). The crew collected more rock samples than the Apollo 11 crew had collected, and visited the rims of several impact craters at their landing site. The Surveyor 3 spacecraft (Figure 8) was visited and sampled to assess the effects of long-term exposure to space while on the surface of the Moon (not very noticeable – a few microcraters).

The Apollo 12 basalts showed the same extreme age and lack of water as the other lavas, but with some important differences. The basalts of the Apollo 12 site were lower in titanium than those from Tranquility Base, demonstrating that different regions of the interior had melted to make them. Also, these lavas, themselves representing several different lava flows, were 'only' 3.1 billion years old, almost 500 million years younger than the other site. These results showed that the maria did not all result from a single, massive volcanic eruption, but instead represented a complex series of lava flows poured out over at least a half a billion years of time. Rare fragments of highland rocks from the Apollo 12 site included some that were quite different from those found at the Apollo 11 site, demonstrating that the highlands similarly varied from place to place. An impact breccia (see p. xxxiv) from this site is an extremely complex mixture of unusual rock types, foreshadowing similarly complex breccias to be returned by future missions to the highlands. A strange enrichment in certain elements, including potassium, phosphorous and some radioactive elements, was first recognised in soils and rocks from this site. This material, called KREEP (see p. xxxv), is an important clue to the origin of the crust.

The Apollo 13 mission in April 1970 was to be sent to the Fra Mauro highlands, just east of the Apollo 12 landing site. Unfortunately, an oxygen tank in the Service Module of the spacecraft exploded on its way to the Moon and, after a truly heroic emergency effort, including use of the Lunar Module (LM) as a 'lifeboat' to support the crew, Jim Lovell, Fred Haise and Jack Swigert returned to Earth safely after looping around the Moon. When lunar spaceflight was resumed in January 1971, the Apollo 14 mission was re-directed to the unvisited site. Fra Mauro (LAC 76) was considered to be important because the site was on the regional blanket of debris thought to be thrown out of the Moon by the impact that created the huge Imbrium basin, a crater over 1000 km in diameter. Alan Shepard, America's first spaceman, and Edgar Mitchell directed their LM Antares to a pinpoint landing on the Fra Mauro ejecta blanket. The Command Module was piloted by Stu Roosa, who conducted an extensive programme of observations from orbit. During two moonwalks, Shepard and Mitchell set up another ALSEP station and fired small explosive charges to 'profile' the subsurface with seismic lines (much as is done on the Earth during oil prospecting). The crew also trekked up the slopes of a hill 3 km distant and 100 m high to explore the ejecta from Cone Crater (300 m diameter), an impact that excavated the Fra Mauro debris blanket, bringing up rocks from depth for our examination and collection.

Some of the most complex rocks in the lunar sample collection were returned by the Apollo 14 mission. They are all breccias, complex mixtures of older rocks, including breccias contained within breccias from previous events. Nearly all are enriched in the strange KREEP chemical component first identified at the Apollo 12 site and are considerably different than expected in bulk composition. It had been thought that highland rocks would be extremely rich in aluminum, made of 'anorthosite', as found at the Apollo 11 site. In fact, the bulk composition of the Apollo 14 breccias is *basaltic*, not as iron-rich as the mare samples, but still much less aluminous than anorthosite. This unusual composition told us that the highlands are composed of different provinces, possibly reflecting different geological histories and evolution. In this case, the composition of the Fra Mauro breccias is related to their origin as ejected debris from the giant Imbrium impact basin.

The last three Apollo missions in 1971 and 1972 introduced a new and exciting scale of exploration, one not surpassed or equalled to this day. Each mission consisted of an upgraded, expanded spacecraft, allowing more experiments and more sophisticated equipment to be carried to the Moon. The orbiting Command and Service Module (CSM) carried a special package of cameras and sensors to study the Moon from orbit. Each mission carried an electric cart, the Lunar Roving Vehicle (LRV) or 'rover' to the surface, a valuable exploration tool that permitted the astronauts to venture farther from the LM (by navigating across the surface) and to stay longer at scientifically important sites (by permitting the crew to rest and conserve their air and water while travelling to distant sites).

In July 1971, the Apollo 15 mission was sent to the rim of the Imbrium basin at the spectacularly beautiful Hadley–Apennine landing site (Figure 6(b); LAC 41). The huge chasm of the sinuous Hadley Rille (over 2 km wide and 900 m deep) winds across the mare plain, surrounded by one of the steepest, highest (7 km or over 3 miles) mountain ranges on the Moon. Apollo 15 returned a variety of impact breccias from the highlands and mare basalts from the plains. But there were also a few surprises in the sample box.

A transparent, emerald green glass was discovered scattered about the site. Analysis showed that the glass is a form of ash deposit from a volcanic eruption over 3 billion years ago. Small fragments of lava rock with aluminium-rich composition were our first sample of 'non-mare' or highland volcanism. Detailed photographs showed unusual benches in the mountains of the surrounding highlands, possibly exposing layered rocks from the period of early bombardment. Similarly, astronauts Dave Scott and Jim Irwin visited the rim of Hadley Rille, which exposed layered rocks in its walls, mute testimony to a prolonged filling of the Imbrium basin by separate lava flows over a period of many years. The Apollo 15 mission was the most extensive exploration of the Moon yet, a tribute to the scientists and engineers who were determined to make Apollo a genuine tool of great exploration.

The Apollo 16 mission in April 1972 was sent to the lunar highlands, near the ancient crater Descartes (LAC 78). Prior to this mission, the LM crew, veteran pilot John Young and newcomers Charles Duke and Command Module pilot Ken Mattingly, were given extensive training in geologic exploration (Figure 9). Essentially two geological units were sampled during the Apollo 16 mission: the wormy-textured Descartes mountains and the smooth, light-toned Cayley plains. The rocks are made up of regolith breccias (which are found at all sites), fragmental breccias (made up of fragments of older rock), and impact melt breccias (comparable to those returned previously by the Apollo 14 and 15 missions). This mission completely changed the way we think about the highlands; we now think that impact processes of various types, usually associated with basins, are responsible for the units that make the terrae like a patchwork quilt and the role of volcanism is believed to be minor.

The final Apollo mission to the Moon was sent to the rim of the ancient Serenitatis basin, where mare lavas partly flooded an ancient mountain valley. Astronauts Gene Cernan and Jack Schmitt, the first (and so far, the last) professional geologist to explore the surface, landed in the Taurus-Littrow valley (LAC 43) in December 1972. The Apollo 17 crew travelled the farthest (almost 30 km), explored the longest (over 25 h), and collected the most samples (more than 120 kg) of any of the Apollo missions. While exploring the Moon, the astronauts found and sampled giant boulders that had rolled down the mountains, a bright 'landslide' triggered by the formation of the crater Tycho (LAC 112), over 2200 km away, and beautiful orange soil that glistened in the bright sunlight of the surface. Two major terrains were explored during the Apollo 17 mission: the mare fill of the valley and the highlands of the surrounding Taurus mountains. The mare lavas of the valley are basalts from many different flows that are very rich in titanium, similar to the lavas sampled by the first landing, Apollo 11. The orange soil discovered at Shorty crater (100 m diameter) turned out to be an unusual black and orange glass, similar to the green glass from Apollo 15; both are products of fountains of liquid rock sprayed out onto the surface during volcanic eruption. Study of samples from the bright 'landslide' across the valley indicates that the crater Tycho formed 108 million years ago, providing an important time marker to the lunar geological column. The highlands, sampled at two different mountains (or *massifs*) at different ends of the valley, are made up of a complex mixture of rocks cooled slowly at depth and excavated from the deep crust by the giant impact that created the Serenitatis basin. A variety of impact melt breccias collected represent the 'melt sheet' created during the impact which formed the Serenitatis basin.

These advanced Apollo missions carried sophisticated experiment packages in lunar orbit. Two cameras and a laser altimeter measured the topography and shape of the Moon and took detailed, high-resolution stereo photographs, permitting detailed

A short history of early lunar exploration

Figure 9. Apollo 16 Lunar Module pilot Charles Duke stands on the rim of Plum crater, Descartes highlands. Note the Lunar Rover, the battery-powered cart that transported the astronauts on the surface, in the background. (AS 16-100-75837.)

geological studies of different regions and processes. Sensors measuring X-rays and gamma-rays permitted us to measure the chemical composition of the lunar surface. From these remotely sensed data, we first learned about regional provinces of different composition in the highlands. On the Apollo 15 and 16 flights, a small subsatellite was launched from the CSM, carrying a magnetometer to measure the small magnetic-field anomalies on the surface. Measurements of the magnetic field of the Moon showed that local areas of the crust are magnetised, but the Moon does not possess a global magnetic field like that of the Earth. Together with the relatively low bulk density of the Moon (about 3.3 g/cm^3 (grams per cubic centimetre), compared with 5.5 g/cm^3 for the Earth), the lack of a global magnetic field suggests that the Moon has no large, liquid iron core, which generates the Earth's field by a process known as a core dynamo.

The Apollo missions were outstanding successes by any objective measure and form the cornerstone of our understanding of the Moon and its history. They are lasting testimony to the value of people in the exploration of the Solar System.

Soviet robotic lunar landers

The Soviet lunar program had significant scientific accomplishments that add to and enhance our understanding of the Moon. These small missions also foreshadowed the rich possibilities of small robotic spacecraft as tools for the exploration of the Solar System.

Luna 16 successfully landed on Mare Fecunditatis in February 1971 on the eastern edge of the near side. It entered space history by becoming the first robotic sample-return mission in the history of spaceflight; it returned about 100 g of soil with an ingenious drill core that was wound into a ball-shaped return capsule. The soil from this site consists of mare regolith, including several fragments of lava that were large enough to measure their ages. The Luna 16 samples are mare basalts with relatively high aluminium content that erupted onto the surface 3.4 billion years ago. Abundant fragments of impact glass are also present, giving us clues to the existence of other, unsampled rock types on the Moon. The Luna 20 mission landed on the Moon in February 1972. It returned soil samples from the highlands surrounding the Crisium impact basin. The small samples are made up of tiny rock fragments of the highlands crust and impact breccias, as at the Apollo 16 site. The final Soviet sample return mission, Luna 24 in August 1976, returned the largest sample to date; a core sample 2 m in length from the interior of Mare Crisium. These basalts are also a high-aluminium variety but contain much less titanium than any Apollo sample (similar very low-titanium basalts were subsequently discovered in the soil at the Apollo 17 landing site). The Luna 24 basalts show that the lava flows in Mare Crisium erupted between 3.6 and 3.4 billion years ago.

The three Soviet samplers demonstrated that the robotic return of surface samples is a technically feasible tool to explore the Moon. Because of launch, flight-control and landing constraints, these missions were confined to landing sites on the eastern limb. The Luna missions also showed that there is not only a quantitative difference between human and robotic missions, but a qualitative difference as well. We learned more about the Moon from any single Apollo mission than we did from the totality of the three Luna missions. This difference is not solely related to the small mass of the returned sample from the Luna missions, but is also caused by the geologically *guided* sampling that people can do – we understand the *context* of the Apollo samples much better than we do those of the Luna missions.

A variety of flybys, orbiters, hard landers and rovers were also sent to the Moon by the Soviet Union. The two Lunakhod spacecraft were small rovers, remotely controlled from the Earth. Although having crude instruments that returned mostly television pictures and some data on the physical properties of the soil, they demonstrated that remote control of machines on the Moon is feasible. Future robotic sample-return missions should include the ability to operate the spacecraft remotely (teleoperation), so that the most significant samples can be obtained. Because the surface of the Moon is complex and varies from place to place, the ability to rove across its surface will be highly beneficial in future sample-return missions.

Lunar samples

Over 300 kg of rock and soil returned by the Apollo missions, along with smaller amounts from the three Soviet landers, gave us a database that revolutionised our understanding of the Moon. Samples from the Moon are of three principal types: (1) the

Figure 10. The regolith of the Moon is the powdery, ground-up layer of soil that covers the entire surface. Viewed close-up, it is revealed as being made up of broken bits of rock and melted glass, all produced during bombardment of the surface by micrometeorites. Ruler at bottom left has 1 mm markings.

regolith, or lunar soil, which is produced by the impact bombardment of the surface by micrometeorites; (2) mare samples, which are mostly chunks of lava rock, although some volcanic ash has been recovered; and (3) terra samples, which are crushed, broken and re-assembled fragments of the original crust of the Moon. Each type of sample gives us unique information on lunar history and processes.

Regolith

Over the history of the Moon, micrometeorite bombardment has pulverised the surface rocks into a chaotic mass of fine-grained material called the regolith (also informally called 'lunar soil', although it contains no organic matter). The regolith consists of single mineral grains, rock fragments, and combinations of these that have been cemented by impact-generated glass (Figure 10). Because the Moon has no atmosphere, its soil is directly exposed to the high-speed solar wind, gases flowing out from the Sun that become implanted directly onto small surface grains. The regolith's thickness depends on the age of the bedrock that underlies it and thus how long the surface has been exposed to meteoritic bombardment; regolith in the maria is 2–8 m thick, whereas in highland regions its thickness may exceed 15 m.

The composition of the regolith closely resembles that of the local underlying bedrock. Some exotic components are always present, perhaps having arrived as debris flung from a large distant impact. But this is the exception rather than the rule. The contacts between mare and highland units appear sharp from lunar orbit, which suggests that relatively little material has been transported laterally. Thus, while mare regoliths may contain numerous terrae fragments, in general these derive not from far-away highland plateaus but are instead crustal material excavated locally from beneath the mare deposits.

Impacts energetic enough to form metre-size craters in the lunar regolith sometimes

The Moon

Figure 11. A mare basalt from the Apollo 15 landing site. This rock is a fragment of the lava that fills the Imbrium basin on the Moon. Note the many holes in the rock, caused by the escape of gas contained in the erupted lava when it spilled out onto the lunar surface. This rock was erupted onto the Moon over 3.3 billion years ago.

compact and weld the loose soil into a type of rock called *regolith breccia*. Once fused into a coherent mass, a regolith breccia no longer undergoes the fine-scale mixing and 'gardening' taking place in the unconsolidated soil around it. Thus, regolith breccias are 'fossilised soils' that retain not only their ancient composition but also the chemical and isotopic properties of the solar wind from the era in which they formed.

Maria

Thanks to our lunar samples, there is no longer any doubt that the maria are volcanic in origin. The mare rocks are *basalts*, which have a fine-grained or even glassy crystalline structure (indicating that they cooled rapidly) and are rich in iron and magnesium (Figure 11). Basalts are a widespread volcanic rock on Earth, consisting mostly of the common silicates pyroxene and plagioclase, numerous accessory minerals, and sometimes olivine (an iron–magnesium silicate). But the lunar basalts display some interesting departures from this basic formulation. For example, they are completely devoid of water – or indeed any form of hydrated mineral – and contain few volatile elements in general. Basalts from Mare Tranquillitatis and Mare Serenitatis are remarkably abundant in titanium, sometimes containing roughly ten times more than is typically found in their terrestrial counterparts.

The mare basalts originated hundreds of kilometres deep within the Moon in the total absence of water and the near-absence of free oxygen. There the heat from decaying radioactive isotopes created zones of partially molten rock, which ultimately forced

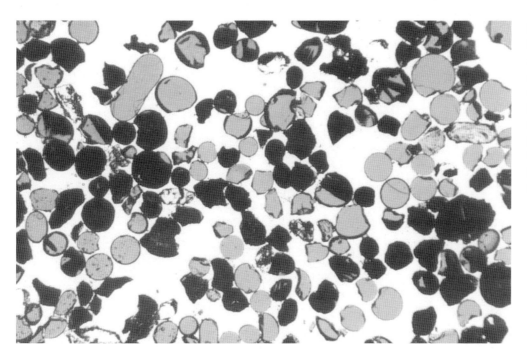

Figure 12. A microscopic view of the famous 'orange soil' from the Apollo 17 landing site reveals it to consist of tiny fragments of volcanic glass. This material is ash from a lunar volcanic eruption, caused when magma is shot out of a vent under high pressure. This volcanic ash was erupted more than 3.7 billion years ago. Width of image 2.2 mm.

its way to the surface. The occurrence of mare outpourings within impact basins is no coincidence, for the crust beneath these basins must have been fractured to great depth by the cataclysmic impacts that formed them. Much later, molten magmas rose to the surface through these fractures and erupted onto the basin floors.

Although they may appear otherwise, the maria average only a few hundred metres in thickness. These volcanic veneers tend to be thinner near the rims that confine them and thicker over the basins' centres (as much as 2–4 km in some places). What the maria may lack in thickness they make up for in sheer mass, which frequently is great enough to deform the crust underneath them. This has stretched the outer edges of the maria (creating fault-like depressions called *grabens*) and compressed their interiors (creating raised 'wrinkle' ridges).

Basalts returned from the mare plains range in age from 3.8 to 3.1 billion years, a substantial interval of time. But small fragments of mare basalt found in highland breccias solidified even earlier – as long ago as 4.3 billion years. We do not have samples of the youngest mare basalts on the Moon, but stratigraphic evidence from high-resolution photographs suggests that some mare flows actually overlie (and therefore postdate) young, rayed craters and may be no older than 1 billion years.

A variety of volcanic glasses – distinct from the ubiquitous, impact-generated glass beads in the regolith – were found in the soils at virtually all the Apollo landing sites. They were even scattered about the terrae sites, far from the nearest mare. Some of these volcanic materials are similar in chemical composition, but not identical, to the mare basalts and were apparently formed at roughly the same time. One such sample, tiny beads of orange glass, came from the Apollo 17 site (Figure 12). They are akin to the small airborne droplets accompanying volcanic 'fire fountains' on Earth, like those in Hawaii. The force of the eruption throws bits of lava high into the air, which solidify into tiny spherules before hitting the ground. The Moon's volcanic glass beads have had a similar origin. The orange ones from the Apollo 17 site get their colour from a high (more than 9 wt%) titanium content. Some glasses are coated with amorphous mounds of volatile elements like zinc, lead, sulphur, and chlorine.

The Moon

Figure 13. A breccia, formed by the crushing and welding back together of existing rocks, struck by an impacting asteroid on the Moon. All of the highland rocks show evidence of damage by impact and breccias are the most common rock type on the Moon.

Terra

The highland samples are mostly mixtures of crushed and broken rock fragments, cemented together as breccias (Figure 13). Other samples include several fine-grained crystalline rocks with a wide range of compositions. In these cases, the shock and pressure were so overwhelming that the 'target' melted completely, creating in effect entirely new rocks from whatever ended up in the molten mass. The impactors become part of this mixture, and these impact–melt rocks contain distinct elemental signatures of meteoritic material.

Based on the samples in hand, virtually all of the highland breccias and impact melts formed between about 4.0 and 3.8 billion years ago. The relative brevity of this interval surprised researchers – why were all the highland rocks so similar in age? Perhaps the rate of meteoritic bombardment on the Moon increased dramatically during that time. Alternatively, the narrow age range may merely mark the conclusion of an intense and continuous bombardment that began 4.6 billion years ago, the estimated time of lunar origin. To resolve the enigma, we must return to the Moon and sample its surface at carefully selected geologic sites.

The highland samples returned by the last four Apollo crews provided other surprises. Unlike glasses and basalts, which quench quickly after erupting onto the surface, some of the clasts in the highland breccias contained large, well-formed crystals, indicating that they had cooled and solidified slowly, deep inside the Moon. At least two distinct magmas were involved in their formation. Rocks composed almost completely of plagioclase feldspar, with just a hint of iron-rich silicates, are called *anorthosites* (Figure 14). These rocks are widespread in the highlands and indicate that the early Moon was probably completely molten. Absolute dating of the anorthosites has proved difficult, but it appears that they are extremely ancient, having crystallised very soon after the Moon formed (4.6–4.5 billion years ago).

The highlands' other dominant rock type is also abundant in plagioclase feldspar, but

Figure 14. A sample of the original lunar crust, an anorthosite, a rock type made up almost completely of plagioclase feldspar. The widespread distribution of this rock type on the Moon indicates that the outer part of the early Moon must have been completely molten.

it contains substantial amounts of olivine and a variety of pyroxene low in calcium. This second class of rocks is collectively termed the *Mg-suite*, so called because they contain considerable amounts of magnesium (Mg). These rocks appear to have undergone the same intense impact processing as the anorthosites, and their crystallisation ages vary widely – from about 4.3 billion years to almost the age of the Moon (4.5 billion years).

The anorthosite and Mg-suite rocks could not have crystallised from the same 'parent' magma, so at least two (and probably more) deep-seated sources contributed to the formation of the early lunar crust. Conceivably, both magmas might have existed simultaneously during the first 300 million years of lunar history. This would contradict our notion of the Moon as a geologically simple world and greatly complicate our picture of the formation and early evolution of its crust.

During early study of the Apollo samples, an unusual chemical component was identified that is enriched in incompatible trace elements – those that do not fit well into the atomic structures of the common lunar minerals plagioclase, pyroxene and olivine as molten rock cools and crystallises. This element group includes potassium (K), rare-earth elements (REE) like samarium, and phosphorus (P); geochemists refer to this element combination as KREEP. KREEP represents the final product of the crystallisation of a global magma system that solidified aeons ago. The global map of thorium produced by the Lunar Prospector mission shows the current surface distribution of KREEP (Plate 7).

Recent lunar exploration: from Clementine to today

The United States has always had two parallel space efforts. The main impetus for the race to the Moon from the beginning was national security. In the 1980s, research efforts in the military space programme centred around the needs of space-based strategic missile defense, the so-called Strategic Defense Initiative (SDI) or 'Star Wars'. A concept studied in SDI was the deployment of thousands of lightweight, high-technology sensors in a myriad of small satellites, a project referred to as 'Brilliant Pebbles', the brainchild of Edward Teller and his crew at Lawrence Livermore National Laboratory. The concept behind Brilliant Pebbles was simple – because space-based defense assets were vulnerable, make thousands of them and make them small and inexpensive, so that with many spacecraft in orbit, the loss of a few wouldn't destroy the integrity of the system.

Although Brilliant Pebbles was a good way to work around one aspect of space-based strategic defense vulnerable to criticism, one of its development problems was how to do a systems test. The 1970 Anti-Ballistic Missile Treaty prohibited tests of space-based defense hardware in low Earth orbit. During a discussion with colleagues, Stewart Nozette of Lawrence Livermore National Laboratory sketched out the concept for a mission that could test and qualify SDI technology in space while avoiding treaty prob-

Figure 15. The insignia of the Clementine mission, showing its intended targets – the Moon and an asteroid. The '#9' alludes to the song *My Darling Clementine* ('number 9 mine shaft'), while the shield with three stars was the symbol of the Strategic Defense Initiative Organization, the Defence Department group that built and flew Clementine.

Table 4. Clementine instruments and experiments – description and specifications

Cameras	Array	FOV	Filters (nm)		Resolution
UV–VIS	288×384	4.2°×5.6°	415, 750, 900, 950, 1000		100–500 m
NIR	256×256	5.6°	1100, 1250, 1500, 2000, 2600, 2780		150–500 m
Long IR	128×128	1.0°	BB^a: 8000–9000		55–136 m
High-resolution	288×384	0.3°×0.4°	BB, 415, 560, 650, 750		8–35 m
Star tracker	384×576	28°×43°	BB		(sky images)
Instrument	Wavelength	Vertical Res.	Horizontal Res.	A spacing^b	C spacing^c
Laser ranger	1064 nm	40 m	100 m	1–2 km	40 km
Experiment	Wavelength	Beam width	Power (W)		
Bistatic radar	13.2 cm	8°	6		

Notes:
^{a} Broad-band filter, 400–1000 nm.
^{b} Along-track spacing of data points, running north–south along direction of Clementine's orbital path.
^{c} Cross-track spacing of altimetry groundtracks, fixed by period of Clementine orbit and rotation rate of the Moon.

lems: send the spacecraft into *deep* space and use the Moon and an asteroid as targets for sensor tests. A quick study effort by an *ad hoc* team at Livermore and the Applied Physics Laboratory near Washington D.C. determined that the Brilliant Pebbles sensors could indeed return useful scientific data for these bodies. Accordingly, NASA signed a memorandum of agreement with the Strategic Defense Initiative Organization (SDIO), Department of Defense, to conduct a joint mission to the Moon and a near-Earth asteroid.

The goals of the Clementine mission were to space-qualify the SDIO hardware and to map the Moon and an asteroid with these small, advanced sensors. With a nod toward the old song *My Darling Clementine* (the daughter of an 1849 California gold-rush miner), the mission was christened Clementine because it would assess the mineral content of the Moon and an asteroid, possibly with an eye towards the 'mining' of those bodies in the future (Figure 15). After the asteroid flyby, the spacecraft would fly off into deep space, just as the song says, 'you are lost and gone forever'. With the high-technology, but rugged and inexpensive Brilliant Pebbles sensor suite, a superb scientific mission could be flown, including not only global multispectral mapping but also laser altimetry to measure the topography of the Moon (Plate 1; Table 4).

Normally, missions are studied for years before gradually taking shape; the proposed Lunar Polar Orbiter mission was studied for 20 years – and then, not flown! Clementine was to be different: the object was to build, launch, and fly the complete mission within three years of its approval. Clementine was launched on 25 January 1994 (Figure 16), a mere *two years* after an initial meeting to review the design concept. The Clementine spacecraft (Figure 17) was built by the Naval Research Laboratory under the supervision of the Strategic Defense Initiative Organization. Careful management of the programme

The Moon

Figure 16. Launch of the Clementine spacecraft on 25 January 1994 from the US Air Force Titan II pad at Vandenberg Air Force Base in southern California. This facility is home to most of America's military space missions, but that's not why Clementine was launched from there – Vandenberg has the only Titan II launch facility in operational existence, the Titan pads at Cape Canaveral, Florida, having been dismantled years ago.

Figure 17. Artist rendering of the Clementine spacecraft. The small door in the middle of the spacecraft covers the sensor deck, where the imaging cameras are mounted. Overall length is slightly more than 1 m; the spacecraft weighed only about 200 kg (dry mass, without propellant).

brought the spacecraft along on schedule and on budget. Much of the reason the Clementine project was done so well and so quickly was because it was kept small; no more than about 300 people ever worked on the mission, even during times of peak activity. The total cost of Clementine was about US$80 million (1992 dollars), including the use of a surplus ICBM Titan II rocket as the launch vehicle.

The Clementine instrument suite, although designed for entirely different purposes, was able to accomplish significant scientific mapping of the Moon. Clementine had six different instruments including four scientific cameras (Figure 18), each performing a specific function or covering a certain part of the spectrum. The images most useful for compositional mapping are the ultraviolet–visible (UV–VIS) and near-infrared (NIR) cameras (Table 4). These imagers cover the visible and near-infrared parts of the spectrum. Each camera had filters that permitted only light of selected wavelengths to pass. These filter bandpasses were carefully chosen by the Clementine Science Team before

Figure 18. Types of image and their respective fields of view taken by the Clementine sensors. The images used for this atlas were all taken by the UV–VIS camera, which mapped the moon in five colours.

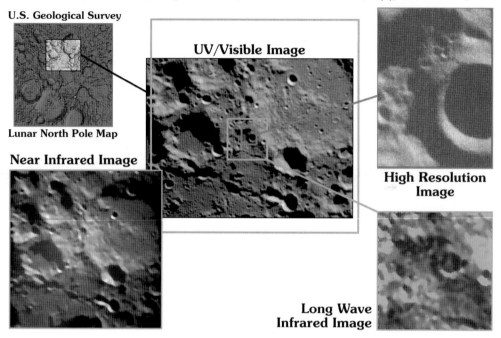

flight to allow certain parts of the spectrum where mineral bands are found to be measured and mapped. For example, a very abundant mineral on the Moon is pyroxene, an iron- and magnesium-rich silicate mineral, common in lunar igneous rocks. Pyroxene has a distinctive absorption band around 1000 nm. Thus, both UV–VIS and NIR cameras had many filters between 900 and 1200 nm to allow the absorption band to be mapped globally on the Moon. Thus, with these multicolour data, we can map the mineral content and composition of the Moon (Plate 4).

In addition to this compositional mapping, Clementine carried other instruments that collected a variety of other lunar science data (Table 4). A far-IR camera measured the thermal properties of the surface in selected areas. A high-resolution camera took selected images at a resolution ten times higher than the UV–VIS camera (Figure 18), but the spacecraft did not orbit the Moon long enough to get global coverage with this instrument. A ranging experiment used a laser pulse to measure precisely the distance of the spacecraft to the surface whenever it was closer than about 500 km. By subtracting the orbital altitude, these data can be used to make a map of the topography of the Moon. The two star-tracker cameras were used mostly to navigate the spacecraft, but they were capable of producing many beautiful images as well (Figure 19). Finally, although not technically a scientific instrument, the spacecraft radio transmitter was capable of bouncing radio signals off the Moon that could be received by the large antennas of NASA's Deep Space Network on Earth. Study of those reflected radio waves would provide one of Clementine's biggest surprises and discoveries.

After a month-long trip from Earth (on a circuitous route of 'phasing loops' of the Earth, taken to conserve spacecraft fuel), Clementine arrived at the Moon on 20 February 1994 and spent the next two and a half months orbiting and mapping its surface (Figure 20). The mission was controlled from a renovated National Guard warehouse in

Recent lunar exploration: from Clementine to today

Figure 19. In addition to general scientific mapping cameras, the Clementine spacecraft carried two star-tracker cameras for the optical navigation. These cameras were also used to take some spectacular general views during the mission. These two images are examples of such pictures. (a) The earth-illuminated Orientale basin is clearly visible while the zodiacal light (illuminated dust that orbits the Sun) creates a glow from behind the Moon; Venus is at left. (b) The lunar south pole is shown along with the Earthshine terminator, which delineates the near side from the far side; Venus is again at left.

Alexandria, Virginia, a facility nick-named the 'Batcave'. A small team of Naval Research Laboratory engineers and the NASA-selected science team, led by Gene Shoemaker and Paul Spudis, worked around the clock, making sure that data were being taken properly and marvelling at our first, global look at the Moon. After 330 orbits and taking over 2.5 million pictures, Clementine blasted out of lunar orbit on 3 May 1994 on its way to the asteroid Geographos, scheduled for encounter in August of that year. A software malfunction in the spacecraft computer caused Clementine to spin out of control and forced

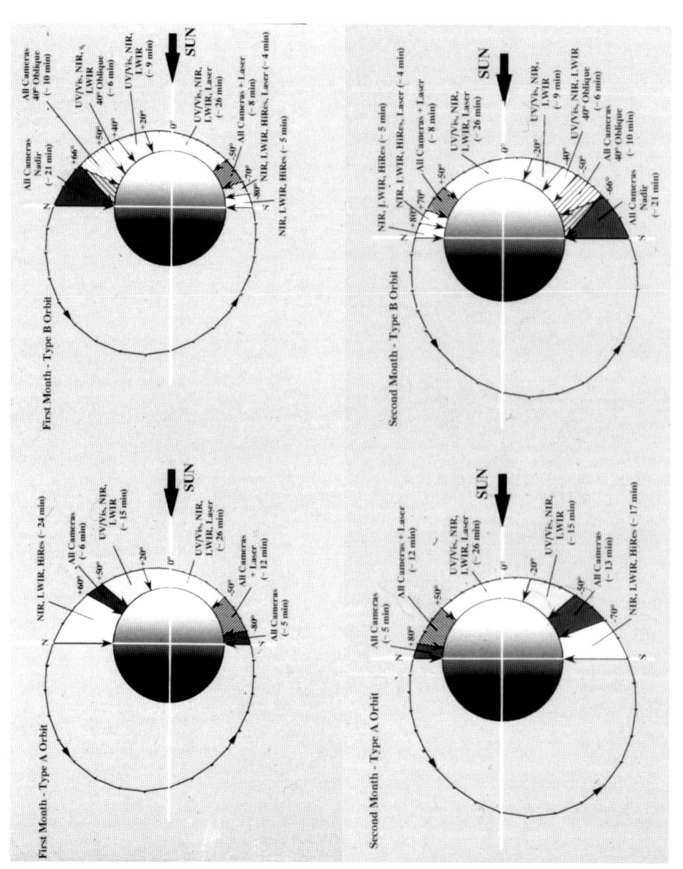

Figure 20. Clementine orbited the Moon in an elliptical orbit, whose perilune (closest approach) was at 30° S latitude during the first month's mapping and then rotated to 30° N during the second month. This strategy allowed us to map the entire Moon over the course of only 71 days.

the cancellation of the asteroid phase of the mission. The spinning spacecraft swung by the Moon on 20 July 1994 and entered solar orbit, 25 years to the day after Apollo 11 landed on the Moon.

Clementine conducted our first global compositional and topographic mapping of the Moon. Some of the scientific results from the mission are discussed elsewhere in appropriate topical sections. The global, digital, multispectral image of the Moon (Plate 4) was taken in 11 wavelengths, all filters being carefully selected by the science team to assure that we could extract the appropriate mineral information. From these data, we have be able to map the rock types that make up the crust. Because impact craters have excavated the Moon to a variety of depths, we can reconstruct the structure and composition of the crust in three dimensions. Strips of images taken by the high-resolution camera will allow us to interpret surface process in many areas. We have infrared, thermal images of selected areas that have allowed us to determine the physical properties of the surface layer at many different sites with diverse geological settings.

One of the most striking results from Clementine is the global topographic map we obtained from the laser altimetry (Plate 1). For the first time, we see the huge basins in all of their glory. The gigantic South Pole–Aitken basin on the far side was determined to be the biggest (2500 km diameter), deepest (over 12 km) impact crater yet found in the Solar System. Other degraded, almost obliterated impact basins stand out prominently in the topographic data. An astonishing result for some of these basins is their great depth; basins that appear nearly obliterated in the photographs appear to be as deep as the day they were created. This topographic information, combined with the compositional data provided by the multispectral maps (Plates 1–4), will allow us to probe the crust to great depths and is revolutionising our knowledge of the processes and history of the Moon. Data at different wavelengths can also be combined to produce an approximate true-colour picture of the Moon (Plate 5). This shows the Moon to be slightly brown in colour (as reported by some of the Apollo astronauts) with the fresh impact features appearing relatively blue.

Our first good view of the polar regions allowed us to identify areas of great importance for future exploration. In particular, the Clementine view of the south polar region (LAC 144) shows some interesting properties. There is a large area of darkness near the pole, much greater in extent than might be expected by the 1.5° tilt of the Moon's spin axis (Figure 2). This dark region must be the result of the pole lying within the rim of the South Pole–Aitken basin. It thus lies below the topographic level in which the Sun is visible. Dark regions near the pole never receive heat from sunlight and become 'cold traps', zones in which the temperature never exceeds about -230 °C, only 43 K greater than absolute zero! If water molecules (for example, pieces of an icy comet) were to land in such cold traps, they could never get out again. Over geological time (the South Pole–Aitken basin dates back at least 4 billion years), significant amounts of water could have accumulated in the traps. Clementine did not carry instruments that would allow it to 'see' into the dark areas, but an experiment was improvised while Clementine was orbiting the Moon, using the spacecraft transmitter to beam radio waves into the dark areas. Analysis of the reflected radio waves indicates that deposits of ice exist in the dark areas near the south pole of the Moon.

A small area near the south pole appears to protrude above the local horizon placing it in almost constant sunlight. On the basis of Clementine data, this site is illuminated more than 80% of the lunar day during southern 'winter' (the time of illumination would be even greater during the 'summer'). The site, on the rim of the 21 km diameter crater Shackleton near the pole, will be an interesting one for a future landing. Such a site would not only permit a lander to use solar panels for electrical power, but is also thermally benign, seeing neither of the extremes of the heat of the lunar noon (over 100 °C) nor the cold of the lunar midnight (−150 °C) found at sites on the equator. The simple, nearly constant temperature here greatly simplifies the thermal design required of a spacecraft. Finally, the site's location among targets of such great scientific interest (the South Pole–Aitken basin massifs) and resource potential (ice deposits) assure its importance as the site of a future mission. In the longer term, such a locality would be highly desirable as an outpost site for human habitation. With these data from Clementine, we may have identified the most valuable piece of real estate in the inner Solar System.

Lunar Prospector

Lunar Prospector (LP), the first of NASA's new, cheaper, 'Discovery'-class missions, was launched to the Moon on 6 January 1998. LP orbited the Moon in a 100 km altitude, polar orbit for over 18 months. It carried a variety of instruments that, in many ways, complemented the instrument package of the earlier Clementine mission. In part, LP's stated objectives were to map the resources of the Moon, including assessments of polar volatiles and basic elemental composition. In addition, it would map the gravity and magnetic fields of the Moon over the course of its one-year nominal mission.

The spacecraft was a spin-stabilised microsat, about 100 kg in dry mass. It carried a gamma-ray spectrometer, designed to measure lunar-surface chemical composition, a neutron spectrometer (to measure hydrogen in the regolith and search for ice in the polar regions), a magnetometer, and radio tracking for gravity-field measurements. Because all instruments were non-pointing, with 4π fields-of-view, the resolution of compositional maps is fixed by the orbital altitude. For the gamma-ray and neutron maps, nominal surface resolution is about 100 km. As the orbital altitude was lowered during the extended mission, some higher-resolution data (about 30 km) are also available.

Of particular interest in the LP data is the distribution of the element thorium (Th) on the Moon (Plate 7). This element tracks the distribution of KREEP (mentioned earlier). Most of the thorium in the upper crust of the Moon is highly concentrated in a large, regional oval centred on Oceanus Procellarum; smaller concentrations are observed

---

Plates – global maps of selected lunar properties

The distributions of many physical or chemical parameters on the Moon are most easily shown in global maps of selected properties. A popular practice is to render maps of some variables in a graduated colour scale, such that the distribution of certain numerical ranges are shown in selected colours. In this section, we present global maps of some key lunar variables – topography, mineralogy and chemistry – in this 'pseudo-colour' format for quick reference. To aid in the determination of which surface features correlate with selected properties, we use the global shaded-relief base map (also presented in the 144 LAC charts with nomenclature) under selected variables. All maps are in the Lambert equal-area projection and show the near-side hemisphere on the left and the far-side hemisphere on the right. Approximate scale for these global maps (excluding Plate 8) is 1 cm ~ 450 km.

Plate 1. Clementine topographic map. The Clementine laser ranger instrument (Table 4) provided accurate measurements of the distance between the spacecraft and the Moon. Subtracting the known-from-radio-tracking orbit from these number yields the elevation of points beneath the orbiting spacecraft. In this map, the laser topography is colour-coded, at 500 m elevation intervals; white is the highest elevation at +8 km while purple is the lowest at −8 km. The elevation data are shown plotted on the shaded-relief basemap for clarity. Note the relative smoothness of the near side (elevations tend to range between −4 and +2 km) while elevations on the far side span the entire range of lunar topography (−8 to +8 km). Note the large South Pole–Aitken basin centred on the far-side southern hemisphere; at 2600 km in diameter, this feature is one of the largest impact craters known in the Solar System.

Plate 2. Clementine iron map. To first-order, the darker a surface on the Moon is, the higher its iron content. However, this relation does not apply to very fresh surfaces, which are uniformly bright. A technique developed by Paul Lucey at the University of Hawaii corrects for this 'maturity' effect, allowing us to map iron variations on the Moon by measuring red albedo. When calibrated by soil data from the Apollo and Lunar landing sites (where samples tell us the absolute abundances), this technique allows us to map the iron content of the lunar surface globally. On this map, white is highest in iron and black is lowest. The dark maria of the Moon are richer in iron (made up of basaltic lavas) than the rough, brighter highlands (anorthosites).

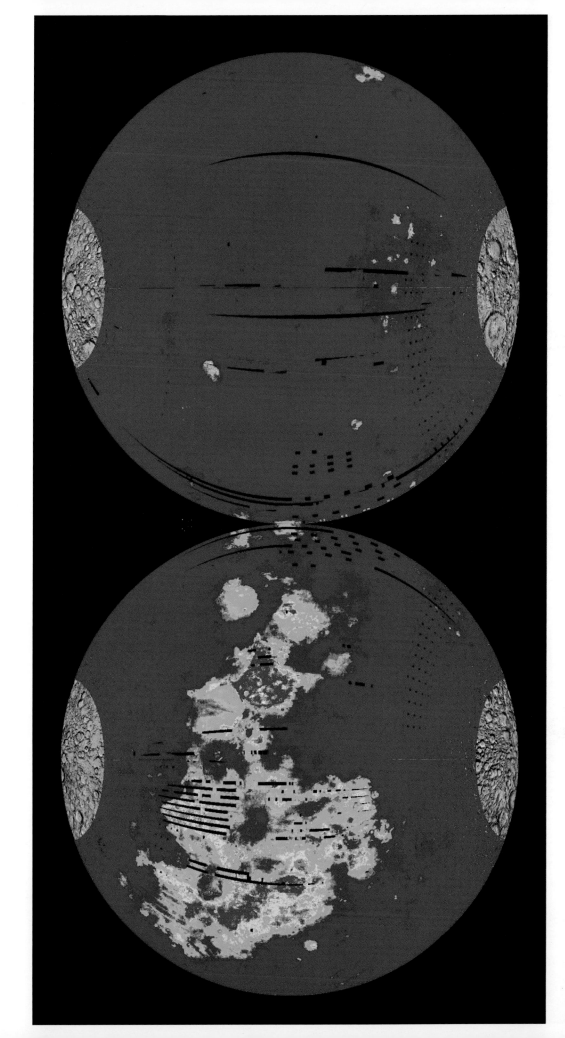

Plate 3. Clementine titanium map. In a manner similar to the technique used to map iron (see Plate 2), the relative 'blueness' of a mature surface correlates with the concentration of the element titanium, common in certain mare basalts. In this map, purple is low and pink is high titanium, highlands are very low in this element while only certain mare basalts, mostly in mare Tranquillitatis (LAC 60 and 61) and parts of Oceanus Procellarum (LAC 38, 56), are rich in titanium.

Plate 4. Clementine false-colour composite. The 'true colour' of the Moon is a brownish (i.e. reddish) grey (see Plate 5), but subtle colour variations are detectable. In this composite image, the three primary colours are controlled by ratio images of selected wavelengths: blue is controlled by the 415/750 ratio, red is controlled by its inverse (750/415), and green is controlled by the 750/790 ratio. In essence, one may think of this image as an extreme exaggeration of true lunar colour in that 'blue' on this image is relatively blue, 'red' is relatively red, and green (and by mixing with red, the complements orange and yellow) maps the strength of the 1000 nm absorption band, indicative of the abundance of the mineral pyroxene, common in mafic highland and mare basalt lavas. In this sense, this image is a map of the mineralogy of lunar surface. Maria are rich in yellows and oranges, indicating abundant pyroxene. Very 'blue' lavas in Mare Tranquillitatis are the basalts richest in titanium (see Plate 3). Fresh craters are very 'blue' while mature highlands are very 'red' both of these relations occur in iron-poor highlands regions.

Plate 5. Clementine 'true colour' image. This 'true colour' picture was produced by combining three different Clementine filter images. It shows the approximate actual colour of the Moon. As reported by some of the Apollo astronauts, the Moon has a slight brown colour with fresh features (usually caused by recent impacts) appearing relatively blue. Owing to the Clementine filters not being exactly equal to red, green and blue in the visible spectrum, the Moon appears more brown in this image than in real life.

Plate 6. Geology of the Moon. Before the global mapping missions of Clementine and Lunar Prospector, Lunar Orbiter and Apollo photographs were used to map the relative ages of lunar surface features. This map collects all the relative age mapping done prior to these global mapping missions. Colours principally indicate age (see Table 2) although lithology is also indicated if the use of red for mare materials: dark browns are craters and basins formed in the lunar pre-Nectarian (i.e. prior to ~ 4 Ga ago; see Table 2), light browns are basins and craters formed in the Nectarian era, blues are craters and the Imbrium, Schrödinger and Orientale basins, reds are mare material of Imbrian and later age, greens are Eratosthenian craters and yellow indicates Copernican craters (<1 Ga old).

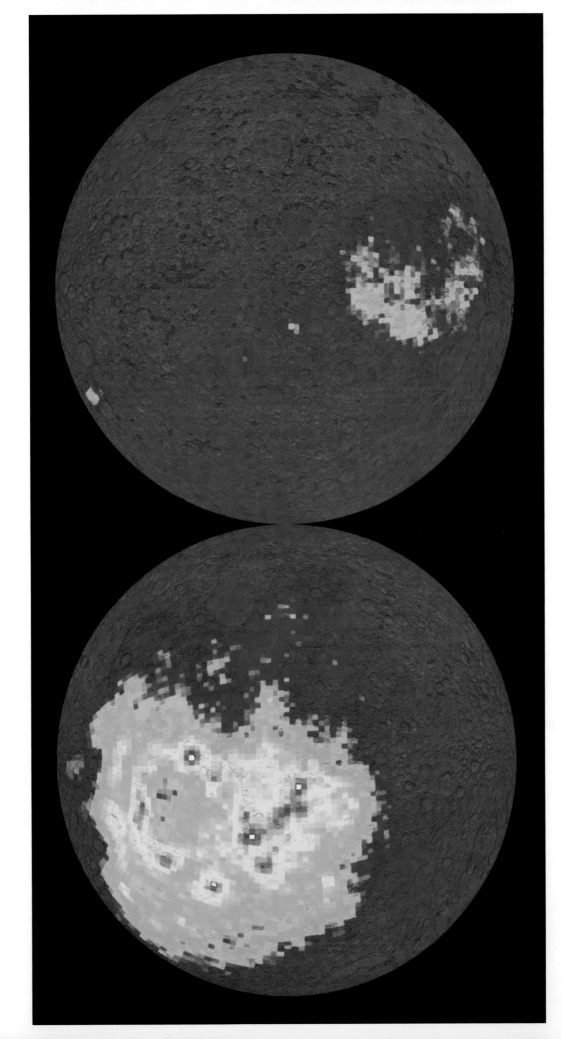

Plate 7. Lunar Prospector thorium map. The element thorium (Th) is radioactive and is indicative of the presence of the unusual, evolved lunar rock type KREEP (see text). This map shows the distribution of Th on the Moon and by inference, the distribution of KREEP. Reds are high in Th (>12 p.p.m.) and purples are low in Th (1 p.p.m. or less). Note that KREEP is concentrated mostly in the western near-side hemisphere within the Oceanus Procellarum depression (Plate 1). Lesser, although still significant, amounts are also associated with the floor of the far-side South Pole–Aitken basin. The significance of the unusual distribution of Th on the Moon is still ardently debated by lunar scientists.

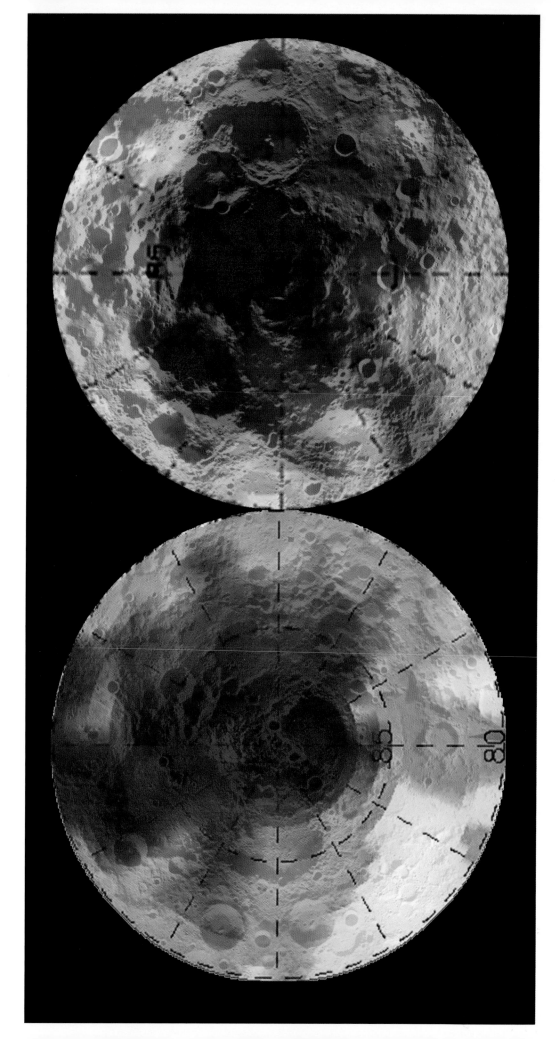

Plate 8. Lunar Prospector epithermal neutron flux. The LP spacecraft carried a neutron spectrometer that measured the flux and energy of neutrons from the lunar surface. For medium-energy neutrons (epithermal), the presence of hydrogen in the lunar soil acts as a strong absorber. Thus, low flux levels of these epithermal neutrons indicate the presence of large amounts of hydrogen in the lunar soil. In this map of the neutron flux in the lunar polar regions, we see that the highest concentration of hydrogen (i.e. the lowest neutron flux; dark blue) is associated with the permanently dark regions near both lunar poles (LAC 1 and 144). The amounts and locations of these epithermal flux lows indicate that the dark areas near the poles may contain water ice, derived from extra-lunar sources, such as cometary impacts. These maps show only latitudes greater than 80°.

associated with the floor of South Pole–Aitken basin. The Procellarum terrain's enrichment in Th is unexplained. It may represent an original heterogeneity in the crust of the Moon (inherited from global differentiation) or, it could be the result of material excavated and thrown across the surface by the impact that created the Imbrium basin. The (lower in magnitude) Th anomaly associated with the South Pole–Aitken basin floor suggests that the enrichment in Th here may be the result of the exposure of lower crustal material.

Lunar Prospector's neutron spectrometer detected high concentrations of hydrogen at both poles (Plate 8). In the form of water ice, the latest results from LP show an amount of hydrogen equivalent to about 10 km^3 of ice, with the south pole having slightly more than the north pole. Moreover, the low-altitude (high-resolution) neutron data show that these high concentrations of hydrogen are correlated with the large areas of darkness seen in the Clementine mosaics (LACs 1 and 144). This result almost certainly means that large quantities of water ice exist in these dark areas, confirming the earlier result of the 1994 Clementine bistatic radar experiment.

Measurements of the interaction of the geomagnetic field of Earth with the orbiting Moon from LP has confirmed that the Moon possesses a small, metallic core, about 400 km in diameter, or about 2% of the mass of the Moon. This core is mostly iron, but may contain significant amounts of iron sulphide (FeS). Numerous, intense zones of magnetism are associated with bright swirl material on the Moon. LP has found that some of these magnetic anomalies are intense enough actually to deflect the solar wind from the surface. If such fields are geologically old, there should be enhanced solar-wind gas implantation along the margins of these anomalies, and shielded areas beneath the magnetic 'bubbles'.

At the end of its mapping mission, the Lunar Prospector spacecraft was deliberately crashed into the Moon, near the south pole, in the hope that a cloud of water vapour might be released, which could then be seen by telescopes on Earth. This experiment was conducted on 31 July 1999; no vapour cloud was detected. This negative result does not mean there is no water ice on the Moon; it means only that we did not detect it in this experiment. The LP spacecraft also contained a small portion of the ashes of Gene Shoemaker, Science Team Leader of Clementine, who was tragically killed in an automobile accident in 1997. Gene had wanted to become an astronaut early in the Apollo program, but a medical condition prohibited it. He finally made it to the Moon – and into a crater near the south pole that will bear his name forever (LAC 144).

Atlas details

The Clementine data

The Clementine spacecraft entered a 400 × 3000 km elliptical lunar orbit on 19 February 1994. It remained in this 5 h period orbit for 71 days, systematically mapping the surface of the moon with its instrument suite (Table 4). Because of the elliptical nature of the orbit, perilune (the point of closest approach the lunar surface) was moved from 28° S to 30° N approximately half-way through the mapping phase of the mission (Figure 20). This ensured that the entire surface of the Moon was mapped at approximately the same resolution.

The imaging data set shown in this atlas comes from Clementine's ultraviolet–visual (UV–VIS) instrument. The UV–VIS camera was essentially a digital camera with a 384 × 288 pixel array. This camera contained five filters and imaged over 99% of the lunar surface at an average resolution of 200 m/pixel. The images used here were taken with the 750 nm filter as they are close to the visible part of the spectrum and are of better quality than the 415 nm images.

Because of the redundant overlap in surface coverage at high latitudes between consecutive orbits, the Clementine team devised a mapping strategy that conserved data volume. In a type A orbit the spacecraft (traveling from south to north) began mapping at 70° S and finished imaging when it was above the north pole. In a type B orbit, mapping began at 90° S and finished at 70° N. Type A and B orbits were alternated on each revolution, resulting in a seamless, global digital image of the Moon (Figure 20).

Processing of the images is achieved using the Integrated Software for Imaging Spectrometers (ISIS) produced by the United States Geological Survey in Flagstaff, Arizona. The raw images are radiometrically and photometrically calibrated; essentially, they are converted from the original data to a set of quantitative brightness values of the Moon at a variety of wavelengths. These calibrated images are then cartographically reprojected and mosaicked into the atlas pages contained in Part II of this book. Mosaicking is required because each individual Clementine image only covers a small part of the lunar surface. A typical LAC atlas page is made from roughly 80 UV–VIS images.

The goal of the Clementine UV–VIS camera was to collect multi-spectral data. This required that the data were collected with as high a Sun angle as possible, i.e. close to local noon. This minimises the amount of shadow, thus maximising surface coverage, but has the slight negative aesthetic effect of making some of the equatorial LACs appear slightly washing out.

The atlas

Back in the 1960s, a standardised mapping scheme to cover the planets was devised by the United States Air Force Mapping and Information Center. Standard quadrangles called Lunar Aeronautical Charts (LAC; later changed to Lunar Map, LM) were devised at a scale of 1:1 million along standard parallels of latitude and longitude. The Moon was covered in 144 standard maps. The projections of the individual LACs vary as a function of latitude (see Figures 21–24). Maps near the equator are in Mercator projection; mid- and high latitudes use the Lambert conic conformal projection. Polar regions (within 10°

Atlas details

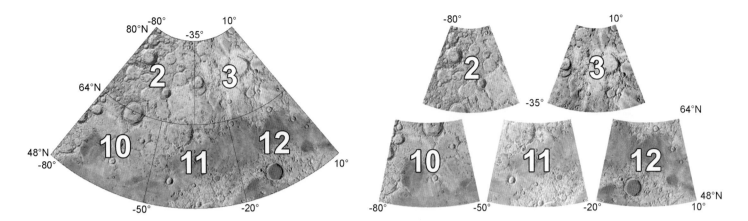

Figure 21. A close-up of the LAC 2 'block' of high latitude Lambert conformal maps, showing how we have re-oriented each LAC from its longitude of projection to a consistent 'north-at-top' orientation.

of each pole) are shown in polar stereographic projection. Figure 23 shows how the LACs were laid out for the Moon, using the global shaded relief as the base.

The map projections used for this atlas are based on those of the LACs with one minor change. Figure 21 shows that, in the original LACs, at medium–high latitudes several LACs all use the same mapping parameters, e.g. maps 2, 3, 10, 11 and 12 all use the Lambert projection with a centre latitude of 64° N and centre longitude of 35° W. In order to ensure that North is always 'up' in the atlas pages, we have slightly modified this projection scheme. Using the same batch of LACs as an example, in this atlas LACs 2 and 3 are both projected using a center latitude of 72° N, whilst 10, 11 and 12 are projected around 56° N, i.e. the latitude used for projecting a LAC is equal to the centre latitude of the region covered by that LAC. Similarly, instead of using one centre longitude for a batch of LACs, the centre longitude used for an atlas page LAC is always equal to the centre longitude of the area covered by the LAC. The result of these slight modifications to the projection scheme is shown in Figure 21. A summary of the projections used is shown in Table 5.

Table 5. *Key cartographic parameters of the atlas maps*

LAC	Latitude range of LAC	Longitude range of LAC	Name of map projection	Centre latitude of projection
1	80° N–90° N	360°	Polar stereographic	90° N
2–9	64° N–80° N	45°	Lambert conformal	72° N
10–21	48° N–64° N	30°	Lambert conformal	56° N
22–36	32° N–48° N	24°	Lambert conformal	40° N
37–54	16° N–32° N	20°	Lambert conformal	24° N
55–72	0°–16° N	20°	Mercator	n/a[a]
73–90	16° S–0°	20°	Mercator	n/a
91–108	32° S–16° S	20°	Lambert conformal	24° S
109–123	48° S–32° S	24°	Lambert conformal	40° S
124–135	64° S–48° S	30°	Lambert conformal	56° S
136–143	80° S–64° S	45°	Lambert conformal	72° S
144	90° S–80° S	360°	Polar stereographic	90° S

Note:

[a] n/a = not applicable.

The Moon

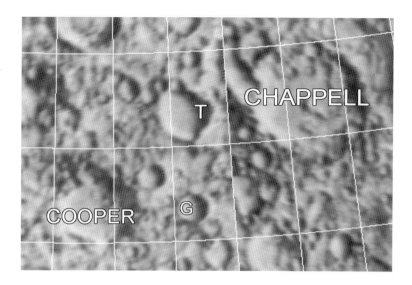

Figure 22. The image shows a portion of LAC 18 containing the craters Chappell and Cooper as well as the satellite craters Cooper G and Chappell T. Note the displacement of the letter labels on the satellitic craters towards their host craters. The right-hand side of the figure show the azimuth-dependent labelling scheme used for the satellitic craters on the lunar far side.

Each double page of the atlas consists of a pair of maps that depict the same region of the lunar surface. The left-hand page (or top page if the atlas is rotated so that North is 'up') consists of a Clementine 750 nm photomosaic. The other map is an annotated shaded relief image, which has been produced by reprojecting a digital global shaded relief image that was originally produced by the United States Geological Survey in Flagstaff, Arizona. These annotated shaded relief mosaics have all major craters and physical features (e.g. mountain ranges, mare areas) labelled. Both pages have the same latitude and longitude grid and are reproduced at the same scale (in the maps printed in this book, 1 cm on the map corresponds to approximately 25 km on the Moon). Exact map scale varies slightly with the different projections used; a good rule of thumb for the Moon is that 1° of latitude equals 30 km on the Moon, so the 2° lines of latitude printed on each atlas page are always 60 km apart.

It is not feasible to give a name to every crater on the Moon. As mentioned in the Preface, the annotated atlas pages show crater names and also identify the satellitic craters associated with these pricipal craters (defined by the Mädler system; for details see E. A. Whitaker's *Mapping and Naming the Moon*). In this system, craters surrounding a major crater are given a letter identification. These satellite craters are usually, but not always, smaller than the principal crater they are associated with. On the lunar near side this was a slightly haphazard affair because the satellite craters were chosen in order of importance. As this work was based on telescopic studies, the craters' appearances are dependent on the direction of solar illumination. The result is that there is no obvious reason why certain satellite craters were chosen instead of others. For the lunar far side a systematic approach was taken by Whitaker. The identification letter for a satellitic crater is dependent on its direction from the host crater. If the satellitic crater is directly to the north of its host crater, it has the letter Z; a crater due south is M. The letters of the alphabet (except I and O) are used in a clock-like format with A being slightly east of due North. This is shown in an example on Figure 22 which is the portion of LAC 18.

Often a satellitic crater may reside close to more than one principal crater. In order to try and aid the reader in identifying the host crater with ease, the atlas uses a consistent labelling scheme. Satellitic crater letters are set 2 points smaller than the text used for the host craters. Additionally the labelling position is intended to 'point' towards the host crater. In Figure 22 the crater labelled by the letter T could theoretically refer to either Cooper or Chappell. There are three clues as to the crater's identity: first, the text

Figure 23. Index of the LAC scheme for the lunar mapping.

The Moon

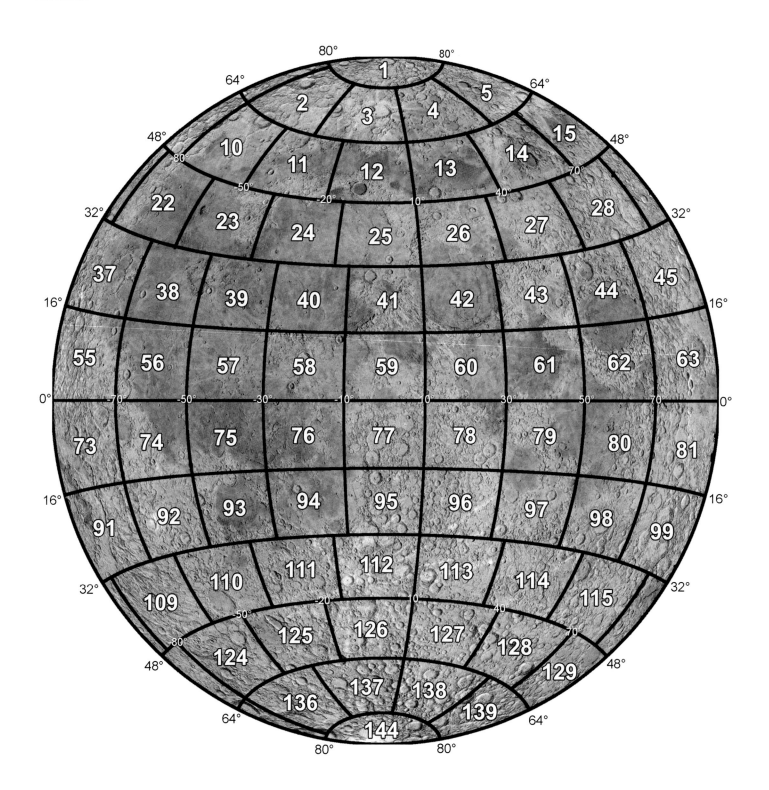

Figure 24. Index of the LAC maps in *The Clementi*

Atlas details

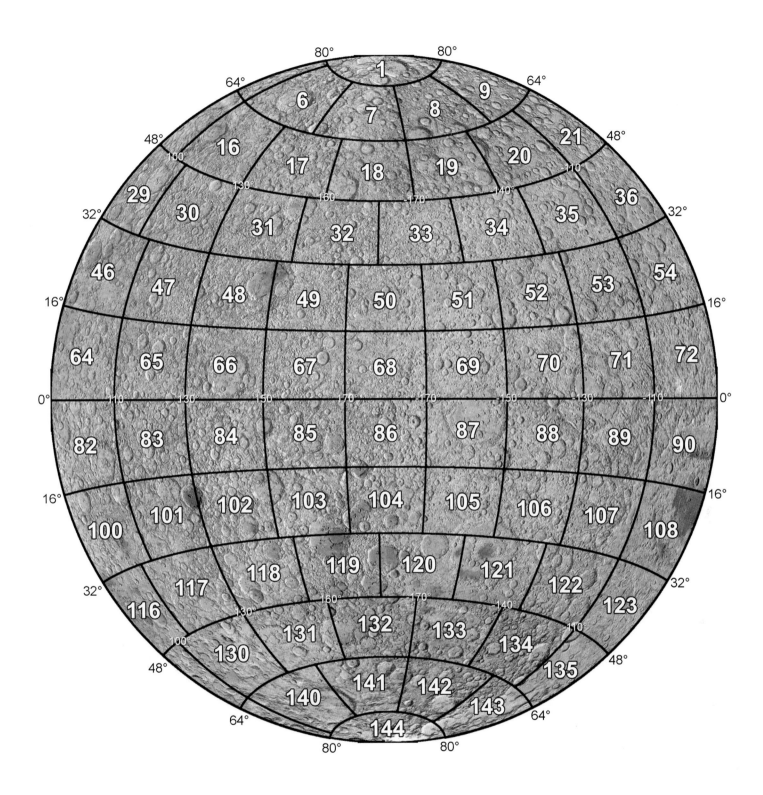

Atlas of the Moon. Lambert equal-area projection.

size is slightly smaller than Chappell and the same size as Cooper, suggesting that the crater belongs to Chappell. The second clue is that if you trace a line from the centre of the crater, through the identification letter, and extend the line, it points towards Chappell. If the crater lies on the far side, as is the case here, a third clue as to the satellite crater's identity is if the letter is in the correct relative location to the host crater, using the clock system. 'T' should be located approximately in the 9 o'clock position to its host crater, Thus all these three clues indicate that the crater is 'Chappell T'.

Whilst this method may not be foolproof, it should work for almost all satellite craters. But if in any doubt, the reader can look in the index for the location and size of all the satellitic craters.

Two different index maps are provided to help the reader locate the LAC associated with a particular location. Figure 23 shows the Moon projected using the original LAC mapping scheme. Figure 24 shows near- and far-side shaded relief images in a Lambert equal-area projection. LAC boundaries are indicated together with latitude and longitude on these images.

Sometimes the astutue reader will notice a slight discrepancy in the position of a crater in the Clementine mosaic and the annotated shaded relief map. This is normally due to small positional errors in the hand-airbrushed image and the reader should trust the position as shown in the Clementine image LAC page. For absolute certainty, the reader can check on the position as indicated in the Gazetteer at the back of the atlas.

Part II The Clementine lunar atlas

The Clementine lunar atlas

1

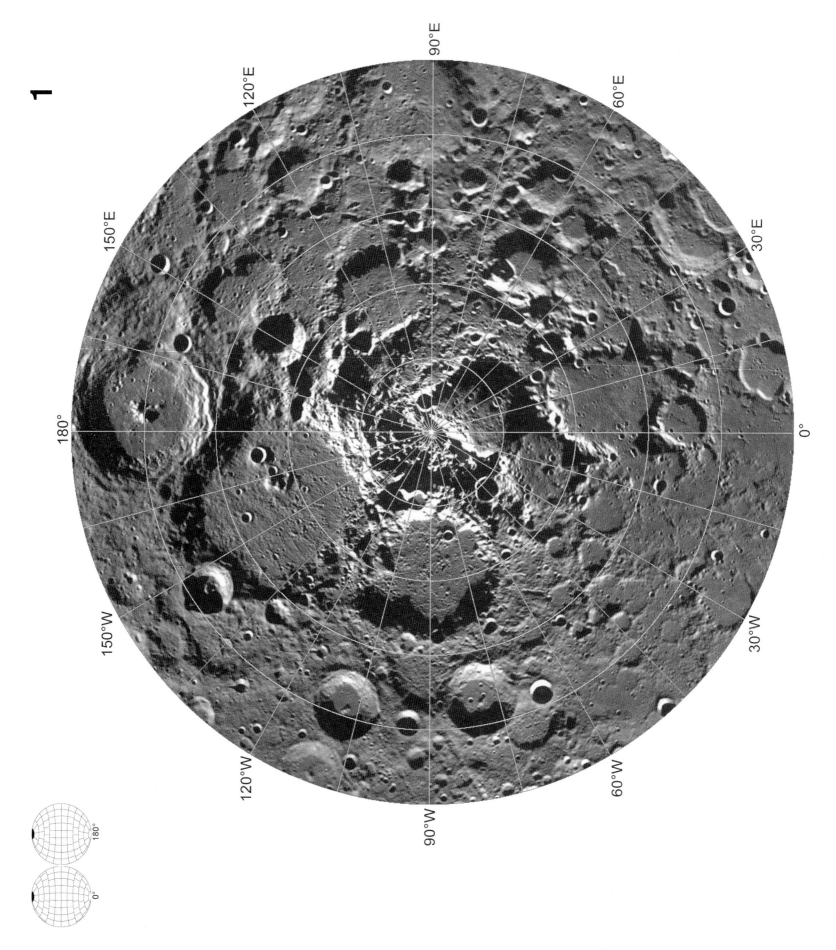

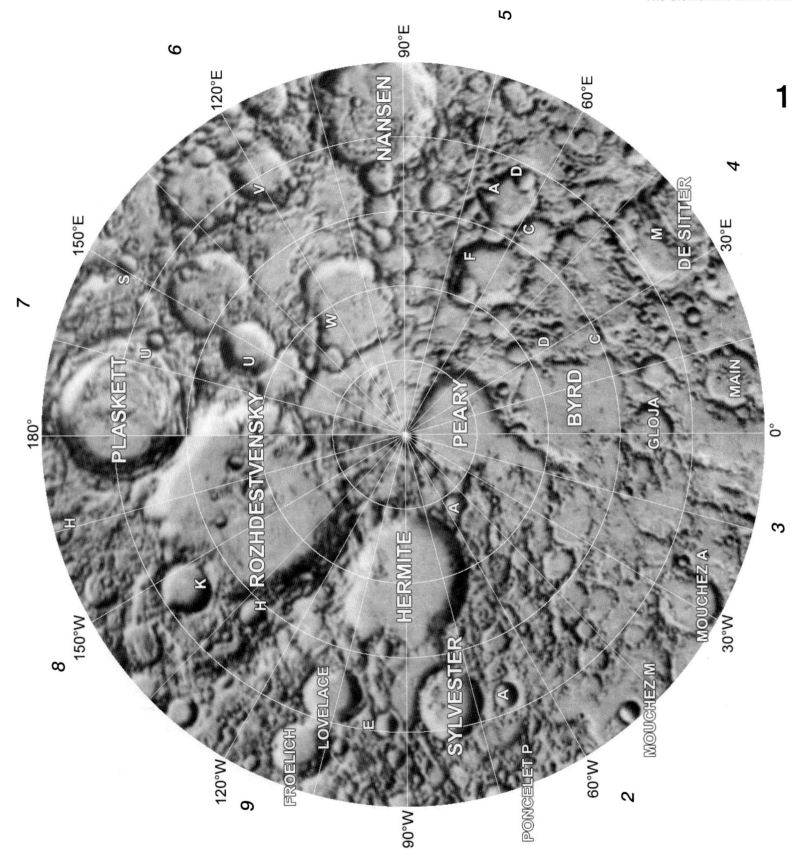

The Clementine lunar atlas

2

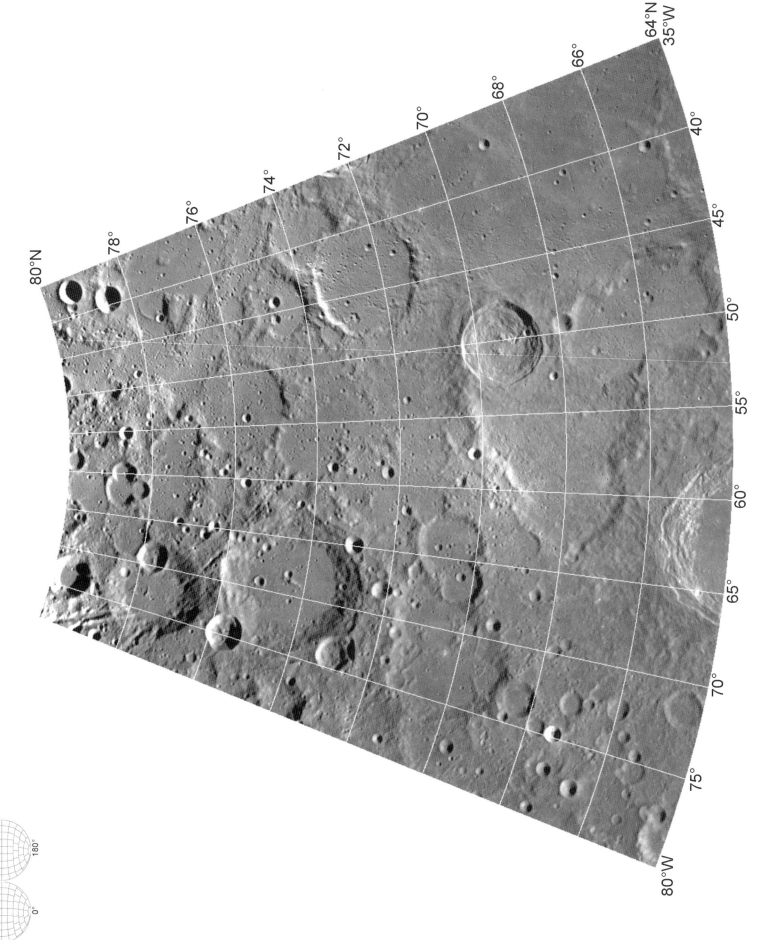

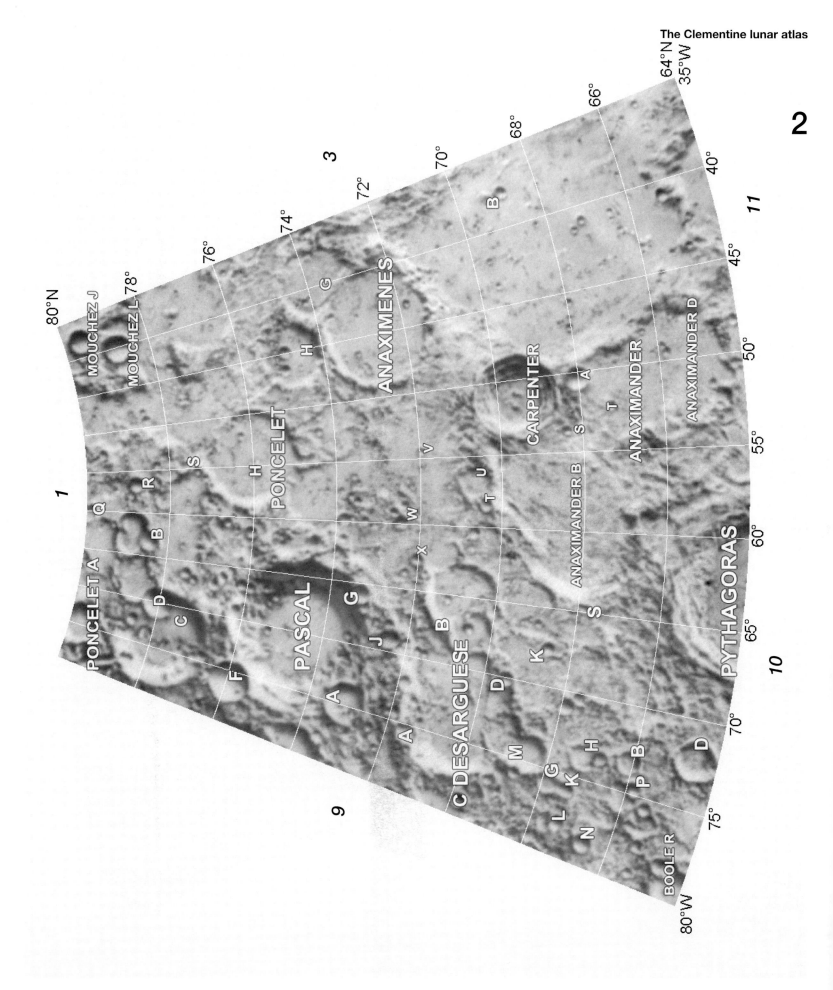

The Clementine lunar atlas

3

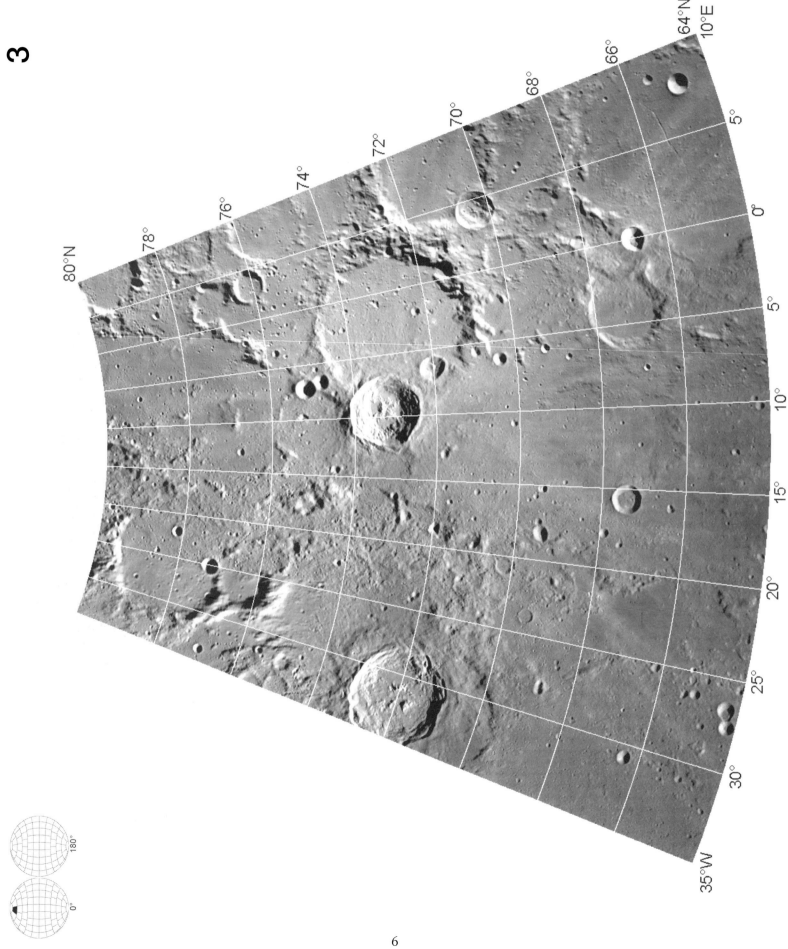

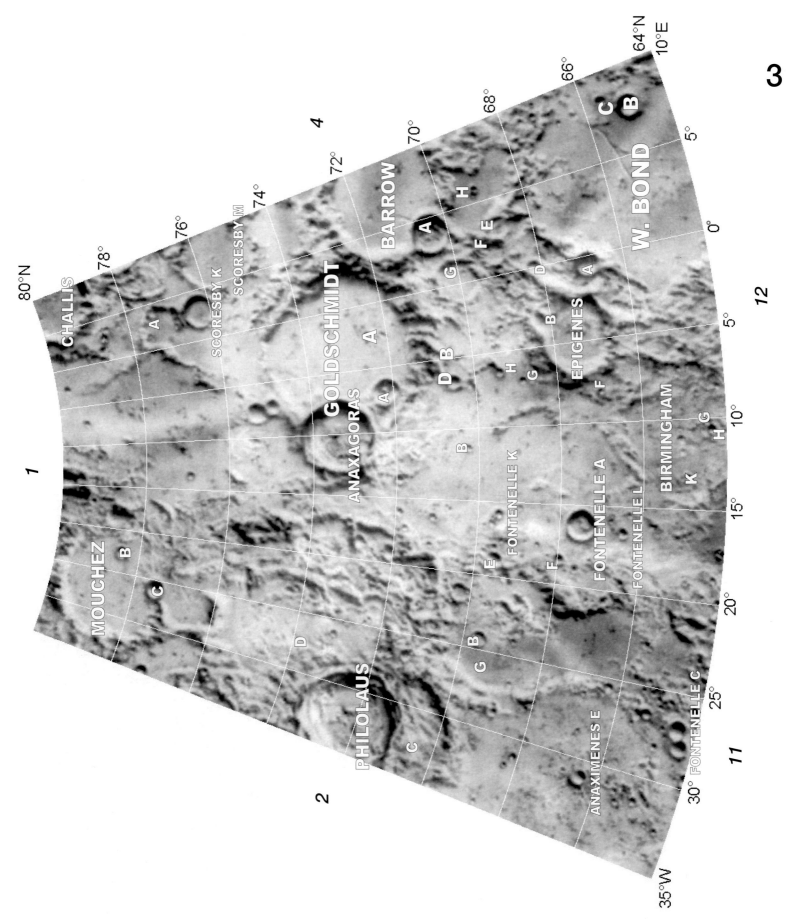

The Clementine lunar atlas

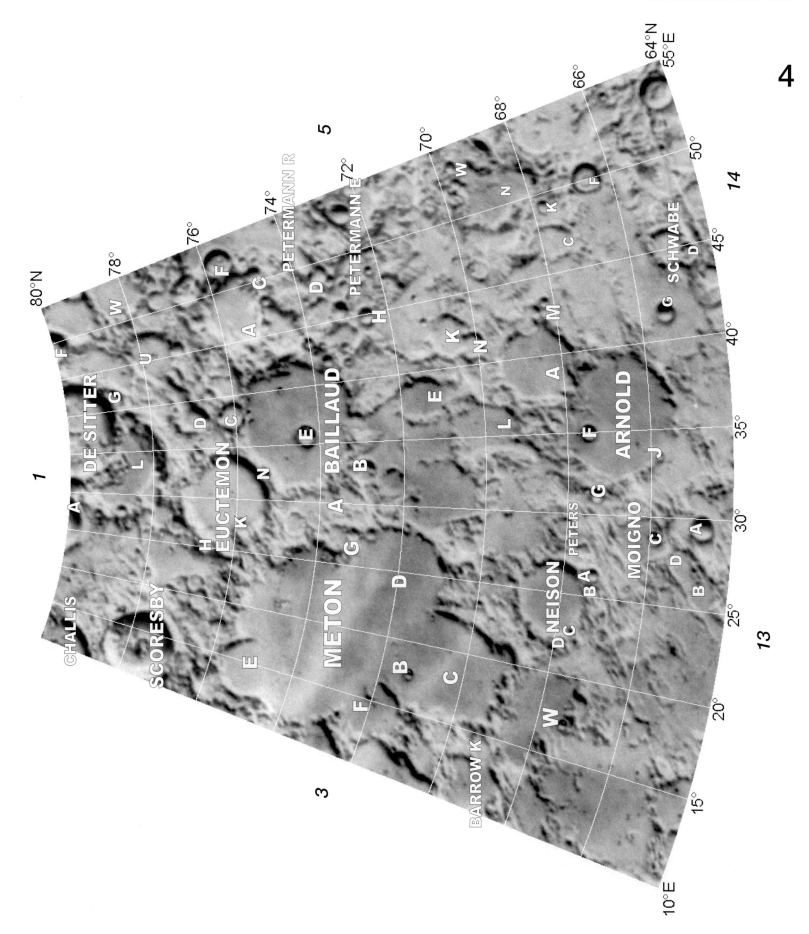

The Clementine lunar atlas

5

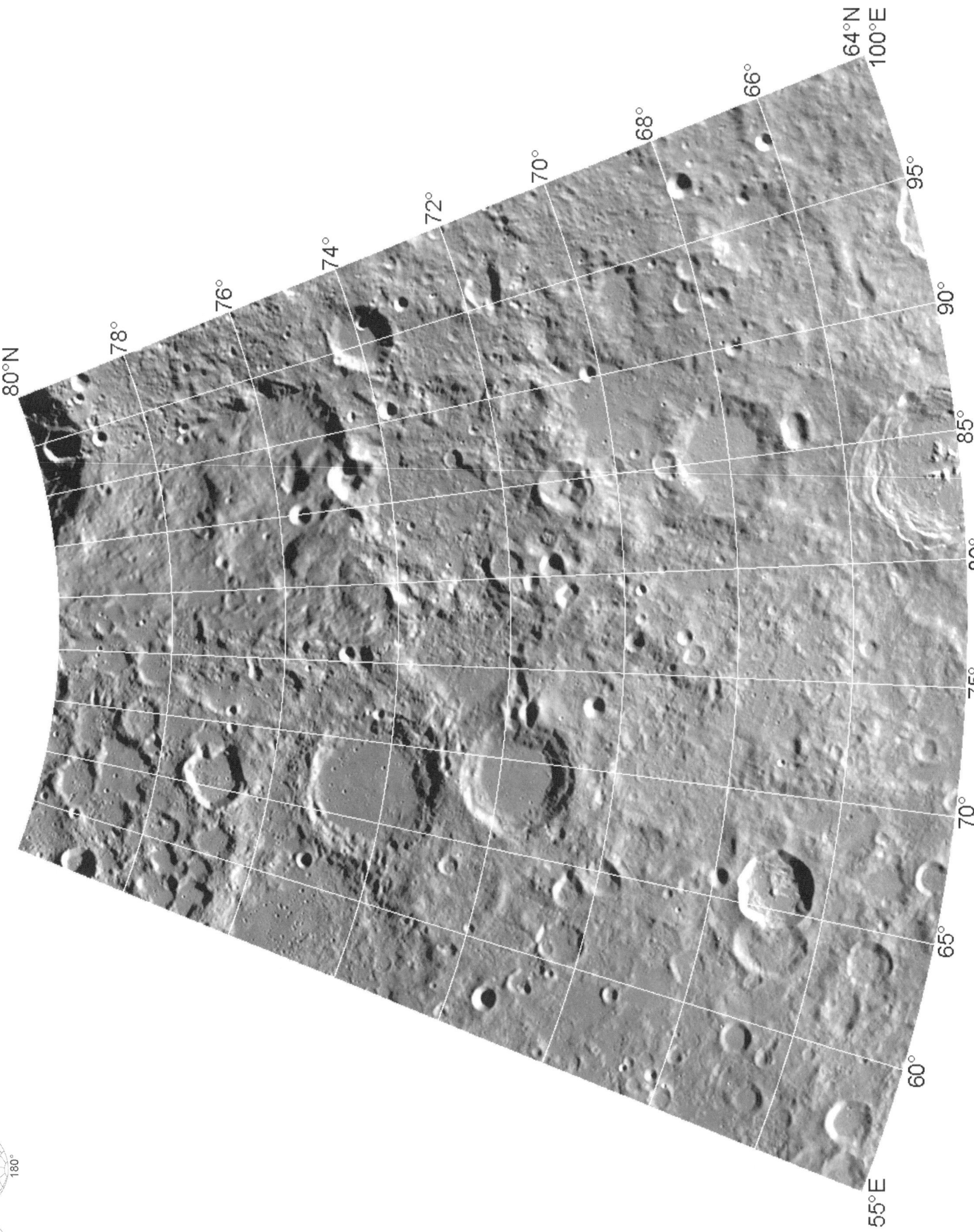

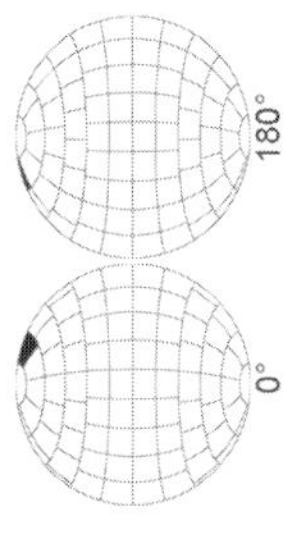

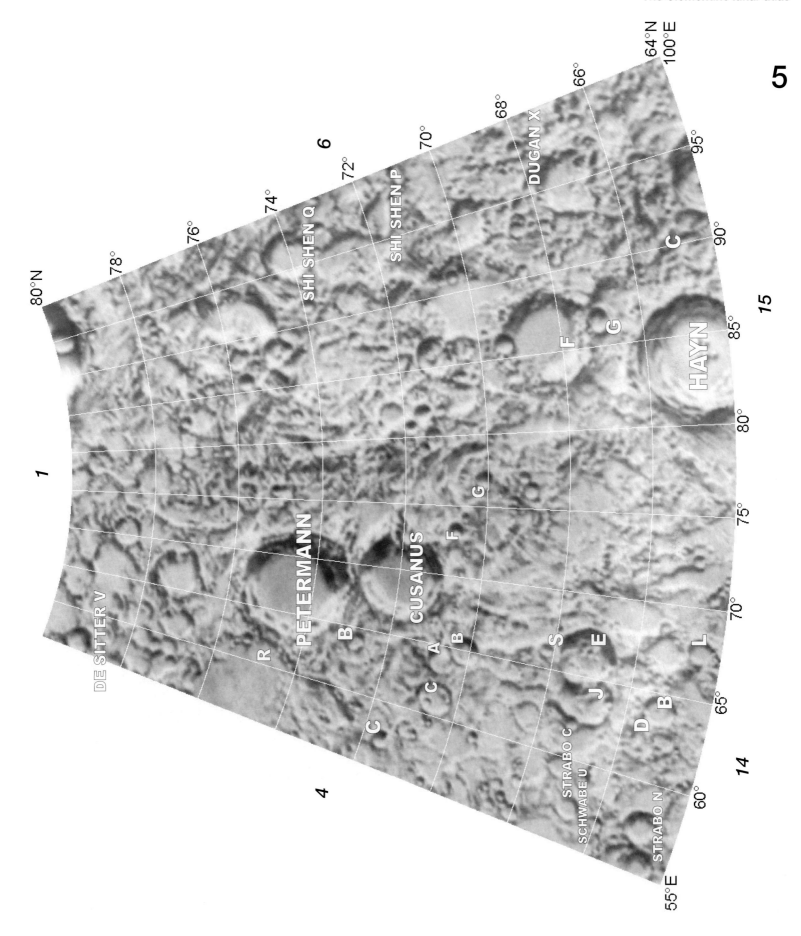

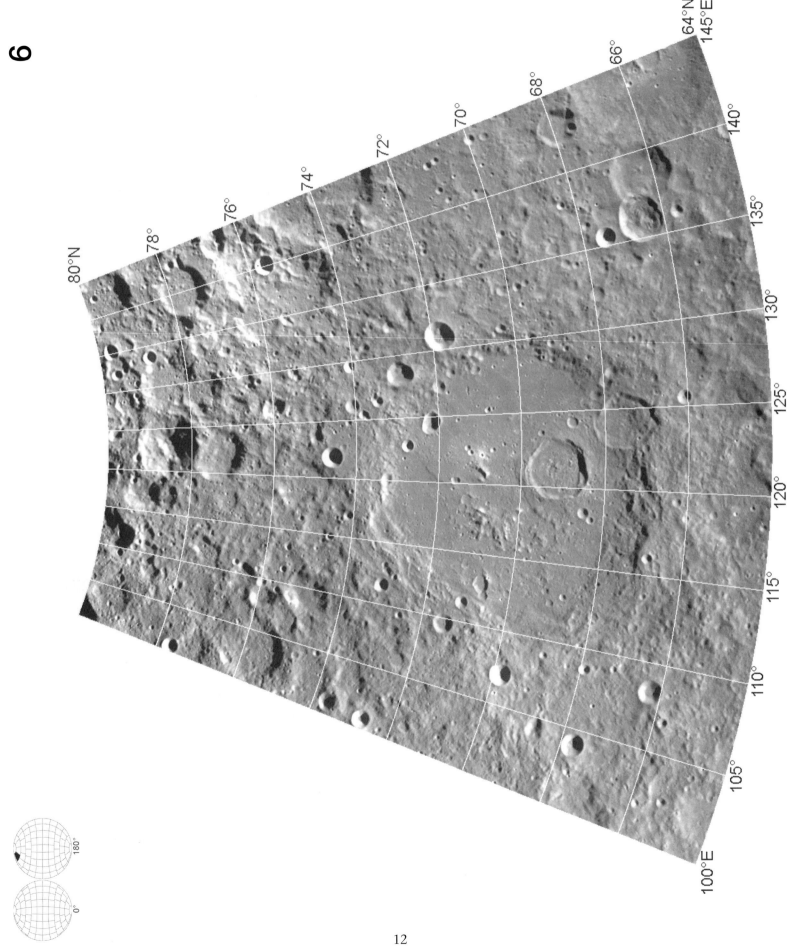

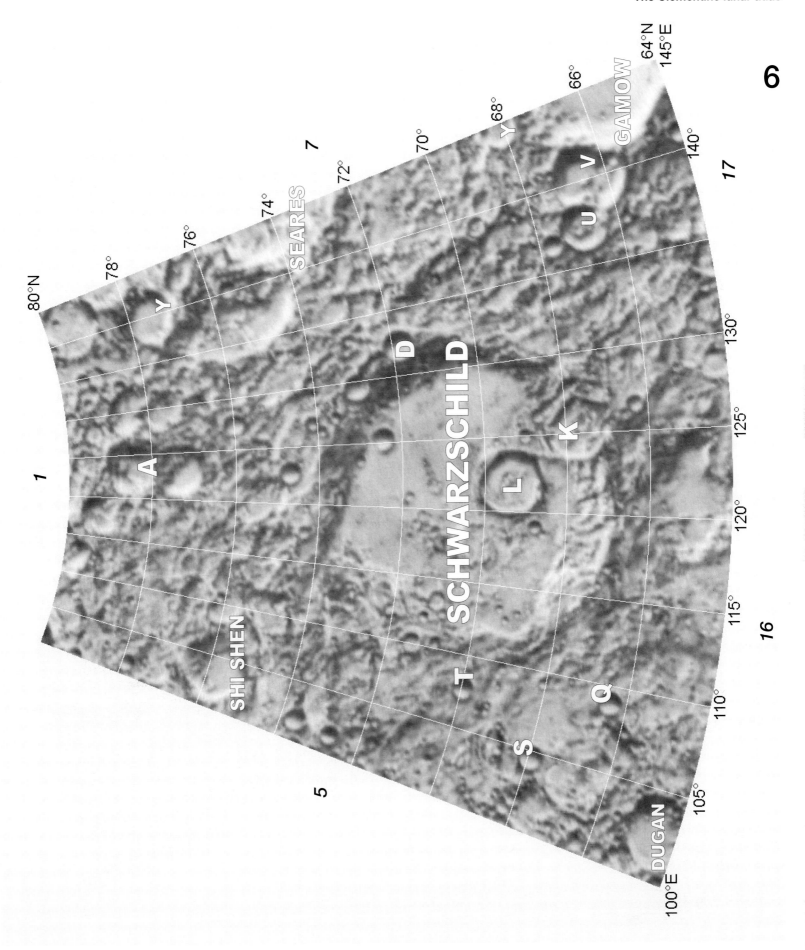

The Clementine lunar atlas

7

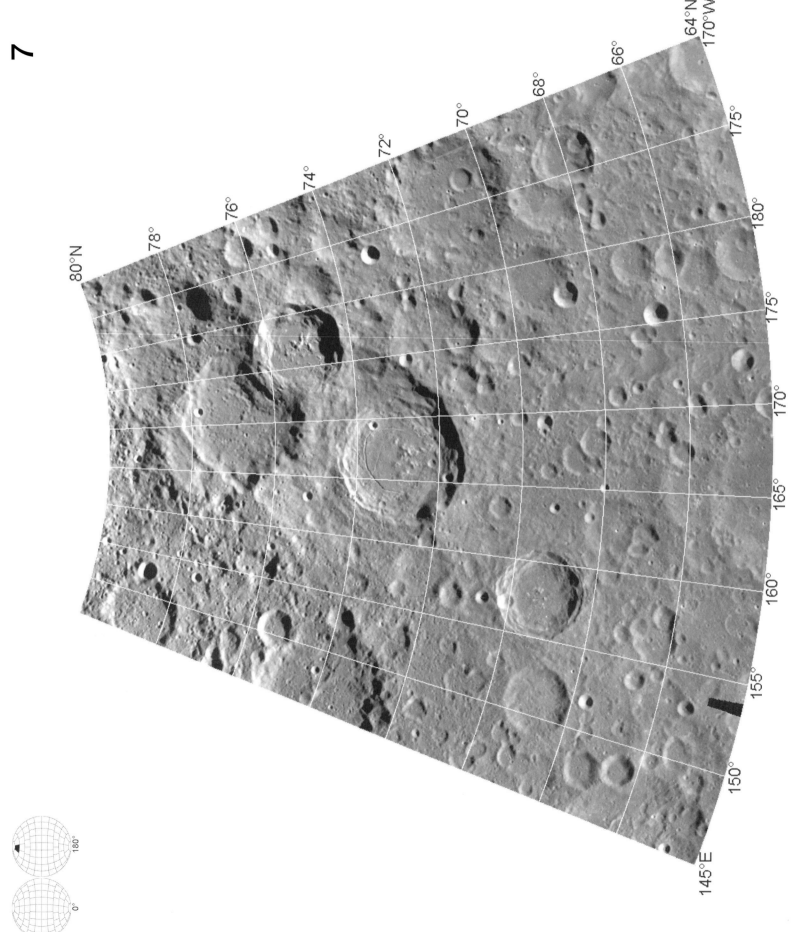

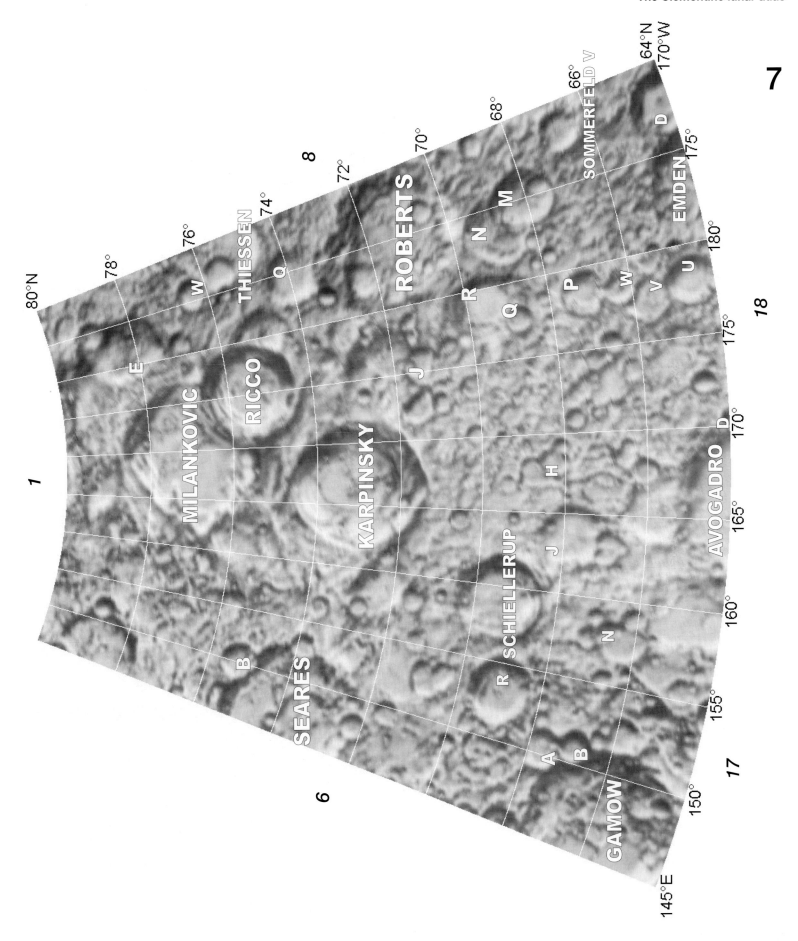

The Clementine lunar atlas

8

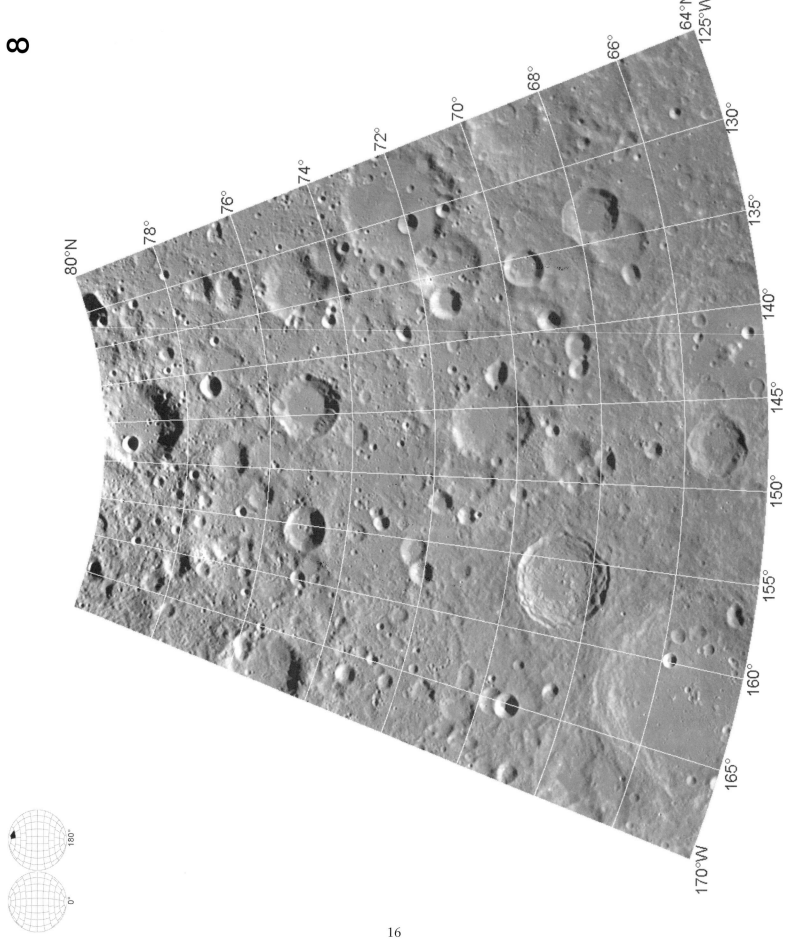

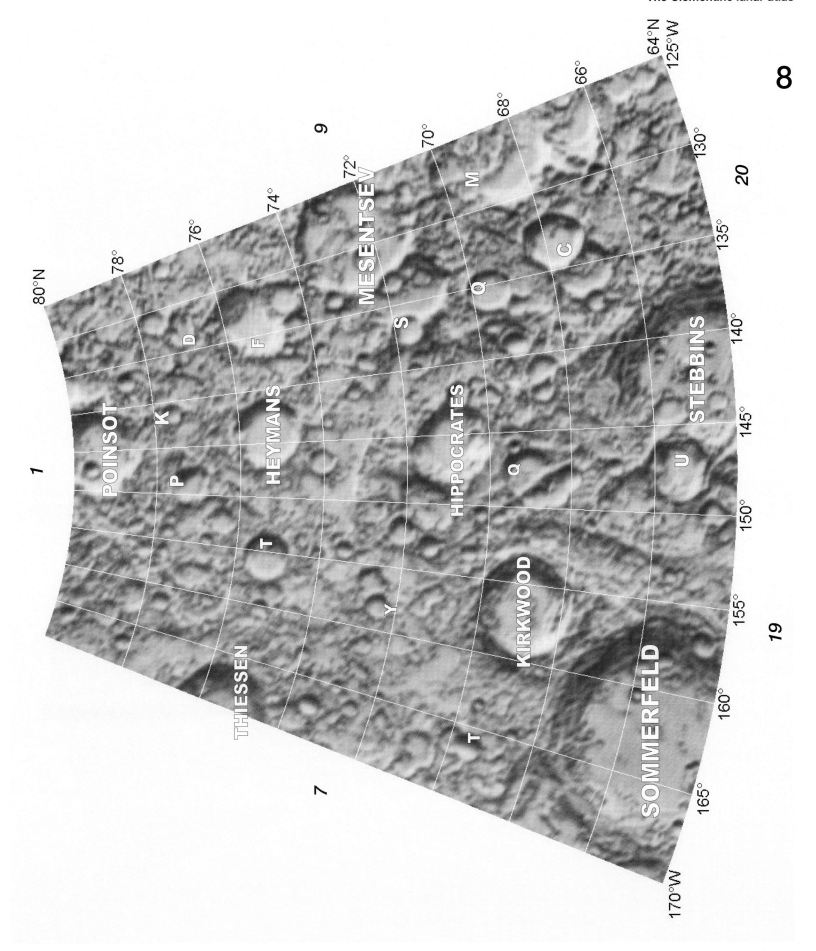

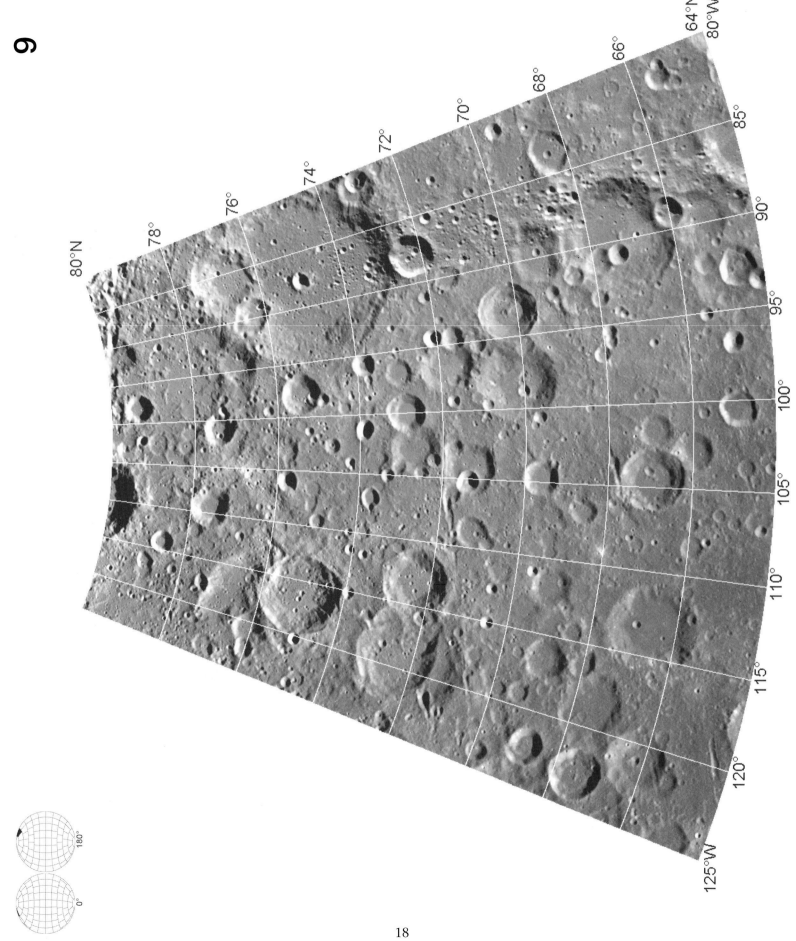

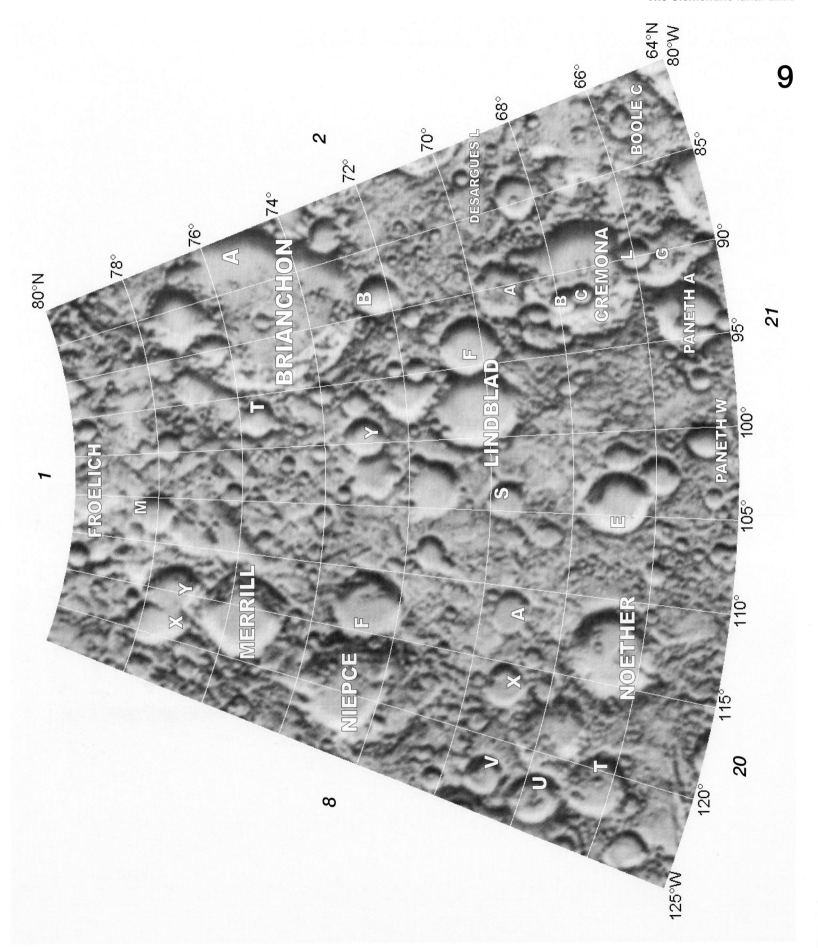

The Clementine lunar atlas

10

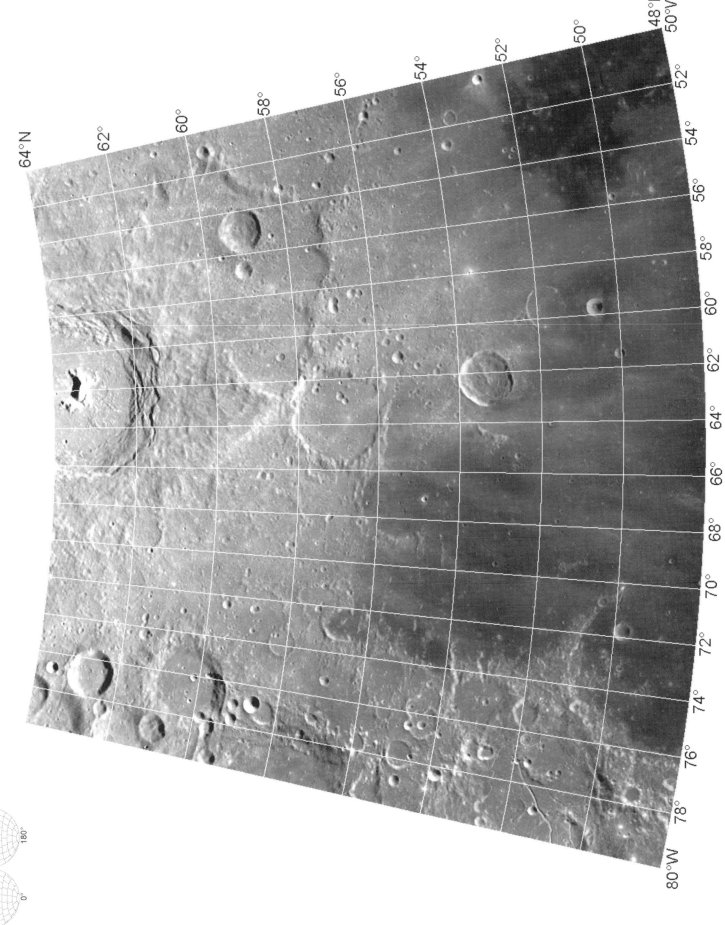

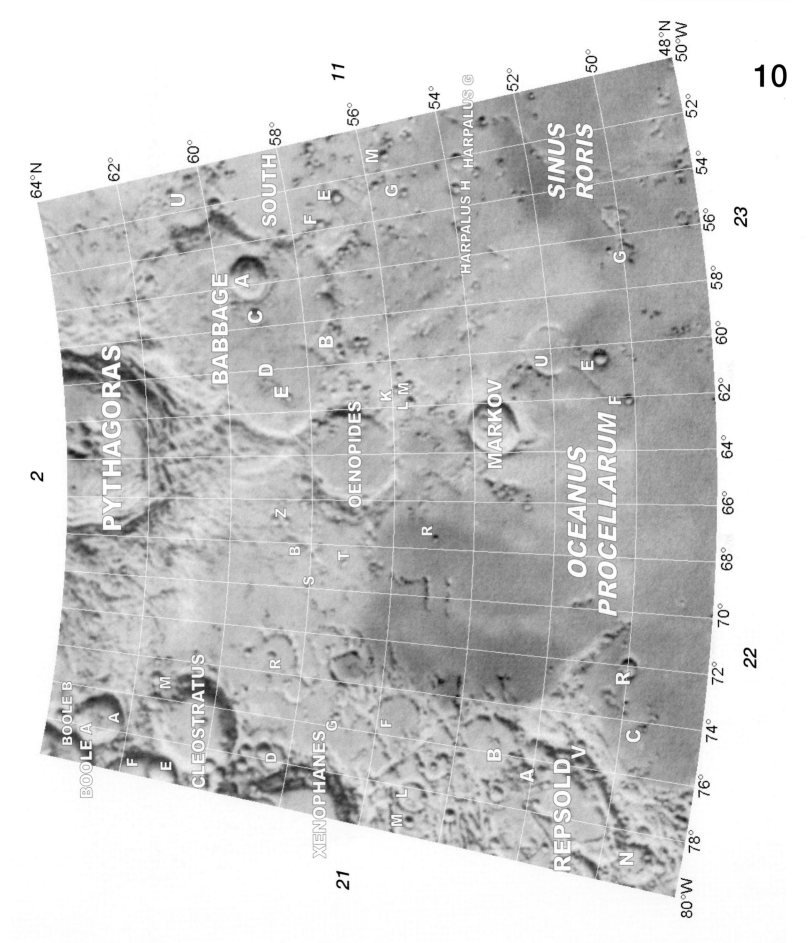

The Clementine lunar atlas

11

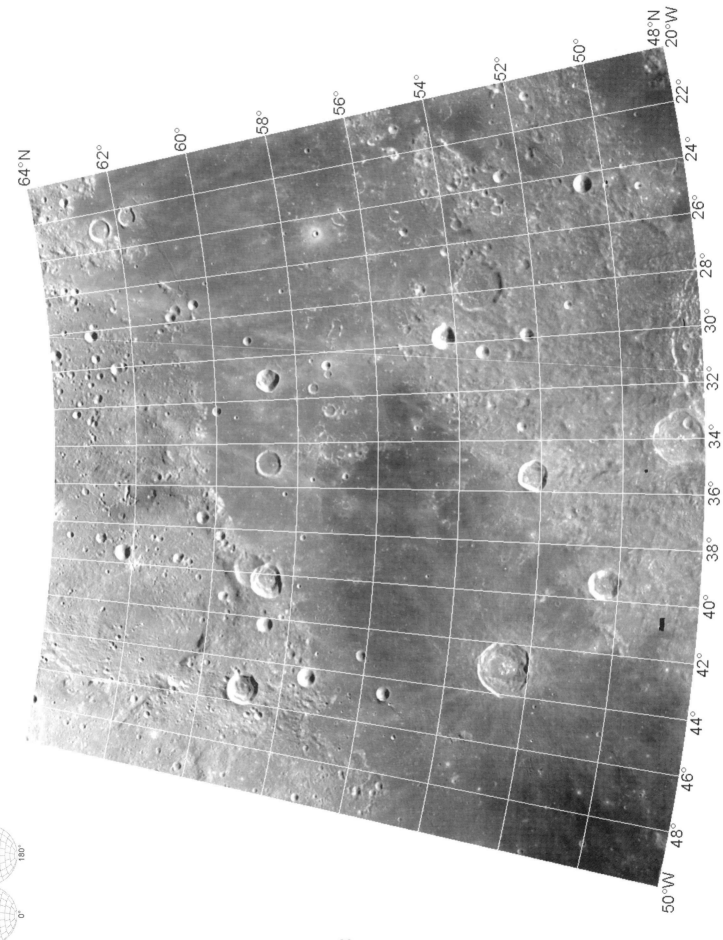

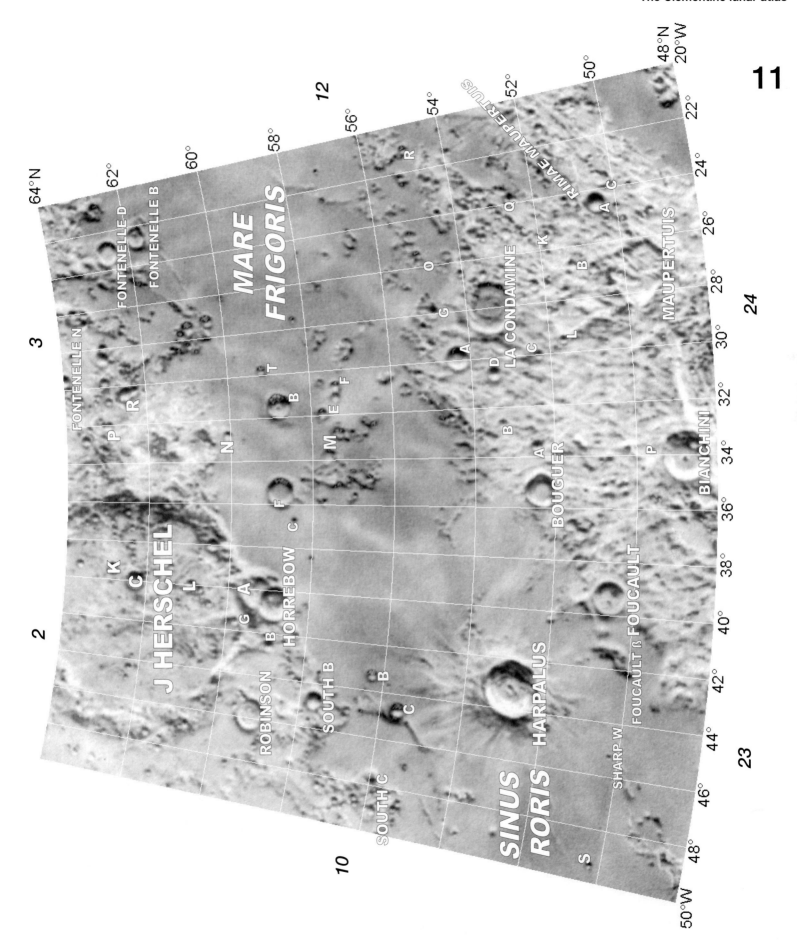

The Clementine lunar atlas

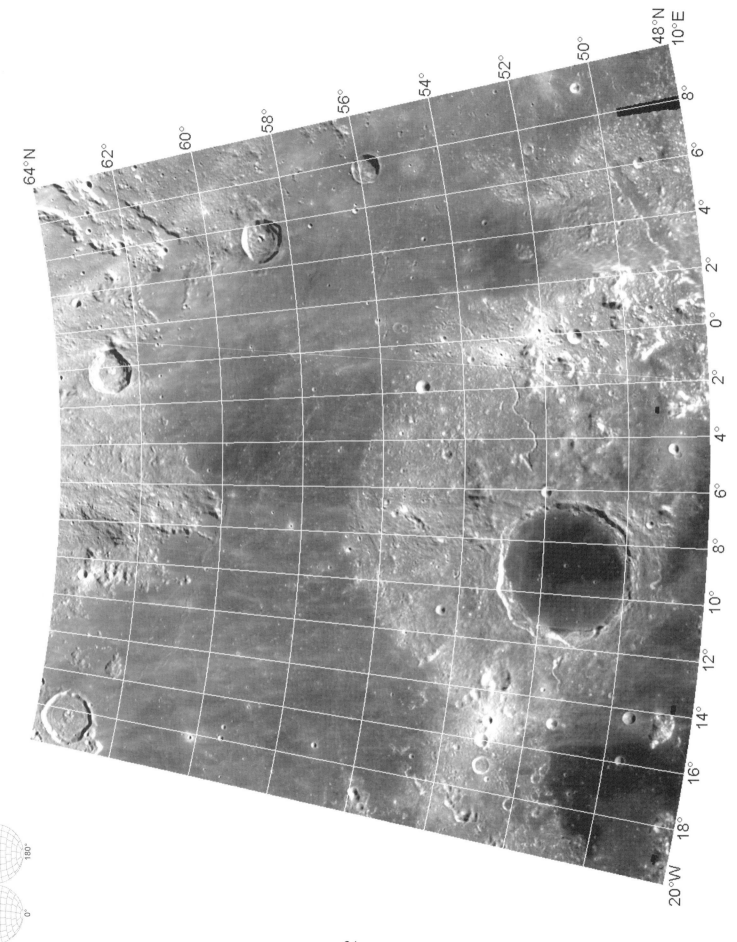

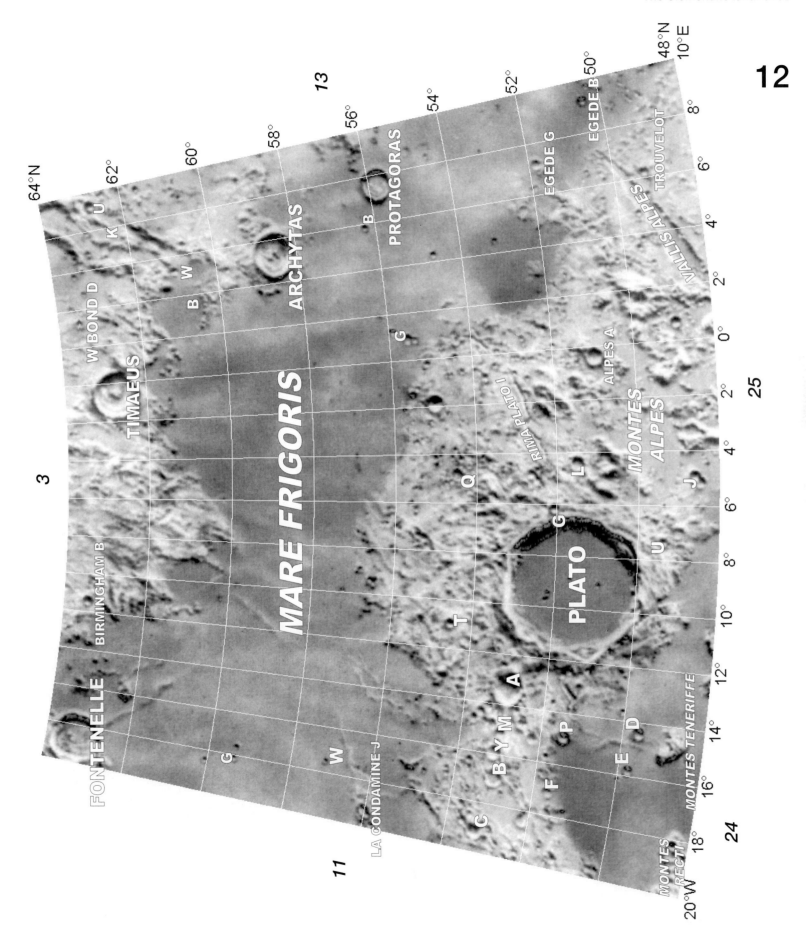

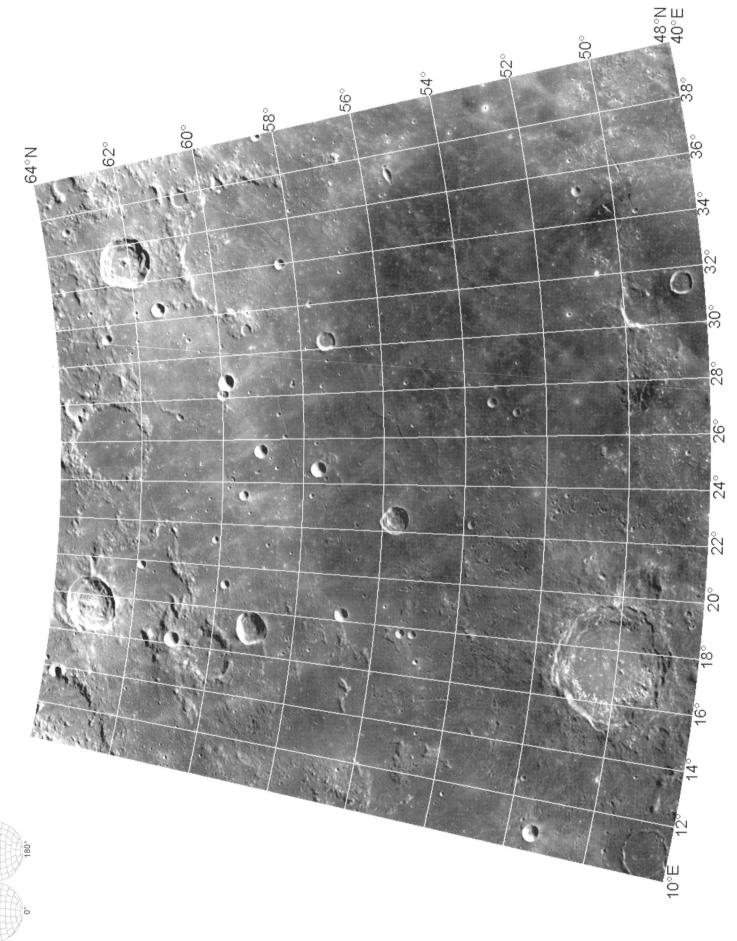

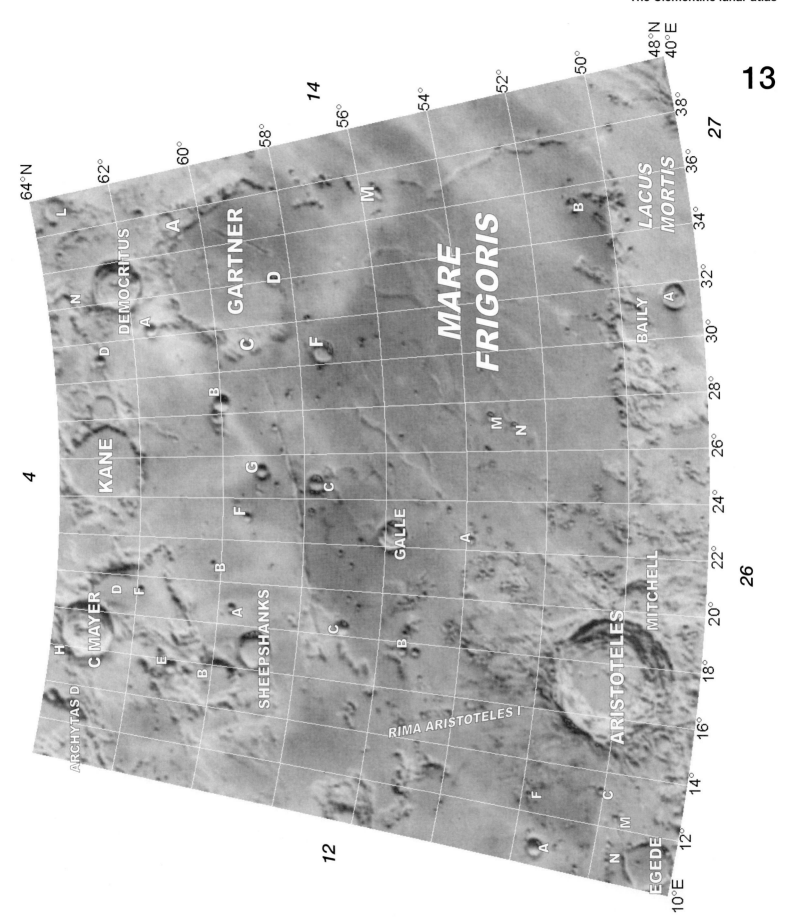

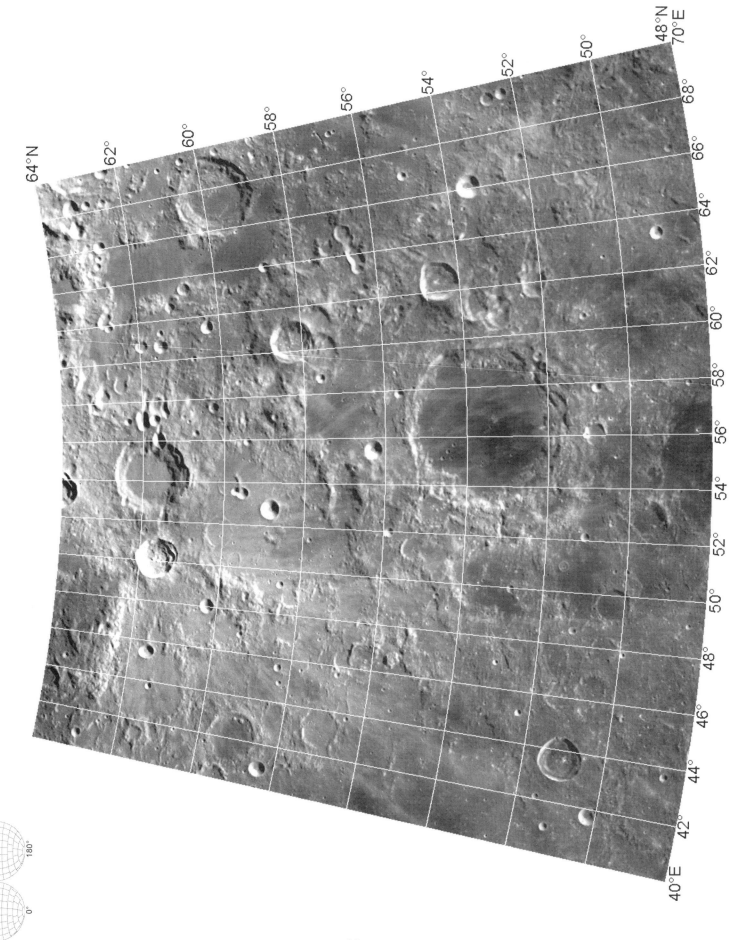

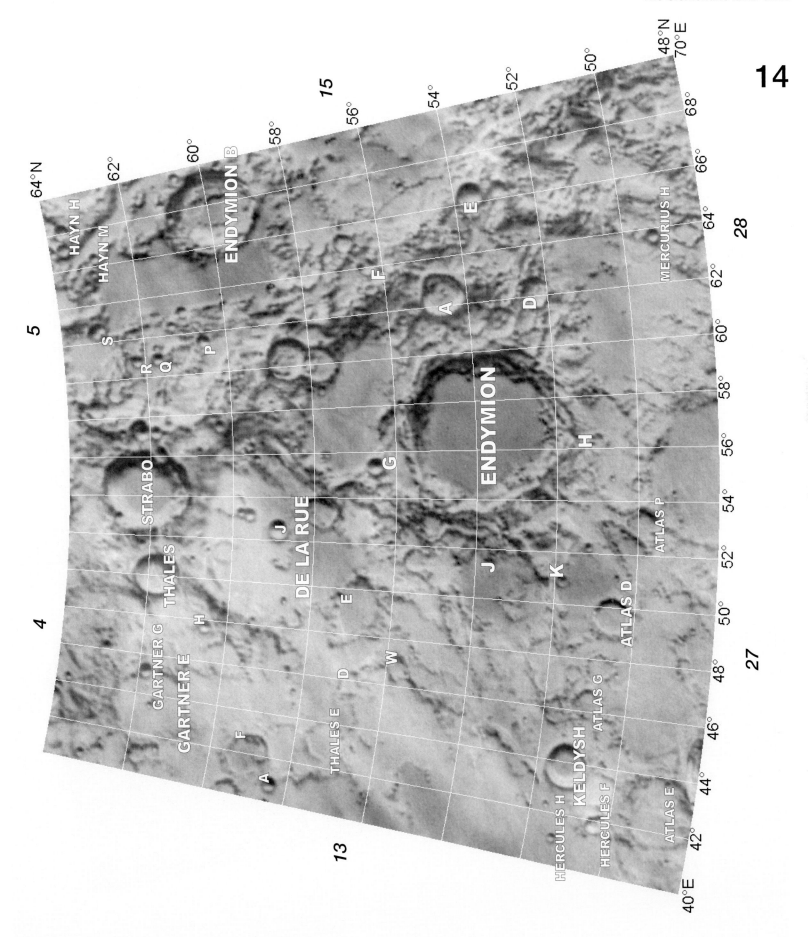

The Clementine lunar atlas

15

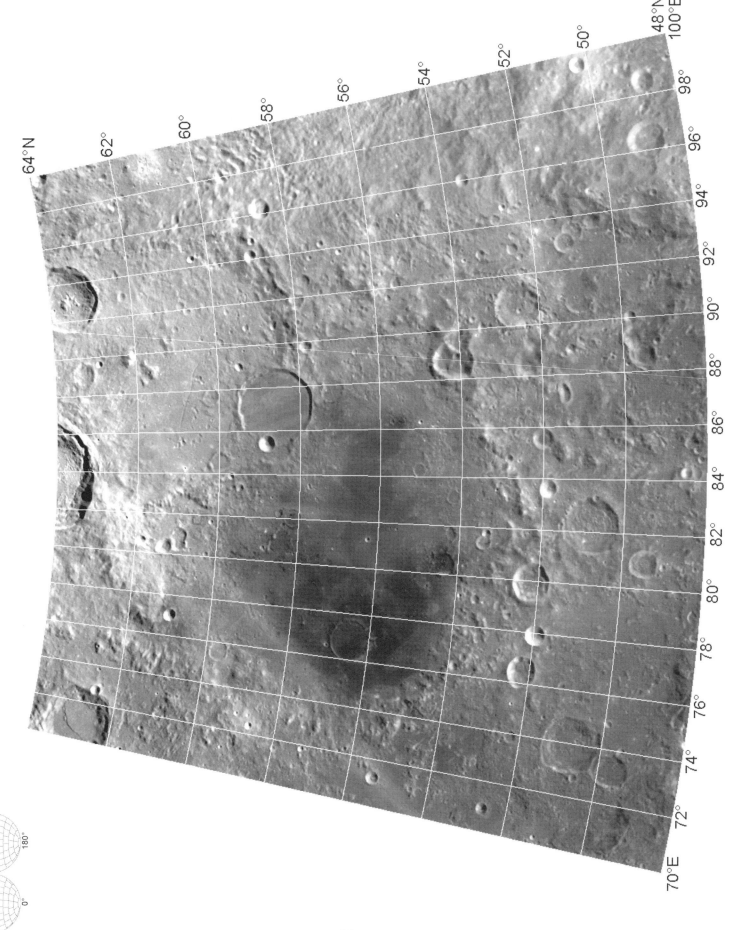

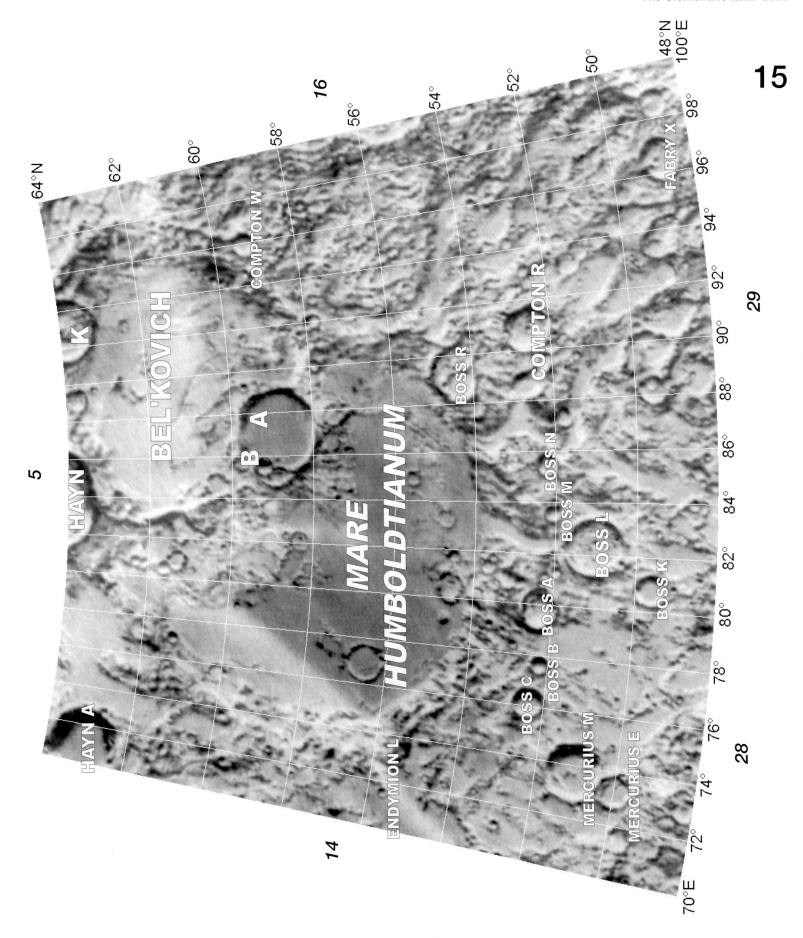

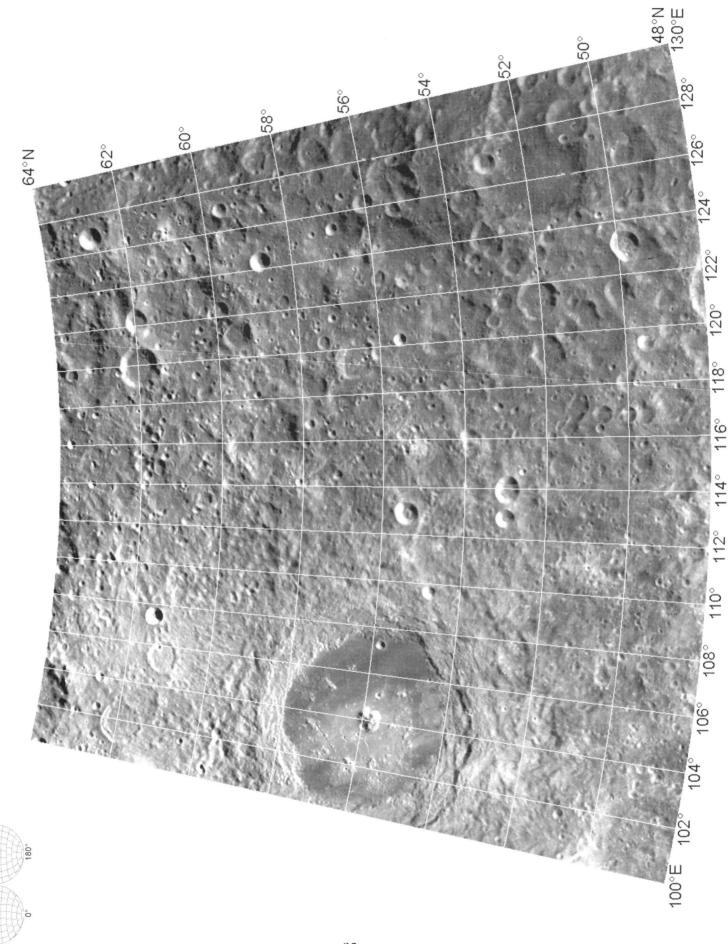

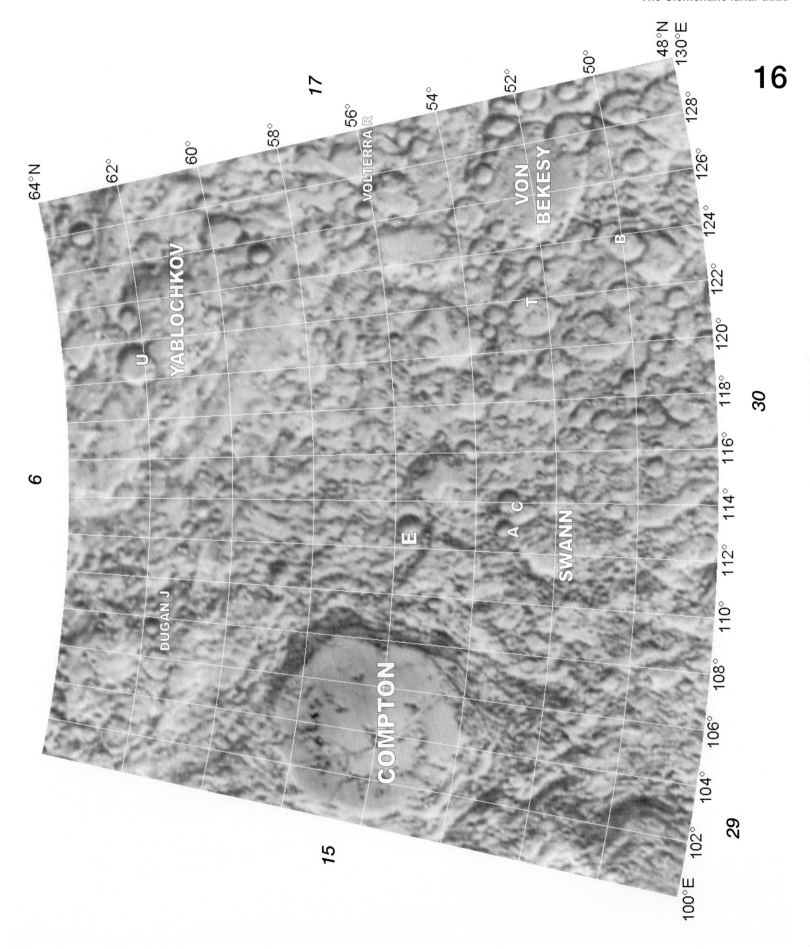

The Clementine lunar atlas

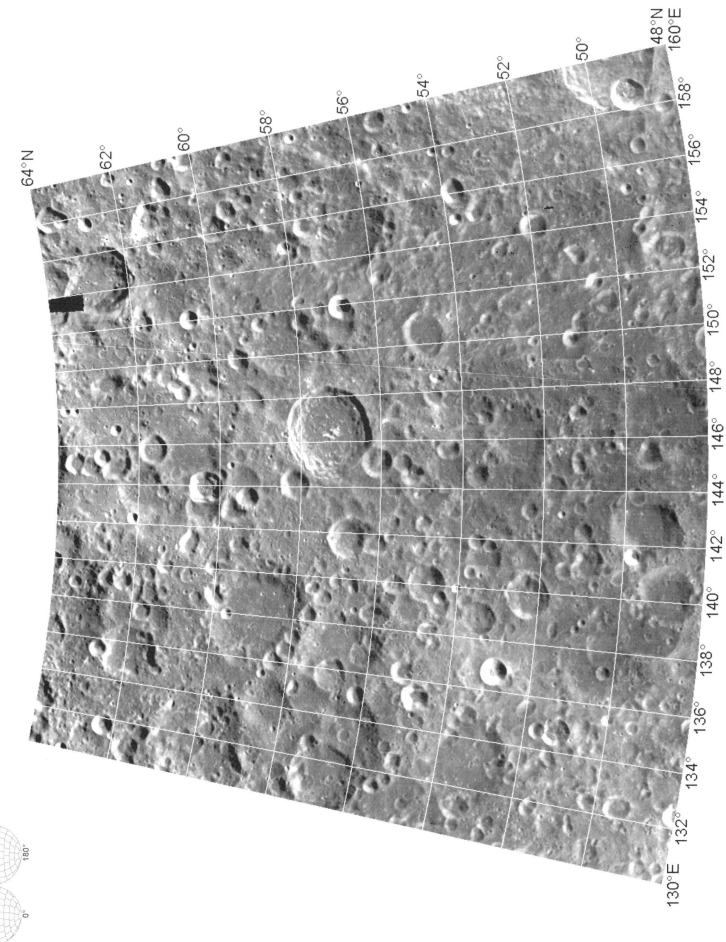

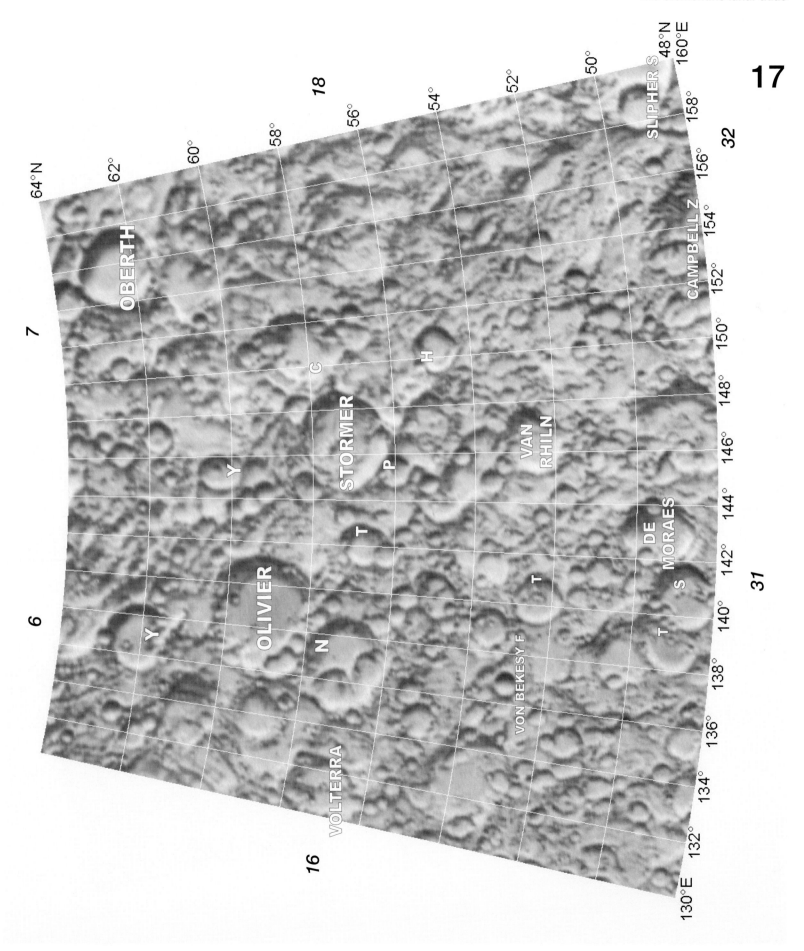

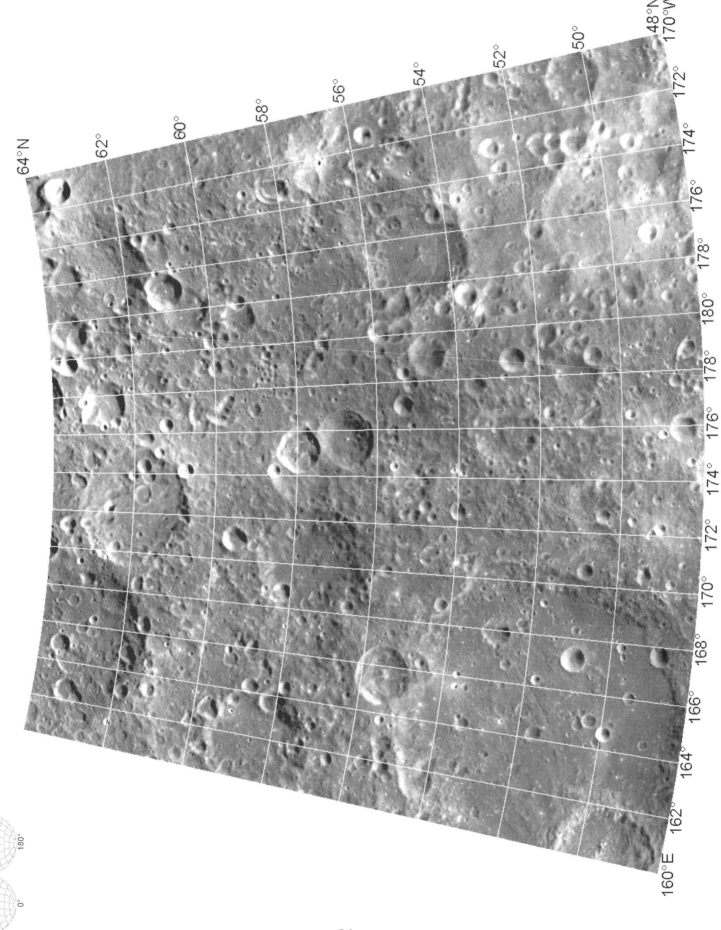

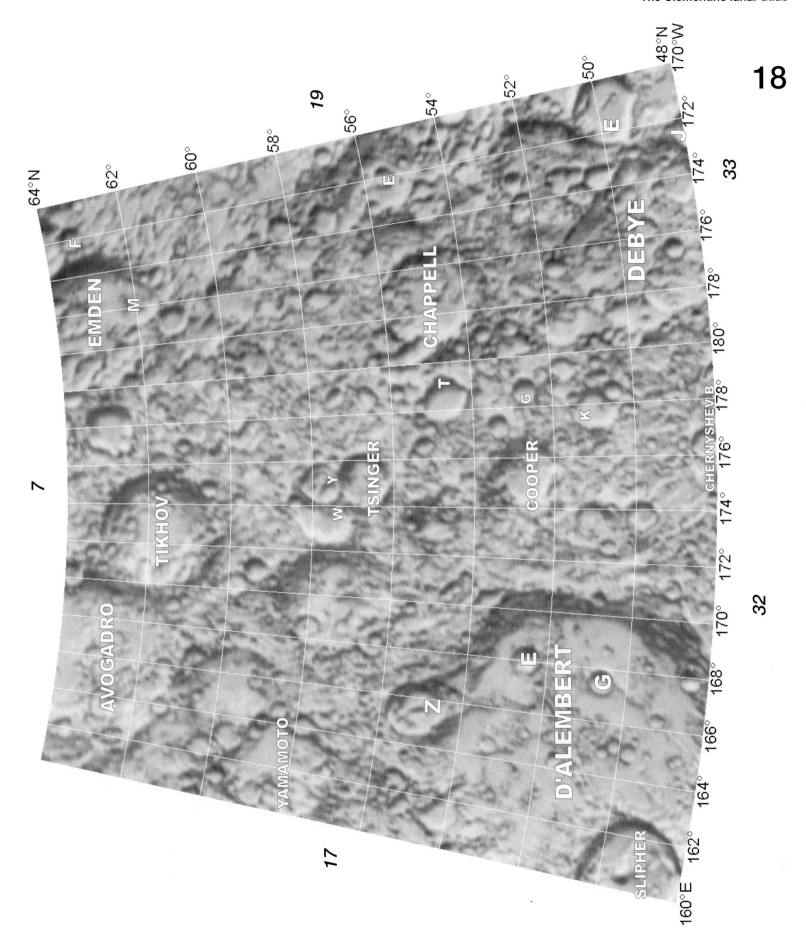

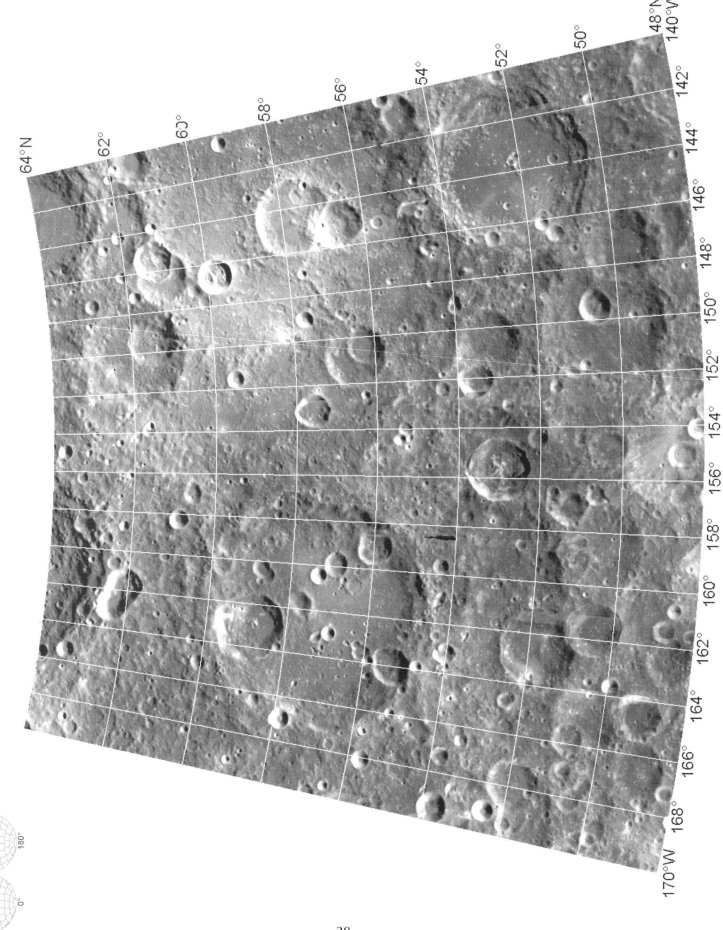

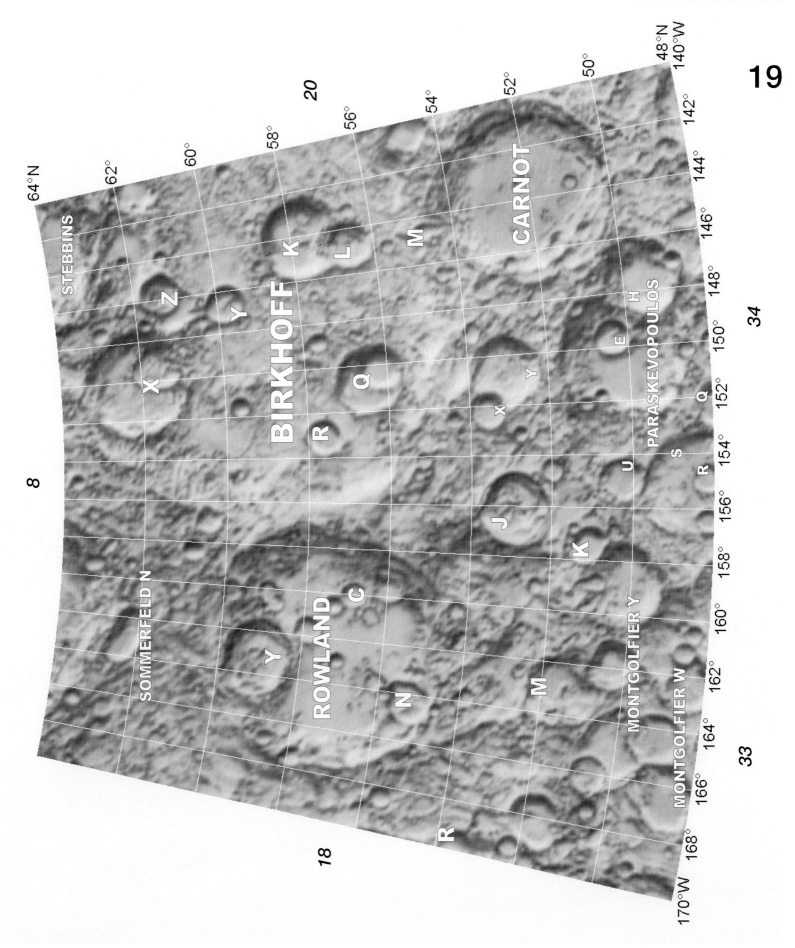

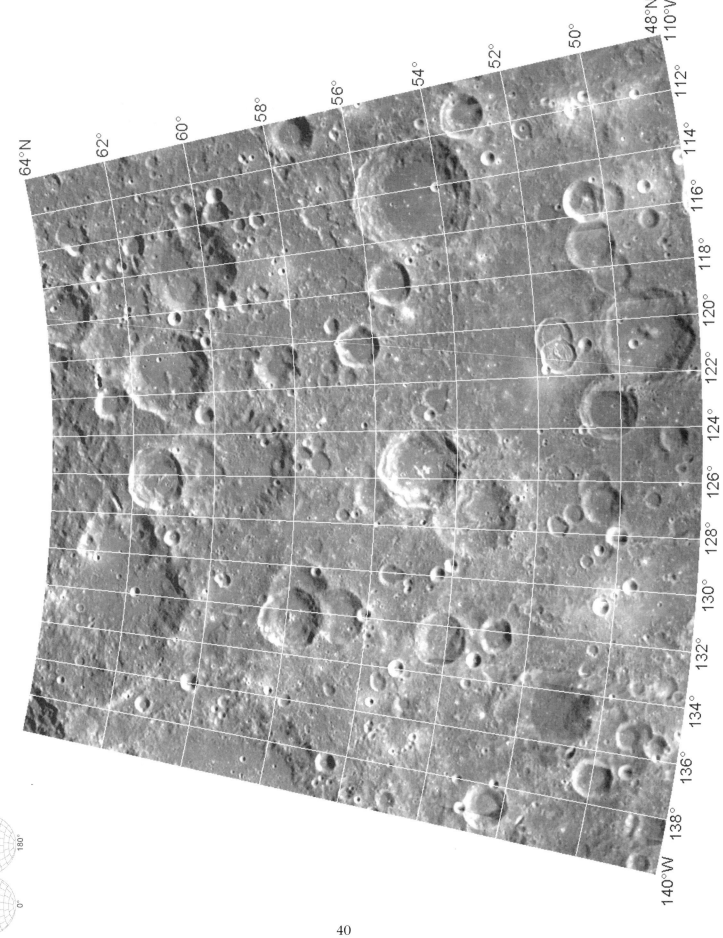

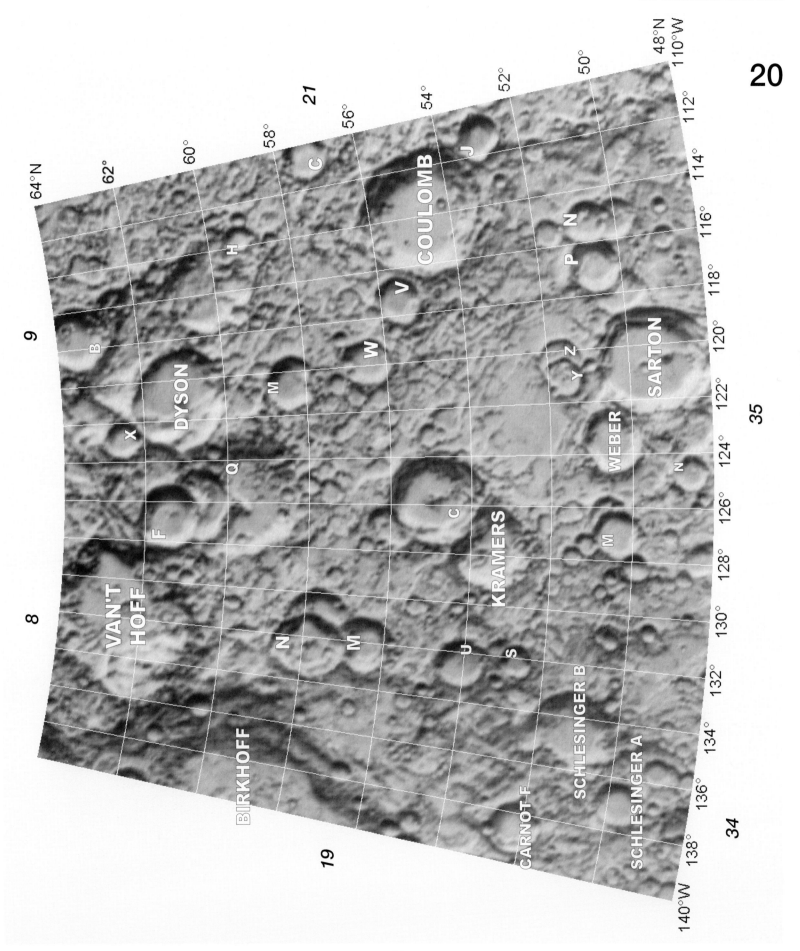

The Clementine lunar atlas

21

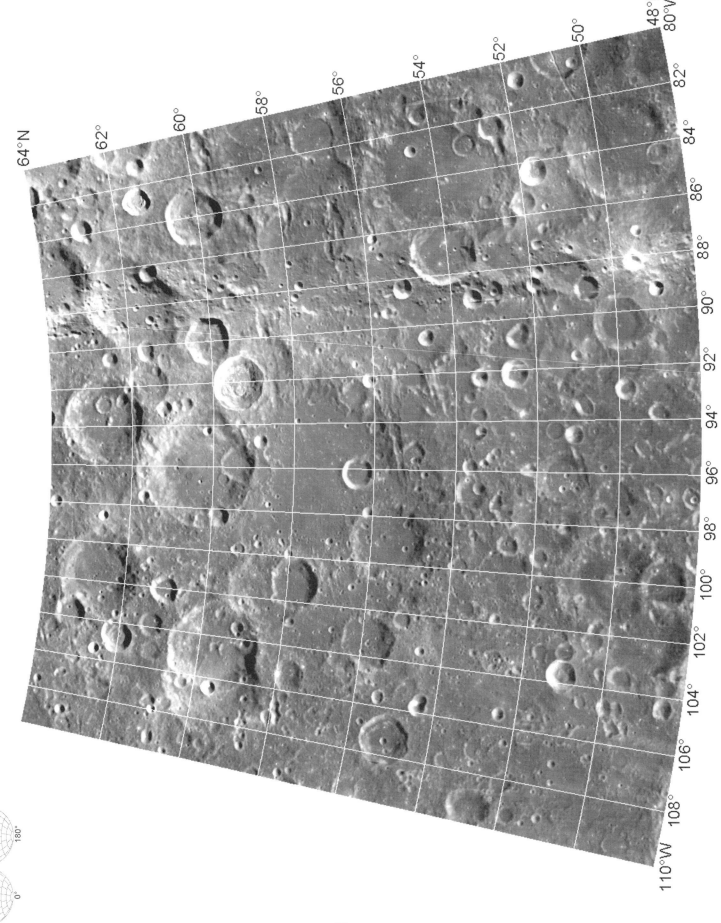

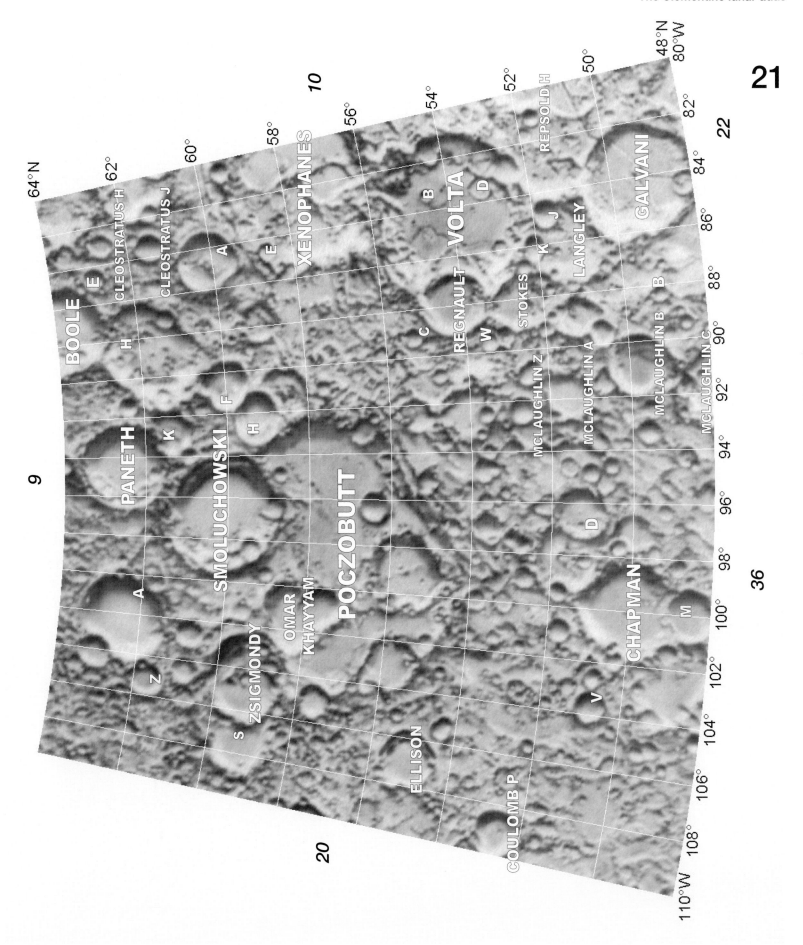

The Clementine lunar atlas

22

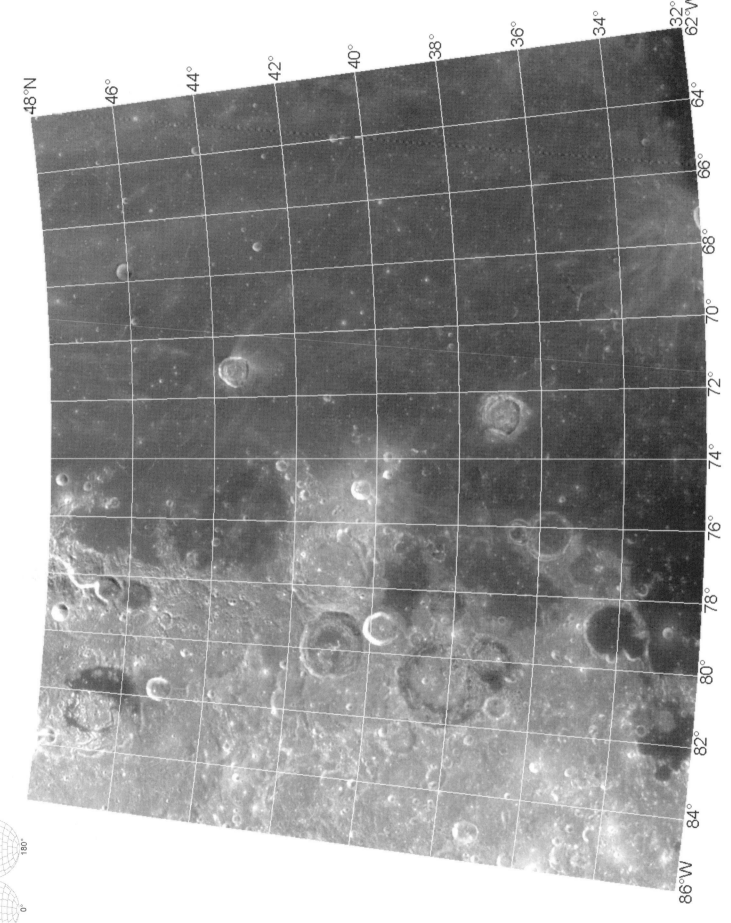

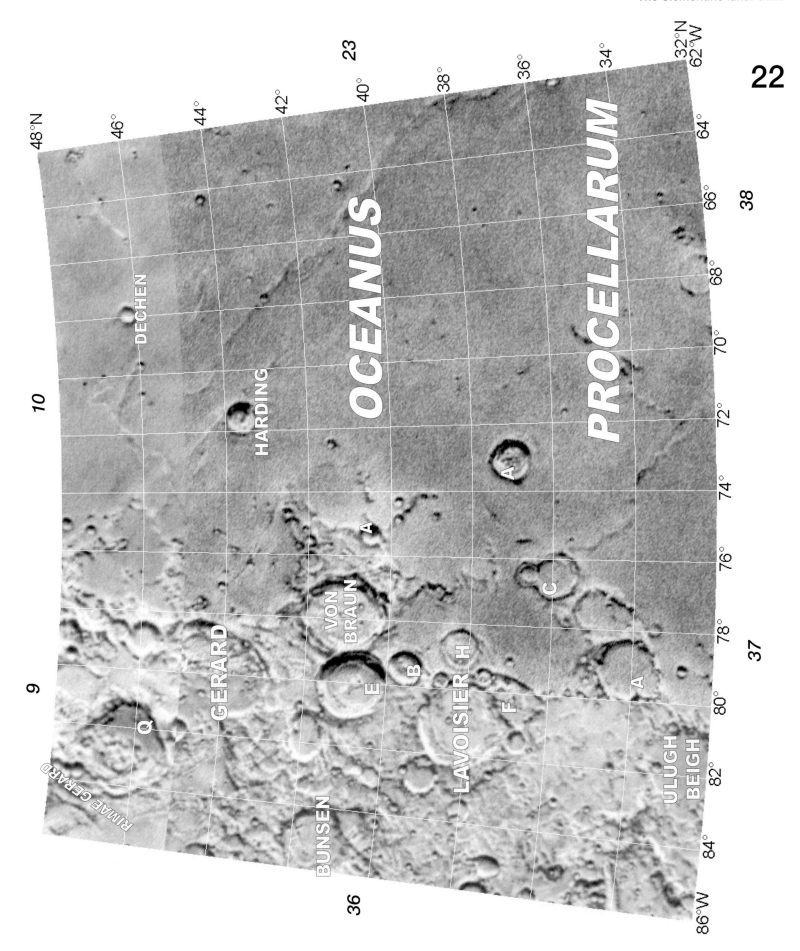

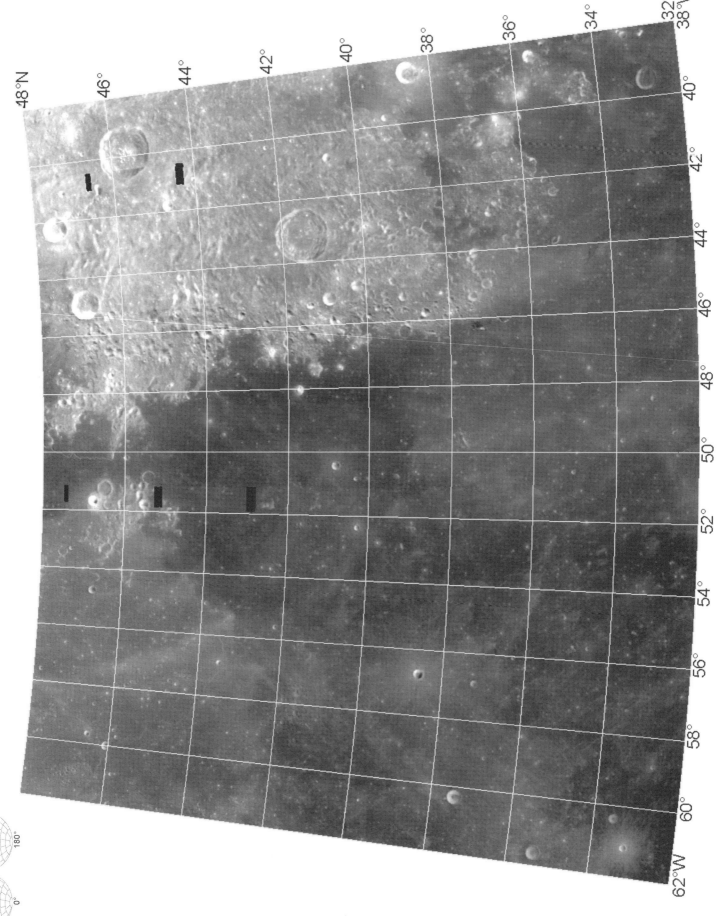

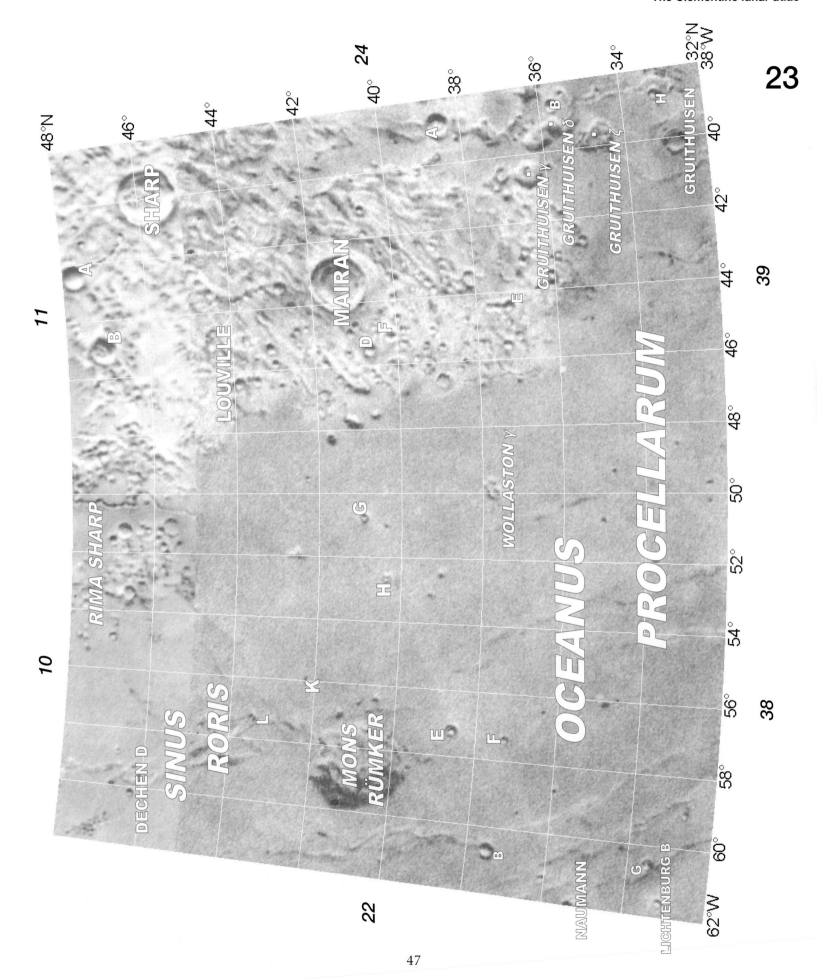

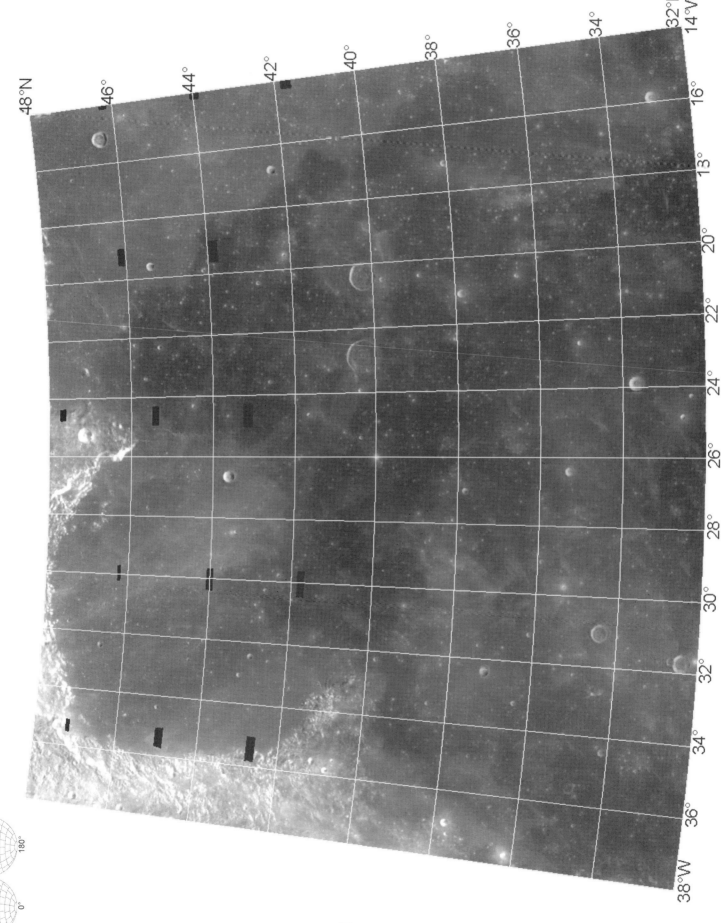

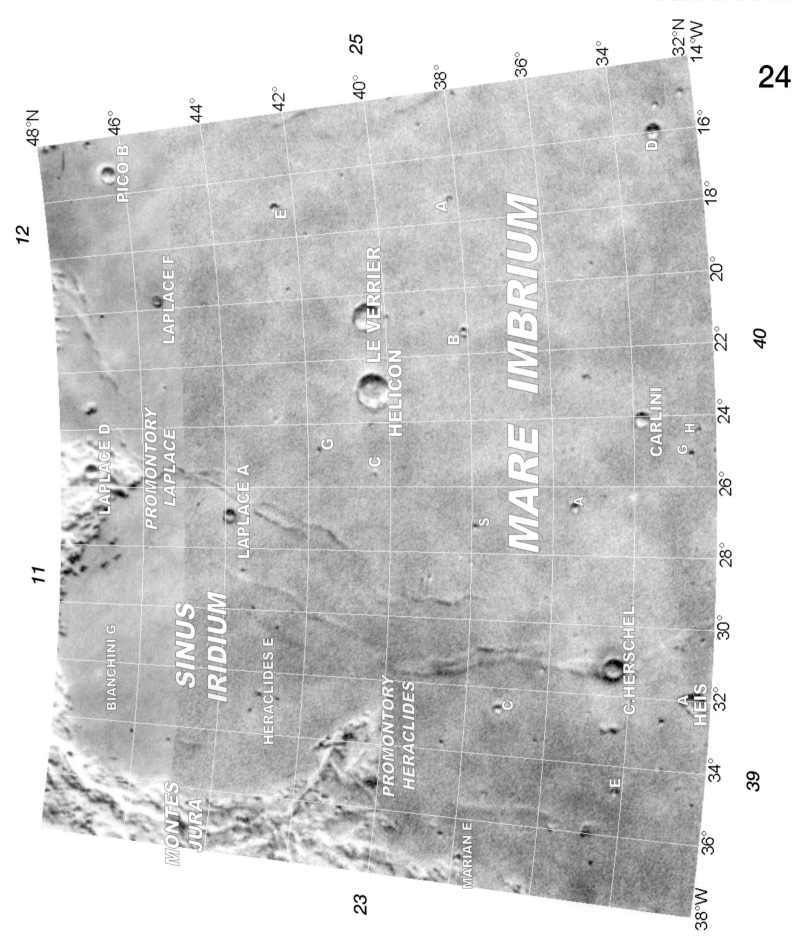

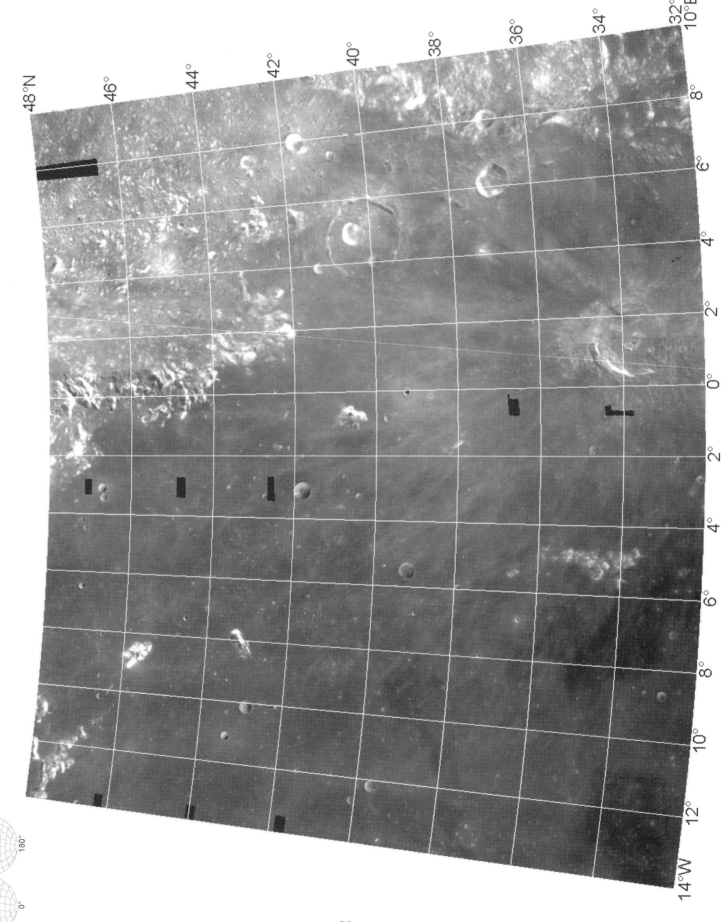

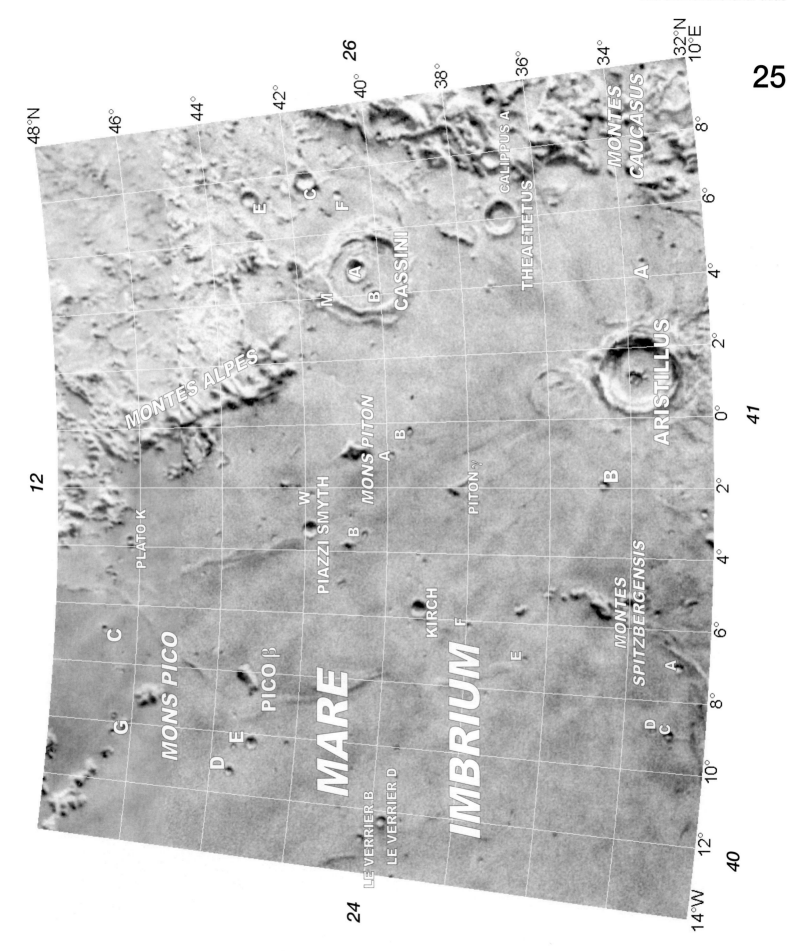

The Clementine lunar atlas

26

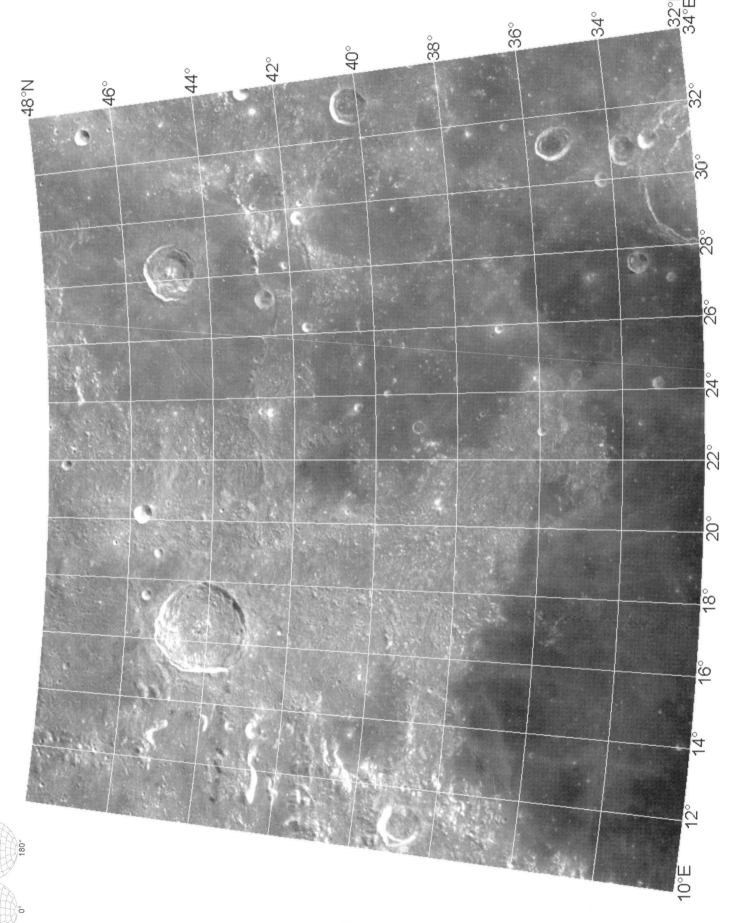

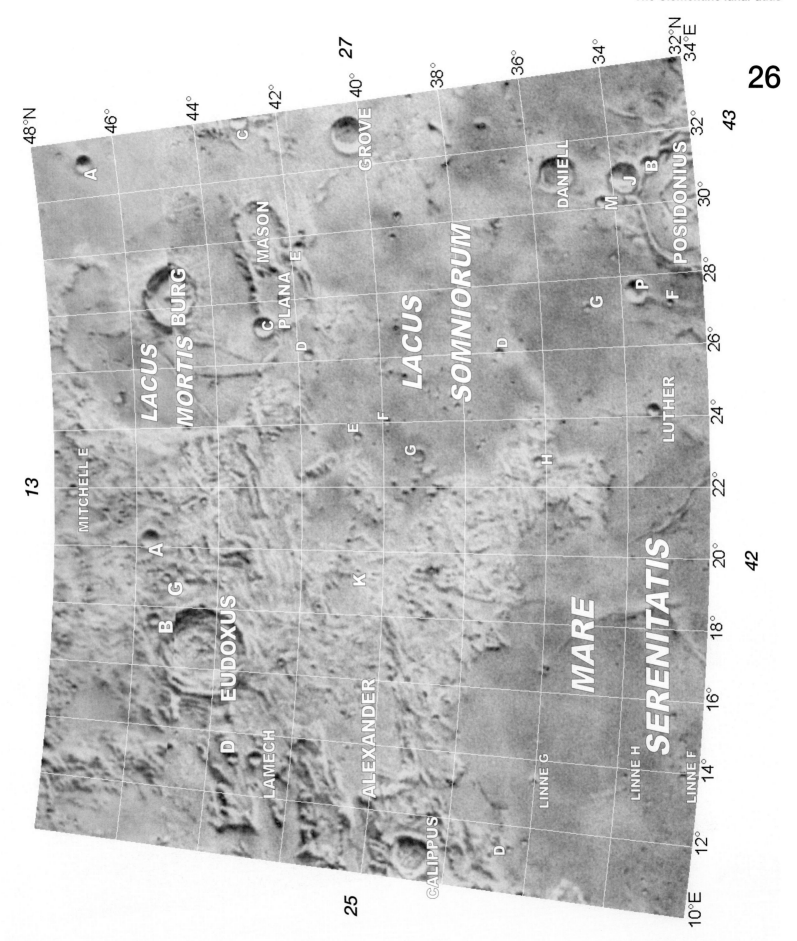

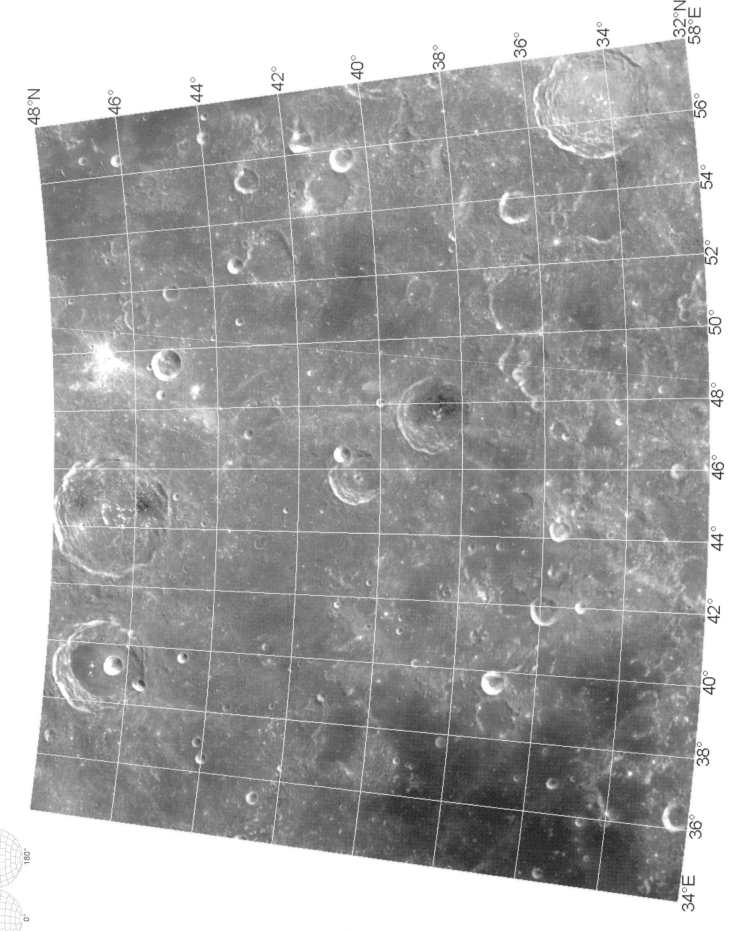

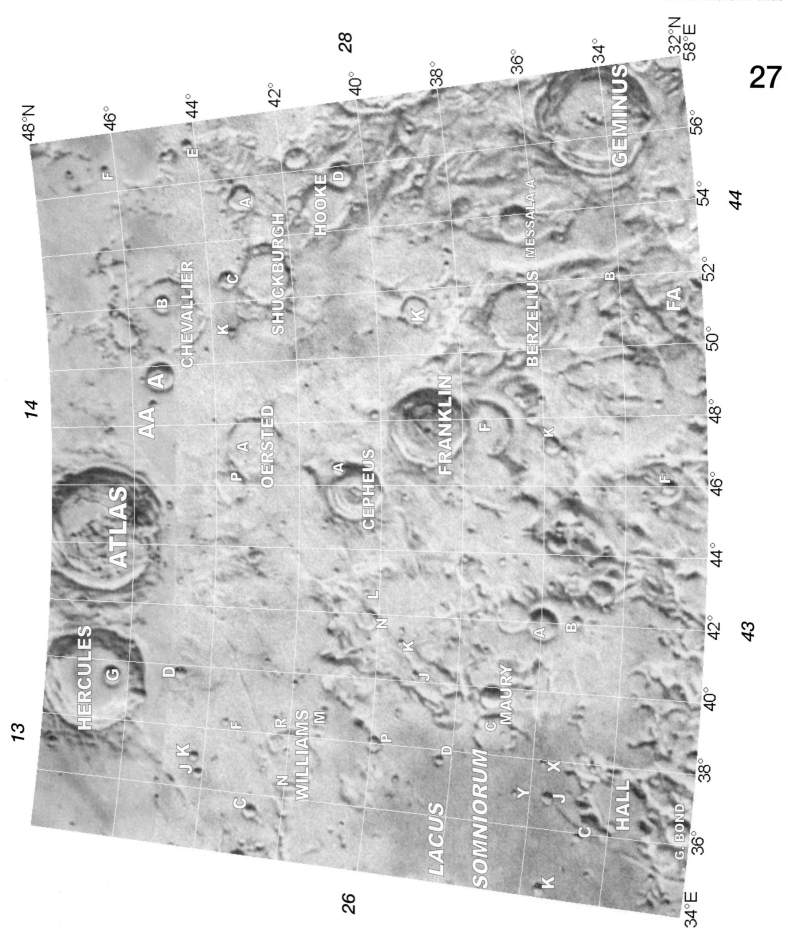

The Clementine lunar atlas

28

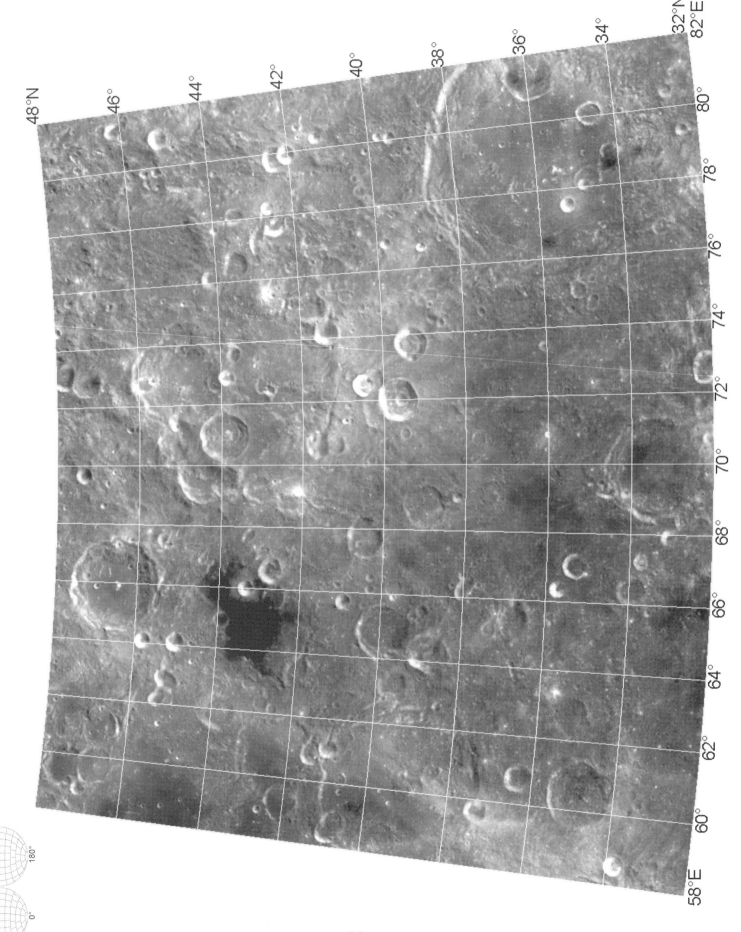

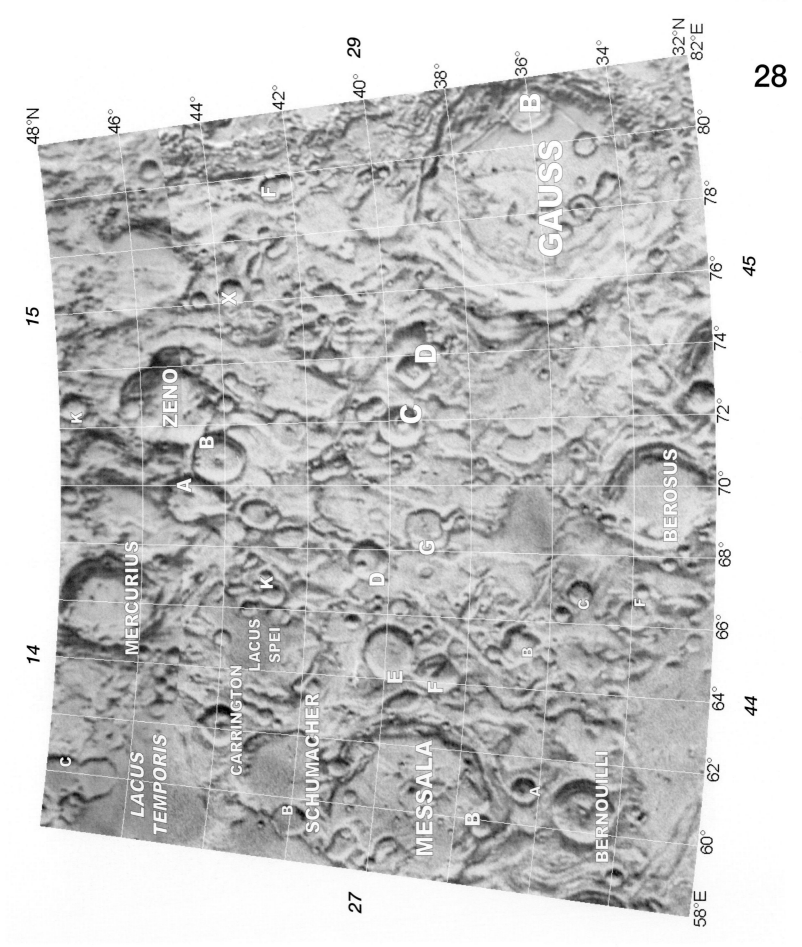

The Clementine lunar atlas

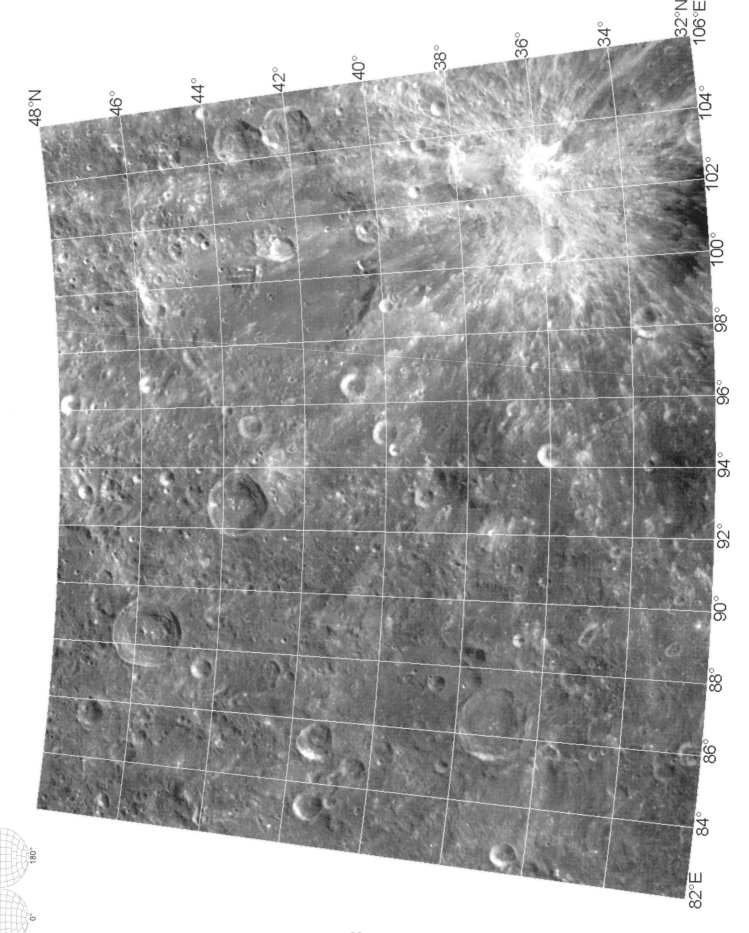

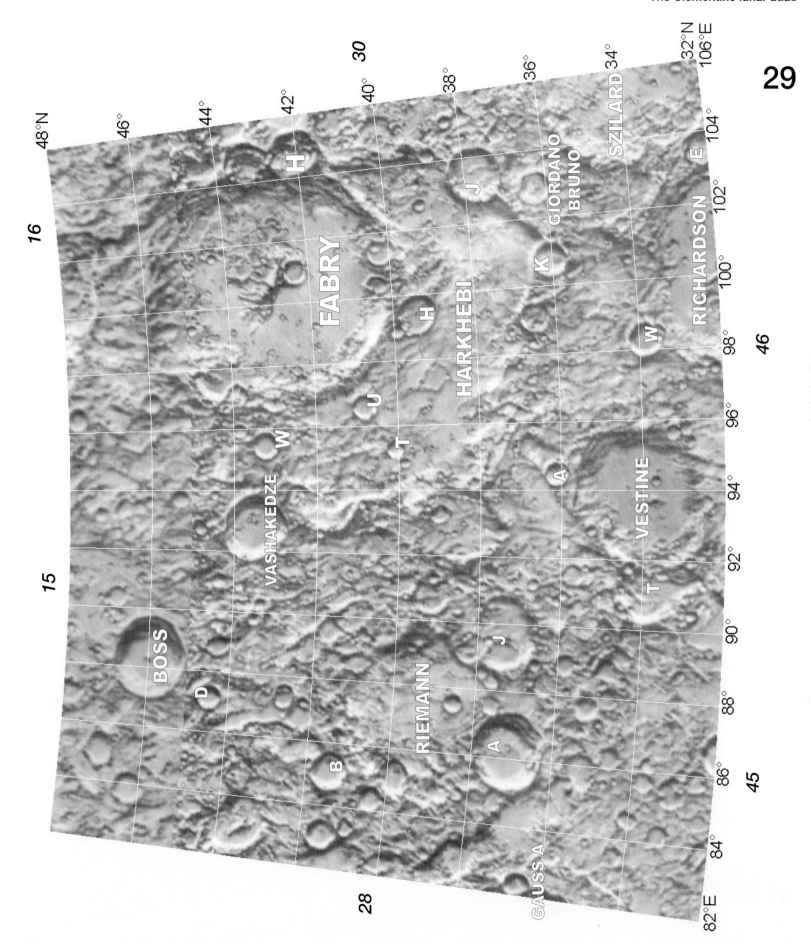

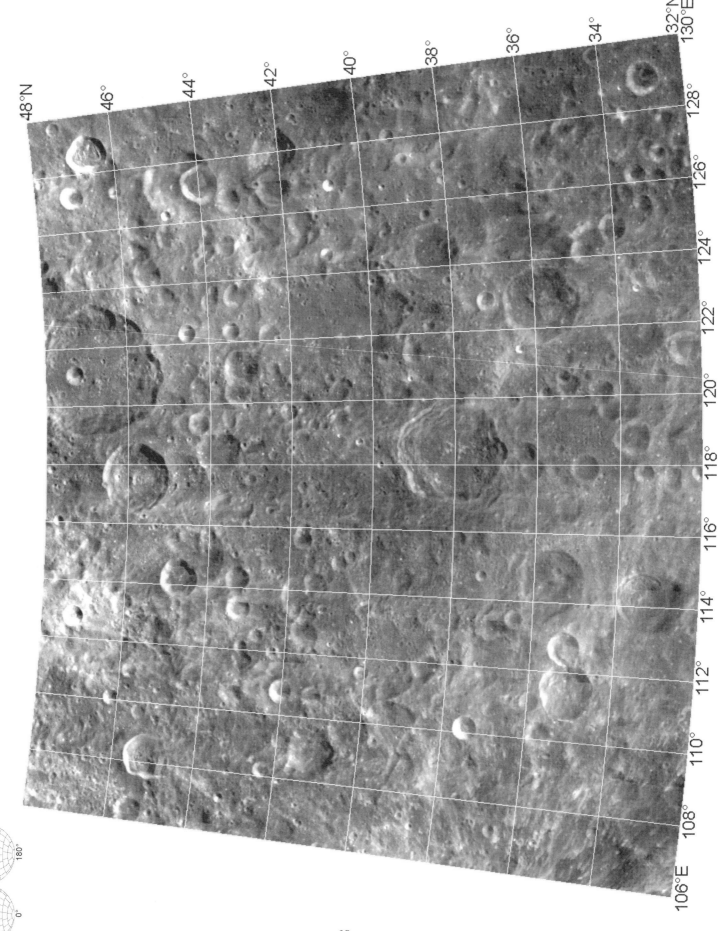

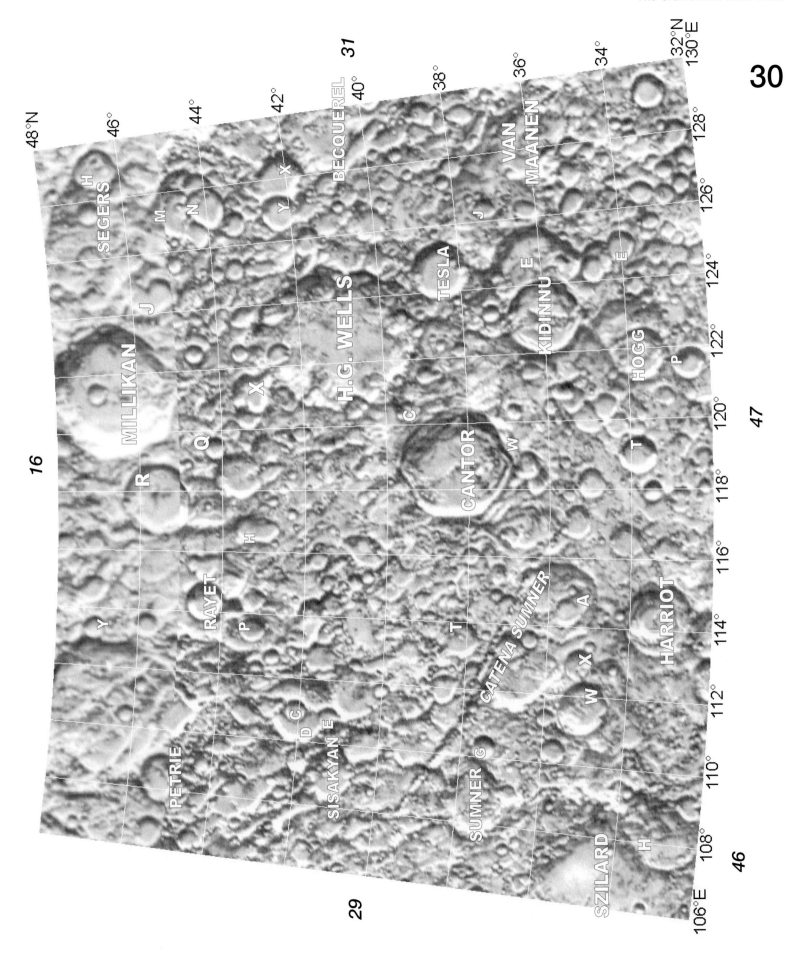

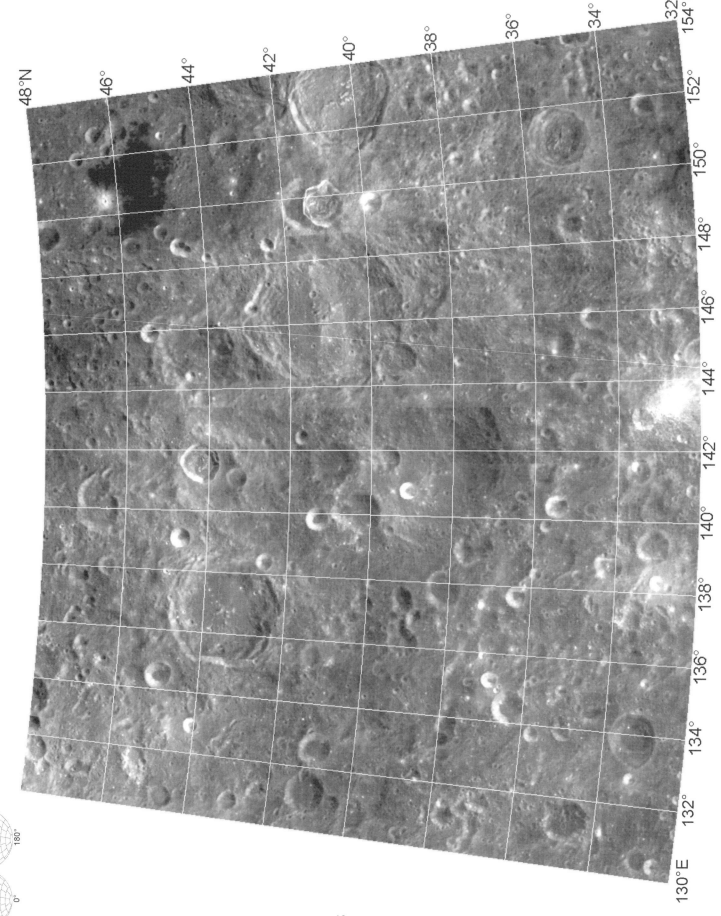

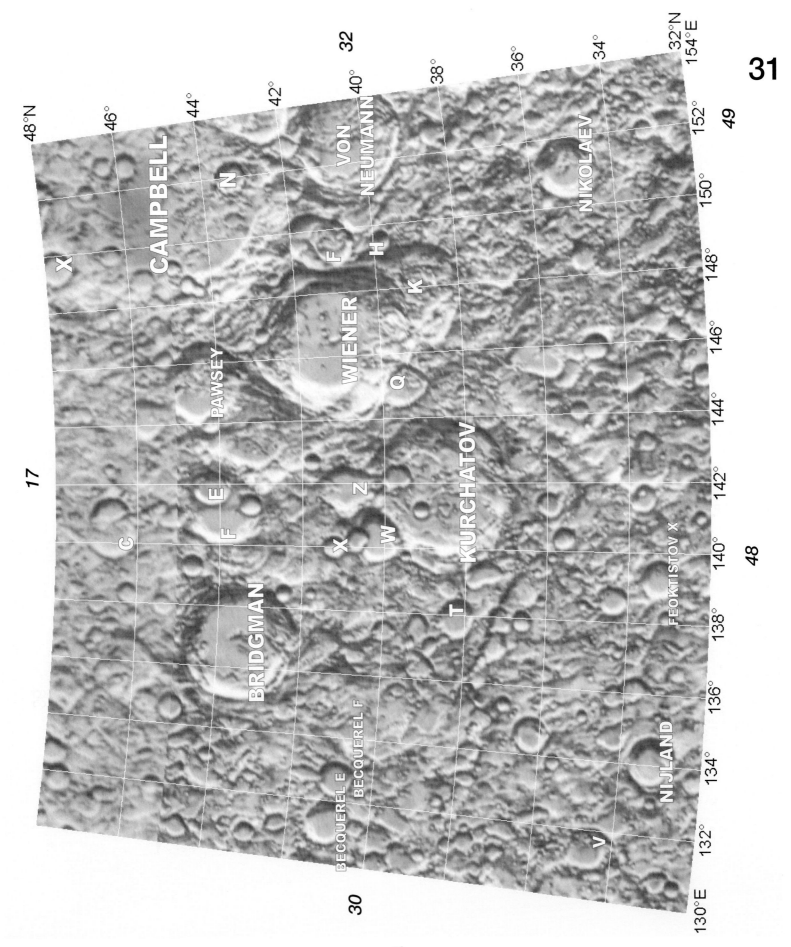

The Clementine lunar atlas

32

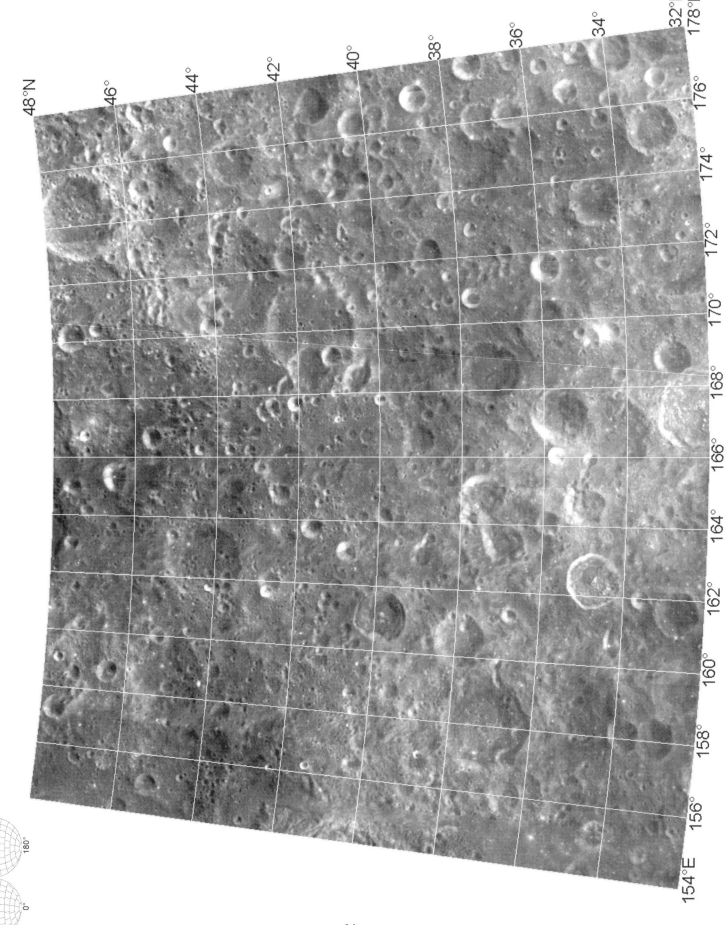

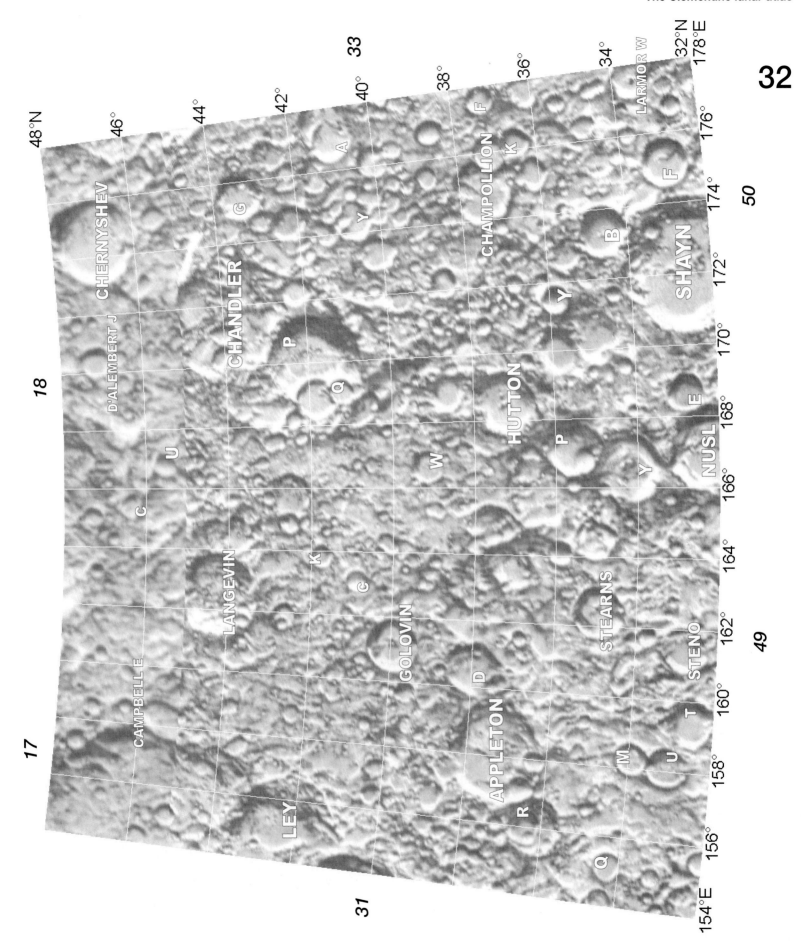

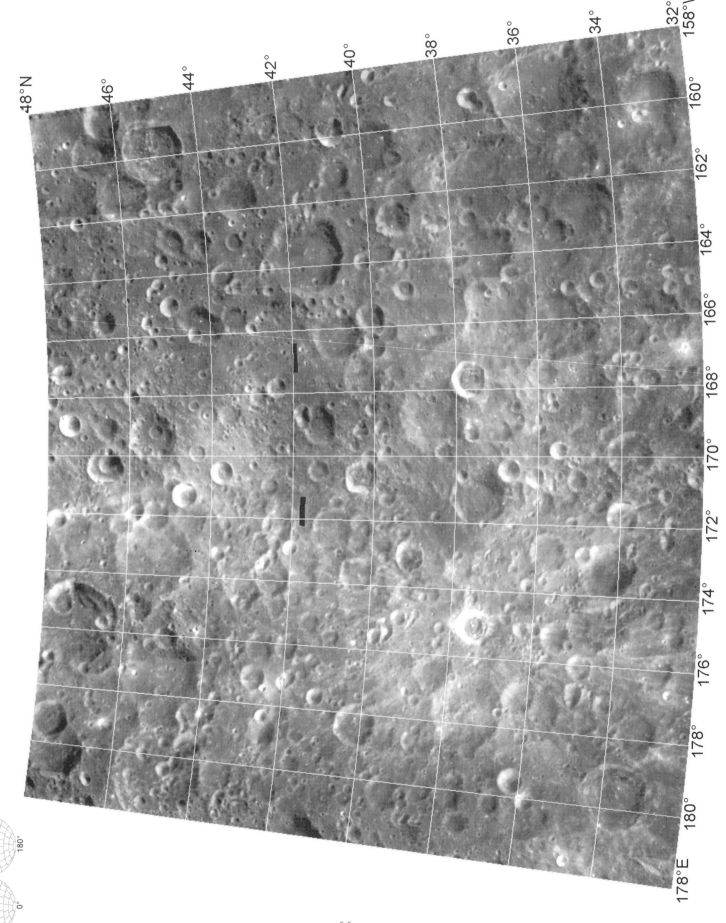

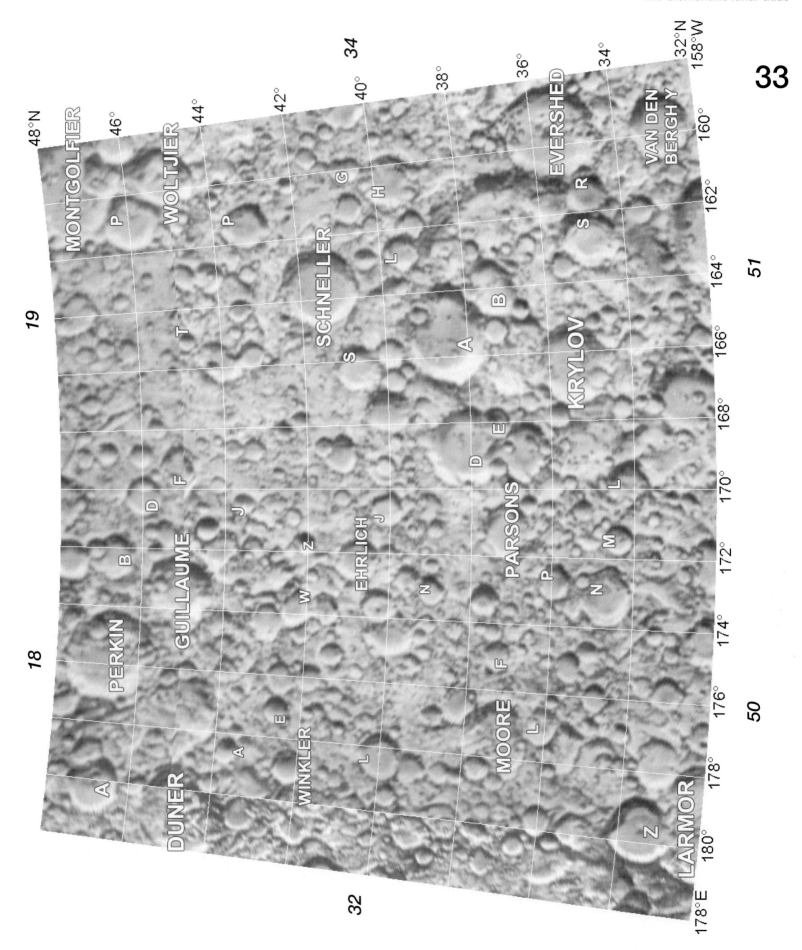

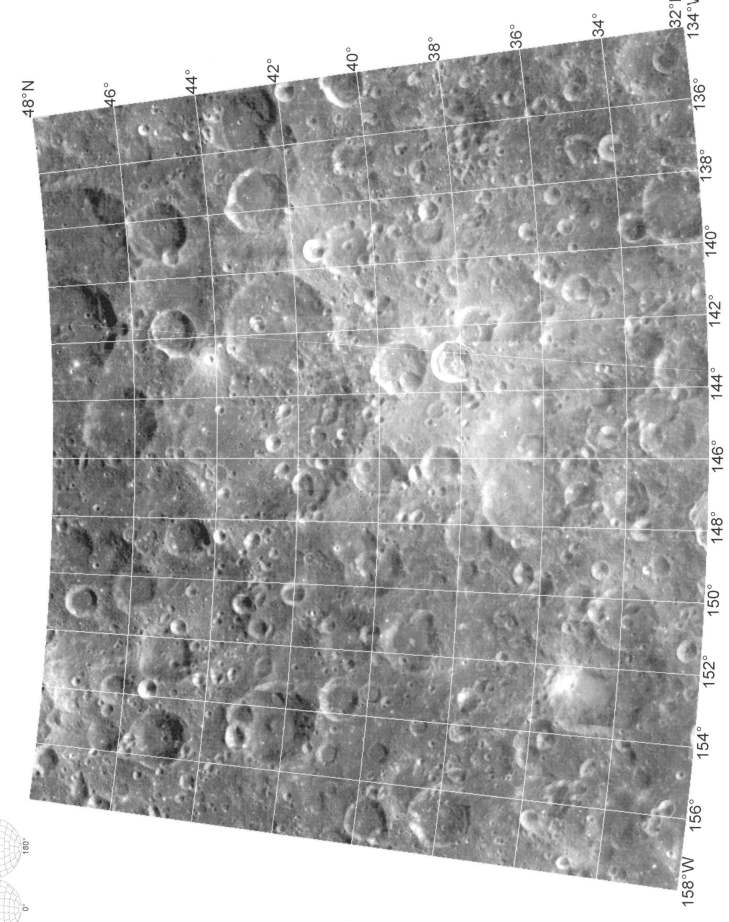

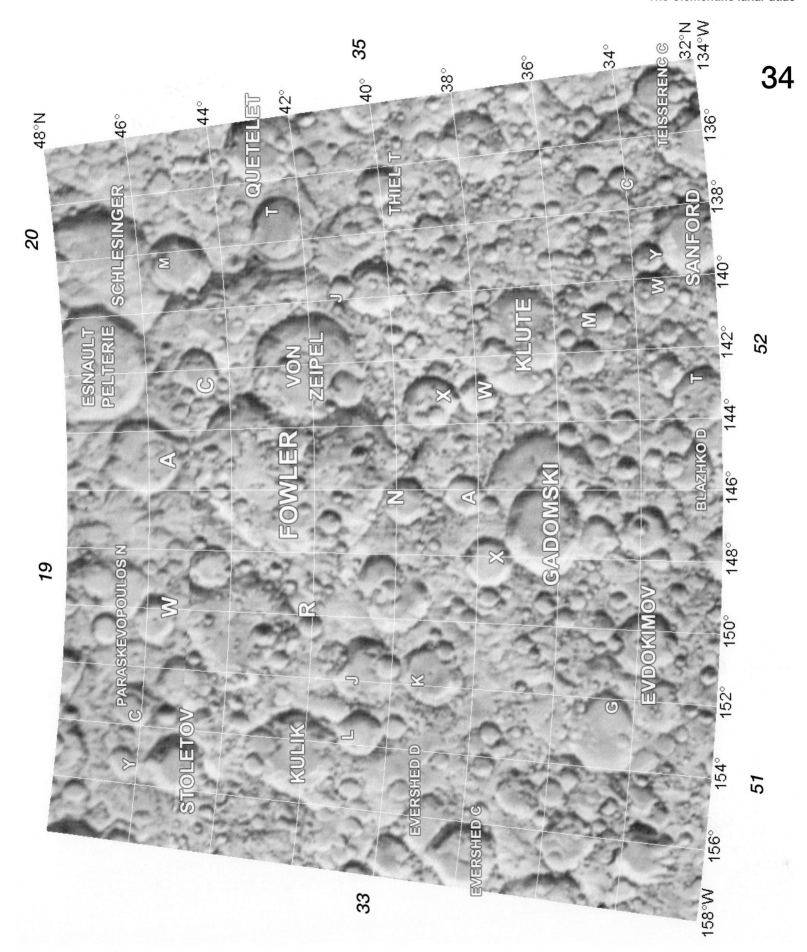

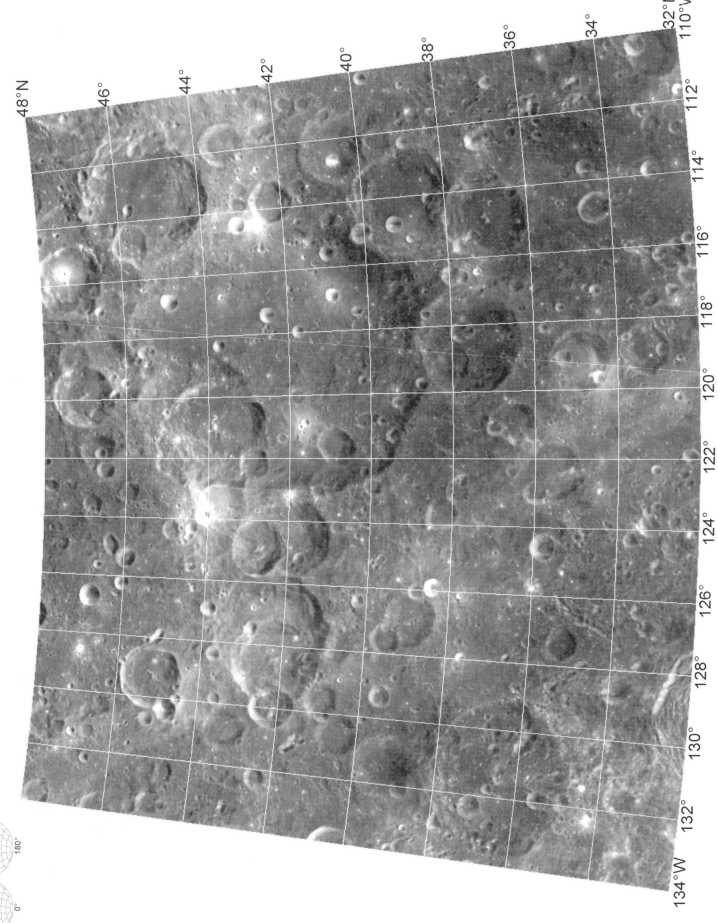

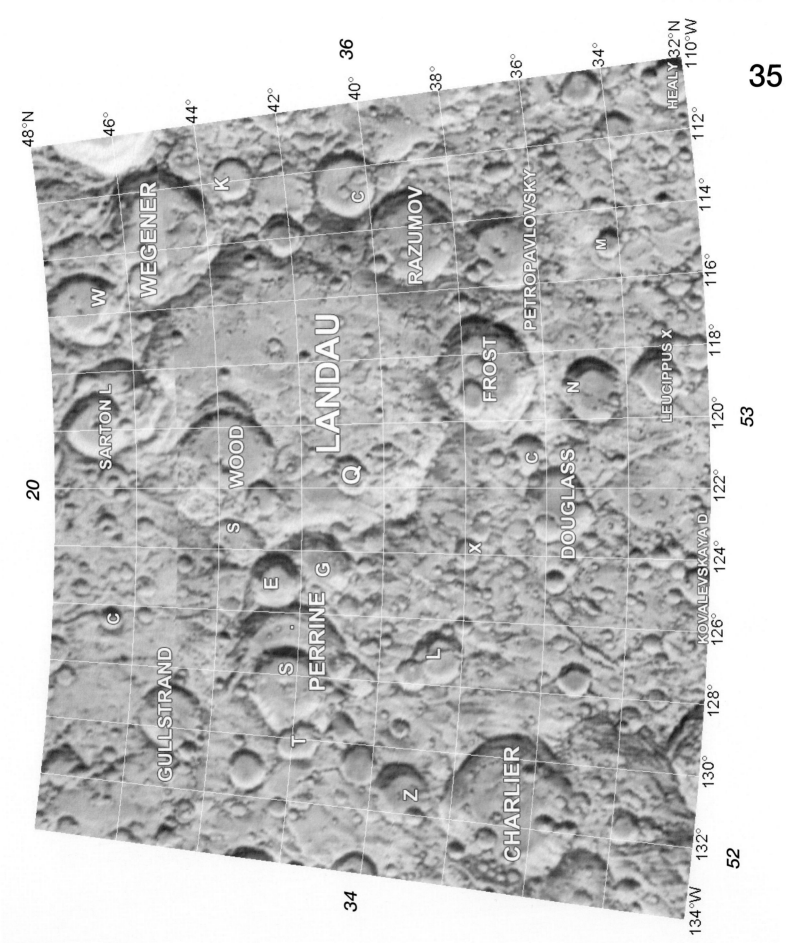

The Clementine lunar atlas

36

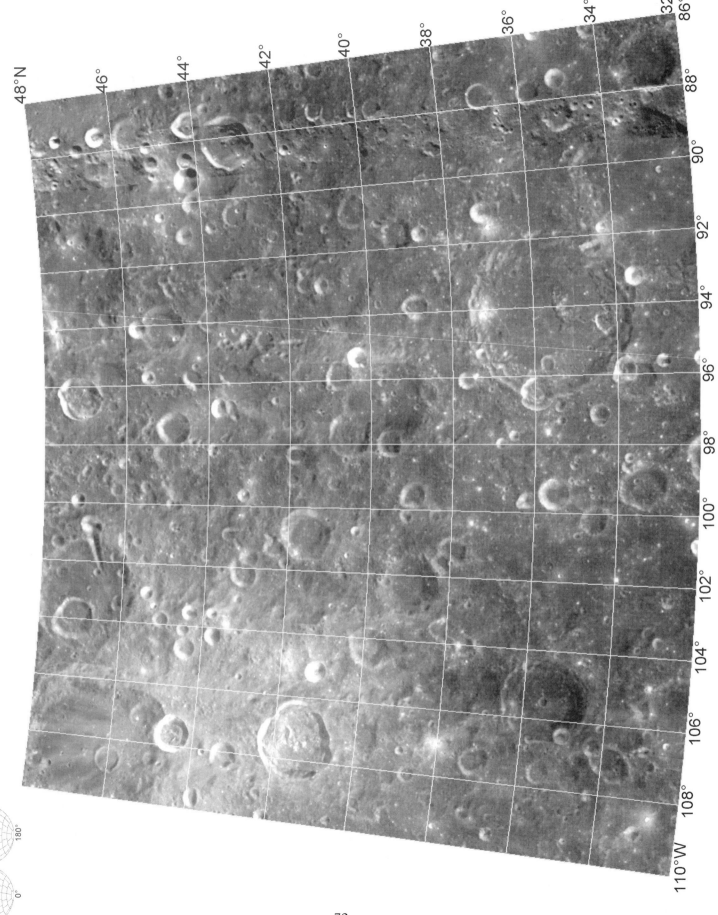

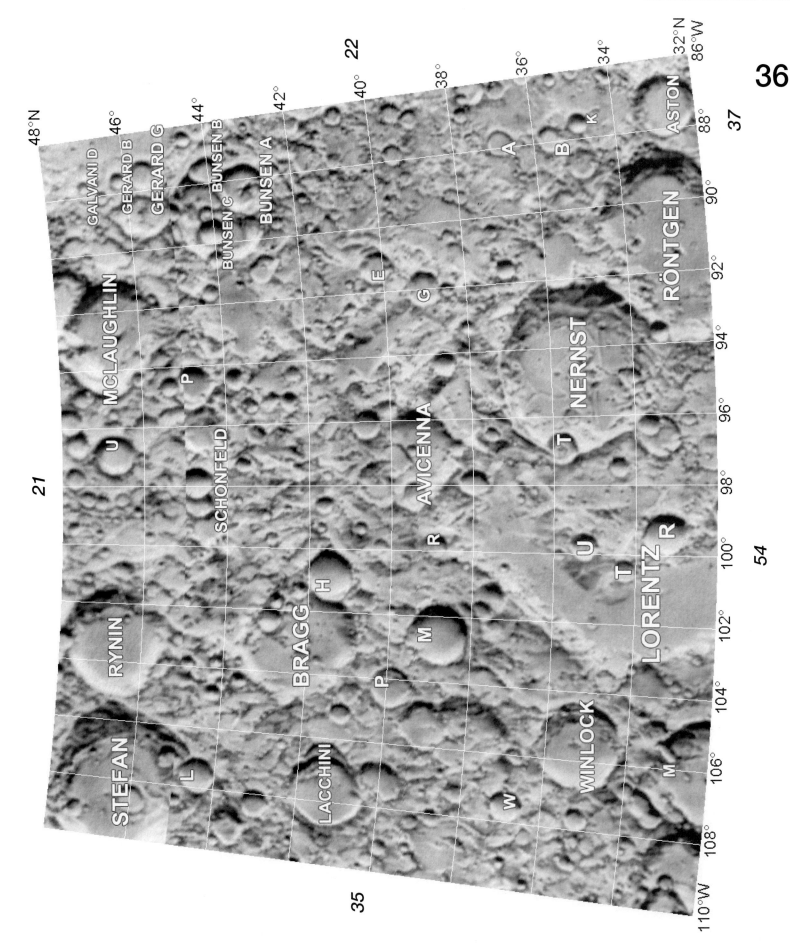

The Clementine lunar atlas

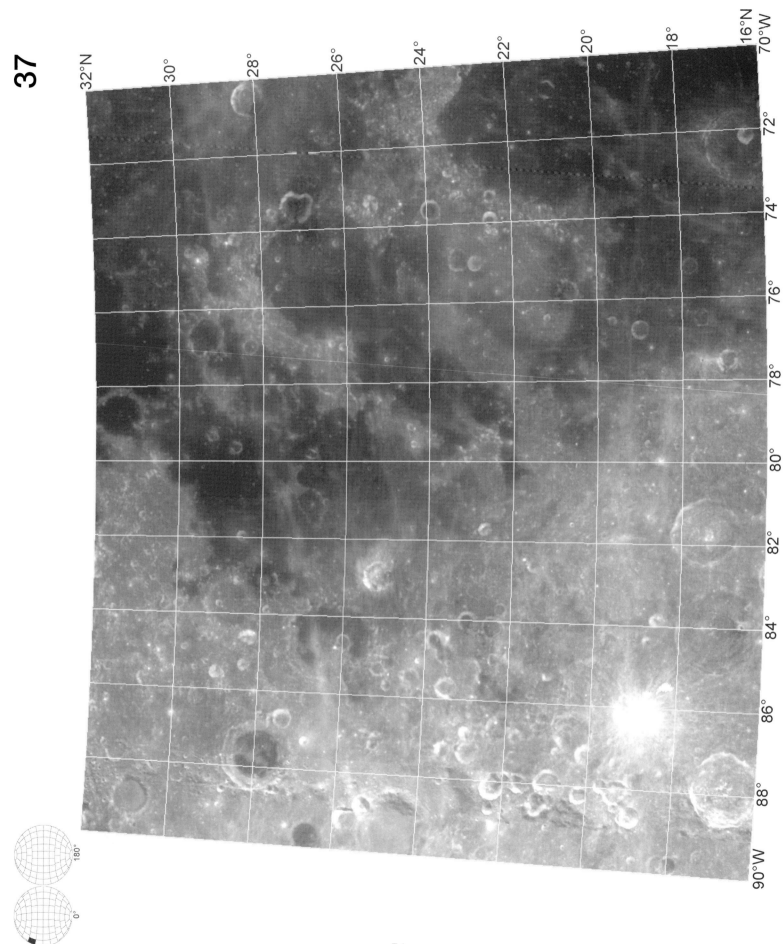

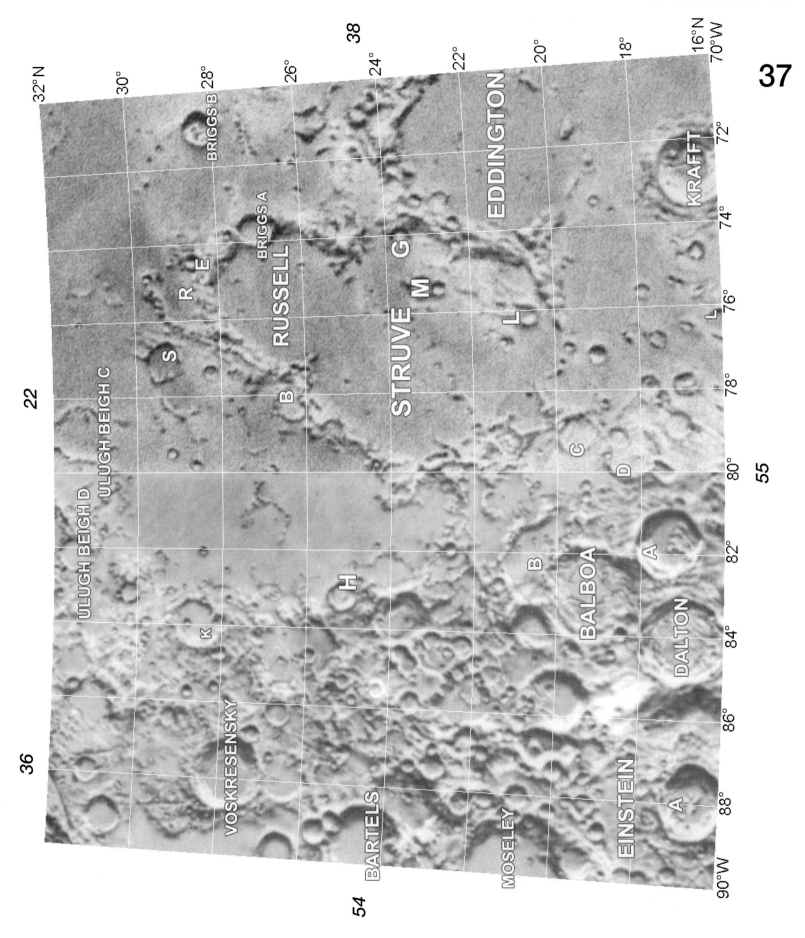

The Clementine lunar atlas

38

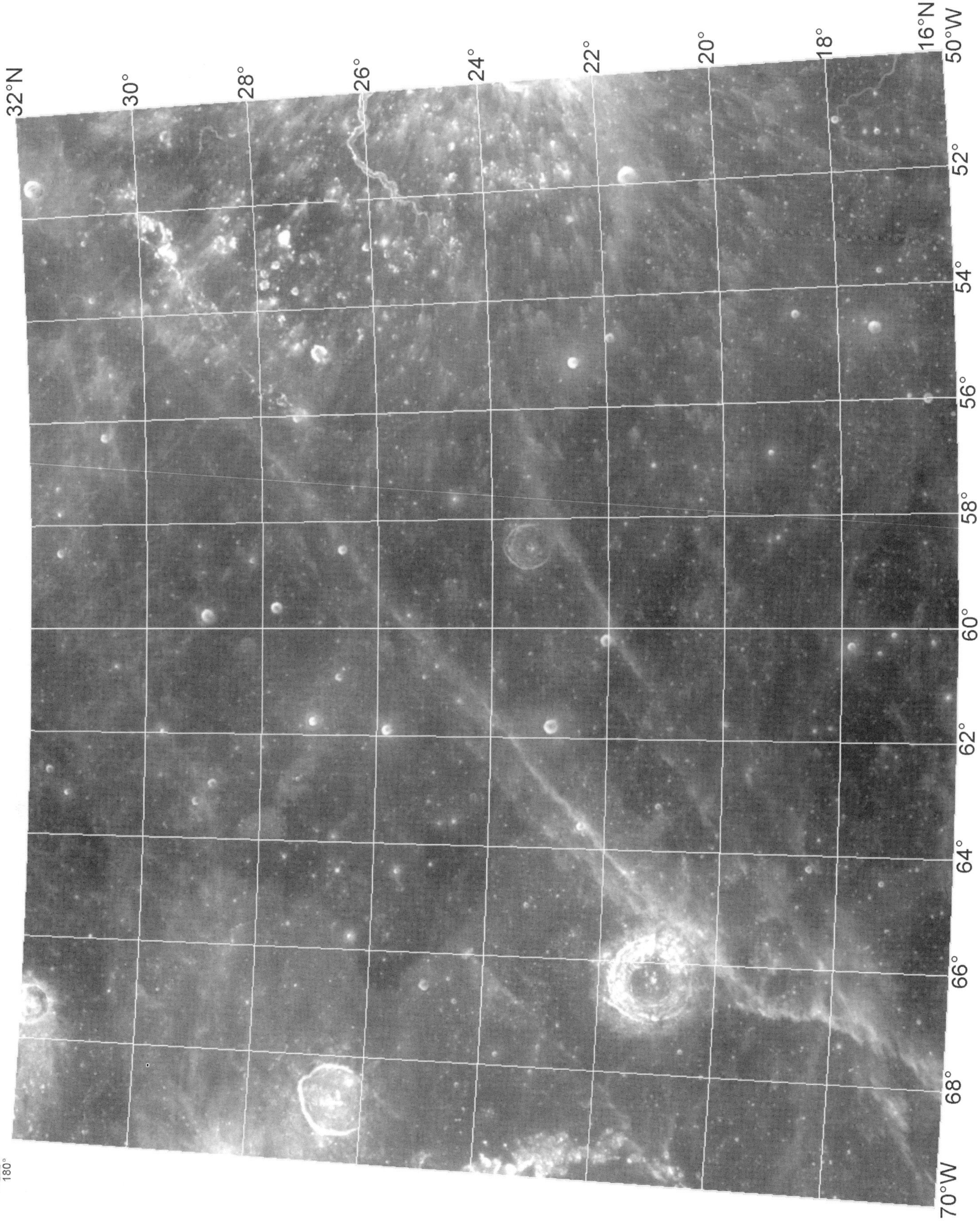

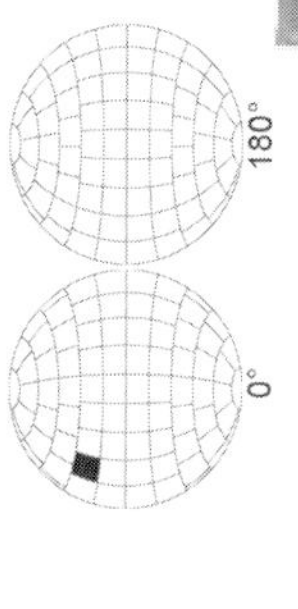

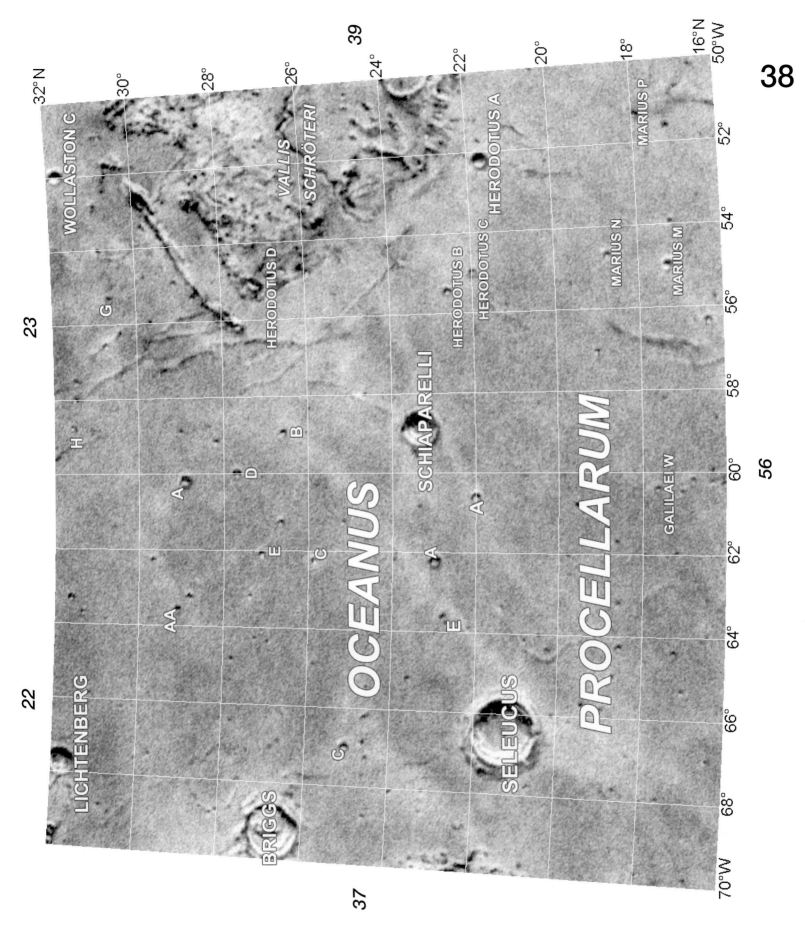

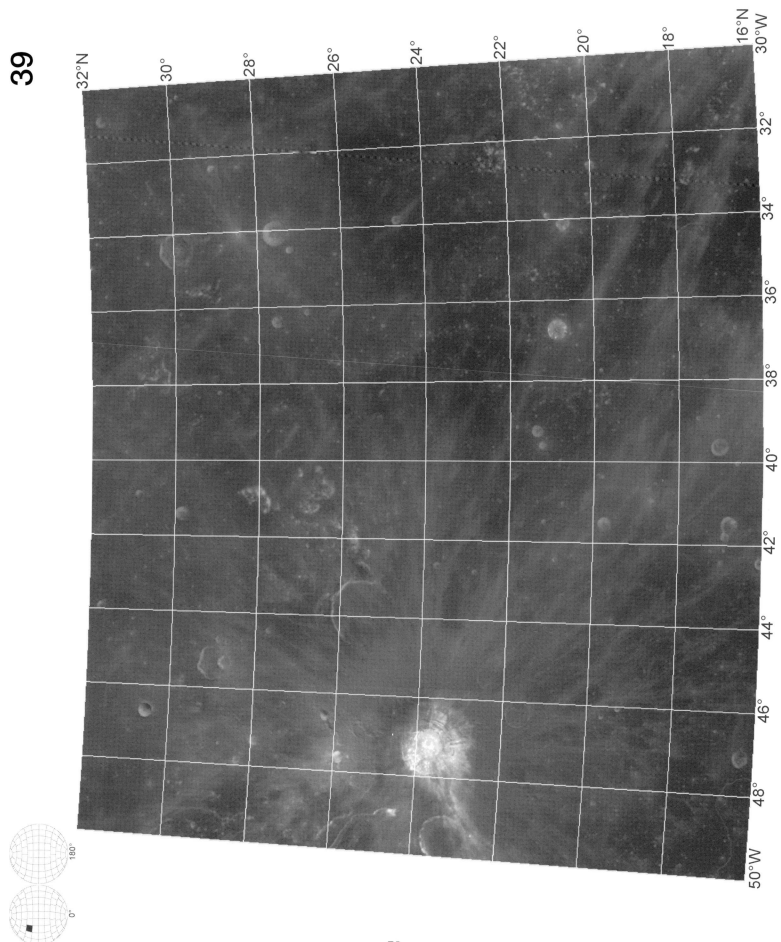

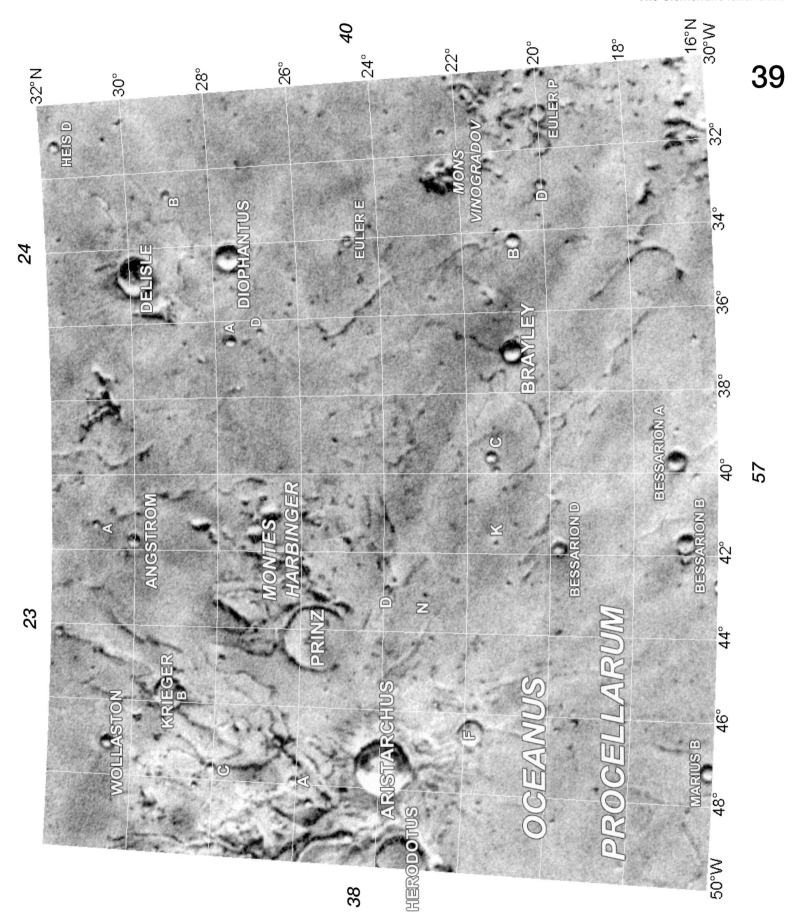

The Clementine lunar atlas

40

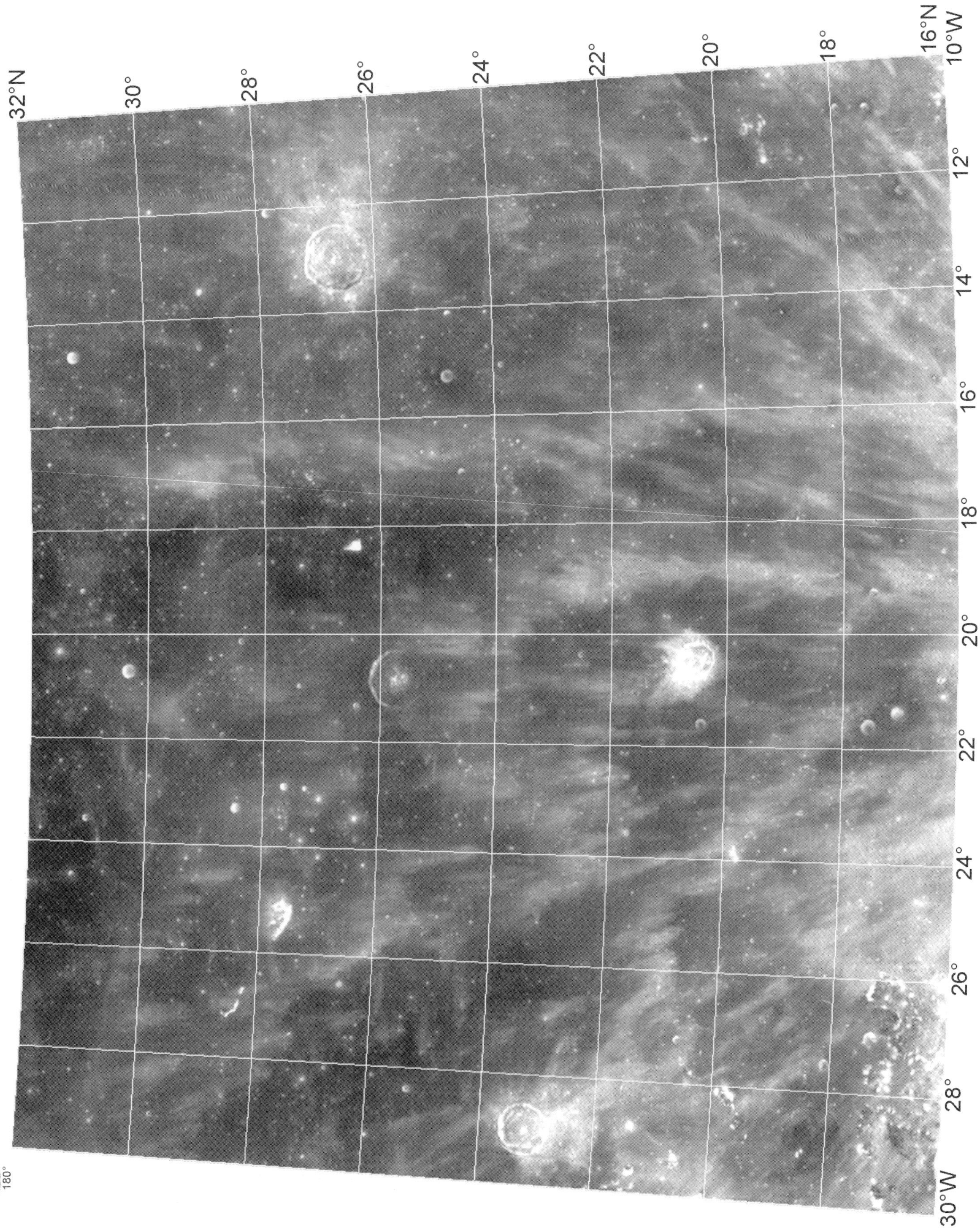

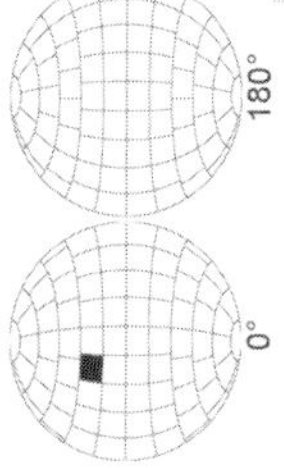

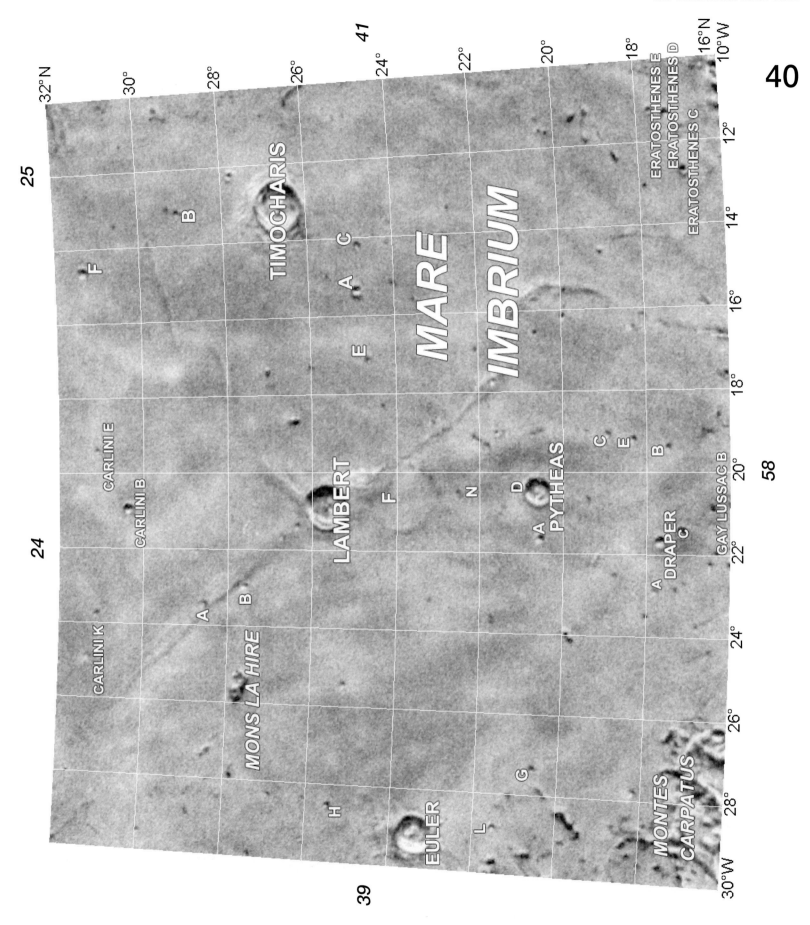

The Clementine lunar atlas

41

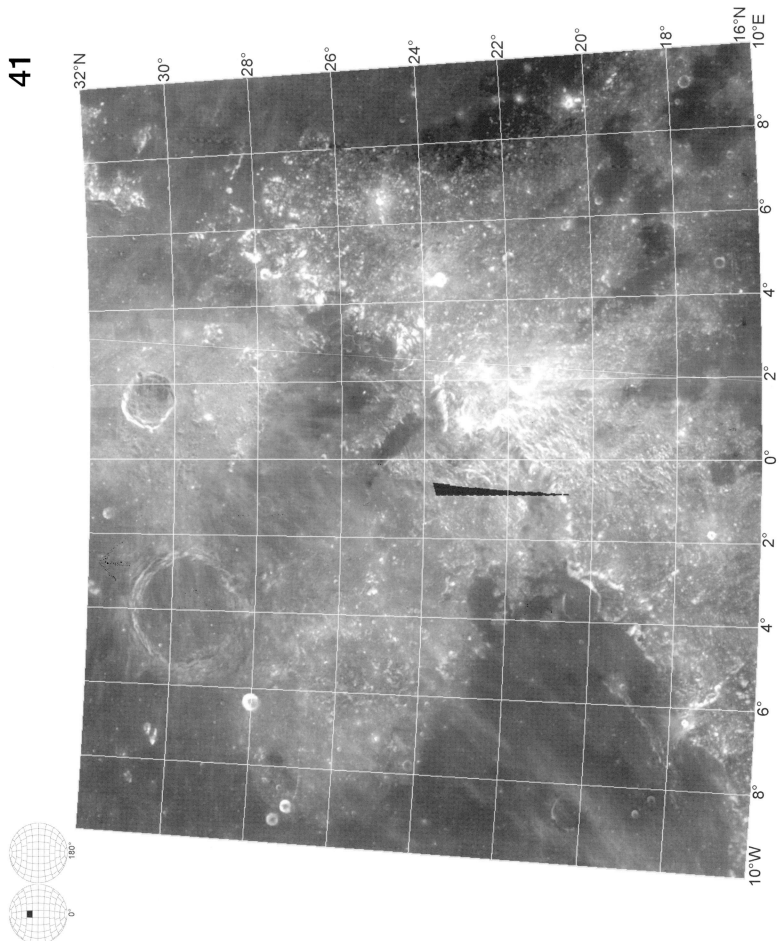

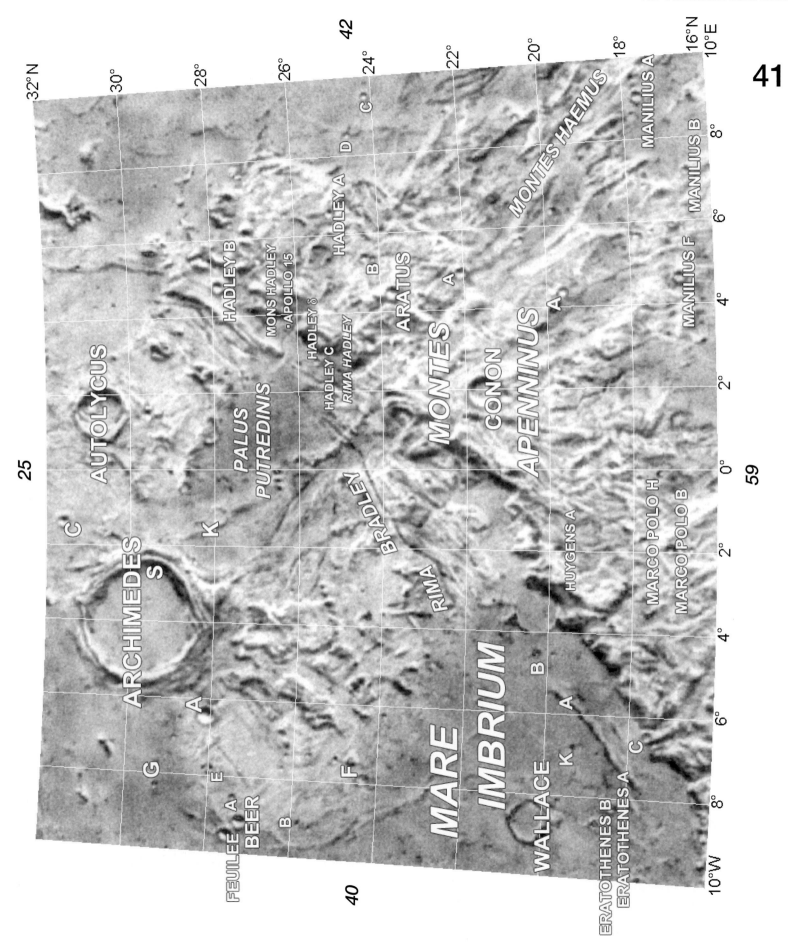

42

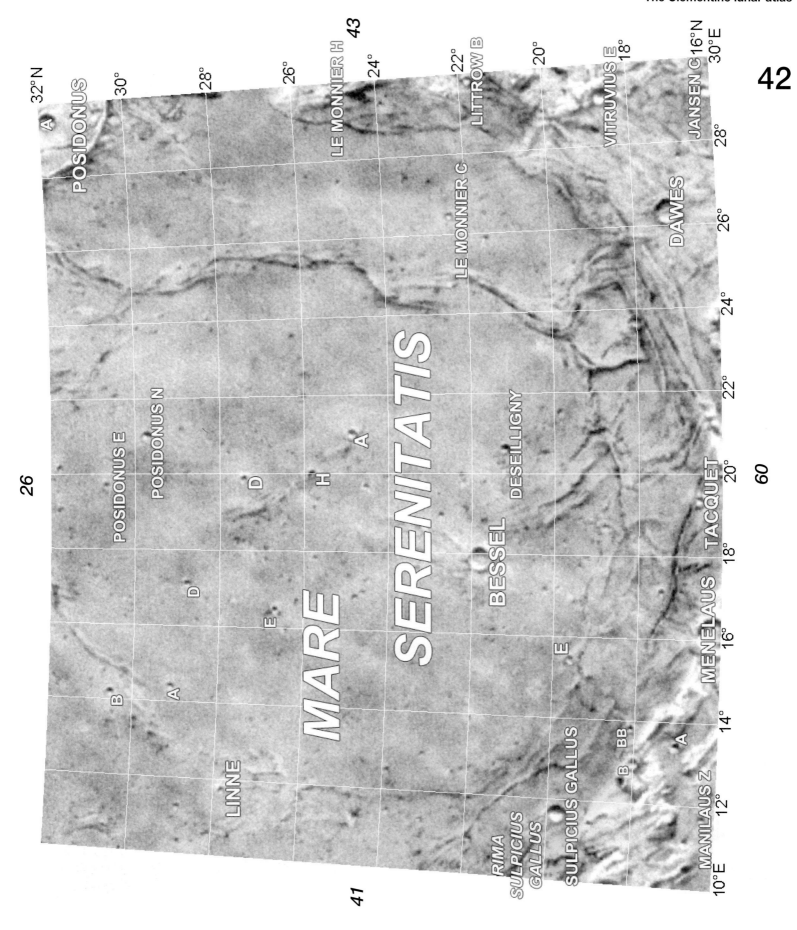

The Clementine lunar atlas

43

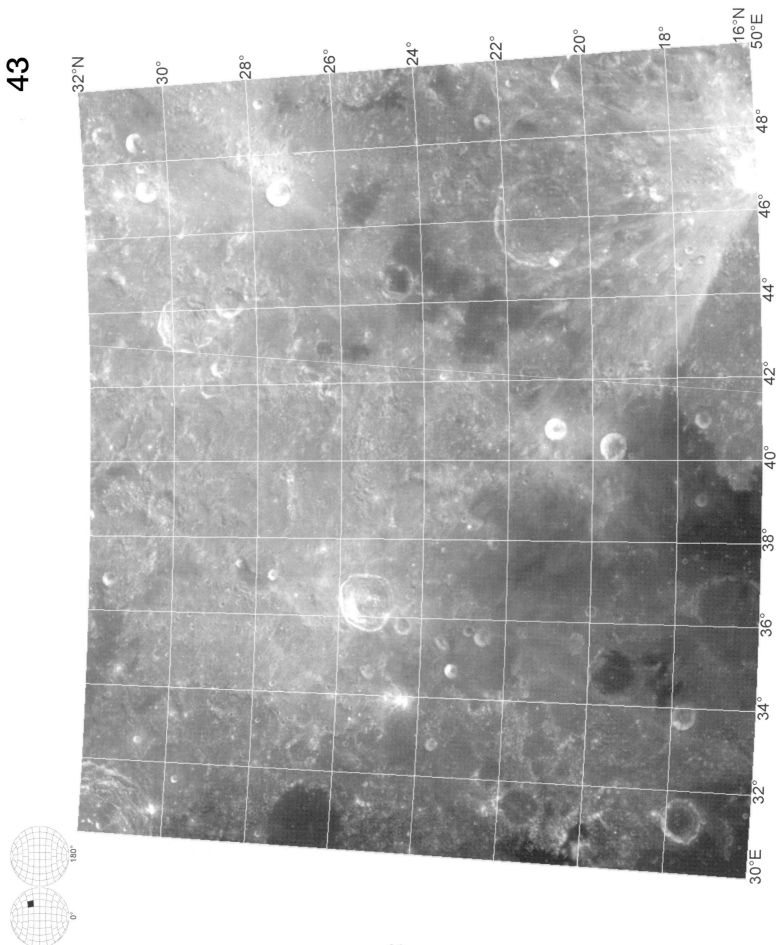

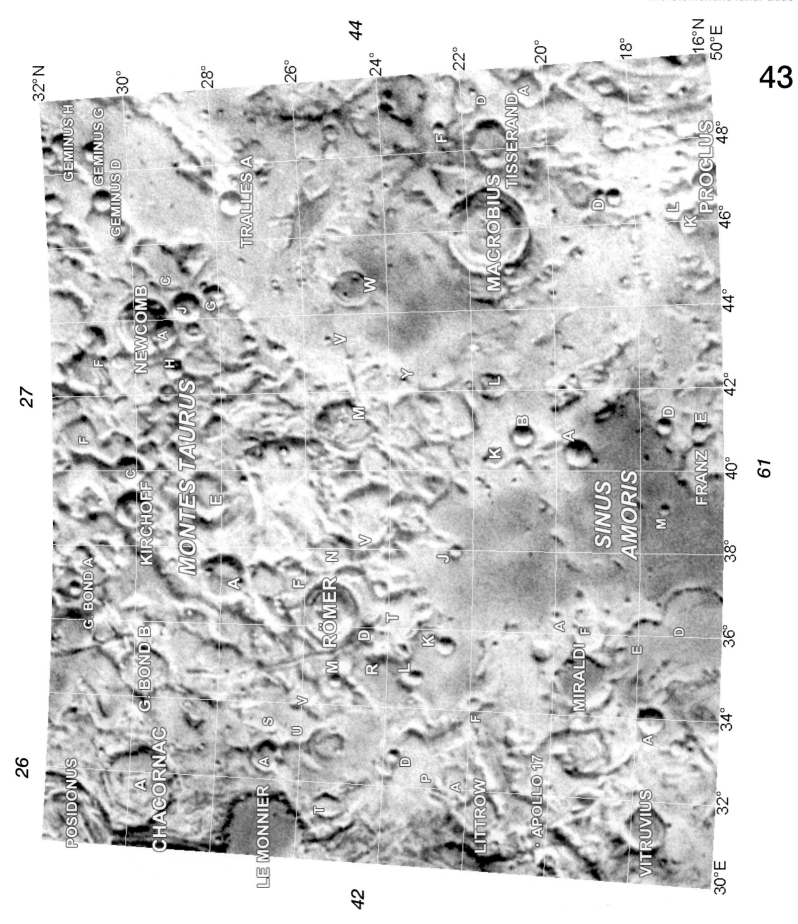

The Clementine lunar atlas

44

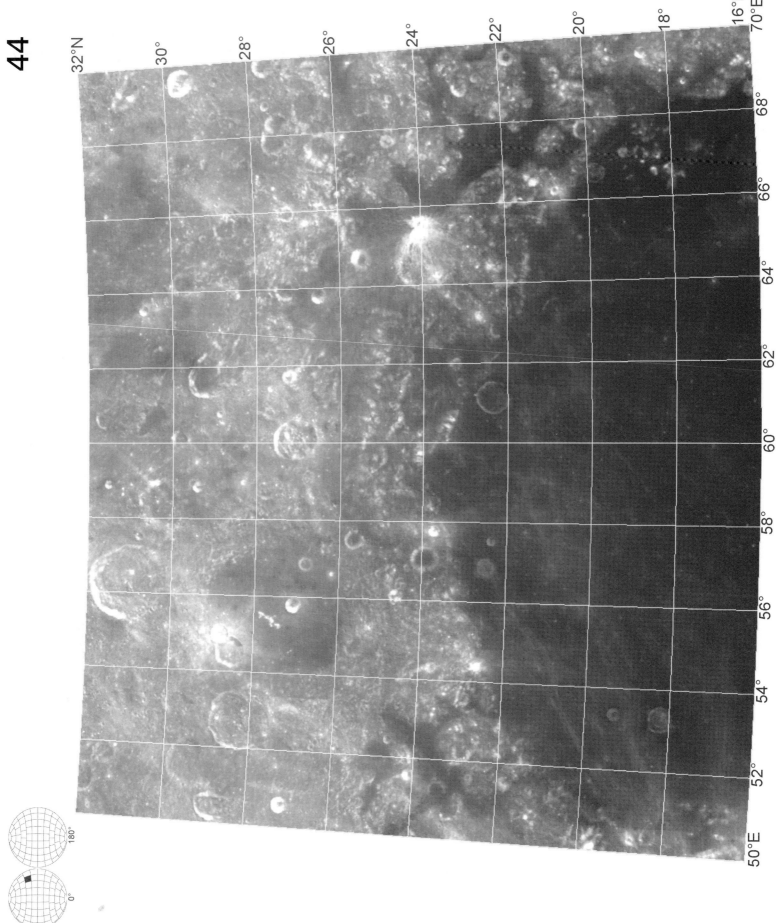

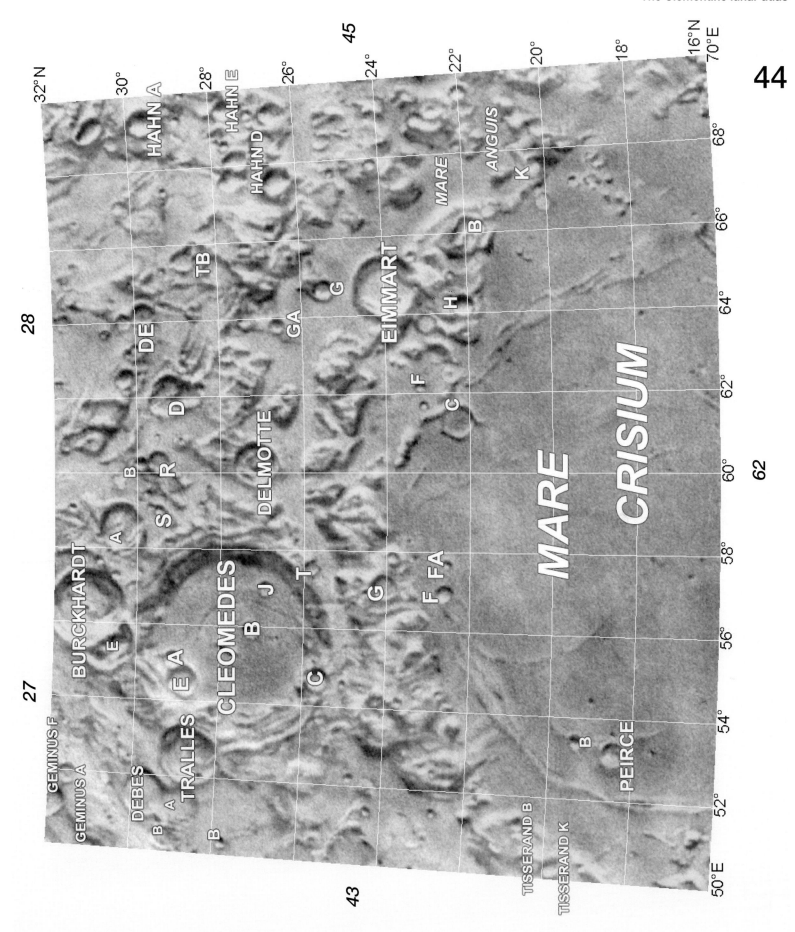

The Clementine lunar atlas

45

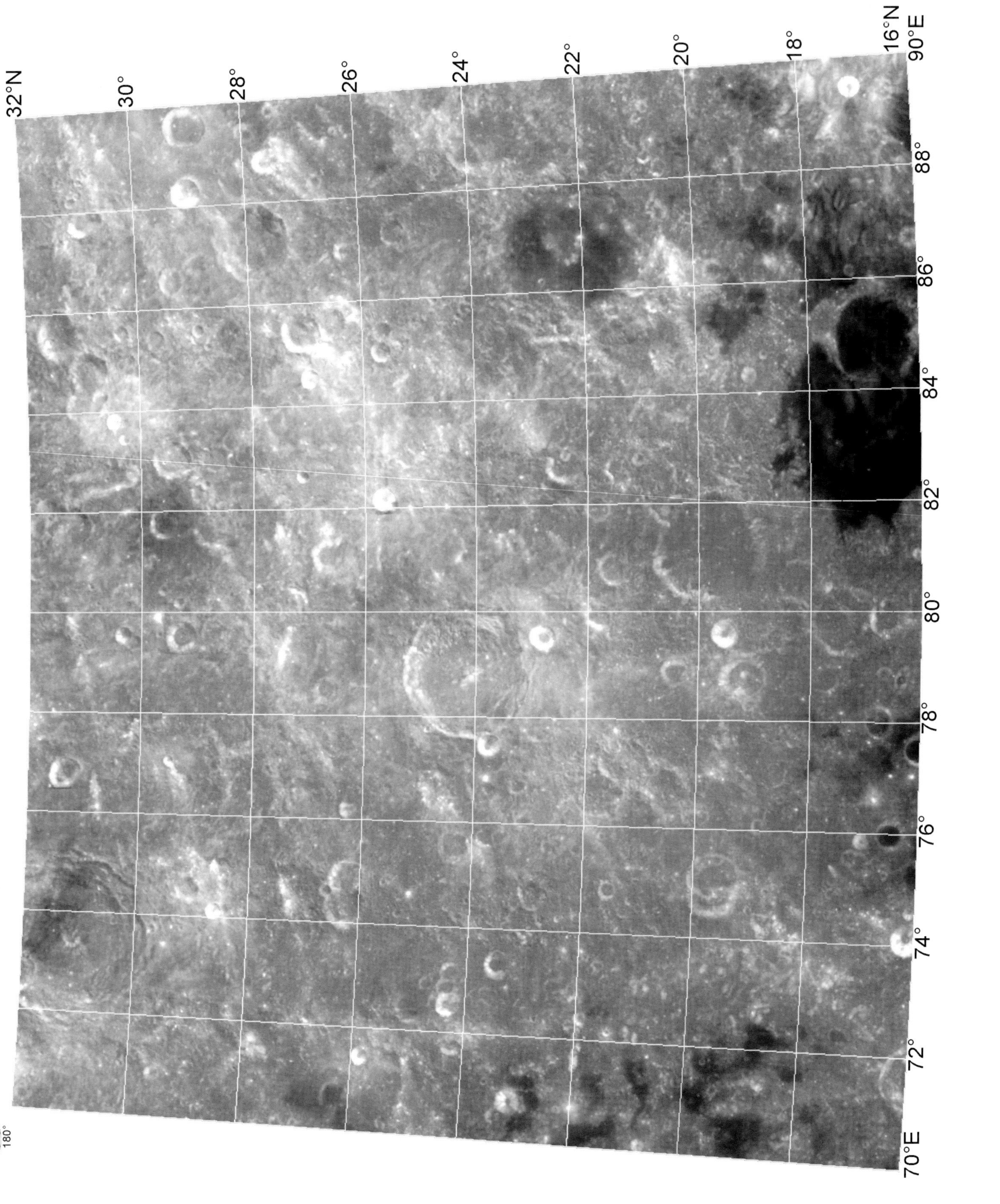

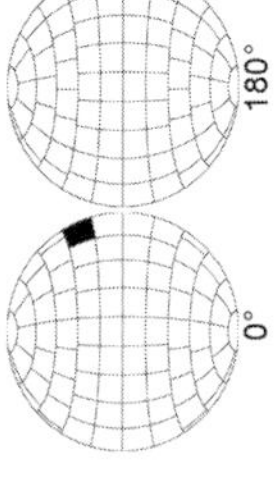

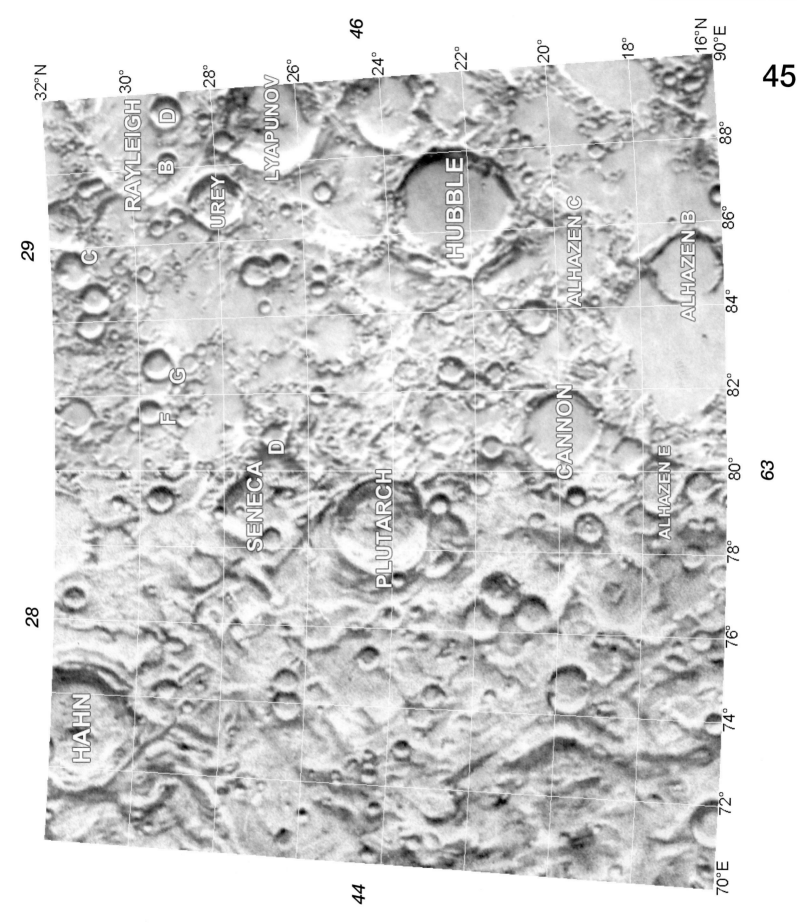

The Clementine lunar atlas

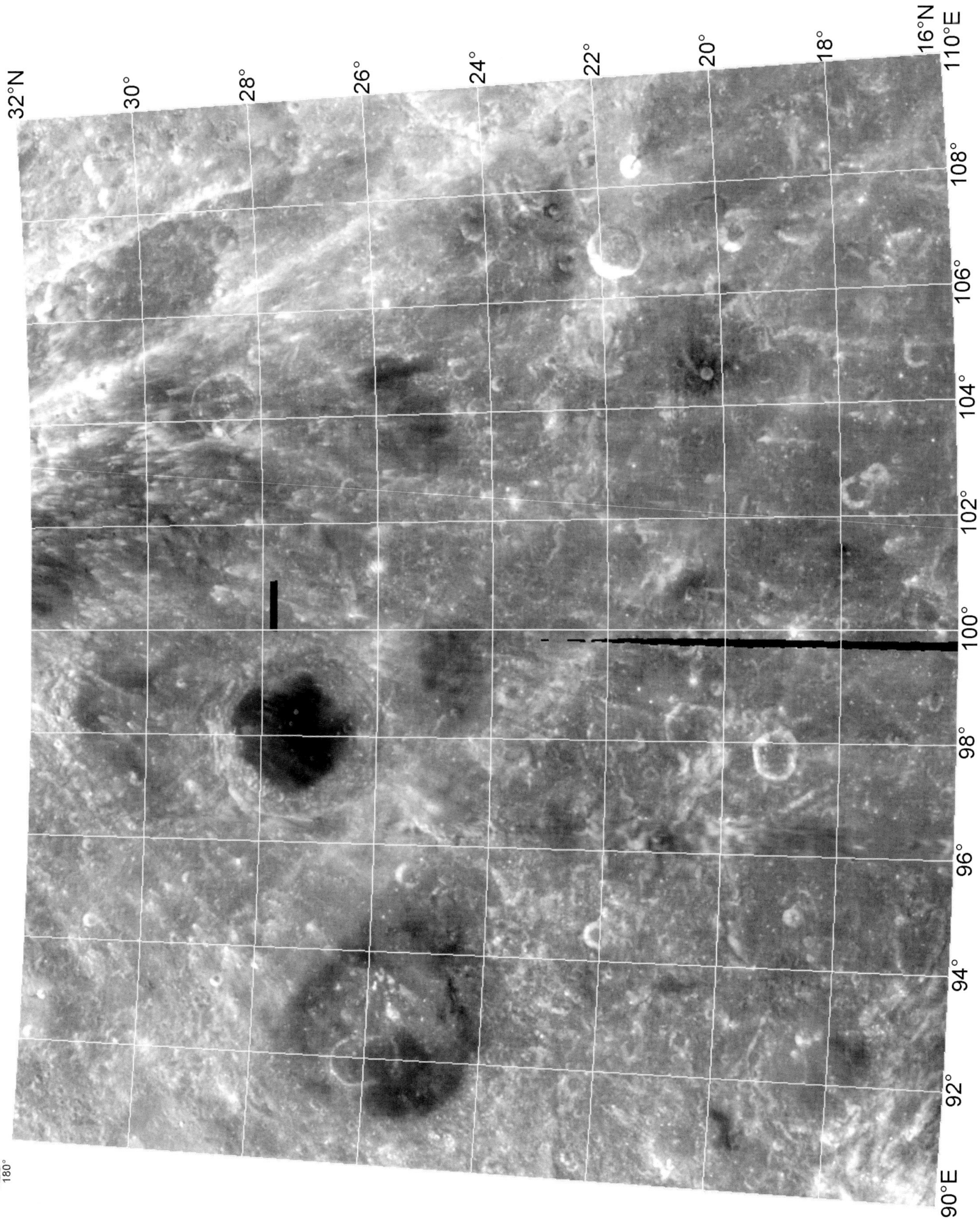

46

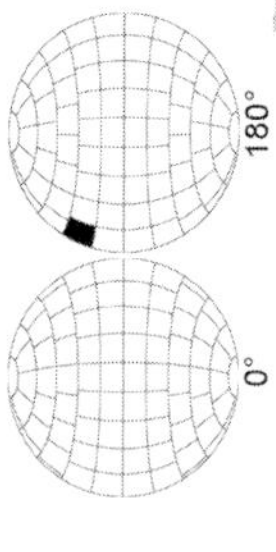

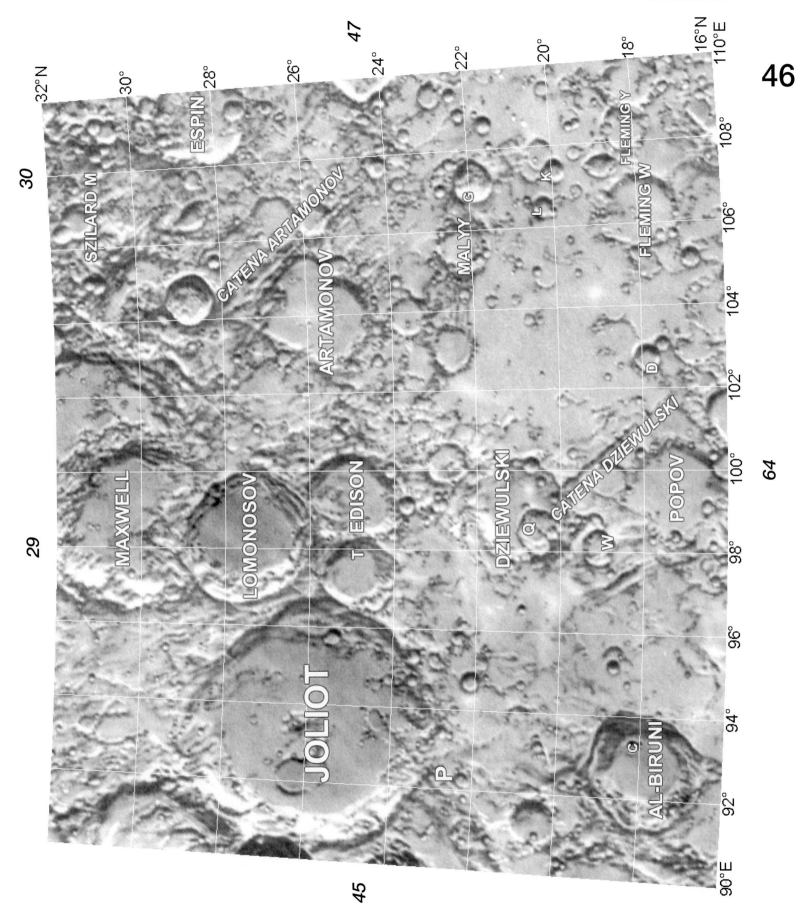

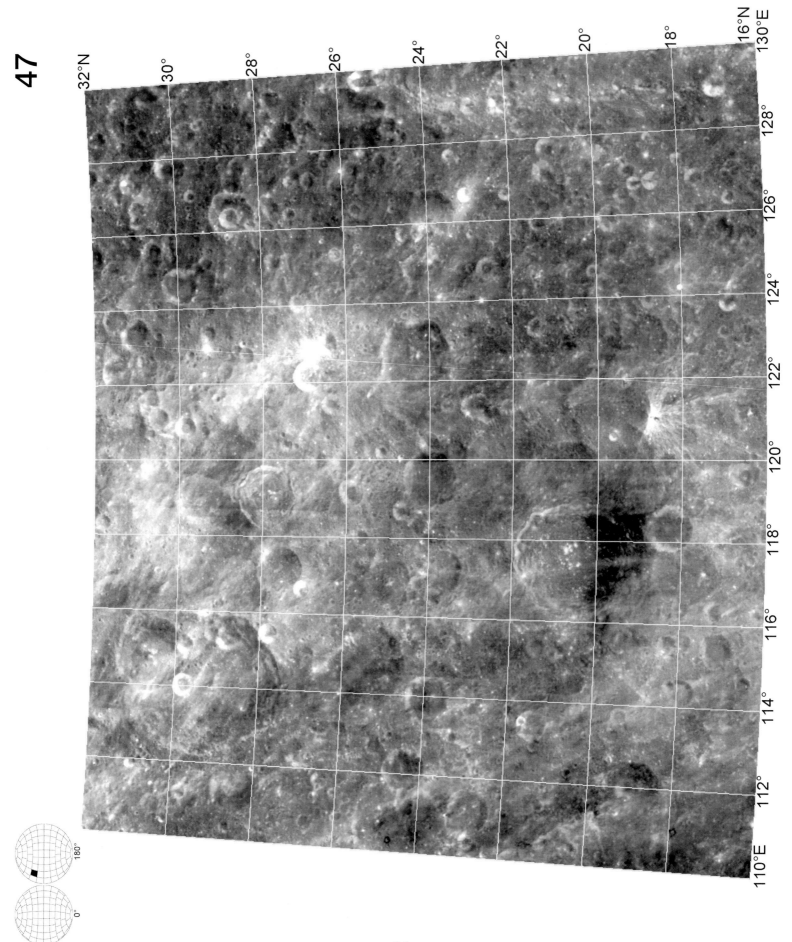

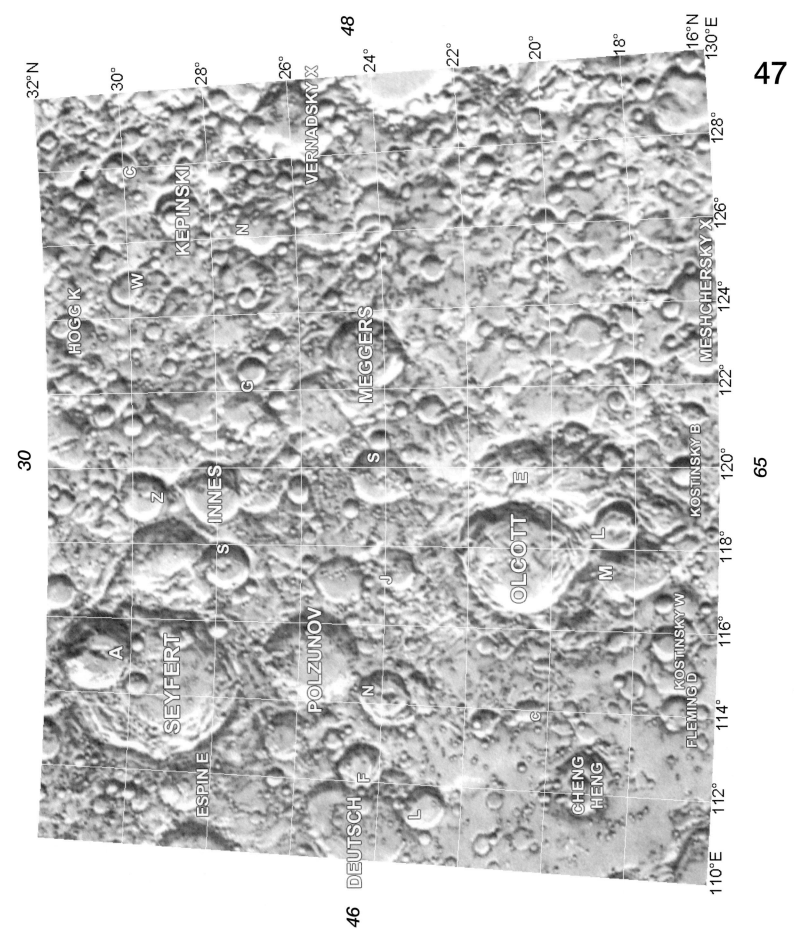

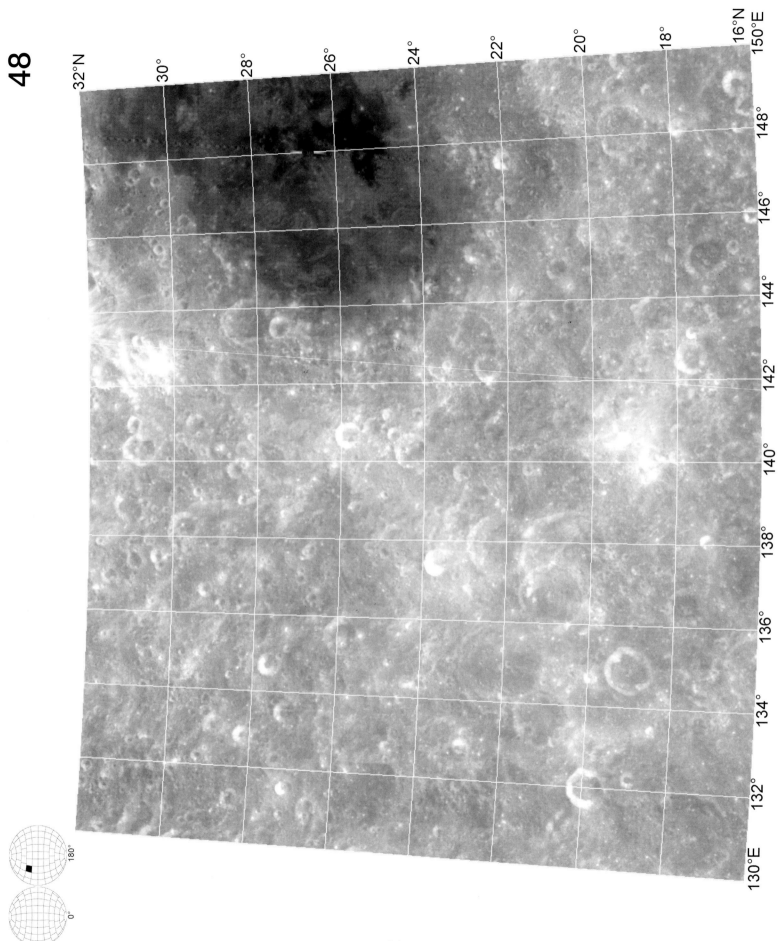

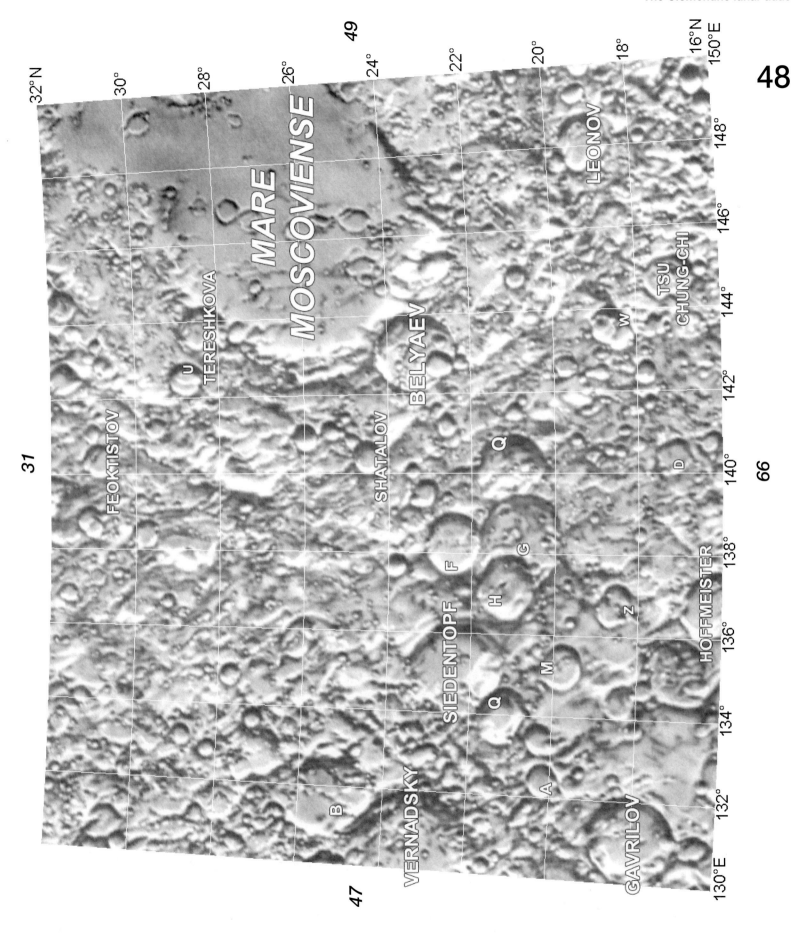

The Clementine lunar atlas

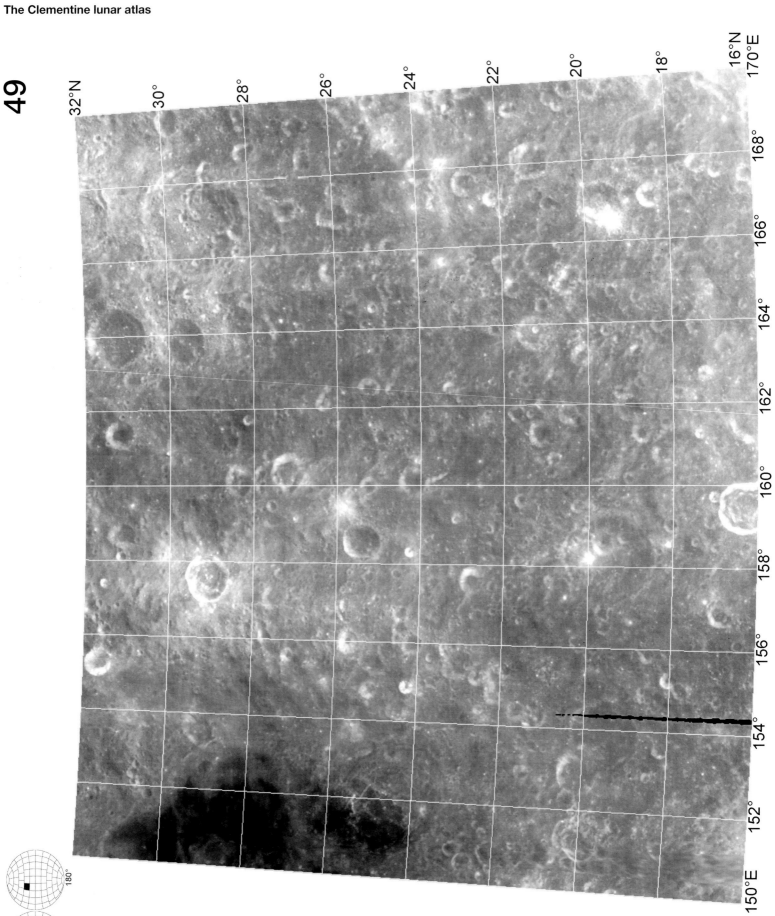

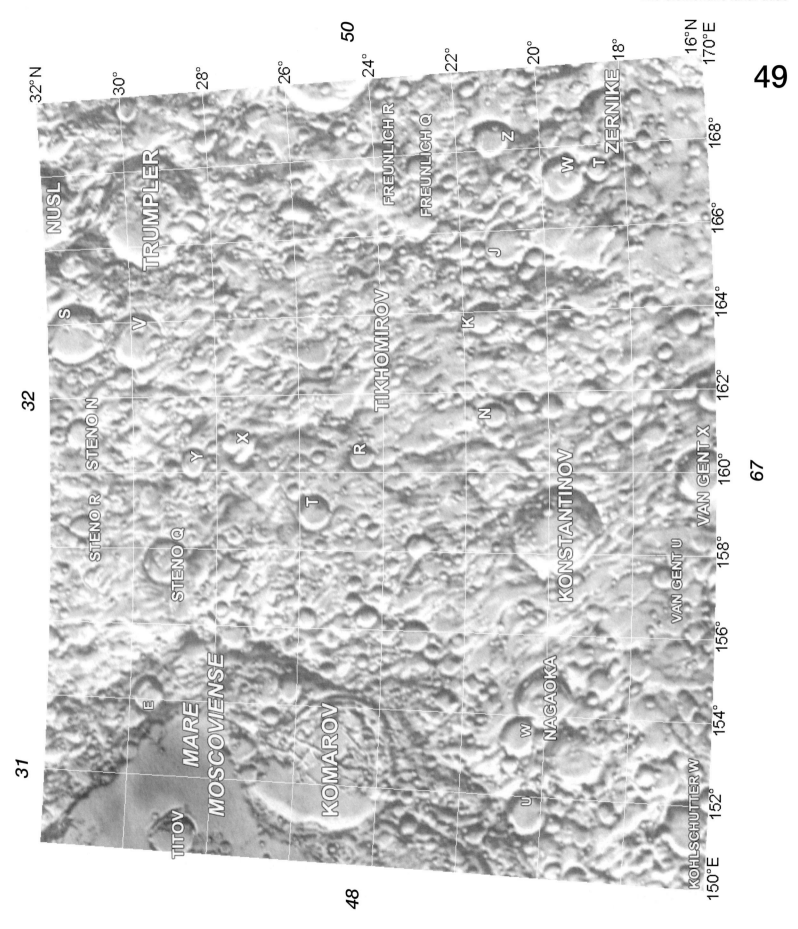

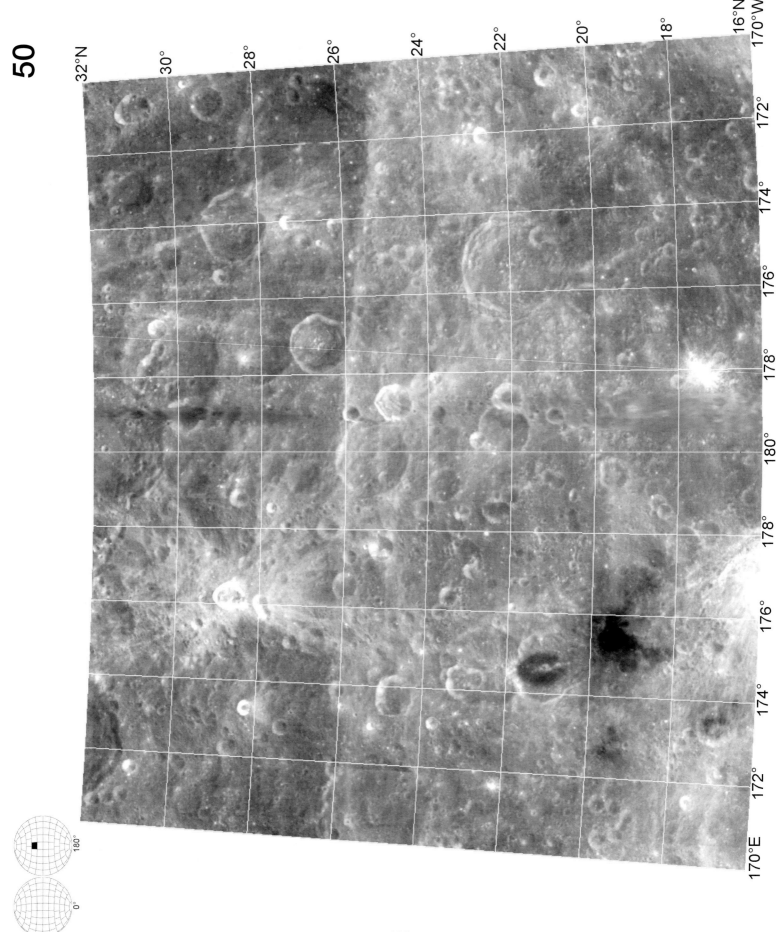

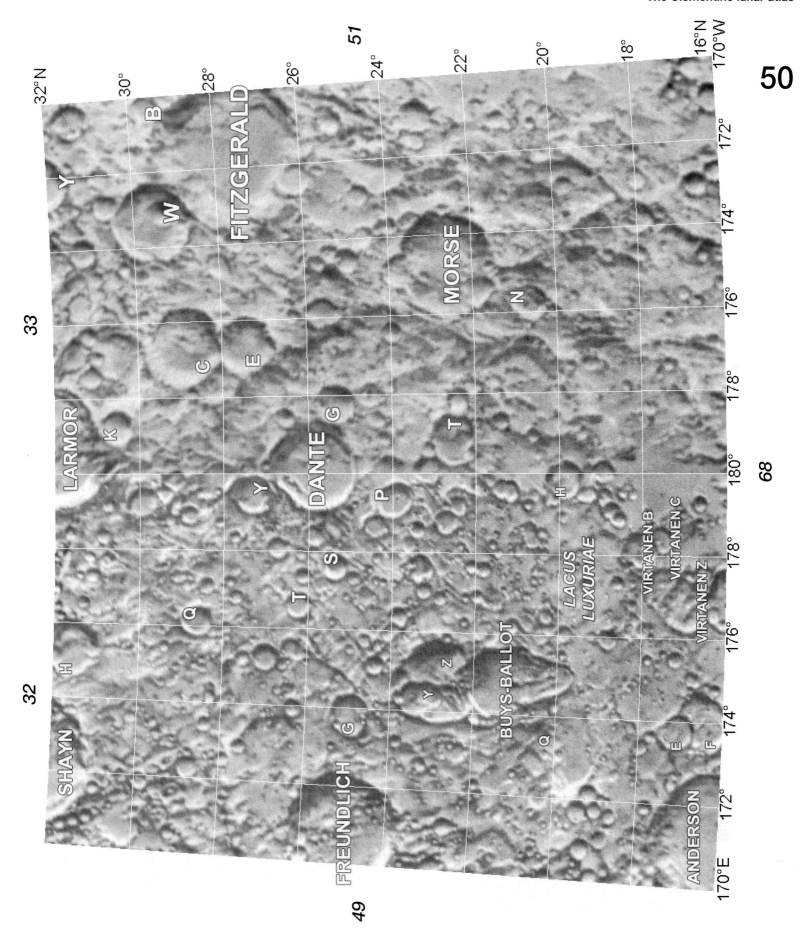

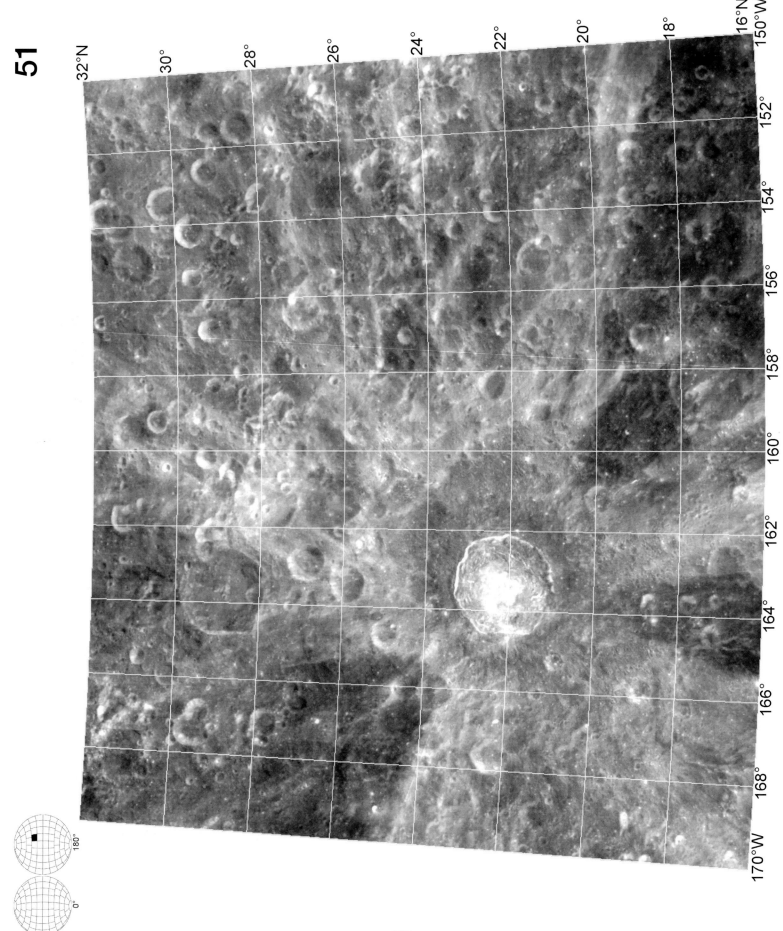

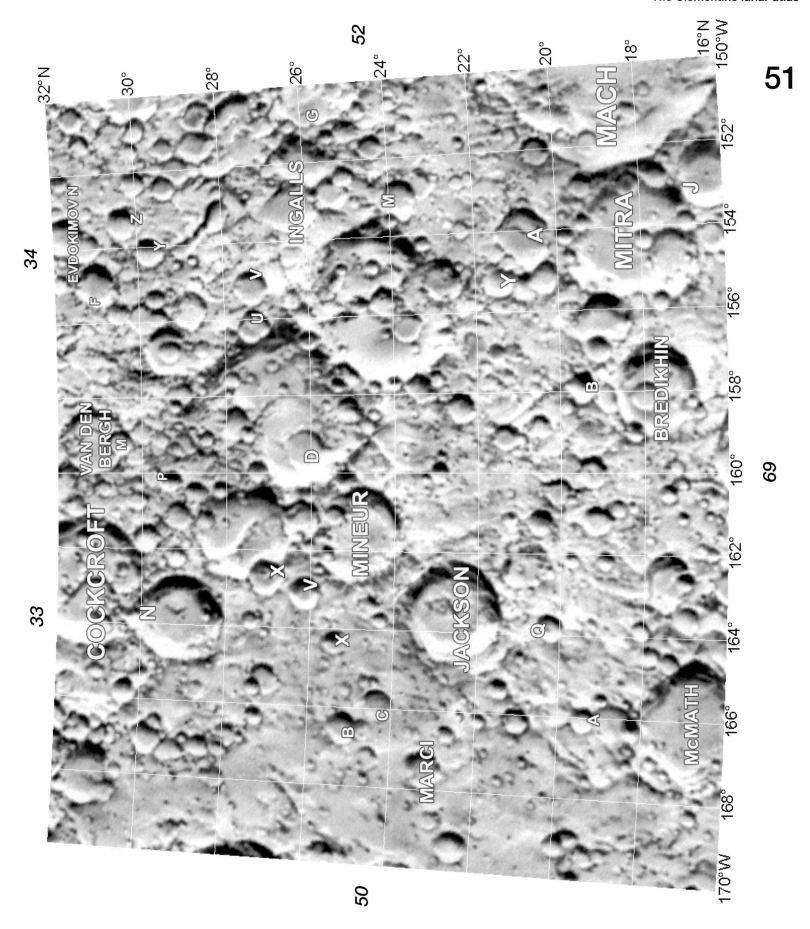

The Clementine lunar atlas

52

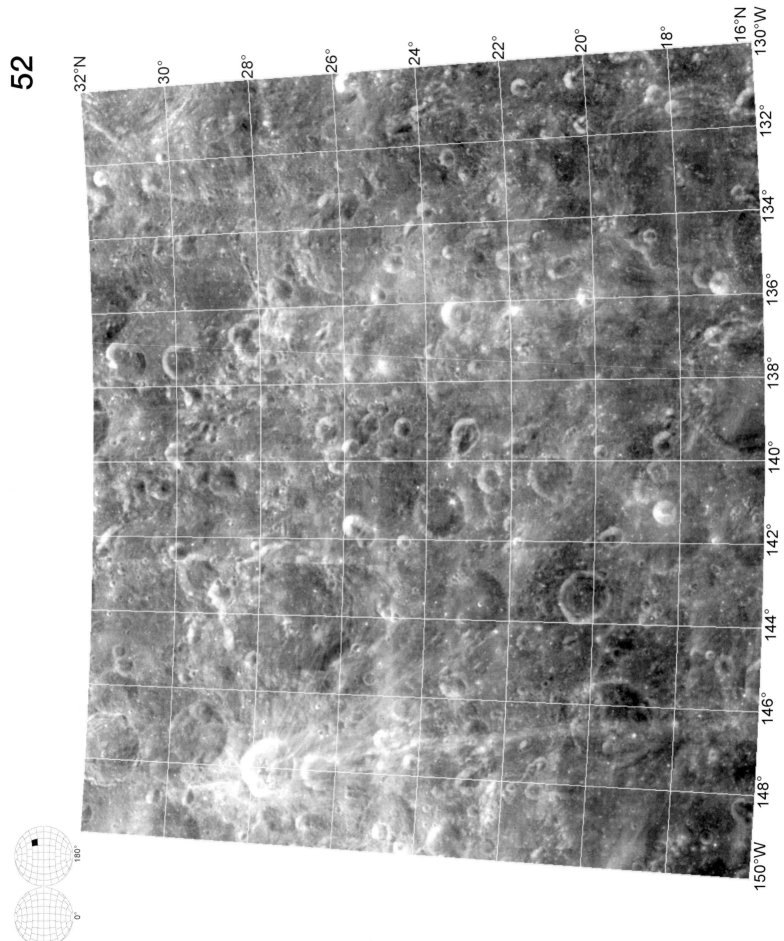

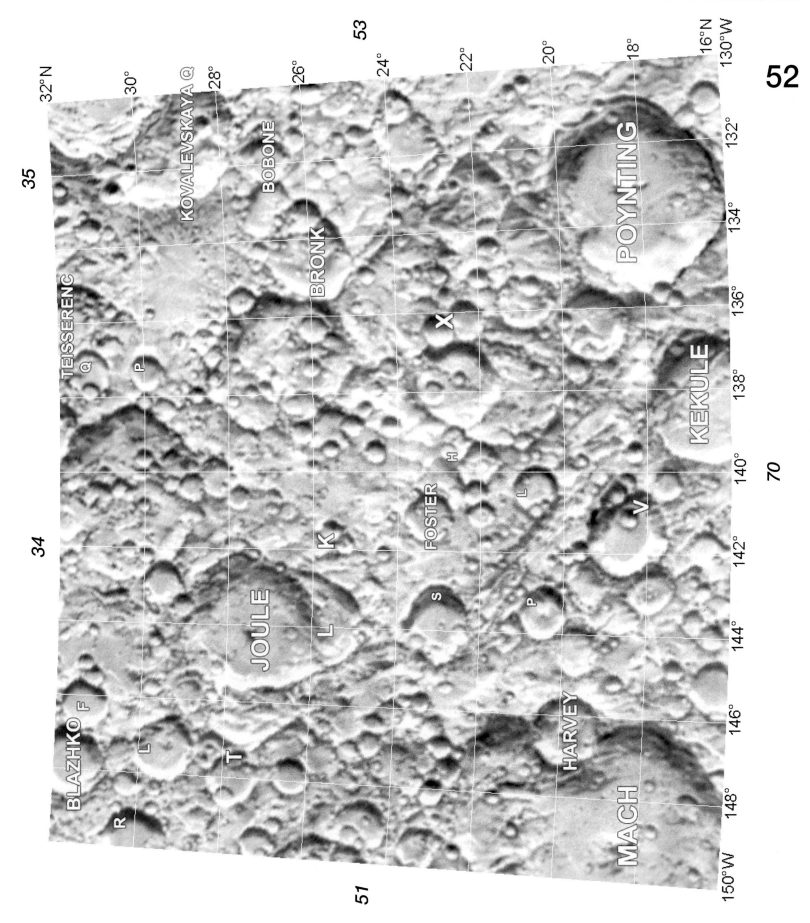

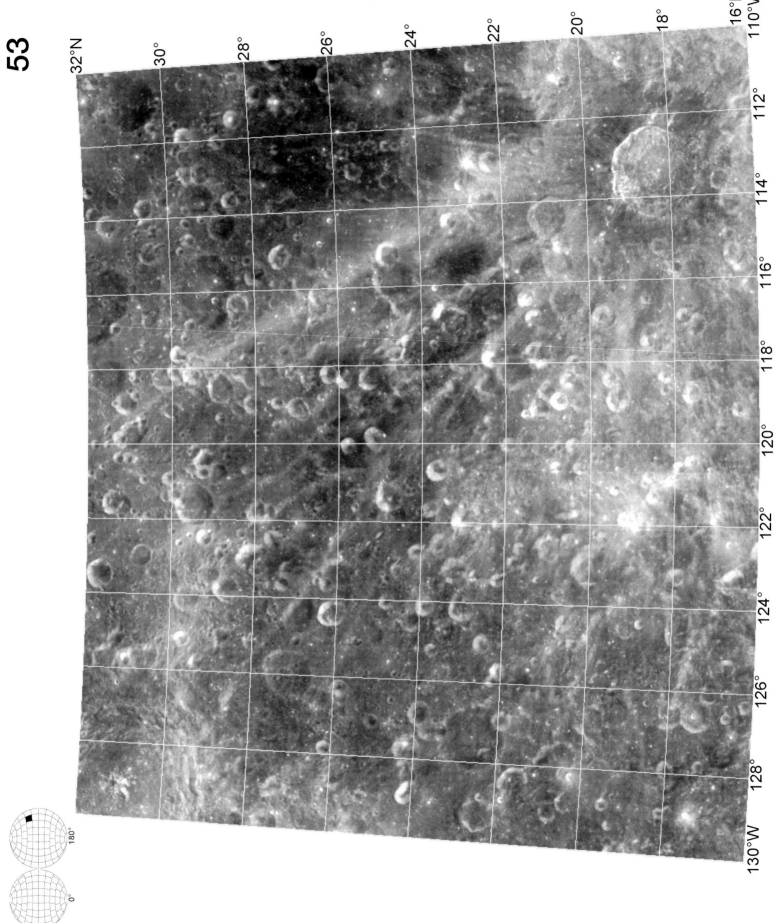

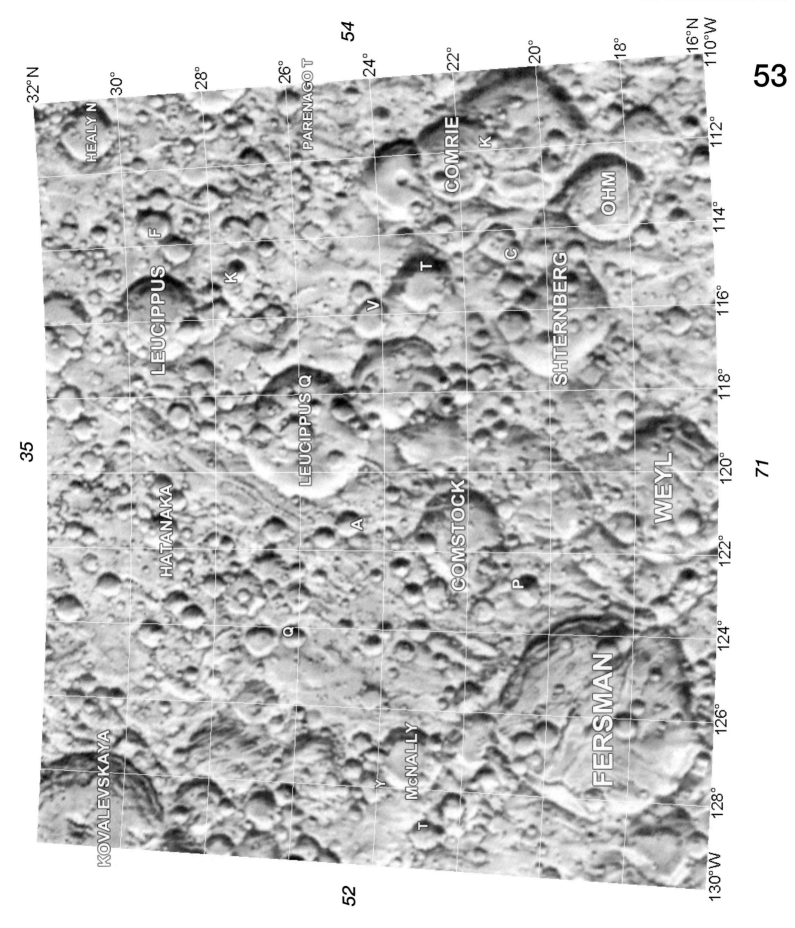

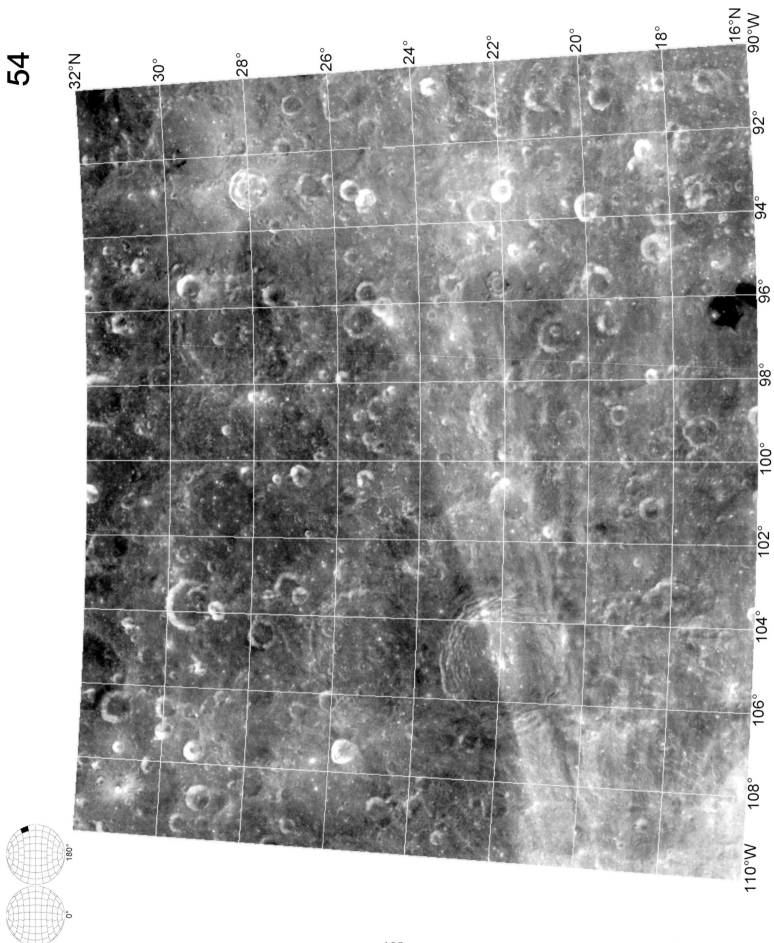

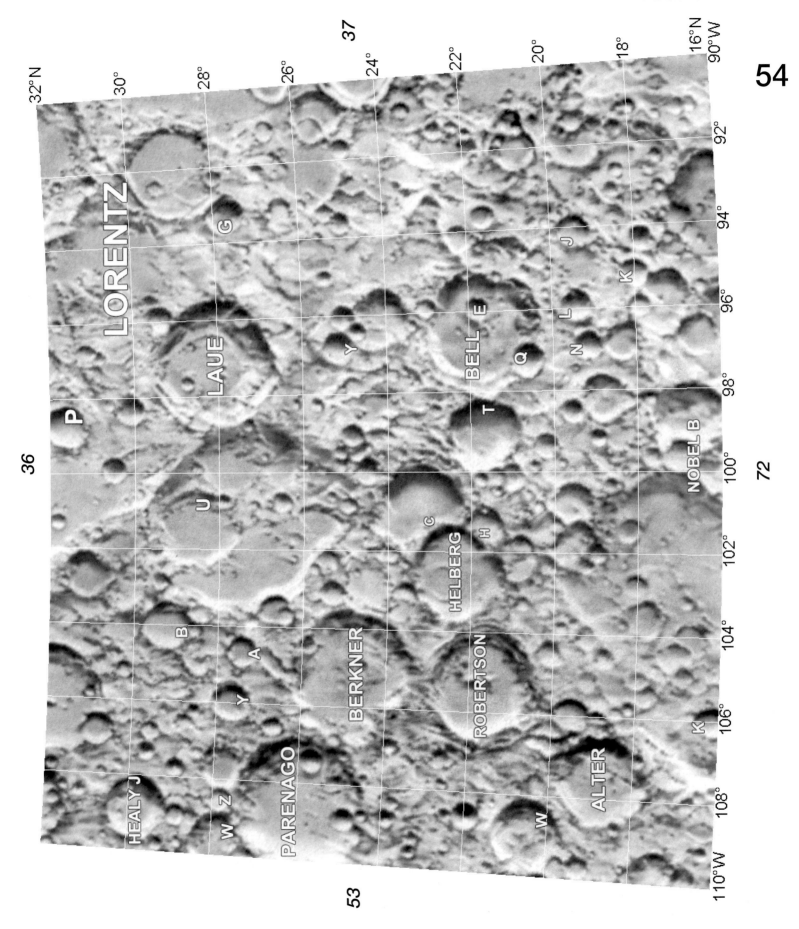

The Clementine lunar atlas

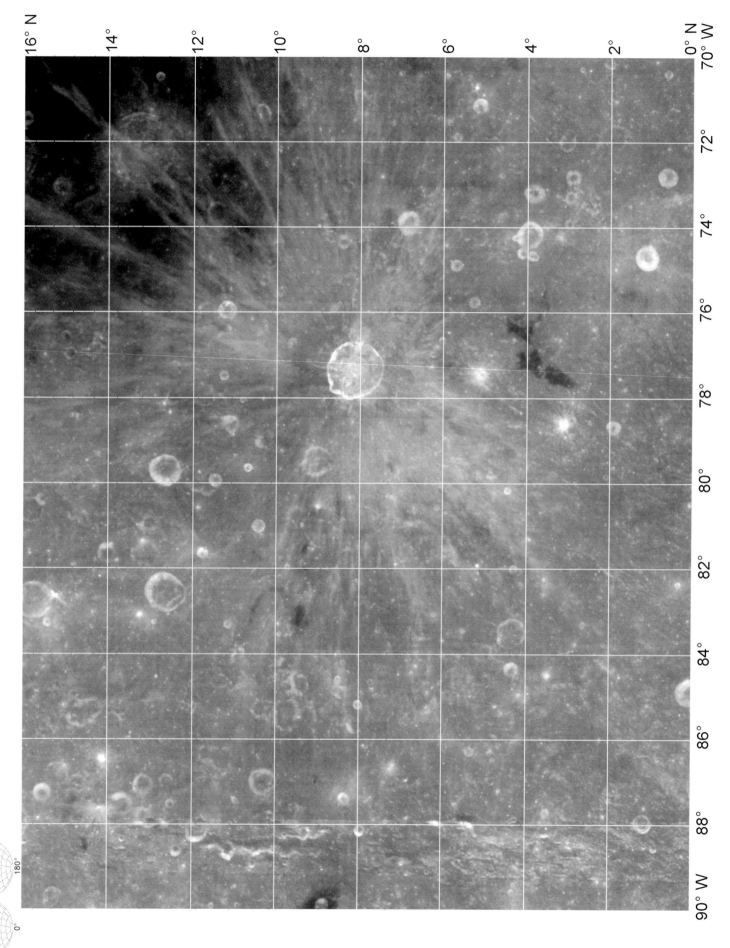

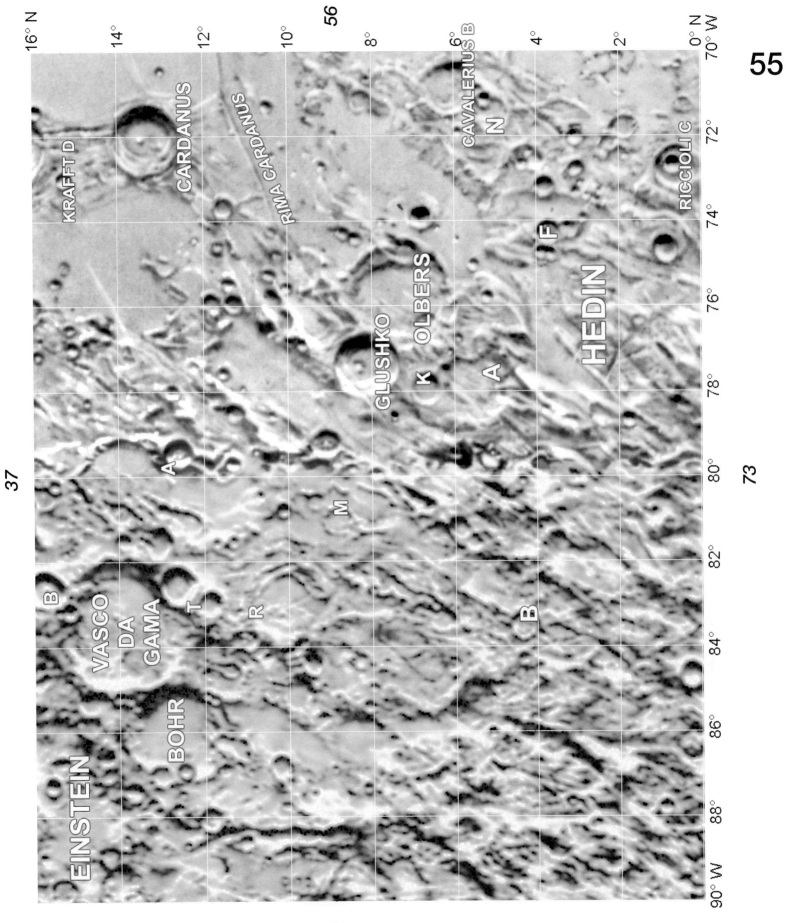

The Clementine lunar atlas

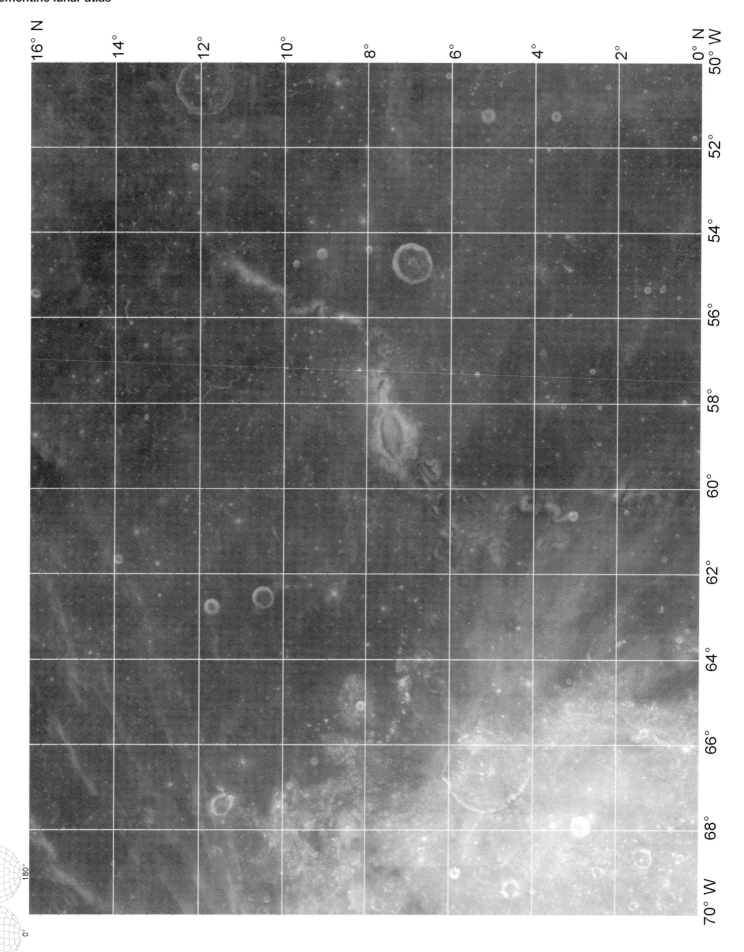

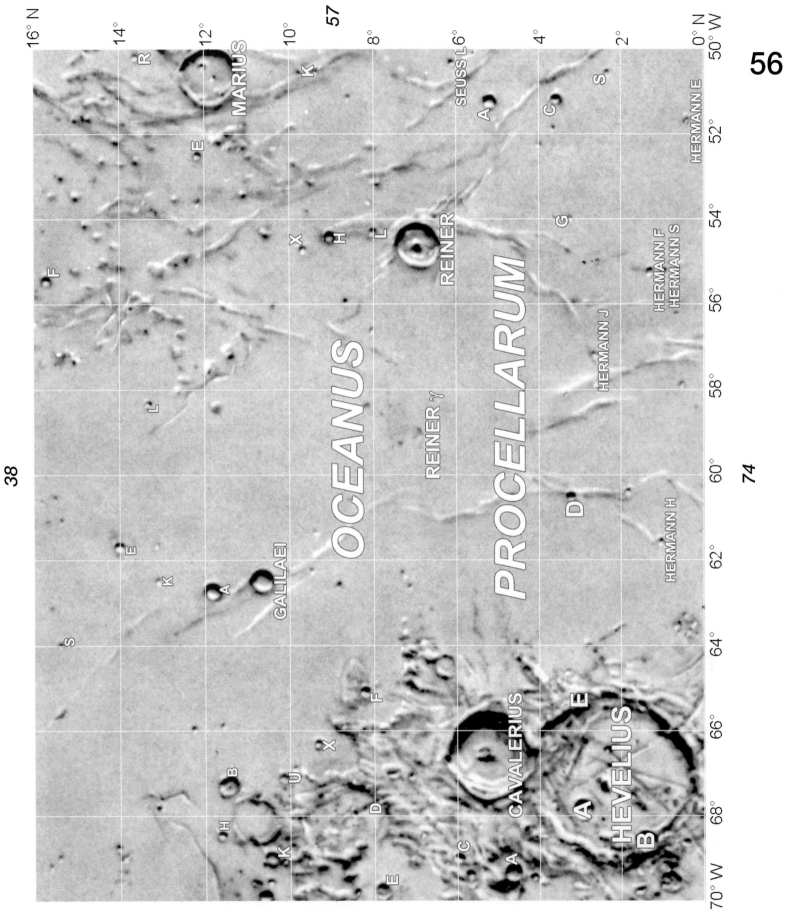

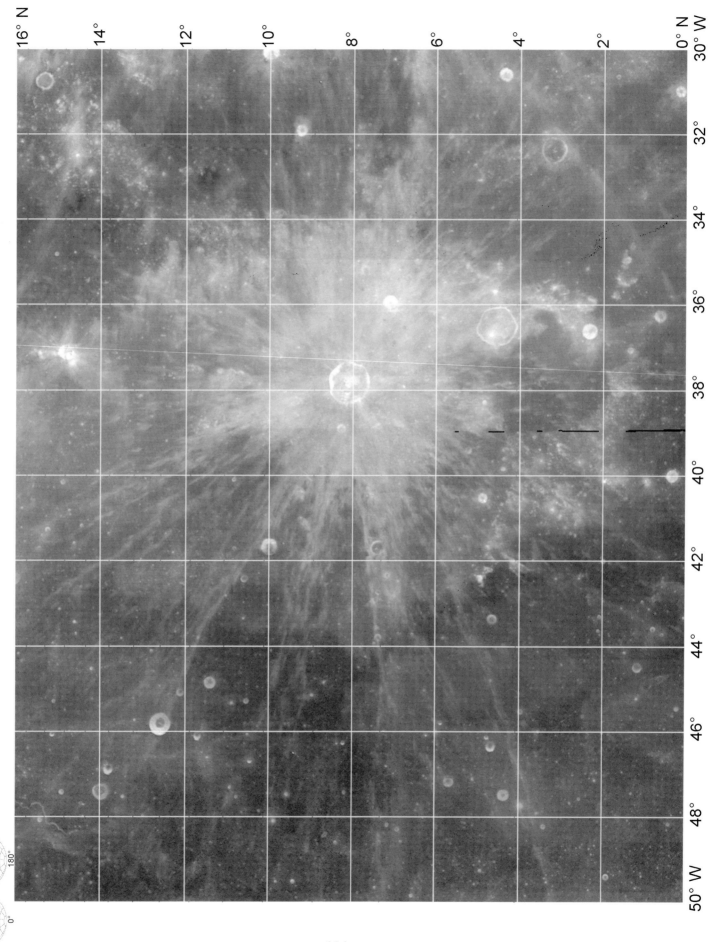

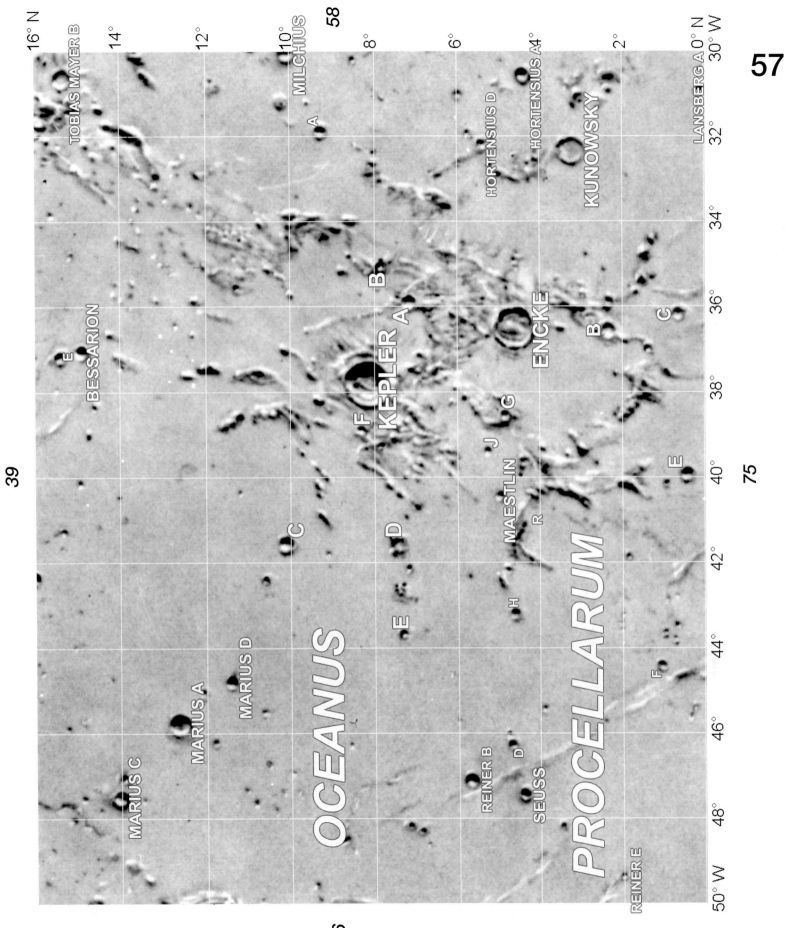

The Clementine lunar atlas

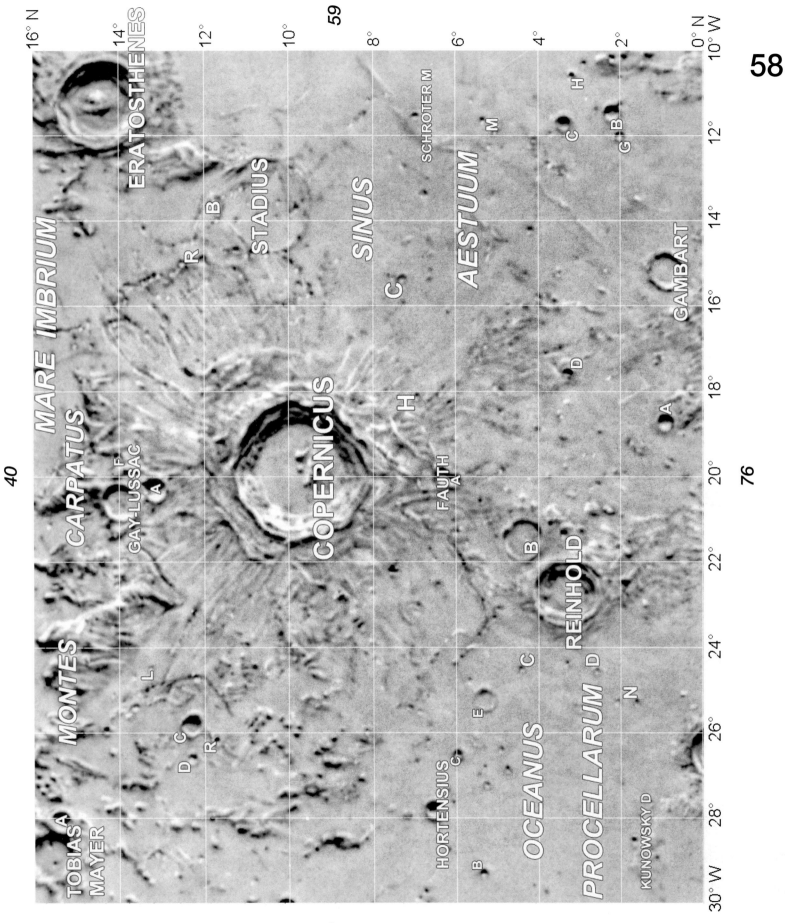

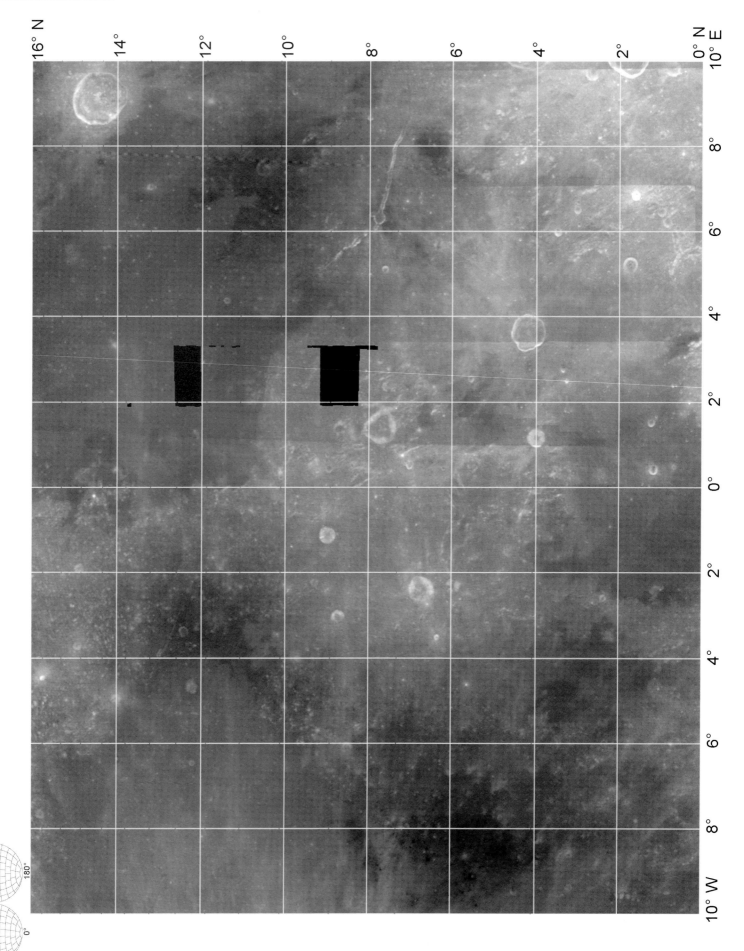

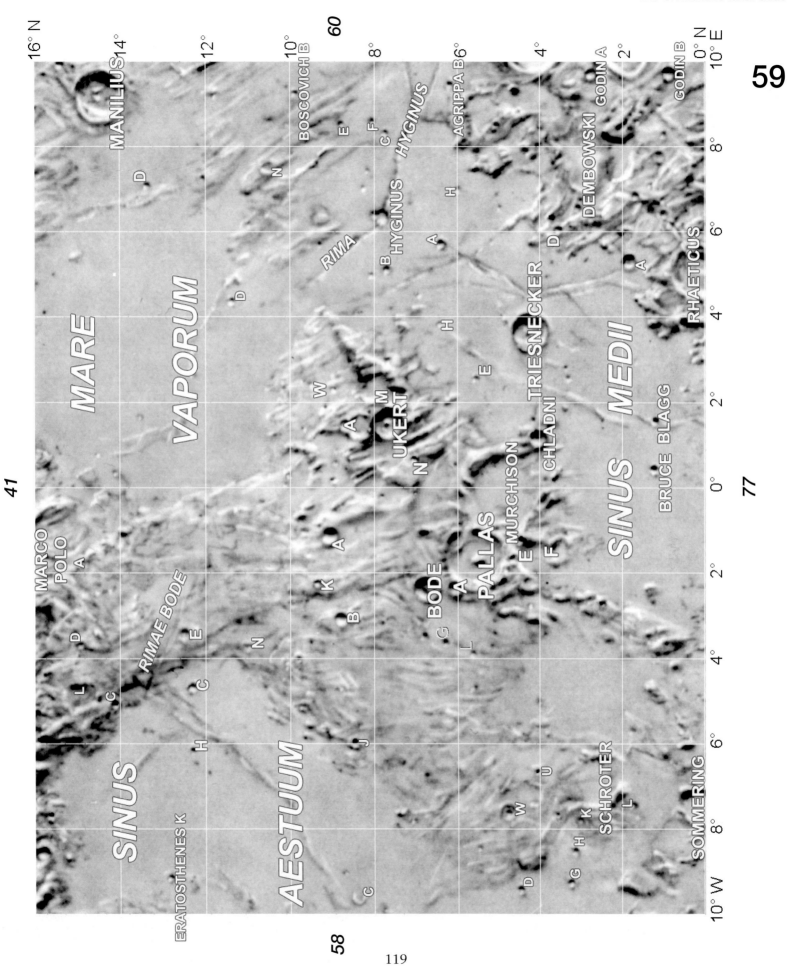

The Clementine lunar atlas

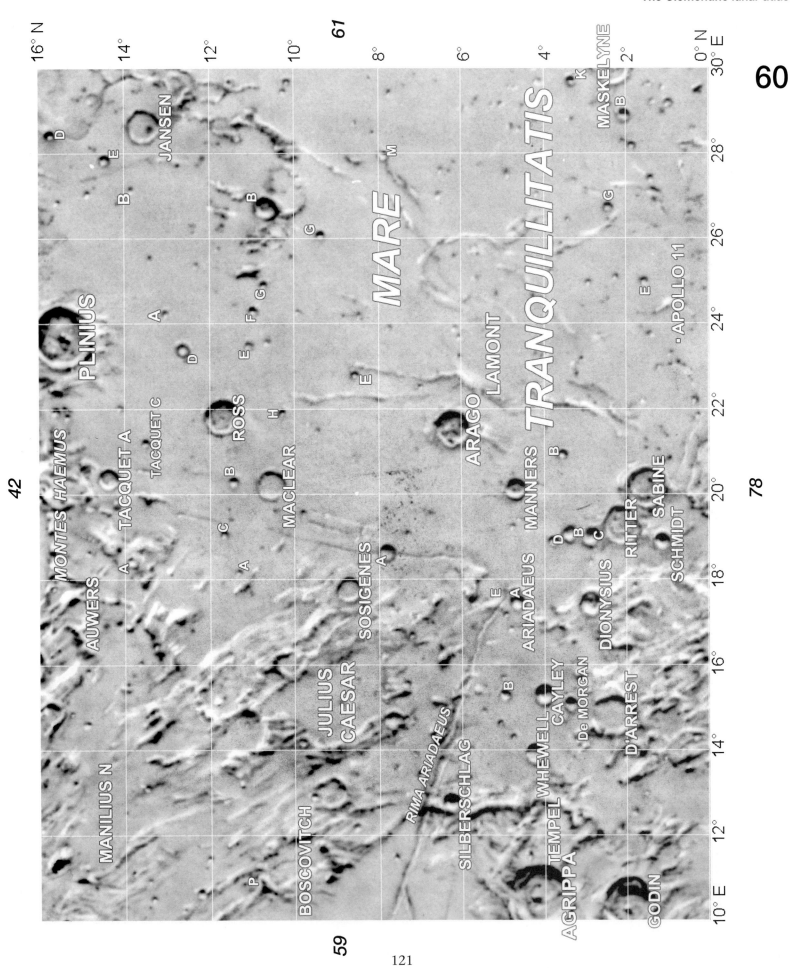

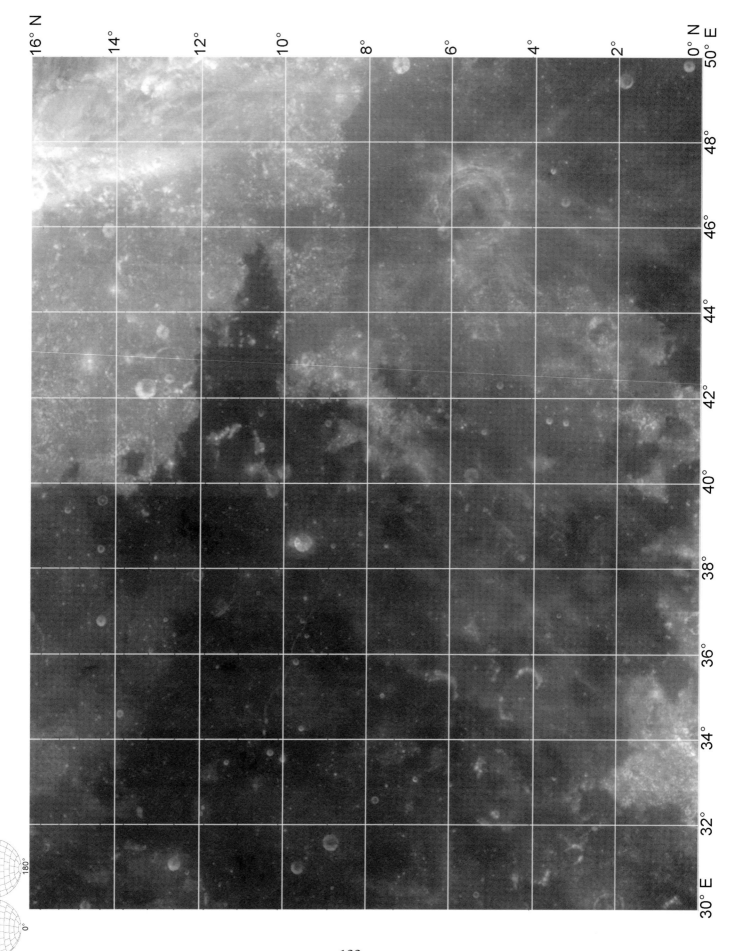

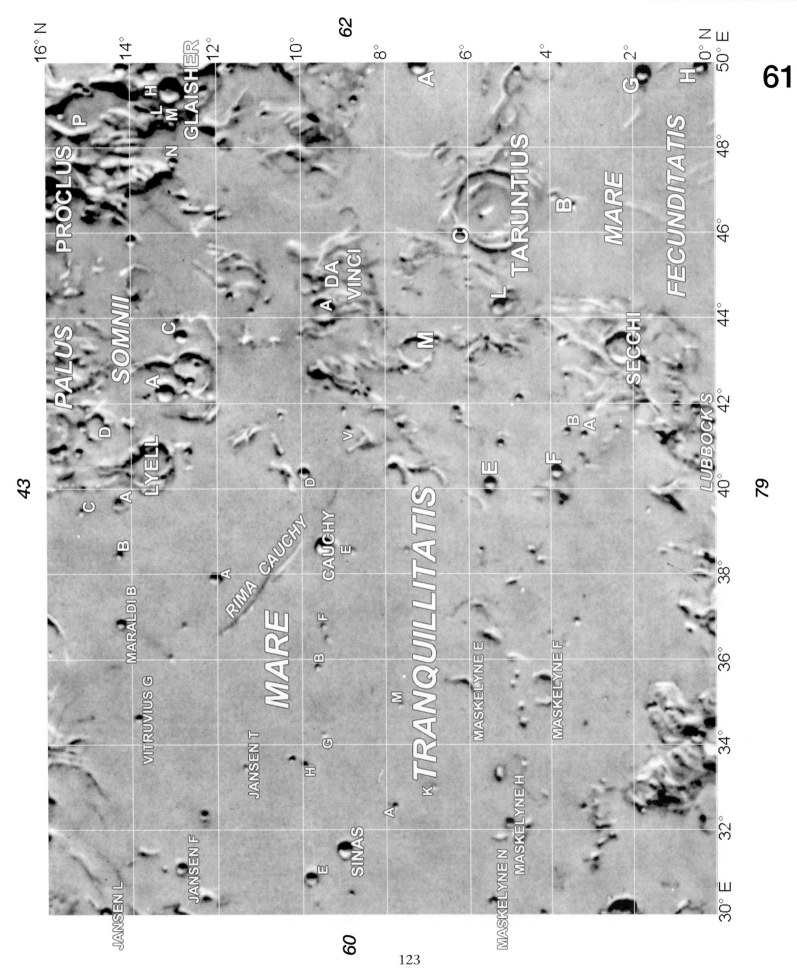

The Clementine lunar atlas

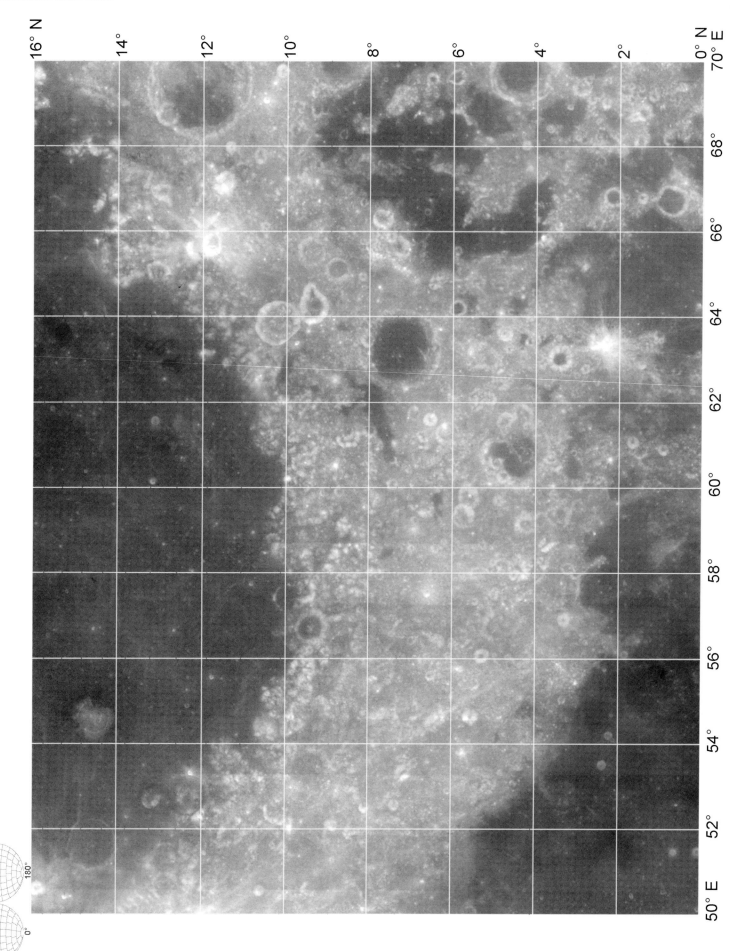

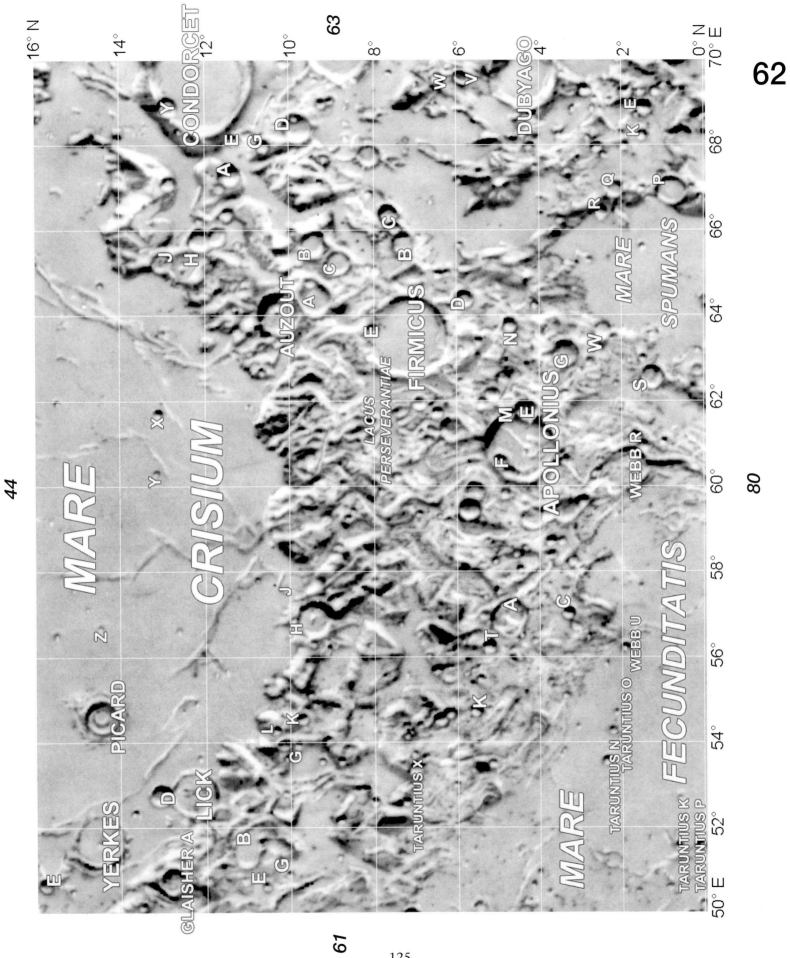

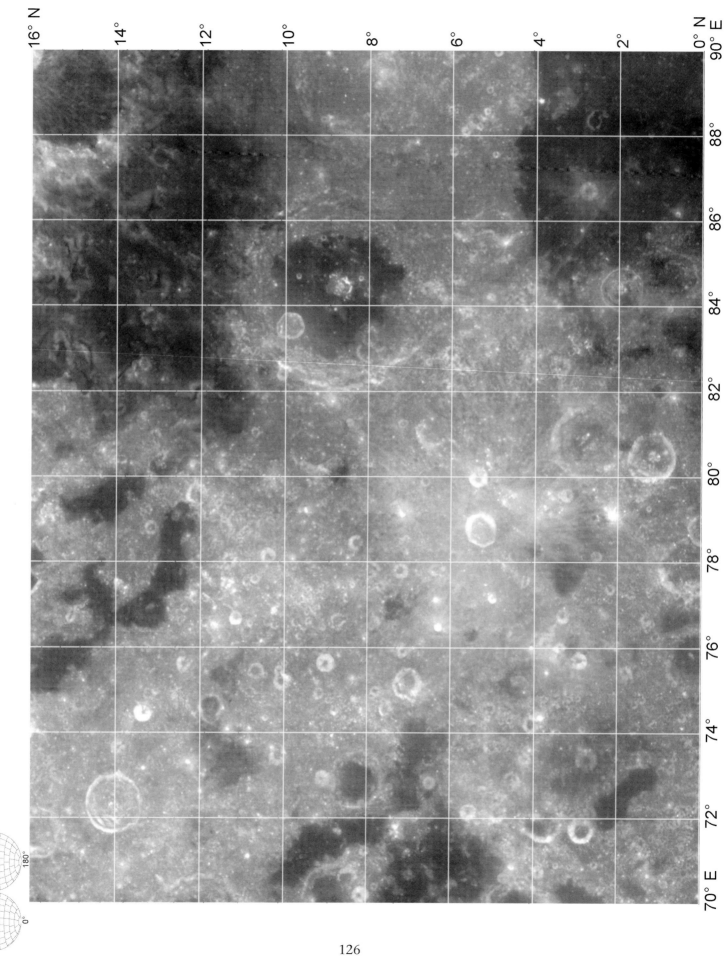

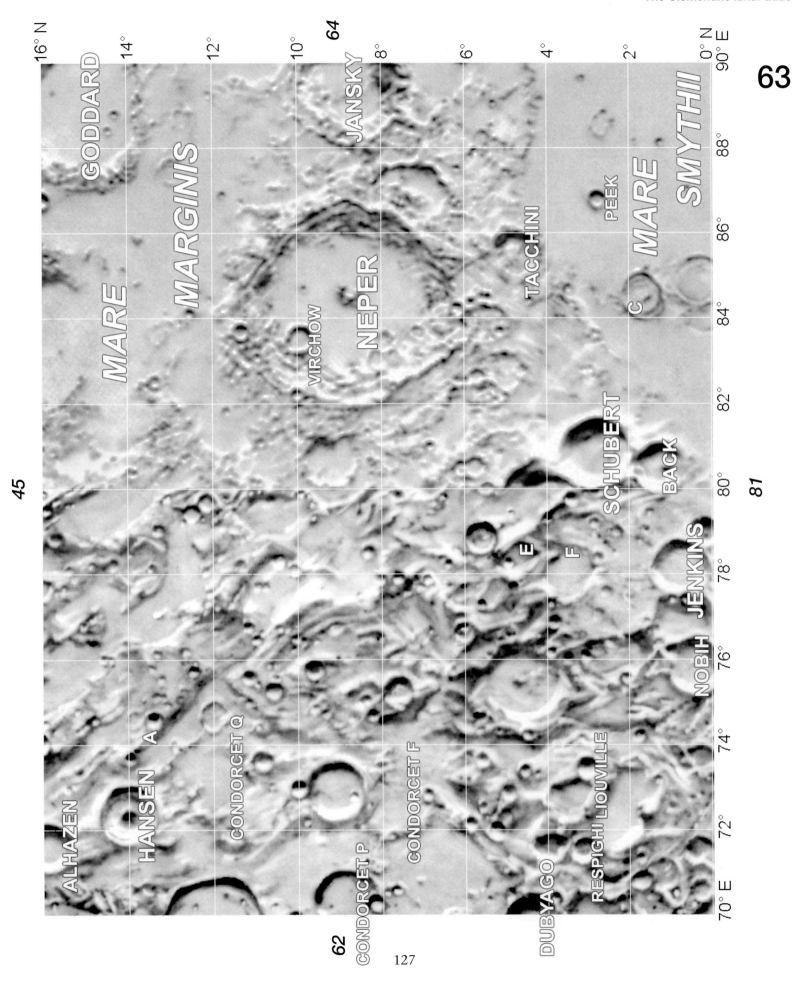

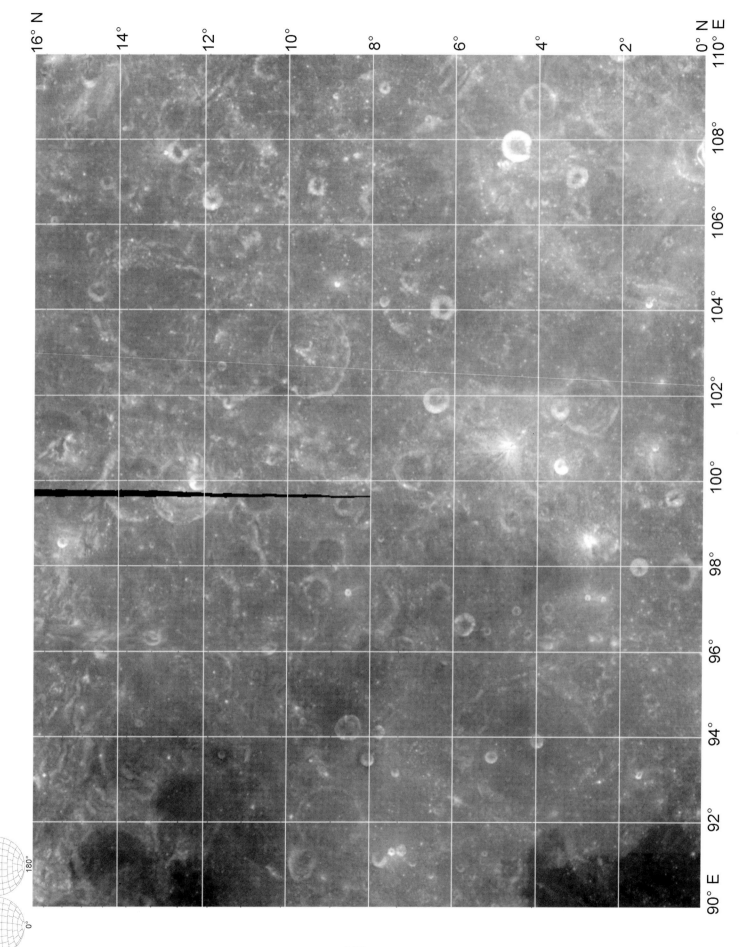

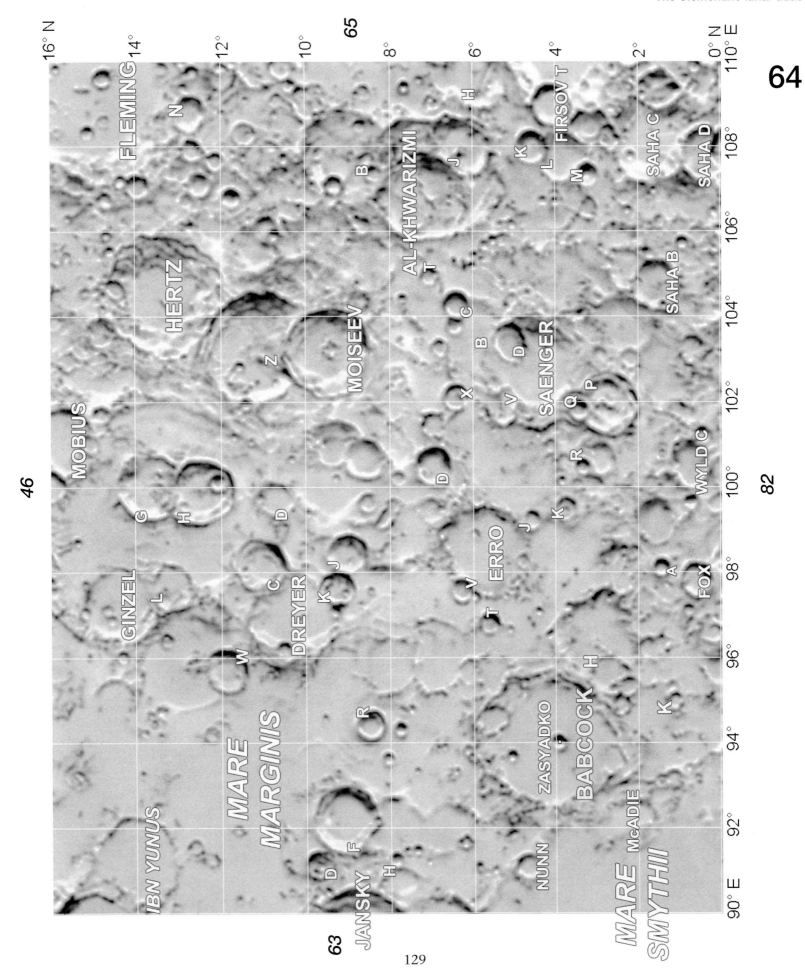

The Clementine lunar atlas

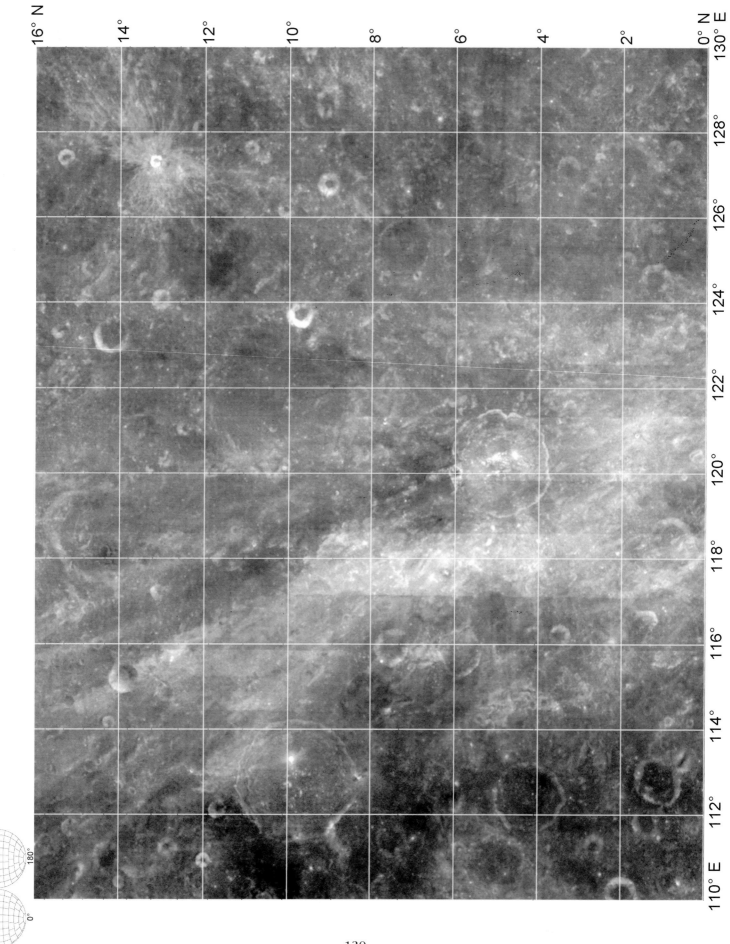

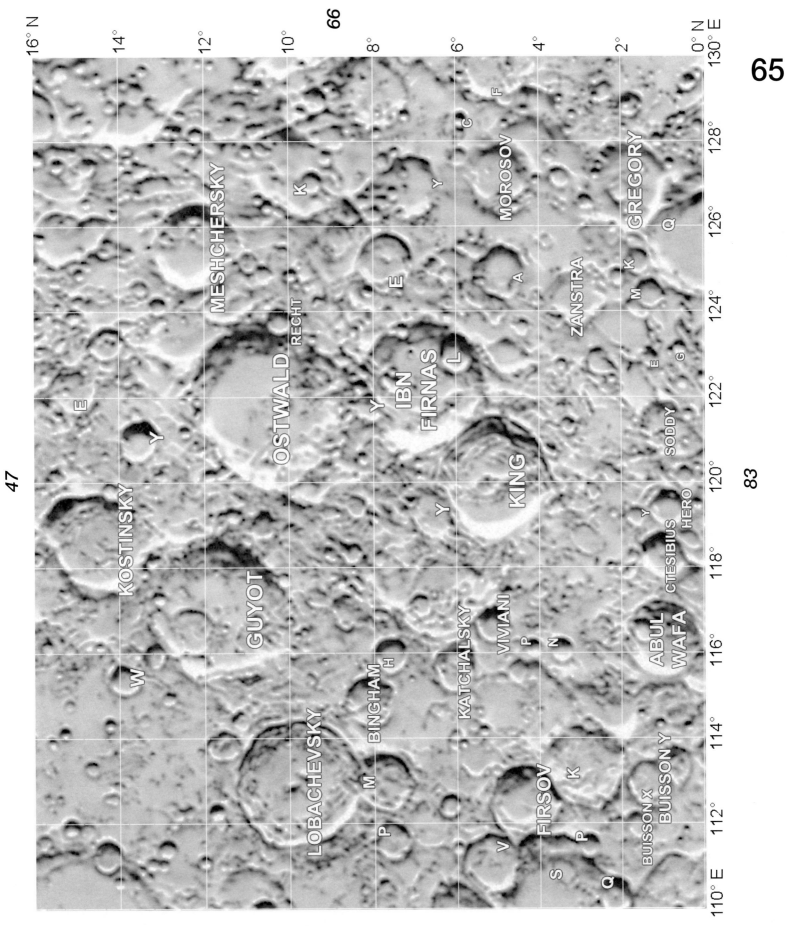

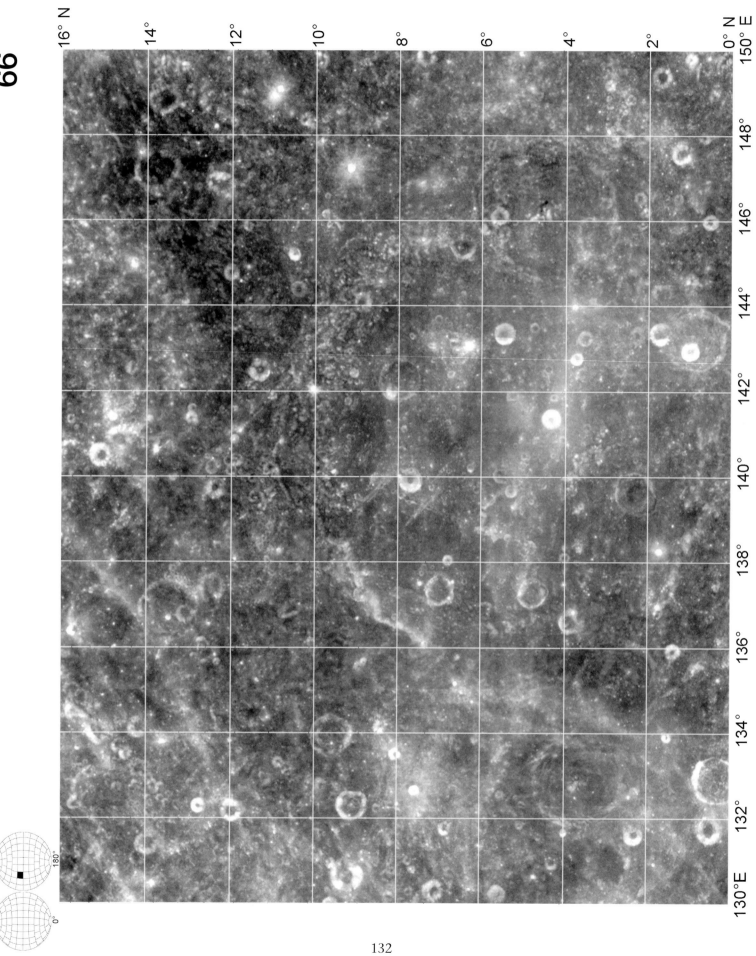

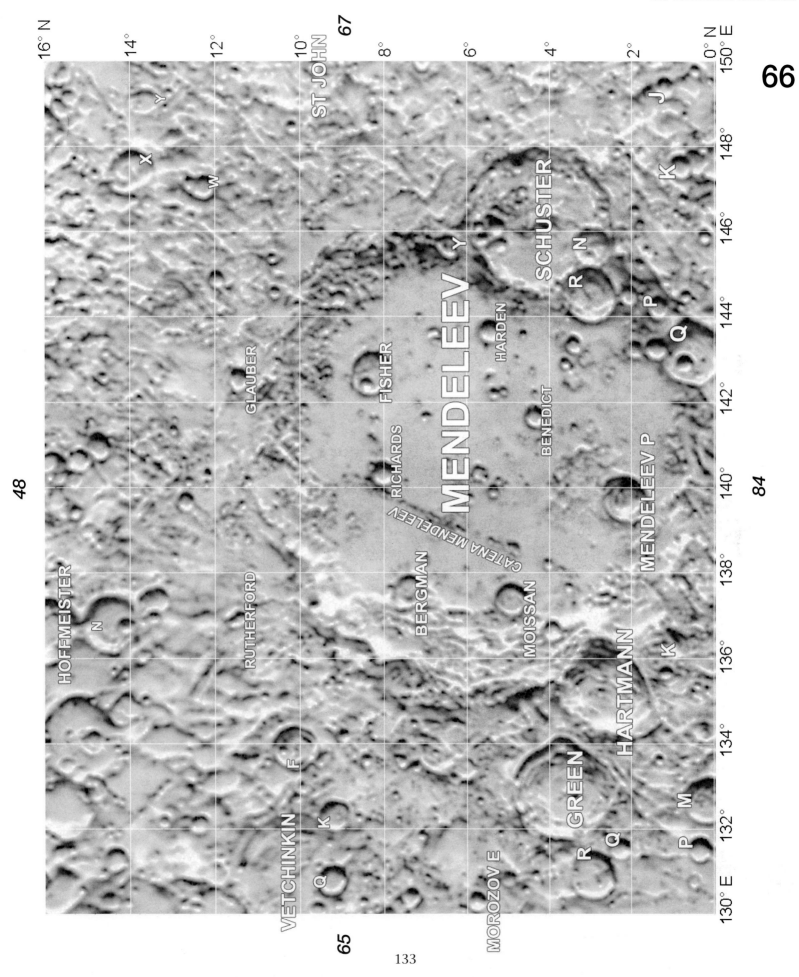

The Clementine lunar atlas

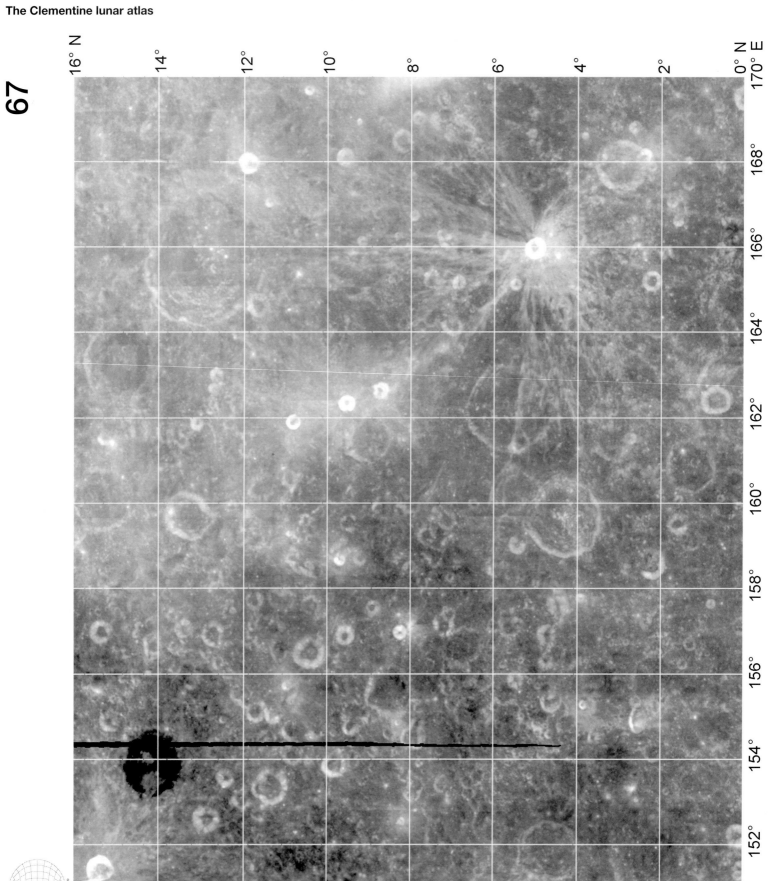

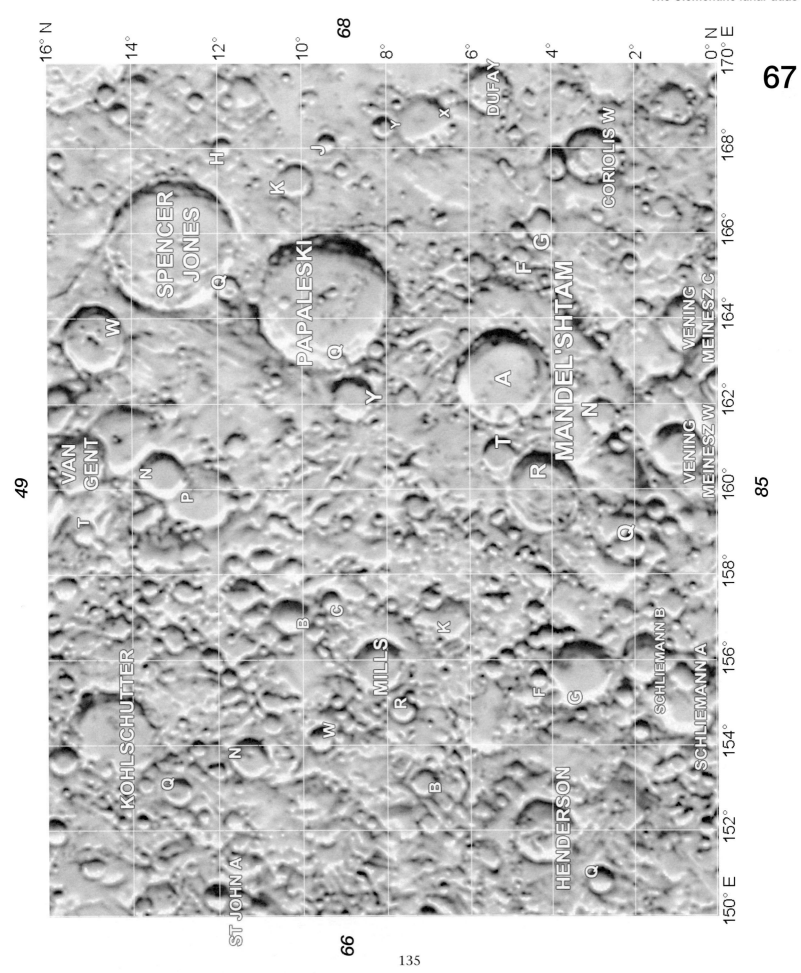

The Clementine lunar atlas

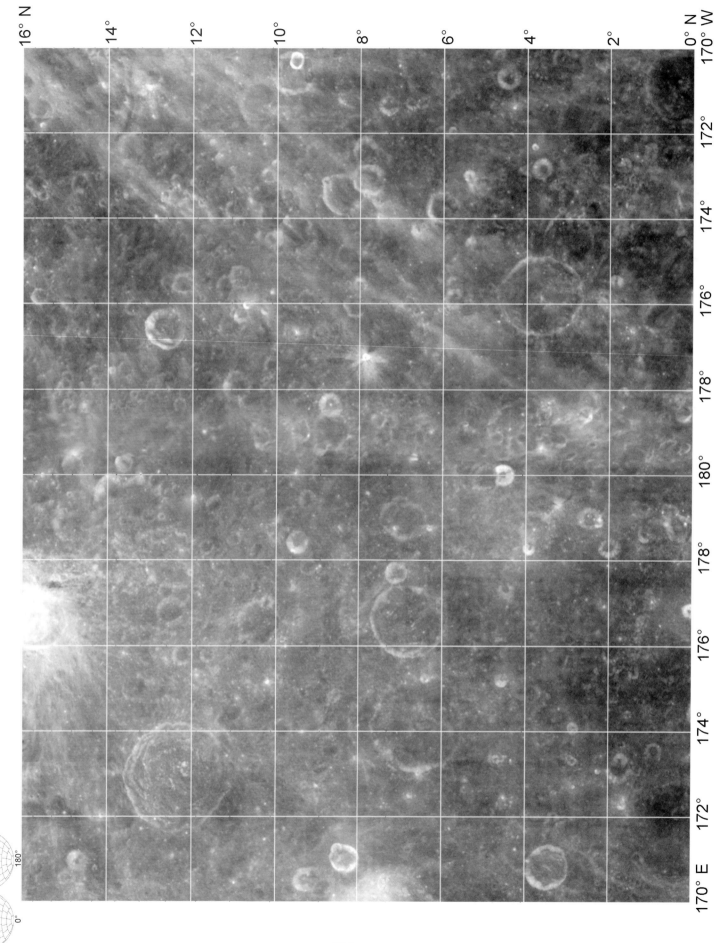

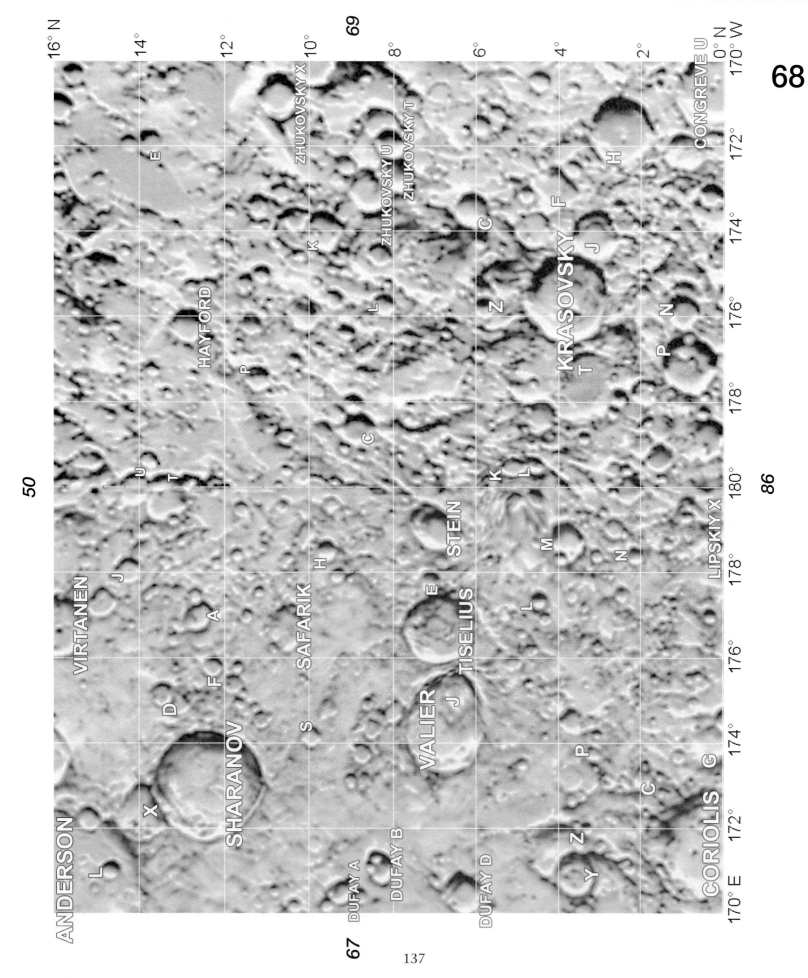

The Clementine lunar atlas

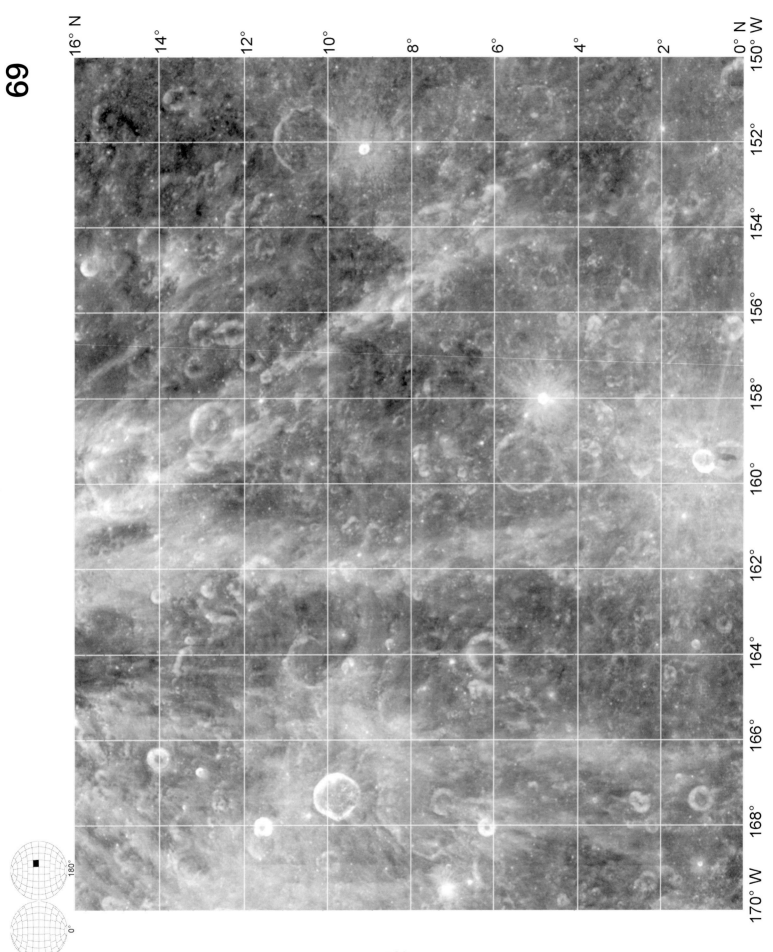

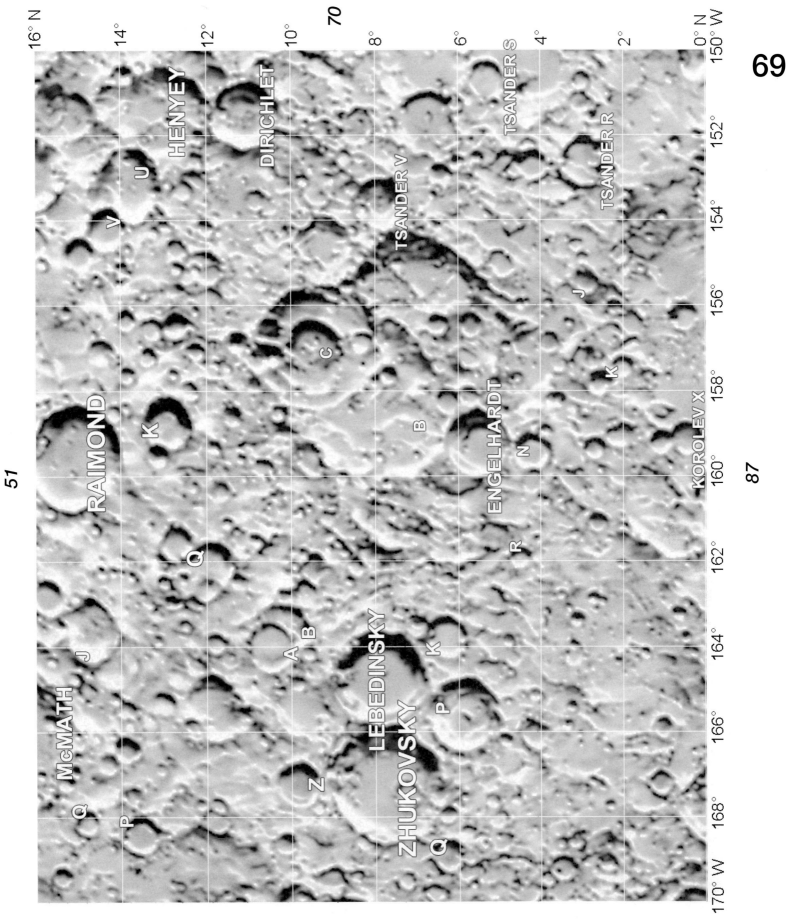

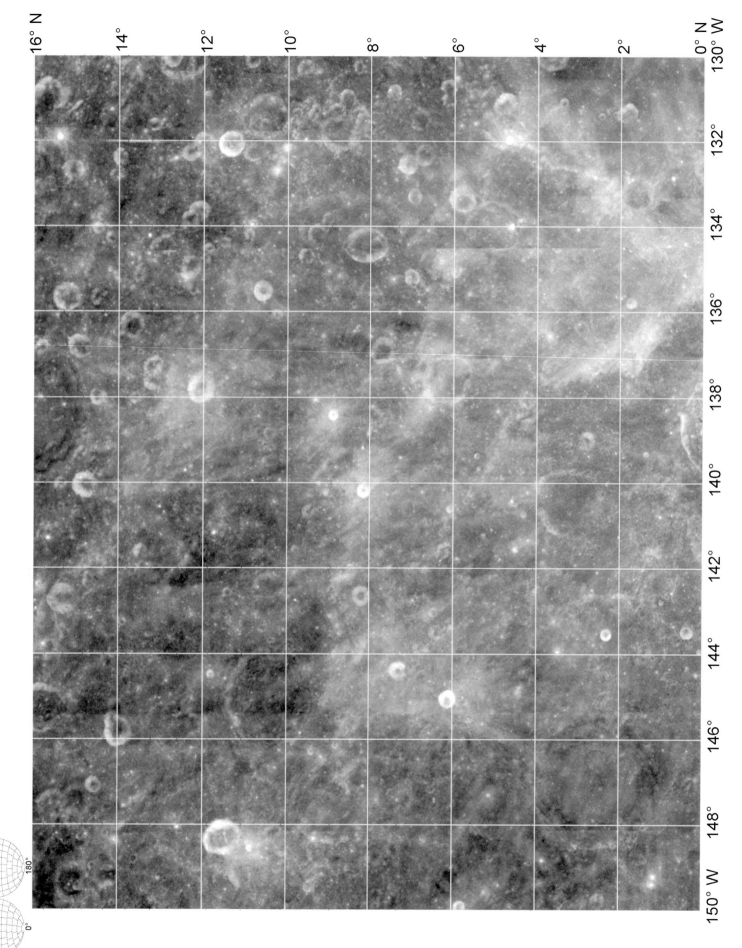

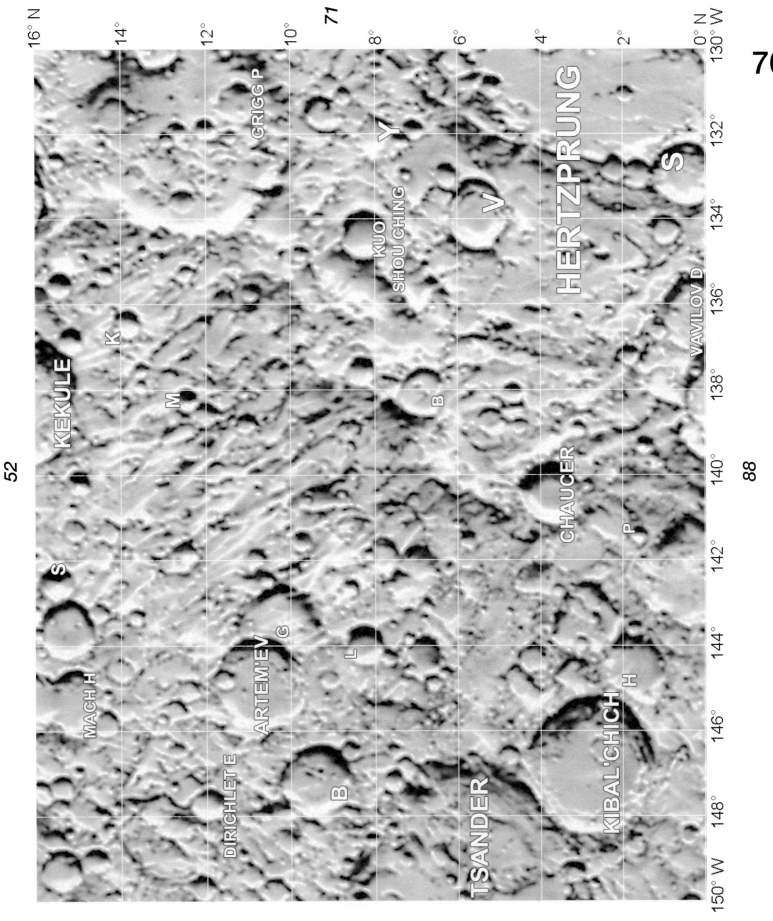

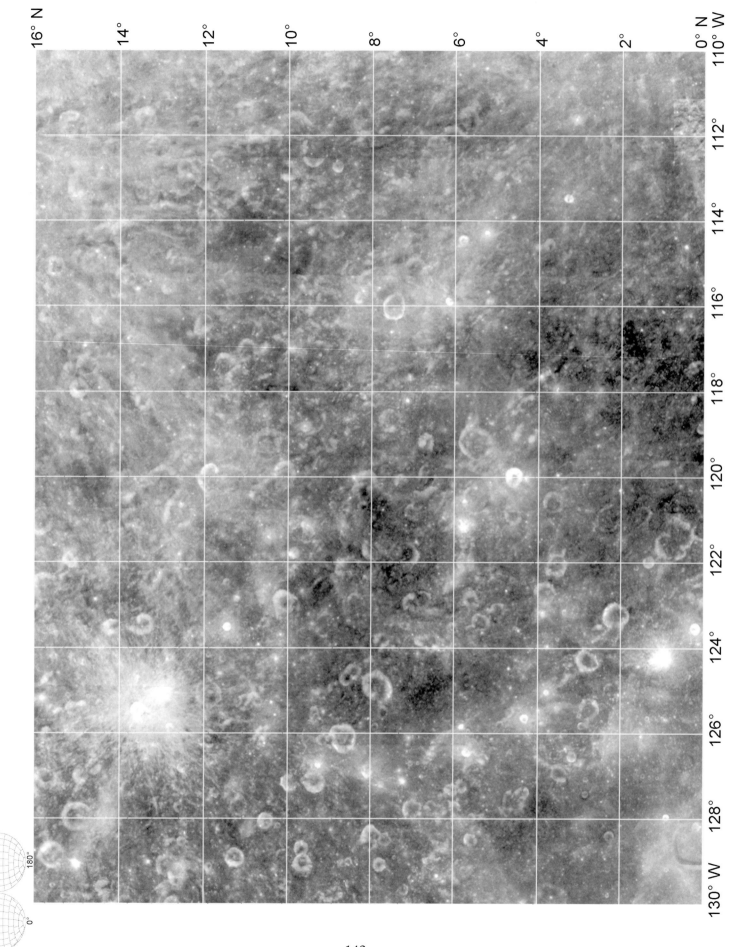

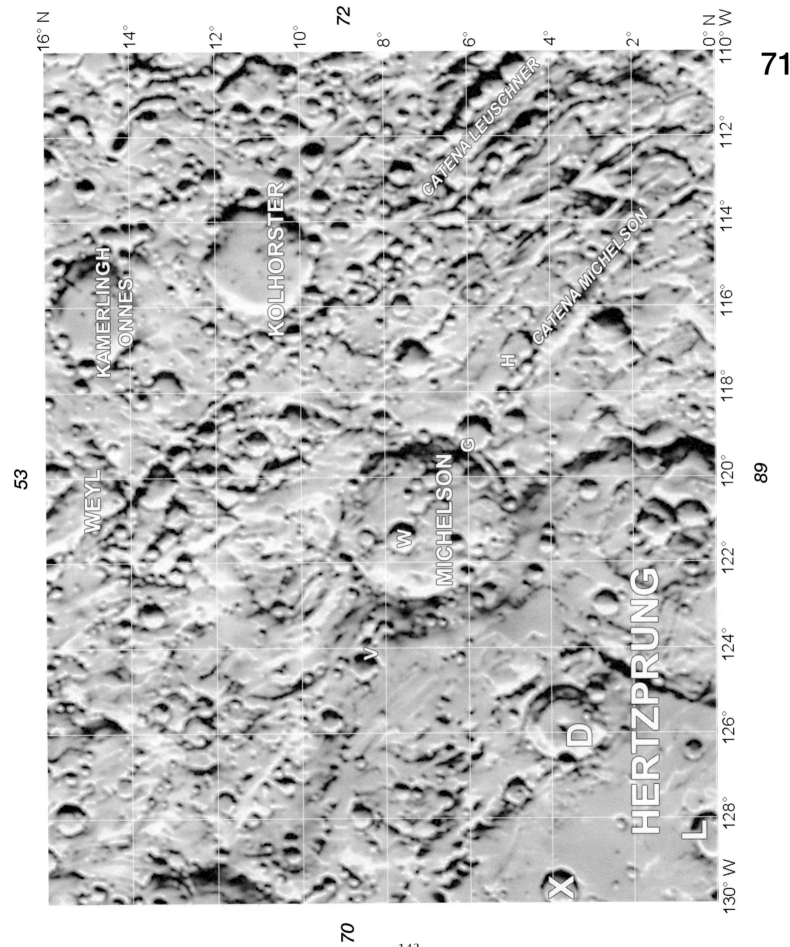

The Clementine lunar atlas

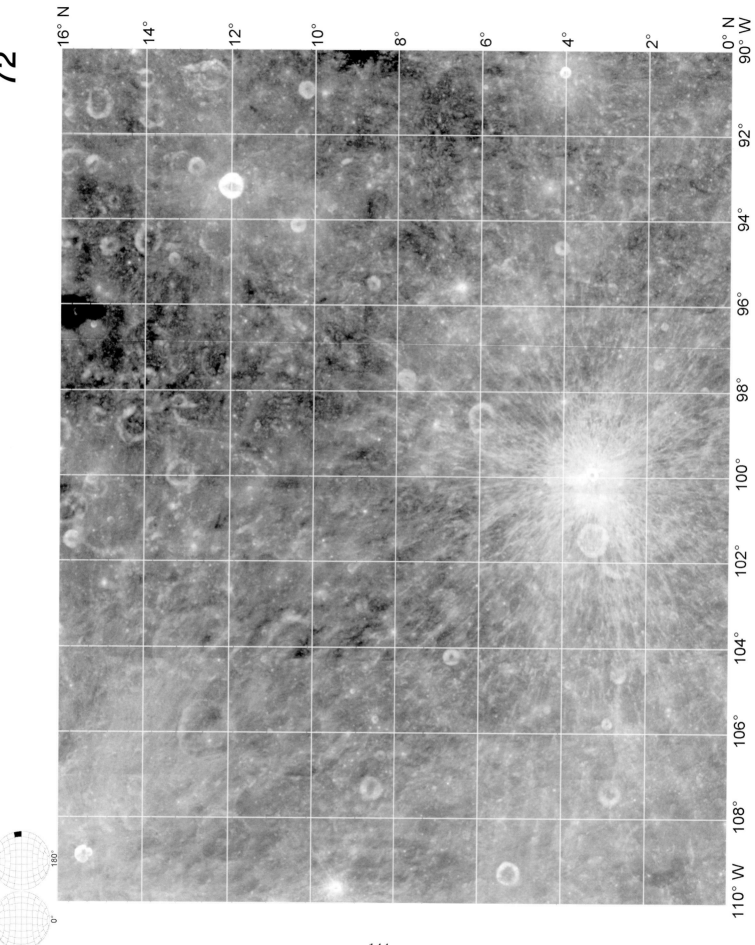

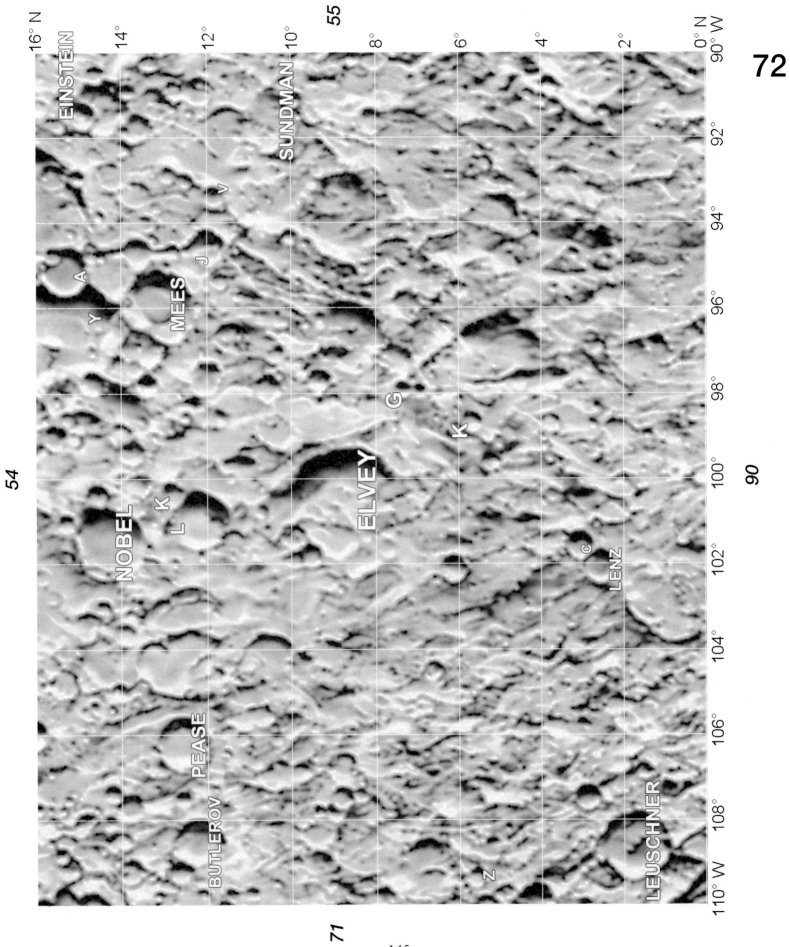

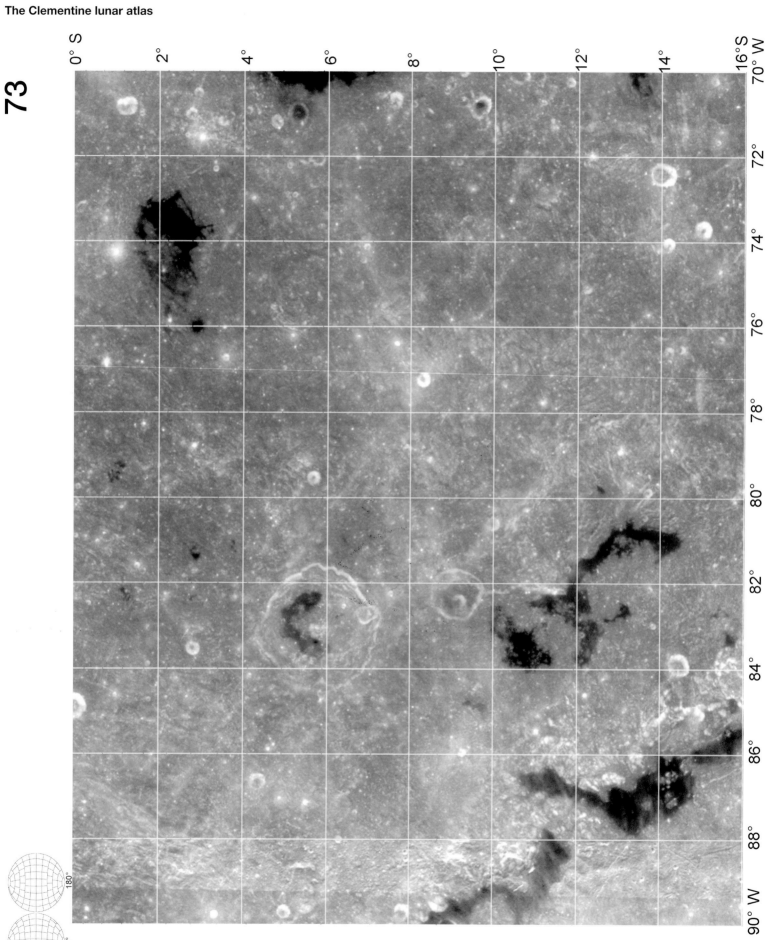

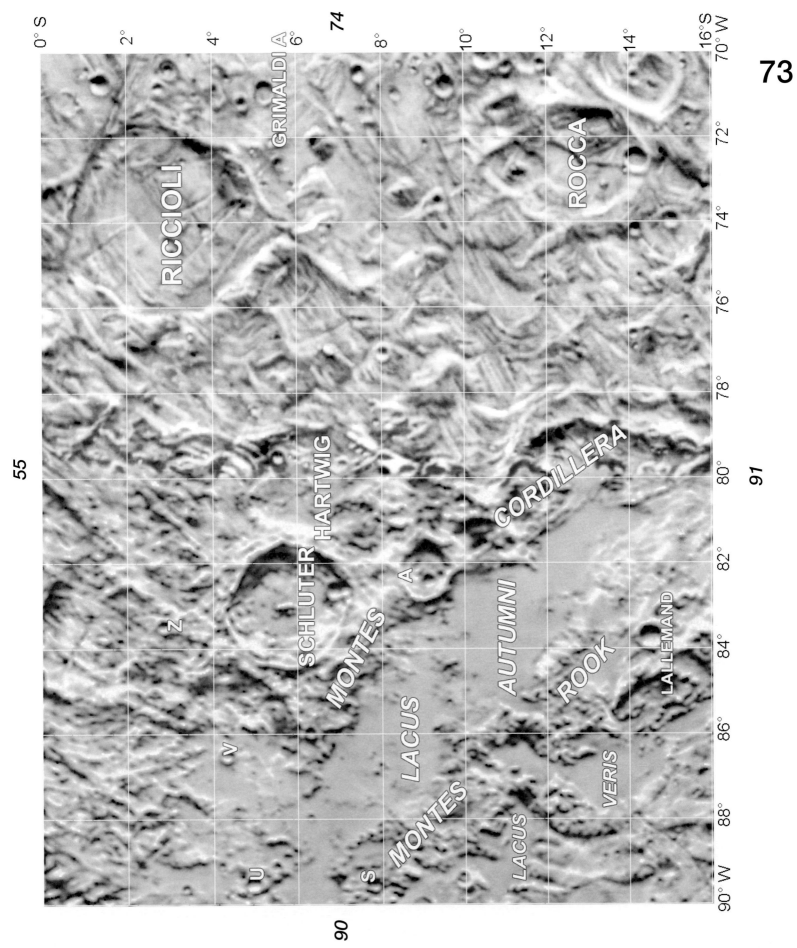

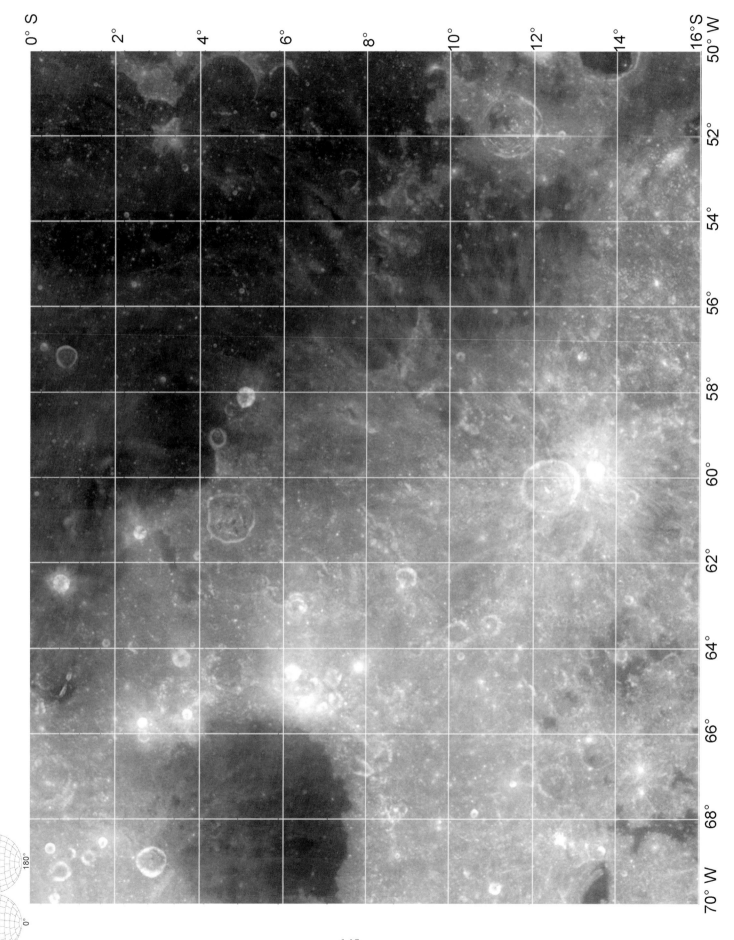

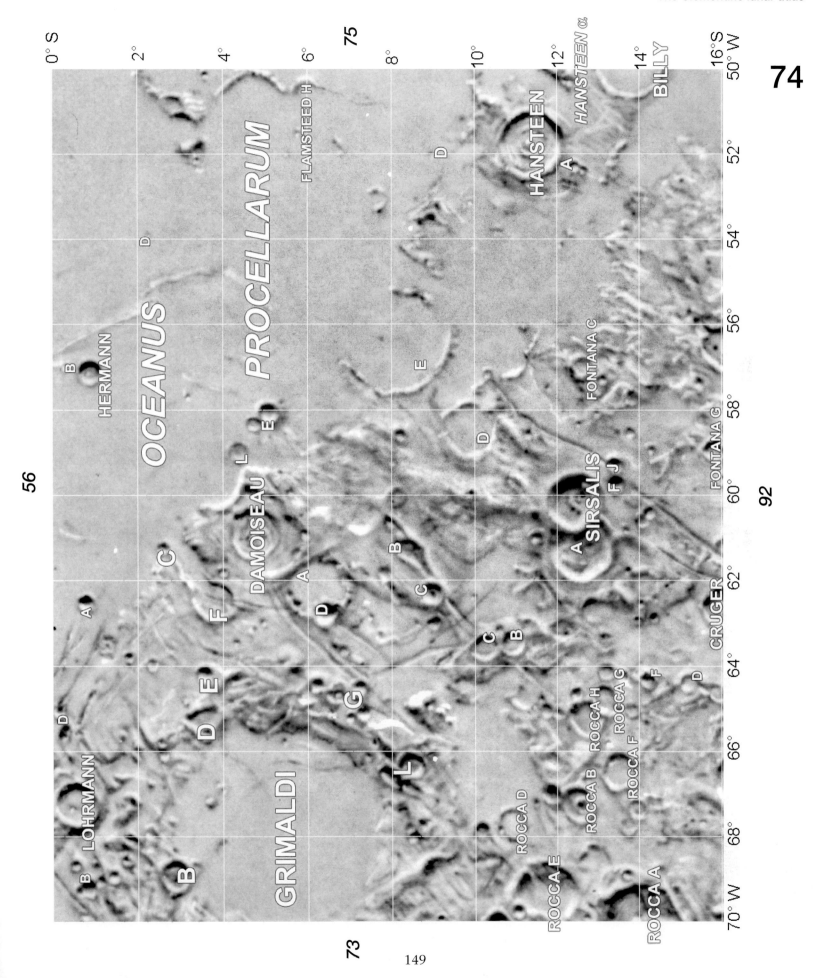

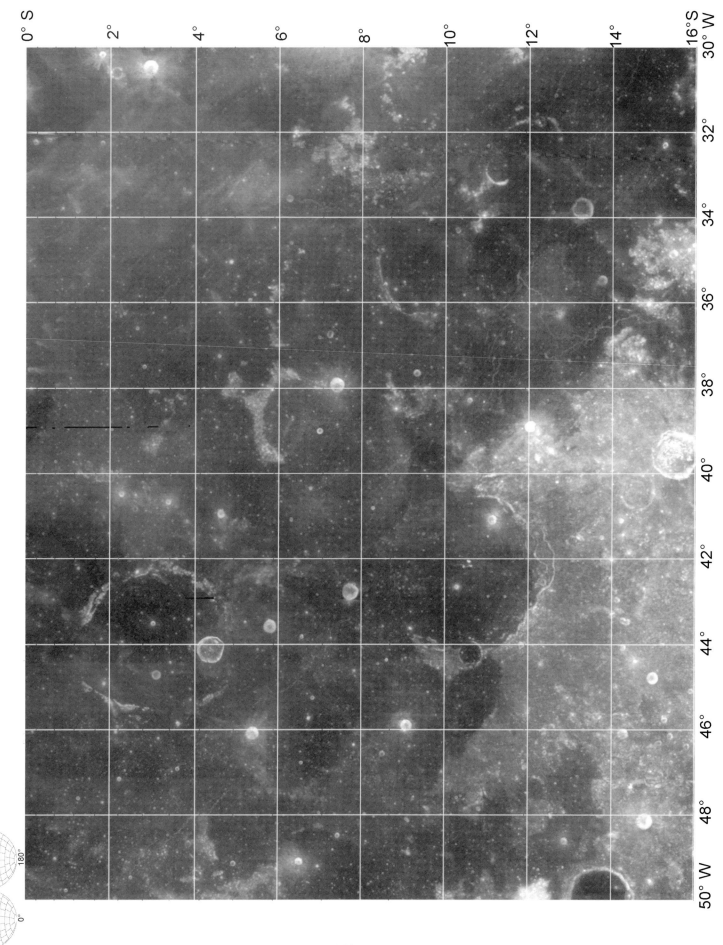

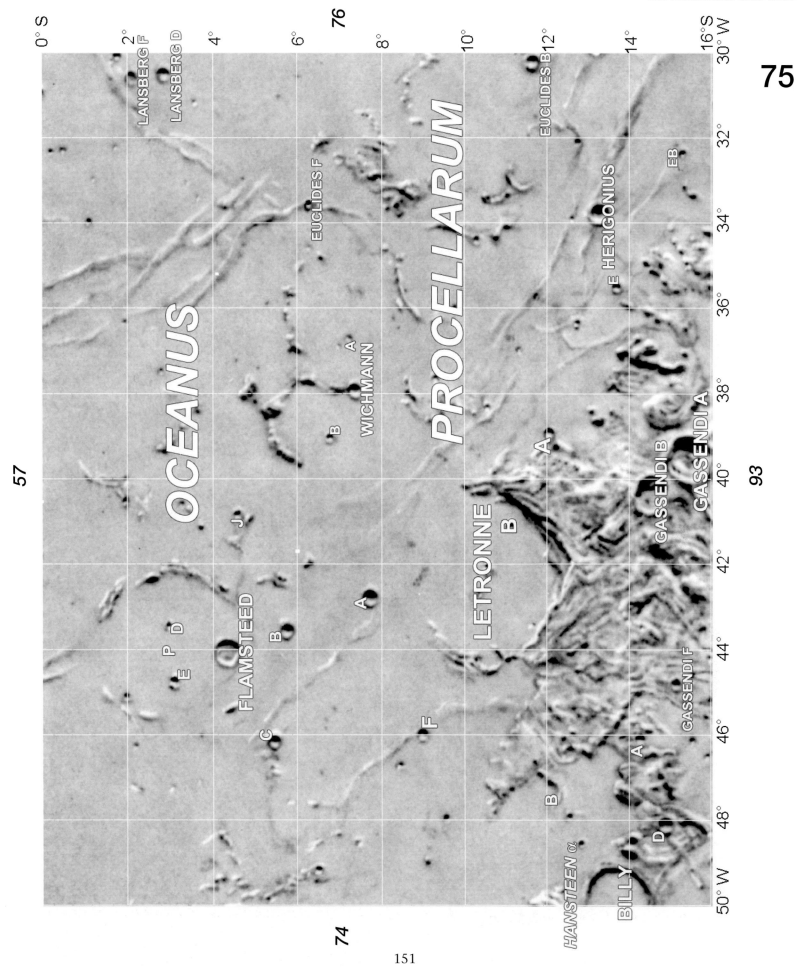

The Clementine lunar atlas

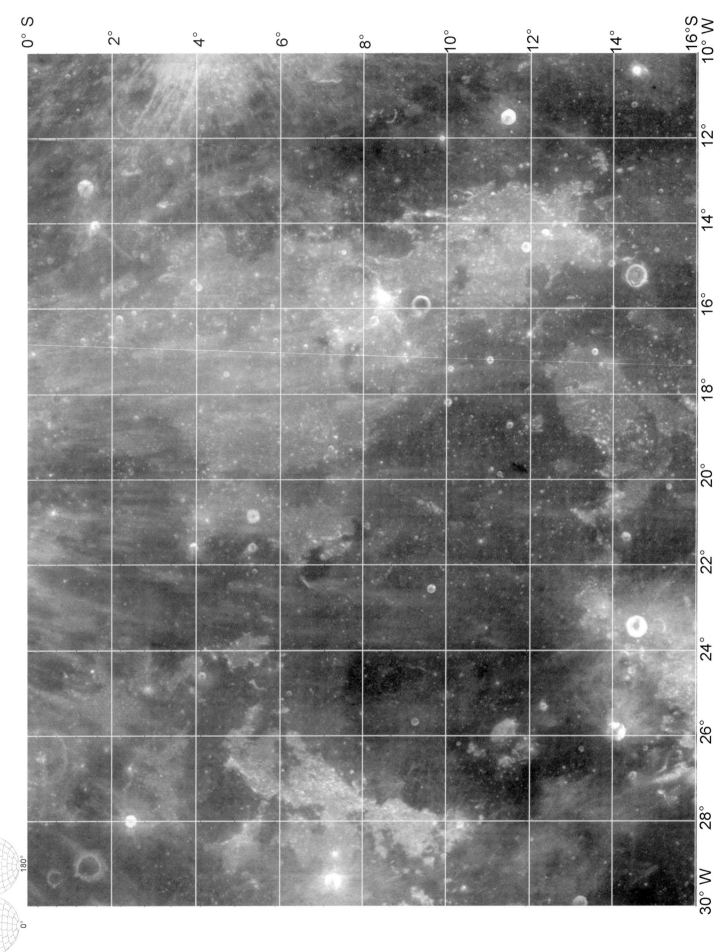

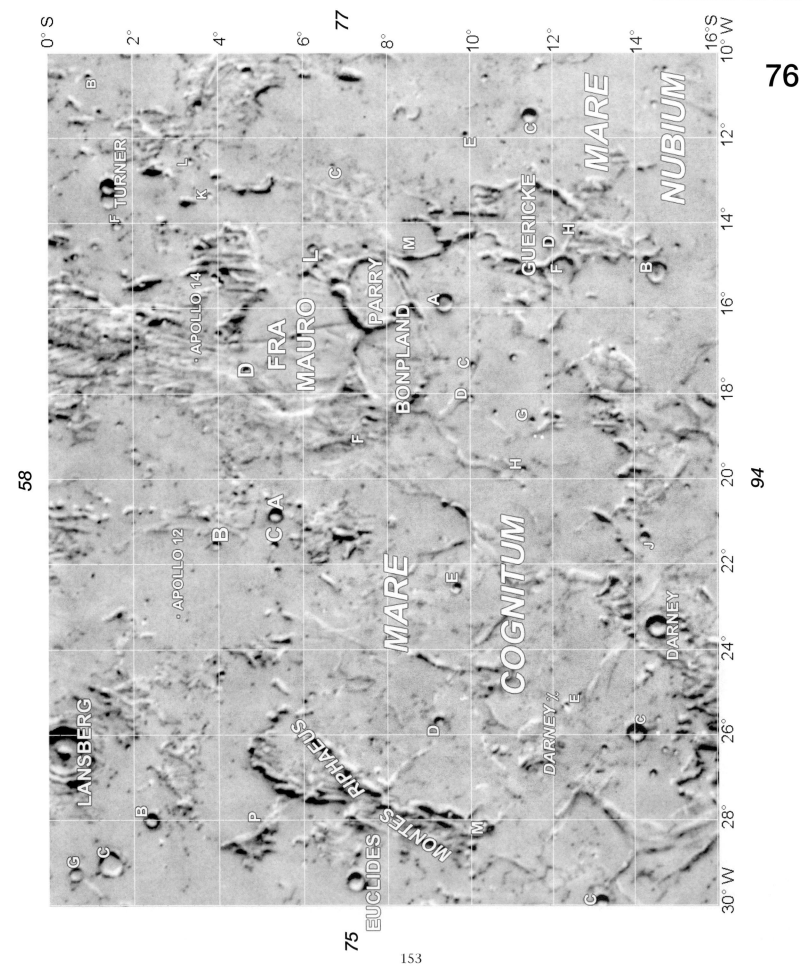

The Clementine lunar atlas

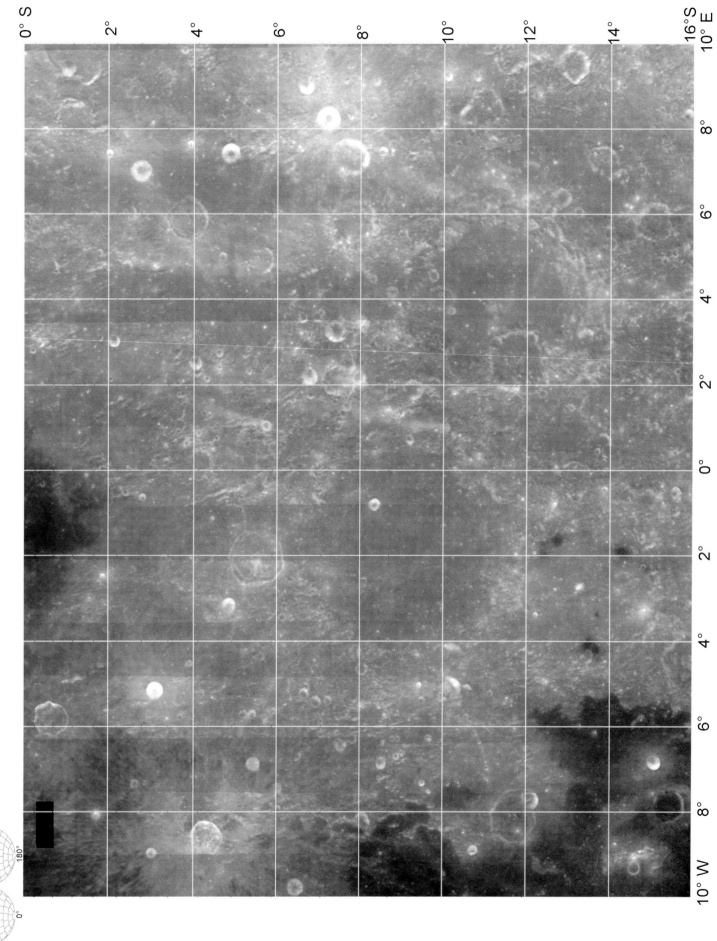

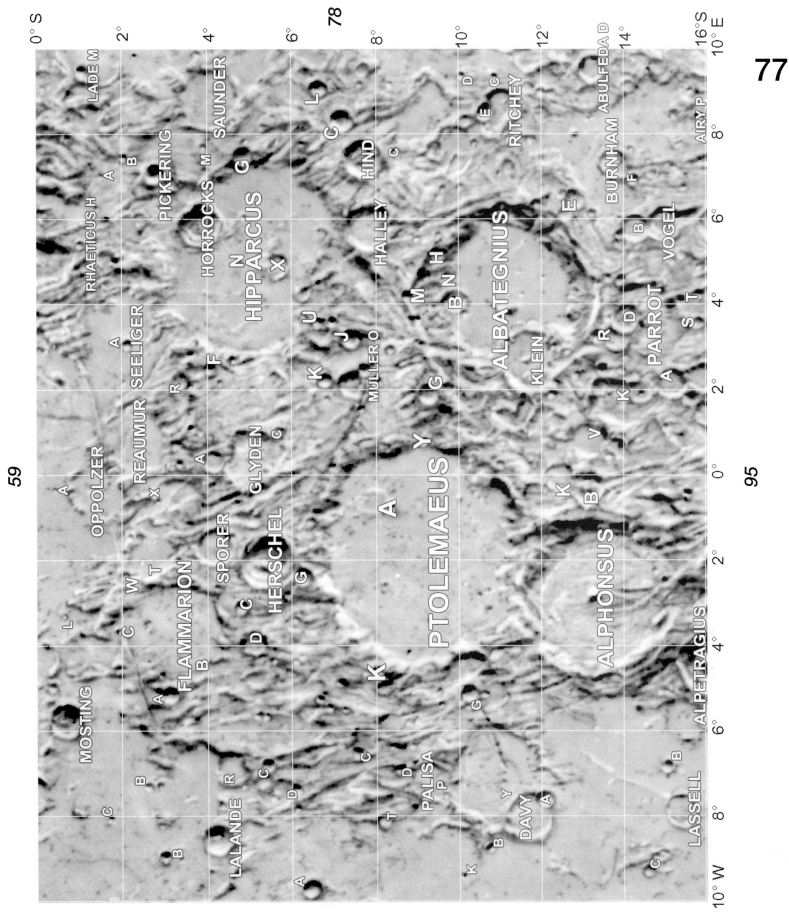

The Clementine lunar atlas

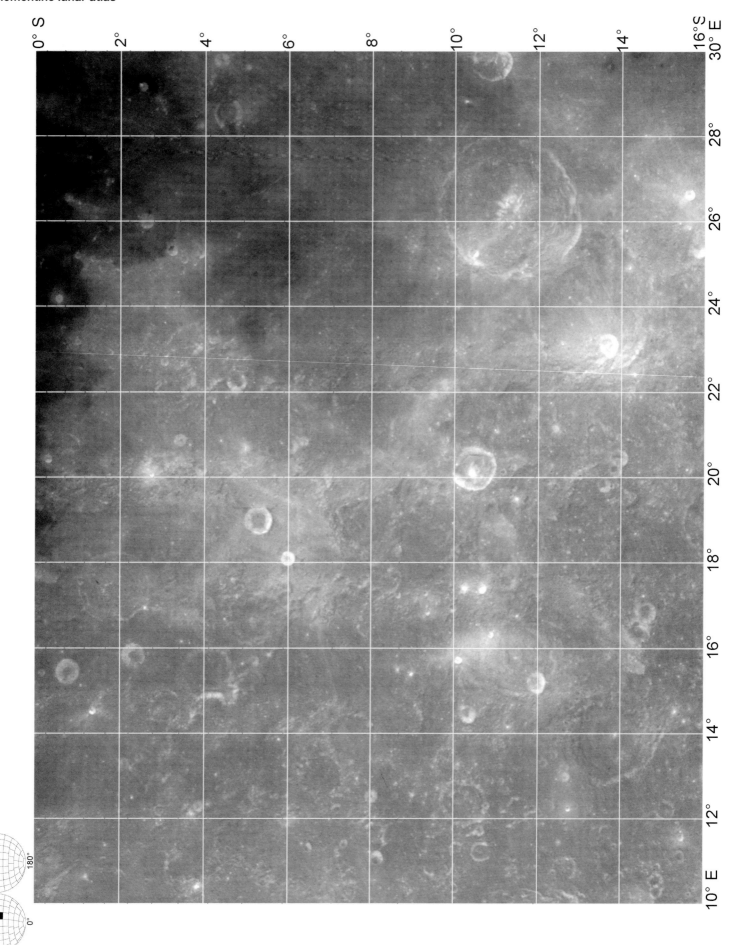

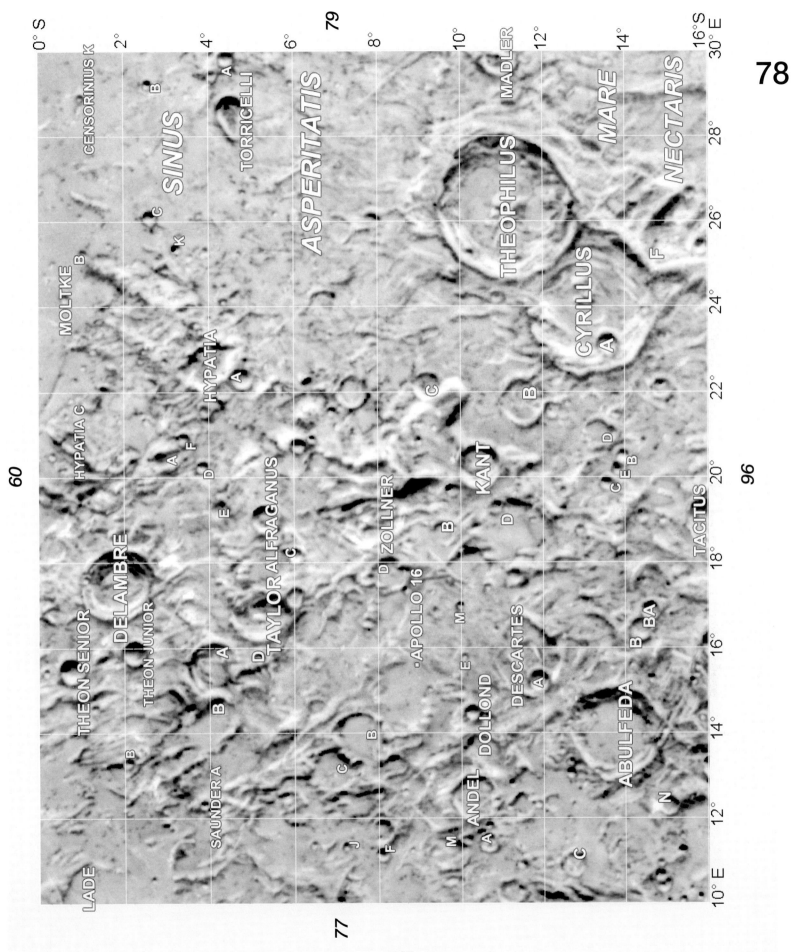

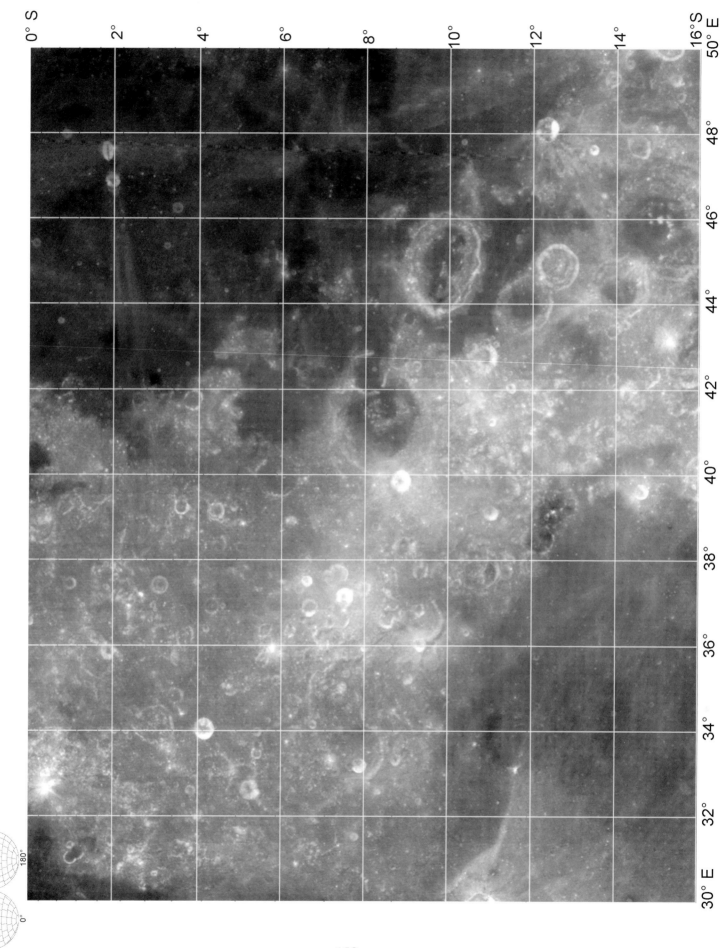

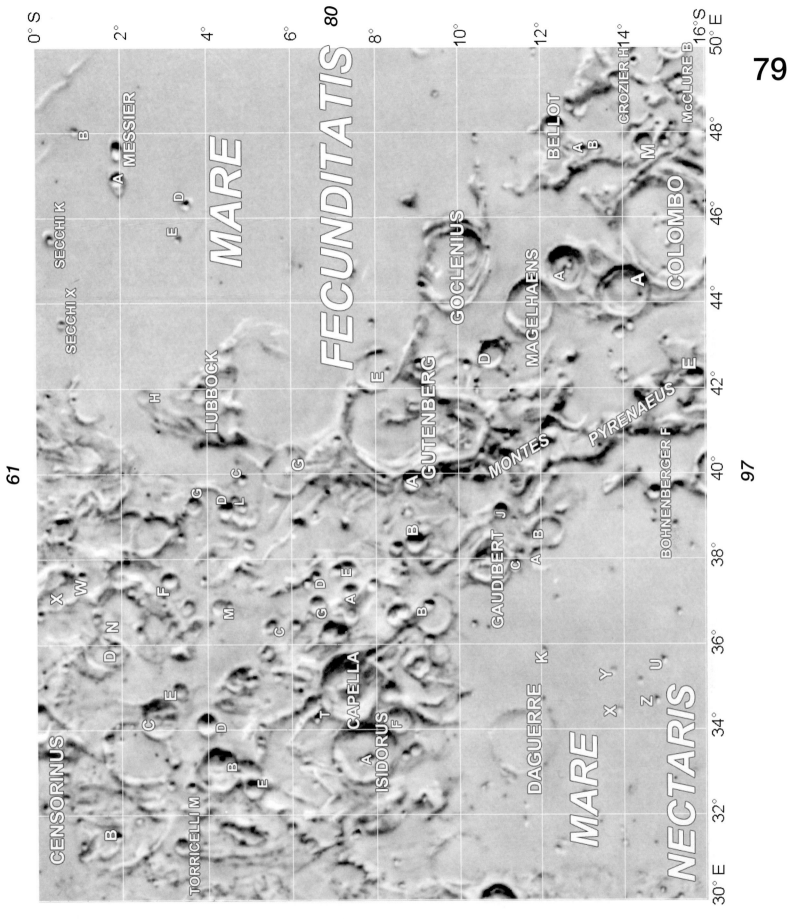

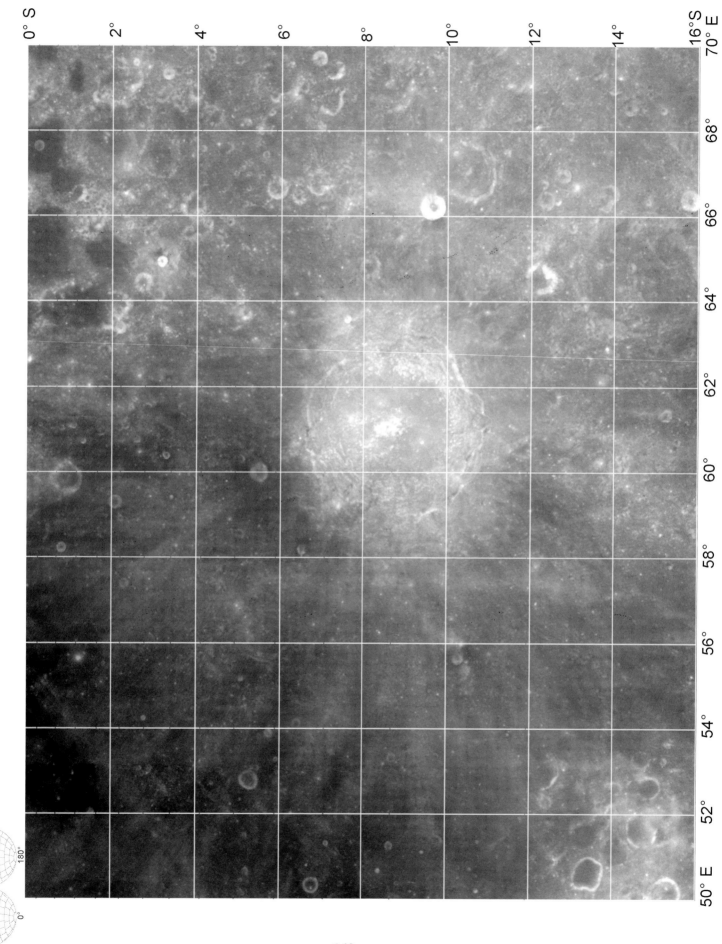

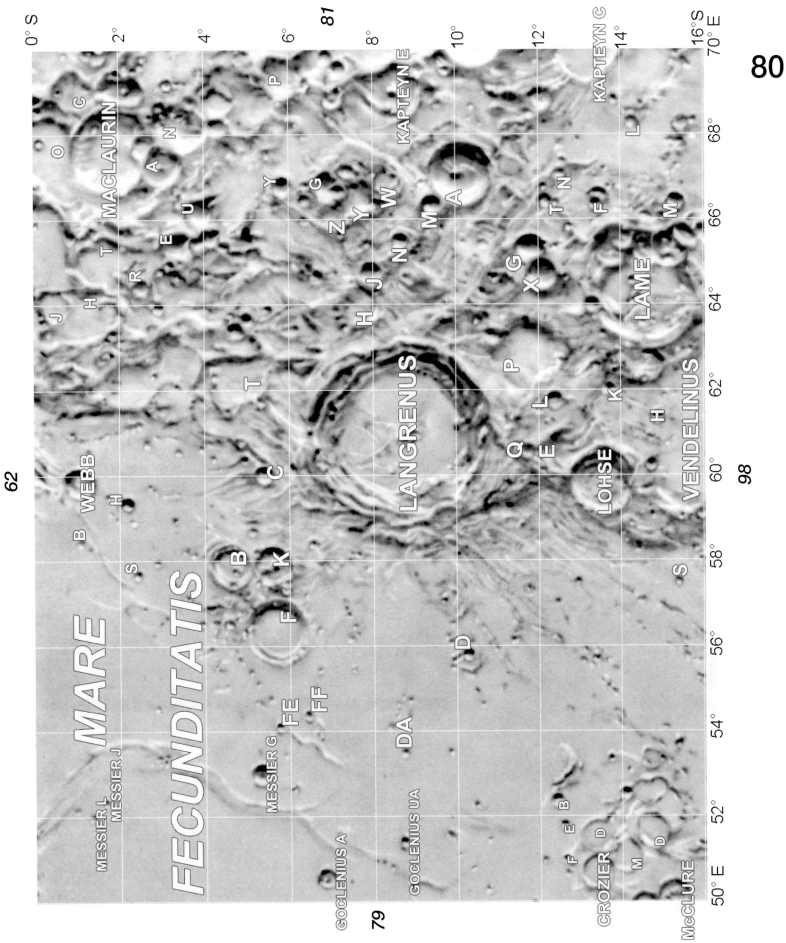

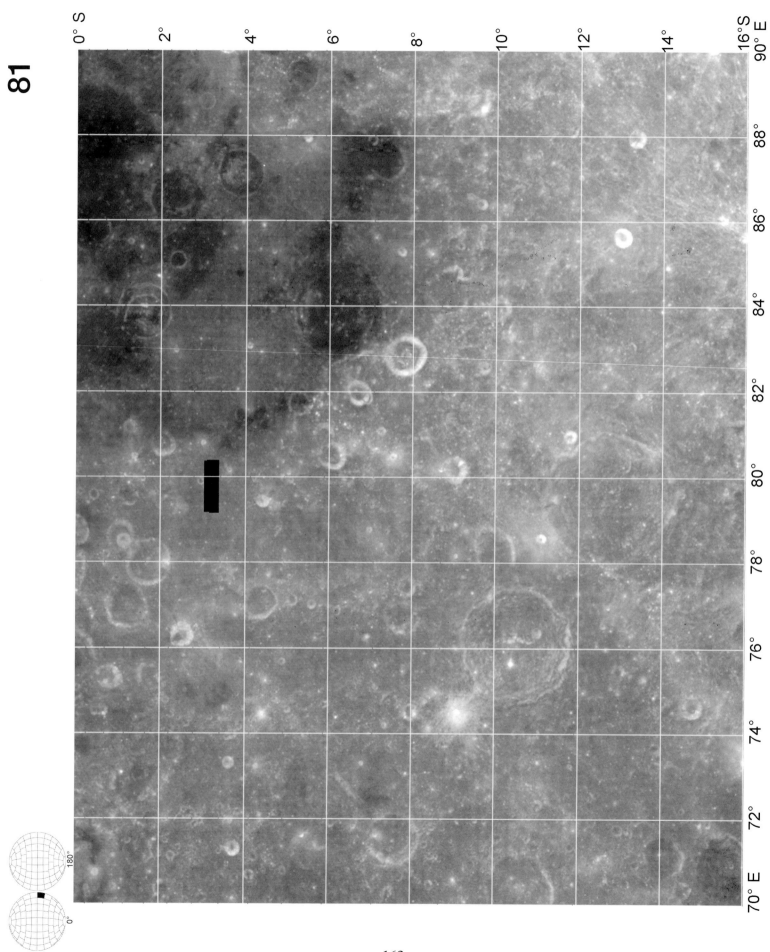

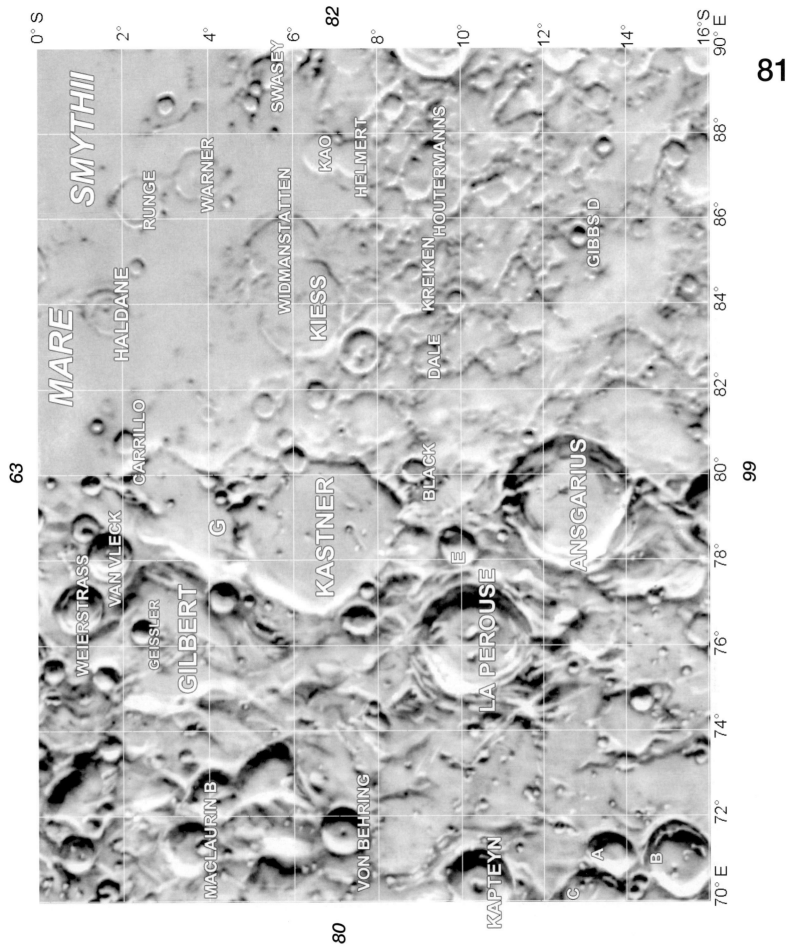

The Clementine lunar atlas

82

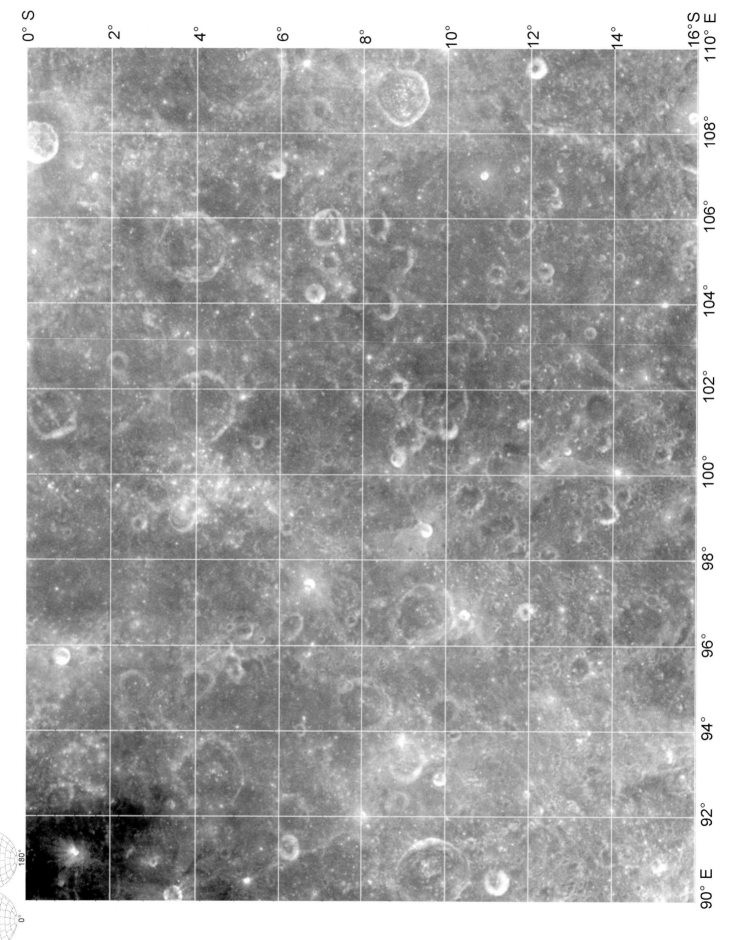

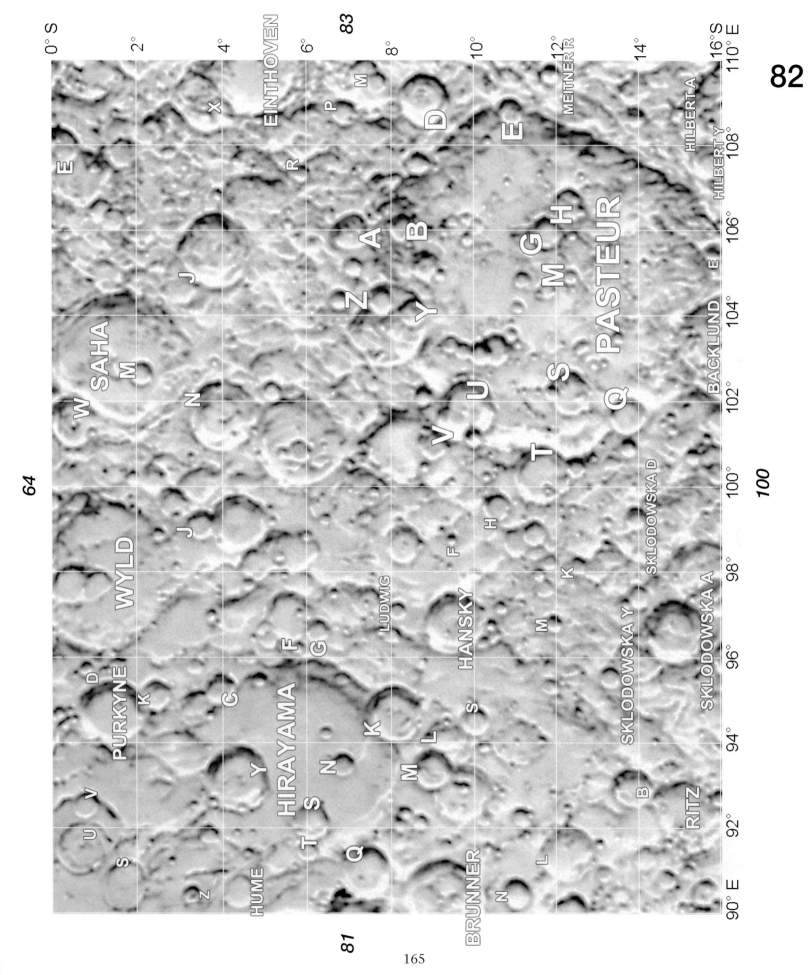

The Clementine lunar atlas

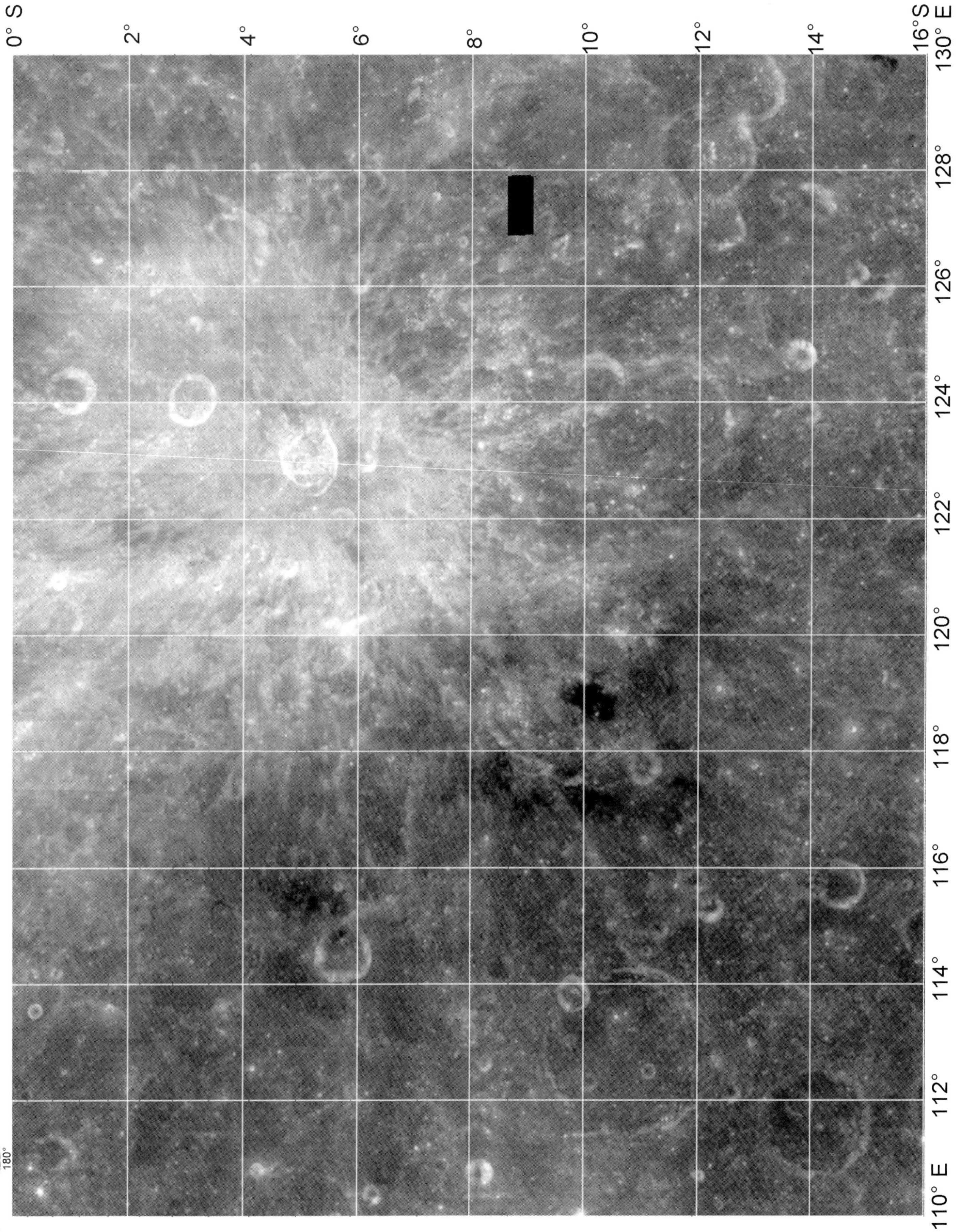

83

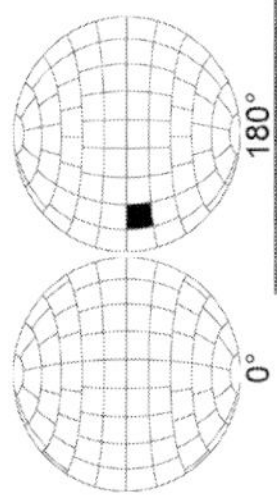

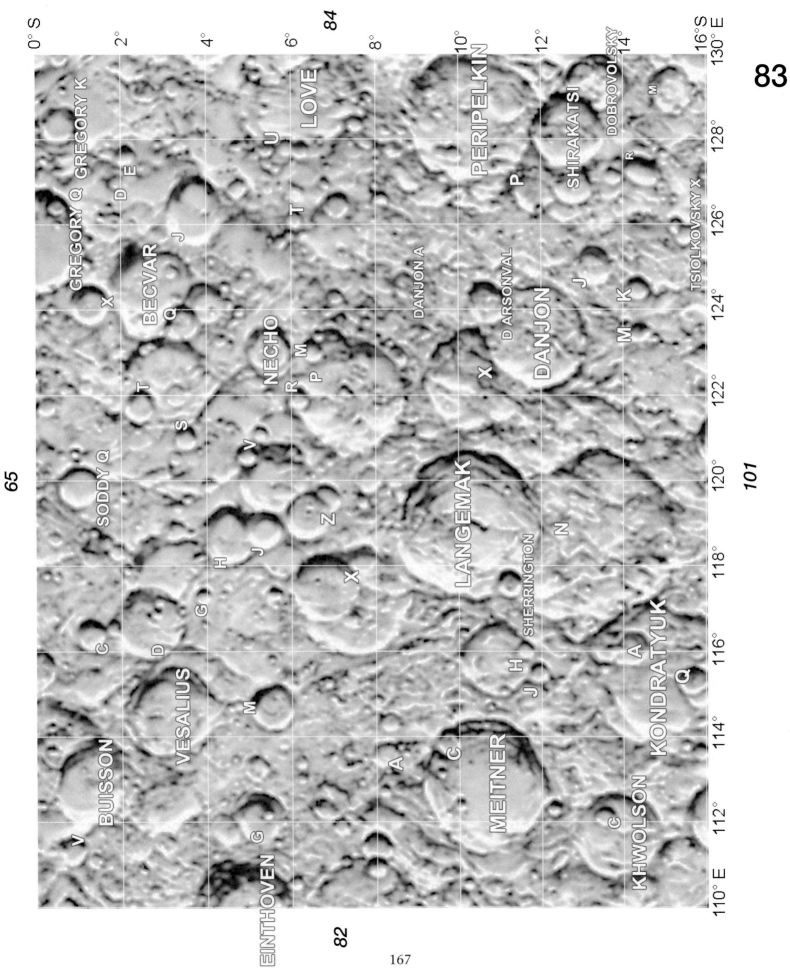

The Clementine lunar atlas

84

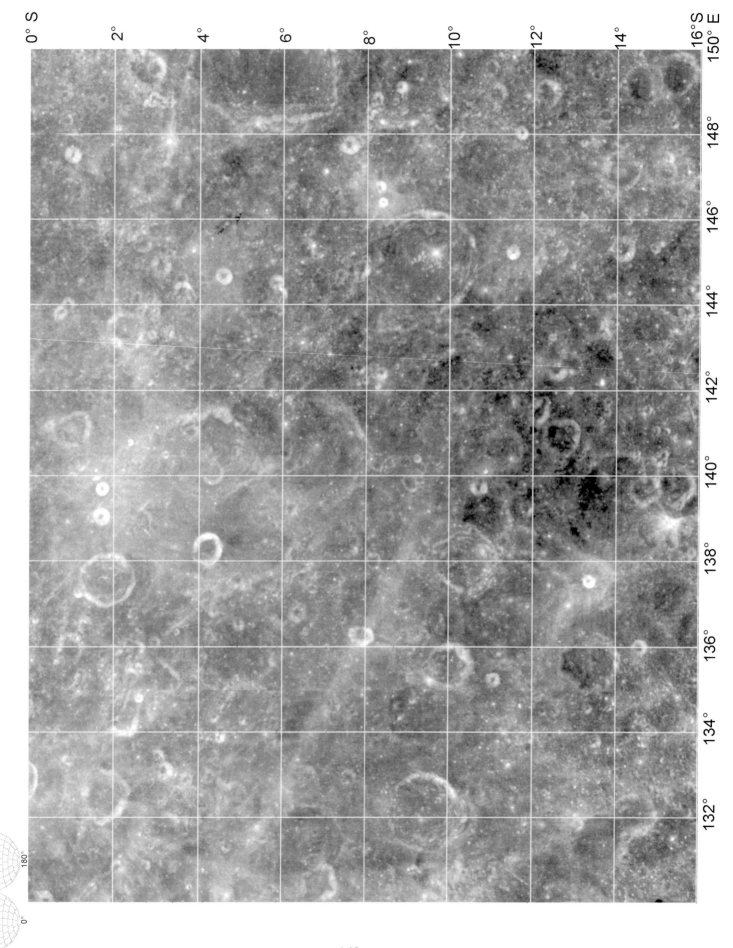

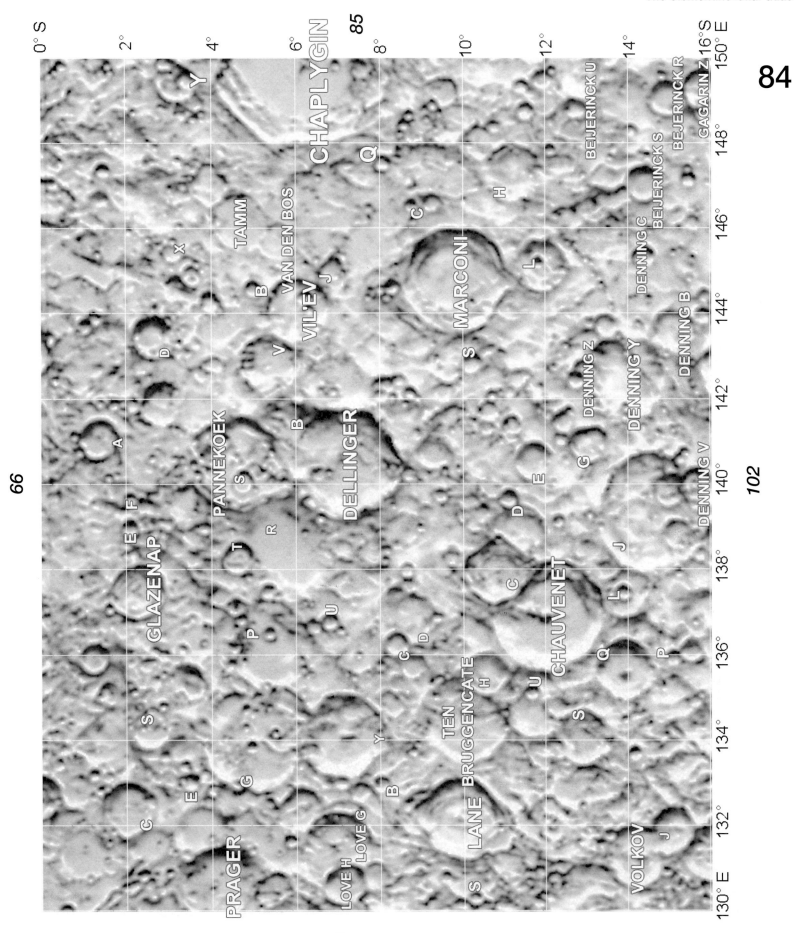

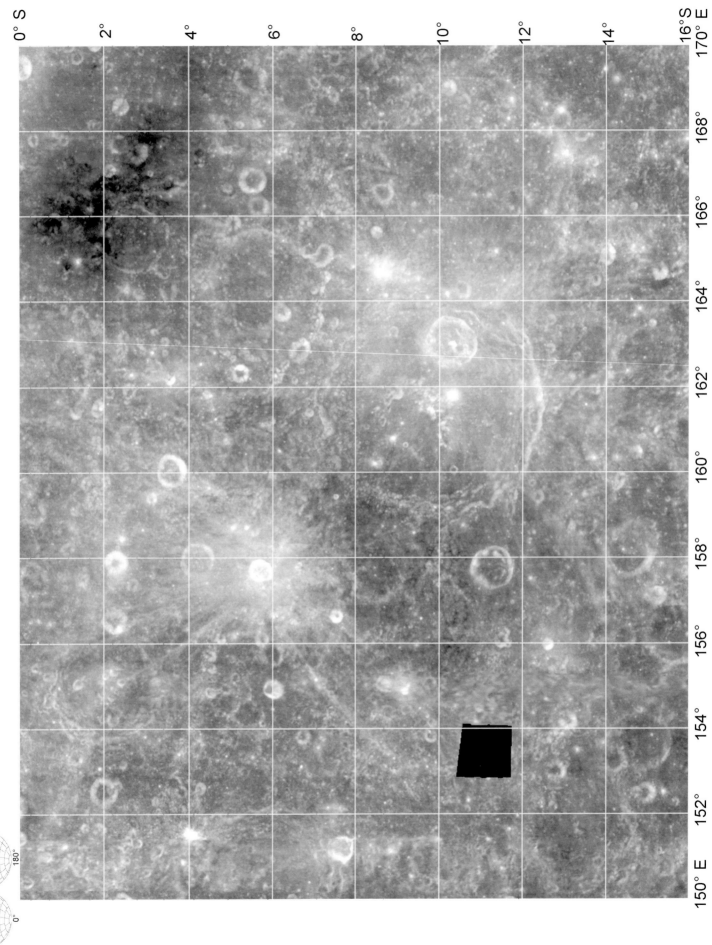

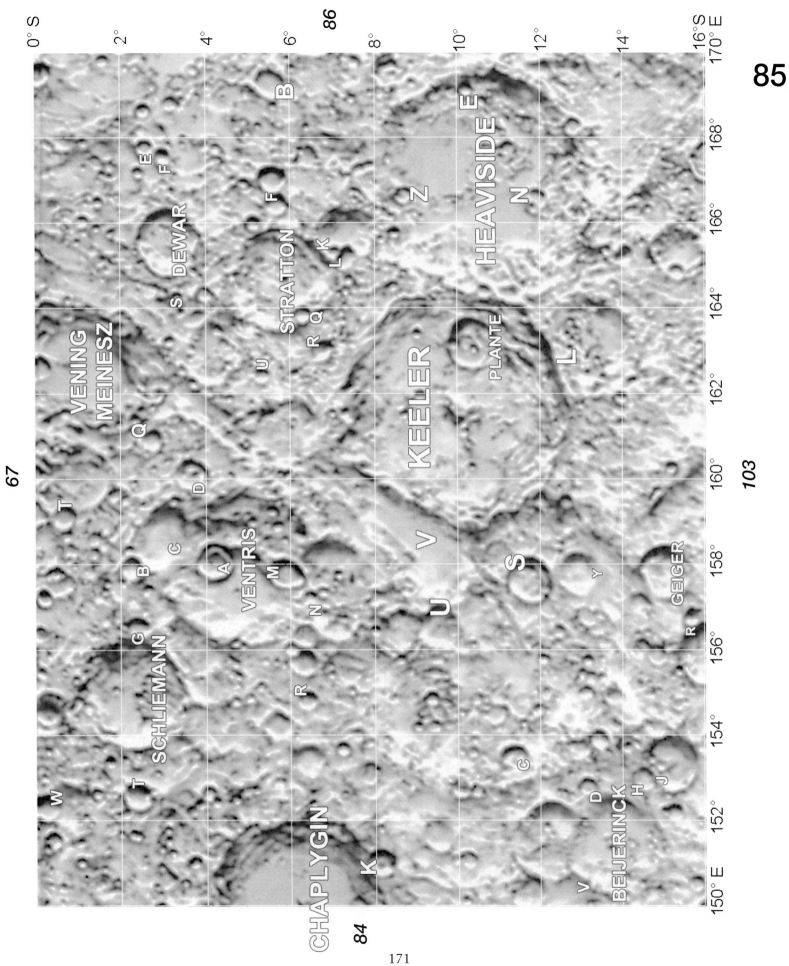

The Clementine lunar atlas

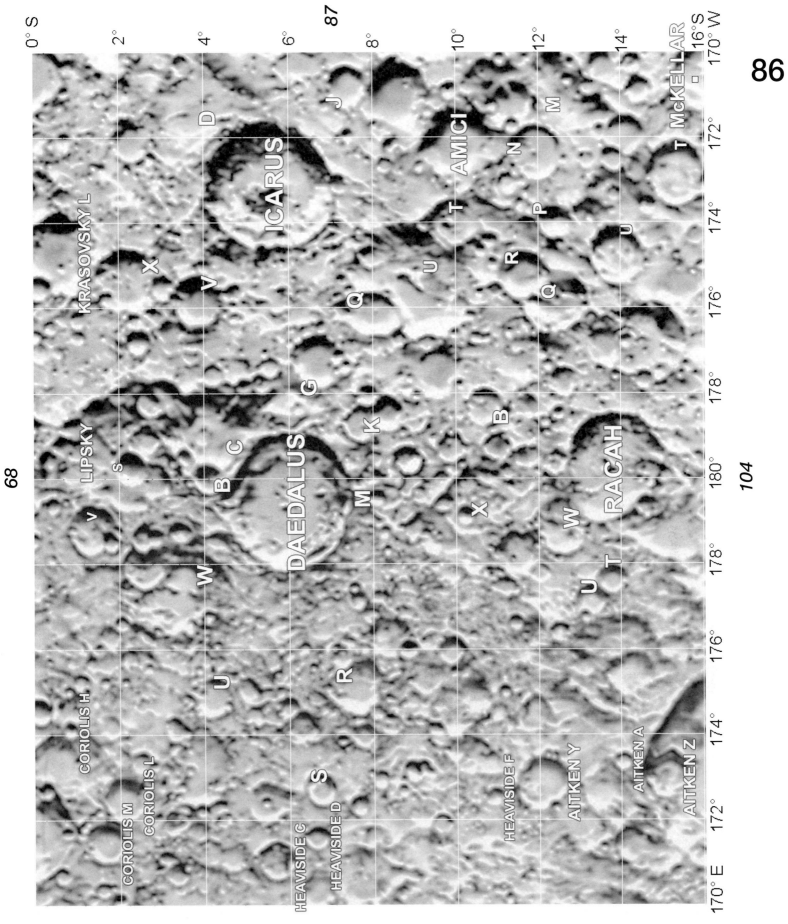

The Clementine lunar atlas

87

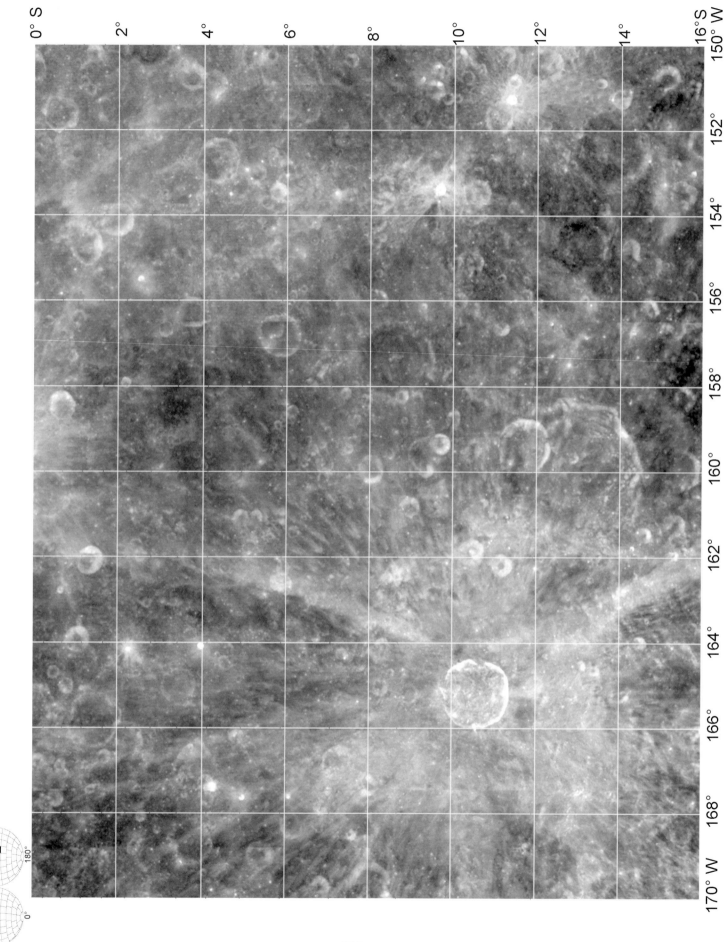

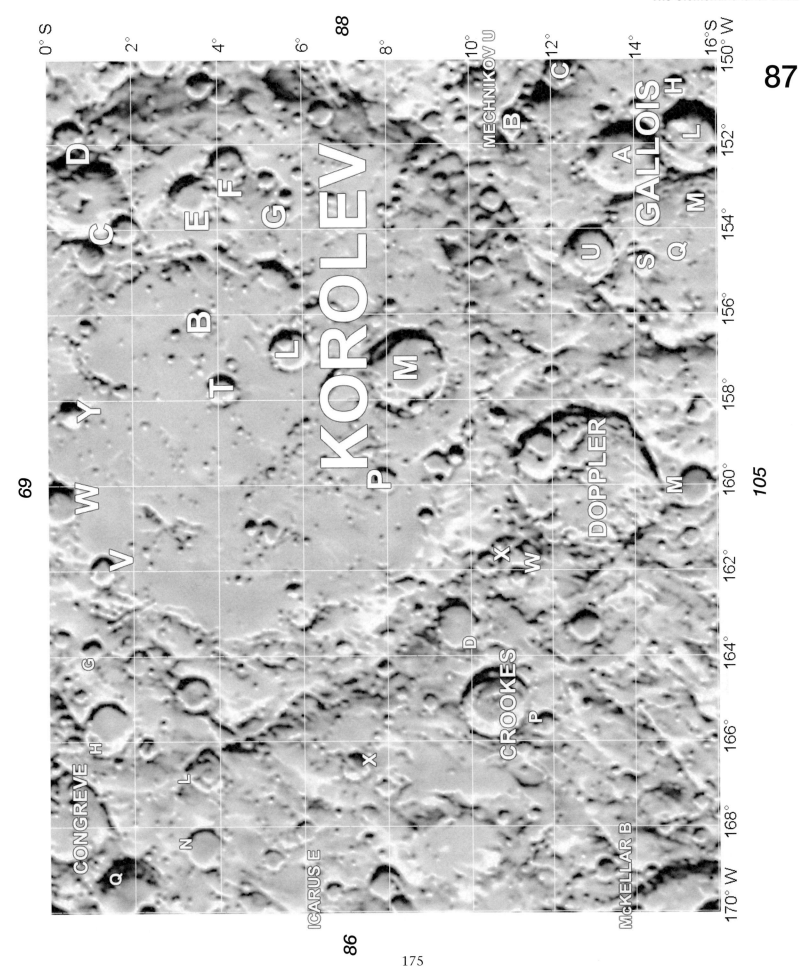

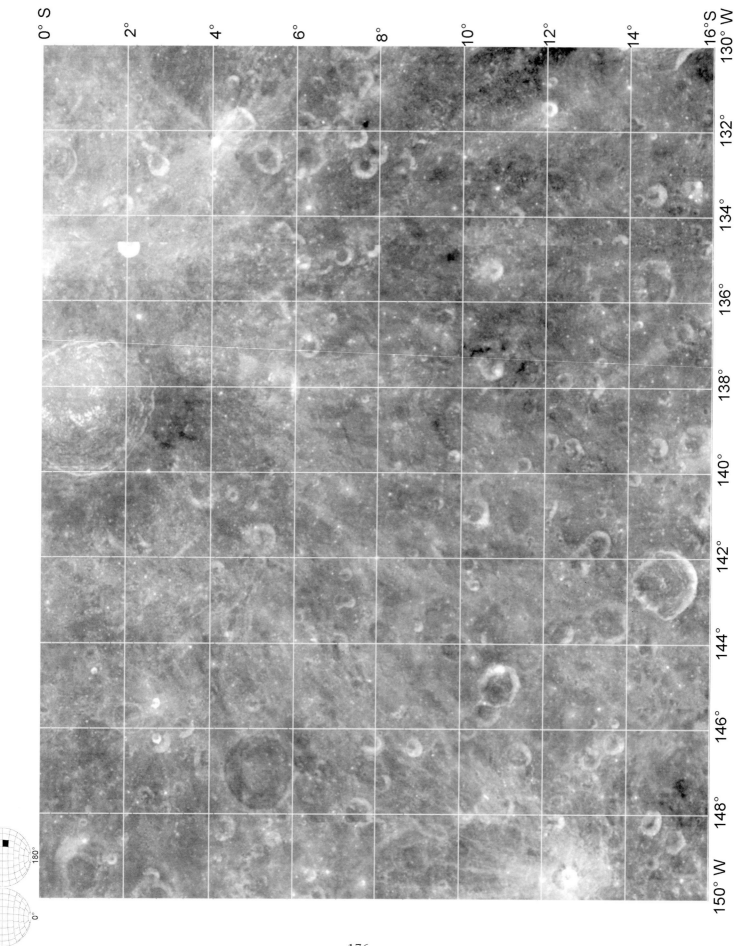

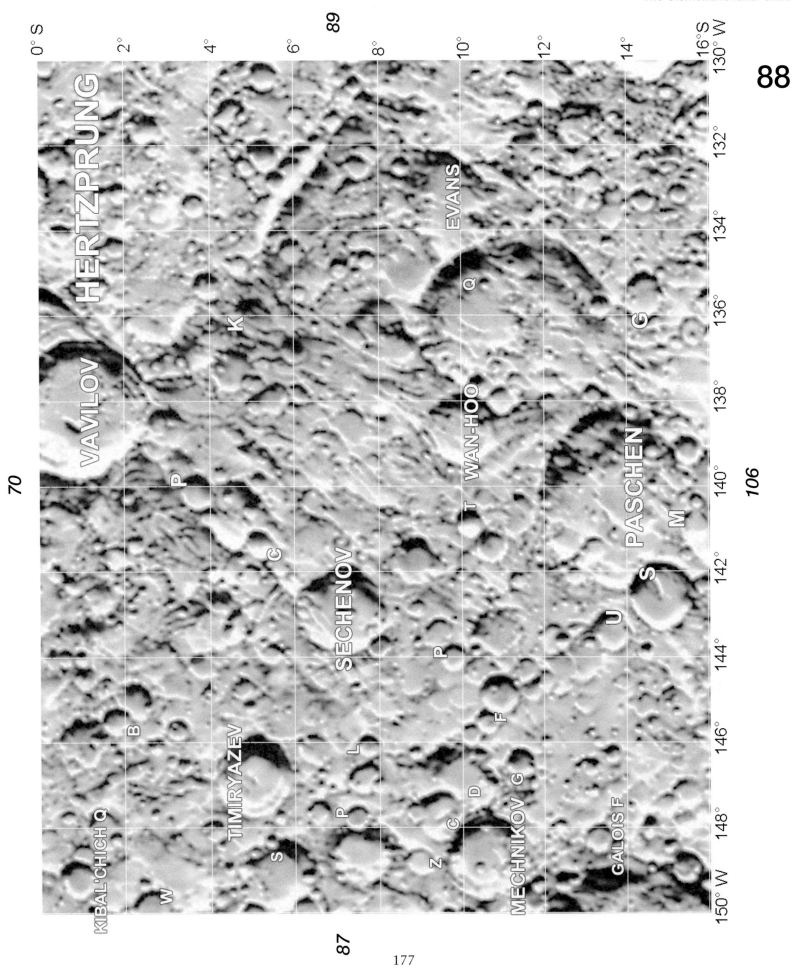

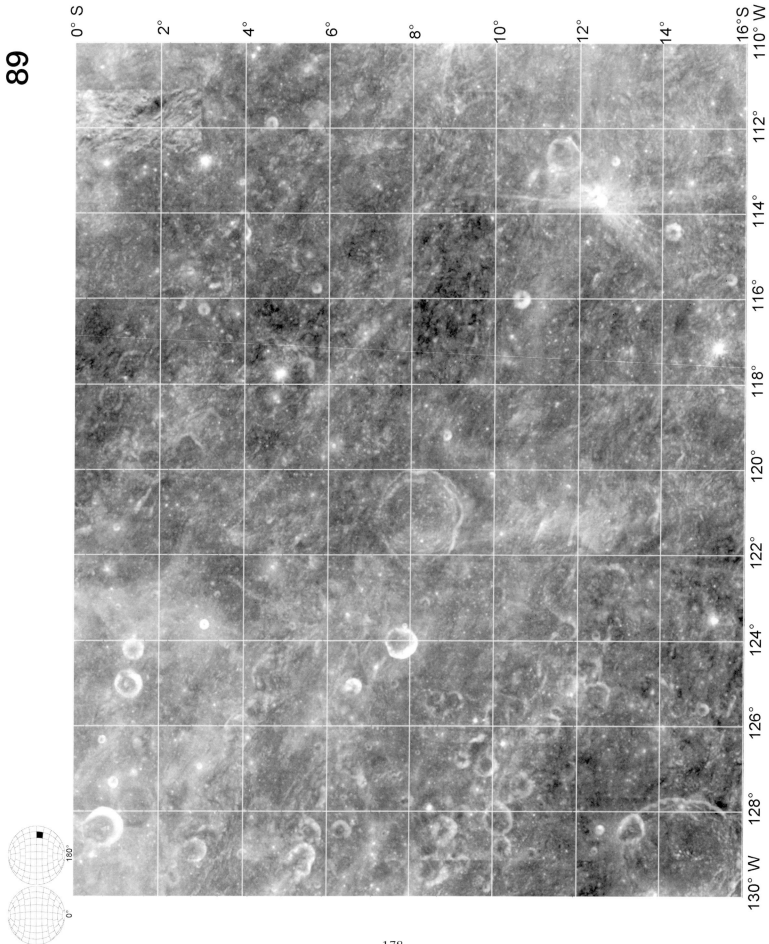

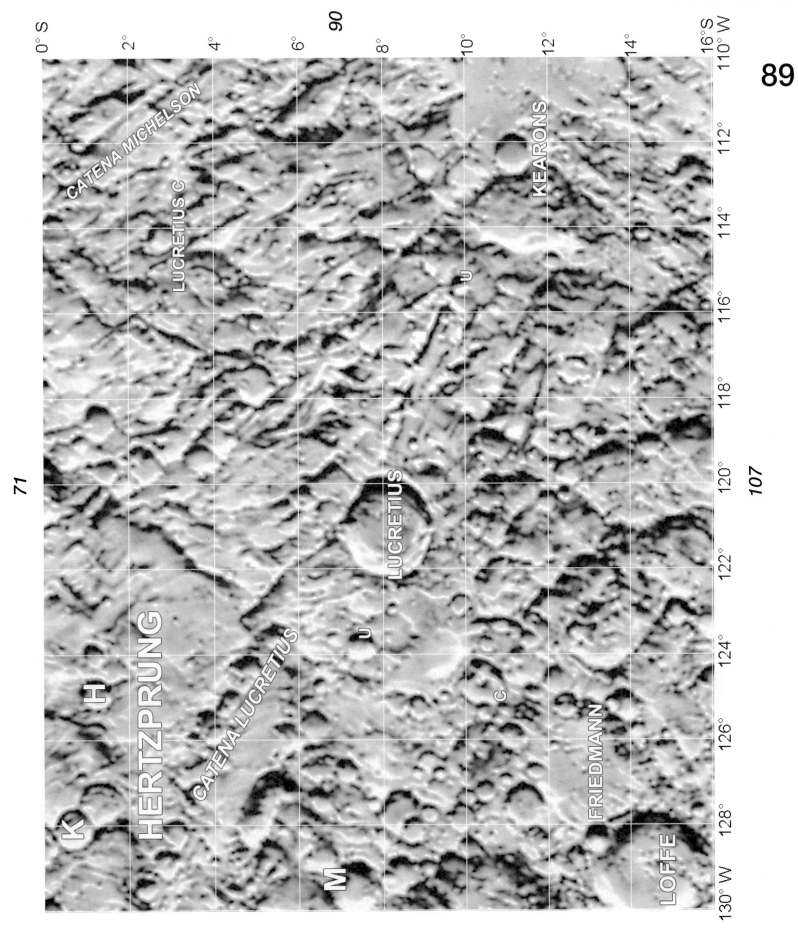

The Clementine lunar atlas

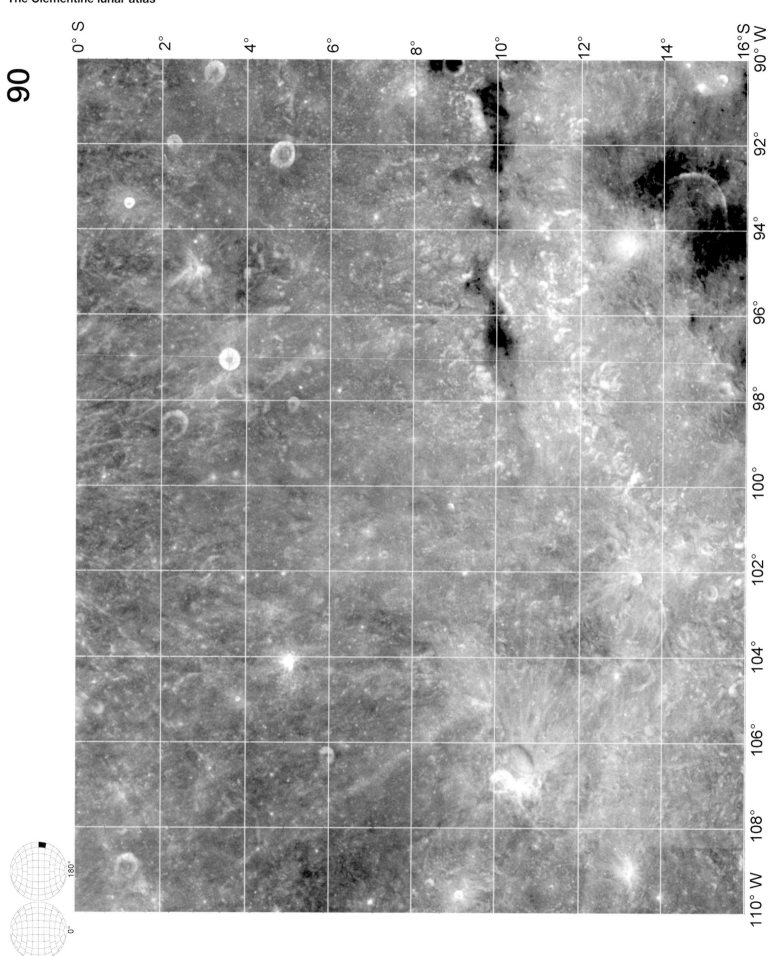

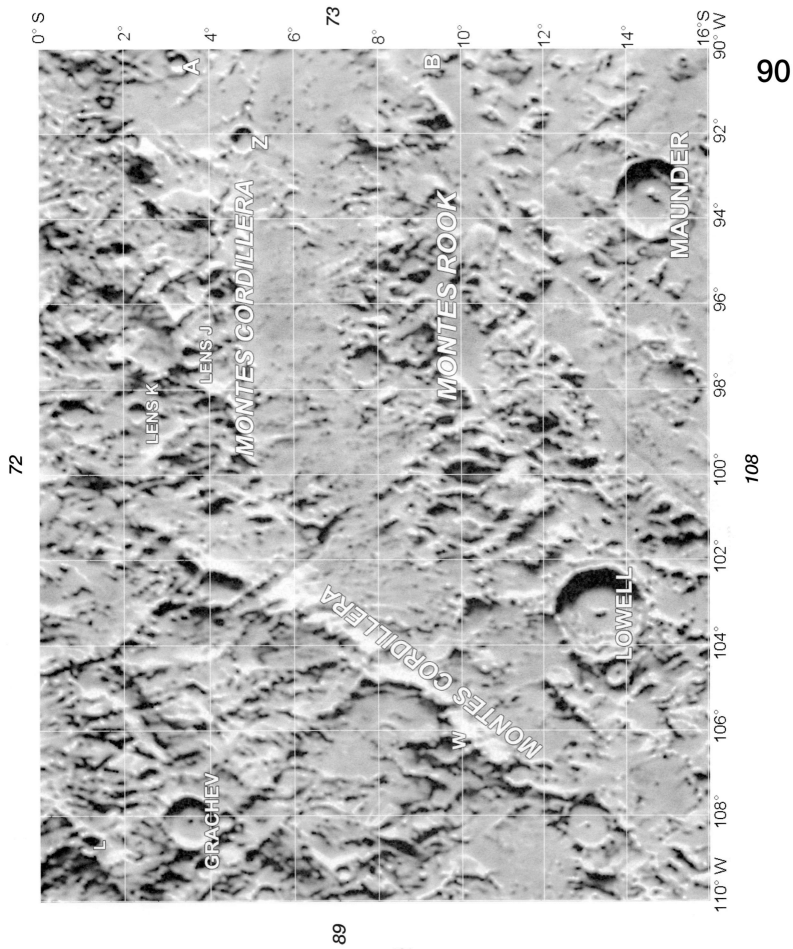

The Clementine lunar atlas

91

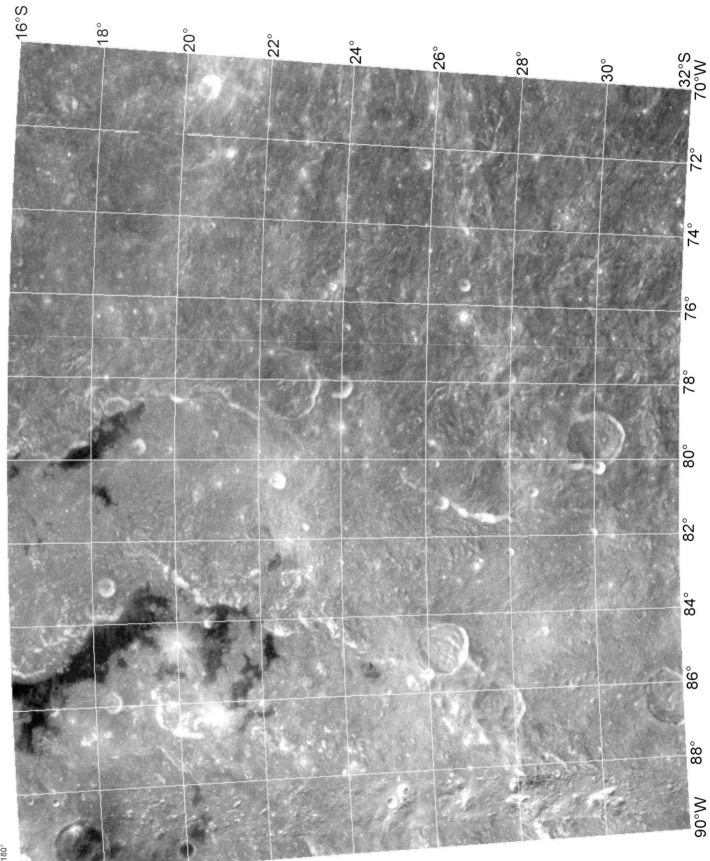
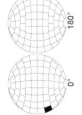

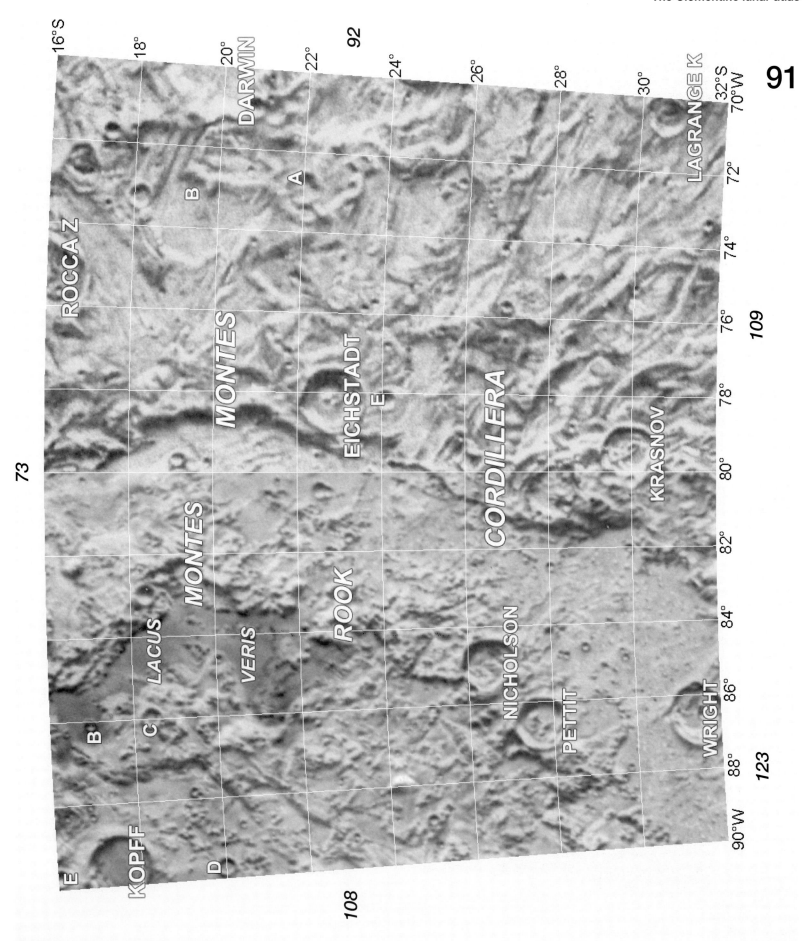

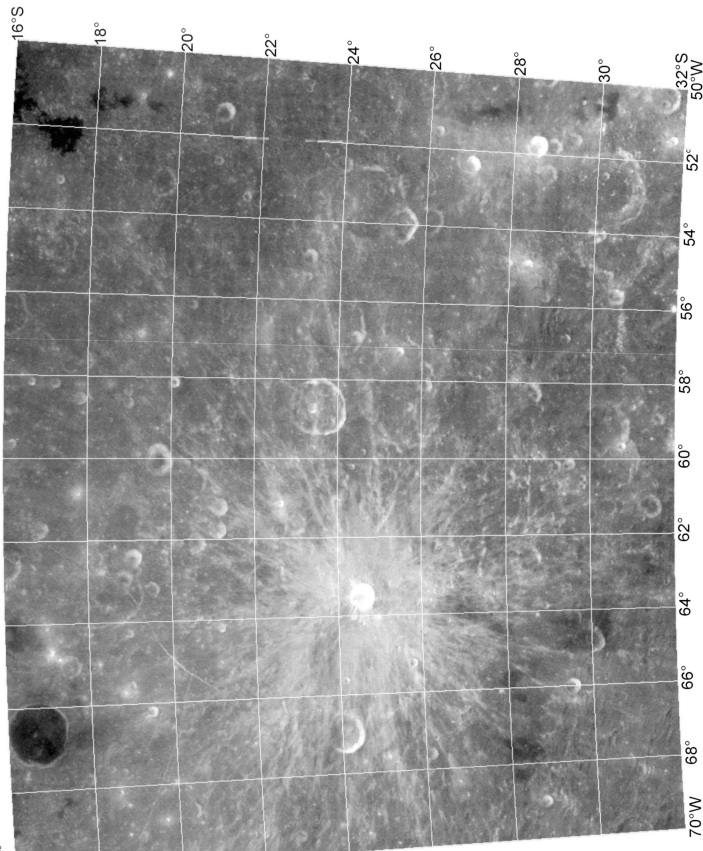
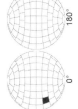

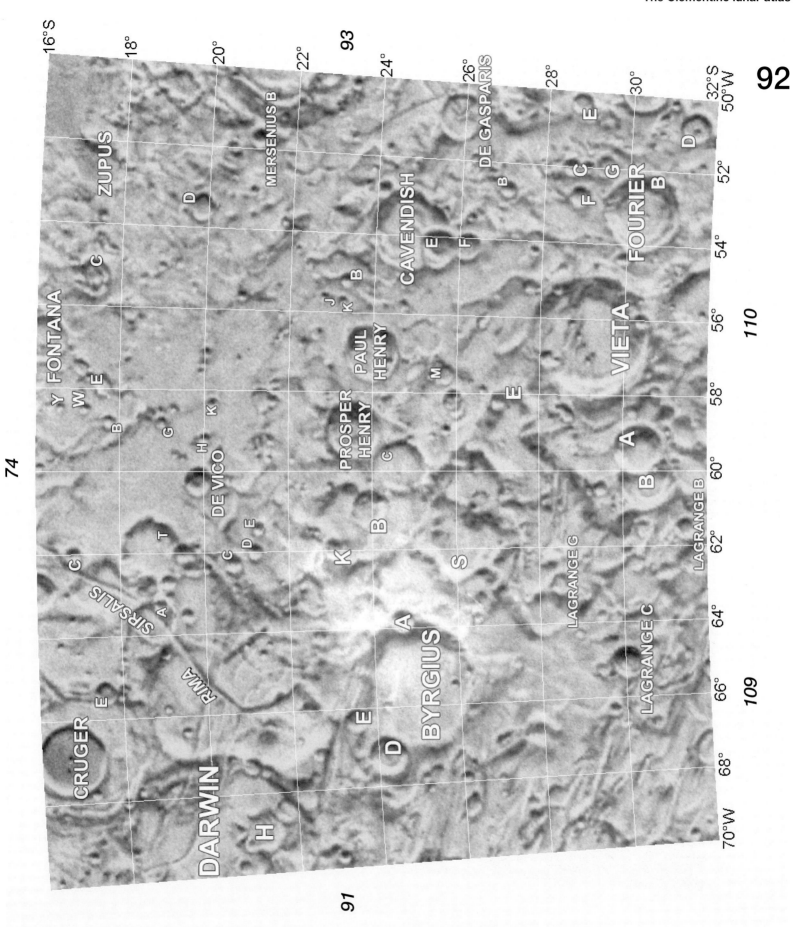

The Clementine lunar atlas

93

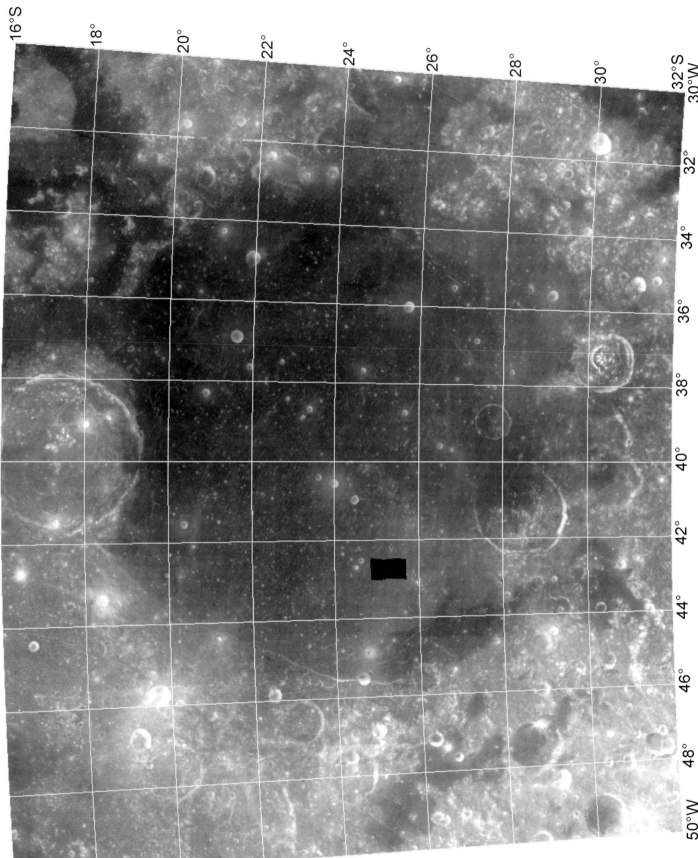
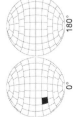

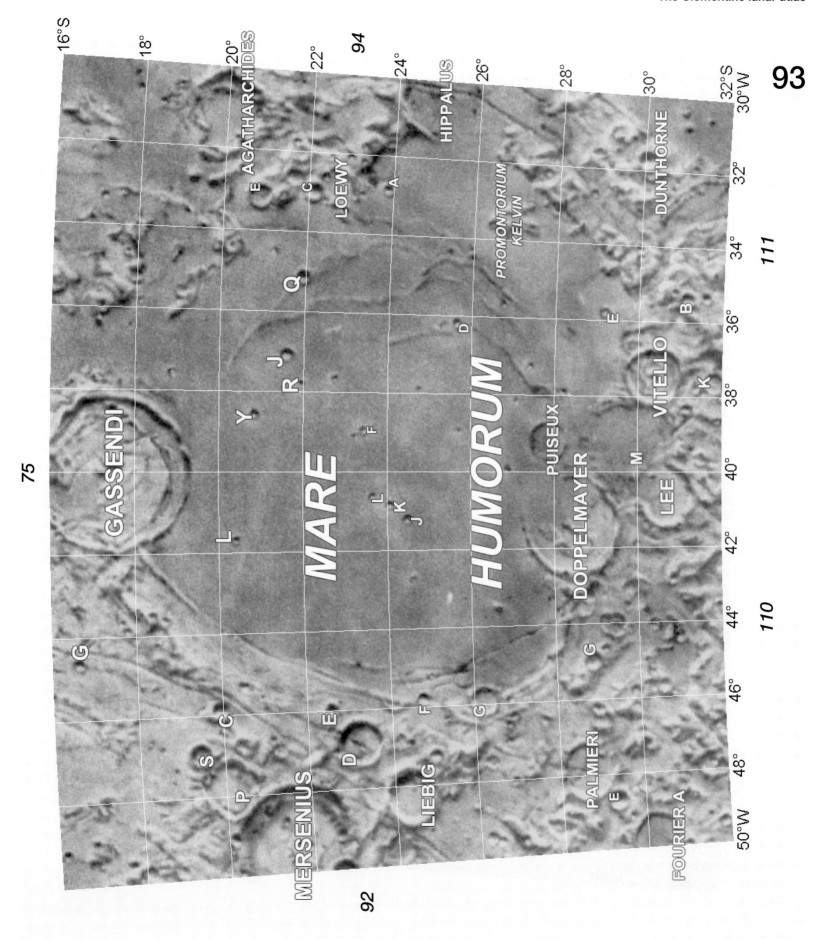

The Clementine lunar atlas

94

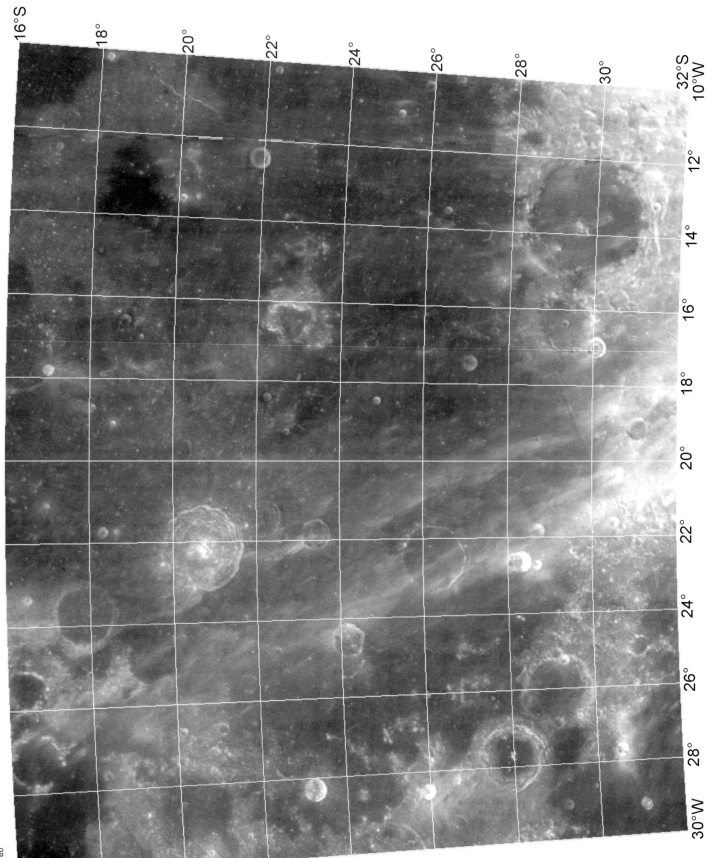
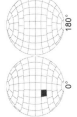

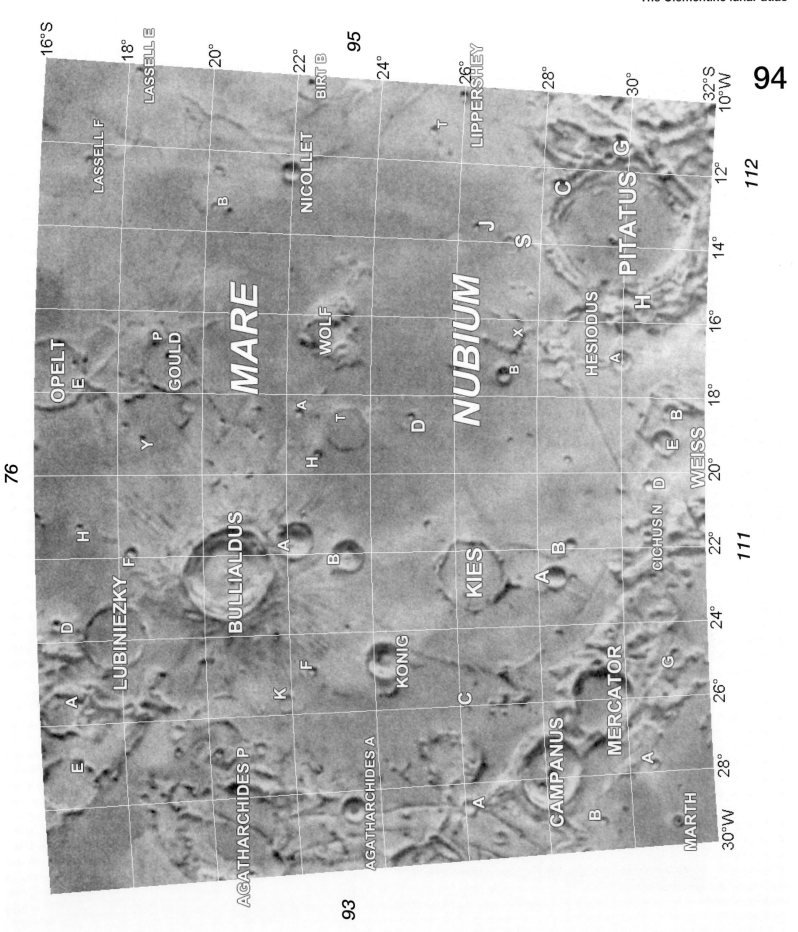

The Clementine lunar atlas

95

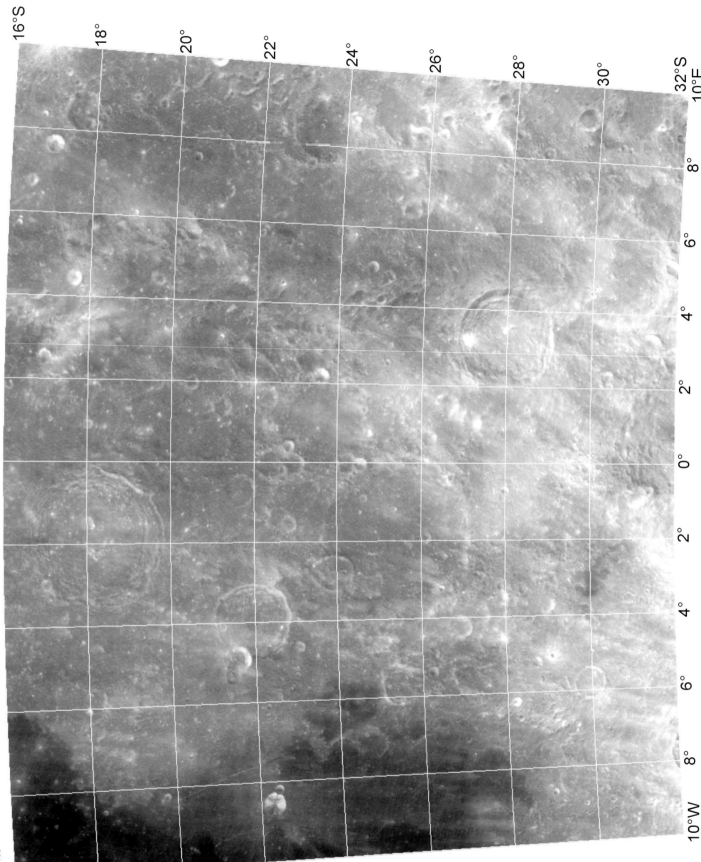
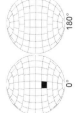

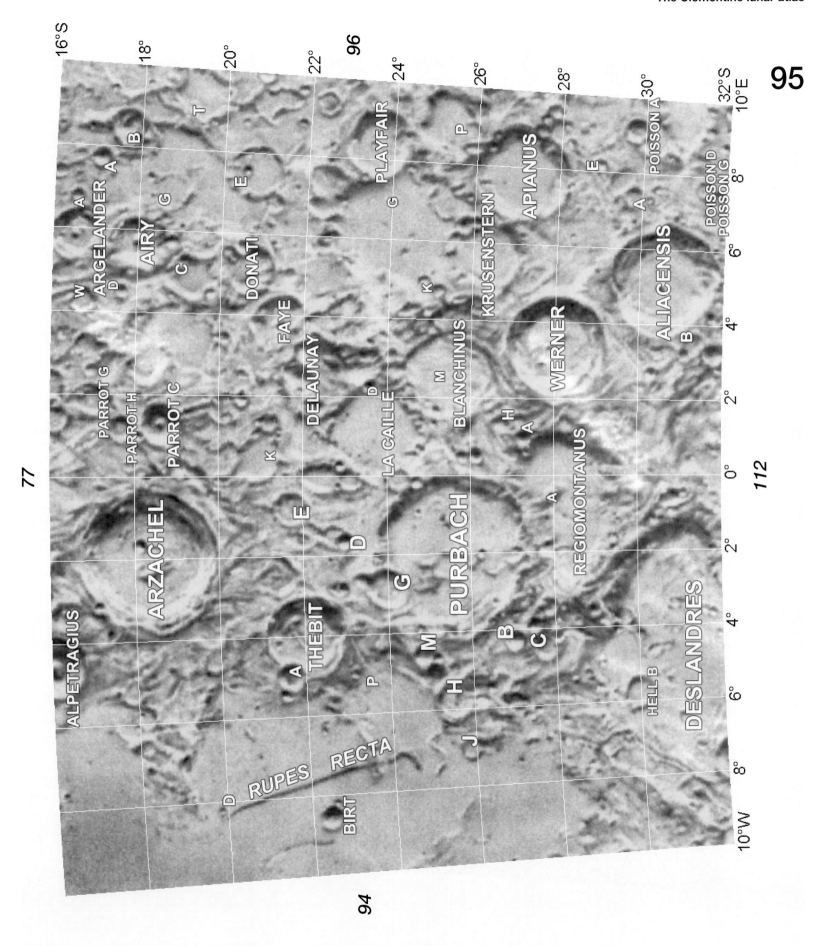

The Clementine lunar atlas

96

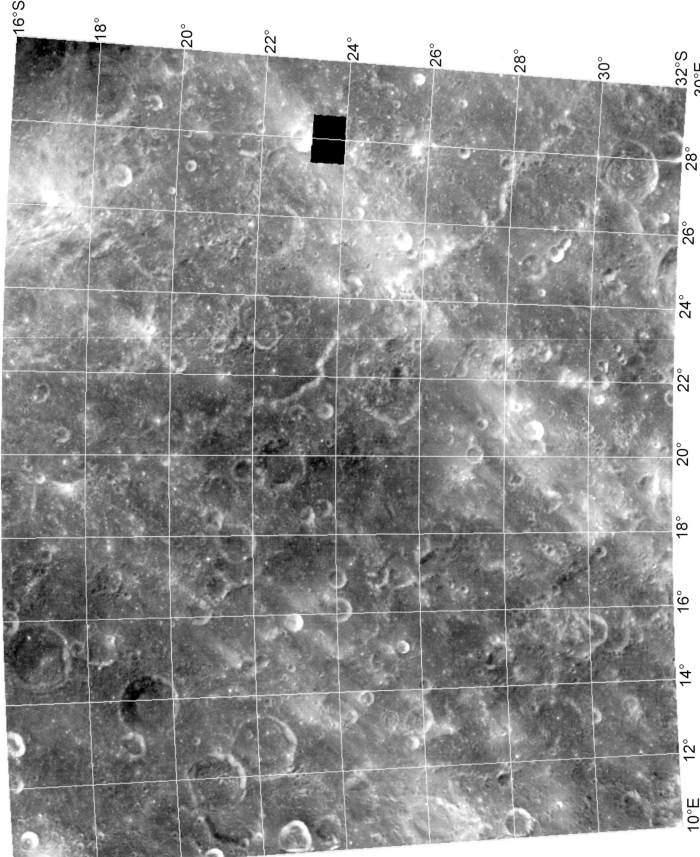
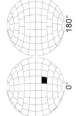

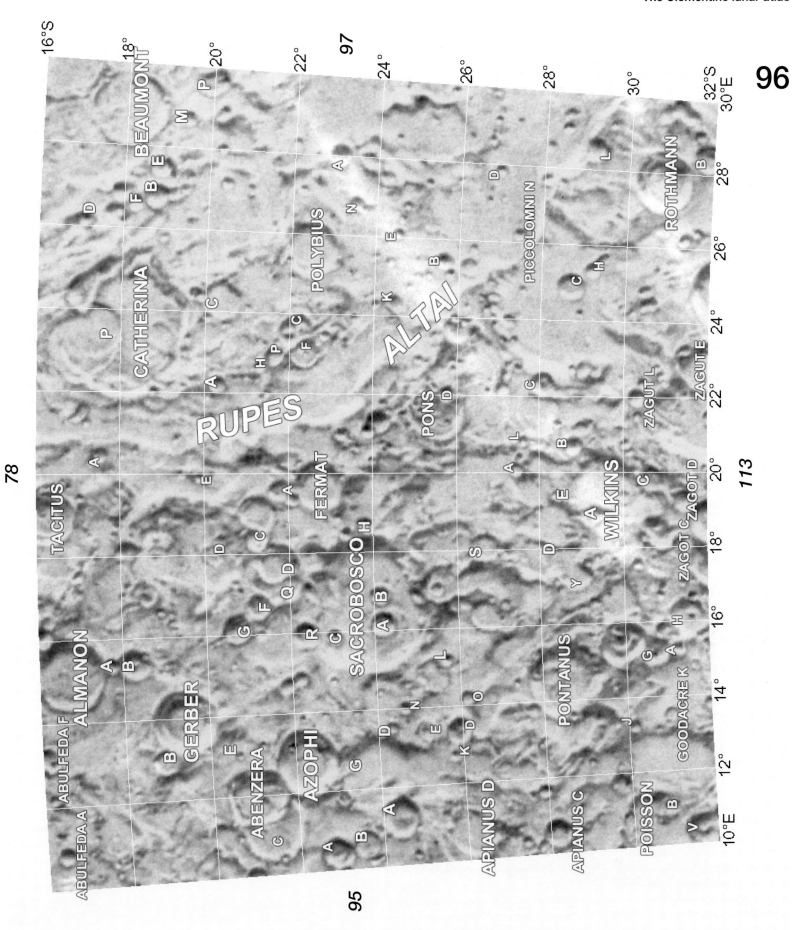

The Clementine lunar atlas

97

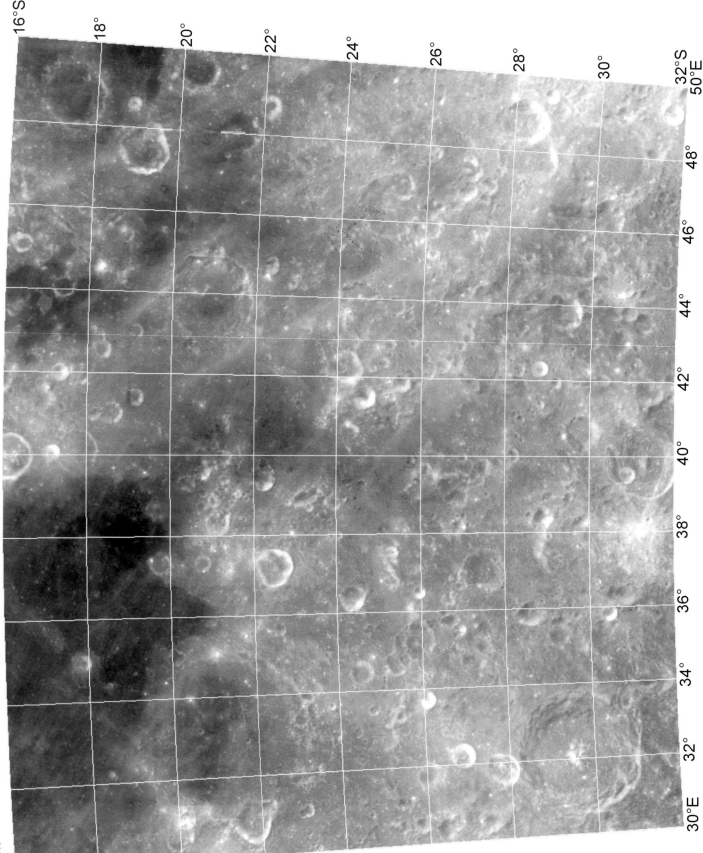
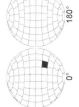

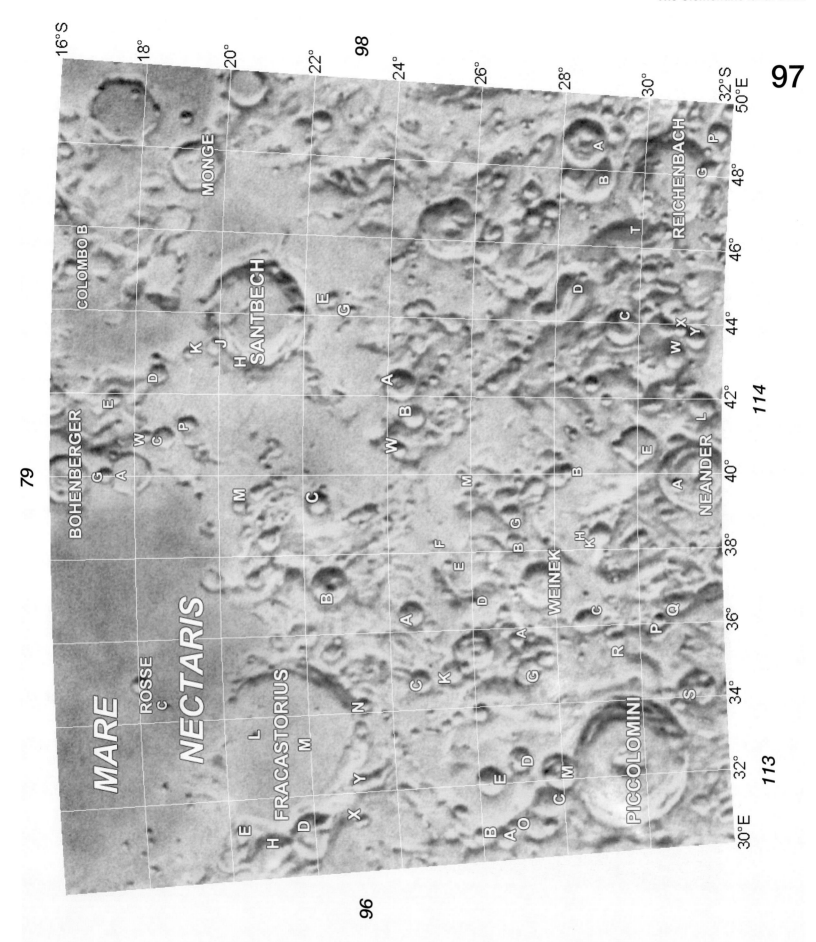

The Clementine lunar atlas

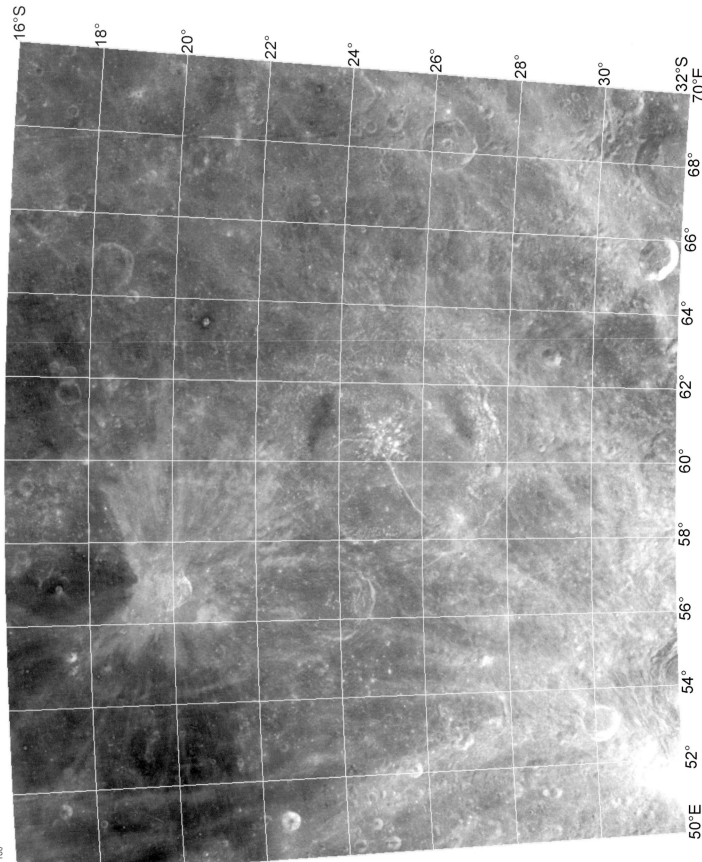
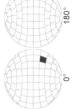

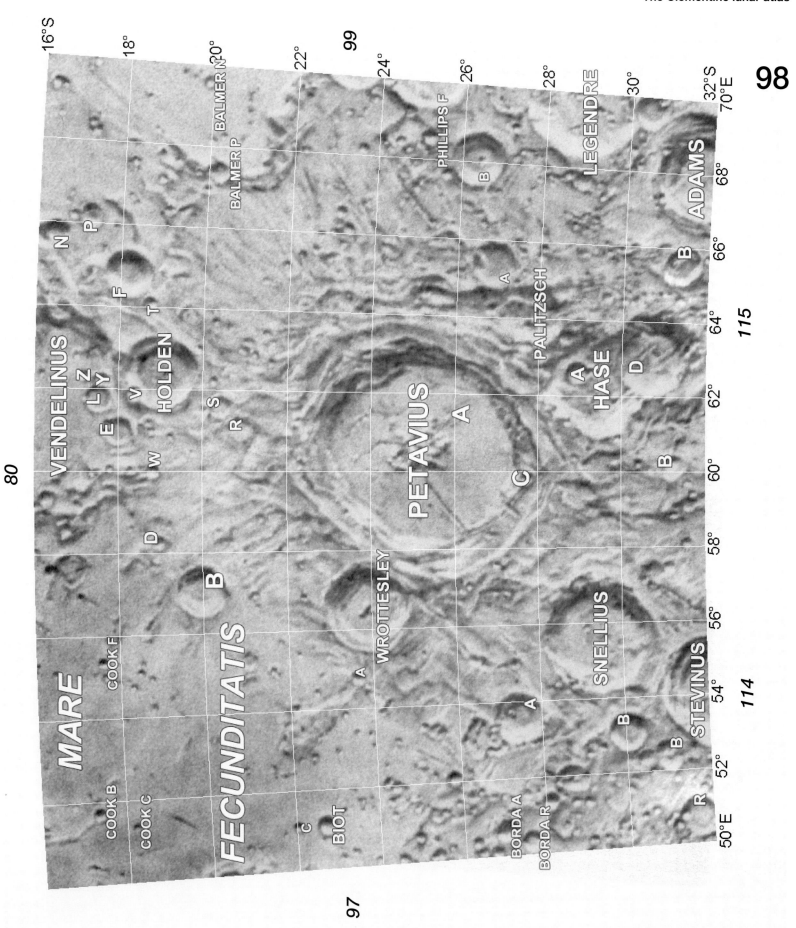

The Clementine lunar atlas

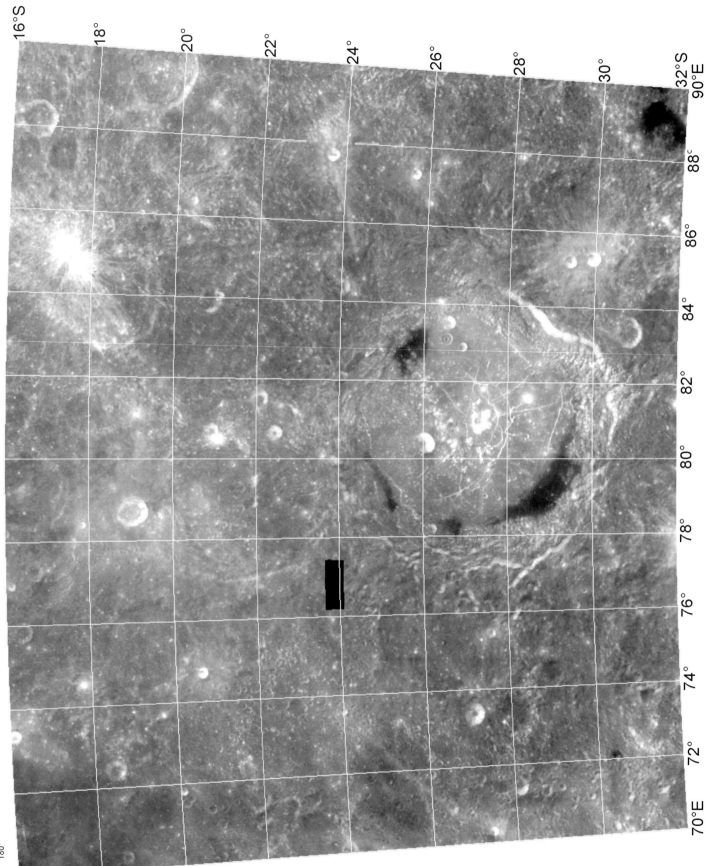
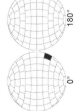

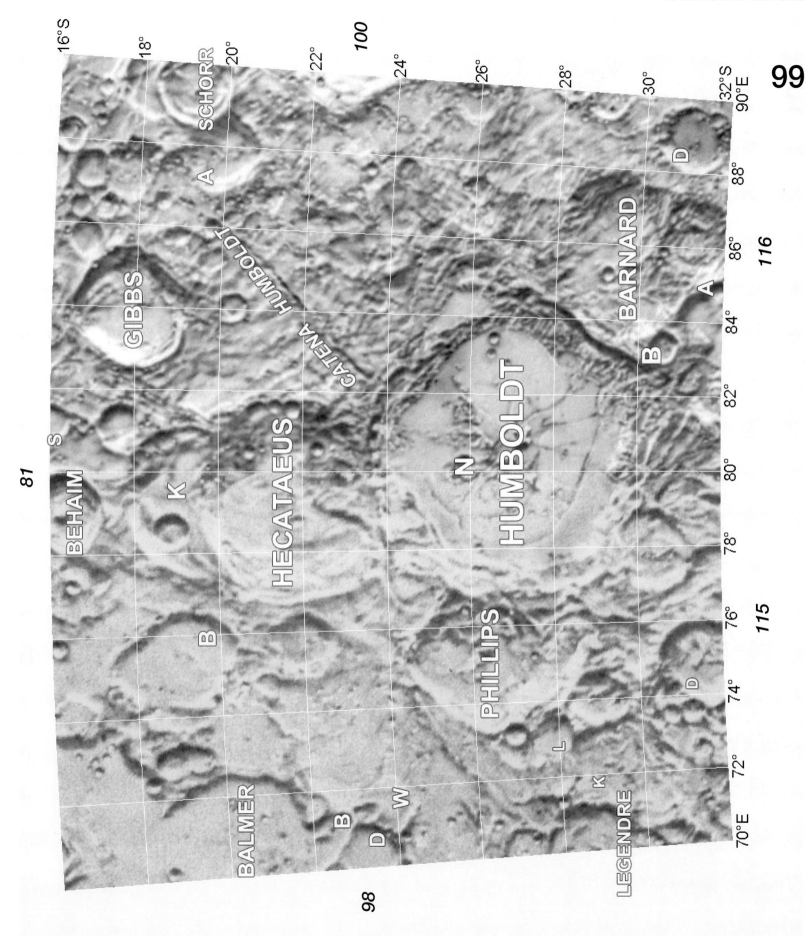

100

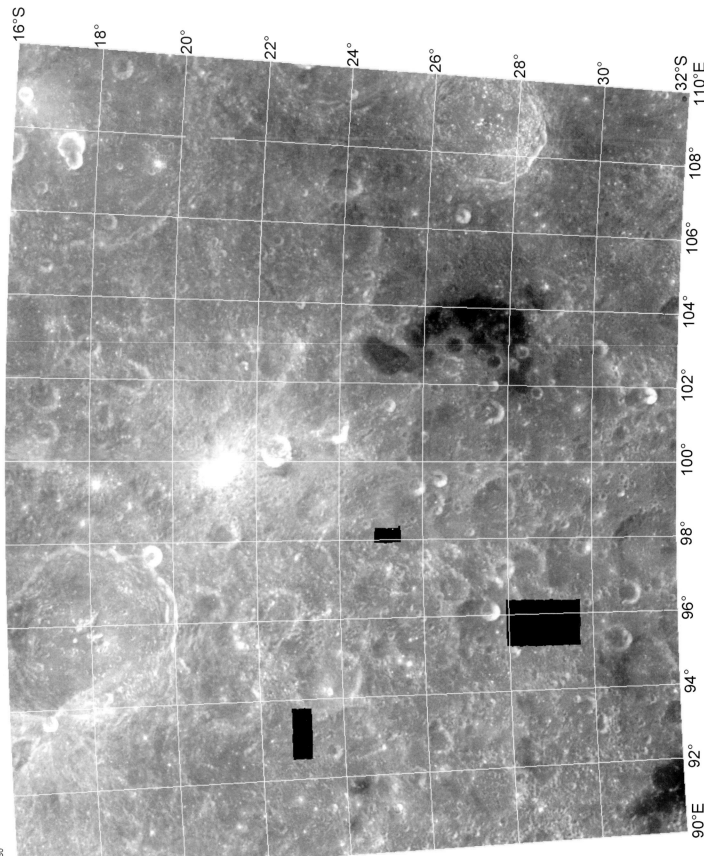
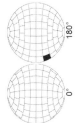

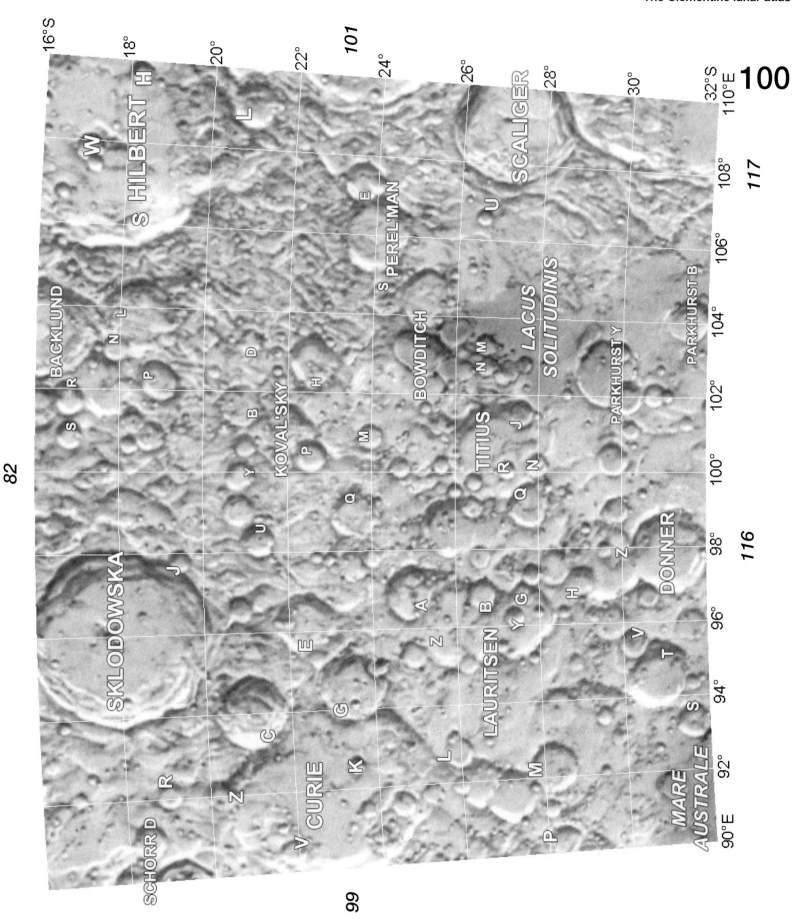

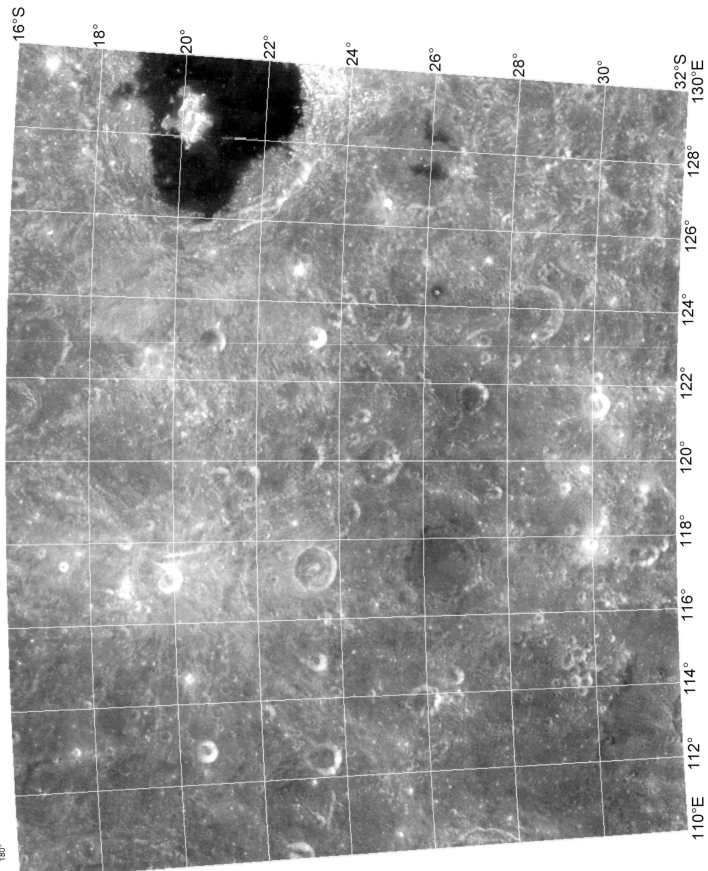
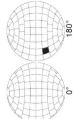

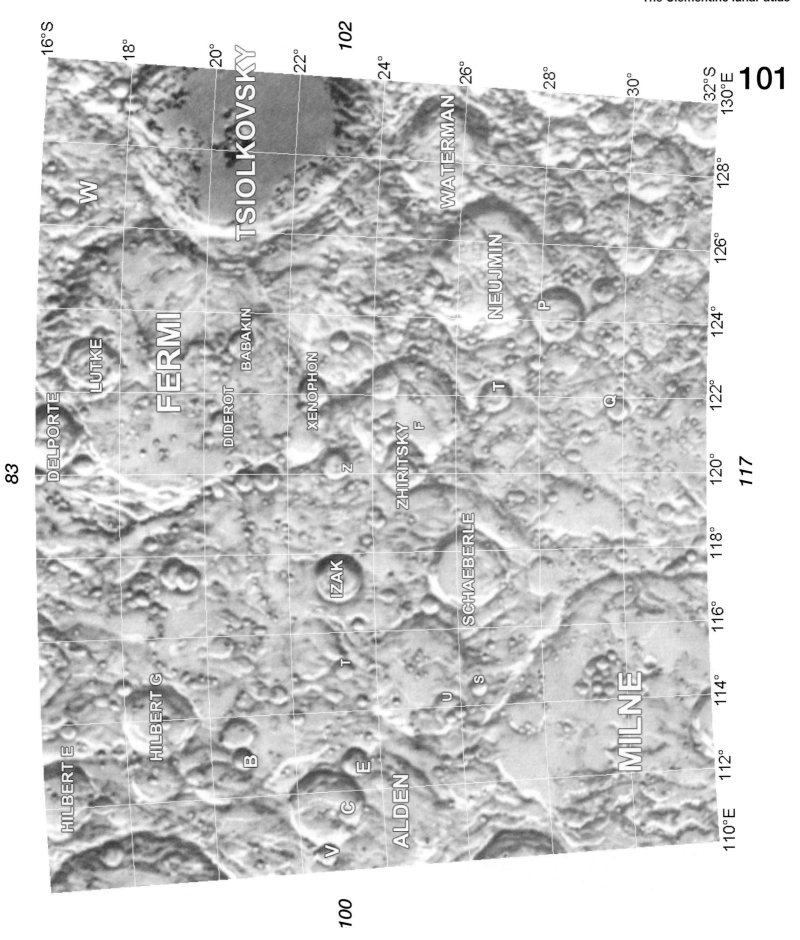

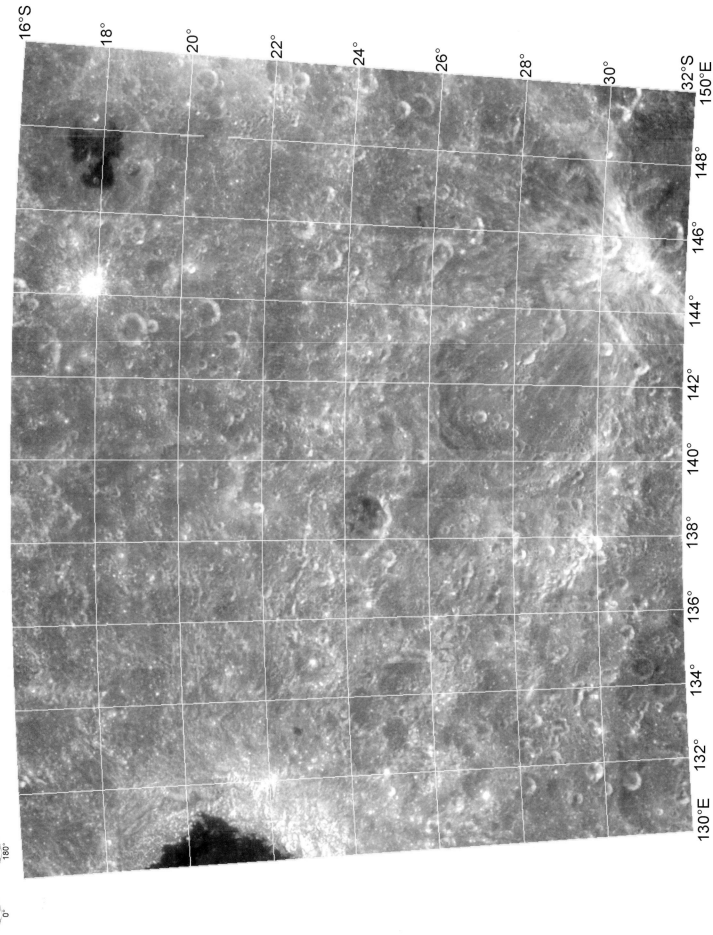

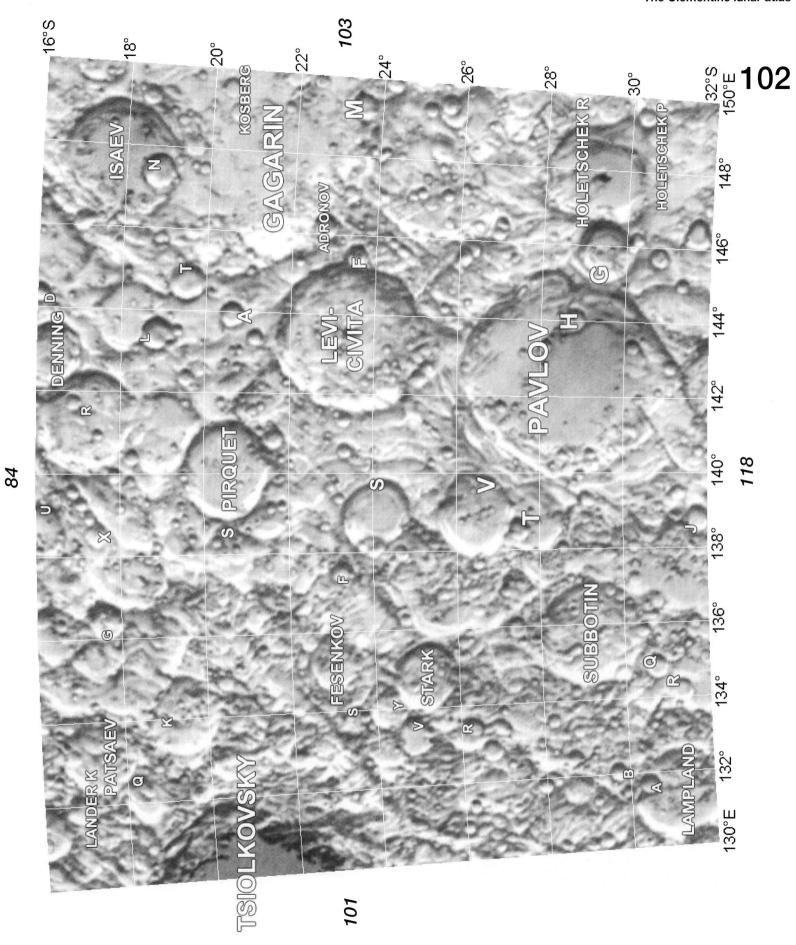

The Clementine lunar atlas

103

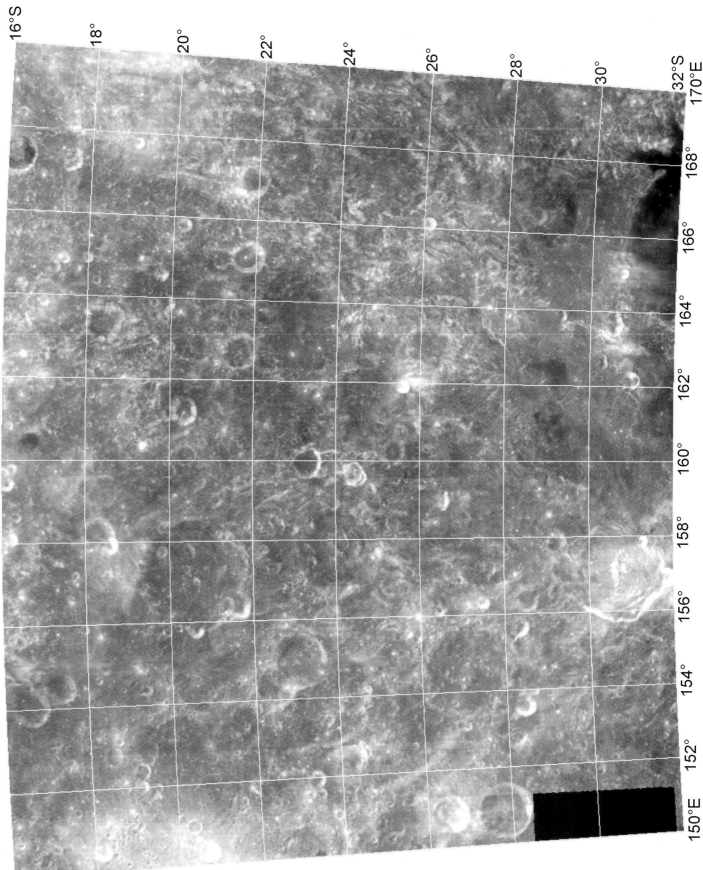
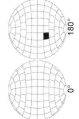

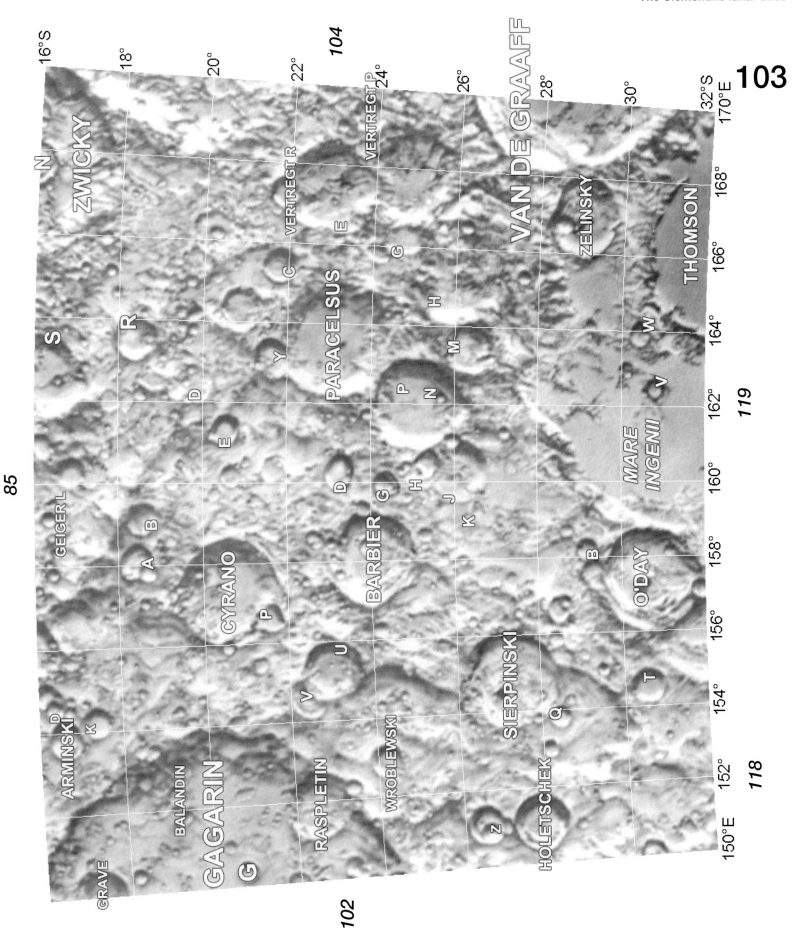

The Clementine lunar atlas

104

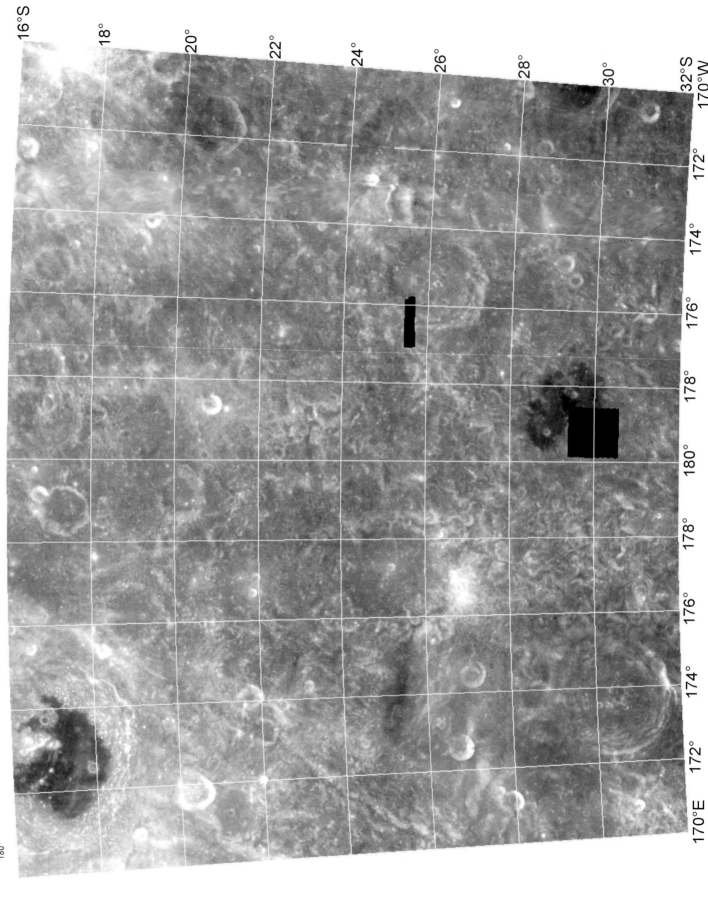
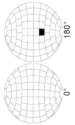

104

105

86

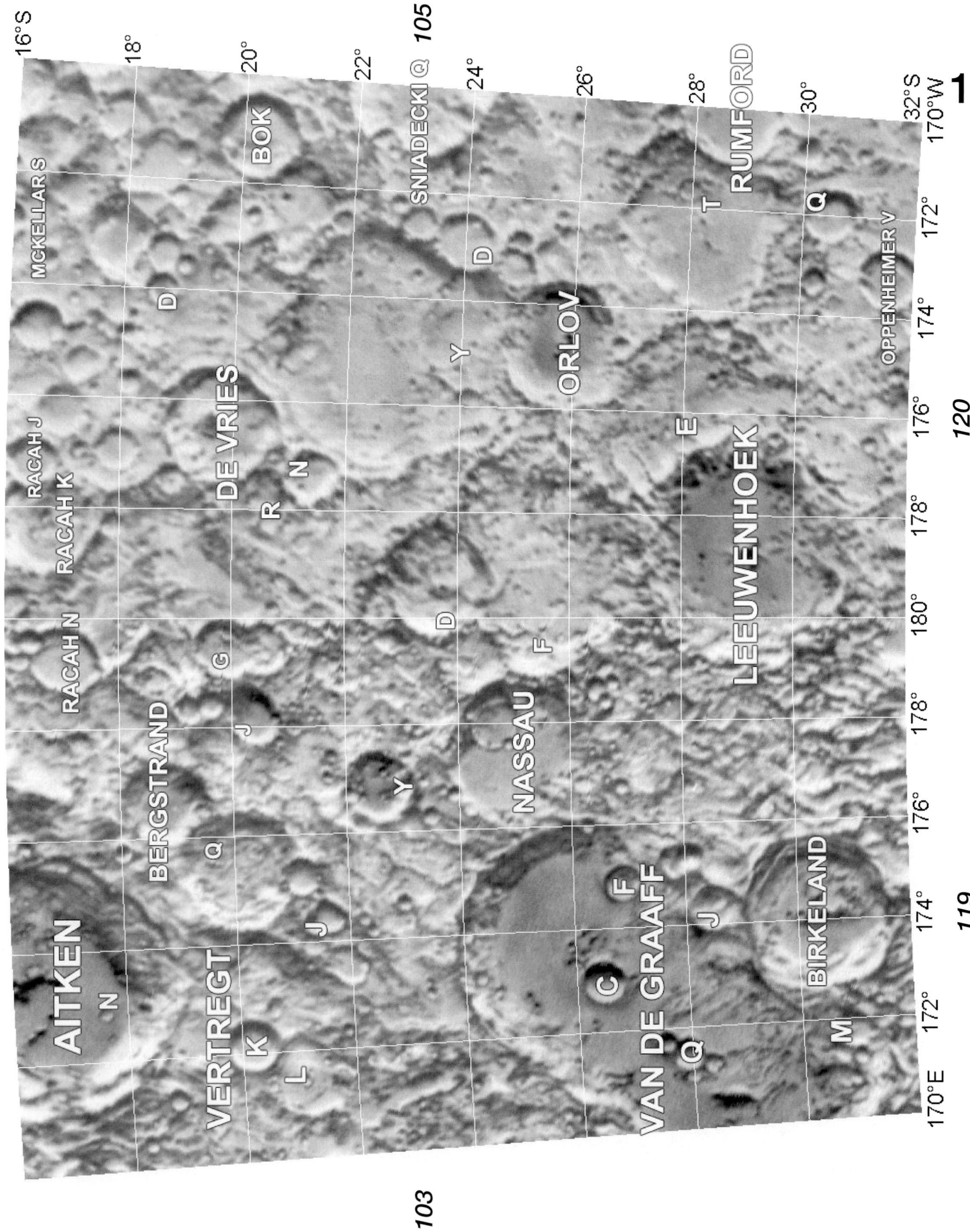

120

119

103

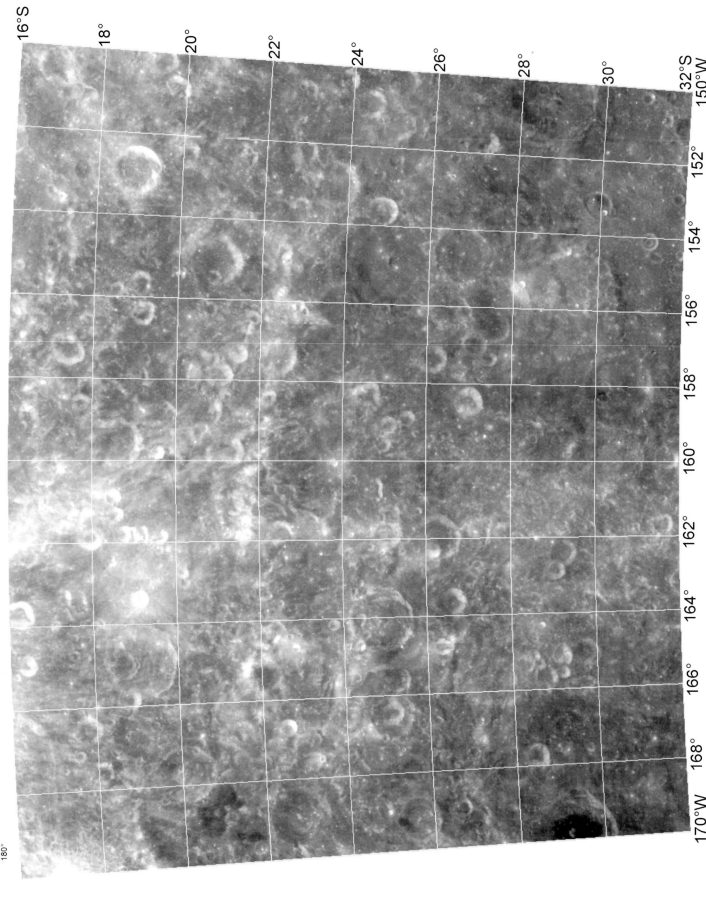
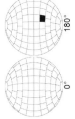

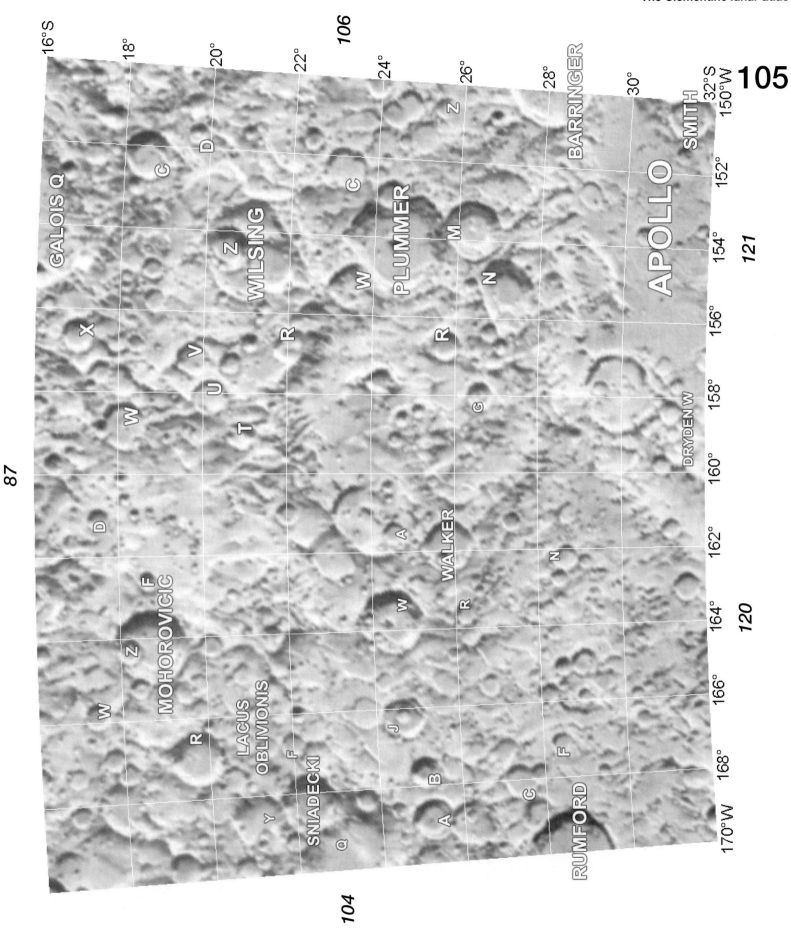

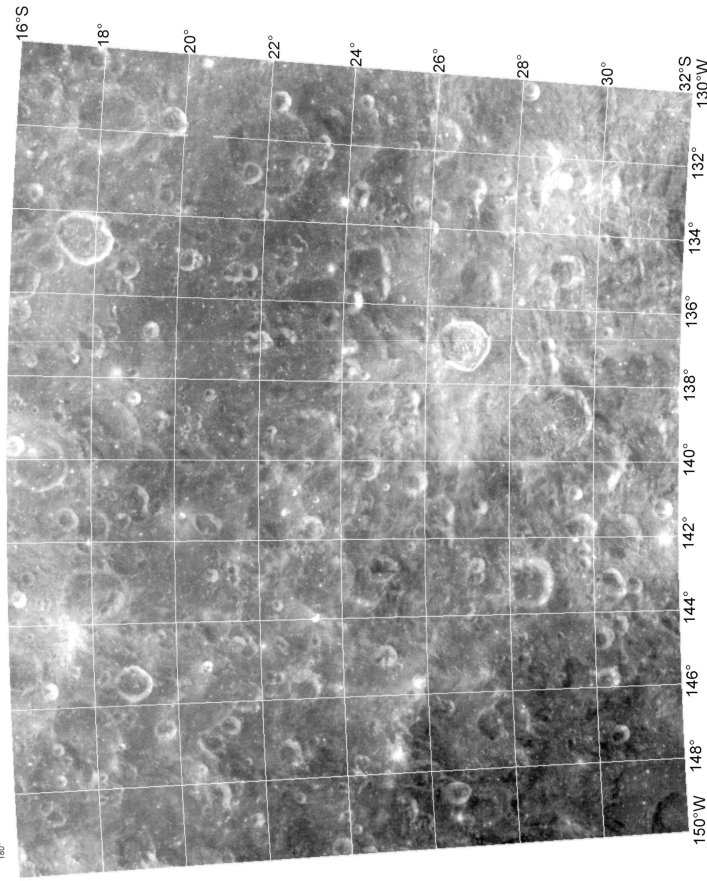
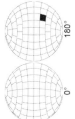

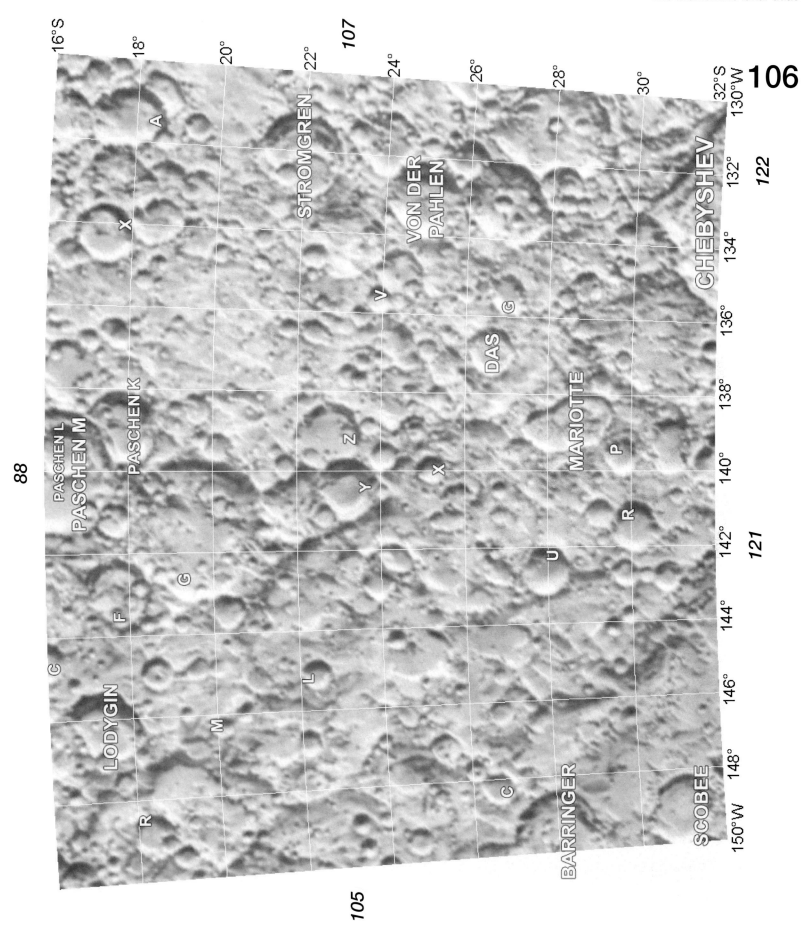

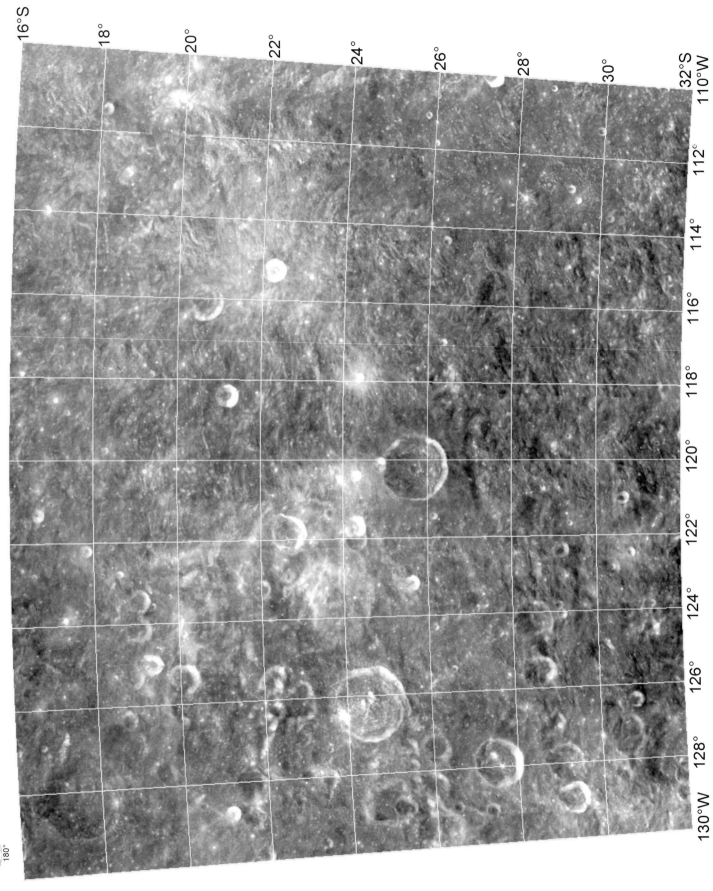

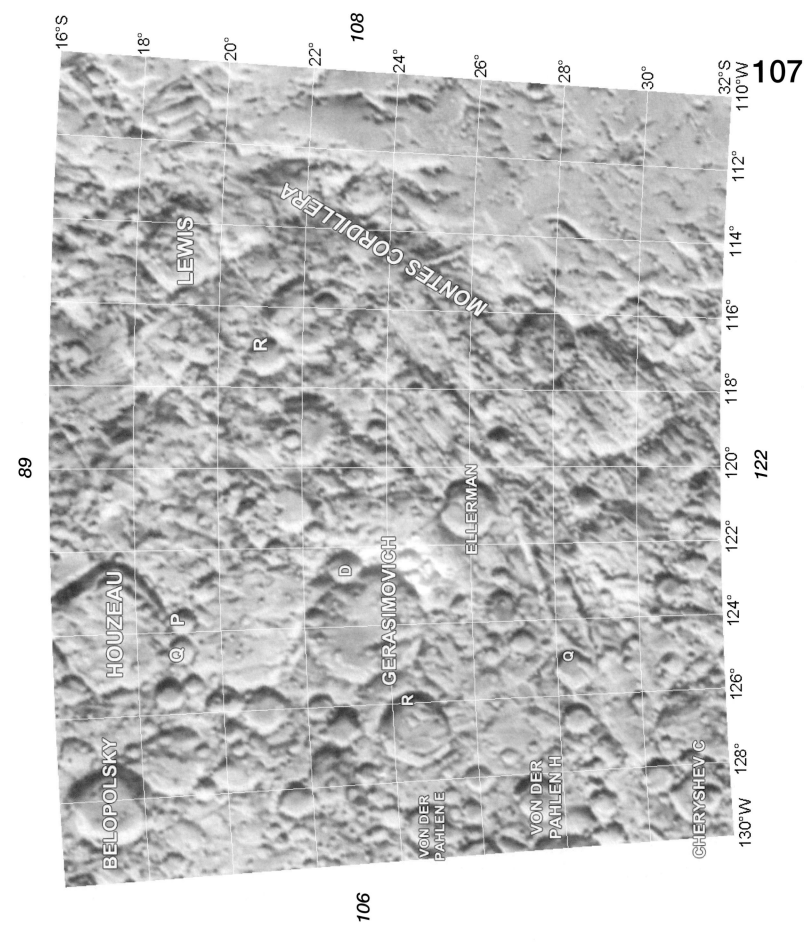

The Clementine lunar atlas

108

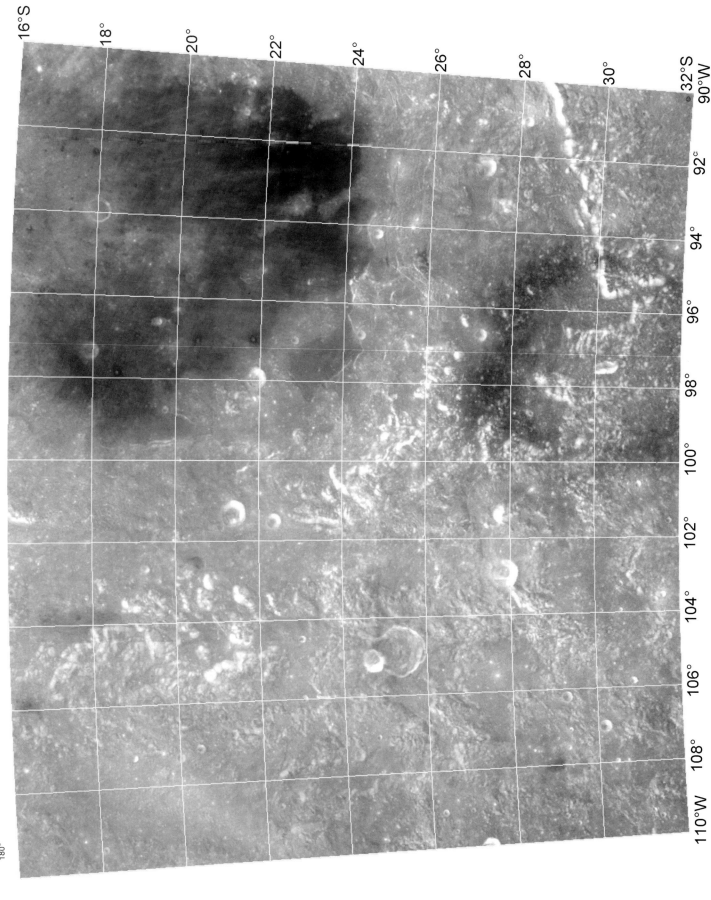
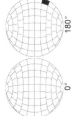

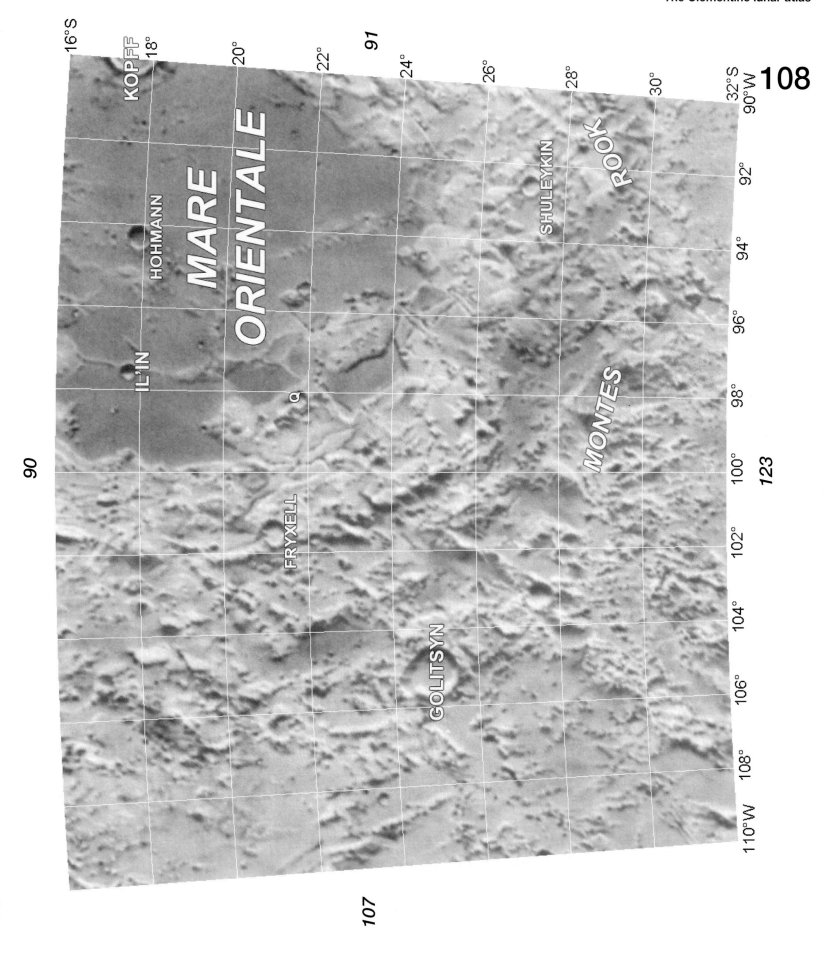

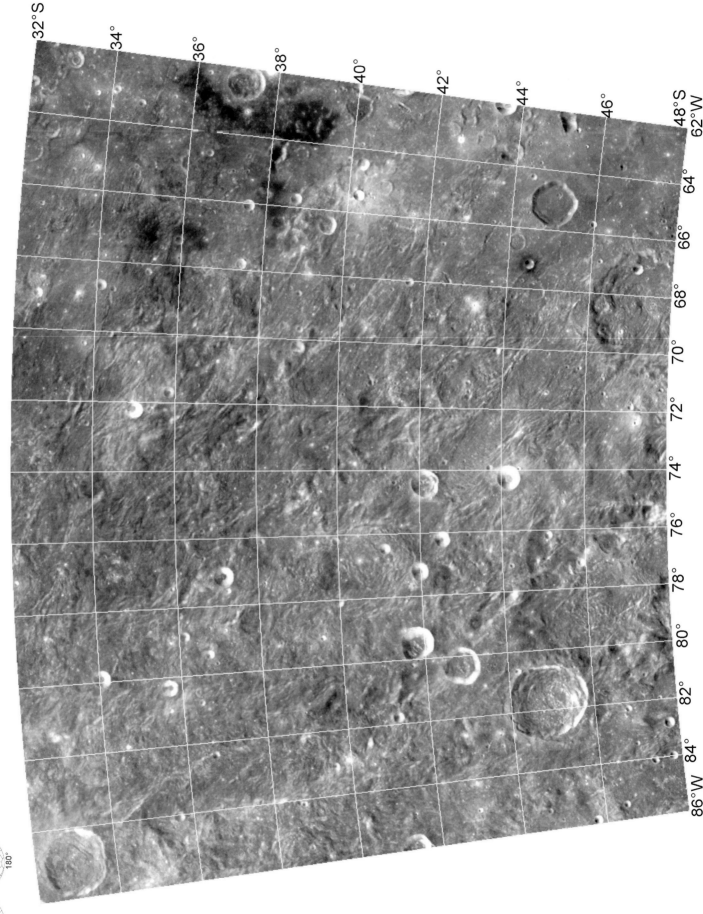

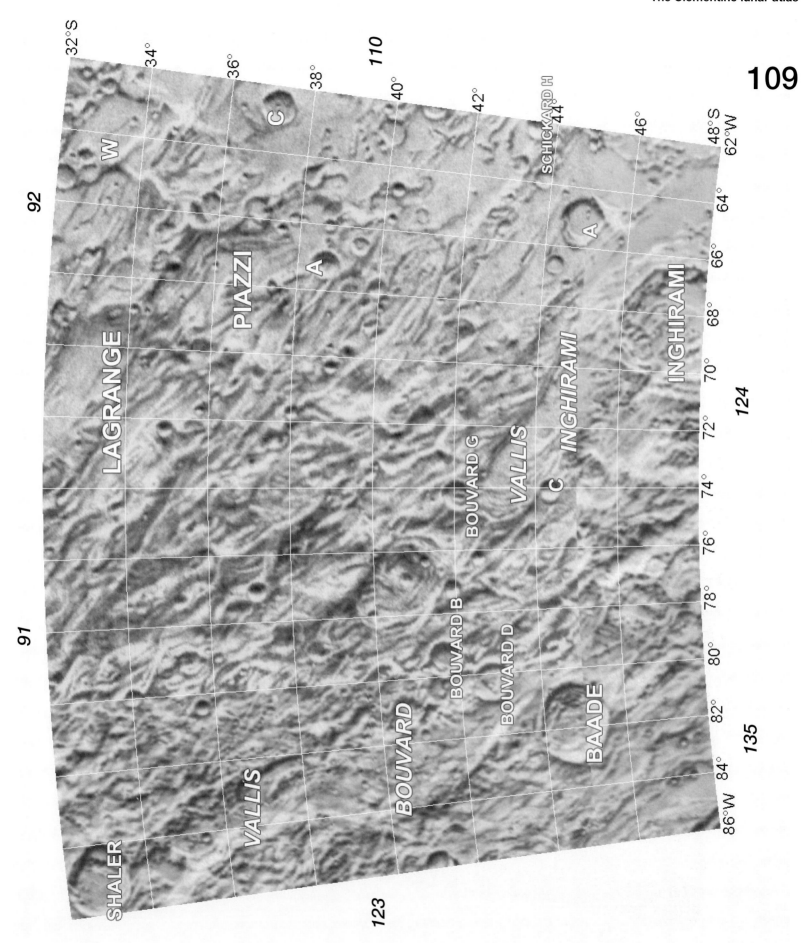

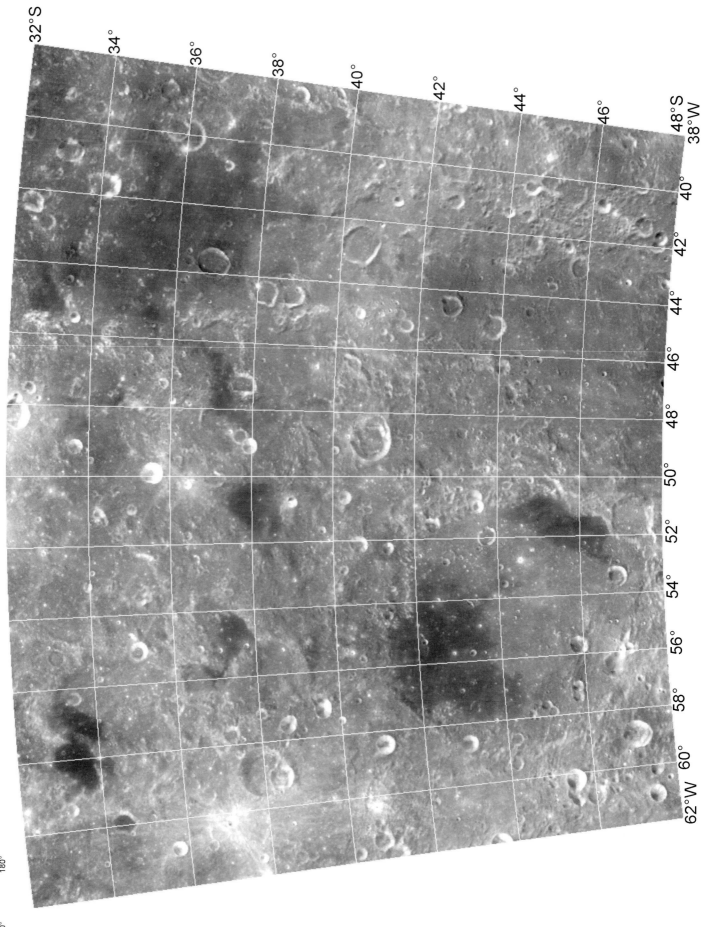

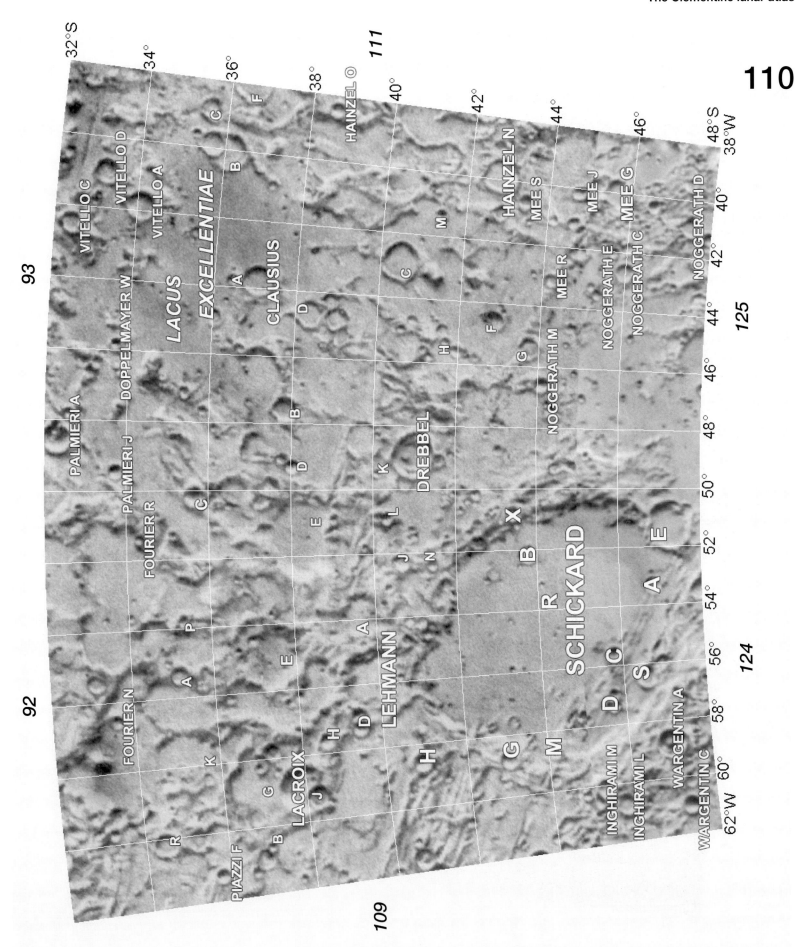

The Clementine lunar atlas

111

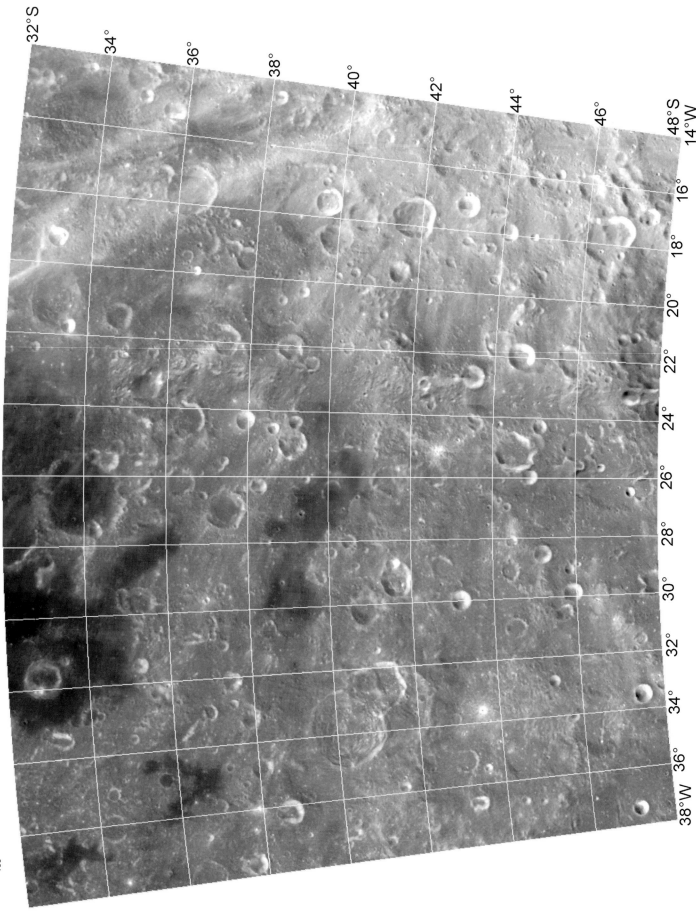
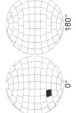

222

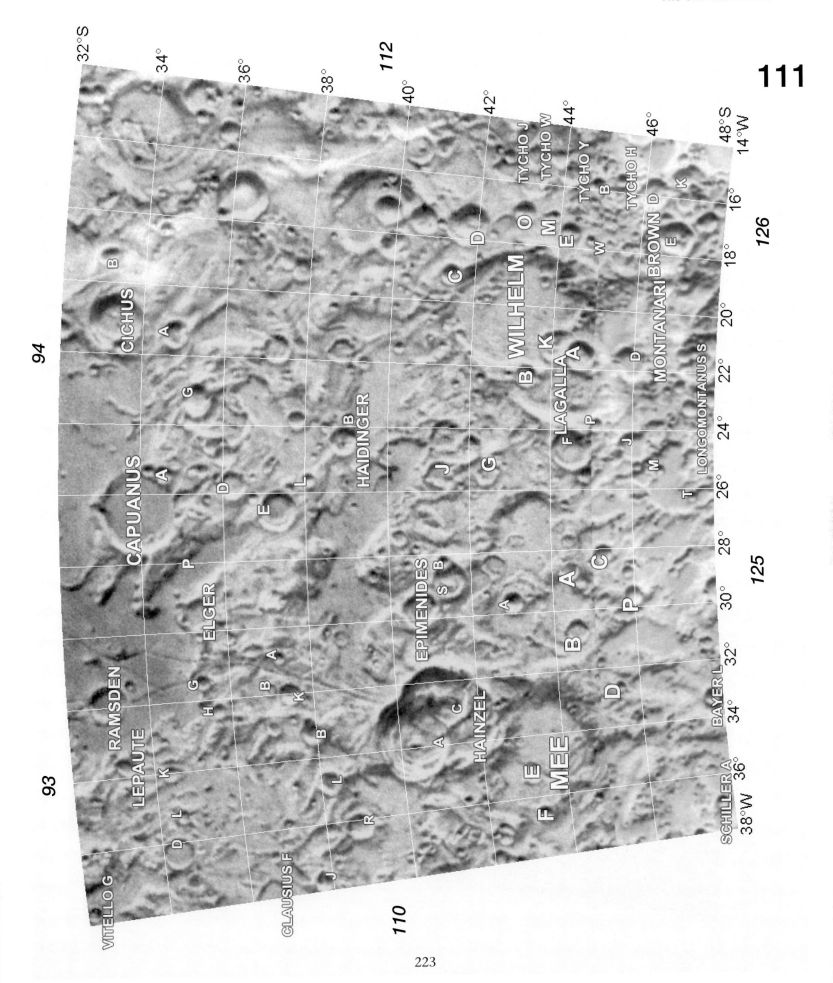

112

The Clementine lunar atlas

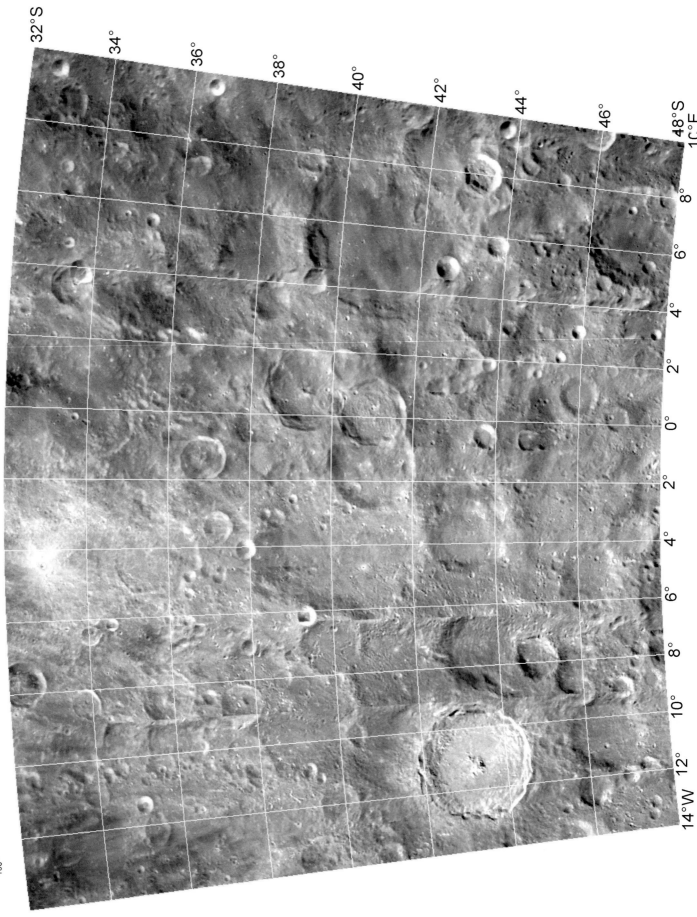
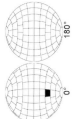

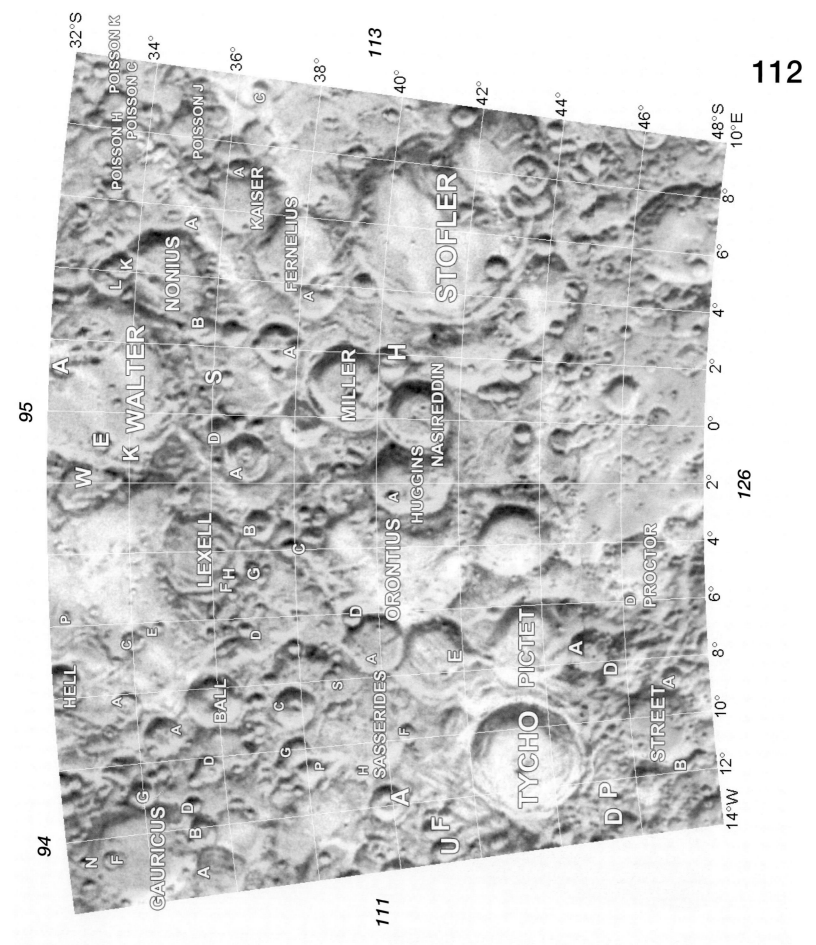

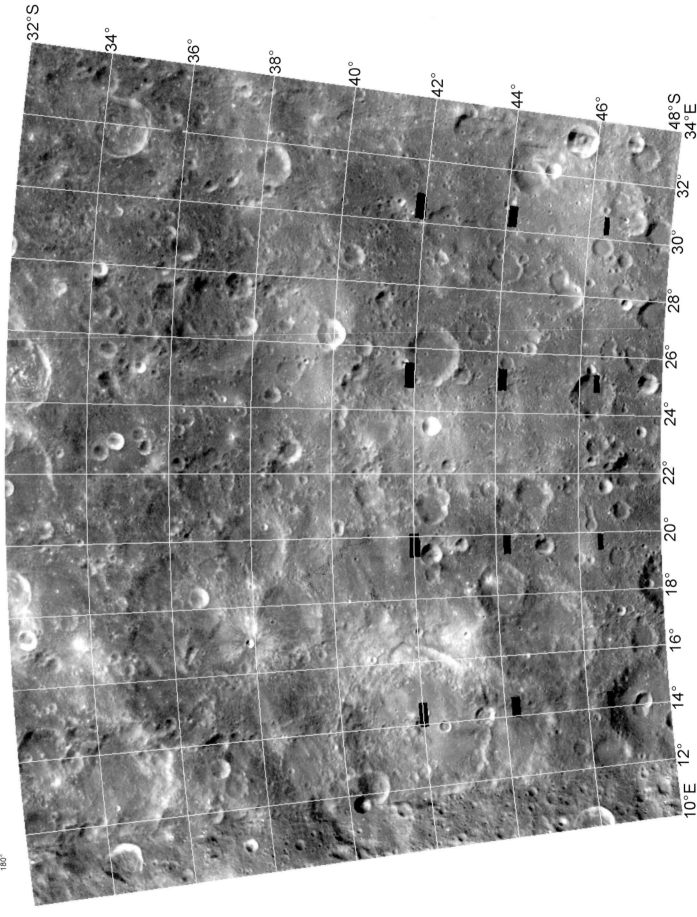

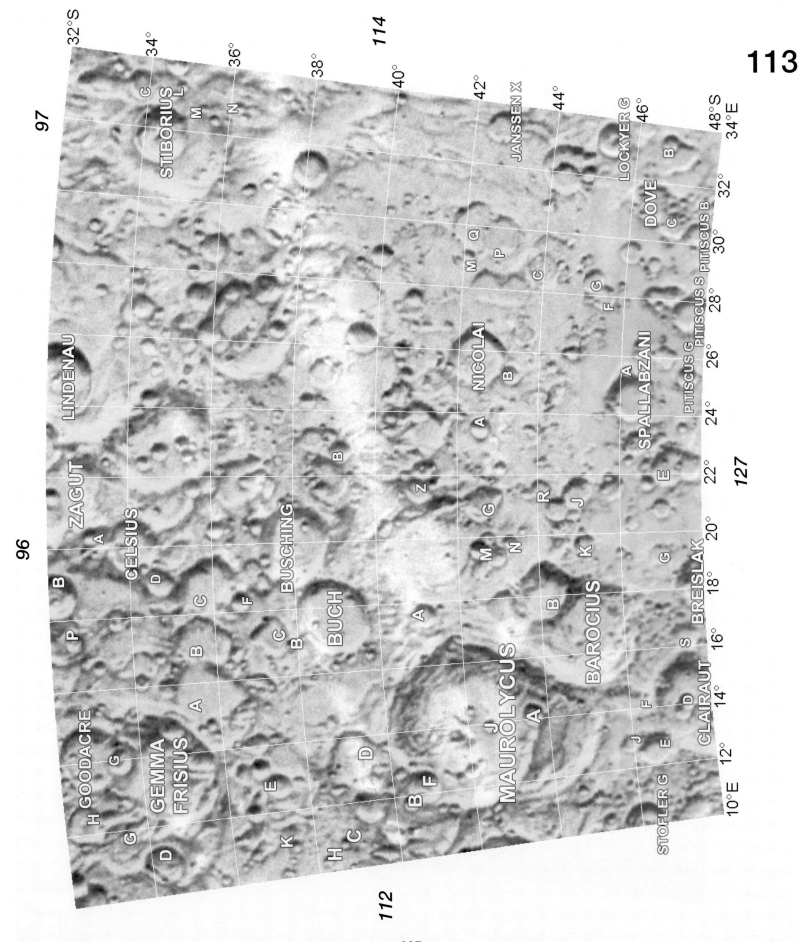

The Clementine lunar atlas

114

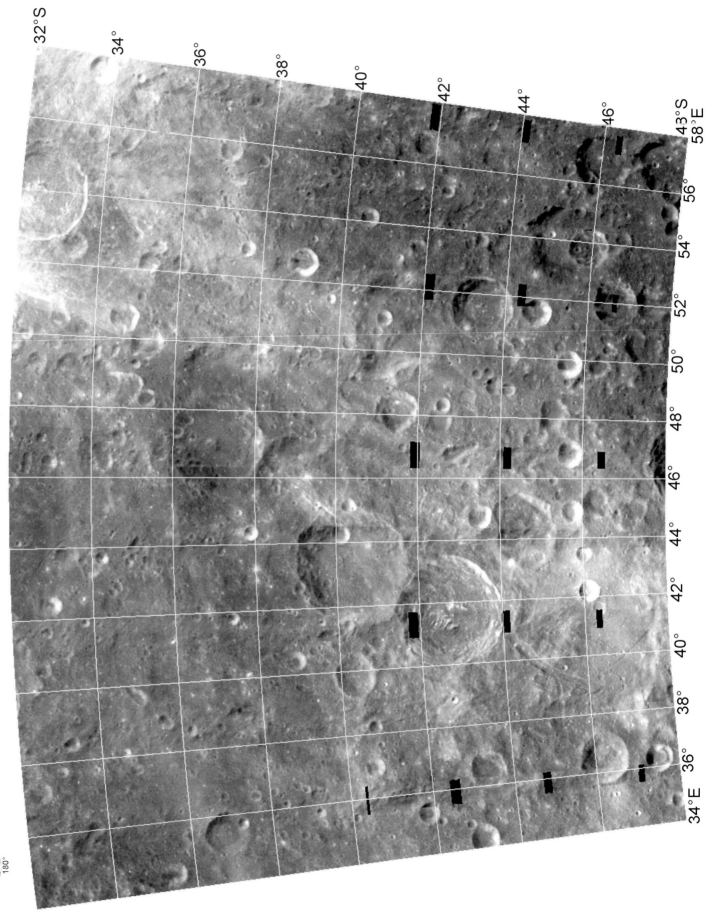

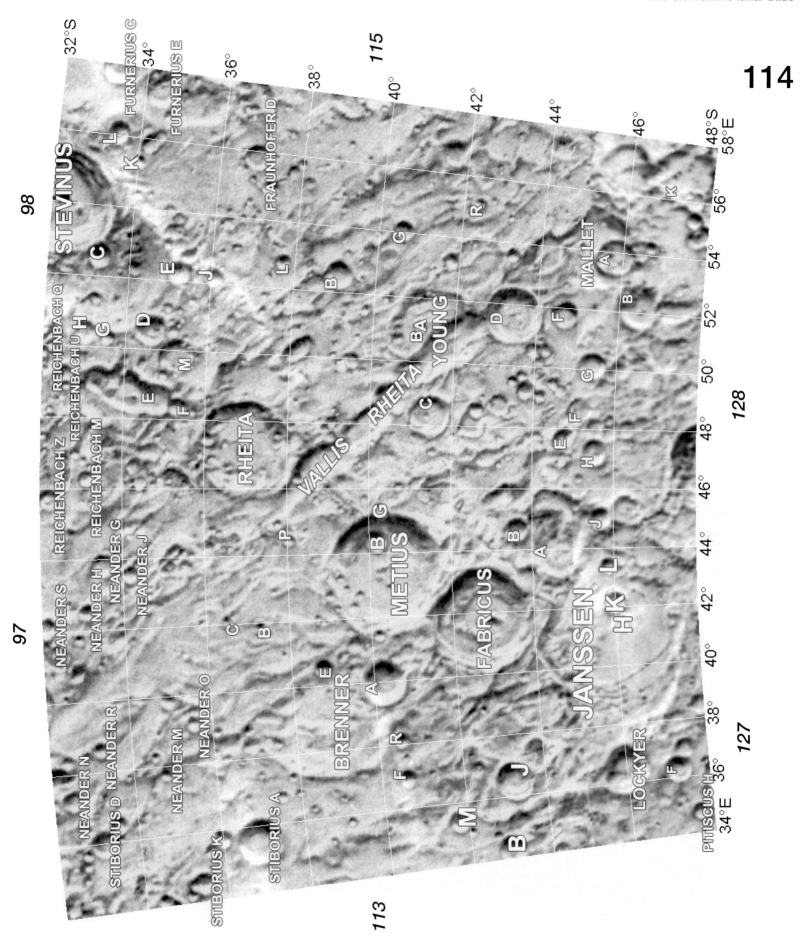

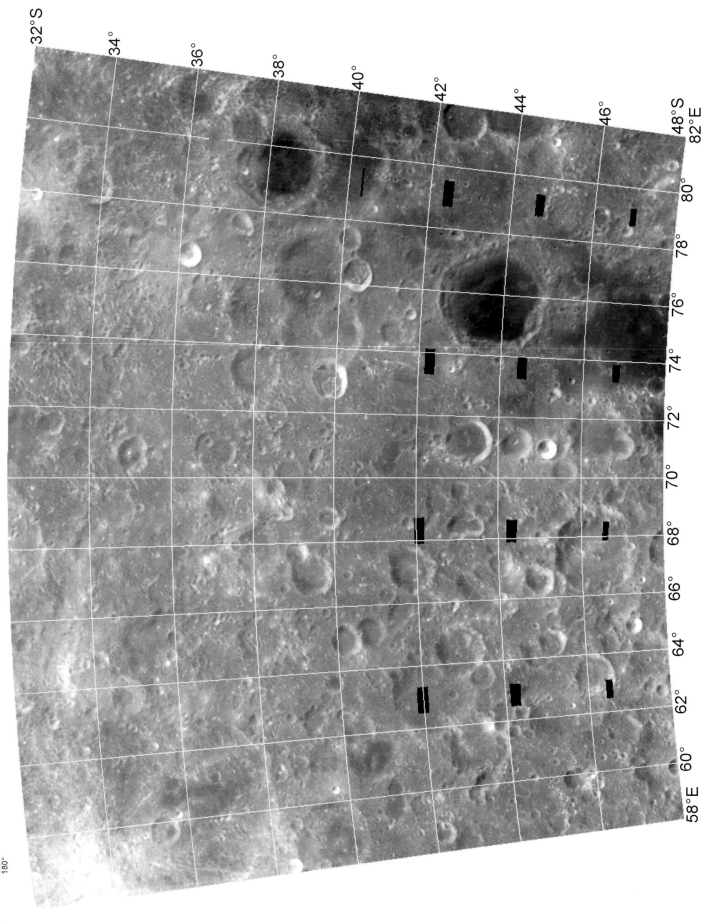

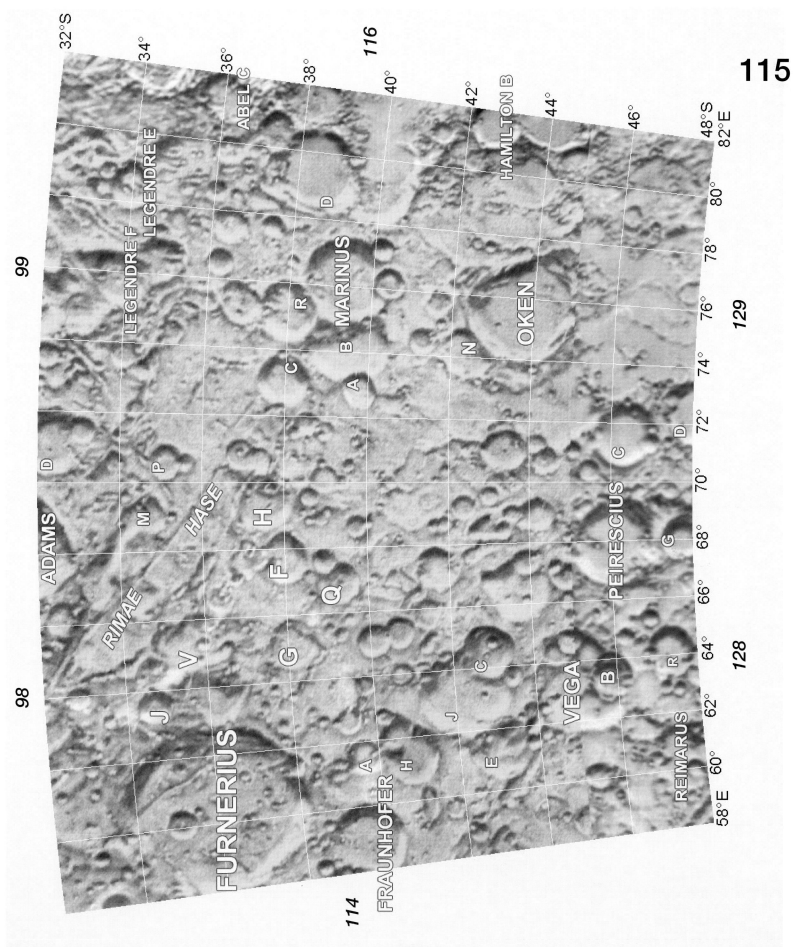

The Clementine lunar atlas

116

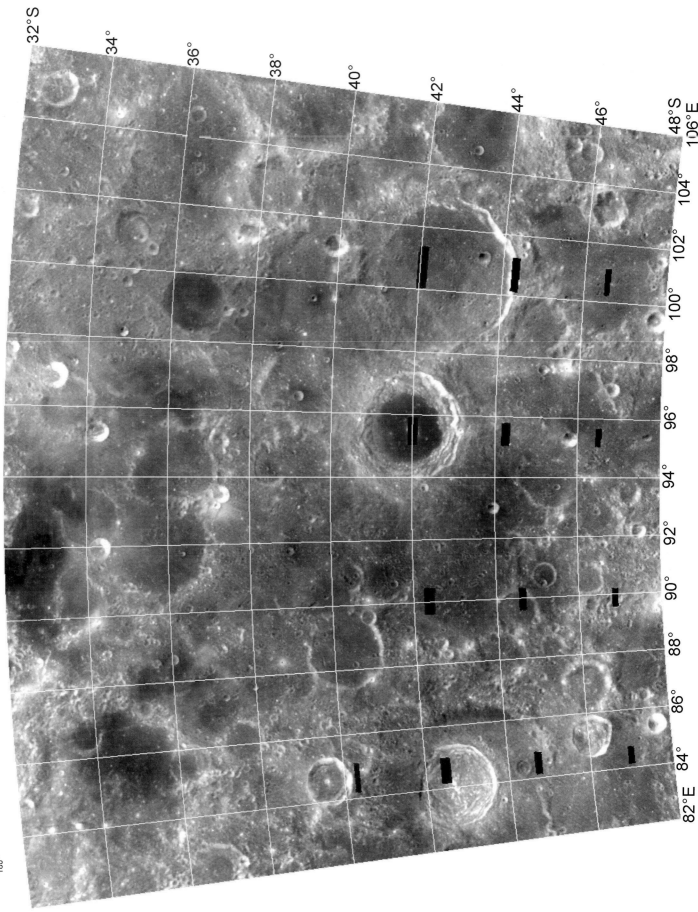
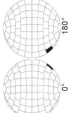

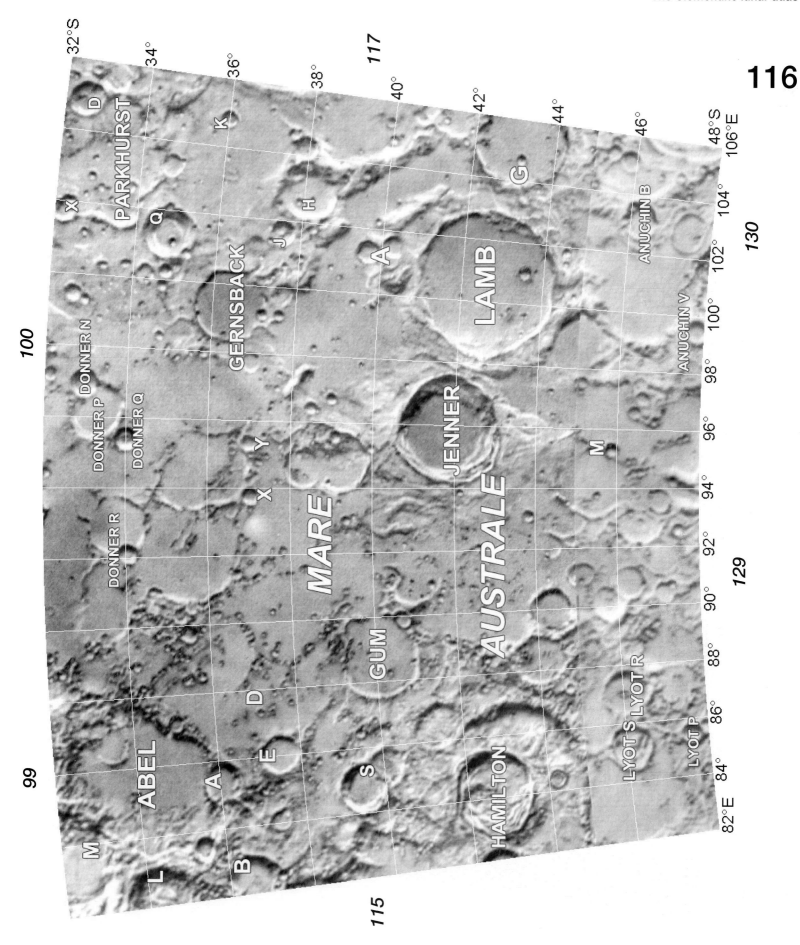

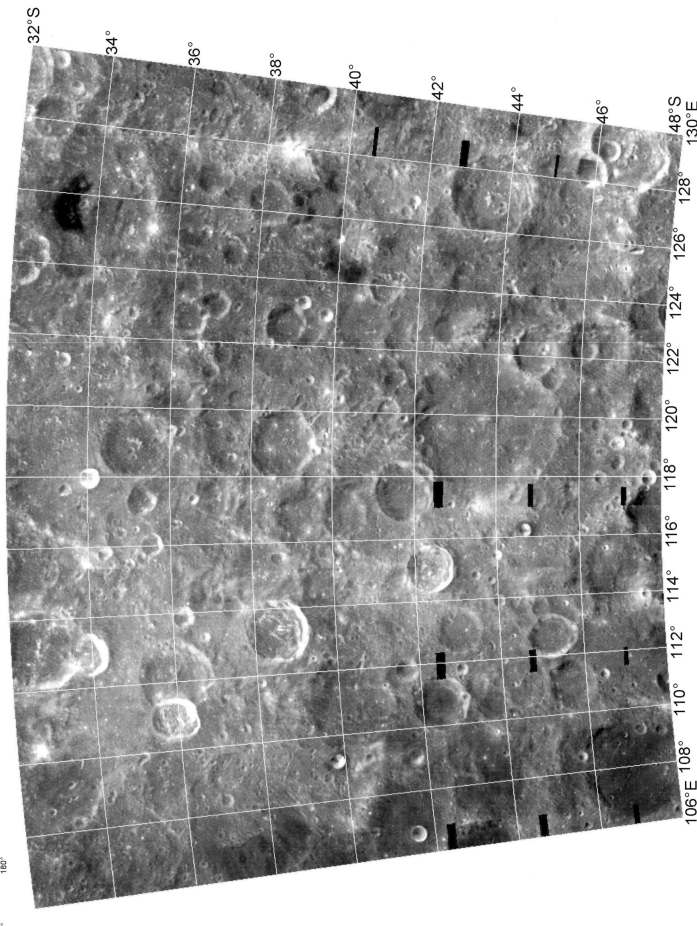

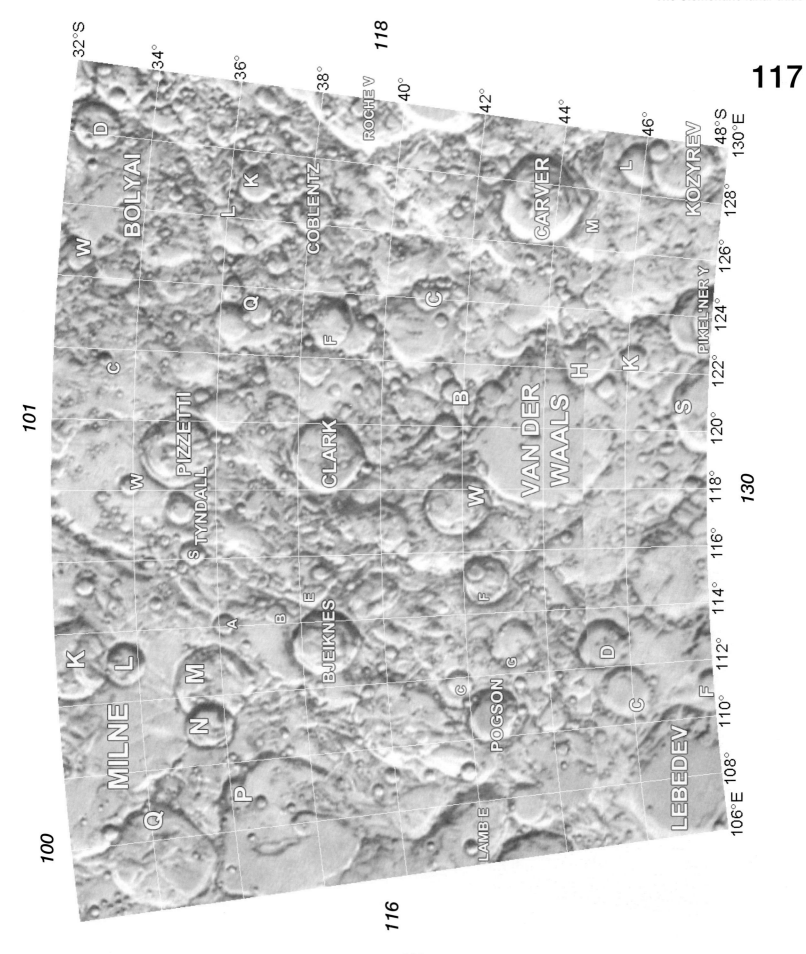

The Clementine lunar atlas

118

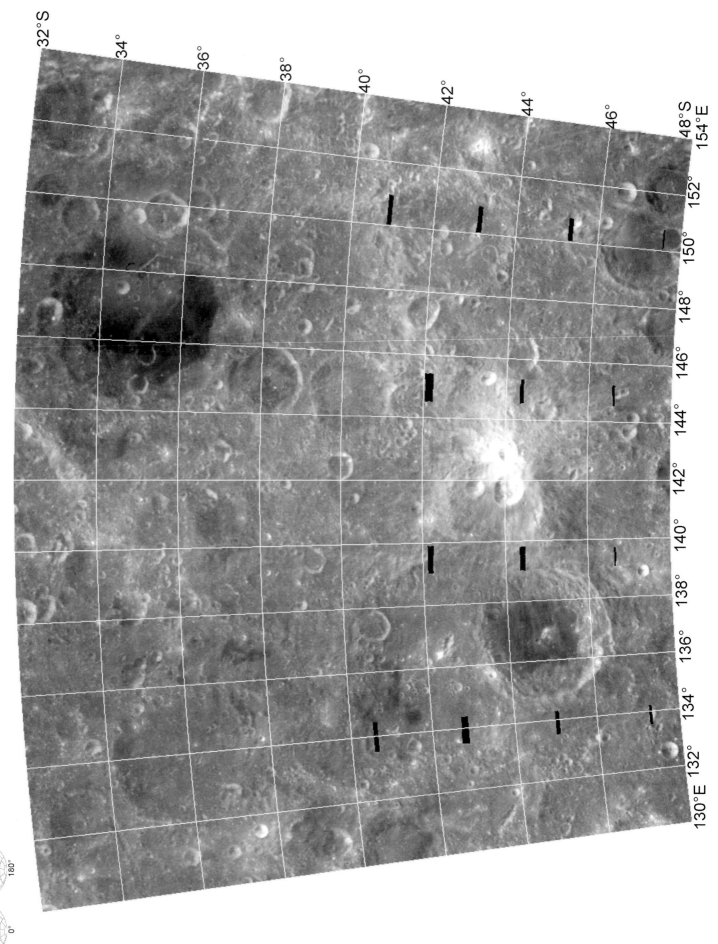

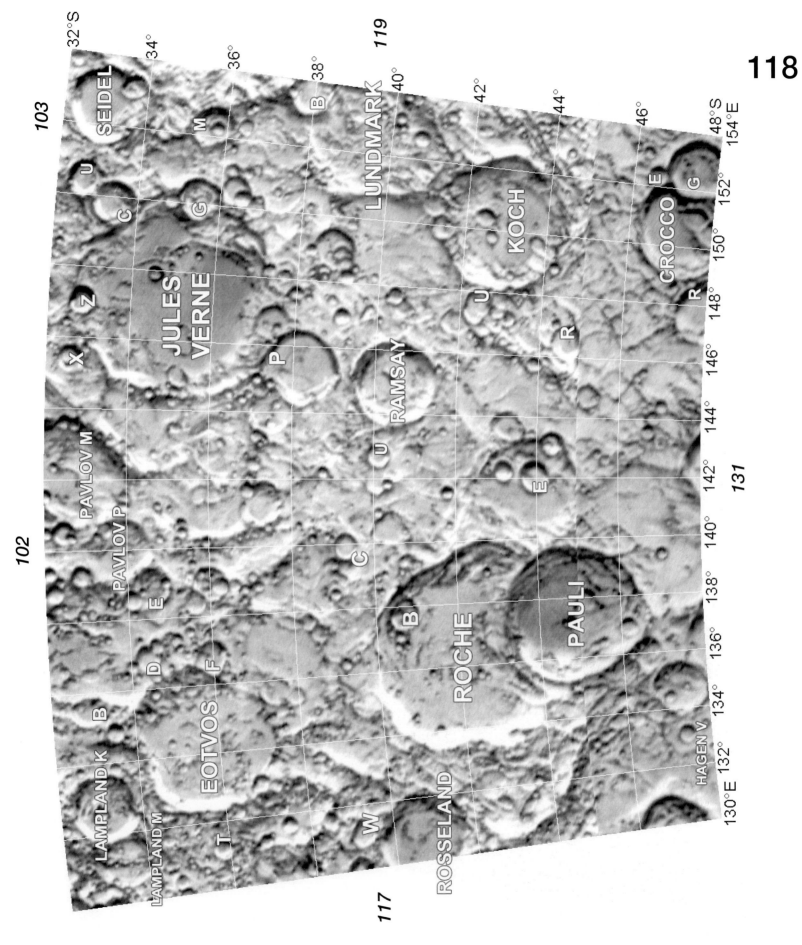

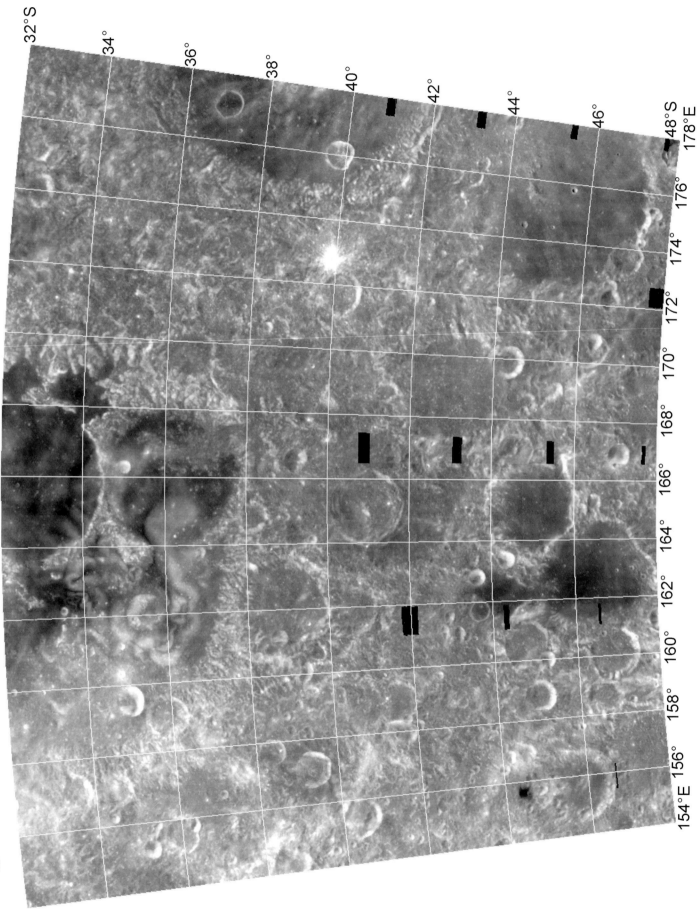
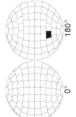

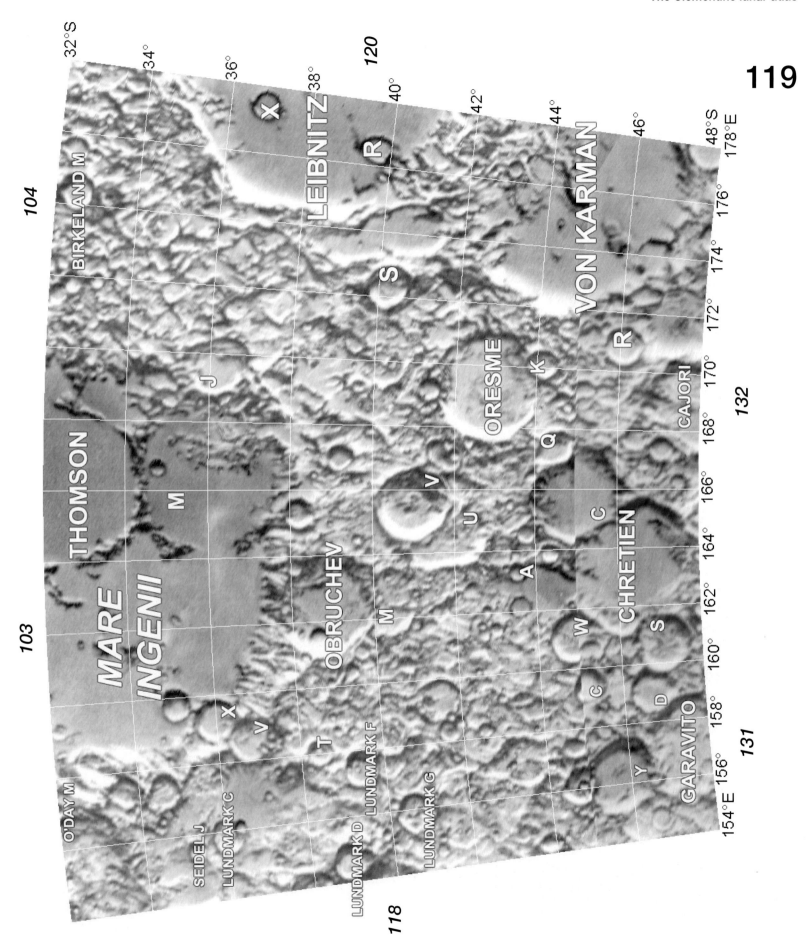

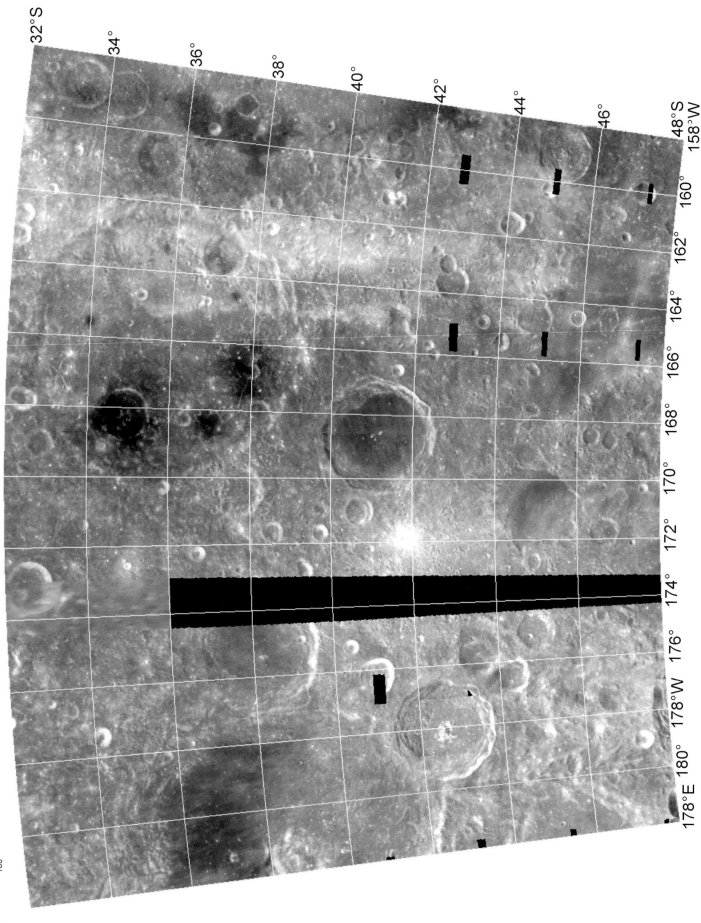
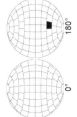

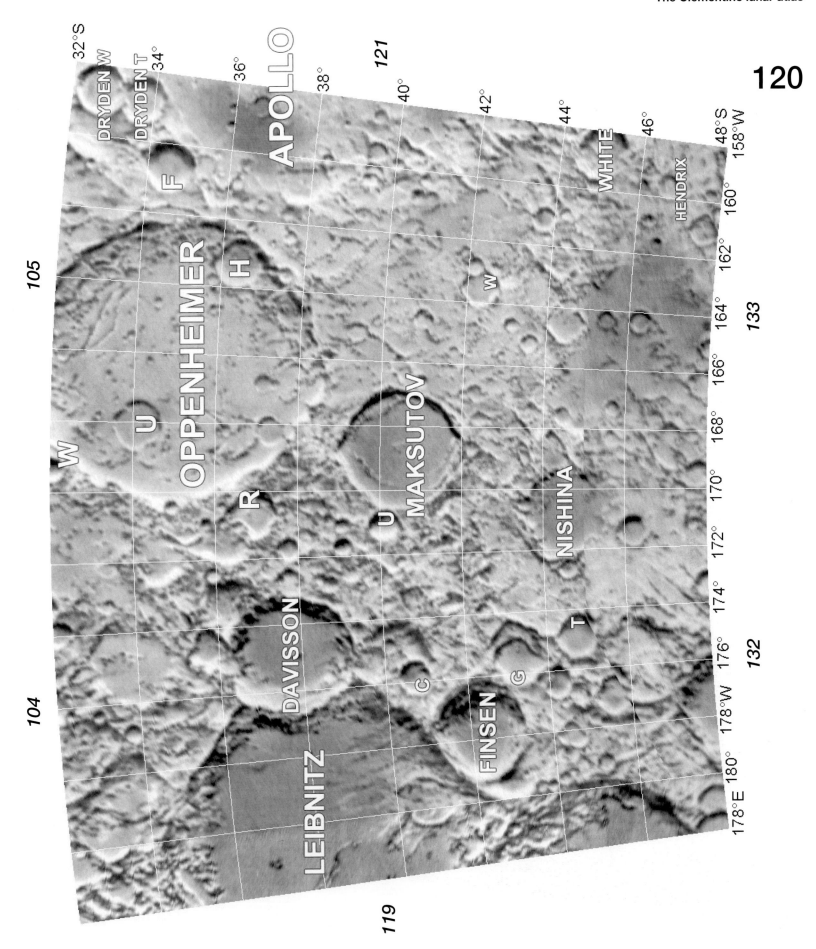

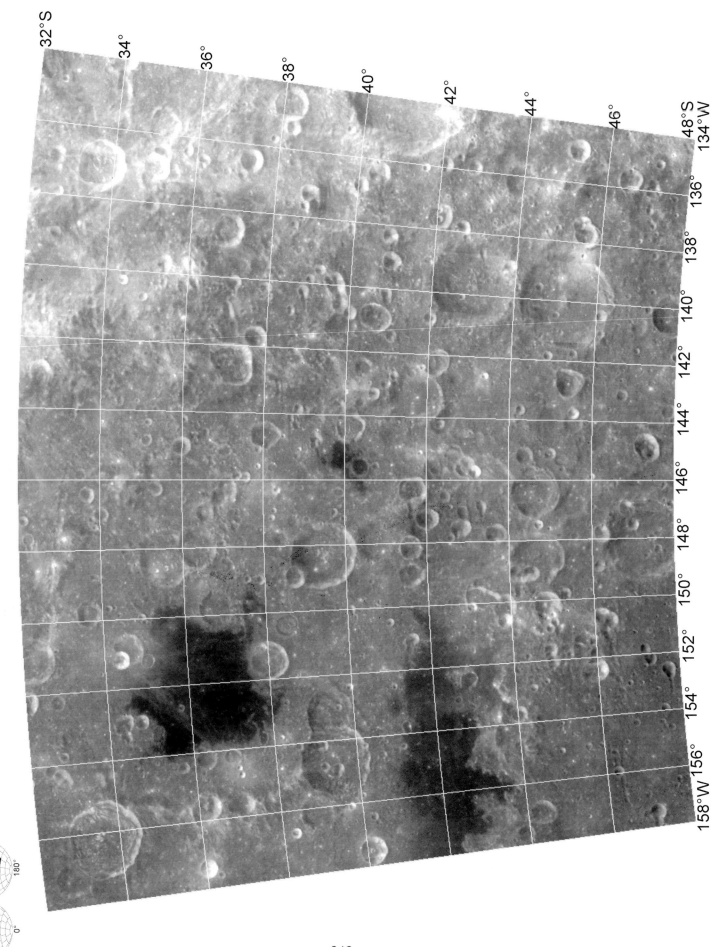

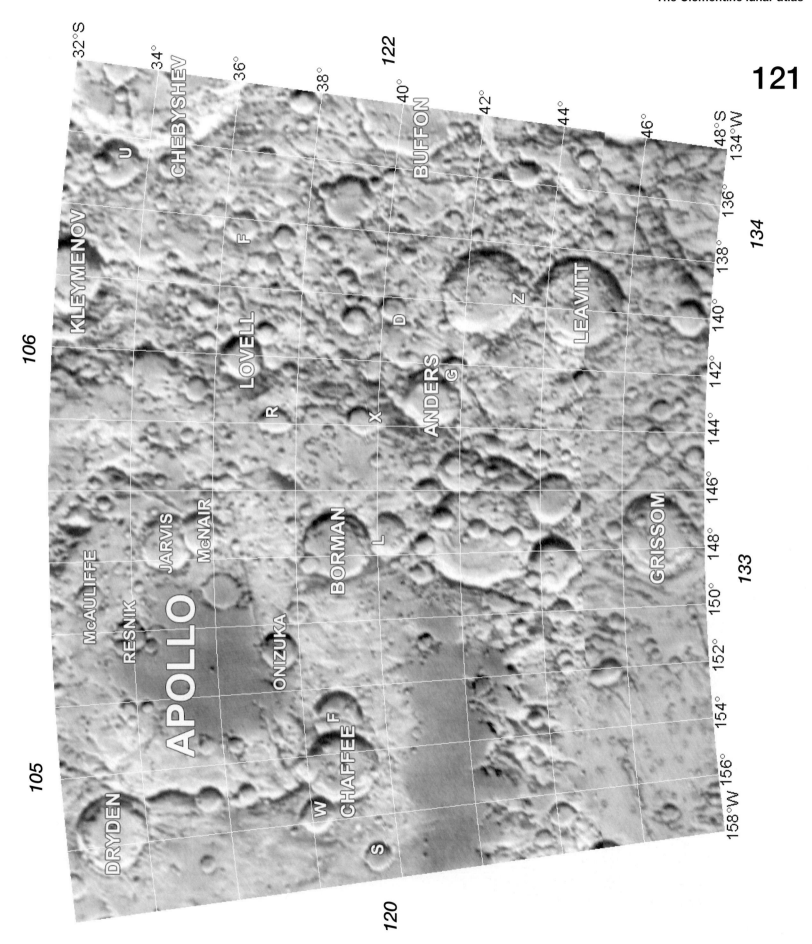

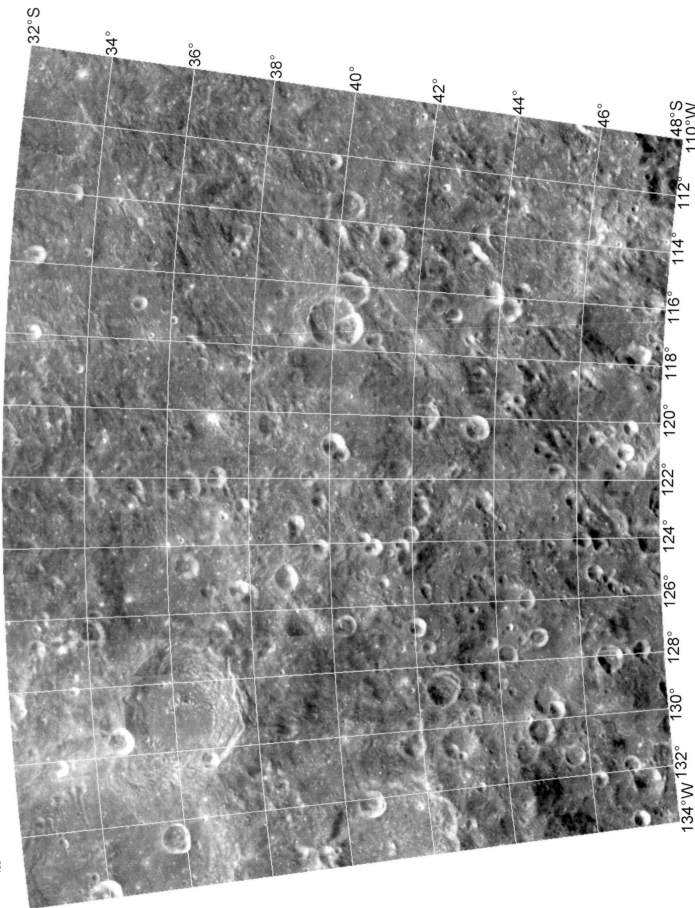

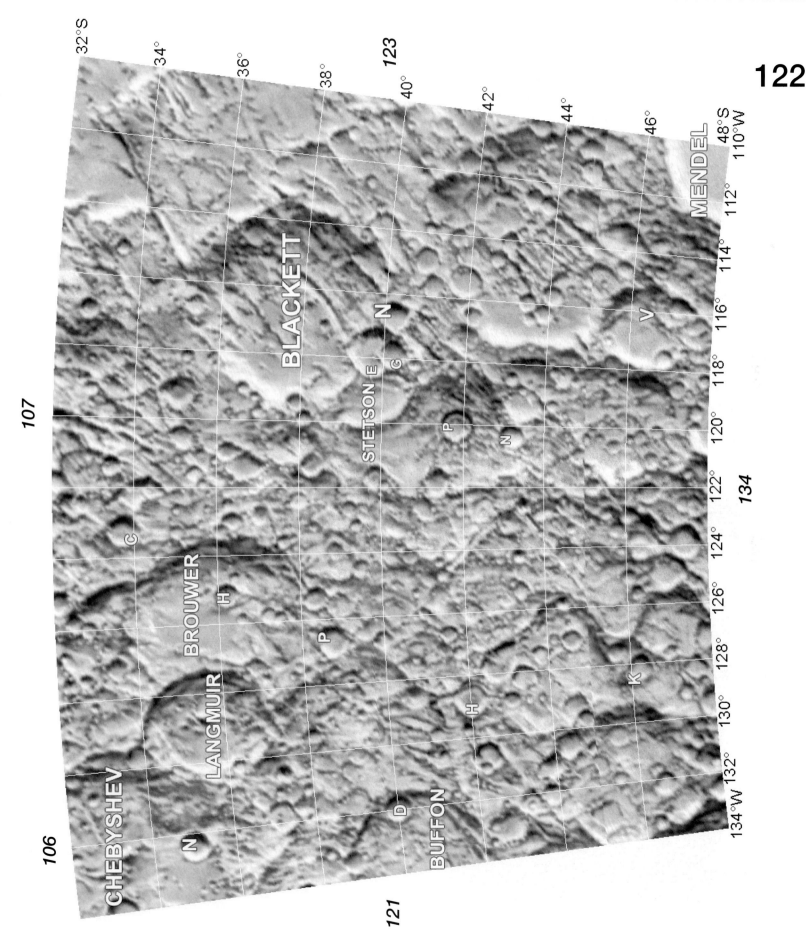

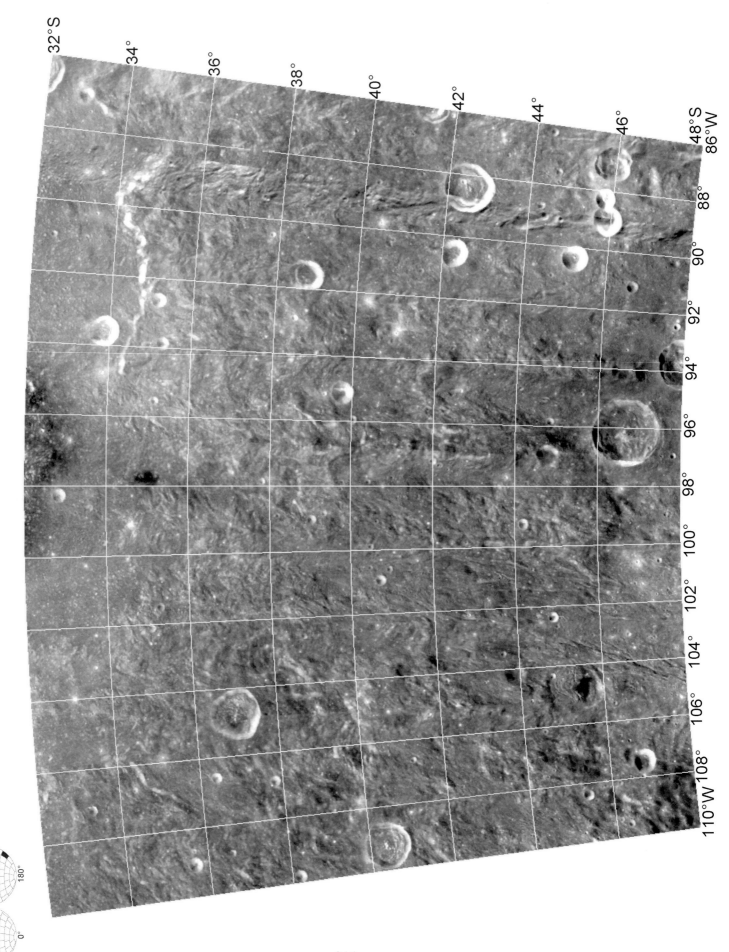

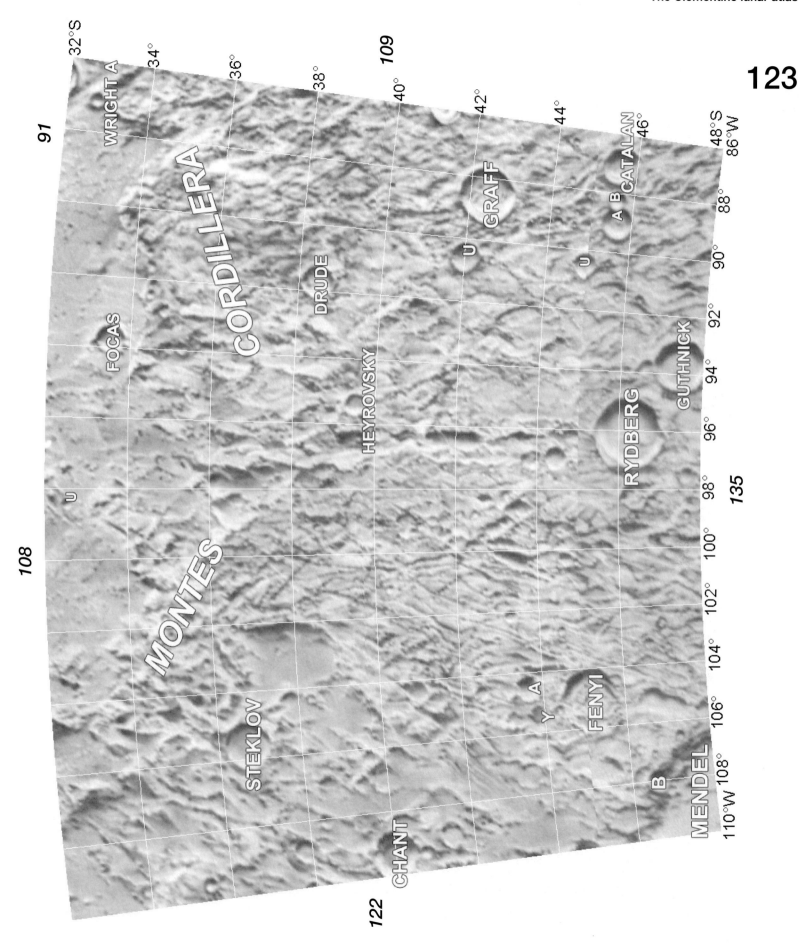

The Clementine lunar atlas

124

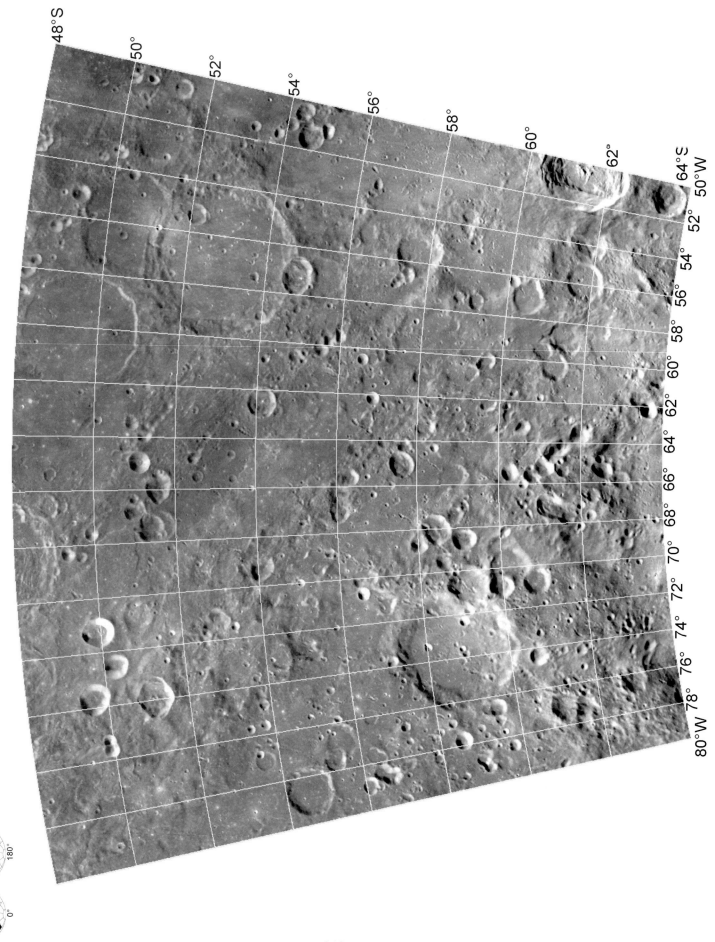

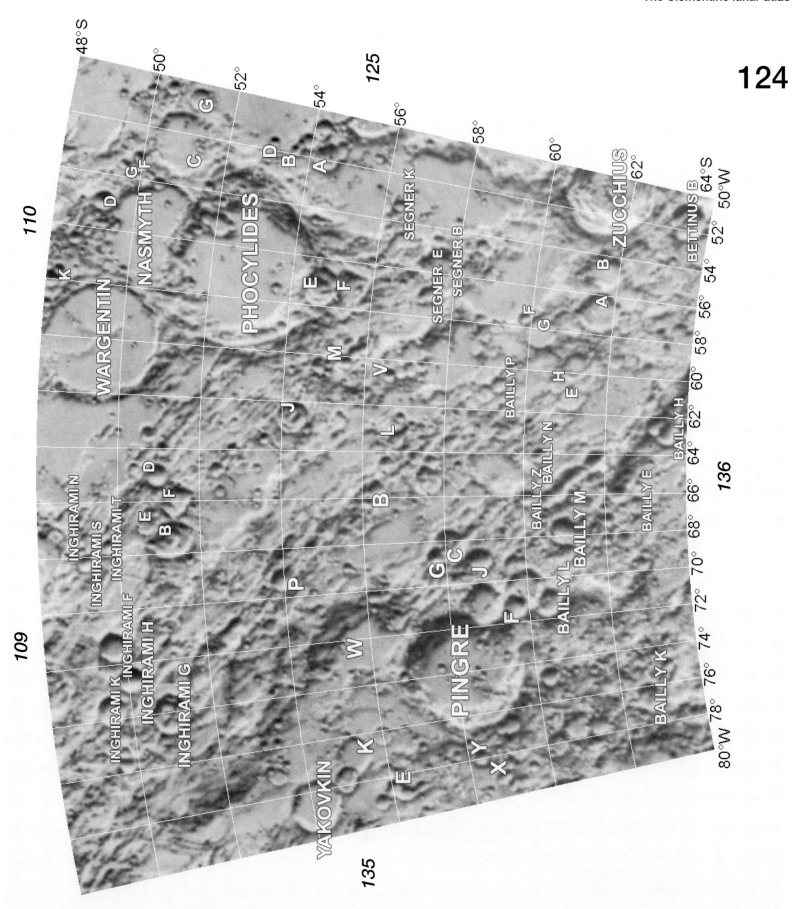

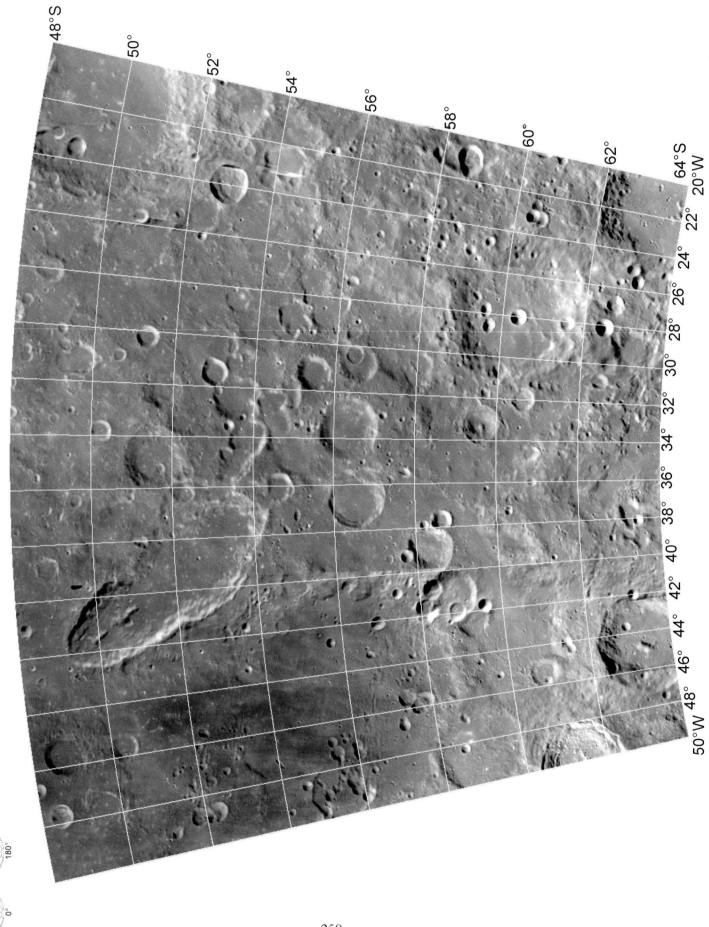

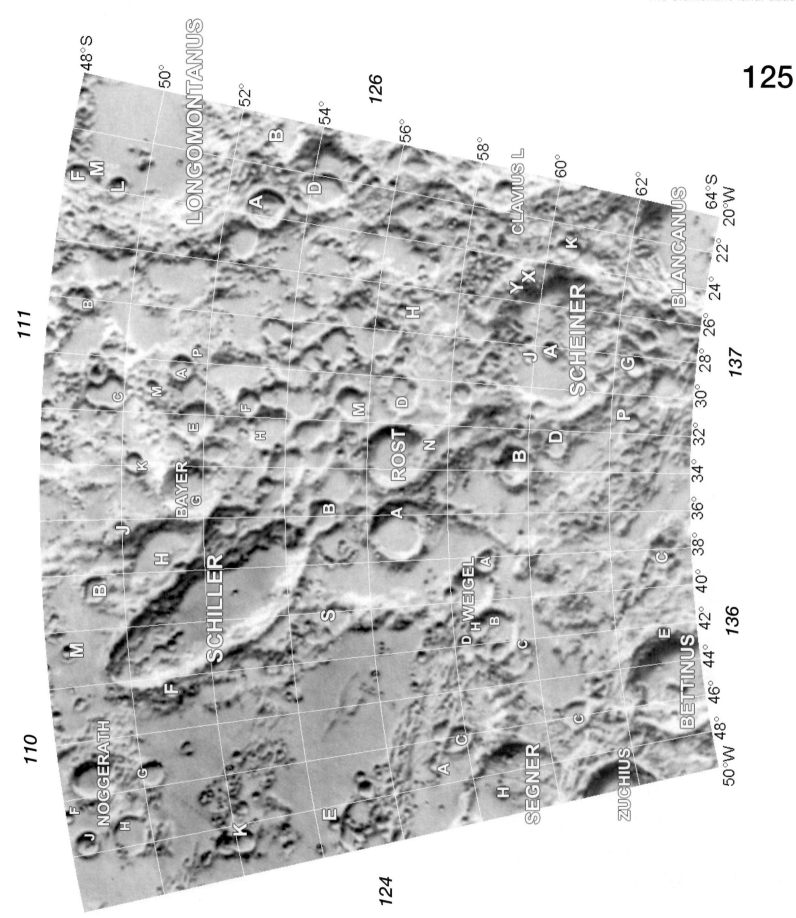

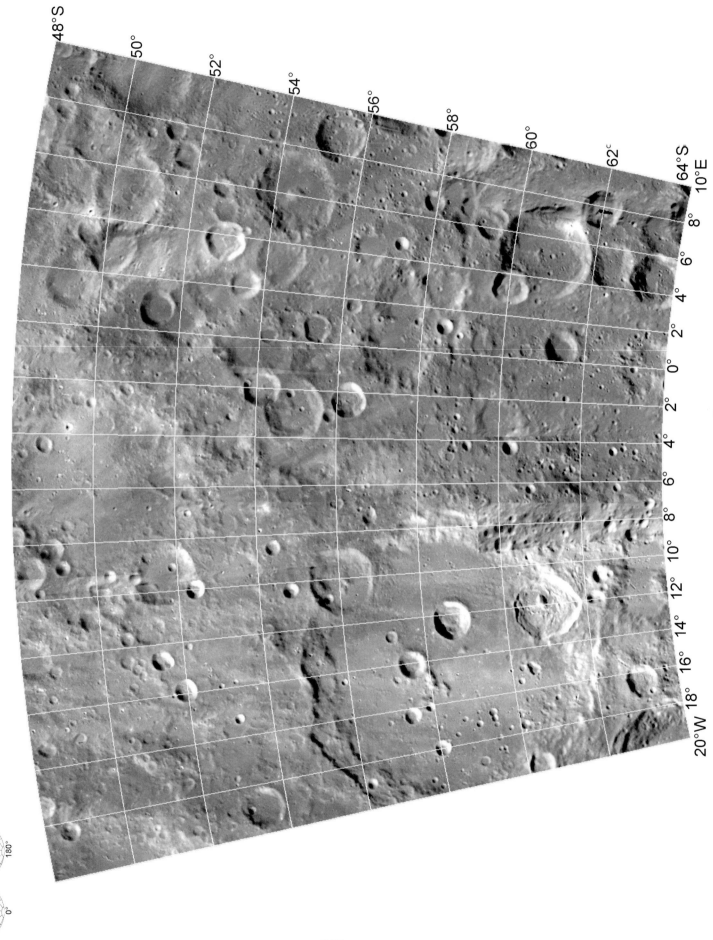

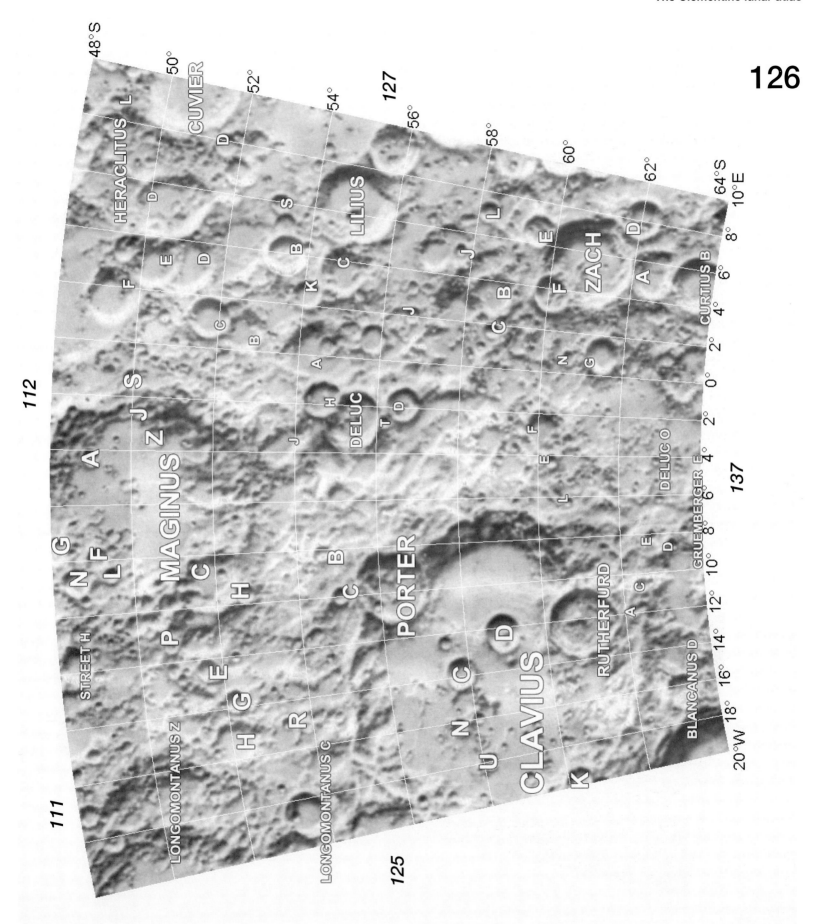

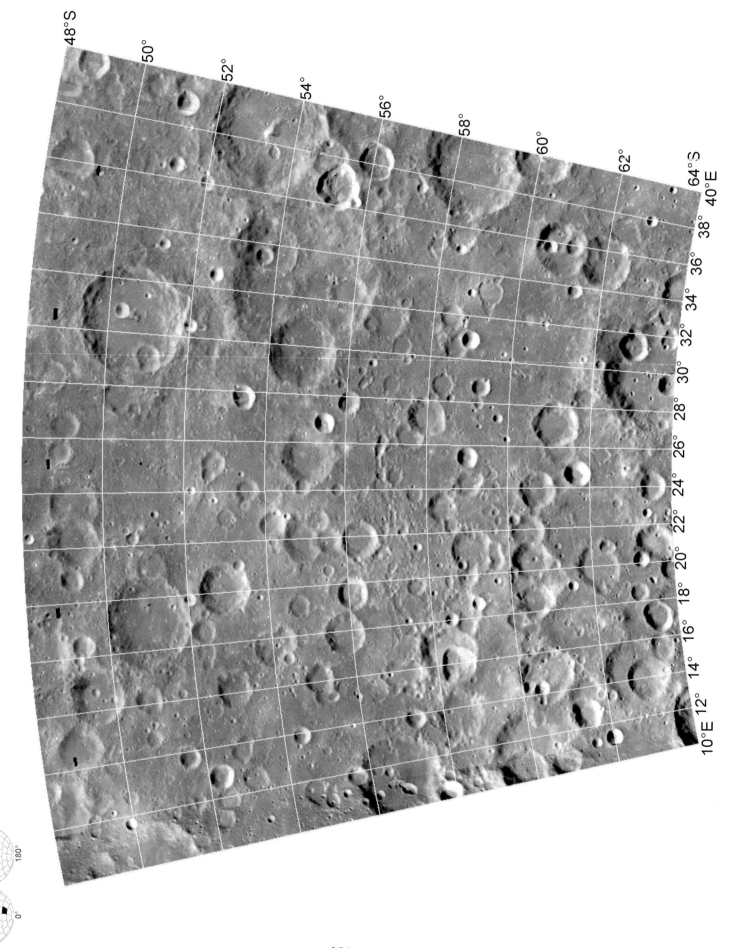

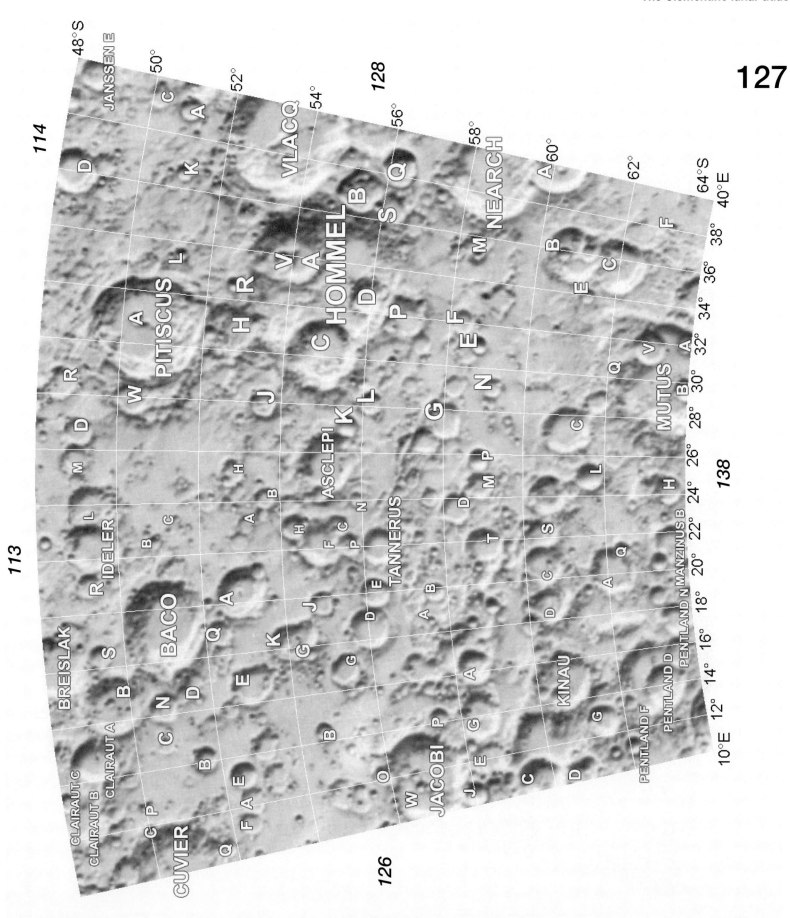

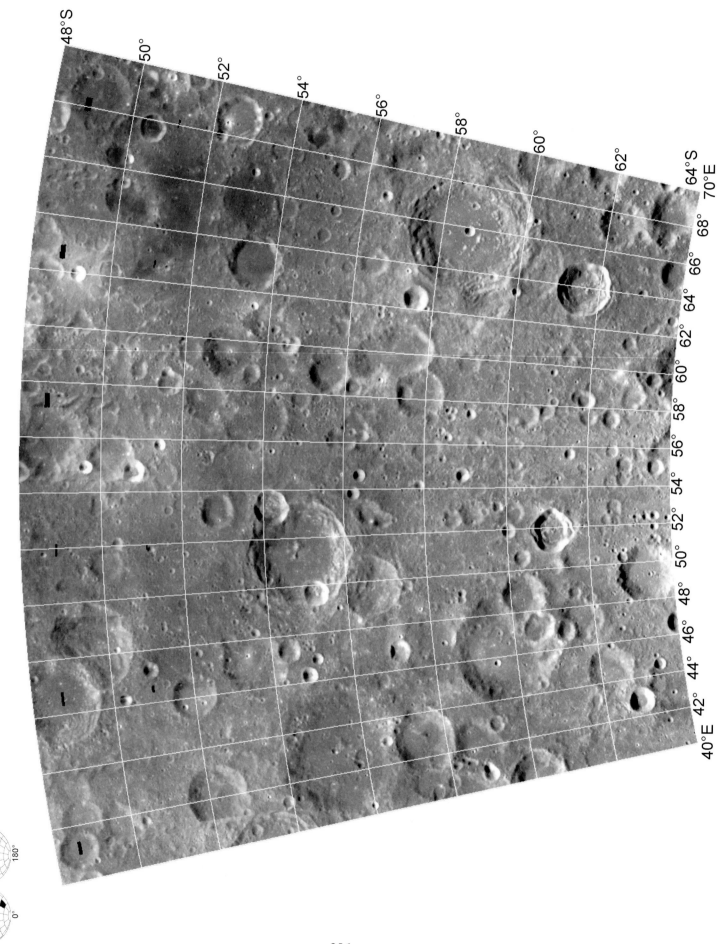

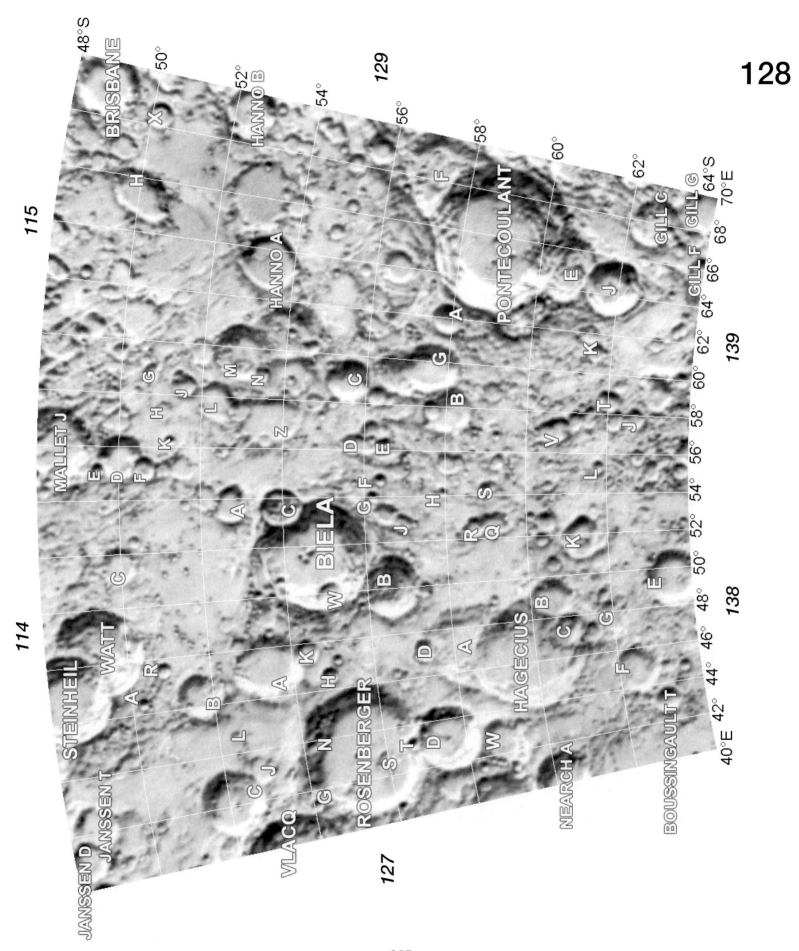

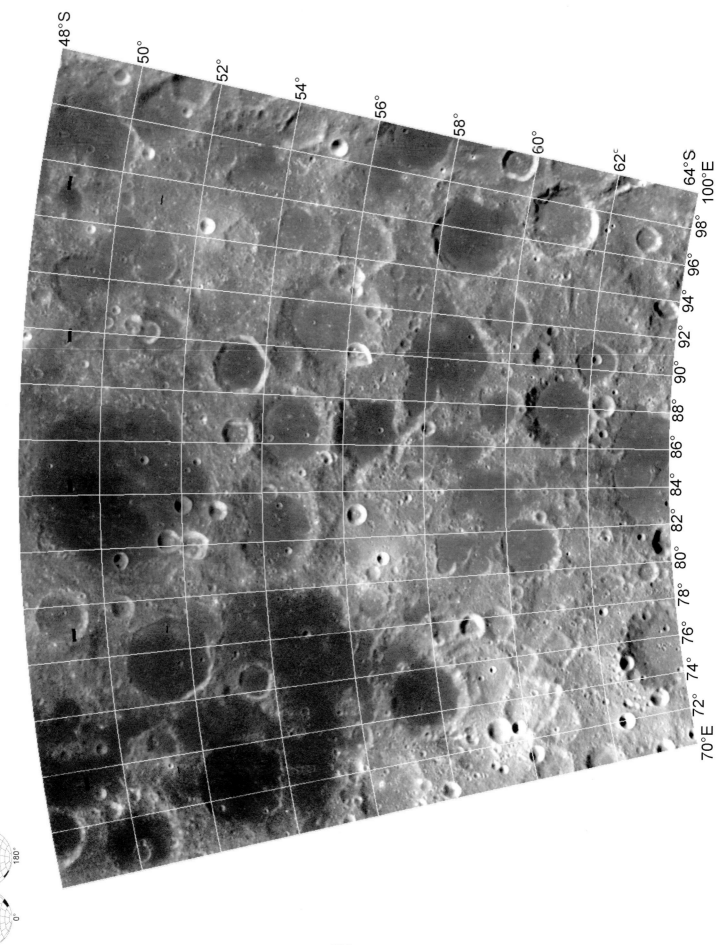

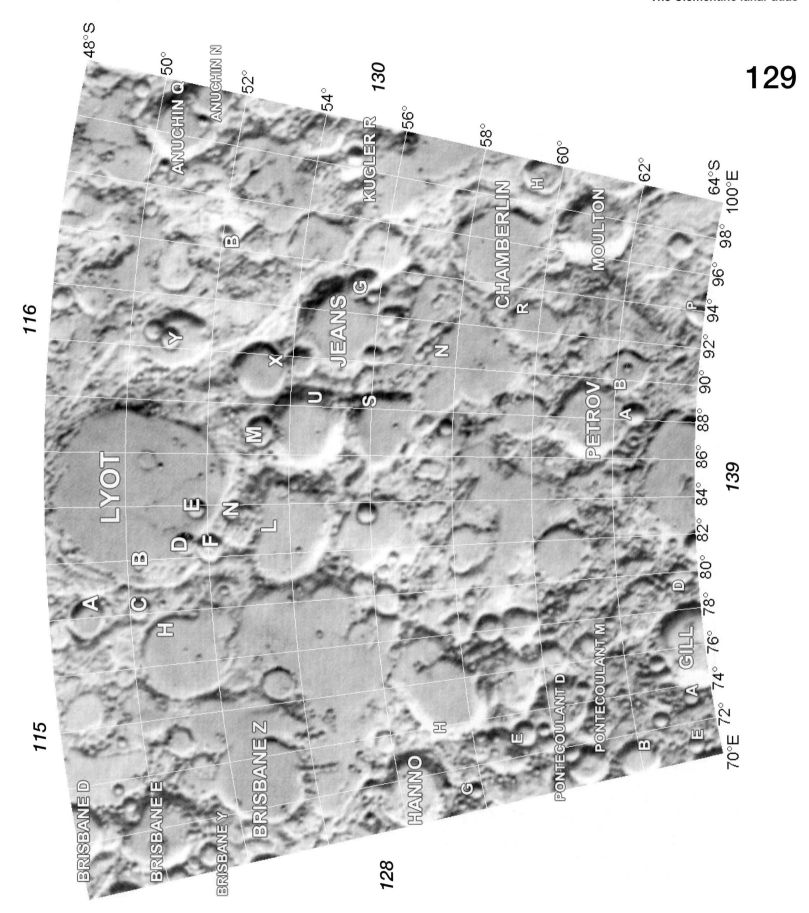

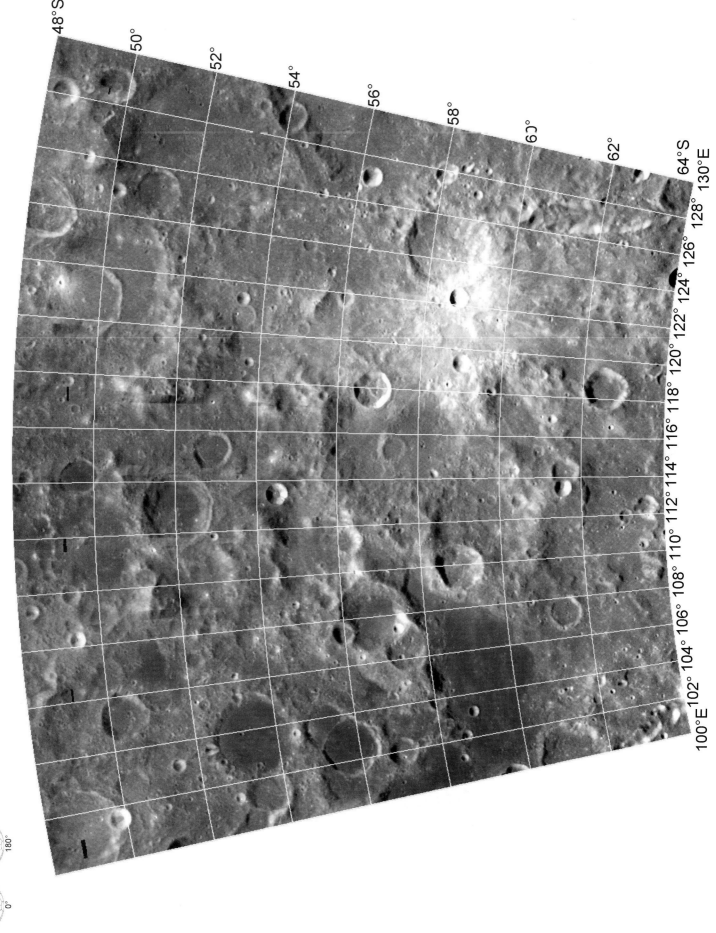

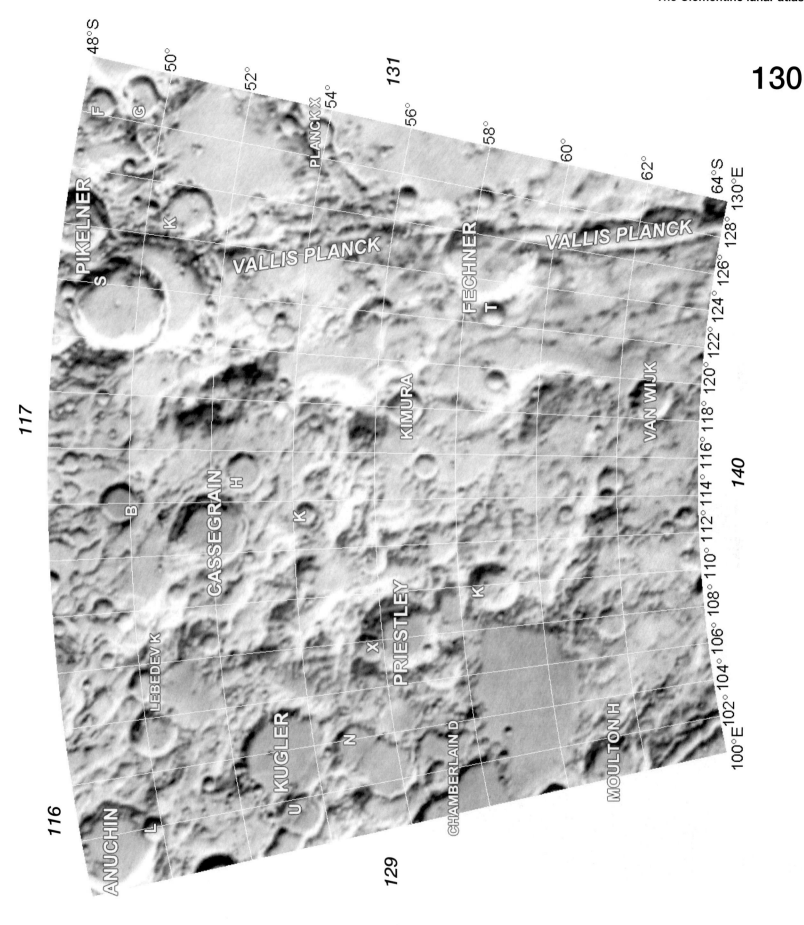

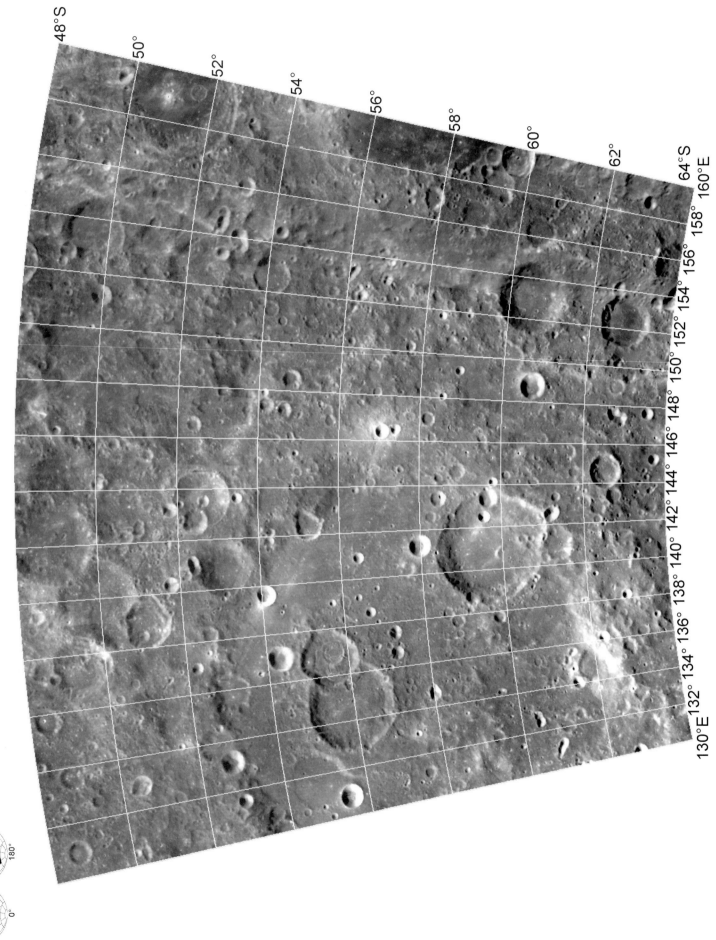

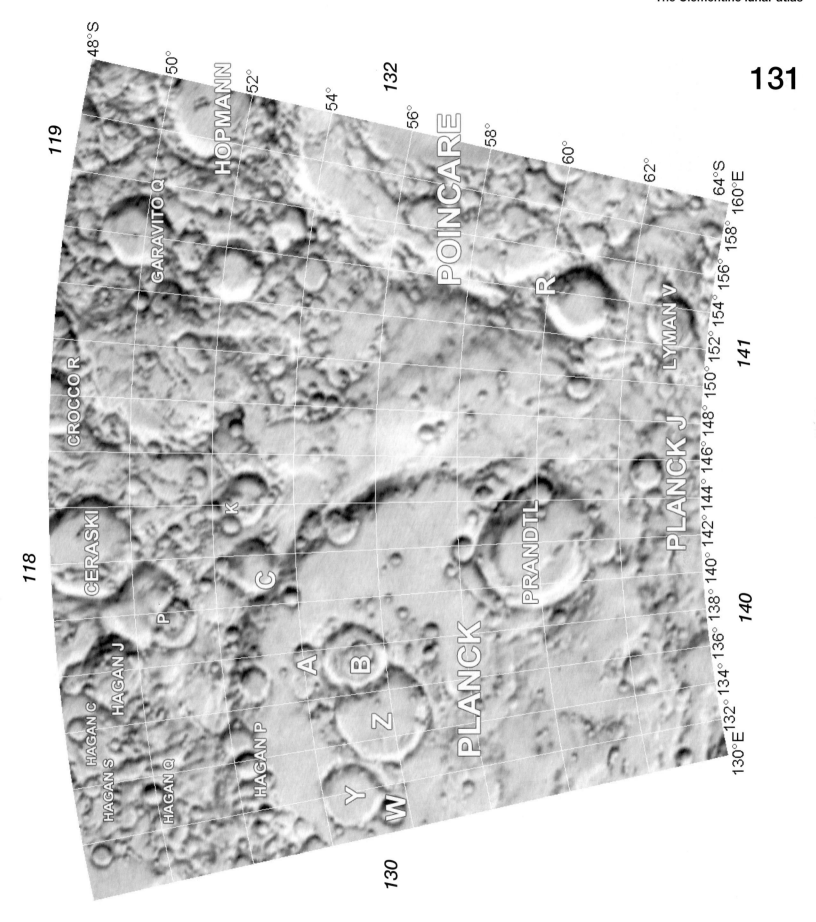

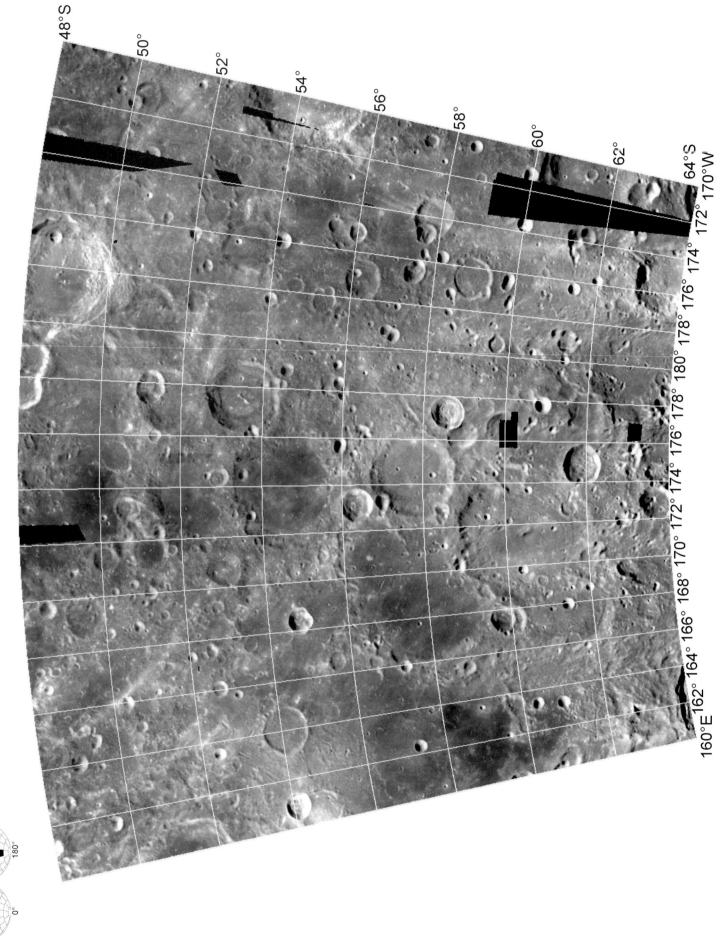

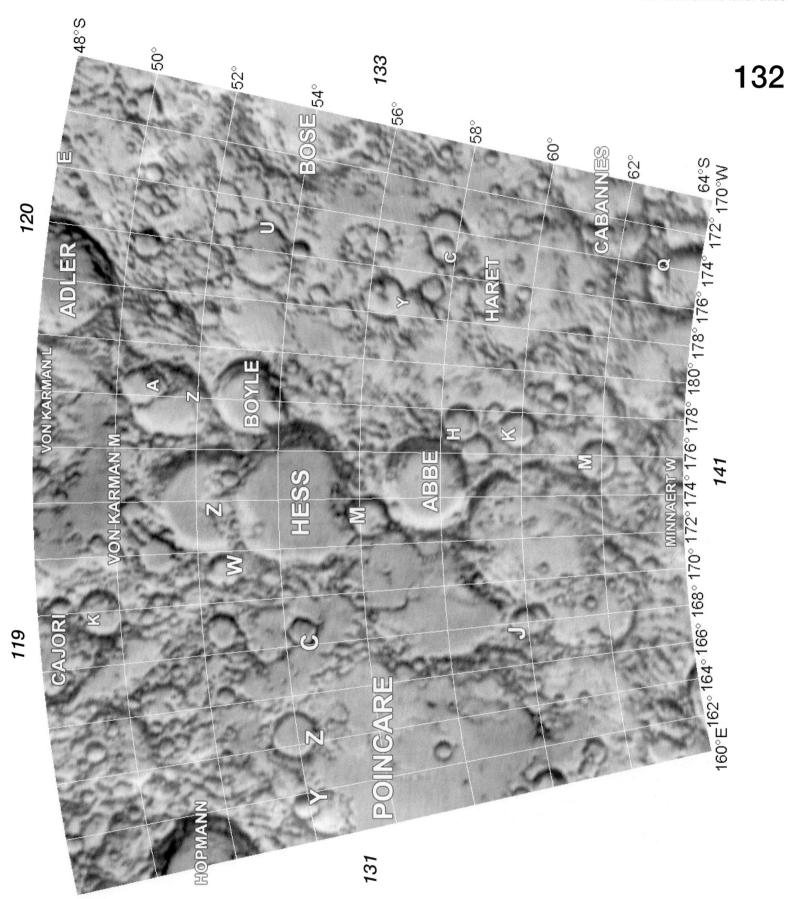

The Clementine lunar atlas

133

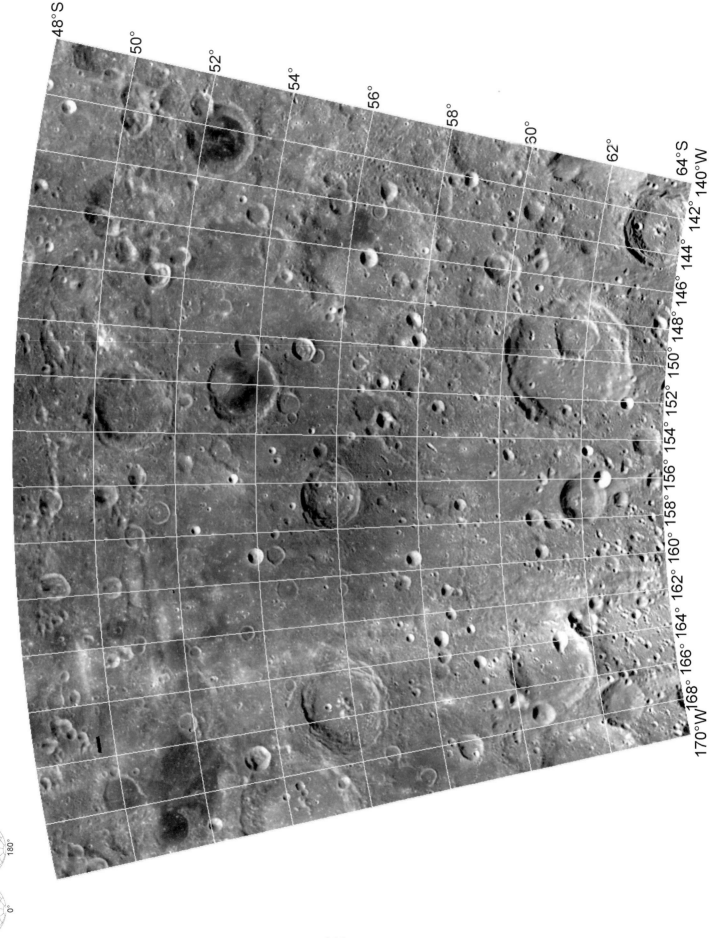

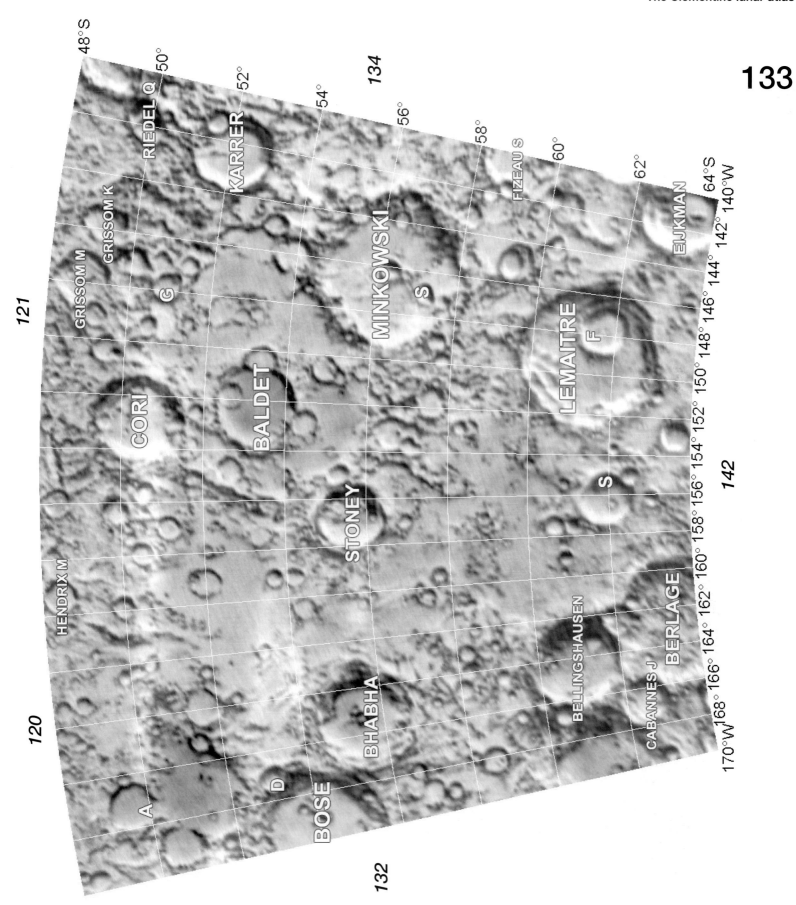

The Clementine lunar atlas

134

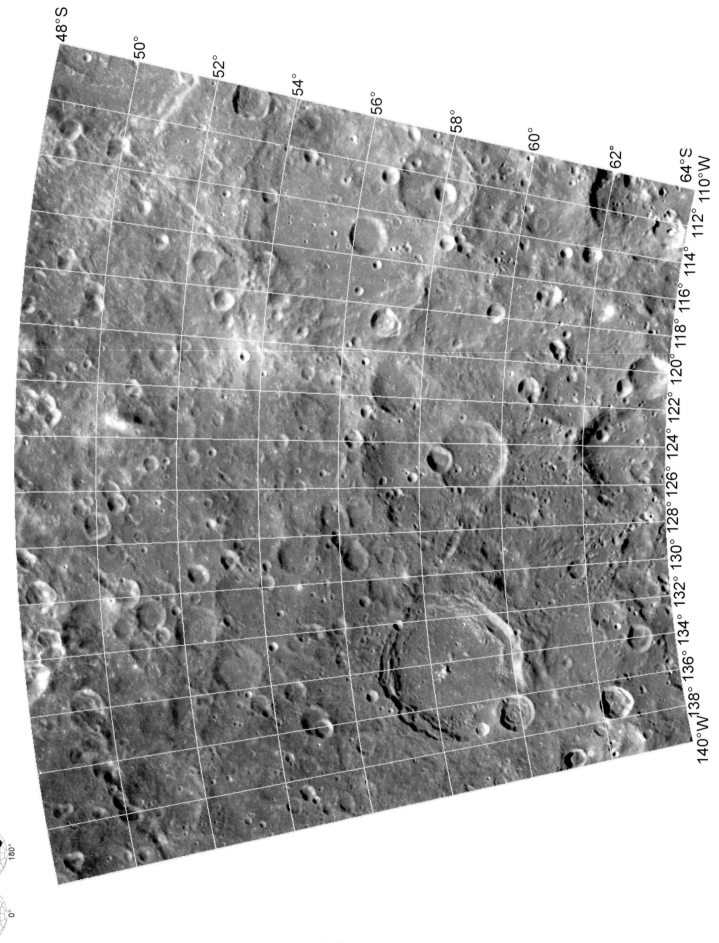

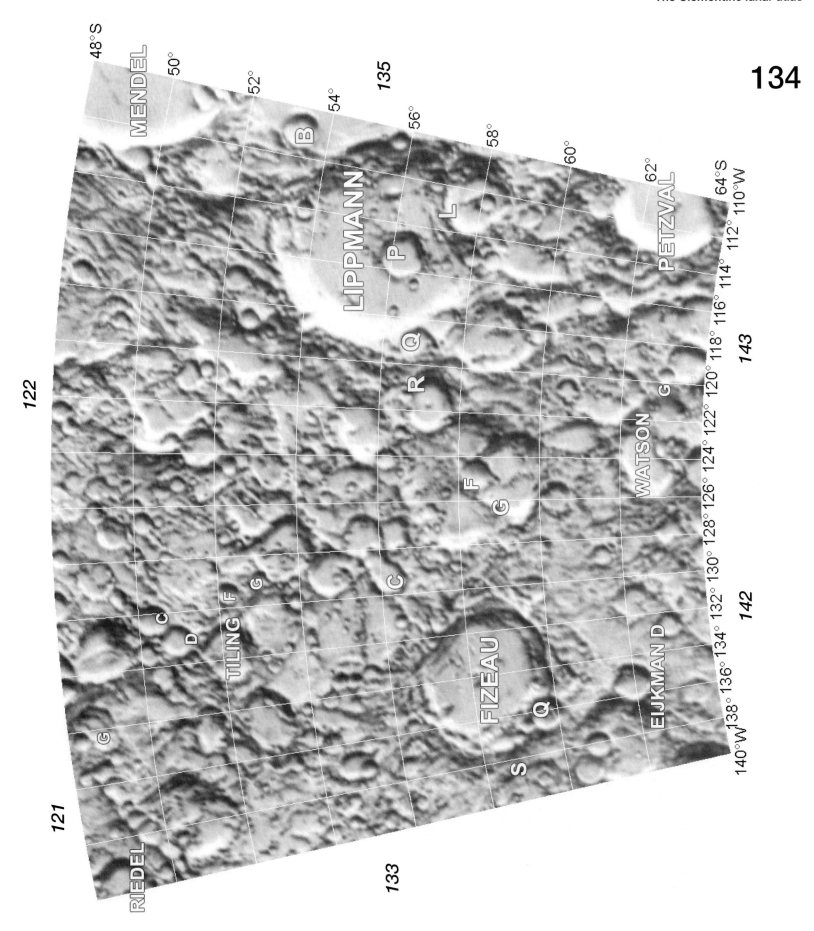

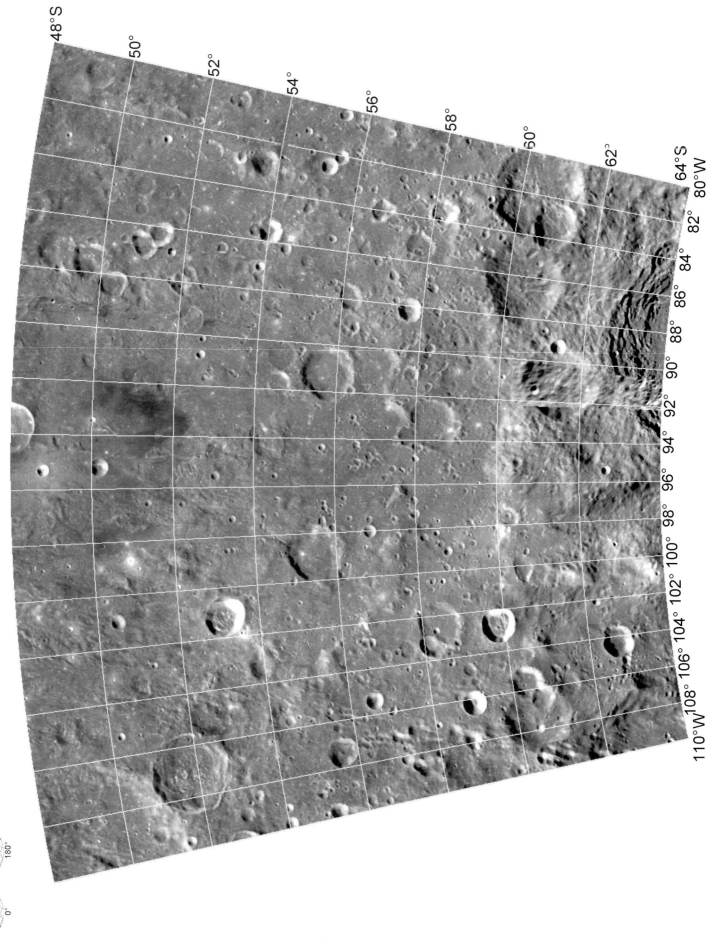

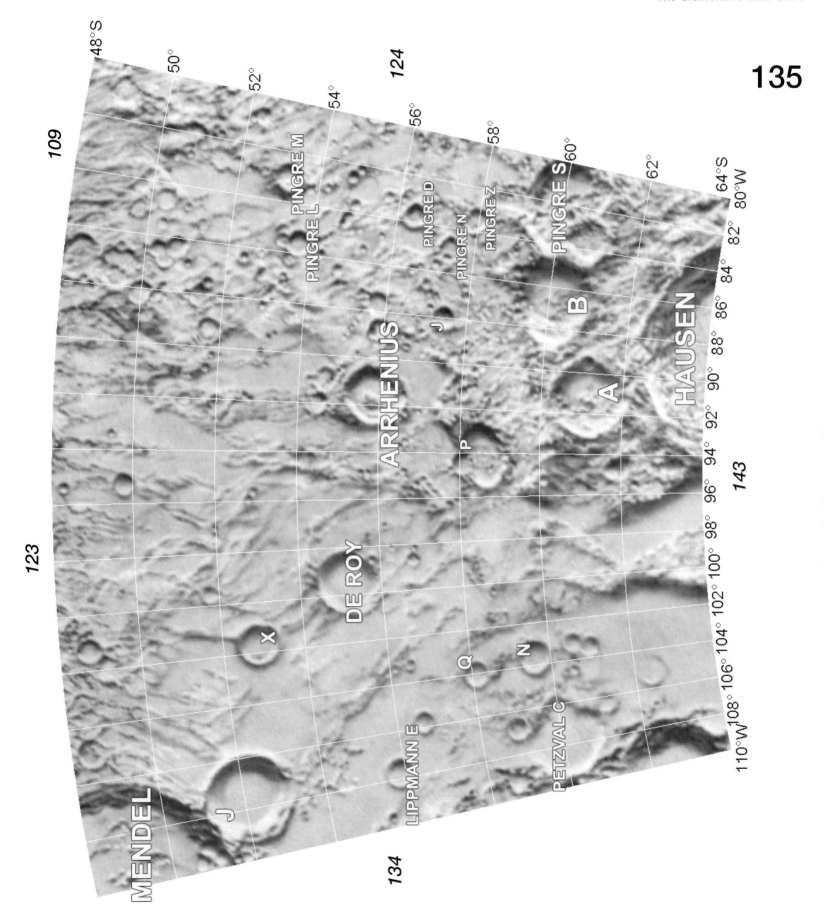

The Clementine lunar atlas

136

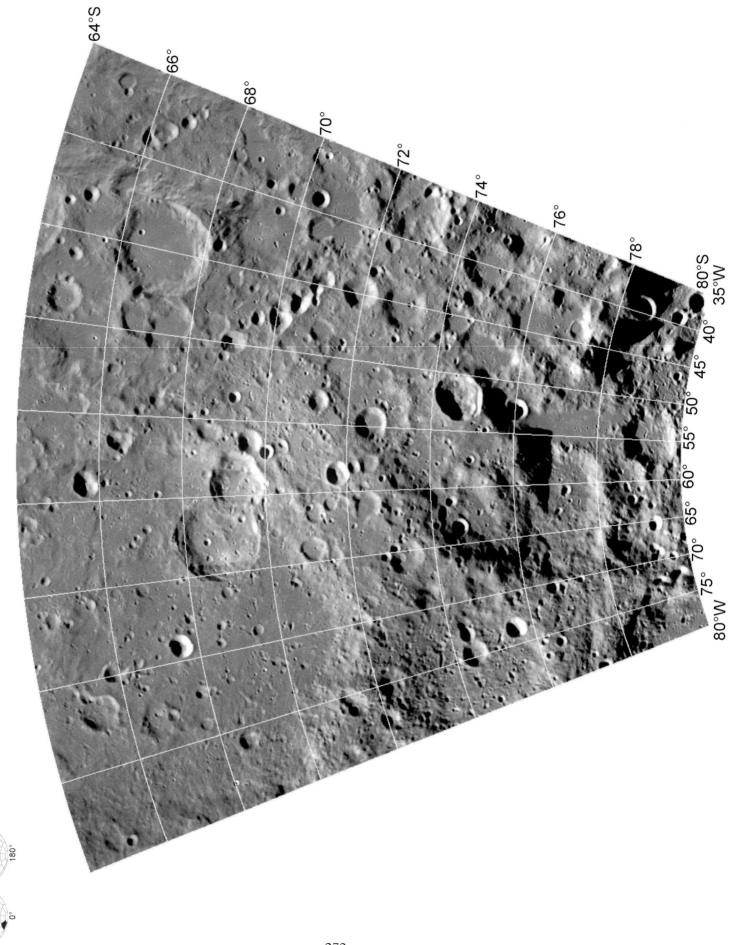

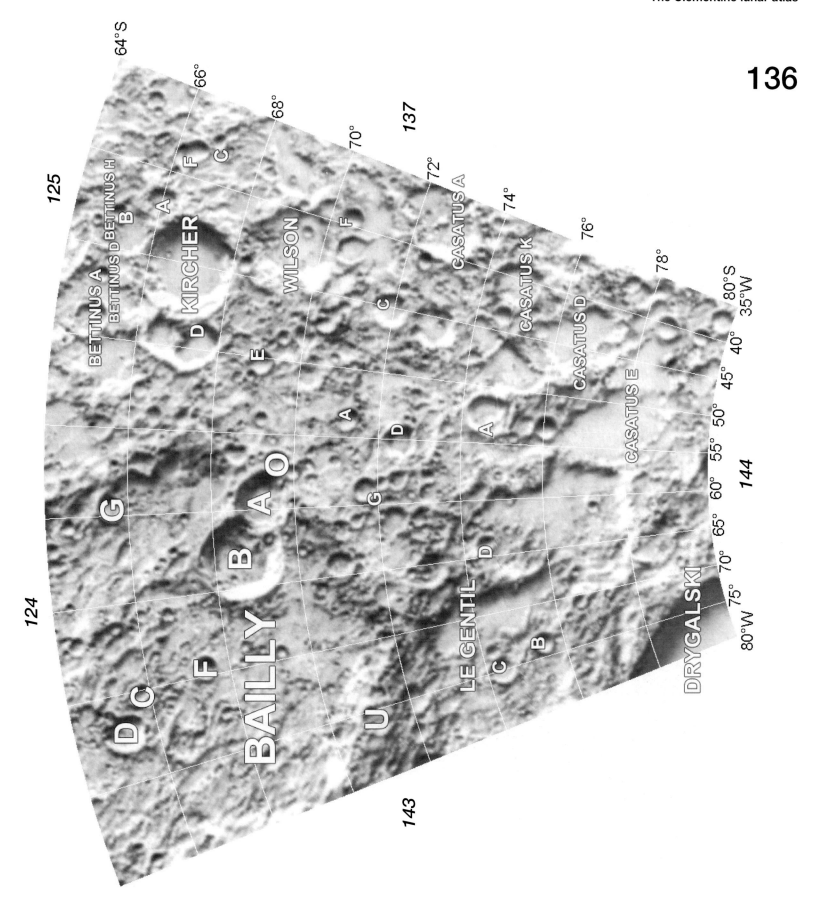

The Clementine lunar atlas

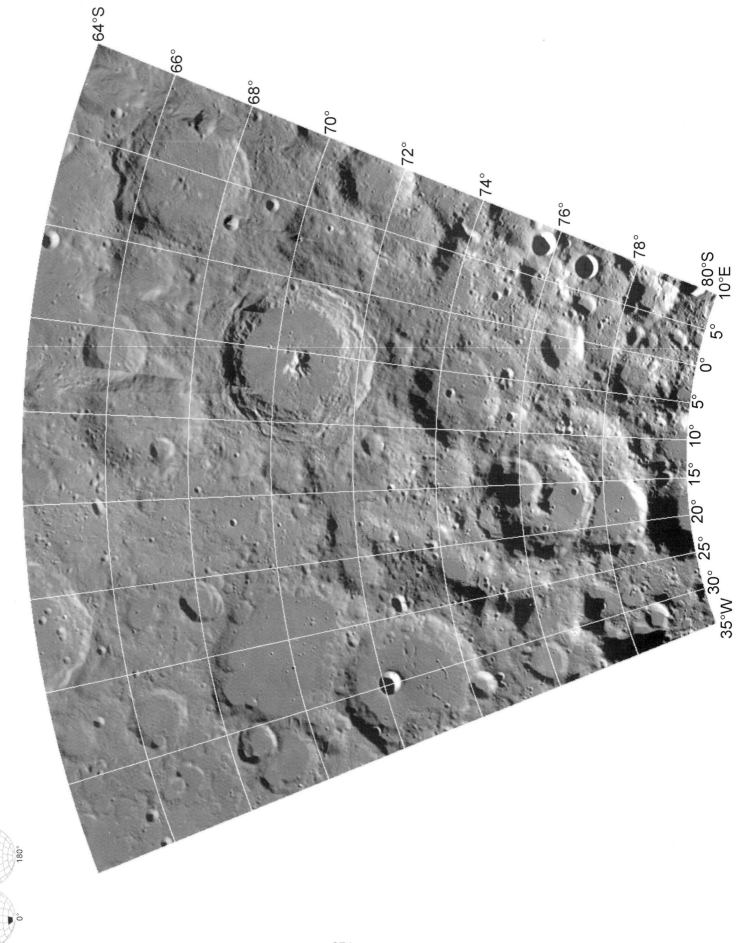

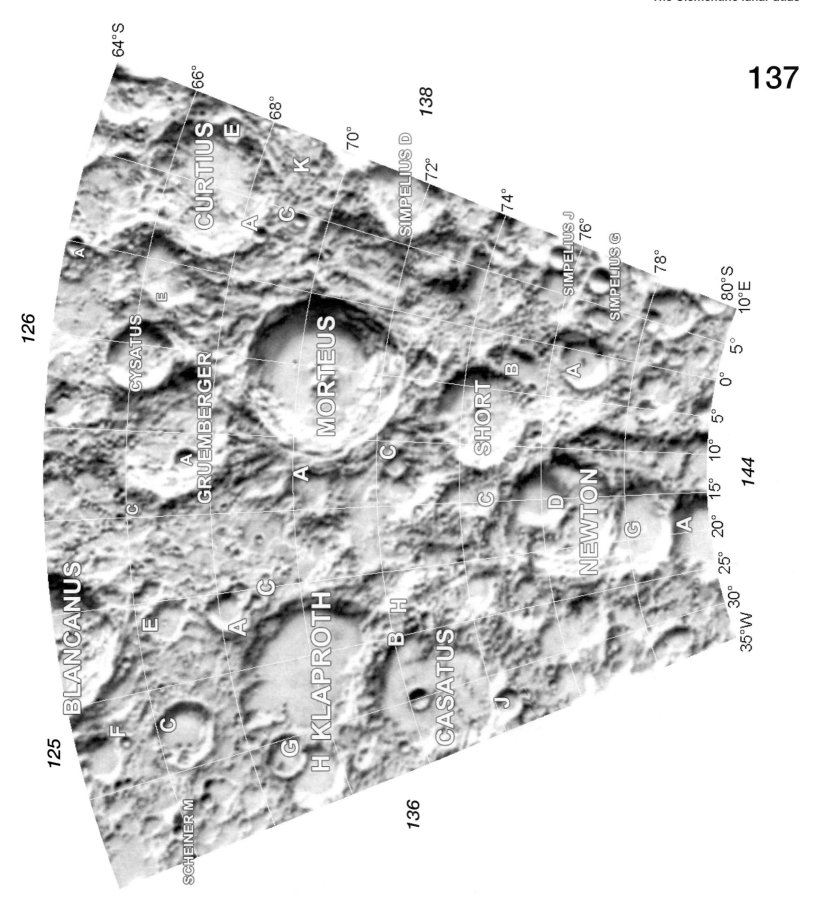

The Clementine lunar atlas

138

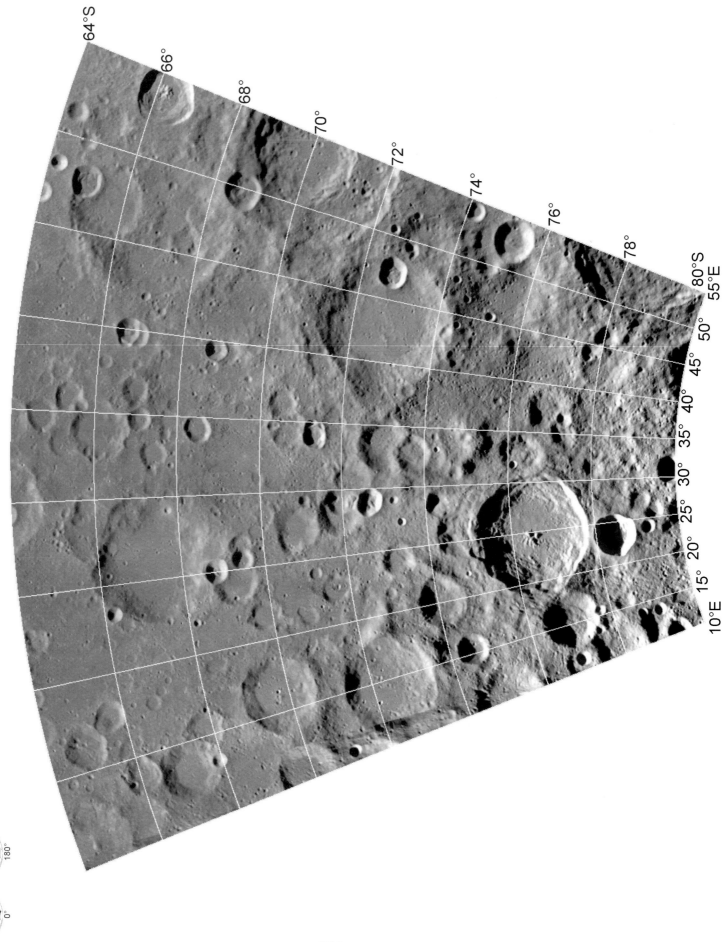

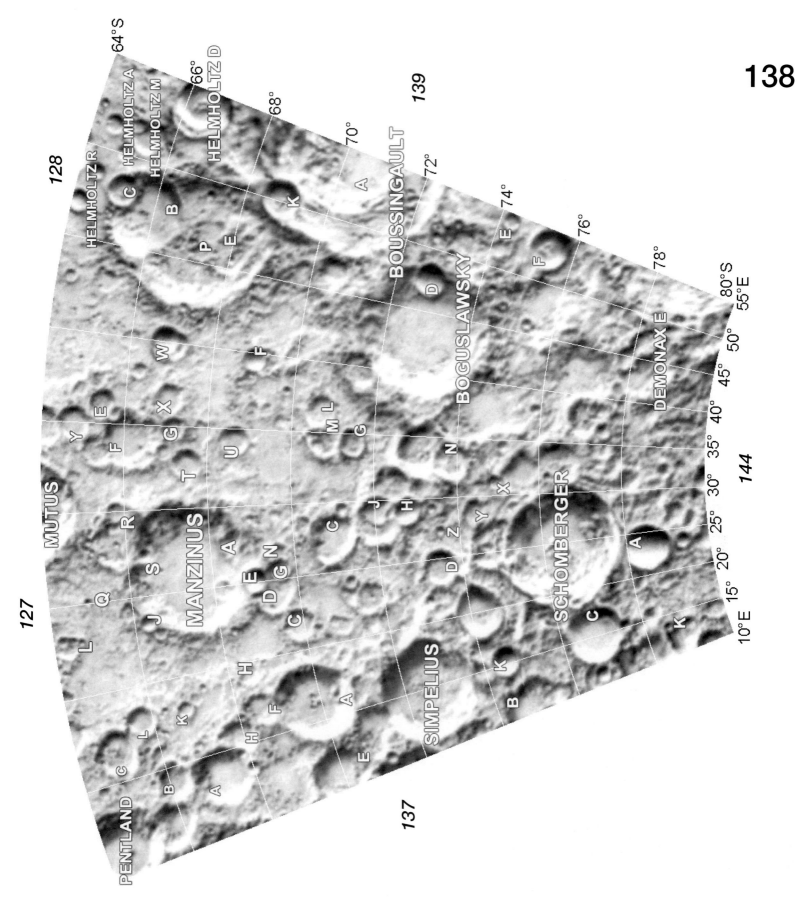

The Clementine lunar atlas

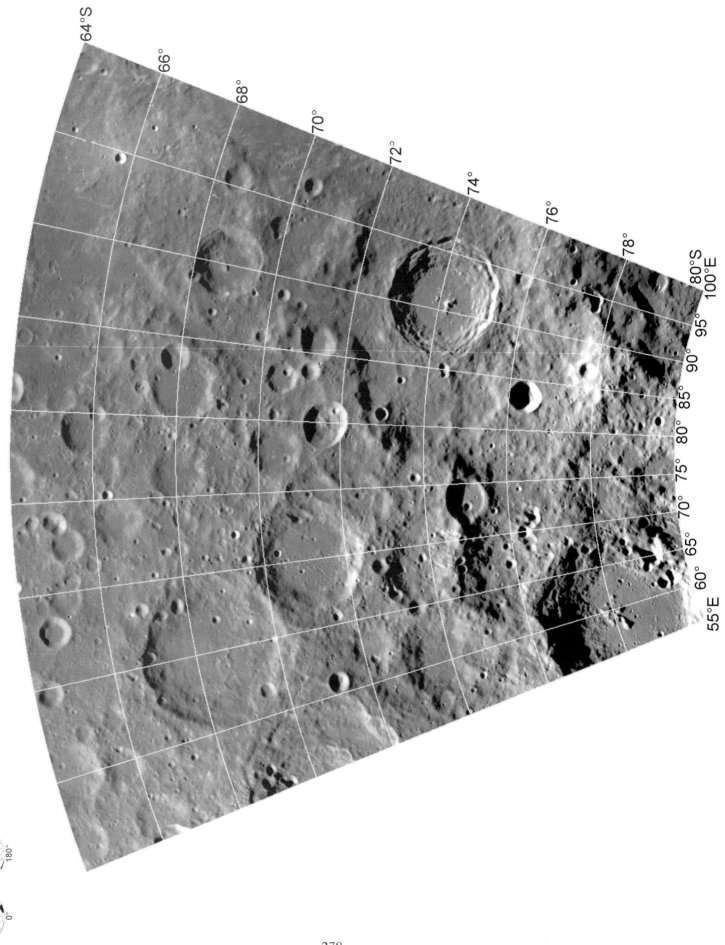

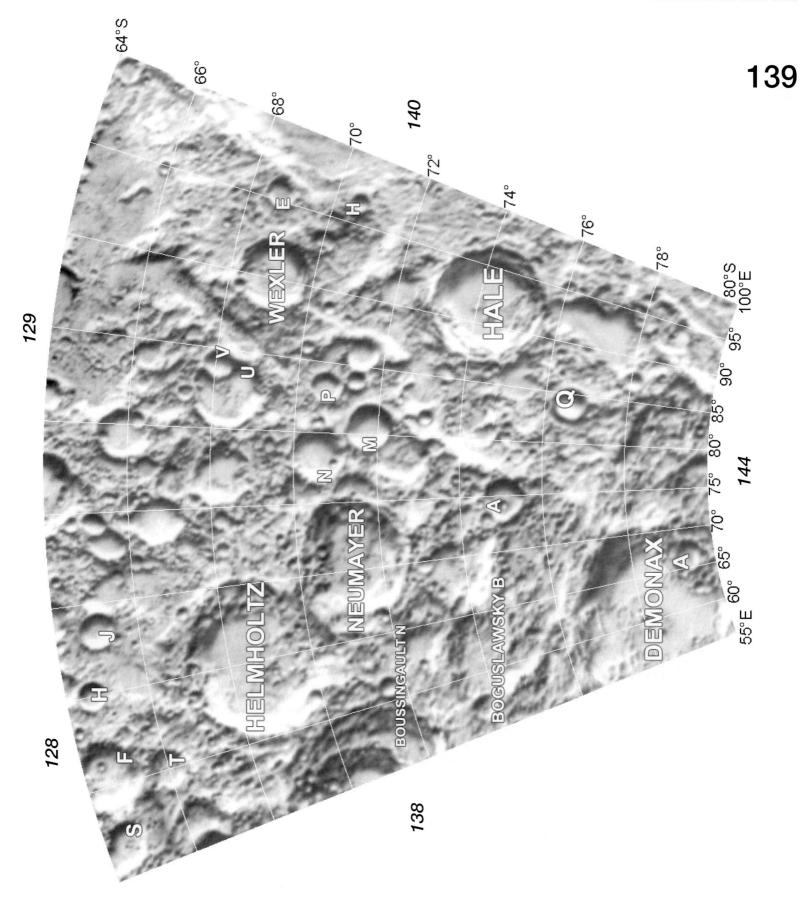

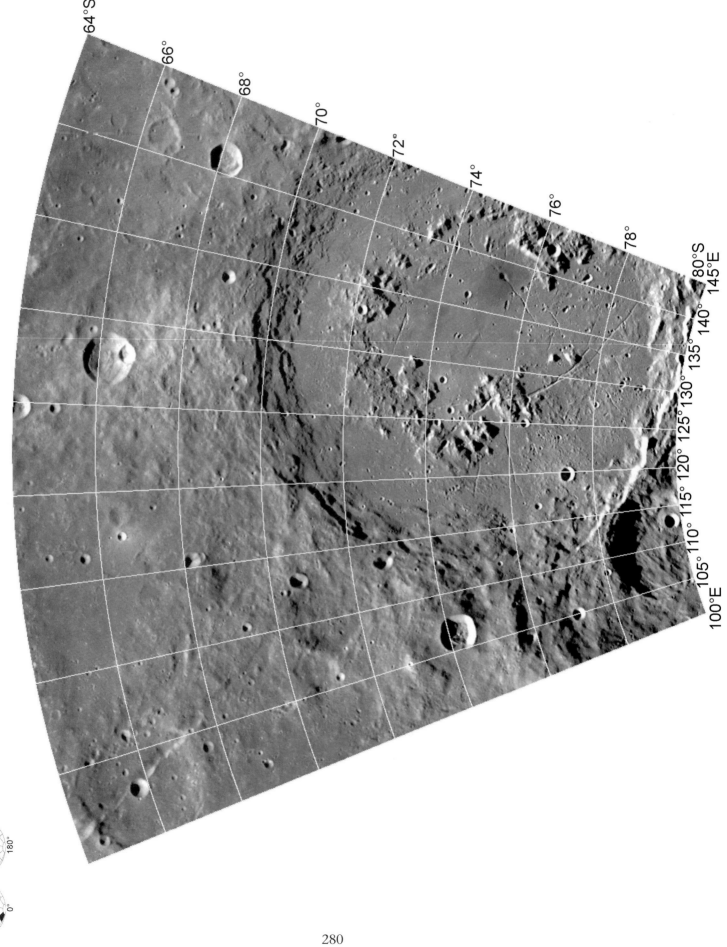

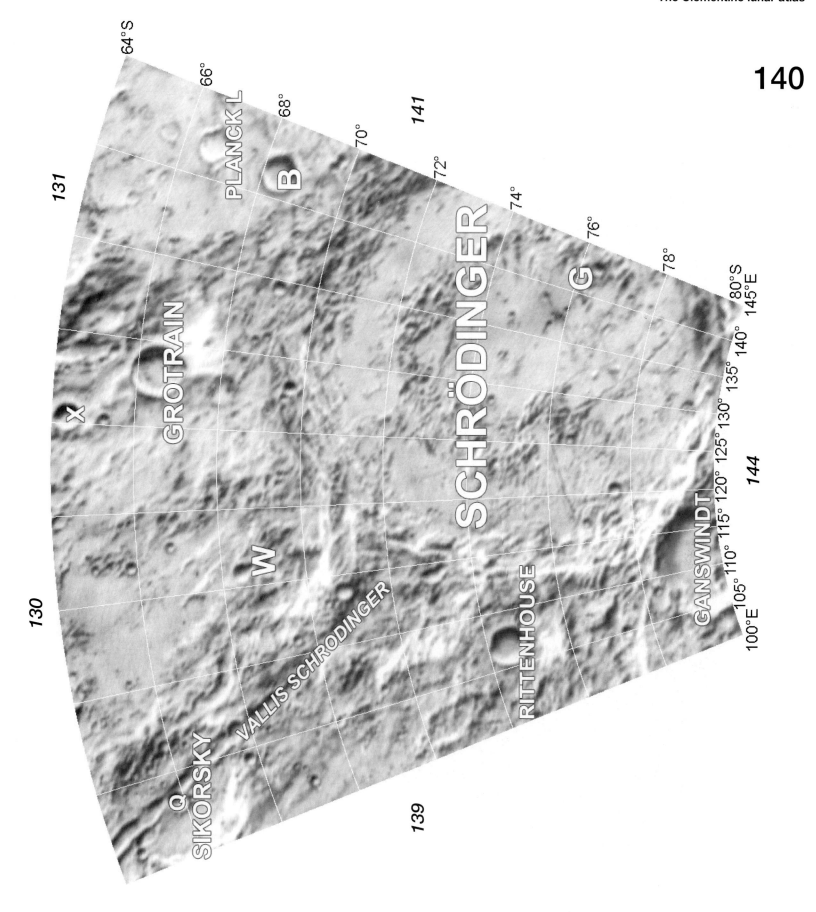

The Clementine lunar atlas

141

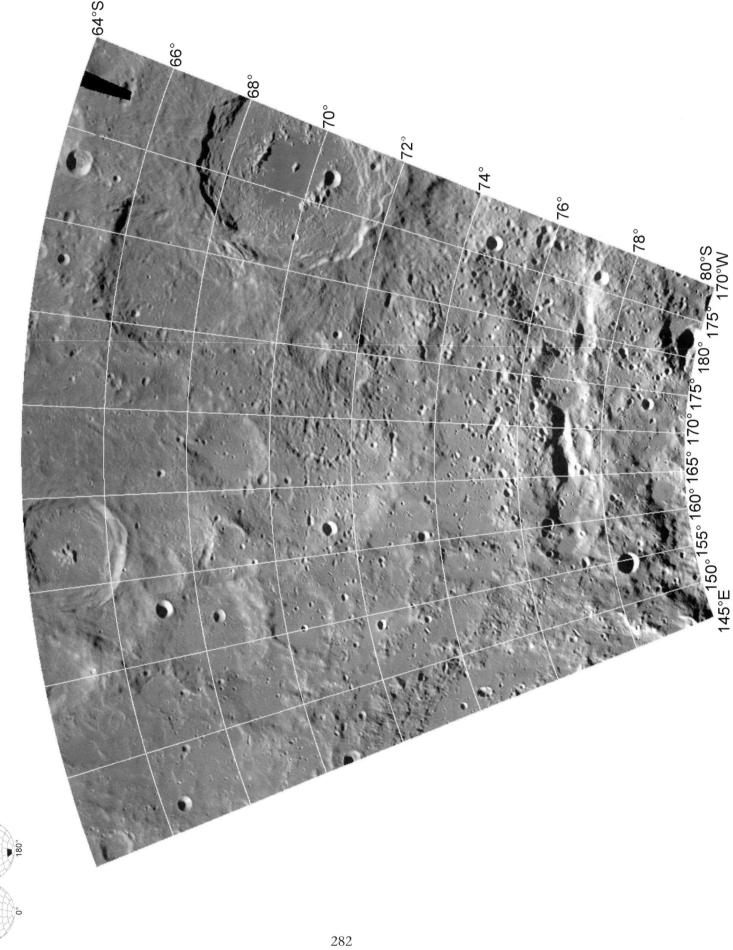

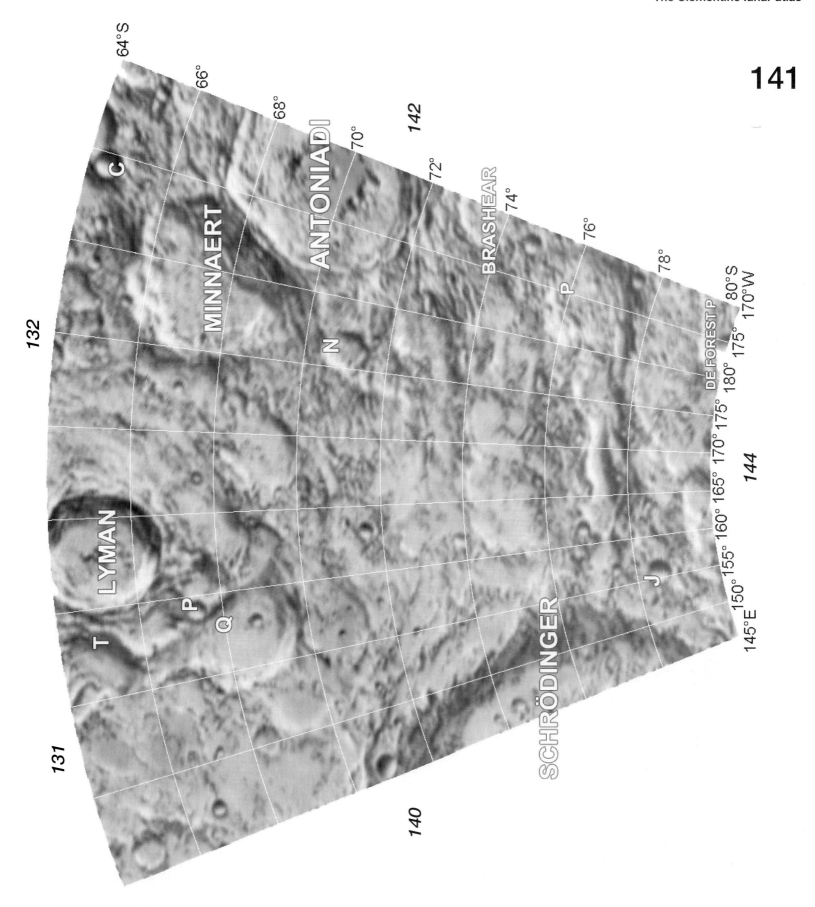

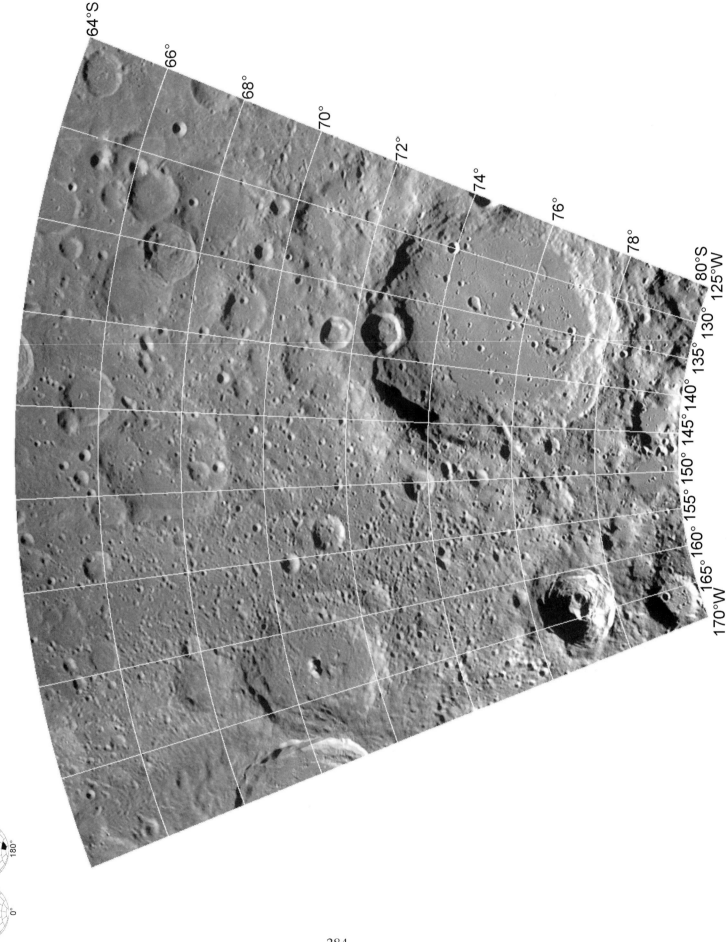

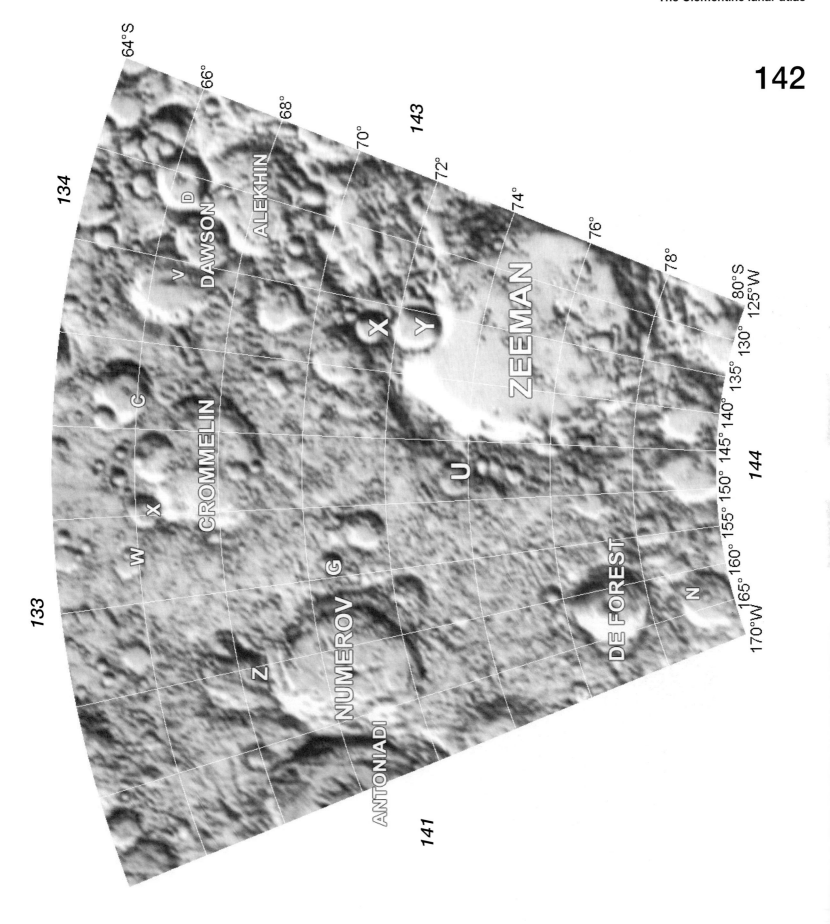

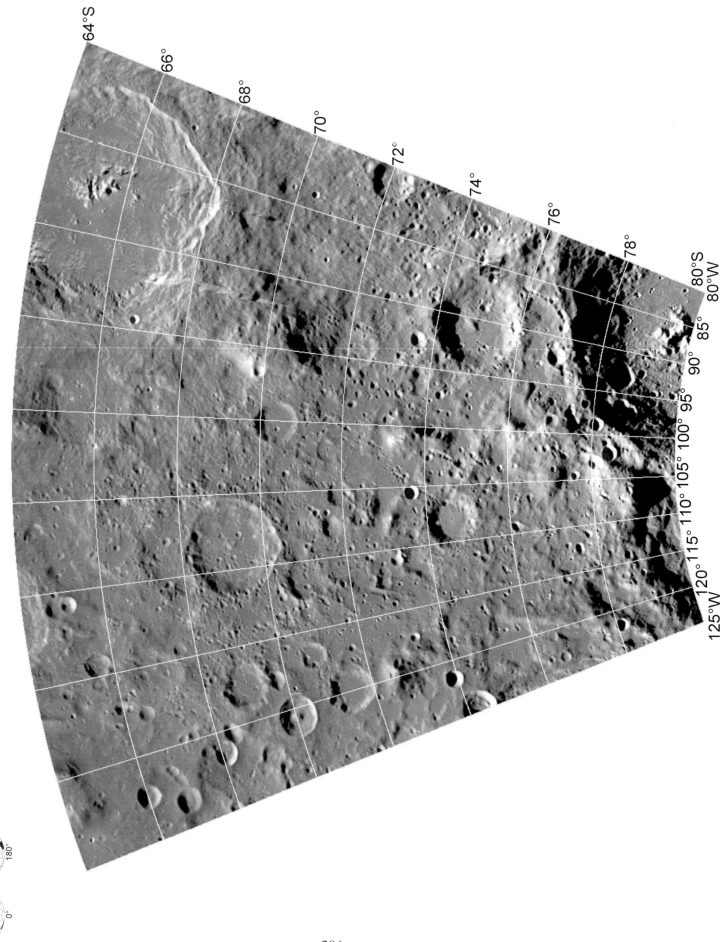

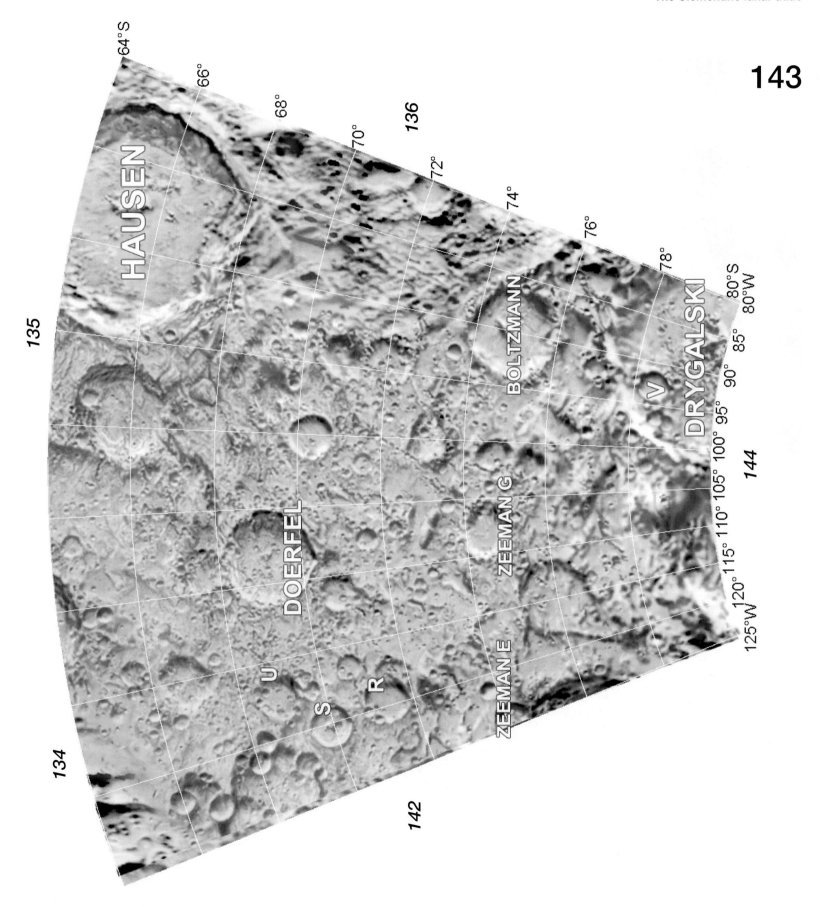

The Clementine lunar atlas

144

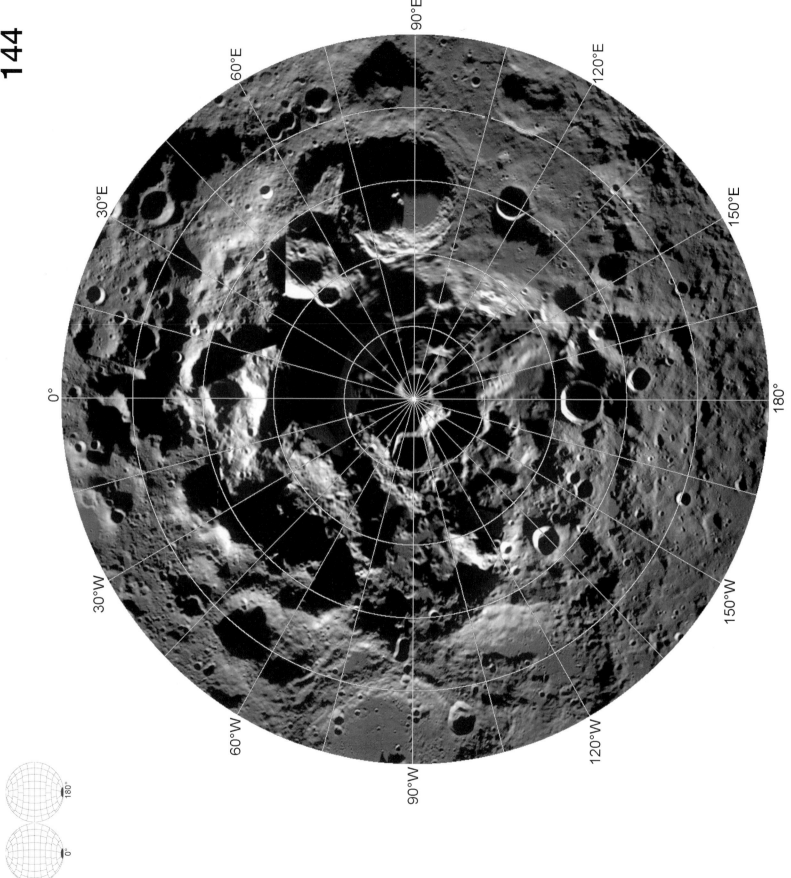

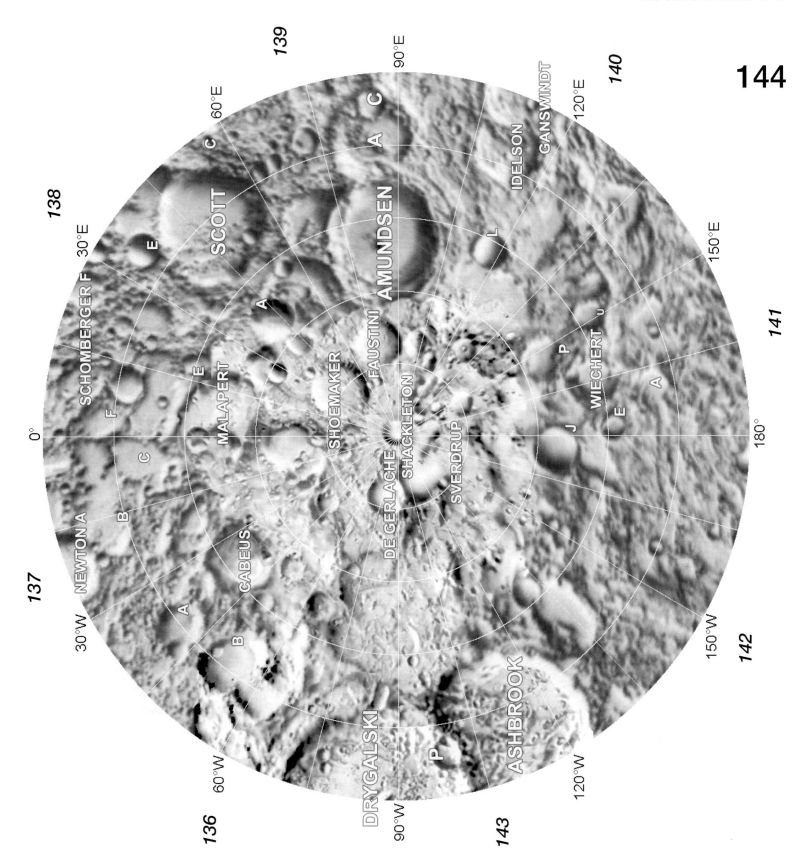

Gazetteer

This index shows the feature name, the latitude and longitude of the centre of the feature, the diameter (D) of the crater in kilometres, and the LAC number where it can be found in the atlas.

Feature Name	Lat.	Long.	D	LAC
Abbe	57.3° S	175.2° E	66	132
Abbe H	58.2° S	177.9° E	25	132
Abbe K	59.6° S	177.3° E	28	132
Abbe M	61.6° S	175.5° E	29	132
Abbot	5.6° N	54.8° E	10	62
Abel	34.5° S	87.3° E	122	116
Abel A	36.6° S	86.0° E	19	116
Abel B	36.7° S	82.8° E	41	116
Abel C	36.0° S	81.0° E	31	115
Abel D	37.7° S	87.7° E	30	116
Abel E	37.8° S	86.5° E	13	116
Abel J	35.5° S	79.0° E	11	115
Abel K	35.0° S	77.2° E	9	115
Abel L	34.4° S	82.6° E	67	116
Abel M	32.2° S	83.6° E	81	116
Abenezra	21.0° S	11.9° E	42	96
Abenezra A	22.8° S	10.5° E	23	96
Abenezra B	20.8° S	10.1° E	14	96
Abenezra C	21.3° S	11.1° E	44	96
Abenezra D	21.7° S	9.7° E	8	95
Abenezra E	21.4° S	9.4° E	14	95
Abenezra F	21.5° S	10.3° E	7	96
Abenezra G	20.5° S	11.0° E	5	96
Abenezra H	21.1° S	12.8° E	4	96
Abenezra J	19.9° S	10.7° E	5	96
Abenezra P	19.9° S	9.9° E	44	95
Abetti	20.1° N	27.8° E	1.5	42
Abul Wafa	1.0° N	116.6° E	55	65
Abul Wafa A	1.4° N	116.8° E	16	65
Abul Wafa Q	0.2° N	115.7° E	30	65
Abulfeda	13.8° S	13.9° E	65	78
Abulfeda A	16.4° S	10.8° E	14	96
Abulfeda B	14.5° S	16.4° E	15	78
Abulfeda Ba	14.6° S	16.8° E	13	78
Abulfeda C	12.8° S	10.9° E	17	78
Abulfeda D	13.2° S	9.5° E	20	77
Abulfeda E	16.7° S	10.2° E	6	96
Abulfeda F	16.2° S	13.0° E	13	96
Abulfeda G	13.1° S	9.0° E	7	77
Abulfeda H	13.8° S	9.6° E	5	77
Abulfeda J	15.5° S	10.0° E	5	77
Abulfeda K	14.9° S	10.6° E	10	78
Abulfeda L	14.1° S	10.7° E	5	78
Abulfeda M	16.2° S	12.1° E	10	96
Abulfeda N	15.1° S	12.2° E	14	78
Abulfeda O	15.4° S	11.2° E	7	78
Abulfeda P	15.5° S	11.5° E	5	78
Abulfeda Q	12.8° S	12.3° E	3	78
Abulfeda R	12.8° S	13.0° E	7	78
Abulfeda S	12.2° S	13.3° E	5	78
Abulfeda T	14.8° S	13.8° E	7	78
Abulfeda U	13.0° S	13.8° E	6	78
Abulfeda W	12.5° S	13.9° E	5	78
Abulfeda X	15.0° S	14.0° E	6	78
Abulfeda Y	12.8° S	14.1° E	5	78
Abulfeda Z	14.7° S	15.2° E	5	78
Acosta	5.6° S	60.1° E	13	80
Adams	31.9° S	68.2° E	66	98
Adams B	31.5° S	65.6° E	28	98
Adams C	32.3° S	65.5° E	10	115
Adams D	32.5° S	71.6° E	42	115
Adams M	34.8° S	69.2° E	24	115
Adams P	35.2° S	71.0° E	24	115
Agatharchides	19.8° S	30.9° W	48	93
Agatharchides A	23.2° S	28.4° W	16	93
Agatharchides B	21.5° S	31.6° W	7	93
Agatharchides C	22.0° S	32.9° W	12	93
Agatharchides E	20.7° S	33.0° W	15	93
Agatharchides F	20.3° S	31.8° W	6	93
Agatharchides G	20.1° S	26.7° W	6	94
Agatharchides H	20.4° S	33.9° W	15	93
Agatharchides J	21.6° S	32.5° W	13	93
Agatharchides K	21.0° S	27.4° W	11	94
Agatharchides L	21.1° S	26.7° W	8	94
Agatharchides N	21.1° S	29.6° W	22	94
Agatharchides O	19.2° S	26.6° W	5	94
Agatharchides P	20.2° S	28.7° W	66	94
Agatharchides R	18.3° S	30.7° W	5	93
Agatharchides S	17.7° S	30.5° W	3	93
Agatharchides T	18.2° S	27.7° W	5	94
Agrippa	4.1° N	10.5° E	44	60
Agrippa B	6.2° N	9.4° E	4	59
Agrippa D	3.8° N	6.7° E	20	59
Agrippa E	5.2° N	8.5° E	5	59
Agrippa F	4.4° N	11.4° E	6	60
Agrippa G	3.9° N	6.2° E	13	59
Agrippa H	4.8° N	10.7° E	6	60
Agrippa S	5.3° N	8.9° E	32	59
Airy	18.1° S	5.7° E	36	95
Airy A	17.0° S	7.7° E	13	95
Airy B	17.6° S	8.5° E	29	95
Airy C	19.3° S	4.9° E	34	95
Airy D	18.2° S	8.5° E	7	95
Airy E	20.7° S	7.6° E	38	95
Airy F	18.2° S	7.3° E	5	95
Airy G	18.7° S	7.0° E	25	95
Airy H	18.7° S	5.8° E	9	95
Airy J	19.0° S	6.1° E	4	95
Airy L	20.4° S	7.5° E	6	95
Airy M	19.2° S	7.6° E	1	95
Airy N	17.8° S	8.2° E	8	95
Airy O	16.7° S	8.3° E	5	95
Airy P	15.8° S	8.4° E	7	77
Airy R	19.6° S	8.8° E	7	95
Airy S	17.2° S	9.4° E	5	95
Airy T	19.2° S	9.4° E	40	95
Airy V	17.5° S	9.2° E	5	95
Airy X	18.9° S	10.2° E	4	96
Aitken	16.8° S	173.4° E	135	86
Aitken A	14.0° S	173.7° E	13	86
Aitken C	14.0° S	175.8° E	74	86
Aitken G	16.8° S	174.2° E	7	104
Aitken N	17.7° S	172.7° E	7	104
Aitken Y	12.0° S	173.2° E	35	86
Aitken Z	15.1° S	173.3° E	33	86
Akis	20.0° N	31.8° W	2	39
Alan	10.9° S	6.1° W	2	77
Al-Bakri	14.3° N	20.2° E	12	60
Albategnius	11.7° S	4.3° E	114	77
Albategnius A	8.9° S	3.2° E	7	77
Albategnius B	10.0° S	4.0° E	20	77
Albategnius C	10.3° S	3.7° E	6	77
Albategnius D	11.3° S	7.1° E	9	77
Albategnius E	12.9° S	6.4° E	14	77
Albategnius G	9.4° S	1.9° E	15	77
Albategnius H	9.7° S	5.2° E	11	77
Albategnius J	11.15° S	6.2° E	7	77
Albategnius K	9.95° S	2.0° E	10	77
Albategnius L	12.1° S	6.3° E	8	77
Albategnius M	8.9° S	4.2° E	9	77
Albategnius N	9.8° S	4.5° E	9	77
Albategnius O	13.2° S	4.2° E	5	77
Albategnius P	12.9° S	4.5° E	5	77
Albategnius S	13.3° S	6.1° E	6	77
Albategnius T	12.6° S	6.1° E	9	77
Al-Biruni	17.9° N	92.5° E	77	46
Al-Biruni C	18.4° N	93.0° E	9	46
Alden	23.6° S	110.8° E	104	101
Alden B	20.5° S	112.6° E	17	101
Alden C	22.5° S	111.4° E	50	101
Alden E	23.2° S	112.4° E	28	101
Alden V	22.5° S	110.1° E	19	101
Alder	48.6° S	177.4° W	77	132
Alder E	47.6° S	172.3° W	16	120
Aldrin	1.4° N	22.1° E	3	60
Alekhin	68.2° S	131.3° W	70	142
Alekhin E	67.2° S	124.1° W	38	143
Alexander	40.3° N	13.5° E	81	26
Alexander A	40.7° N	14.9° E	4	26
Alexander B	40.3° N	15.2° E	4	26
Alexander C	38.5° N	14.9° E	5	26
Alexander K	40.5° N	19.3° E	4	26
Alfraganus	5.4° S	19.0° E	20	78
Alfraganus A	3.0° S	20.3° E	13	78
Alfraganus C	6.1° S	18.1° E	11	78
Alfraganus D	4.0° S	20.1° E	8	78
Alfraganus E	4.6° S	19.0° E	4	78
Alfraganus F	3.5° S	20.8° E	9	78
Alfraganus G	2.6° S	21.2° E	6	78
Alfraganus H	4.4° S	19.1° E	13	78
Alfraganus K	5.3° S	19.5° E	4	78
Alfraganus M	5.6° S	19.6° E	3	78
Alhazen	15.9° N	71.8° E	32	63
Alhazen A	16.2° N	74.3° E	14	45
Alhazen D	19.7° N	75.2° E	33	45
Aliacensis	30.6° S	5.2° E	79	95
Aliacensis A	29.7° S	7.4° E	14	95
Aliacensis B	31.3° S	3.2° E	16	95
Aliacensis C	32.6° S	5.4° E	8	112
Aliacensis D	33.1° S	6.9° E	10	112
Aliacensis E	30.4° S	2.3° E	9	95
Aliacensis F	32.7° S	3.9° E	5	112
Aliacensis G	33.3° S	4.7° E	8	112
Aliacensis H	31.8° S	6.1° E	6	95
Aliacensis K	31.4° S	6.2° E	7	95
Aliacensis W	31.9° S	5.3° E	11	95
Aliacensis X	29.6° S	6.9° E	4	95
Aliacensis Y	30.1° S	7.4° E	5	95
Aliacensis Z	30.0° S	4.6° E	4	95
Al-Khwarizmi	7.1° N	106.4° E	65	64
Al-Khwarizmi B	9.0° N	107.4° E	62	64
Al-Khwarizmi G	6.9° N	107.1° E	95	64
Al-Khwarizmi H	6.0° N	109.2° E	50	64
Al-Khwarizmi J	6.2° N	107.6° E	47	64
Al-Khwarizmi K	4.6° N	107.6° E	26	64
Al-Khwarizmi L	3.9° N	107.4° E	35	64
Al-Khwarizmi M	3.1° N	107.0° E	18	64
Al-Khwarizmi T	7.0° N	104.5° E	15	64
Almanon	16.8° S	15.2° E	49	96
Almanon A	17.7° S	15.3° E	10	96
Almanon B	18.3° S	15.3° E	25	96
Almanon C	16.1° S	16.0° E	16	78
Almanon D	18.6° S	15.6° E	6	96
Almanon E	17.9° S	13.7° E	5	96
Almanon F	15.9° S	14.3° E	5	78
Almanon G	17.8° S	14.6° E	5	96
Almanon H	19.0° S	15.3° E	6	96
Almanon K	15.8° S	15.4° E	8	78
Almanon L	18.9° S	16.6° E	6	96
Almanon P	18.5° S	17.0° E	8	96
Almanon Q	18.1° S	17.0° E	5	96
Almanon R	18.2° S	15.9° E	4	96
Al-Marrakushi	10.4° S	55.8° E	8	80
Aloha	29.8° N	53.9° W	3	38
Alpes A	51.4° N	0.3° W	11	12
Alpes B	45.8° N	0.9° W	5	12
Alpetragius	16.0° S	4.5° W	39	77
Alpetragius B	15.1° S	6.8° W	10	77
Alpetragius C	13.7° S	6.1° W	2	77
Alpetragius G	18.2° S	6.5° W	12	95
Alpetragius H	18.0° S	6.0° W	5	95
Alpetragius J	18.0° S	5.7° W	4	95
Alpetragius M	16.5° S	3.2° W	24	95
Alpetragius N	16.7° S	3.8° W	11	95
Alpetragius U	17.7° S	5.1° W	14	95
Alpetragius V	18.1° S	5.8° W	17	95
Alpetragius W	17.95	6.0° W	27	95
Alpetragius X	15.6° S	5.7° W	32	77
Alphonsus	13.7° S	3.2° W	108	77
Alphonsus A	14.8° S	2.3° W	4	77
Alphonsus B	13.2° S	0.2° W	24	77
Alphonsus C	14.4° S	4.8° W	4	77
Alphonsus D	15.1° S	0.8° W	23	77
Alphonsus G	12.3° S	3.3° W	4	77
Alphonsus H	15.6° S	0.5° W	8	77
Alphonsus J	15.1° S	2.5° W	8	77
Alphonsus K	12.5° S	0.1° W	20	77
Alphonsus L	12.0° S	3.7° W	4	77
Alphonsus R	14.4° S	1.9° W	3	77
Alphonsus X	15.0° S	4.4° W	5	77
Alphonsus Y	14.7° S	1.8° W	3	77
Alter	18.7° N	107.5° W	64	54
Alter K	16.3° N	106.0° W	22	72
Alter W	20.4° N	109.2° W	52	54
Ameghino	3.3° N	57.0° E	9	62
Amici	9.9° S	172.1° W	54	86
Amici M	11.8° S	171.9° W	105	86
Amici N	11.8° S	172.5° W	39	86
Amici P	12.3° S	174.1° W	31	86
Amici Q	12.0° S	175.7° W	47	86
Amici R	11.4° S	175.2° W	34	86
Amici T	9.7° S	174.0° W	43	86
Amici U	8.7° S	175.5° W	96	86
Ammonius	8.5° S	0.8° W	8	77
Amontons	5.3° S	46.8° E	2	79
Amundsen	84.3° S	85.6° E	101	144
Amundsen A	81.8° S	83.1° E	74	144
Amundsen C	80.7° S	83.2° E	27	144
Anaxagoras	73.4° N	10.1° W	50	3
Anaxagoras A	72.2° N	6.9° W	18	3
Anaxagoras B	70.3° N	11.4° W	5	3
Anaximander	66.9° N	51.3° W	67	2
Anaximander A	68.0° N	50.2° W	16	2
Anaximander B	67.8° N	60.7° W	78	2
Anaximander D	65.4° N	50.1° W	92	2
Anaximander H	65.2° N	40.8° W	9	2
Anaximander R	66.2° N	54.9° W	8	2
Anaximander S	68.3° N	53.4° W	7	2
Anaximander T	67.2° N	52.0° W	7	2
Anaximander U	64.1° N	48.3° W	8	2
Anaximenes	72.5° N	44.5° W	80	2
Anaximenes B	68.8° N	37.9° W	9	2
Anaximenes E	66.5° N	31.4° W	10	3
Anaximenes G	73.8° N	40.4° W	56	2
Anaximenes H	74.6° N	45.3° W	43	2
Andel	10.4° S	12.4° E	35	78
Andel A	10.8° S	11.3° E	14	78
Andel C	9.0° S	11.2° E	3	78
Andel D	10.8° S	11.7° E	6	78
Andel E	12.0° S	12.2° E	6	78
Andel F	8.3° S	11.1° E	9	78
Andel G	11.0° S	12.4° E	4	78
Andel H	6.7° S	11.3° E	6	78
Andel J	7.5° S	11.4° E	6	78
Andel K	5.8° S	11.6° E	4	78
Andel M	9.7° S	11.1° E	27	78
Andel N	10.2° S	11.4° E	8	78
Andel P	11.6° S	12.3° E	19	78
Andel S	11.4° S	12.7° E	4	78
Andel T	11.2° S	13.3° E	4	78
Andel W	12.4° S	12.3° E	12	78
Anders	41.3° S	142.9° W	40	121
Anders D	40.4° S	140.5° W	23	121
Anders G	41.8° S	141.9° W	18	121
Anders X	39.7° S	143.8° W	21	121
Anderson	15.8° N	171.1° E	109	68
Anderson E	16.9° N	173.4° E	28	50
Anderson F	16.3° N	173.6° E	49	50
Anderson L	14.6° N	170.9° E	14	50
Andersson	49.7° S	95.3° W	13	135
Andronov	22.7° S	146.1° E	16	102
Ango	20.5° N	32.3° W	1	39
Angstrom	29.9° N	41.6° W	9	39
Angstrom A	30.9° N	41.1° W	6	39
Angstrom B	31.7° N	44.1° W	6	39
Ann	25.1° N	0.1° W	3	41
Annegrit	29.4° N	25.6° W	1	40
Ansgarius	12.7° S	79.7° E	94	81
Ansgarius B	11.9° S	83.8° E	29	81
Ansgarius C	14.8° S	74.8° E	14	81
Ansgarius M	11.3° S	78.8° E	7	81
Ansgarius N	11.9° S	81.2° E	10	81
Ansgarius P	13.0° S	75.9° E	10	81
Antoniadi	69.7° S	172.0° W	143	141
Anuchin	49.0° S	101.3° E	57	130
Anuchin B	46.7° S	103.3° E	24	130
Anuchin L	50.2° S	101.7° E	15	130
Anuchin N	51.6° S	99.6° E	33	129
Anuchin Q	51.1° S	98.3° E	50	129
Anuchin V	48.1° S	99.6° E	15	129
Anville	1.9° N	49.5° E	11	61
Anville	1.9° N	49.5° E	10	61
Apennine Front	25.9° N	3.7° E	6	41
Apianus	26.9° S	7.9° E	63	95
Apianus A	25.7° S	6.6° E	14	95

Feature Name	Lat.	Long.	D	LAC
Apianus B	27.4° S	9.0° E	10	95
Apianus C	28.1° S	10.5° E	20	96
Apianus D	26.1° S	10.7° E	35	96
Apianus E	28.8° S	8.2° E	9	95
Apianus F	28.1° S	6.4° E	6	95
Apianus G	28.1° S	7.7° E	5	95
Apianus H	28.1° S	8.7° E	7	95
Apianus J	26.3° S	8.6° E	7	96
Apianus K	27.4° S	9.3° E	7	95
Apianus L	29.1° S	10.9° E	5	96
Apianus M	24.7° S	10.3° E	7	96
Apianus N	28.8° S	9.9° E	4	95
Apianus P	25.2° S	9.2° E	40	95
Apianus R	25.7° S	8.9° E	13	95
Apianus S	25.6° S	8.5° E	8	95
Apianus T	27.7° S	9.5° E	12	95
Apianus U	27.9° S	9.0° E	16	95
Apianus V	25.3° S	10.5° E	3	96
Apianus W	25.5° S	7.4° E	9	95
Apianus X	28.3° S	7.1° E	3	95
Apollo	**36.1° S**	**151.8° W**	**537**	**121**
Apollonius	**4.5° N**	**61.1° E**	**53**	**62**
Apollonius A	4.8° N	56.8° E	24	62
Apollonius B	5.7° N	57.6° E	32	62
Apollonius C	3.3° N	57.0° E	9	62
Apollonius D	4.2° N	59.3° E	16	62
Apollonius E	4.4° N	61.9° E	16	62
Apollonius F	5.6° N	60.0° E	16	62
Apollonius G	3.4° N	63.3° E	19	62
Apollonius H	3.4° N	59.6° E	20	62
Apollonius J	4.6° N	57.5° E	12	62
Apollonius K	5.6° N	54.8° E	10	62
Apollonius L	6.5° N	54.6° E	9	62
Apollonius M	4.8° N	61.9° E	10	62
Apollonius N	4.8° N	64.1° E	9	62
Apollonius P	5.7° N	59.6° E	17	62
Apollonius S	1.1° N	62.6° E	15	62
Apollonius T	5.3° N	56.2° E	10	62
Apollonius U	4.9° N	59.9° E	7	62
Apollonius V	4.4° N	58.2° E	16	62
Apollonius W	2.3° N	63.5° E	5	62
Apollonius X	7.0° N	58.1° E	31	62
Apollonius Y	4.9° N	62.6° E	10	62
Appleton	**37.2° N**	**158.3° E**	**63**	**32**
Appleton D	38.0° N	160.6° E	37	32
Appleton M	33.9° N	158.3° E	21	32
Appleton Q	34.3° N	155.3° E	26	32
Appleton R	36.2° N	156.2° E	39	32
Arago	**6.2° N**	**21.4° E**	**26**	**60**
Arago B	3.4° N	20.8° E	7	60
Arago C	3.9° N	21.5° E	3	60
Arago D	6.9° N	22.4° E	4	60
Arago E	8.5° N	22.7° E	6	60
Aratus	**23.6° N**	**4.5° E**	**10**	**41**
Aratus A	21.9° N	5.0° E	10	41
Aratus B	24.2° N	5.4° E	7	41
Aratus C	24.1° N	9.5° E	4	41
Aratus Ca	24.5° N	11.2° E	7	42
Aratus D	24.3° N	8.6° E	4	41
Archimedes	**29.7° N**	**4.0° W**	**82**	**41**
Archimedes A	28.0° N	6.4° W	13	41
Archimedes C	31.6° N	1.5° W	8	41
Archimedes D	32.2° N	2.6° W	5	25
Archimedes E	25.0° N	7.2° W	3	41
Archimedes F	24.2° N	7.8° W	7	41
Archimedes G	29.1° N	8.2° W	3	41
Archimedes H	23.9° N	7.0° W	4	41
Archimedes K	27.9° N	1.2° W	13	41
Archimedes L	25.0° N	2.6° W	4	41
Archimedes M	26.1° N	3.2° W	3	41
Archimedes N	24.1° N	3.9° W	3	41
Archimedes P	25.9° N	2.5° W	3	41
Archimedes Q	28.5° N	2.4° W	3	41
Archimedes R	26.0° N	6.6° W	4	41
Archimedes S	29.5° N	2.7° W	3	41
Archimedes T	30.3° N	5.0° W	3	41
Archimedes U	32.8° N	1.9° W	3	25
Archimedes V	32.9° N	4.0° W	3	25
Archimedes W	23.8° N	6.2° W	4	41
Archimedes X	31.0° N	8.0° W	2	41
Archimedes Y	29.9° N	9.5° W	2	41
Archimedes Z	26.8° N	1.4° W	2	41
Archytas	**58.7° N**	**5.0° E**	**31**	**12**
Archytas B	61.3° N	3.2° E	36	12
Archytas D	63.5° N	11.8° E	43	13
Archytas G	55.6° N	0.5° E	7	12
Archytas K	62.6° N	7.7° E	15	12
Archytas L	56.2° N	0.9° E	5	12
Archytas U	62.8° N	9.2° E	8	12
Archytas W	61.2° N	5.2° E	6	12
Argelander	**16.5° S**	**5.8° E**	**34**	**95**
Argelander A	16.5° S	6.8° E	9	95
Argelander B	15.5° S	5.1° E	6	77
Argelander C	16.3° S	5.7° E	4	95
Argelander D	17.6° S	4.4° E	11	95
Argelander W	16.7° S	4.2° E	19	95
Ariadaeus	**4.6° N**	**17.3° E**	**11**	**60**
Ariadaeus A	4.0° N	17.5° E	8	60
Ariadaeus B	4.9° N	15.0° E	8	60
Ariadaeus D	4.9° N	17.0° E	4	60
Ariadaeus E	5.3° N	17.7° E	24	60
Ariadaeus F	4.4° N	18.0° E	3	60
Aristarchus	**23.7° N**	**47.4° W**	**40**	**39**
Aristarchus A	25.9° N	47.8° W	8	39
Aristarchus B	26.3° N	46.8° W	7	39
Aristarchus C	27.9° N	47.5° W	7	39
Aristarchus D	23.7° N	42.9° W	5	39
Aristarchus F	21.7° N	46.5° W	18	39
Aristarchus H	22.6° N	45.7° W	4	39
Aristarchus N	22.8° N	42.9° W	3	39
Aristarchus S	19.3° N	46.2° W	4	39
Aristarchus T	19.6° N	46.4° W	4	39
Aristarchus U	19.7° N	48.6° W	4	39
Aristarchus Z	25.5° N	48.4° W	8	39
Aristillus	**33.9° N**	**1.2° E**	**55**	**25**
Aristillus A	33.6° N	4.5° E	5	25
Aristillus B	34.8° N	1.9° W	8	25
Aristoteles	**50.2° N**	**17.4° E**	**87**	**13**
Aristoteles D	47.5° N	14.7° E	6	26
Aristoteles M	53.5° N	27.2° E	7	13
Aristoteles N	52.9° N	26.8° E	5	13
Arminski	**16.4° S**	**154.2° E**	**26**	**103**
Arminski D	15.9° S	155.3° E	19	85
Arminski K	17.1° S	154.6° E	22	103
Armstrong	**1.4° N**	**25.0° E**	**4**	**60**
Arnold	**66.8° N**	**35.9° E**	**94**	**4**
Arnold A	68.8° N	39.8° E	57	4
Arnold E	71.6° N	38.3° E	32	4
Arnold F	67.5° N	35.2° E	10	4
Arnold G	67.3° N	31.4° E	11	4
Arnold H	72.6° N	45.3° E	13	4
Arnold J	65.9° N	33.7° E	6	4
Arnold K	70.8° N	42.8° E	29	4
Arnold L	70.2° N	36.1° E	33	4
Arnold M	68.3° N	43.6° E	7	4
Arnold N	70.2° N	41.9° E	18	4
Arrhenius	**55.6° S**	**91.3° W**	**40**	**135**
Arrhenius J	57.6° S	88.3° W	18	135
Arrhenius P	58.3° S	93.5° W	38	135
Artamonov	**25.5° N**	**103.5° E**	**60**	**54**
Artem'ev	**10.8° N**	**144.4° W**	**67**	**70**
Artem'ev G	10.3° N	142.8° W	60	70
Artem'ev L	8.3° N	143.3° W	30	70
Artemis	**25.0° N**	**25.4° W**	**2**	**40**
Artsimovich	**27.6° N**	**36.6° W**	**8**	**39**
Aryabhata	**6.2° N**	**35.1° E**	**22**	**61**
Arzachel	**18.2° S**	**1.9° W**	**96**	**95**
Arzachel A	18.0° S	1.5° W	10	95
Arzachel B	17.0° S	2.9° W	8	95
Arzachel C	17.4° S	3.7° W	6	95
Arzachel D	20.2° S	2.1° W	8	95
Arzachel H	18.7° S	2.0° W	5	95
Arzachel K	18.3° S	1.6° W	4	95
Arzachel L	20.0° S	0.1° E	8	95
Arzachel M	20.6° S	0.9° W	3	95
Arzachel N	20.4° S	2.2° W	3	95
Arzachel T	17.7° S	1.3° W	3	95
Arzachel Y	18.2° S	4.3° W	4	95
Asada	**7.3° N**	**49.9° E**	**12**	**61**
Asclepi	**55.1° S**	**25.4° E**	**42**	**127**
Asclepi A	52.9° S	23.0° E	14	127
Asclepi B	54.1° S	23.9° E	19	127
Asclepi C	53.3° S	23.4° E	11	127
Asclepi D	53.5° S	24.1° E	18	127
Asclepi E	52.1° S	24.1° E	7	127
Asclepi G	53.3° S	24.8° E	5	127
Asclepi H	52.7° S	25.1° E	19	127
Ashbrook	**81.4° S**	**112.5° W**	**156**	**144**
Aston	**32.9° N**	**87.7° W**	**43**	**36**
Aston K	35.1° N	87.8° W	14	36
Aston L	35.5° N	86.5° W	10	36
Atlas	**46.7° N**	**44.4° E**	**87**	**27**
Atlas A	45.3° N	49.6° E	22	27
Atlas D	50.4° N	49.6° E	25	14
Atlas E	48.6° N	42.5° E	58	14
Atlas G	50.7° N	46.5° E	23	14
Atlas L	51.3° N	48.6° E	6	14
Atlas P	49.6° N	52.7° E	27	14
Atlas W	44.4° N	44.2° E	4	27
Atlas X	45.1° N	45.0° E	5	27
Atwood	**5.8° S**	**57.7° E**	**29**	**80**
Atwood	5.8° S	57.7° E	29	80
Autolycus	**30.7° N**	**1.5° E**	**39**	**41**
Autolycus A	30.9° N	2.2° E	4	41
Autolycus K	31.2° N	5.4° E	3	41
Auwers	**15.1° N**	**17.2° E**	**20**	**60**
Auwers A	13.8° N	18.3° E	8	60
Auzout	**10.3° N**	**64.1° E**	**32**	**62**
Auzout A	9.4° N	64.3° E	22	62
Auzout B	9.4° N	65.7° E	20	62
Auzout C	8.8° N	65.3° E	16	62
Auzout D	9.3° N	62.3° E	10	62
Auzout E	9.6° N	60.6° E	17	62
Auzout L	8.3° N	61.3° E	9	62
Auzout R	8.7° N	60.1° E	6	62
Auzout U	9.4° N	61.0° E	8	62
Auzout V	9.3° N	61.4° E	7	62
Avery	**1.4° S**	**81.4° E**	**9**	**81**
Avicenna	**39.7° N**	**97.2° W**	**74**	**36**
Avicenna E	40.0° N	91.1° W	25	36
Avicenna G	39.0° N	92.0° W	26	36
Avicenna R	38.9° N	100.1° W	21	36
Avogadro D	64.4° N	169.5° E	20	7
Avogardo	**63.1° N**	**164.9° E**	**139**	**18**
Azophi	**22.1° S**	**12.7° E**	**47**	**96**
Azophi A	24.4° S	11.2° E	29	96
Azophi B	23.6° S	10.6° E	19	96
Azophi C	21.8° S	13.1° E	5	96
Azophi D	24.3° S	13.4° E	9	96
Azophi E	23.5° S	13.8° E	5	96
Azophi F	22.2° S	13.9° E	6	96
Azophi G	23.9° S	12.3° E	53	96
Azophi H	25.5° S	11.8° E	21	96
Azophi J	21.2° S	13.1° E	8	96
Baade	**44.8° S**	**81.8° W**	**55**	**109**
Babakin	**20.8° S**	**123.3° E**	**20**	**101**
Babbage	**59.7° N**	**57.1° W**	**143**	**10**
Babbage A	59.0° N	55.1° W	32	10
Babbage B	57.1° N	59.7° W	7	10
Babbage C	59.1° N	57.3° W	14	10
Babbage D	58.6° N	61.0° W	68	10
Babbage E	58.5° N	61.4° W	7	10
Babbage U	60.9° N	51.3° W	5	10
Babbage X	60.2° N	49.9° W	5	11
Babcock	**4.2° N**	**93.9° E**	**99**	**64**
Babcock H	3.0° N	96.5° E	63	64
Babcock K	1.2° N	95.2° E	10	64
Baby Ray	**9.1° S**	**15.4° E**	**0**	**78**
Back	**1.1° N**	**80.7° E**	**35**	**63**
Backlund	**16.0° S**	**103.0° E**	**75**	**82**
Backlund E	15.5° S	105.3° E	15	82
Backlund L	18.2° S	103.5° E	56	100
Backlund N	17.8° S	102.8° E	18	100
Backlund P	18.9° S	102.0° E	27	100
Backlund R	16.8° S	101.5° E	23	100
Backlund S	16.8° S	100.6° E	21	100
Baco	**51.0° S**	**19.1° E**	**69**	**127**
Baco A	52.8° S	20.2° E	39	127
Baco B	49.5° S	16.6° E	43	127
Baco C	50.8° S	14.8° E	14	127
Baco D	51.6° S	16.4° E	8	127
Baco E	52.9° S	16.2° E	28	127
Baco F	50.4° S	17.7° E	6	127
Baco G	54.4° S	17.2° E	9	127
Baco H	51.9° S	18.9° E	6	127
Baco J	54.7° S	19.3° E	19	127
Baco K	53.9° S	17.6° E	29	127
Baco L	49.5° S	16.7° E	7	127
Baco M	49.2° S	18.0° E	7	127
Baco N	50.8° S	16.3° E	23	127
Baco O	52.1° S	19.9° E	9	127
Baco P	50.8° S	19.6° E	5	127
Baco Q	52.3° S	18.7° E	20	127
Baco R	49.2° S	21.0° E	18	127
Baco S	49.4° S	18.5° E	18	127
Baco T	53.7° S	19.8° E	5	127
Baco U	52.4° S	19.3° E	6	127
Baco W	53.3° S	21.1° E	9	127
Baco Z	53.0° S	15.0° E	7	127
Baillaud	**74.6° N**	**37.5° E**	**89**	**4**
Baillaud A	75.7° N	48.8° E	56	4
Baillaud B	73.0° N	33.3° E	17	4
Baillaud C	75.0° N	51.4° E	11	4
Baillaud D	73.6° N	49.7° E	16	4
Baillaud E	74.3° N	36.0° E	14	4
Baillaud F	75.7° N	53.7° E	20	4
Bailly	**66.5° S**	**69.1° W**	**287**	**136**
Bailly A	69.3° S	59.5° W	38	136
Bailly B	68.8° S	63.1° W	65	136
Bailly C	65.6° S	69.6° W	20	136
Bailly D	65.2° S	72.2° W	23	136
Bailly E	62.5° S	65.7° W	13	124
Bailly F	67.5° S	69.2° W	16	136
Bailly G	65.6° S	59.1° W	18	136
Bailly H	63.5° S	62.1° W	12	124
Bailly K	62.8° S	76.5° W	20	124
Bailly L	60.8° S	70.9° W	20	124
Bailly M	61.4° S	68.4° W	23	124
Bailly N	60.5° S	63.6° W	11	124
Bailly O	69.6° S	56.7° W	16	136
Bailly P	59.6° S	60.6° W	15	124
Bailly R	64.8° S	80.0° W	18	136
Bailly T	66.5° S	72.8° W	18	136
Bailly U	71.3° S	75.8° W	20	136
Bailly V	72.0° S	85.0° W	29	136
Bailly Y	61.3° S	66.6° W	12	124
Bailly Z	60.2° S	65.6° W	12	124
Baily	**49.7° N**	**30.4° E**	**26**	**13**
Baily A	48.6° N	31.3° E	16	13
Baily B	51.0° N	35.1° E	7	13
Baily K	51.5° N	30.5° E	3	13
Balandin	**18.9° S**	**152.6° E**	**12**	**103**
Balboa	**19.1° N**	**83.2° W**	**69**	**37**
Balboa A	17.4° N	81.9° W	47	37
Balboa B	20.3° N	82.3° W	62	37
Balboa C	19.6° N	79.1° W	27	37
Balboa D	18.2° N	79.7° W	40	37
Baldet	**53.3° S**	**151.1° W**	**55**	**133**
Baldet J	54.6° S	149.5° W	17	133
Ball	**35.9° S**	**8.4° W**	**41**	**112**
Ball A	34.7° S	9.3° W	29	112
Ball B	36.9° S	9.1° W	10	112
Ball C	37.7° S	8.7° W	31	112
Ball D	35.6° S	10.3° W	21	112
Ball E	36.5° S	8.1° W	5	112
Ball F	36.9° S	8.5° W	12	112
Ball G	37.7° S	10.1° W	28	112
Balmer	**20.3° S**	**69.8° E**	**138**	**98**
Balmer M	20.7° S	71.5° E	5	99
Balmer N	19.9° S	69.9° E	8	98
Balmer P	20.4° S	67.7° E	13	98
Balmer Q	18.7° S	70.5° E	7	99
Balmer R	18.7° S	69.1° E	4	98
Balmer S	18.4° S	67.6° E	6	98
Banachiewicz	**5.2° N**	**80.1° E**	**92**	**63**
Banachiewicz B	5.3° N	78.9° E	24	63
Banachiewicz C	7.0° N	75.4° E	19	63
Banachiewicz E	7.5° N	74.7° E	7	63
Banachiewicz F	5.3° N	80.2° E	12	63
Bancroft	**28.0° N**	**6.4° W**	**13**	**41**
Banting	**26.6° N**	**16.4° E**	**5**	**42**
Barbier	**23.8° S**	**157.9° E**	**66**	**103**
Barbier D	23.0° S	160.2° E	24	103
Barbier F	23.8° S	158.1° E	14	103
Barbier G	24.4° S	160.1° E	17	103
Barbier H	25.3° S	160.5° E	17	103
Barbier J	26.0° S	160.1° E	43	103
Barbier K	26.5° S	159.4° E	7	103
Barbier U	22.8° S	155.1° E	38	103
Barbier V	22.3° S	154.6° E	29	103
Barkla	**10.7° S**	**67.2° E**	**42**	**80**
Barnard	**29.5° S**	**85.6° E**	**105**	**99**
Barnard A	31.8° S	84.5° E	13	99
Barnard D	31.4° S	89.3° E	47	99
Barocius	**44.9° S**	**16.8° E**	**82**	**113**
Barocius B	44.0° S	18.3° E	39	113
Barocius C	43.1° S	17.6° E	33	113
Barocius D	46.0° S	19.1° E	8	113
Barocius E	47.1° S	22.2° E	26	113
Barocius Ec	48.1° S	22.5° E	8	127
Barocius F	45.8° S	21.6° E	15	113
Barocius G	42.4° S	21.0° E	27	113
Barocius H	46.7° S	21.6° E	11	113
Barocius J	44.9° S	21.5° E	27	113
Barocius K	45.2° S	19.6° E	15	113
Barocius L	42.4° S	18.9° E	13	113
Barocius M	42.4° S	19.5° E	17	113
Barocius N	43.1° S	19.8° E	10	113
Barocius O	45.6° S	21.9° E	5	113
Barocius R	43.9° S	21.6° E	14	113
Barocius S	42.4° S	21.8° E	8	113
Barocius W	45.6° S	16.2° E	20	113
Barringer	**28.0° S**	**149.7° W**	**68**	**106**
Barringer C	26.5° S	148.8° W	19	106
Barringer L	31.1° S	148.9° W	39	106
Barringer M	31.6° S	150.2° W	34	106
Barringer Z	25.0° S	150.3° W	24	105
Barrow	**71.3° N**	**7.7° E**	**92**	**3**

Feature Name	Lat.	Long.	D	LAC
Barrow A	70.5° N	3.8° E	28	3
Barrow B	70.1° N	10.5° E	16	4
Barrow C	73.1° N	11.1° E	29	4
Barrow E	68.9° N	3.3° E	18	3
Barrow F	69.1° N	1.8° E	19	3
Barrow G	70.1° N	0.2° E	30	3
Barrow H	69.2° N	6.0° E	5	3
Barrow K	69.2° N	11.8° E	46	4
Barrow M	67.6° N	9.2° E	6	3
Bartels	**24.5° N**	**89.8° W**	**55**	**45**
Bartels A	25.7° N	89.6° W	17	45
Bawa	**25.3° S**	**102.6° E**	**1**	**100**
Bayer	**51.6° S**	**35.0° W**	**47**	**125**
Bayer A	51.3° S	30.3° W	18	125
Bayer B	48.8° S	28.2° W	18	125
Bayer C	49.7° S	31.2° W	22	125
Bayer D	47.9° S	29.8° W	20	111
Bayer E	51.7° S	32.3° W	29	125
Bayer F	53.0° S	31.6° W	20	125
Bayer G	51.7° S	35.3° W	7	125
Bayer H	53.5° S	32.5° W	27	125
Bayer J	52.2° S	33.6° W	18	125
Bayer K	50.2° S	34.0° W	16	125
Bayer L	47.5° S	33.6° W	14	111
Bayer M	50.6° S	31.0° W	10	125
Bayer N	48.3° S	29.2° W	9	125
Bayer P	51.6° S	29.5° W	4	125
Bayer R	52.5° S	35.5° W	9	125
Bayer S	52.3° S	36.4° W	13	125
Bayer T	49.2° S	30.1° W	8	125
Bayer U	48.4° S	31.3° W	10	125
Bayer V	47.5° S	31.6° W	9	111
Bayer W	48.0° S	33.5° W	9	111
Bayer X	53.4° S	33.6° W	8	125
Bayer Y	49.2° S	35.7° W	31	125
Bayer Z	49.0° S	33.4° W	7	125
Beals	**37.3° N**	**86.5° E**	**48**	**29**
Bear Mountain	**20.0° N**	**30.7° E**	**0**	**43**
Beaumont	**18.0° S**	**28.8° E**	**53**	**96**
Beaumont A	16.3° S	27.7° E	14	96
Beaumont B	18.6° S	26.8° E	16	96
Beaumont C	20.2° S	28.0° E	6	96
Beaumont D	17.0° S	26.2° E	11	96
Beaumont E	18.8° S	27.5° E	18	96
Beaumont F	18.3° S	26.6° E	10	96
Beaumont G	20.3° S	27.1° E	8	96
Beaumont H	17.2° S	28.4° E	6	96
Beaumont J	19.9° S	26.5° E	5	96
Beaumont K	17.5° S	30.1° E	6	97
Beaumont L	14.4° S	30.0° E	4	78
Beaumont M	19.4° S	28.6° E	10	96
Beaumont N	16.9° S	27.7° E	5	96
Beaumont P	19.9° S	29.6° E	17	96
Beaumont R	17.9° S	30.7° E	4	97
Becquerel	**40.7° N**	**129.7° E**	**65**	**30**
Becquerel E	41.0° N	131.5° E	32	31
Becquerel F	40.9° N	132.9° E	21	31
Becquerel W	42.2° N	126.9° E	27	30
Becquerel X	42.2° N	128.1° E	34	30
Becvar	**2.9° S**	**124.5° E**	**67**	**83**
Becvar D	1.5° S	126.5° E	15	83
Becvar E	2.0° S	127.8° E	15	83
Becvar J	3.6° S	126.6° E	45	83
Becvar Q	2.9° S	124.0° E	28	83
Becvar S	3.0° S	121.1° E	14	83
Becvar T	1.8° S	121.9° E	27	83
Becvar X	0.6° S	124.2° E	26	83
Beer	**27.1° N**	**9.1° W**	**9**	**41**
Beer A	27.2° N	8.6° W	4	41
Beer B	25.7° N	9.0° W	2	41
Beer E	27.8° N	7.8° W	3	41
Behaim	**16.5° S**	**79.4° E**	**55**	**99**
Behaim B	16.1° S	76.8° E	24	99
Behaim Ba	16.4° S	76.0° E	14	99
Behaim C	16.7° S	77.8° E	13	99
Behaim N	16.1° S	73.5° E	9	99
Behaim S	16.6° S	81.4° E	25	99
Behaim T	16.1° S	81.3° E	11	99
Beijerinck	**13.5° S**	**151.8° E**	**70**	**87**
Beijerinck C	11.0° S	153.7° E	20	87
Beijerinck D	12.8° S	153.1° E	14	87
Beijerinck H	14.2° S	153.3° E	16	87
Beijerinck J	14.8° S	153.7° E	40	87
Beijerinck R	14.7° S	149.2° E	28	88
Beijerinck S	14.2° S	147.2° E	27	88
Beijerinck U	12.4° S	149.0° E	18	88
Beijerinck V	12.7° S	150.1° E	42	87
Beketov	**16.3° N**	**29.2° E**	**8**	**42**
Beketov	16.3° N	29.2° E	8	42

Feature Name	Lat.	Long.	D	LAC
Bela	**24.7° N**	**2.3° E**	**11**	**41**
Bel'kovich	**61.1° N**	**90.2° E**	**214**	**15**
Bel'kovich A	58.7° N	86.0° E	58	15
Bel'kovich B	58.9° N	85.0° E	13	15
Bel'kovich K	63.8° N	93.6° E	47	15
Bell	**21.8° N**	**96.4° W**	**86**	**54**
Bell E	22.0° N	95.8° W	15	54
Bell J	19.9° N	94.0° W	18	54
Bell K	18.3° N	95.1° W	18	54
Bell L	19.7° N	95.8° W	23	54
Bell N	19.5° N	96.9° W	18	54
Bell Q	20.7° N	97.2° W	23	54
Bell T	21.9° N	98.9° W	52	54
Bell Y	25.4° N	96.7° W	23	54
Bellinsgauzen	**60.6° S**	**164.6° W**	**63**	**133**
Bellot	**12.4° S**	**48.2° E**	**17**	**79**
Bellot A	13.4° S	47.7° E	8	79
Bellot B	13.5° S	47.8° E	7	79
Belopolsky	**17.2° S**	**128.1° W**	**59**	**53**
Belyaev	**23.3° N**	**143.5° E**	**54**	**48**
Belyaev Q	20.6° N	139.4° E	50	48
Bench	**3.2° S**	**23.4° W**	**0**	**76**
Benedict	**4.4° N**	**141.5° E**	**14**	**66**
Bergman	**7.0° N**	**137.5° E**	**21**	**66**
Bergstrand	**18.8° S**	**176.3° E**	**43**	**104**
Bergstrand G	20.0° S	179.4° E	34	104
Bergstrand J	20.4° S	178.2° E	25	104
Bergstrand Q	20.1° S	175.1° E	59	104
Berkner	**25.2° N**	**105.2° W**	**86**	**54**
Berkner A	27.6° N	104.8° W	22	54
Berkner B	29.3° N	104.1° W	33	54
Berkner Y	27.8° N	106.2° W	31	54
Berlage	**63.2° S**	**162.8° W**	**92**	**133**
Berlage R	64.0° S	167.6° W	25	133
Bernouilli	**35.0° N**	**60.7° E**	**47**	**28**
Bernouilli A	36.4° N	60.9° E	22	28
Bernouilli B	36.9° N	65.6° E	22	28
Bernouilli C	35.3° N	67.2° E	19	28
Bernouilli D	35.7° N	66.5° E	12	28
Bernouilli E	35.3° N	63.0° E	26	28
Bernouilli K	36.7° N	62.7° E	20	28
Berosus	**33.5° N**	**69.9° E**	**74**	**28**
Berosus A	33.1° N	68.1° E	12	28
Berosus F	34.0° N	66.6° E	22	28
Berosus K	32.1° N	70.9° E	6	28
Berzelius	**36.6° N**	**50.9° E**	**50**	**27**
Berzelius A	36.8° N	48.9° E	7	27
Berzelius B	32.6° N	43.1° E	23	27
Berzelius F	32.8° N	46.0° E	12	27
Berzelius K	35.5° N	47.0° E	7	27
Berzelius T	36.2° N	48.0° E	9	27
Berzelius W	38.2° N	53.0° E	6	27
Bessarion	**14.9° N**	**37.3° W**	**10**	**57**
Bessarion A	17.1° N	39.8° W	13	39
Bessarion B	16.8° N	41.7° W	12	39
Bessarion C	16.0° N	42.6° W	9	57
Bessarion D	19.8° N	41.7° W	9	39
Bessarion E	15.4° N	37.3° W	8	57
Bessarion G	14.9° N	40.3° W	4	57
Bessarion H	15.3° N	41.4° W	5	57
Bessarion V	15.0° N	35.0° W	3	57
Bessarion W	16.7° N	36.9° W	3	57
Bessel	**21.8° N**	**17.9° E**	**15**	**42**
Bessel A	24.7° N	21.0° E	8	42
Bessel D	27.3° N	19.9° E	5	42
Bessel E	19.6° N	15.5° E	7	42
Bessel F	21.2° N	13.8° E	1	42
Bessel G	21.1° N	14.7° E	1	42
Bessel H	25.7° N	20.0° E	4	42
Bettinus	**63.4° S**	**44.8° W**	**71**	**125**
Bettinus A	64.9° S	48.8° W	26	136
Bettinus B	63.6° S	51.0° W	24	124
Bettinus C	63.3° S	37.7° W	20	125
Bettinus D	65.0° S	46.4° W	9	136
Bettinus E	63.2° S	42.1° W	7	124
Bettinus F	62.9° S	43.3° W	6	125
Bettinus G	61.5° S	44.3° W	7	125
Bettinus H	64.6° S	43.7° W	8	125
Bhabha	**55.1° S**	**164.5° W**	**64**	**133**
Bianchini	**48.7° N**	**34.3° W**	**38**	**11**
Bianchini D	47.6° N	35.8° W	7	24
Bianchini G	46.7° N	32.7° W	4	24
Bianchini H	48.0° N	32.7° W	7	11
Bianchini M	48.4° N	30.6° W	4	11
Bianchini N	48.5° N	31.0° W	5	11
Bianchini W	48.5° N	33.7° W	9	11
Biela	**54.9° S**	**51.3° E**	**76**	**128**
Biela A	52.9° S	53.3° E	26	128
Biela B	56.5° S	49.6° E	43	128
Biela C	54.3° S	53.5° E	26	128

Feature Name	Lat.	Long.	D	LAC
Biela D	55.8° S	56.3° E	14	128
Biela E	56.4° S	56.3° E	8	128
Biela F	56.3° S	54.5° E	9	128
Biela G	56.2° S	53.9° E	10	128
Biela H	57.9° S	54.2° E	8	128
Biela J	57.0° S	52.9° E	14	128
Biela T	53.8° S	49.9° E	7	128
Biela U	53.4° S	49.0° E	16	128
Biela V	53.6° S	48.5° E	6	128
Biela W	55.1° S	49.6° E	16	128
Biela Y	54.9° S	58.0° E	15	128
Biela Z	53.8° S	57.0° E	48	128
Bilharz	**5.8° S**	**56.3° E**	**43**	**80**
Billy	**13.8° S**	**50.1° W**	**45**	**74**
Billy A	14.3° S	46.3° W	7	75
Billy B	12.2° S	47.6° W	25	75
Billy C	16.1° S	49.0° W	6	93
Billy D	14.9° S	48.3° W	11	75
Billy E	15.0° S	49.6° W	2	75
Billy H	15.6° S	49.6° W	3	75
Billy K	12.9° S	48.7° W	4	75
Bingham	**8.1° N**	**115.1° E**	**33**	**65**
Bingham H	7.5° N	116.2° E	26	65
Biot	**22.6° S**	**51.1° E**	**12**	**98**
Biot A	22.2° S	48.9° E	15	97
Biot B	20.4° S	49.6° E	28	97
Biot C	22.0° S	51.1° E	8	98
Biot D	24.3° S	50.3° E	9	98
Biot E	24.6° S	50.9° E	8	98
Biot T	21.4° S	49.9° E	5	97
Birkeland	**30.2° S**	**173.9° E**	**82**	**104**
Birkeland M	32.0° S	174.1° E	23	104
Birkhoff	**58.7° N**	**146.1° W**	**345**	**19**
Birkhoff K	57.8° N	144.3° W	58	19
Birkhoff L	56.6° N	144.8° W	37	19
Birkhoff M	54.7° N	144.8° W	23	19
Birkhoff Q	56.6° N	150.8° W	43	19
Birkhoff R	57.5° N	153.0° W	27	19
Birkhoff X	62.1° N	149.7° W	77	19
Birkhoff Y	59.9° N	146.6° W	25	19
Birkhoff Z	61.3° N	145.3° W	30	19
Birmingham	**65.1° N**	**10.5° W**	**92**	**3**
Birmingham B	63.6° N	11.3° W	8	12
Birmingham G	64.5° N	10.2° W	5	3
Birmingham H	64.4° N	10.6° W	7	3
Birmingham K	65.0° N	13.1° W	6	3
Birt	**22.4° S**	**8.5° W**	**16**	**95**
Birt A	22.5° S	8.2° W	7	95
Birt B	22.2° S	10.2° W	5	94
Birt C	23.7° S	8.3° W	2	95
Birt D	21.0° S	9.8° W	3	95
Birt E	20.7° S	9.6° W	5	95
Birt F	22.3° S	9.1° W	3	95
Birt G	23.1° S	8.2° W	2	95
Birt H	23.0° S	9.1° W	2	95
Birt J	23.0° S	9.4° W	2	95
Birt K	22.4° S	9.7° W	2	95
Birt L	21.6° S	9.3° W	3	95
Bjerknes	**38.4° S**	**113.0° E**	**48**	**122**
Bjerknes A	36.0° S	113.7° E	18	122
Bjerknes B	37.2° S	113.8° E	20	122
Bjerknes E	38.0° S	115.0° E	54	122
Black	**9.2° S**	**80.4° E**	**18**	**81**
Blackett	**37.5° S**	**116.1° W**	**141**	**122**
Blackett N	39.9° S	116.2° W	23	122
Blagg	**1.3° N**	**1.5° E**	**5**	**59**
Blancanus	**63.8° S**	**21.4° W**	**117**	**125**
Blancanus A	64.4° S	21.6° W	6	137
Blancanus C	66.5° S	28.0° W	46	137
Blancanus D	63.3° S	16.5° W	24	126
Blancanus E	66.6° S	21.5° W	37	137
Blancanus F	65.1° S	27.4° W	9	137
Blancanus G	63.3° S	25.3° W	9	125
Blancanus H	65.5° S	23.5° W	7	137
Blancanus K	60.6° S	23.3° W	11	125
Blancanus N	63.4° S	25.8° W	11	125
Blancanus V	64.0° S	20.9° W	7	125
Blancanus W	60.9° S	20.2° W	9	125
Blanchard	**58.5° S**	**94.4° W**	**40**	**129**
Blanchinus	**25.4° S**	**2.5° E**	**61**	**95**
Blanchinus B	25.2° S	1.6° E	8	95
Blanchinus D	25.0° S	4.2° E	7	95
Blanchinus K	24.8° S	5.1° E	9	95
Blanchinus M	25.2° S	2.6° E	5	95
Blazhko	**31.6° N**	**148.0° W**	**54**	**52**
Blazhko D	33.0° N	145.2° W	34	34
Blazhko F	31.4° N	146.7° W	34	52
Blazhko L	29.3° N	147.6° W	44	52
Blazhko R	30.0° N	149.8° W	53	51
Bliss	**53.0° N**	**13.5° E**	**20**	**13**

Feature Name	Lat.	Long.	D	LAC
Block	**3.2° S**	**23.4° W**	**0**	**76**
Bobillier	**19.6° N**	**15.5° E**	**6**	**42**
Bobone	**26.9° N**	**131.8° W**	**31**	**52**
Bode	**6.7° N**	**2.4° W**	**18**	**59**
Bode A	9.0° N	1.2° W	12	59
Bode B	8.7° N	3.1° W	10	59
Bode C	12.2° N	4.8° W	7	59
Bode D	7.2° N	3.3° W	4	59
Bode E	12.4° N	3.4° W	7	59
Bode G	6.4° N	3.5° W	4	59
Bode H	12.2° N	6.5° W	4	59
Bode K	9.3° N	2.3° W	6	59
Bode L	5.6° N	3.8° W	5	59
Bode N	10.9° N	3.9° W	6	59
Boethius	**5.6° N**	**72.3° E**	**10**	**63**
Boguslawsky	**72.9° S**	**43.2° E**	**97**	**138**
Boguslawsky A	74.4° S	44.3° E	6	138
Boguslawsky B	73.9° S	61.0° E	63	139
Boguslawsky C	70.9° S	27.7° E	36	138
Boguslawsky D	72.8° S	47.3° E	24	138
Boguslawsky E	74.2° S	53.6° E	14	138
Boguslawsky F	75.3° S	52.5° E	30	138
Boguslawsky G	71.5° S	34.5° E	21	138
Boguslawsky H	72.8° S	29.1° E	19	138
Boguslawsky J	72.2° S	28.9° E	36	138
Boguslawsky K	73.5° S	50.9° E	46	138
Boguslawsky L	70.6° S	36.6° E	22	138
Boguslawsky M	70.6° S	35.2° E	9	138
Boguslawsky N	74.0° S	33.3° E	28	138
Bohnenberger	**16.2° S**	**40.0° E**	**33**	**79**
Bohnenberger A	17.8° S	40.1° E	30	97
Bohnenberger C	18.5° S	41.1° E	16	97
Bohnenberger D	18.3° S	42.6° E	14	97
Bohnenberger E	17.4° S	42.1° E	13	97
Bohnenberger F	14.7° S	39.6° E	10	79
Bohnenberger G	17.2° S	40.1° E	12	97
Bohnenberger J	14.8° S	40.3° E	5	79
Bohnenberger N	17.9° S	41.9° E	6	97
Bohnenberger P	19.1° S	41.4° E	11	97
Bohnenberger W	18.2° S	41.1° E	10	97
Bohr	**12.4° N**	**86.6° W**	**71**	**55**
Bok	**20.2° S**	**171.6° W**	**45**	**104**
Bok C	19.1° S	170.2° W	27	104
Boltzmann	**74.9° S**	**90.7° W**	**76**	**143**
Bolyai	**33.6° S**	**125.9° E**	**135**	**117**
Bolyai D	32.5° S	128.0° E	34	107
Bolyai K	36.3° S	126.8° E	29	107
Bolyai L	36.3° S	126.2° E	73	117
Bolyai Q	36.1° S	122.5° E	28	117
Bolyai W	32.2° S	123.9° E	50	117
Bombelli	**5.3° N**	**56.2° E**	**10**	**62**
Bondarenko	**17.8° S**	**136.3° E**	**30**	**102**
Bonpland	**8.3° S**	**17.4° W**	**60**	**76**
Bonpland C	10.2° S	17.4° W	4	76
Bonpland D	10.1° S	18.2° W	6	76
Bonpland E	9.8° S	22.7° W	7	76
Bonpland F	7.3° S	19.3° W	4	76
Bonpland G	11.6° S	18.8° W	4	76
Bonpland H	11.4° S	19.9° W	4	76
Bonpland J	11.4° S	20.4° W	3	76
Bonpland L	7.5° S	21.2° W	3	76
Bonpland N	9.4° S	21.4° W	3	76
Bonpland P	10.9° S	21.5° W	1	76
Bonpland R	10.7° S	18.6° W	3	76
Boole	**63.7° N**	**87.4° W**	**63**	**9**
Boole A	63.6° N	80.6° W	56	21
Boole B	63.6° N	77.3° W	9	10
Boole C	65.4° N	82.5° W	18	21
Boole D	64.0° N	83.5° W	10	9
Boole E	62.9° N	84.6° W	16	21
Boole F	64.2° N	79.4° W	34	9
Boole G	64.8° N	90.9° W	41	9
Boole H	61.6° N	88.9° W	75	21
Boole R	64.4° N	78.0° W	13	9
Borda	**25.1° S**	**46.6° E**	**44**	**97**
Borda A	26.8° S	51.0° E	19	98
Borda D	24.5° S	46.3° E	6	97
Borda E	24.0° S	45.5° E	12	97
Borda F	26.3° S	47.5° E	11	97
Borda G	26.2° S	45.4° E	6	97
Borda H	26.7° S	46.7° E	10	97
Borda J	26.9° S	47.0° E	17	97
Borda K	27.5° S	47.2° E	12	97
Borda L	27.0° S	47.7° E	12	97
Borda M	25.4° S	43.9° E	15	97
Borda R	27.4° S	50.5° E	17	98
Borel	**22.3° N**	**26.4° E**	**4**	**42**
Boris	**30.6° N**	**33.5° W**	**10**	**39**
Borman	**38.8° S**	**147.7° W**	**50**	**121**
Borman A	35.7° S	147.3° W	29	121

Feature Name	Lat.	Long.	D	LAC
Borman L	40.1° S	147.2° W	28	121
Borman V	37.4° S	150.6° W	28	121
Borman X	33.8° S	150.2° W	12	121
Borman Y	33.0° S	148.9° W	19	121
Borman Z	34.9° S	147.5° W	38	121
Born	**6.0° S**	**66.8° E**	**14**	**80**
Boscovich	**9.8° N**	**11.1° E**	**46**	**60**
Boscovich A	9.5° N	12.0° E	6	60
Boscovich B	9.8° N	9.2° E	5	59
Boscovich C	8.5° N	12.0° E	3	60
Boscovich D	9.0° N	12.2° E	5	60
Boscovich E	9.0° N	12.7° E	21	60
Boscovich F	10.6° N	11.4° E	5	60
Boscovich P	11.5° N	10.3° E	67	60
Bose	**53.5° S**	**170.0° W**	**91**	**132**
Bose A	49.3° S	166.5° W	28	132
Bose D	52.7° S	166.1° W	20	132
Bose U	52.8° S	174.6° W	38	132
Boss	**45.8° N**	**89.2° E**	**47**	**29**
Boss A	52.3° N	80.3° E	27	15
Boss B	52.0° N	77.1° E	12	15
Boss C	52.2° N	76.4° E	21	15
Boss D	44.9° N	87.4° E	15	29
Boss F	54.5° N	86.8° E	36	29
Boss K	49.6° N	80.7° E	19	15
Boss L	50.9° N	82.3° E	40	15
Boss M	52.0° N	83.8° E	13	15
Boss N	52.2° N	85.2° E	16	15
Bouguer	**52.3° N**	**35.8° W**	**22**	**11**
Bouguer A	52.5° N	33.8° W	8	11
Bouguer B	53.3° N	33.0° W	7	11
Boussingault	**70.2° S**	**54.6° E**	**142**	**138**
Boussingault A	69.9° S	54.0° E	72	138
Boussingault B	65.6° S	46.9° E	54	138
Boussingault C	65.1° S	48.2° E	24	138
Boussingault D	63.5° S	44.9° E	9	128
Boussingault E	67.2° S	46.8° E	98	138
Boussingault F	68.8° S	39.4° E	16	138
Boussingault G	71.4° S	51.8° E	5	138
Boussingault K	68.9° S	50.9° E	29	138
Boussingault N	71.5° S	62.1° E	15	139
Boussingault P	67.1° S	45.1° E	13	138
Boussingault R	64.3° S	48.6° E	12	138
Boussingault S	64.1° S	46.9° E	16	128
Boussingault T	63.0° S	43.2° E	20	138
Bouvard B	41.7° S	79.7° W	25	109
Bouvard C	37.1° S	77.3° W	16	109
Bouvard D	42.8° S	80.5° W	26	109
Bouvard E	41.9° S	77.4° W	14	109
Bouvard F	42.5° S	76.4° W	11	109
Bouvard G	42.1° S	74.6° W	21	109
Bouvard M	40.6° S	77.4° W	69	109
Bouvard N	38.6° S	76.5° W	66	109
Bouvard P	39.0° S	75.0° W	13	109
Bouvard R	35.5° S	84.2° W	8	109
Bouvard S	35.6° S	80.5° W	12	109
Bowditch	**25.0° S**	**103.1° E**	**40**	**100**
Bowditch M	26.7° S	103.3° E	16	100
Bowditch N	26.6° S	102.8° E	16	100
Bowen	**17.6° N**	**9.1° E**	**8**	**41**
Bowen-Apollo	**20.3° N**	**30.9° E**	**0**	**43**
Boyle	**53.1° S**	**178.1° E**	**57**	**132**
Boyle A	50.8° S	178.3° E	21	132
Boyle Z	51.3° S	177.7° E	52	132
Brackett	**17.9° N**	**23.6° E**	**8**	**42**
Bradley H	22.9° N	0.3° W	5	41
Bradley K	23.3° N	0.7° W	4	41
Bragg	**42.5° N**	**102.9° W**	**84**	**36**
Bragg H	41.7° N	101.0° W	40	36
Bragg M	39.1° N	102.5° W	45	36
Bragg P	40.0° N	104.4° W	30	36
Brashear	**73.8° S**	**170.7° W**	**55**	**141**
Brashear P	76.8° S	175.7° W	71	141
Brayley	**20.9° N**	**36.9° W**	**14**	**39**
Brayley B	20.8° N	34.3° W	10	39
Brayley C	21.4° N	39.4° W	9	39
Brayley D	20.1° N	32.8° W	6	39
Brayley E	21.2° N	39.7° W	5	39
Brayley F	21.1° N	34.0° W	5	39
Brayley G	24.2° N	36.5° W	5	39
Brayley K	21.2° N	41.7° W	3	39
Brayley L	20.9° N	42.6° W	4	39
Brayley S	25.0° N	36.7° W	3	39
Bredikhin	**17.3° N**	**158.2° W**	**59**	**51**
Bredikhin B	19.0° N	157.4° W	18	51
Breislak	**48.2° S**	**18.3° E**	**49**	**127**
Breislak A	47.0° S	17.4° E	7	113
Breislak B	47.6° S	18.1° E	7	113
Breislak C	48.9° S	18.8° E	6	127
Breislak D	48.0° S	18.7° E	5	113
Breislak E	47.7° S	19.1° E	8	113
Breislak F	48.4° S	19.4° E	7	127
Breislak G	46.9° S	19.1° E	16	113
Brenner	**39.0° S**	**39.3° E**	**97**	**114**
Brenner A	40.4° S	40.0° E	32	114
Brenner B	37.4° S	41.8° E	10	114
Brenner C	36.5° S	41.9° E	7	114
Brenner D	36.2° S	38.7° E	8	114
Brenner E	38.9° S	40.5° E	14	114
Brenner F	40.6° S	37.0° E	14	114
Brenner H	36.9° S	38.7° E	8	114
Brenner J	37.7° S	36.6° E	8	114
Brenner K	38.0° S	37.3° E	7	114
Brenner L	38.1° S	36.6° E	5	114
Brenner M	38.8° S	36.9° E	7	114
Brenner N	39.0° S	36.7° E	7	114
Brenner P	38.8° S	35.3° E	7	114
Brenner Q	39.2° S	35.9° E	8	114
Brenner R	40.7° S	38.3° E	10	114
Brenner S	38.4° S	36.2° E	6	114
Brewster	**23.3° N**	**34.7° E**	**10**	**43**
Brianchon	**75.0° N**	**86.2° W**	**134**	**9**
Brianchon A	76.7° N	86.3° W	50	9
Brianchon B	72.2° N	89.1° W	31	9
Brianchon T	75.8° N	99.8° W	30	9
Bridge	**26.0° N**	**3.6° E**	**1**	**41**
Bridgman	**43.5° N**	**137.1° E**	**80**	**31**
Bridgman C	46.7° N	140.2° E	35	31
Bridgman E	44.1° N	141.7° E	29	31
Bridgman F	44.0° N	141.2° E	51	41
Briggs	**26.5° N**	**69.1° W**	**37**	**38**
Briggs A	27.1° N	73.7° W	23	37
Briggs B	28.1° N	70.9° W	25	37
Briggs C	25.0° N	66.9° W	6	38
Brisbane	**49.1° S**	**68.5° E**	**44**	**128**
Brisbane E	50.0° S	71.2° E	56	129
Brisbane H	50.3° S	64.9° E	43	128
Brisbane X	50.4° S	67.4° E	20	128
Brisbane Y	51.4° S	69.8° E	17	128
Brisbane Z	52.8° S	72.4° E	64	129
Bronk	**26.1° N**	**134.5° W**	**64**	**52**
Bronte	**20.2° N**	**30.7° E**	**0**	**43**
Brouwer	**36.2° S**	**126.0° W**	**158**	**122**
Brouwer C	33.4° S	122.1° W	26	122
Brouwer H	35.9° S	124.4° W	19	122
Brouwer P	38.6° S	126.5° W	29	122
Brown	**46.4° S**	**17.9° W**	**34**	**111**
Brown A	48.1° S	17.4° W	16	125
Brown B	44.7° S	16.1° W	12	111
Brown C	47.6° S	17.0° W	13	111
Brown D	46.0° S	16.1° W	20	111
Brown E	46.8° S	17.6° W	22	111
Brown F	46.9° S	18.3° W	6	111
Brown G	45.5° S	16.8° W	5	111
Brown K	46.6° S	15.6° W	16	111
Bruce	**1.1° N**	**0.4° E**	**6**	**59**
Brunner	**9.9° S**	**90.9° E**	**53**	**82**
Brunner L	12.4° S	91.3° E	34	82
Brunner N	11.4° S	90.7° E	18	82
Brunner P	12.5° S	90.1° E	19	82
Buch	**38.8° S**	**17.7° E**	**53**	**113**
Buch A	41.0° S	17.6° E	19	113
Buch B	37.8° S	17.0° E	6	113
Buch C	37.3° S	17.2° E	28	113
Buch D	39.6° S	16.5° E	7	113
Buch E	39.0° S	16.5° E	6	113
Buffon	**40.4° S**	**133.4° W**	**106**	**122**
Buffon D	40.2° S	131.7° W	20	122
Buffon H	42.3° S	128.5° W	26	122
Buffon K	46.3° S	128.0° W	18	122
Buffon V	39.2° S	137.1° W	38	122
Buisson	**1.4° S**	**112.5° E**	**56**	**83**
Buisson V	0.6° S	110.8° E	22	83
Buisson X	1.6° N	111.6° E	21	65
Buisson Y	1.4° N	112.6° E	36	65
Buisson Z	0.0° S	112.5° E	98	83
Bullialdus	**20.7° S**	**22.2° W**	**60**	**94**
Bullialdus A	22.1° S	21.5° W	26	94
Bullialdus B	23.4° S	21.9° W	21	94
Bullialdus E	21.7° S	23.9° W	4	94
Bullialdus F	22.5° S	24.8° W	6	94
Bullialdus G	23.2° S	23.6° W	4	94
Bullialdus H	22.7° S	19.3° W	5	94
Bullialdus K	21.8° S	25.6° W	12	94
Bullialdus L	20.2° S	24.4° W	4	94
Bullialdus R	20.1° S	19.8° W	17	94
Bullialdus Y	18.5° S	19.1° W	4	94
Bunsen	**41.4° N**	**85.3° W**	**52**	**22**
Bunsen A	43.2° N	88.9° W	39	36
Bunsen B	44.2° N	88.2° W	20	36
Bunsen C	44.2° N	90.0° W	18	36
Bunsen D	40.9° N	86.9° W	14	36
Burckhardt	**31.1° N**	**56.5° E**	**56**	**27**
Burckhardt A	30.5° N	58.8° E	28	44
Burckhardt B	29.9° N	60.1° E	11	44
Burckhardt C	31.6° N	59.0° E	6	44
Burckhardt E	30.6° N	55.7° E	39	44
Burckhardt F	31.1° N	57.2° E	13	44
Burckhardt G	32.1° N	57.5° E	7	27
Burg	**45.0° N**	**28.2° E**	**39**	**26**
Burg A	46.8° N	33.1° E	12	26
Burg B	42.6° N	23.5° E	6	26
Burnham	**13.9° S**	**7.3° E**	**24**	**77**
Burnham A	14.8° S	7.1° E	7	77
Burnham B	15.3° S	7.3° E	4	77
Burnham F	14.3° S	6.9° E	9	77
Burnham K	13.6° S	7.4° E	3	77
Burnham L	14.2° S	7.6° E	4	77
Burnham M	14.1° S	9.0° E	9	77
Burnham T	14.7° S	9.6° E	4	77
Busching	**38.0° S**	**20.0° E**	**52**	**113**
Busching A	38.3° S	20.4° E	6	113
Busching B	39.0° S	22.8° E	17	113
Busching C	37.2° S	19.6° E	7	113
Busching D	38.6° S	22.0° E	33	113
Busching E	36.6° S	18.4° E	15	113
Busching F	39.0° S	21.0° E	6	113
Busching G	39.5° S	21.6° E	8	113
Busching H	37.4° S	21.1° E	5	113
Busching J	39.5° S	22.2° E	7	113
Busching K	37.9° S	18.7° E	5	113
Butlerov	**12.5° N**	**108.7° W**	**40**	**72**
Buys-Ballot	**20.8° N**	**174.5° E**	**55**	**50**
Buys-Ballot H	19.4° N	179.5° E	22	50
Buys-Ballot Q	19.5° N	172.7° E	58	50
Buys-Ballot Y	22.9° N	174.0° E	31	50
Buys-Ballot Z	22.5° N	174.5° E	58	50
Byrd	**85.3° N**	**9.8° E**	**93**	**1**
Byrd C	84.7° N	26.8° E	52	1
Byrd D	85.4° N	32.7° E	24	1
Byrgius	**24.7° S**	**65.3° W**	**87**	**92**
Byrgius A	24.5° S	63.7° W	19	92
Byrgius B	23.9° S	60.8° W	23	92
Byrgius D	24.1° S	67.1° W	27	92
Byrgius E	23.5° S	66.2° W	18	92
Byrgius H	23.7° S	62.4° W	27	92
Byrgius K	23.0° S	61.8° W	14	92
Byrgius N	22.3° S	63.1° W	20	92
Byrgius P	22.6° S	64.1° W	19	92
Byrgius R	26.5° S	60.7° W	7	92
Byrgius S	26.2° S	61.4° W	43	92
Byrgius T	25.1° S	61.5° W	5	92
Byrgius U	25.8° S	67.2° W	13	92
Byrgius V	26.0° S	67.8° W	9	92
Byrgius W	26.1° S	68.5° W	14	92
Byrgius X	25.7° S	65.4° W	6	92
C. Herschel	**34.5° N**	**31.2° W**	**13**	**24**
C. Herschel C	37.2° N	32.5° W	7	24
C. Herschel E	34.2° N	34.7° W	5	24
C. Herschel U	36.2° N	31.5° W	3	24
C. Herschel V	36.4° N	33.5° W	4	24
C. Mayer	**63.2° N**	**17.3° E**	**38**	**13**
C. Mayer B	60.2° N	15.6° E	36	13
C. Mayer D	62.1° N	18.6° E	66	13
C. Mayer E	61.1° N	16.0° E	12	13
C. Mayer F	62.0° N	19.5° E	7	13
C. Mayer H	64.1° N	14.7° E	43	4
Cabannes	**60.9° S**	**169.6° W**	**80**	**132**
Cabannes J	62.2° S	167.2° W	34	133
Cabannes M	64.2° S	170.2° W	48	141
Cabannes Q	63.3° S	174.5° W	49	132
Cabeus	**84.9° S**	**35.5° W**	**98**	**144**
Cabeus A	82.2° S	39.1° W	48	144
Cabeus B	82.4° S	53.0° W	61	144
Cailleux	**60.8° S**	**153.3° E**	**50**	**118**
Cajal	**12.6° N**	**31.1° E**	**9**	**61**
Cajori	**47.4° S**	**168.8° E**	**70**	**119**
Cajori K	49.1° S	169.8° E	32	132
Calippus	**38.9° N**	**10.7° E**	**32**	**26**
Calippus A	37.0° N	7.9° E	16	25
Calippus B	36.0° N	10.0° E	7	25
Calippus C	39.6° N	9.1° E	40	25
Calippus D	36.3° N	11.3° E	4	26
Calippus E	38.9° N	11.9° E	5	26
Calippus F	40.5° N	10.0° E	6	25
Calippus G	41.3° N	11.5° E	4	26
Camelot	**20.2° N**	**30.7° E**	**1**	**43**
Cameron	**6.2° N**	**45.9° E**	**10**	**61**
Campanus	**28.0° S**	**27.8° W**	**48**	**94**
Campanus A	26.0° S	28.6° W	11	94
Campanus B	29.2° S	29.2° W	6	94
Campanus G	28.6° S	31.3° W	10	93
Campanus K	26.6° S	28.3° W	5	93
Campanus X	27.8° S	27.3° W	4	94
Campanus Y	27.8° S	28.2° W	4	94
Campbell	**45.3° N**	**151.4° E**	**219**	**31**
Campbell A	52.2° N	155.2° E	20	17
Campbell E	46.4° N	158.6° E	15	32
Campbell N	43.2° N	152.3° E	23	31
Campbell X	47.7° N	149.4° E	24	31
Campbell Z	48.8° N	152.9° E	28	17
Cannizzaro	**55.6° N**	**99.6° W**	**56**	**21**
Cannon	**19.9° N**	**81.4° E**	**56**	**45**
Cannon B	17.5° N	80.0° E	31	45
Cannon E	19.2° N	79.1° E	22	45
Cantor	**38.2° N**	**118.6° E**	**81**	**30**
Cantor C	39.5° N	120.3° E	21	30
Cantor T	37.9° N	113.4° E	23	30
Capella	**7.5° S**	**35.0° E**	**49**	**79**
Capella A	7.6° S	37.2° E	13	79
Capella B	9.4° S	36.8° E	10	79
Capella C	5.7° S	36.3° E	11	79
Capella D	6.7° S	37.6° E	8	79
Capella E	7.5° S	37.7° E	16	79
Capella F	9.2° S	35.4° E	14	79
Capella G	6.8° S	36.9° E	12	79
Capella H	8.1° S	37.4° E	9	79
Capella J	9.4° S	36.0° E	9	79
Capella M	4.4° S	37.0° E	12	79
Capella R	6.0° S	35.2° E	7	79
Capella T	6.9° S	34.2° E	6	79
Capuanus	**34.1° S**	**26.7° W**	**59**	**111**
Capuanus A	34.7° S	25.6° W	13	111
Capuanus B	34.3° S	27.7° W	11	111
Capuanus C	34.9° S	25.3° W	10	111
Capuanus D	36.4° S	26.2° W	22	111
Capuanus E	37.5° S	27.1° W	29	111
Capuanus F	36.9° S	26.6° W	8	111
Capuanus H	39.4° S	27.2° W	4	111
Capuanus K	37.9° S	26.5° W	9	111
Capuanus L	38.3° S	26.3° W	11	111
Capuanus M	37.5° S	25.6° W	7	111
Capuanus P	35.3° S	28.3° W	78	111
Cardanus	**13.2° N**	**72.5° W**	**49**	**55**
Cardanus B	11.4° N	73.8° W	13	55
Cardanus C	11.3° N	76.2° W	14	55
Cardanus E	12.7° N	70.7° W	6	55
Cardanus G	11.5° N	74.9° W	8	55
Cardanus K	14.2° N	76.8° W	8	55
Cardanus M	14.9° N	77.1° W	9	55
Cardanus R	12.3° N	73.4° W	21	55
Carlini	**33.7° N**	**24.1° W**	**10**	**24**
Carlini A	35.4° N	26.6° W	7	24
Carlini B	30.4° N	20.9° W	8	40
Carlini C	35.0° N	22.9° W	4	24
Carlini D	33.0° N	16.0° W	9	24
Carlini E	31.6° N	20.5° W	1	40
Carlini G	32.6° N	25.0° W	4	24
Carlini H	32.4° N	24.4° W	4	24
Carlini K	31.1° N	23.7° W	4	40
Carlini L	31.3° N	24.8° W	3	40
Carlini S	37.9° N	27.2° W	4	24
Carlos	**24.9° N**	**2.3° E**	**4**	**41**
Carmichael	**19.6° N**	**40.4° E**	**20**	**43**
Carnot	**52.3° N**	**143.5° W**	**126**	**19**
Carnot F	52.5° N	138.9° W	35	20
Carol	**8.5° N**	**122.3° E**	**8**	**65**
Carpenter	**69.4° N**	**50.9° W**	**59**	**2**
Carpenter T	70.2° N	58.3° W	9	2
Carpenter U	70.6° N	57.0° W	26	2
Carpenter V	71.8° N	54.1° W	6	2
Carpenter W	72.3° N	59.8° W	10	2
Carpenter Y	71.9° N	62.7° W	9	2
Carrel	**10.7° N**	**26.7° E**	**15**	**60**
Carrillo	**2.2° S**	**80.9° E**	**16**	**81**
Carrington	**44.0° N**	**62.1° E**	**30**	**28**
Cartan	**4.2° N**	**59.3° E**	**15**	**62**
Carver	**43.0° S**	**126.9° E**	**59**	**117**
Carver K	46.2° S	128.5° E	60	117
Carver L	45.2° S	127.8° E	33	117
Carver M	45.0° S	126.8° E	76	117
Casatus	**72.8° S**	**29.5° W**	**108**	**137**
Casatus A	73.0° S	38.9° W	56	136
Casatus C	72.2° S	30.2° W	17	137
Casatus D	77.2° S	44.3° W	36	136
Casatus E	79.1° S	53.2° W	41	136
Casatus H	72.0° S	21.3° W	35	137
Casatus J	74.3° S	32.8° W	22	137

Feature Name	Lat.	Long.	D	LAC
Casatus K	75.0° S	41.4° W	36	136
Cassegrain	**52.4° S**	**113.5° E**	**55**	**130**
Cassegrain B	49.0° S	114.0° E	39	130
Cassegrain H	53.1° S	115.6° E	28	130
Cassegrain K	55.0° S	113.5° E	17	130
Cassini	**40.2° N**	**4.6° E**	**56**	**25**
Cassini A	40.5° N	4.8° E	15	25
Cassini B	39.9° N	3.9° E	9	25
Cassini C	41.7° N	7.8° E	14	25
Cassini E	42.9° N	7.3° E	10	25
Cassini F	40.9° N	7.3° E	7	25
Cassini G	44.7° N	5.5° E	5	25
Cassini K	45.2° N	4.1° E	4	25
Cassini L	44.0° N	4.5° E	6	25
Cassini M	41.3° N	3.7° E	8	25
Cassini P	44.7° N	1.9° E	4	25
Cassini W	42.3° N	4.3° E	6	25
Cassini X	43.9° N	7.9° E	4	25
Cassini Y	41.9° N	2.2° E	3	25
Cassini Z	43.4° N	2.3° E	4	25
Catalan	**45.7° S**	**87.3° W**	**25**	**123**
Catalan A	45.7° S	89.2° W	21	123
Catalan B	45.6° S	88.4° W	14	123
Catalan U	45.1° S	90.6° W	20	123
Catena Abulfeda	16.9° S	17.2° E	219	96
Catena Artamonov	26.0° N	105.9° E	134	46
Catena Brigitte	18.5° N	27.5° E	5	42
Catena Davy	11.0° S	7.0° W	50	77
Catena Dziewulski	19.0° N	100.0° E	80	46
Catena Gregory	0.6° S	129.9° E	152	83
Catena Humboldt	21.5° S	84.6° E	165	91
Catena Krafft	15.0° N	72.0° W	60	55
Catena Kurchatov	37.2° N	136.3° E	226	31
Catena Leuschner (Gdl)	4.7° N	110.1° W	364	71
Catena Littrow	22.2° N	29.5° E	10	42
Catena Lucretius (Rnii)	3.4° S	126.1° W	271	89
Catena Mendeleev	6.3° N	139.4° E	188	66
Catena Michelson (Gird)	1.4° N	113.4° W	456	71
Catena Pierre	19.8° N	31.8° W	9	39
Catena Sumner	37.3° N	112.3° E	247	30
Catena Sylvester	81.4° N	86.2° W	173	1
Catena Taruntius	3.0° N	48.0° E	100	61
Catena Timocharis	29.0° N	13.0° W	50	40
Catena Yuri	24.4° N	30.4° W	5	39
Catharina	**18.1° S**	**23.4° E**	**104**	**96**
Catharina A	20.2° S	22.3° E	14	96
Catharina B	17.0° S	24.3° E	24	96
Catharina C	20.3° S	24.4° E	28	96
Catharina D	16.8° S	21.4° E	9	96
Catharina E	17.1° S	21.3° E	7	96
Catharina F	19.5° S	23.1° E	7	96
Catharina G	17.4° S	24.9° E	17	96
Catharina H	19.2° S	25.4° E	6	96
Catharina J	19.4° S	22.2° E	6	96
Catharina K	20.0° S	23.9° E	7	96
Catharina L	21.0° S	24.3° E	5	96
Catharina M	19.2° S	20.7° E	6	96
Catharina P	17.2° S	23.3° E	46	96
Catharina S	18.8° S	23.3° E	16	96
Cauchy	**9.6° N**	**38.6° E**	**12**	**61**
Cauchy A	12.1° N	37.9° E	8	61
Cauchy B	9.8° N	35.8° E	6	61
Cauchy C	8.2° N	38.9° E	4	61
Cauchy D	10.0° N	40.3° E	9	61
Cauchy E	8.9° N	38.6° E	4	61
Cauchy F	9.6° N	36.8° E	4	61
Cauchy M	7.6° N	35.1° E	5	61
Cauchy U	8.8° N	42.3° E	5	61
Cauchy V	9.0° N	41.5° E	5	61
Cauchy W	10.6° N	41.6° E	4	61
Cavalerius	**5.1° N**	**66.8° W**	**57**	**56**
Cavalerius A	4.5° N	69.5° W	14	56
Cavalerius B	6.0° N	71.0° W	39	55
Cavalerius C	5.8° N	69.2° W	8	56
Cavalerius D	8.6° N	65.3° W	52	56
Cavalerius E	7.7° N	69.9° W	9	56
Cavalerius F	8.1° N	65.3° W	7	56
Cavalerius K	10.3° N	69.2° W	10	56
Cavalerius L	10.4° N	70.2° W	10	55
Cavalerius M	10.3° N	71.5° W	12	55
Cavalerius U	10.1° N	67.4° W	7	56
Cavalerius W	6.9° N	67.3° W	7	56
Cavalerius X	9.2° N	66.6° W	4	56
Cavalerius Y	10.7° N	69.8° W	7	56
Cavalerius Z	11.0° N	69.5° W	4	56
Cavendish	**24.5° S**	**53.7° W**	**56**	**92**
Cavendish A	24.0° S	52.7° W	10	92
Cavendish B	23.2° S	55.1° W	10	92
Cavendish E	25.4° S	54.2° W	24	92
Cavendish F	26.1° S	54.0° W	18	92
Cavendish L	21.7° S	53.6° W	5	92
Cavendish M	22.0° S	53.8° W	6	92
Cavendish N	22.1° S	54.3° W	4	92
Cavendish P	24.2° S	51.6° W	4	92
Cavendish S	23.8° S	52.4° W	5	92
Cavendish T	24.8° S	55.2° W	4	92
Caventou	**29.8° N**	**29.4° W**	**3**	**40**
Cayley	**4.0° N**	**15.1° E**	**14**	**60**
Celsius	**34.1° S**	**20.1° E**	**36**	**113**
Celsius A	33.0° S	20.5° E	14	113
Celsius B	34.6° S	19.7° E	6	113
Celsius D	34.7° S	19.1° E	19	113
Celsius E	32.9° S	20.1° E	11	113
Celsius H	33.8° S	20.1° E	6	113
Censorinus	**0.4° S**	**32.7° E**	**3**	**79**
Censorinus A	0.4° S	33.0° E	7	79
Censorinus B	2.0° S	31.4° E	8	79
Censorinus C	3.0° S	34.1° E	28	79
Censorinus D	1.9° S	35.8° E	10	79
Censorinus E	3.6° S	34.8° E	12	79
Censorinus F	3.2° S	37.4° E	13	79
Censorinus H	1.8° S	33.7° E	10	79
Censorinus J	1.0° S	31.3° E	5	79
Censorinus K	1.0° S	28.8° E	4	78
Censorinus L	2.5° S	31.2° E	4	79
Censorinus N	1.9° S	36.5° E	36	79
Censorinus S	3.8° S	36.1° E	17	79
Censorinus T	3.2° S	31.1° E	5	79
Censorinus U	1.5° S	34.4° E	3	79
Censorinus V	0.6° S	35.4° E	4	79
Censorinus W	1.0° S	37.5° E	9	79
Censorinus X	0.5° S	37.2° E	18	79
Censorinus Z	3.7° S	36.8° E	12	79
Cepheus	**40.8° N**	**45.8° E**	**39**	**27**
Cepheus A	41.0° N	46.5° E	13	27
Ceraski	**49.0° S**	**141.6° E**	**56**	**131**
Ceraski K	53.0° S	144.6° E	45	131
Ceraski P	51.3° S	139.6° E	33	131
Chacornac	**29.8° N**	**31.7° E**	**51**	**43**
Chacornac A	29.8° N	31.5° E	5	43
Chacornac B	29.0° N	31.9° E	6	43
Chacornac C	30.8° N	32.6° E	4	43
Chacornac D	30.6° N	33.6° E	26	43
Chacornac E	29.4° N	33.7° E	22	43
Chacornac F	29.2° N	32.9° E	26	43
Chadwick	**52.7° S**	**101.3° W**	**30**	**135**
Chaffee	**38.8° S**	**153.9° W**	**49**	**121**
Chaffee F	38.8° S	152.5° W	35	121
Chaffee S	39.5° S	156.6° W	19	121
Chaffee W	38.2° S	155.3° W	25	121
Challis	**79.5° N**	**9.2° E**	**55**	**3**
Challis A	77.2° N	2.3° E	32	3
Chalonge	**21.2° S**	**117.3° W**	**30**	**107**
Chamberlin	**58.9° S**	**95.7° E**	**58**	**129**
Chamberlin D	57.5° S	102.1° E	21	130
Chamberlin H	59.8° S	99.9° E	27	129
Chamberlin R	60.0° S	92.3° E	38	129
Champollion	**37.4° N**	**175.2° E**	**58**	**32**
Champollion A	41.1° N	177.1° E	27	32
Champollion F	37.3° N	177.8° E	21	32
Champollion K	36.5° N	176.4° E	22	32
Champollion Y	40.8° N	174.7° E	22	32
Chandler	**43.8° N**	**171.5° E**	**85**	**32**
Chandler G	43.3° N	175.8° E	33	32
Chandler P	41.7° N	170.3° E	67	32
Chandler Q	41.2° N	169.2° E	16	32
Chandler U	45.5° N	166.7° E	14	32
Chang Heng	**19.0° N**	**112.2° E**	**43**	**47**
Chang Heng C	20.4° N	114.0° E	25	47
Chang-Ngo	**12.7° S**	**2.1° W**	**3**	**77**
Chant	**40.0° S**	**109.2° W**	**33**	**123**
Chaplygin	**6.2° S**	**150.3° E**	**137**	**85**
Chaplygin K	7.7° S	151.2° E	19	85
Chaplygin Q	7.7° S	147.8° E	12	84
Chaplygin Y	2.8° S	149.7° E	29	84
Chapman	**50.4° N**	**100.7° W**	**71**	**21**
Chapman D	51.4° N	96.8° W	39	21
Chapman M	49.0° N	100.7° W	38	21
Chapman V	51.0° N	103.8° W	21	21
Chappe	**61.2° S**	**91.5° W**	**59**	**135**
Chappell	**54.7° N**	**177.0° W**	**80**	**18**
Chappell E	55.8° N	171.5° W	59	18
Chappell T	54.8° N	178.9° E	28	18
Charles	**29.9° N**	**26.4° W**	**1**	**40**
Charlier	**36.6° N**	**131.5° W**	**99**	**35**
Charlier Z	39.7° N	131.6° W	46	35
Chaucer	**3.7° N**	**140.0° W**	**45**	**70**
Chaucer B	6.5° N	137.4° W	27	70
Chaucer P	1.8° N	141.3° W	13	70
Chauvenet	**11.5° S**	**137.0° E**	**81**	**84**
Chauvenet C	10.4° S	138.0° E	48	84
Chauvenet D	10.6° S	139.7° E	14	84
Chauvenet E	11.4° S	140.7° E	27	84
Chauvenet G	12.7° S	141.0° E	26	84
Chauvenet J	13.9° S	139.3° E	77	84
Chauvenet L	13.3° S	137.5° E	10	84
Chauvenet P	14.5° S	135.8° E	12	84
Chauvenet Q	13.3° S	135.4° E	42	84
Chauvenet S	12.3° S	134.4° E	38	84
Chauvenet U	11.0° S	135.2° E	11	84
Chebyshev	**33.7° S**	**133.1° W**	**178**	**122**
Chebyshev C	30.3° S	127.2° W	27	107
Chebyshev N	37.7° S	134.4° W	24	121
Chebyshev U	33.3° S	137.0° W	36	121
Chebyshev V	33.5° S	133.6° W	23	121
Chernyshev	**47.3° N**	**174.2° E**	**58**	**32**
Chernyshev B	48.5° N	175.7° E	20	18
Chevallier	**44.9° N**	**51.2° E**	**52**	**27**
Chevallier B	45.2° N	51.9° E	13	27
Chevallier F	46.1° N	56.5° E	9	27
Chevallier K	43.5° N	50.9° E	6	27
Chevallier M	46.0° N	51.2° E	16	27
Ching-Te	**20.0° N**	**30.0° E**	**4**	**42**
Chladni	**4.0° N**	**1.1° E**	**13**	**59**
Chretien	**45.9° S**	**162.9° E**	**88**	**119**
Chretien A	43.9° S	163.6° E	13	119
Chretien C	44.5° S	165.3° E	63	119
Chretien S	46.5° S	160.5° E	40	119
Chretien W	44.3° S	160.8° E	34	119
Christel	**24.5° N**	**11.0° E**	**2**	**42**
Cichus	**33.3° S**	**21.1° W**	**40**	**111**
Cichus A	34.8° S	21.4° W	21	111
Cichus B	33.2° S	19.3° W	14	111
Cichus C	33.5° S	21.8° W	11	111
Cichus F	35.7° S	22.4° W	8	111
Cichus G	35.5° S	23.5° W	23	111
Cichus H	32.8° S	22.4° W	7	111
Cichus J	32.0° S	21.3° W	13	94
Cichus K	36.6° S	19.9° W	6	111
Cichus N	30.5° S	21.7° W	8	94
Cinco	**9.1° S**	**15.5° E**	**0**	**78**
Clairaut	**47.7° S**	**13.9° E**	**75**	**113**
Clairaut A	48.9° S	14.8° E	36	127
Clairaut B	48.3° S	12.6° E	43	127
Clairaut C	48.1° S	13.5° E	17	127
Clairaut D	47.3° S	14.2° E	12	113
Clairaut E	46.4° S	12.6° E	29	113
Clairaut F	46.0° S	14.5° E	23	113
Clairaut G	47.2° S	11.7° E	6	113
Clairaut H	48.9° S	12.1° E	9	127
Clairaut J	45.7° S	12.7° E	14	113
Clairaut K	49.7° S	14.0° E	12	127
Clairaut M	46.1° S	13.8° E	5	113
Clairaut P	49.0° S	11.8° E	9	127
Clairaut R	48.0° S	15.9° E	15	113
Clairaut S	47.5° S	16.3° E	22	113
Clark	**38.4° S**	**118.9° E**	**49**	**117**
Clark F	38.4° S	122.5° E	27	117
Clausius	**36.9° S**	**43.8° W**	**24**	**110**
Clausius A	36.3° S	43.9° W	7	110
Clausius B	36.0° S	40.1° W	23	110
Clausius Ba	35.7° S	40.1° W	17	110
Clausius C	35.4° S	38.9° W	15	110
Clausius D	38.2° S	44.6° W	18	110
Clausius E	36.4° S	45.5° W	6	110
Clausius F	36.5° S	38.1° W	26	110
Clausius G	37.1° S	41.0° W	6	110
Clausius H	37.8° S	39.6° W	7	110
Clausius J	37.2° S	42.7° W	4	110
Clavius	**58.8° S**	**14.1° W**	**245**	**126**
Clavius C	57.7° S	14.2° W	21	126
Clavius D	58.8° S	12.4° W	28	126
Clavius E	51.5° S	12.6° W	16	126
Clavius F	55.4° S	21.9° W	7	125
Clavius G	52.0° S	13.9° W	17	126
Clavius H	51.9° S	15.8° W	34	126
Clavius J	58.1° S	18.1° W	12	126
Clavius K	60.4° S	19.8° W	20	126
Clavius L	58.7° S	21.2° W	24	125
Clavius M	54.8° S	11.9° W	44	126
Clavius N	57.5° S	16.5° W	13	126
Clavius O	56.8° S	16.4° W	4	126
Clavius P	57.0° S	7.7° W	10	126
Clavius R	53.1° S	15.4° W	7	126
Clavius T	60.4° S	14.9° W	9	126
Clavius W	55.8° S	16.0° W	6	126
Clavius X	60.0° S	17.6° W	7	126
Clavius Y	57.8° S	16.0° W	7	126
Cleomedes	**27.7° N**	**56.0° E**	**125**	**44**
Cleomedes A	28.9° N	55.0° E	12	44
Cleomedes B	27.2° N	55.9° E	11	44
Cleomedes C	25.7° N	54.9° E	14	44
Cleomedes D	29.3° N	61.9° E	25	44
Cleomedes E	28.6° N	54.4° E	21	44
Cleomedes F	22.6° N	56.9° E	12	44
Cleomedes G	24.0° N	57.3° E	20	44
Cleomedes H	22.4° N	57.6° E	6	44
Cleomedes J	26.9° N	56.8° E	10	44
Cleomedes L	23.8° N	54.4° E	7	44
Cleomedes M	24.2° N	51.6° E	6	44
Cleomedes N	24.8° N	52.5° E	6	44
Cleomedes P	24.8° N	56.4° E	9	44
Cleomedes Q	24.9° N	56.9° E	4	44
Cleomedes R	29.5° N	60.2° E	15	44
Cleomedes S	29.5° N	59.0° E	8	44
Cleomedes T	25.8° N	57.7° E	11	44
Cleostratus	**60.4° N**	**77.0° W**	**62**	**10**
Cleostratus A	62.7° N	77.3° W	35	10
Cleostratus E	60.9° N	79.6° W	21	10
Cleostratus F	61.5° N	80.4° W	50	21
Cleostratus H	61.2° N	81.9° W	13	21
Cleostratus J	61.3° N	83.8° W	20	21
Cleostratus K	62.0° N	81.1° W	17	21
Cleostratus L	62.2° N	79.3° W	11	10
Cleostratus M	61.5° N	74.9° W	9	10
Cleostratus N	60.6° N	73.1° W	4	10
Cleostratus P	59.6° N	72.9° W	7	10
Cleostratus R	58.9° N	72.9° W	6	10
Clerke	**21.7° N**	**29.8° E**	**6**	**42**
Coblentz	**37.9° S**	**126.1° E**	**33**	**30**
Cochise	**20.2° N**	**30.8° E**	**1**	**43**
Cockcroft	**31.3° N**	**162.6° W**	**93**	**51**
Cockcroft N	29.1° N	163.7° W	56	51
Collins	**1.3° N**	**23.7° E**	**2**	**60**
Colombo	**15.1° S**	**45.8° E**	**76**	**79**
Colombo A	14.1° S	44.4° E	42	79
Colombo B	16.4° S	45.2° E	16	97
Colombo E	15.8° S	42.4° E	17	79
Colombo G	13.9° S	43.9° E	10	79
Colombo H	17.4° S	44.1° E	14	97
Colombo J	14.3° S	43.5° E	7	79
Colombo K	15.8° S	46.4° E	5	79
Colombo M	14.6° S	47.8° E	17	79
Colombo P	15.1° S	48.0° E	5	79
Colombo T	18.9° S	45.4° E	10	97
Compton	**55.3° N**	**103.8° E**	**162**	**16**
Compton E	55.4° N	113.4° E	19	16
Compton R	52.6° N	91.5° E	37	15
Compton W	58.6° N	97.2° E	16	15
Comrie	**23.3° N**	**112.7° W**	**59**	**53**
Comrie K	22.1° N	112.3° W	73	53
Comrie T	23.1° N	115.3° W	43	53
Comrie V	24.6° N	115.9° W	29	53
Comstock	**21.8° N**	**121.5° W**	**72**	**53**
Comstock A	24.8° N	121.2° W	21	53
Comstock P	20.1° N	122.7° W	26	53
Condon	**1.9° N**	**60.4° E**	**34**	**62**
Condorcet	**12.1° N**	**69.6° E**	**74**	**62**
Condorcet A	11.5° N	67.3° E	14	62
Condorcet D	9.8° N	68.5° E	22	62
Condorcet E	11.3° N	68.1° E	6	62
Condorcet F	8.2° N	73.1° E	37	63
Condorcet G	10.7° N	68.0° E	7	62
Condorcet H	12.4° N	65.0° E	23	62
Condorcet J	13.1° N	65.0° E	16	62
Condorcet K	9.0° N	75.8° E	11	63
Condorcet L	10.1° N	73.7° E	12	63
Condorcet M	9.0° N	73.1° E	9	63
Condorcet N	9.0° N	72.9° E	4	63
Condorcet P	8.7° N	70.4° E	46	63
Condorcet Q	11.4° N	73.3° E	31	63
Condorcet R	11.7° N	74.8° E	15	63
Condorcet S	10.6° N	75.6° E	9	63
Condorcet T	11.8° N	65.8° E	15	62
Condorcet Ta	12.2° N	65.7° E	14	62
Condorcet U	10.0° N	75.4° E	9	63
Condorcet W	13.9° N	66.9° E	33	62
Condorcet X	10.1° N	69.9° E	8	62
Condorcet Y	12.8° N	68.9° E	13	62
Cone	**3.7° S**	**17.4° W**	**0.3**	**76**
Congreve	**0.2° S**	**167.3° W**	**57**	**87**
Congreve G	0.9° S	163.7° W	17	87
Congreve H	1.2° S	165.2° W	37	87
Congreve L	3.6° S	166.3° W	30	87
Congreve N	3.4° S	168.2° W	31	87
Congreve Q	1.4° S	169.6° W	59	87

Feature Name	Lat.	Long.	D	LAC
Congreve U	0.6° N	170.7° W	59	68
Conon	**21.6° N**	**2.0° E**	**21**	**41**
Conon A	19.7° N	4.5° E	7	41
Conon W	18.7° N	3.0° E	4	41
Conon Y	22.3° N	1.9° E	4	41
Cook	**17.5° S**	**48.9° E**	**46**	**97**
Cook A	17.8° S	49.2° E	6	97
Cook B	17.3° S	51.7° E	9	98
Cook C	18.2° S	51.3° E	5	98
Cook D	20.1° S	53.4° E	4	98
Cook E	18.4° S	55.1° E	5	98
Cook F	17.6° S	55.4° E	7	98
Cook G	18.9° S	48.7° E	9	97
Cooper	**52.9° N**	**175.6° E**	**36**	**18**
Cooper G	52.6° N	178.5° E	20	18
Cooper K	51.1° N	178.1° E	30	18
Copernicus	**9.7° N**	**20.1° W**	**93**	**58**
Copernicus A	9.5° N	18.9° W	3	58
Copernicus B	7.5° N	22.4° W	7	58
Copernicus C	7.1° N	15.4° W	6	58
Copernicus D	12.2° N	24.7° W	5	58
Copernicus E	6.4° N	22.7° W	4	58
Copernicus F	5.9° N	22.2° W	4	58
Copernicus G	5.9° N	21.5° W	4	58
Copernicus H	6.9° N	18.3° W	5	58
Copernicus J	10.1° N	23.9° W	6	58
Copernicus L	13.5° N	17.0° W	4	58
Copernicus N	6.9° N	23.3° W	7	58
Copernicus P	10.1° N	16.0° W	5	58
Copernicus R	8.1° N	16.8° W	3	58
Cori	**50.6° S**	**151.9° W**	**65**	**133**
Cori G	50.9° S	147.0° W	20	133
Coriolis	**0.1° N**	**171.8° E**	**78**	**86**
Coriolis C	1.9° N	173.3° E	19	68
Coriolis G	0.0° N	174.7° E	17	68
Coriolis H	0.5° S	174.2° E	12	86
Coriolis L	1.9° S	172.7° E	32	86
Coriolis M	1.4° S	171.7° E	31	86
Coriolis S	0.1° N	169.7° E	17	67
Coriolis W	3.1° N	168.0° E	37	67
Coriolis Y	3.6° N	171.2° E	31	68
Coriolis Z	4.2° N	171.5° E	53	68
Couder	**4.8° S**	**92.4° W**	**21**	**90**
Coulomb	**54.7° N**	**114.6° W**	**89**	**20**
Coulomb C	57.4° N	110.8° W	34	20
Coulomb J	53.1° N	111.6° W	35	20
Coulomb N	50.6° N	115.8° W	32	20
Coulomb P	50.5° N	117.4° W	38	20
Coulomb V	55.6° N	118.1° W	36	20
Coulomb W	56.5° N	120.4° W	34	20
Courtney	**25.1° N**	**30.8° W**	**1**	**39**
Cremona	**67.5° N**	**90.6° W**	**85**	**9**
Cremona A	69.6° N	91.0° W	47	9
Cremona B	67.9° N	92.4° W	20	9
Cremona C	67.2° N	92.2° W	15	9
Cremona L	66.1° N	90.0° W	23	9
Crescent	**2.9° S**	**23.4° W**	**1**	**76**
Crile	**14.2° N**	**46.0° E**	**9**	**61**
Crocco	**47.5° S**	**150.2° E**	**75**	**118**
Crocco E	46.8° S	152.0° E	17	118
Crocco G	47.8° S	152.3° E	42	118
Crocco R	48.3° S	147.5° E	57	131
Crommelin	**68.1° S**	**146.9° W**	**94**	**142**
Crommelin C	66.4° S	144.8° W	44	142
Crommelin W	66.0° S	152.7° W	24	142
Crommelin X	66.3° S	150.0° W	26	142
Crookes	**10.3° S**	**164.5° W**	**49**	**87**
Crookes D	9.6° S	162.8° W	41	87
Crookes P	11.7° S	165.8° W	21	87
Crookes X	6.6° S	166.2° W	24	87
Crozier	**13.5° S**	**50.8° E**	**22**	**80**
Crozier B	12.5° S	52.4° E	8	80
Crozier D	13.4° S	51.7° E	21	80
Crozier E	12.7° S	52.0° E	6	80
Crozier F	12.8° S	51.0° E	5	80
Crozier G	12.1° S	50.1° E	4	80
Crozier H	14.0° S	49.4° E	11	79
Crozier L	10.0° S	51.4° E	6	80
Crozier M	8.9° S	53.4° E	6	80
Cruger	**16.7° S**	**66.8° W**	**45**	**92**
Cruger A	16.0° S	62.7° W	27	92
Cruger B	17.2° S	71.6° W	13	91
Cruger C	16.8° S	61.9° W	12	92
Cruger D	15.3° S	64.5° W	12	74
Cruger E	17.5° S	65.2° W	16	92
Cruger F	14.2° S	64.4° W	9	74
Cruger G	17.9° S	68.0° W	8	92
Cruger H	18.0° S	65.2° W	7	92
Ctesibius	**0.8° N**	**118.7° E**	**36**	**65**
Curie	**22.9° S**	**91.0° E**	**151**	**100**
Curie C	21.1° S	94.1° E	47	100
Curie E	22.4° S	96.2° E	43	100
Curie G	23.6° S	94.8° E	53	100
Curie K	23.7° S	92.7° E	12	100
Curie L	26.3° S	92.8° E	21	100
Curie M	28.4° S	92.5° E	34	100
Curie P	28.4° S	90.1° E	26	100
Curie V	22.0° S	90.4° E	21	100
Curie Z	20.5° S	92.2° E	25	100
Curtis	**14.6° N**	**56.6° E**	**2**	**62**
Curtius	**67.2° S**	**4.4° E**	**95**	**137**
Curtius A	68.5° S	2.7° E	12	137
Curtius B	63.7° S	4.7° E	41	126
Curtius C	69.2° S	4.4° E	10	137
Curtius D	64.8° S	8.1° E	61	137
Curtius E	67.2° S	8.2° E	15	137
Curtius F	66.5° S	2.7° E	6	137
Curtius G	65.9° S	3.1° E	6	137
Curtius H	69.4° S	8.2° E	10	137
Curtius K	69.1° S	9.8° E	6	137
Curtius L	68.2° S	9.4° E	7	137
Curtius M	65.5° S	8.6° E	5	137
Cusanus	**72.0° N**	**70.8° E**	**63**	**5**
Cusanus A	70.6° N	64.0° E	16	5
Cusanus B	70.1° N	64.5° E	21	5
Cusanus C	70.4° N	60.8° E	25	5
Cusanus E	72.0° N	72.3° E	10	5
Cusanus F	70.7° N	73.3° E	10	5
Cusanus G	69.9° N	76.9° E	10	5
Cusanus H	69.4° N	59.4° E	8	5
Cuvier	**50.3° S**	**9.9° E**	**75**	**126**
Cuvier A	52.4° S	12.0° E	18	127
Cuvier B	51.7° S	13.8° E	17	127
Cuvier C	49.9° S	11.7° E	9	127
Cuvier D	51.3° S	7.8° E	17	126
Cuvier E	52.3° S	12.9° E	19	127
Cuvier F	52.2° S	11.2° E	16	127
Cuvier G	50.8° S	7.5° E	8	126
Cuvier H	48.6° S	8.5° E	10	126
Cuvier J	49.3° S	8.8° E	6	126
Cuvier K	52.2° S	10.0° E	8	126
Cuvier L	48.9° S	9.8° E	13	126
Cuvier M	53.3° S	10.9° E	6	127
Cuvier N	53.4° S	12.1° E	4	127
Cuvier O	51.6° S	12.1° E	10	127
Cuvier P	50.0° S	12.7° E	11	127
Cuvier Q	51.6° S	10.6° E	13	127
Cuvier R	51.0° S	13.1° E	7	127
Cyrano	**20.5° S**	**157.7° E**	**80**	**103**
Cyrano A	18.1° S	158.6° E	26	103
Cyrano B	18.3° S	159.7° E	23	103
Cyrano D	19.6° S	162.2° E	24	103
Cyrano E	20.1° S	161.2° E	21	103
Cyrano P	21.6° S	156.8° E	19	103
Cyrillus	**13.2° S**	**24.0° E**	**98**	**78**
Cyrillus A	13.8° S	23.1° E	17	78
Cyrillus B	11.7° S	21.7° E	33	78
Cyrillus C	12.3° S	21.5° E	12	78
Cyrillus E	15.8° S	25.3° E	11	78
Cyrillus F	15.3° S	25.5° E	44	78
Cyrillus G	15.6° S	26.6° E	8	78
Cysatus	**66.2° S**	**6.1° W**	**48**	**137**
Cysatus A	64.2° S	0.8° W	14	126
Cysatus B	65.7° S	1.8° W	8	137
Cysatus C	63.8° S	0.6° E	27	126
Cysatus D	65.0° S	6.0° W	5	137
Cysatus E	66.7° S	1.3° W	48	137
Cysatus F	63.9° S	3.5° W	5	126
Cysatus G	65.8° S	0.3° W	6	137
Cysatus H	66.8° S	0.0° E	8	137
Cysatus J	63.0° S	0.8° E	10	126
Da Vinci	**9.1° N**	**45.0° E**	**37**	**61**
Da Vinci A	9.7° N	44.2° E	18	61
Daedalus	**5.9° S**	**179.4° E**	**93**	**86**
Daedalus B	4.1° S	179.8° W	23	86
Daedalus C	4.1° S	178.9° W	68	86
Daedalus G	6.6° S	177.4° W	33	86
Daedalus K	8.3° S	178.5° W	24	86
Daedalus M	8.1° S	179.5° E	13	86
Daedalus R	7.7° S	175.2° E	41	86
Daedalus S	6.8° S	172.9° E	20	86
Daedalus U	4.2° S	174.9° E	30	86
Daedalus W	3.5° S	177.5° E	70	86
Dag	**18.7° N**	**5.3° E**	**0.5**	**41**
Daguerre	**11.9° S**	**33.6° E**	**46**	**79**
Daguerre K	12.2° S	35.8° E	5	79
Daguerre U	15.1° S	35.7° E	4	79
Daguerre X	14.0° S	34.5° E	4	79
Daguerre Y	13.9° S	35.4° E	3	79
Daguerre Z	14.9° S	34.7° E	4	79
Dale	**9.6° S**	**82.9° E**	**22**	**81**
D'Alembert	**50.8° N**	**163.9° E**	**248**	**18**
D'alembert E	52.8° N	168.2° E	22	18
D'alembert G	50.9° N	167.5° E	18	18
D'alembert J	47.5° N	170.4° E	20	32
D'alembert Z	55.4° N	165.6° E	44	18
Dalton	**17.1° N**	**84.3° W**	**60**	**37**
Daly	**5.7° N**	**59.6° E**	**17**	**62**
Damoiseau	**4.8° S**	**61.1° W**	**36**	**74**
Damoiseau A	6.3° S	62.4° W	47	74
Damoiseau B	8.6° S	61.6° W	23	74
Damoiseau Ba	8.3° S	59.0° W	9	74
Damoiseau C	9.1° S	62.5° W	15	74
Damoiseau D	6.4° S	63.3° W	17	74
Damoiseau E	5.2° S	58.3° W	14	74
Damoiseau F	7.9° S	62.1° W	11	74
Damoiseau G	2.5° S	55.6° W	4	74
Damoiseau H	3.8° S	59.8° W	45	74
Damoiseau J	4.1° S	62.0° W	7	74
Damoiseau K	4.6° S	60.4° W	23	74
Damoiseau L	4.5° S	59.3° W	14	74
Damoiseau M	5.1° S	61.3° W	54	74
Daniell	**35.3° N**	**31.1° E**	**29**	**26**
Daniell D	37.0° N	25.8° E	6	26
Daniell W	35.9° N	31.5° E	3	26
Daniell X	36.6° N	31.8° E	5	26
Danjon	**11.4° S**	**124.0° E**	**71**	**83**
Danjon J	12.8° S	125.6° E	23	83
Danjon K	13.8° S	125.1° E	17	83
Danjon M	13.9° S	124.1° E	12	83
Danjon X	10.0° S	122.8° E	65	83
Dante	**25.5° N**	**180.0° E**	**54**	**50**
Dante C	28.3° N	177.1° W	54	50
Dante E	26.7° N	177.0° W	43	50
Dante G	24.9° N	178.6° W	24	50
Dante P	23.6° N	179.4° E	27	50
Dante S	24.9° N	177.3° E	17	50
Dante T	25.8° N	176.6° E	20	50
Dante Y	27.1° N	179.5° E	27	50
Darney	**14.5° S**	**23.5° W**	**15**	**76**
Darney B	14.8° S	26.4° W	4	76
Darney C	14.1° S	26.0° W	13	76
Darney D	14.5° S	27.0° W	6	76
Darney E	12.4° S	25.4° W	4	76
Darney F	13.3° S	26.4° W	4	76
Darney J	14.3° S	21.4° W	7	76
D'Arrest	**2.3° N**	**14.7° E**	**30**	**60**
D'arrest A	1.9° N	13.7° E	4	60
D'arrest B	1.0° N	13.6° E	5	60
D'arrest M	1.9° N	13.6° E	23	60
D'arrest R	0.5° N	15.6° E	19	60
D'Arsonval	10.3° S	124.6° E	28	83
D'arsonval A	8.4° S	125.0° E	17	83
Darwin	**20.2° S**	**69.5° W**	**120**	**91**
Darwin A	21.8° S	73.0° W	24	91
Darwin B	19.9° S	72.2° W	56	91
Darwin C	20.5° S	71.0° W	16	91
Darwin F	21.0° S	71.0° W	18	91
Darwin G	21.5° S	70.7° W	17	91
Darwin H	21.0° S	68.8° W	30	92
Das	**26.6° S**	**136.8° W**	**38**	**106**
Das G	26.9° S	135.2° W	32	106
Daubree	**15.7° N**	**14.7° E**	**14**	**60**
Davisson	**37.5° S**	**174.6° W**	**87**	**120**
Davy	**11.8° S**	**8.1° W**	**34**	**77**
Davy A	12.2° S	7.7° W	15	77
Davy B	10.8° S	8.9° W	7	77
Davy C	11.2° S	7.0° W	3	77
Davy G	10.4° S	5.1° W	16	77
Davy K	10.2° S	9.5° W	3	77
Davy U	12.9° S	7.1° W	3	77
Davy Y	11.0° S	7.1° W	70	77
Dawes	**17.2° N**	**26.4° E**	**18**	**42**
Dawson	**67.4° S**	**134.7° W**	**45**	**142**
Dawson D	66.6° S	131.7° W	39	142
Dawson V	66.6° S	137.0° W	58	142
De Forest	**77.3° S**	**162.1° W**	**57**	**142**
De Forest N	79.5° S	164.7° W	41	142
De Forest P	80.0° S	176.0° W	18	141
De Gasparis	**25.9° S**	**50.7° W**	**30**	**92**
De Gasparis A	26.7° S	51.3° W	37	92
De Gasparis B	27.0° S	52.5° W	12	92
De Gasparis C	26.3° S	51.7° W	6	92
De Gasparis D	25.7° S	50.1° W	4	92
De Gasparis E	26.4° S	49.4° W	7	93
De Gasparis F	26.3° S	49.3° W	8	93
De Gasparis G	27.0° S	49.3° W	6	93
De Gerlache	**88.5° S**	**87.1° W**	**32.4**	**144**
De La Rue	**59.1° N**	**52.3° E**	**134**	**14**
De La Rue D	56.8° N	46.2° E	17	14
De La Rue E	56.8° N	49.7° E	32	14
De La Rue J	59.0° N	52.8° E	14	14
De La Rue P	60.5° N	61.4° E	10	14
De La Rue Q	61.5° N	60.5° E	10	14
De La Rue R	62.1° N	61.1° E	9	14
De La Rue S	62.9° N	61.6° E	12	14
De La Rue W	55.7° N	40.0° E	10	14
De Moraes	**49.5° N**	**143.2° E**	**53**	**17**
De Moraes S	48.9° N	140.7° E	45	17
De Moraes T	49.3° N	139.5° E	46	17
De Morgan	**3.3° N**	**14.9° E**	**10**	**60**
De Roy	**55.3° S**	**99.1° W**	**43**	**135**
De Roy N	59.7° S	103.1° W	26	135
De Roy P	58.4° S	102.4° W	35	135
De Roy Q	58.1° S	103.6° W	22	135
De Roy X	52.7° S	101.3° W	30	135
De Sitter	**80.1° N**	**39.6° E**	**64**	**4**
De Sitter A	80.2° N	26.6° E	36	1
De Sitter F	80.2° N	51.0° E	22	1
De Sitter G	78.9° N	42.7° E	9	4
De Sitter L	78.8° N	34.5° E	69	4
De Sitter M	81.3° N	38.5° E	81	1
De Sitter U	77.8° N	46.5° E	37	4
De Sitter V	79.1° N	56.9° E	17	5
De Sitter W	79.4° N	54.1° E	40	4
De Sitter X	80.3° N	55.4° E	9	1
De Vico	**19.7° S**	**60.2° W**	**20**	**92**
De Vico A	18.8° S	63.5° W	32	92
De Vico Aa	18.8° S	63.1° W	12	92
De Vico B	17.8° S	58.7° W	9	92
De Vico C	20.6° S	62.3° W	12	92
De Vico D	21.1° S	61.9° W	12	92
De Vico E	21.1° S	61.3° W	13	92
De Vico F	19.1° S	62.6° W	12	92
De Vico G	19.0° S	58.9° W	8	92
De Vico H	19.9° S	59.1° W	8	92
De Vico K	20.1° S	58.3° W	8	92
De Vico L	19.9° S	57.7° W	5	92
De Vico M	21.1° S	59.4° W	8	92
De Vico N	19.8° S	61.9° W	6	92
De Vico P	20.4° S	60.8° W	30	92
De Vico R	19.4° S	61.9° W	13	92
De Vico S	19.5° S	63.4° W	10	92
De Vico T	18.7° S	61.8° W	41	92
De Vico X	20.5° S	60.1° W	6	92
De Vico Y	20.4° S	60.3° W	6	92
De Vries	**19.9° S**	**176.7° W**	**59**	**104**
De Vries D	18.9° S	174.3° W	19	104
De Vries N	21.5° S	177.3° W	30	104
De Vries R	20.7° S	178.4° W	14	104
Debes	**29.5° N**	**51.7° E**	**30**	**44**
Debes A	28.8° N	51.5° E	33	44
Debes B	29.0° N	50.6° E	19	44
Debus	**10.5° S**	**99.6° E**	**20**	**82**
Debye	**49.6° N**	**176.2° W**	**142**	**18**
Debye E	50.4° N	171.0° W	41	18
Debye J	48.4° N	172.6° W	30	18
Debye Q	47.5° N	179.2° W	26	33
Dechen	**46.1° N**	**68.2° W**	**12**	**22**
Dechen A	46.0° N	65.7° W	5	22
Dechen B	44.2° N	64.3° W	6	22
Dechen C	45.9° N	69.9° W	6	22
Dechen D	46.2° N	60.5° W	5	23
Delambre	**1.9° S**	**17.5° E**	**51**	**78**
Delambre B	1.7° S	19.6° E	10	78
Delambre D	1.1° S	17.6° E	5	78
Delambre F	1.0° S	19.3° E	5	78
Delambre H	1.0° S	16.4° E	16	78
Delambre J	0.3° S	16.8° E	12	78
Delaunay	**22.2° S**	**2.5° E**	**46**	**95**
Delaunay A	21.9° S	2.0° E	6	95
Delia	**10.9° S**	**6.1° W**	**2**	**77**
Delisle	**29.9° N**	**34.6° W**	**25**	**39**
Delisle K	29.0° N	38.4° W	3	39
Dellinger	**6.8° S**	**140.6° E**	**81**	**84**
Dellinger B	5.5° S	141.1° E	53	84
Dellinger U	6.3° S	136.8° E	16	84
Delmotte	**27.1° N**	**60.2° E**	**32**	**44**
Delporte	**16.0° S**	**121.6° E**	**45**	**83**
Deluc	**55.0° S**	**2.8° W**	**46**	**126**
Deluc A	54.1° S	0.4° W	56	126
Deluc B	52.0° S	0.5° E	38	126
Deluc C	51.4° S	0.9° E	28	126
Deluc D	56.4° S	2.4° W	27	126
Deluc E	60.3° S	4.3° W	12	126
Deluc F	60.0° S	3.1° W	38	126
Deluc G	61.6° S	0.7° E	27	126
Deluc H	54.2° S	2.1° W	26	126

Feature Name	Lat.	Long.	D	LAC
Deluc J	53.3° S	4.1° W	33	126
Deluc L	60.8° S	6.2° E	8	126
Deluc M	54.9° S	6.2° W	19	126
Deluc N	60.6° S	0.5° E	10	126
Deluc O	62.7° S	4.4° W	7	126
Deluc P	58.9° S	4.8° W	7	126
Deluc Q	59.0° S	3.5° W	5	126
Deluc R	55.4° S	0.6° E	22	126
Deluc S	61.9° S	0.2° E	6	126
Deluc T	55.8° S	3.1° W	10	126
Deluc U	59.0° S	2.9° W	5	126
Deluc V	61.8° S	1.7° E	9	126
Deluc W	61.6° S	1.8° W	6	126
Dembowski	**2.9° N**	**7.2° E**	**26**	**60**
Dembowski A	3.0° N	6.5° E	6	60
Dembowski B	2.5° N	6.2° E	7	60
Dembowski C	2.1° N	7.4° E	16	60
Democritus	**62.3° N**	**35.0° E**	**39**	**13**
Democritus A	61.6° N	32.4° E	11	13
Democritus B	60.1° N	28.6° E	12	13
Democritus D	62.9° N	31.2° E	8	13
Democritus K	63.1° N	40.7° E	7	14
Democritus L	63.4° N	39.7° E	18	13
Democritus M	63.6° N	37.1° E	5	13
Democritus N	63.6° N	34.3° E	16	13
Demonax	**77.9° S**	**60.8° E**	**128**	**139**
Demonax A	79.1° S	64.3° E	16	139
Demonax B	81.5° S	73.9° E	19	144
Demonax C	80.1° S	54.9° E	10	144
Demonax E	78.3° S	43.4° E	40	138
Denning	**16.4° S**	**142.6° E**	**44**	**102**
Denning B	15.2° S	143.5° E	32	84
Denning C	14.5° S	145.3° E	17	84
Denning D	16.1° S	144.1° E	14	102
Denning L	18.8° S	143.2° E	21	102
Denning R	17.2° S	141.2° E	72	102
Denning U	16.0° S	138.6° E	30	84
Denning V	15.5° S	139.7° E	26	84
Denning Y	14.0° S	142.3° E	52	84
Denning Z	12.9° S	142.5° E	14	84
Desargues	**70.2° N**	**73.3° W**	**85**	**2**
Desargues A	71.4° N	75.3° W	14	2
Desargues B	70.7° N	65.0° W	50	2
Desargues C	69.7° N	78.4° W	12	2
Desargues D	69.3° N	69.6° W	11	2
Desargues E	70.2° N	67.4° W	31	2
Desargues K	68.5° N	67.2° W	10	2
Desargues L	69.6° N	82.2° W	13	2
Desargues M	68.4° N	73.9° W	30	2
Descartes	**11.7° S**	**15.7° E**	**48**	**78**
Descartes A	12.1° S	15.2° E	16	78
Descartes C	11.0° S	16.3° E	4	78
Deseilligny	**21.1° N**	**20.6° E**	**6**	**42**
Deslandres	**33.1° S**	**4.8° W**	**256**	**95**
Deutsch	**24.1° N**	**110.5° E**	**66**	**47**
Deutsch F	24.1° N	112.0° E	31	47
Deutsch L	22.4° N	110.8° E	36	47
Dewar	**2.7° S**	**165.5° E**	**50**	**85**
Dewar E	2.3° S	167.8° E	15	85
Dewar F	2.8° S	167.5° E	14	85
Dewar S	3.1° S	163.9° E	23	85
Diana	**14.3° N**	**35.7° E**	**2**	**61**
Diderot	**20.4° S**	**121.5° E**	**20**	**101**
Dionysius	**2.8° N**	**17.3° E**	**18**	**60**
Dionysius A	1.7° N	17.6° E	3	60
Dionysius B	3.0° N	15.8° E	4	60
Diophantus	**27.6° N**	**34.3° W**	**17**	**39**
Diophantus A	27.6° N	36.6° W	9	39
Diophantus B	29.1° N	32.5° W	6	39
Diophantus C	27.3° N	34.7° W	5	39
Diophantus D	26.9° N	36.3° W	4	39
Dirichlet	**11.1° N**	**151.4° W**	**47**	**69**
Dirichlet E	12.2° N	147.8° W	26	70
Dobrovol'sky	**12.8° S**	**129.7° E**	**38**	**83**
Dobrovol'sky D	12.2° S	130.6° E	49	83
Dobrovol'sky M	14.6° S	129.6° E	31	83
Dobrovol'sky R	14.0° S	127.7° E	24	83
Doerfel	**69.1° S**	**107.9° W**	**68**	**143**
Doerfel R	71.3° S	119.4° W	32	143
Doerfel S	69.9° S	119.6° W	32	143
Doerfel U	68.8° S	117.2° W	34	143
Doerfel Y	67.8° S	108.8° W	68	143
Dollond	**10.4° S**	**14.4° E**	**11**	**78**
Dollond B	7.7° S	13.8° E	37	78
Dollond C	7.0° S	13.0° E	32	78
Dollond D	8.2° S	12.5° E	9	78
Dollond E	10.2° S	15.7° E	6	78
Dollond L	8.7° S	12.5° E	5	78
Dollond M	10.1° S	16.9° E	6	78

Dollond T	9.4° S	15.0° E	3	78
Dollond U	7.3° S	16.0° E	3	78
Dollond V	7.9° S	15.5° E	6	78
Dollond W	6.7° S	14.6° E	11	78
Dollond Y	8.4° S	13.2° E	14	78
Donati	**20.7° S**	**5.2° E**	**36**	**95**
Donati A	19.6° S	4.5° E	9	95
Donati B	20.4° S	5.7° E	11	95
Donati C	19.9° S	3.4° E	8	95
Donati D	22.1° S	5.8° E	5	95
Donati K	21.1° S	6.8° E	13	95
Donna	**7.2° N**	**38.3° E**	**2**	**61**
Donner	**31.4° S**	**98.0° E**	**58**	**116**
Donner N	33.2° S	97.1° E	19	116
Donner P	33.5° S	96.3° E	39	116
Donner Q	34.3° S	95.6° E	15	116
Donner R	34.4° S	92.3° E	15	116
Donner S	32.1° S	92.9° E	23	116
Donner T	31.1° S	94.8° E	46	116
Donner V	30.5° S	95.7° E	19	116
Donner Z	29.7° S	97.8° E	13	116
Doppelmayer	**28.5° S**	**41.4° W**	**63**	**93**
Doppelmayer A	29.8° S	43.1° W	10	93
Doppelmayer B	30.5° S	45.4° W	11	93
Doppelmayer C	30.3° S	44.1° W	7	93
Doppelmayer D	31.8° S	45.8° W	9	93
Doppelmayer G	28.9° S	44.9° W	15	93
Doppelmayer H	28.8° S	43.2° W	10	93
Doppelmayer J	24.5° S	41.1° W	6	93
Doppelmayer K	24.0° S	40.7° W	5	93
Doppelmayer L	23.6° S	40.5° W	4	93
Doppelmayer M	29.5° S	43.9° W	15	93
Doppelmayer N	29.2° S	44.6° W	5	93
Doppelmayer P	29.1° S	42.7° W	8	93
Doppelmayer R	29.2° S	43.2° W	4	93
Doppelmayer S	28.1° S	43.6° W	4	93
Doppelmayer T	25.9° S	43.2° W	3	93
Doppelmayer V	29.8° S	45.6° W	8	93
Doppelmayer W	33.6° S	45.6° W	8	93
Doppelmayer Y	33.1° S	46.1° W	10	93
Doppelmayer Z	33.0° S	46.4° W	10	93
Doppler	**12.6° S**	**159.6° W**	**110**	**87**
Doppler B	11.8° S	159.4° W	37	87
Doppler M	15.4° S	160.0° W	25	87
Doppler N	16.9° S	160.5° W	17	87
Doppler W	11.0° S	161.7° W	15	87
Doppler X	10.3° S	161.3° W	18	87
Dorsa Aldrovandi	24.0° N	28.5° E	136	42
Dorsa Andrusov	1.0° S	57.0° E	160	80
Dorsa Argand	28.1° N	40.6° W	109	39
Dorsa Barlow	15.0° N	31.0° E	120	61
Dorsa Burnet	28.4° N	57.0° W	194	38
Dorsa Cato	1.0° N	47.0° E	140	61
Dorsa Dana	3.0° N	90.0° E	70	64
Dorsa Ewing	10.2° S	39.4° W	141	75
Dorsa Geikie	4.6° S	52.5° E	228	80
Dorsa Harker	14.5° N	64.0° E	197	62
Dorsa Lister	20.3° N	23.8° E	203	42
Dorsa Mawson	7.0° S	53.0° E	132	80
Dorsa Rubey	10.0° S	42.0° W	100	75
Dorsa Smirnov	27.3° N	25.3° E	156	42
Dorsa Sorby	19.0° N	14.0° E	80	42
Dorsa Stille	27.0° N	19.0° W	80	40
Dorsa Tetyaev	19.9° N	64.2° E	176	44
Dorsa Whiston	29.4° N	56.4° W	85	38
Dorsum Arduino	24.9° N	35.8° W	107	39
Dorsum Azara	26.7° N	19.2° E	105	42
Dorsum Bucher	31.0° N	39.0° W	90	39
Dorsum Buckland	20.4° N	12.8° E	380	41
Dorsum Cayeux	1.6° N	51.2° E	84	62
Dorsum Cloos	1.0° N	91.0° E	100	64
Dorsum Cushman	1.0° N	49.0° E	80	61
Dorsum Gast	24.0° N	9.0° E	60	41
Dorsum Grabau	29.4° N	15.9° W	121	40
Dorsum Guettard	10.0° S	18.0° W	40	76
Dorsum Heim	32.0° N	29.8° W	148	40
Dorsum Higazy	28.0° N	17.0° W	60	40
Dorsum Nicol	18.0° N	23.0° E	50	42
Dorsum Niggli	29.0° N	52.0° W	50	38
Dorsum Oppel	18.7° N	52.6° E	268	44
Dorsum Owen	25.0° N	11.0° E	50	42
Dorsum Scilla	32.8° N	60.4° W	108	38
Dorsum Termier	11.0° N	58.0° E	90	62
Dorsum Thera	24.4° N	31.4° W	7	39
Dorsum Von Cotta	23.2° N	11.9° E	199	42
Dorsum Zirkel	28.1° N	23.5° W	193	40
Doublet	**3.7° S**	**17.5° W**	**0**	**76**
Douglass	**35.9° N**	**122.4° W**	**49**	**35**
Douglass C	36.7° N	121.0° W	28	35

Douglass X	38.4° N	123.8° W	23	35
Dove	**46.7° S**	**31.5° E**	**30**	**113**
Dove A	46.9° S	33.5° E	13	113
Dove B	47.1° S	33.1° E	19	113
Dove C	47.0° S	30.8° E	19	113
Dove Z	44.5° S	29.2° E	8	113
Draper	**17.6° N**	**21.7° W**	**8**	**40**
Draper A	17.9° N	23.4° W	4	40
Draper C	17.1° N	21.5° W	8	40
Drebbel	**40.9° S**	**49.0° W**	**30**	**110**
Drebbel A	38.9° S	51.0° W	7	110
Drebbel B	37.8° S	47.3° W	18	110
Drebbel C	40.4° S	42.9° W	30	110
Drebbel D	37.9° S	49.3° W	10	110
Drebbel E	38.1° S	51.3° W	65	110
Drebbel F	42.7° S	44.6° W	15	110
Drebbel G	43.9° S	45.2° W	17	110
Drebbel H	41.7° S	45.3° W	10	110
Drebbel J	40.6° S	52.3° W	13	110
Drebbel K	40.0° S	49.5° W	37	110
Drebbel L	40.3° S	50.8° W	9	110
Drebbel M	41.2° S	41.4° W	8	110
Drebbel N	41.3° S	52.4° W	9	110
Drebbel P	39.7° S	51.8° W	4	110
Dreyer	**10.0° N**	**96.9° E**	**61**	**64**
Dreyer C	11.2° N	98.2° E	37	64
Dreyer D	10.8° N	99.8° E	27	64
Dreyer J	8.8° N	98.2° E	29	64
Dreyer K	9.0° N	97.4° E	23	64
Dreyer R	8.5° N	94.0° E	18	64
Dreyer W	11.8° N	95.7° E	30	64
Drude	**38.5° S**	**91.8° W**	**24**	**36**
Drude S	39.6° S	95.3° W	16	123
Dryden	**33.0° S**	**155.2° W**	**51**	**121**
Dryden S	33.8° S	158.8° W	30	120
Dryden T	32.8° S	158.6° W	35	120
Dryden W	31.0° S	158.5° W	30	120
Drygalski	**79.3° S**	**84.9° W**	**149**	**143**
Drygalski P	81.0° S	99.9° W	30	144
Drygalski Q	81.1° S	111.9° W	144	144
Drygalski V	78.5° S	93.4° W	21	143
Dubyago	**4.4° N**	**70.0° E**	**51**	**62**
Dubyago B	2.8° N	70.2° E	36	63
Dubyago C	2.8° N	71.9° E	19	63
Dubyago D	1.4° N	71.2° E	14	63
Dubyago E	1.3° N	69.0° E	12	62
Dubyago F	1.8° N	69.4° E	9	62
Dubyago G	1.8° N	69.0° E	9	62
Dubyago H	2.3° N	69.2° E	8	62
Dubyago J	2.9° N	69.6° E	11	62
Dubyago K	1.5° N	68.2° E	9	62
Dubyago L	1.9° N	68.1° E	7	62
Dubyago M	2.5° N	68.1° E	12	62
Dubyago N	1.4° N	67.0° E	7	62
Dubyago P	0.7° N	66.9° E	23	62
Dubyago Q	2.2° N	67.0° E	13	62
Dubyago R	2.5° N	66.3° E	8	62
Dubyago S	2.6° N	73.5° E	16	63
Dubyago T	4.8° N	72.3° E	9	63
Dubyago U	5.6° N	72.3° E	10	63
Dubyago V	5.9° N	70.0° E	12	62
Dubyago W	6.5° N	69.9° E	9	62
Dubyago X	6.5° N	73.0° E	8	63
Dubyago Y	4.2° N	68.2° E	7	62
Dubyago Z	3.8° N	70.9° E	9	63
Dufay	**5.5° N**	**169.5° E**	**39**	**68**
Dufay A	9.5° N	170.5° E	15	68
Dufay B	8.5° N	171.0° E	20	68
Dufay D	6.3° N	170.5° E	32	68
Dufay X	7.2° N	168.5° E	42	67
Dufay Y	8.3° N	168.4° E	16	67
Dugan	**64.2° N**	**103.3° E**	**50**	**6**
Dugan J	61.6° N	108.0° E	13	16
Dugan X	67.8° N	98.5° E	14	5
Dune	**26.0° N**	**3.7° E**	**0**	**41**
Duner	**44.8° N**	**179.5° E**	**62**	**33**
Duner A	47.7° N	179.7° E	38	33
Dunthorne	**30.1° S**	**31.6° W**	**15**	**93**
Dunthorne A	28.8° S	32.6° W	6	93
Dunthorne B	31.4° S	31.6° W	7	93
Dunthorne C	29.4° S	32.5° W	7	93
Dunthorne D	30.0° S	34.0° W	6	93
Dyson	**61.3° N**	**121.2° W**	**63**	**9**
Dyson B	63.6° N	117.6° W	45	20
Dyson H	59.5° N	113.7° W	21	20
Dyson M	58.4° N	120.9° W	34	20
Dyson Q	59.8° N	125.7° W	89	20
Dyson X	62.6° N	122.5° W	28	20
Dziewulski	**21.2° N**	**98.9° E**	**63**	**46**
Dziewulski Q	20.5° N	98.2° E	32	46

Earthlight	**26.1° N**	**3.7° E**	**0**	**41**
Eckert	**17.3° N**	**58.3° E**	**2**	**44**
Eddington	**21.3° N**	**72.2° W**	**118**	**45**
Eddington P	21.0° N	71.0° W	12	37
Edison	**25.0° N**	**99.1° E**	**62**	**46**
Edison T	24.7° N	97.1° E	48	46
Edith	**25.8° S**	**102.3° E**	**8**	**100**
Egede	**48.7° N**	**10.6° E**	**37**	**13**
Egede A	51.6° N	10.5° E	13	13
Egede B	50.5° N	8.9° E	8	12
Egede C	50.1° N	13.0° E	5	13
Egede E	49.6° N	10.4° E	4	13
Egede F	51.9° N	12.5° E	4	13
Egede G	51.9° N	6.9° E	7	12
Egede M	49.5° N	12.4° E	4	13
Egede N	49.7° N	11.1° E	4	13
Egede P	47.8° N	10.5° E	4	13
Ehrlich	**40.9° N**	**172.4° W**	**30**	**33**
Ehrlich J	40.2° N	170.7° W	25	33
Ehrlich N	39.0° N	173.1° W	19	33
Ehrlich W	42.7° N	174.0° W	26	33
Ehrlich Z	42.2° N	172.4° W	28	33
Eichstadt	**22.6° S**	**78.3° W**	**49**	**45**
Eichstadt C	21.7° S	76.7° W	15	91
Eichstadt D	23.5° S	76.0° W	7	91
Eichstadt E	23.9° S	78.3° W	18	91
Eichstadt G	22.4° S	80.7° W	11	91
Eichstadt H	19.0° S	79.9° W	11	91
Eichstadt K	18.2° S	83.2° W	13	91
Eijkman	**63.1° S**	**141.5° W**	**54**	**8**
Eijkman D	62.3° S	136.9° W	25	133
Eimmart	**24.0° N**	**64.8° E**	**46**	**44**
Eimmart A	24.0° N	65.7° E	7	44
Eimmart B	21.4° N	66.5° E	11	44
Eimmart C	22.4° N	61.2° E	24	44
Eimmart D	23.0° N	69.1° E	11	44
Eimmart F	23.3° N	61.9° E	8	44
Eimmart G	25.5° N	64.8° E	14	44
Eimmart H	22.1° N	64.4° E	16	44
Eimmart K	20.2° N	67.6° E	13	44
Einstein	**16.3° N**	**88.7° W**	**198**	**37**
Einstein A	16.7° N	88.2° W	51	37
Einstein R	13.9° N	91.8° W	20	55
Einstein S	15.1° N	91.5° W	20	72
Einthoven	**4.9° S**	**109.6° E**	**69**	**82**
Einthoven G	5.3° S	111.8° E	34	83
Einthoven K	7.9° S	111.2° E	21	83
Einthoven L	8.0° S	110.7° E	16	82
Einthoven M	7.5° S	109.6° E	52	82
Einthoven P	6.8° S	108.5° E	18	82
Einthoven R	5.9° S	107.0° E	13	82
Einthoven X	3.6° S	108.7° E	45	82
Elbow	**26.0° N**	**3.6° E**	**0**	**41**
Elger	**35.3° S**	**29.8° W**	**21**	**111**
Elger A	37.3° S	31.2° W	8	111
Elger B	37.1° S	32.0° W	8	111
Ellerman	**25.3° S**	**120.1° W**	**47**	**53**
Ellerman Q	27.9° S	124.0° W	28	107
Ellison	**55.1° N**	**107.5° W**	**36**	**21**
Ellison P	52.8° N	109.6° W	32	21
Elmer	**10.1° S**	**84.1° E**	**16**	**81**
Elvey	**8.8° N**	**100.5° W**	**74**	**72**
Elvey G	7.8° N	97.9° W	14	72
Elvey K	6.0° N	98.8° W	22	72
Emden	**63.3° N**	**177.3° W**	**111**	**18**
Emden D	64.4° N	171.1° W	47	7
Emden F	63.5° N	171.1° W	20	18
Emden M	61.3° N	177.0° W	25	18
Emden U	64.7° N	177.9° E	38	7
Emden V	65.8° N	177.5° E	35	7
Emden W	66.4° N	178.3° E	25	7
Emory	**20.1° N**	**30.8° E**	**1**	**43**
Encke	**4.6° N**	**36.6° W**	**28**	**57**
Encke B	2.4° N	36.8° W	12	57
Encke C	0.7° N	36.4° W	9	57
Encke E	0.3° N	40.1° W	9	57
Encke G	4.8° N	38.8° W	7	57
Encke H	4.0° N	37.3° W	4	57
Encke J	5.2° N	39.5° W	5	57
Encke K	1.4° N	37.2° W	4	57
Encke M	4.5° N	35.1° W	3	57
Encke N	4.6° N	37.1° W	4	57
Encke T	3.4° N	38.0° W	91	57
Encke X	0.9° N	40.3° W	3	57
Encke Y	5.9° N	36.4° W	3	57
End	**8.9° S**	**15.6° E**	**0**	**78**
Endymion	**53.9° N**	**57.0° E**	**123**	**14**
Endymion A	54.7° N	62.8° E	30	14
Endymion B	59.8° N	67.2° E	59	14
Endymion C	58.4° N	60.8° E	32	14

Feature Name	Lat.	Long.	D	LAC
Endymion D	52.4° N	62.4° E	20	14
Endymion E	53.6° N	66.2° E	18	14
Endymion F	56.9° N	65.1° E	12	14
Endymion G	56.4° N	55.6° E	15	14
Endymion H	51.1° N	56.3° E	14	14
Endymion J	53.5° N	50.7° E	67	14
Endymion K	51.3° N	52.3° E	7	14
Endymion L	55.4° N	71.0° E	9	14
Endymion M	52.7° N	70.9° E	9	14
Endymion N	52.4° N	69.6° E	9	14
Endymion W	52.7° N	69.2° E	10	14
Endymion X	52.9° N	50.1° E	6	14
Endymion Y	55.8° N	58.0° E	8	14
Engelhardt	5.7° N	159.0° W	43	69
Engelhardt B	8.3° N	157.7° W	136	69
Engelhardt C	10.1° N	156.9° W	49	69
Engelhardt J	2.7° N	155.4° W	19	69
Engelhardt K	2.4° N	157.8° W	18	69
Engelhardt N	4.4° N	159.3° W	28	69
Engelhardt R	4.4° N	162.0° W	15	69
Eotvos	35.5° S	133.8° E	99	118
Eotvos B	33.0° S	134.8° E	22	118
Eotvos D	34.4° S	136.1° E	16	118
Eotvos E	34.5° S	138.1° E	23	118
Eotvos F	35.8° S	136.2° E	21	118
Eotvos T	35.3° S	130.8° E	15	118
Epigenes	67.5° N	4.6° W	55	3
Epigenes A	66.9° N	0.3° W	18	3
Epigenes B	68.3° N	3.1° W	11	3
Epigenes D	68.3° N	0.3° E	10	3
Epigenes F	67.1° N	8.1° W	5	3
Epigenes G	68.9° N	7.0° W	5	3
Epigenes H	69.4° N	6.4° W	7	3
Epigenes P	65.4° N	5.4° W	33	3
Epimenides	40.9° S	30.2° W	27	111
Epimenides A	43.2° S	30.1° W	15	111
Epimenides B	41.6° S	28.8° W	10	111
Epimenides C	42.3° S	27.5° W	4	111
Epimenides S	41.6° S	29.3° W	26	111
Eppinger	9.4° S	25.7° W	6	76
Eratosthenes	14.5° N	11.3° W	58	58
Eratosthenes A	18.4° N	8.3° W	6	41
Eratosthenes B	18.7° N	8.7° W	5	41
Eratosthenes C	16.9° N	12.4° W	5	40
Eratosthenes D	17.5° N	10.9° W	4	40
Eratosthenes E	18.0° N	10.9° W	4	40
Eratosthenes F	17.7° N	9.9° W	4	41
Eratosthenes H	13.3° N	12.2° W	3	58
Eratosthenes K	12.9° N	9.2° W	5	59
Eratosthenes M	14.0° N	13.6° W	4	58
Eratosthenes Z	13.8° N	14.1° W	1	58
Erro	5.7° N	98.5° E	61	64
Erro D	6.8° N	100.5° E	30	64
Erro J	4.6° N	99.4° E	15	64
Erro K	3.8° N	99.6° E	17	64
Erro T	5.6° N	96.9° E	16	63
Erro V	6.3° N	97.8° E	18	64
Esclangon	21.5° N	42.1° E	15	43
Esnault-Pelterie	47.7° N	141.4° W	79	34
Espin	28.1° N	109.1° E	75	46
Espin E	28.3° N	111.3° E	35	46
Euclides	7.4° S	29.5° W	11	76
Euclides B	11.8° S	30.4° W	10	75
Euclides C	13.2° S	30.0° W	10	75
Euclides D	9.4° S	25.7° W	6	75
Euclides E	6.3° S	25.1° W	4	75
Euclides F	6.3° S	33.7° W	5	76
Euclides J	6.4° S	28.5° W	4	75
Euclides K	4.2° S	24.7° W	6	75
Euclides M	10.4° S	28.2° W	6	75
Euclides P	4.5° S	27.6° W	66	75
Euctemon	76.4° N	31.3° E	62	4
Euctemon C	76.2° N	38.9° E	20	4
Euctemon D	77.1° N	39.2° E	20	4
Euctemon H	76.3° N	26.6° E	16	4
Euctemon K	75.9° N	28.4° E	7	4
Euctemon N	75.5° N	33.1° E	8	4
Eudoxus	44.3° N	16.3° E	67	26
Eudoxus A	45.8° N	20.0° E	14	26
Eudoxus B	45.6° N	17.4° E	8	26
Eudoxus D	43.3° N	13.2° E	10	26
Eudoxus E	44.3° N	21.1° E	6	26
Eudoxus G	45.4° N	18.8° E	7	26
Eudoxus J	40.8° N	20.2° E	4	26
Eudoxus U	43.9° N	20.3° E	4	26
Eudoxus V	43.1° N	18.9° E	4	26
Euler	23.3° N	29.2° W	27	40
Euler E	24.7° N	34.0° W	6	39
Euler F	21.2° N	27.9° W	6	40
Euler G	20.7° N	27.4° W	4	40
Euler H	25.3° N	28.6° W	4	40
Euler J	22.3° N	31.5° W	4	39
Euler K	20.7° N	31.8° W	5	39
Euler L	21.4° N	28.9° W	4	39
Euler P	20.0° N	31.1° W	11	39
Evans	9.5° S	133.5° W	67	88
Evans Q	11.2° S	136.4° W	137	88
Evdokimov	34.8° N	153.0° W	50	34
Evdokimov G	33.9° N	150.5° W	48	34
Evdokimov N	31.7° N	153.7° W	27	51
Evershed	35.7° N	159.5° W	66	33
Evershed C	38.1° N	156.7° W	48	34
Evershed D	38.8° N	156.0° W	49	34
Evershed E	35.9° N	158.3° W	73	34
Evershed R	35.1° N	161.2° W	31	33
Evershed S	34.9° N	162.6° W	45	33
Ewen	7.7° N	121.4° E	3	65
Fabbroni	18.7° N	29.2° E	10	42
Fabricius	42.9° S	42.0° E	78	114
Fabricius A	44.6° S	44.0° E	45	114
Fabricius B	43.6° S	44.9° E	17	114
Fabricius J	45.8° S	45.2° E	16	114
Fabry	42.9° N	100.7° E	184	29
Fabry H	41.9° N	105.2° E	37	29
Fabry X	49.0° N	96.7° E	28	29
Fahrenheit	13.1° N	61.7° E	6	62
Fairouz	26.1° S	102.9° E	3	100
Falcon	20.4° N	30.3° E	0	43
Family Mountain	20.4° N	30.3° E	7	43
Faraday	42.4° S	8.7° E	69	112
Faraday A	41.5° S	9.7° E	21	112
Faraday C	43.3° S	8.1° E	30	112
Faraday D	43.7° S	9.6° E	14	112
Faraday G	45.8° S	10.1° E	31	112
Faraday H	45.0° S	10.3° E	12	112
Faraday K	42.6° S	10.3° E	7	112
Faustini	87.3° S	77.0° E	39	144
Fauth	6.3° N	20.1° W	12	58
Fauth A	6.0° N	20.1° W	10	58
Fauth B	5.8° N	19.3° W	3	58
Fauth C	5.2° N	18.8° W	4	58
Fauth D	6.0° N	18.4° W	5	58
Fauth E	5.4° N	20.7° W	4	58
Fauth F	5.5° N	17.4° W	4	58
Fauth G	5.3° N	16.2° W	3	58
Fauth H	4.8° N	16.2° W	4	58
Faye	21.4° S	3.9° E	36	95
Faye A	21.2° S	3.1° E	4	95
Faye B	22.6° S	4.5° E	4	95
Fechner	59.0° S	124.9° E	63	130
Fechner T	59.1° S	122.9° E	14	130
Fedorov	28.2° N	37.0° W	6	39
Felix	25.1° N	25.4° W	1	40
Fenyi	44.9° S	105.1° W	38	123
Fenyi A	43.6° S	104.4° W	19	123
Fenyi Y	43.6° S	105.5° W	21	123
Feoktistov	30.9° N	140.7° E	23	48
Feoktistov X	33.1° N	139.5° E	23	96
Fermat	22.6° S	19.8° E	38	96
Fermat A	21.8° S	19.6° E	17	96
Fermat B	23.0° S	21.1° E	11	96
Fermat C	21.0° S	18.5° E	14	96
Fermat D	20.1° S	18.0° E	13	96
Fermat E	19.9° S	19.9° E	7	96
Fermat F	22.1° S	20.2° E	5	96
Fermat G	19.4° S	20.0° E	7	96
Fermat H	23.1° S	20.7° E	5	96
Fermat P	23.6° S	19.3° E	37	96
Fermi	19.3° S	122.6° E	183	101
Fernelius	38.1° S	4.9° E	65	112
Fernelius A	38.3° S	3.5° E	30	112
Fernelius B	37.4° S	4.1° E	10	112
Fernelius C	38.9° S	4.4° E	7	112
Fernelius D	38.2° S	6.2° E	7	112
Fernelius E	38.3° S	6.6° E	6	112
Fersman	18.7° N	126.0° W	151	53
Fesenkov	23.2° S	135.1° E	35	102
Fesenkov F	23.3° S	137.3° E	16	102
Fesenkov S	23.5° S	133.8° E	17	102
Feuillee	27.4° N	9.4° W	9	41
Finsch	23.6° N	21.3° E	4	42
Finsen	42.0° S	177.9° W	72	120
Finsen C	40.6° S	175.8° W	26	120
Finsen G	43.0° S	175.3° W	33	120
Firmicus	7.3° N	63.4° E	56	62
Firmicus A	6.4° N	65.1° E	8	62
Firmicus B	7.3° N	65.8° E	14	62
Firmicus C	7.7° N	66.5° E	13	62
Firmicus D	5.9° N	64.4° E	11	62
Firmicus E	8.0° N	63.6° E	9	62
Firmicus F	6.5° N	61.8° E	9	62
Firmicus G	6.9° N	61.9° E	9	62
Firmicus H	7.5° N	60.3° E	7	62
Firmicus M	4.1° N	67.2° E	42	62
Firsov	4.5° N	112.2° E	51	65
Firsov K	3.1° N	113.0° E	58	65
Firsov P	2.9° N	111.1° E	15	65
Firsov Q	2.3° N	110.0° E	25	65
Firsov S	3.6° N	109.8° E	96	64
Firsov T	4.1° N	108.6° E	26	64
Firsov V	5.1° N	110.7° E	44	65
Fischer	8.0° N	142.4° E	30	66
Fitzgerald	27.5° N	171.7° W	110	50
Fitzgerald B	29.1° N	170.9° W	26	50
Fitzgerald W	28.7° N	173.8° W	51	50
Fitzgerald Y	31.0° N	172.7° W	34	50
Fizeau	58.6° S	133.9° W	111	134
Fizeau C	56.1° S	128.5° W	22	134
Fizeau F	58.2° S	124.5° W	19	134
Fizeau G	59.2° S	124.5° W	54	134
Fizeau Q	59.8° S	136.3° W	28	134
Fizeau S	58.7° S	139.9° W	62	134
Flag	9.0° S	15.5° E	0	78
Flammarion	3.4° S	3.7° W	74	77
Flammarion A	1.9° S	2.5° W	4	77
Flammarion B	4.0° S	4.5° W	6	77
Flammarion C	2.0° S	3.7° W	5	77
Flammarion D	3.0° S	4.8° W	5	77
Flammarion T	2.9° S	2.1° W	34	77
Flammarion U	3.0° S	1.4° W	10	77
Flammarion W	2.1° S	2.4° W	7	77
Flammarion X	2.9° S	3.0° W	3	77
Flammarion Y	3.7° S	3.2° W	3	77
Flammarion Z	2.2° S	1.4° W	4	77
Flamsteed	4.5° S	44.3° W	20	75
Flamsteed A	7.9° S	42.9° W	11	75
Flamsteed B	5.9° S	43.7° W	10	75
Flamsteed C	5.5° S	46.3° W	9	75
Flamsteed D	3.2° S	44.9° W	6	75
Flamsteed E	3.7° S	46.1° W	2	75
Flamsteed F	4.7° S	41.1° W	5	75
Flamsteed G	4.8° S	50.9° W	46	74
Flamsteed H	5.9° S	51.7° W	4	74
Flamsteed J	6.6° S	49.3° W	5	75
Flamsteed K	3.1° S	43.7° W	4	75
Flamsteed L	3.4° S	40.9° W	4	75
Flamsteed M	2.4° S	40.6° W	4	75
Flamsteed P	3.2° S	44.1° W	112	75
Flamsteed S	3.4° S	52.2° W	4	75
Flamsteed T	3.1° S	51.6° W	24	74
Flamsteed U	3.6° S	50.2° W	4	75
Flamsteed X	2.3° S	47.3° W	3	75
Flamsteed Z	1.3° S	47.8° W	3	75
Flank	3.7° S	17.4° W	0	76
Fleming	15.0° N	109.6° E	106	64
Fleming D	17.0° N	114.0° E	25	47
Fleming N	12.7° N	108.8° E	24	64
Fleming W	18.0° N	106.2° E	50	46
Fleming Y	18.2° N	108.2° E	30	46
Florensky	25.3° N	131.5° E	71	48
Focas	33.7° S	93.8° W	22	123
Focas U	32.7° S	98.5° W	10	123
Fontana	16.1° S	56.6° W	31	110
Fontana A	15.7° S	56.1° W	13	74
Fontana B	15.5° S	56.3° W	11	74
Fontana C	12.8° S	57.1° W	14	74
Fontana D	17.0° S	57.3° W	11	92
Fontana E	17.6° S	57.9° W	13	92
Fontana F	16.2° S	59.9° W	7	92
Fontana G	16.0° S	59.2° W	15	74
Fontana H	14.0° S	57.9° W	9	74
Fontana K	13.2° S	57.3° W	7	74
Fontana M	17.2° S	57.5° W	6	92
Fontana W	17.2° S	58.3° W	6	92
Fontana Y	16.7° S	58.3° W	5	92
Fontenelle	63.4° N	18.9° W	38	12
Fontenelle A	67.5° N	16.1° W	21	3
Fontenelle B	61.9° N	23.0° W	14	11
Fontenelle C	64.4° N	27.2° W	13	3
Fontenelle D	62.5° N	23.4° W	17	11
Fontenelle F	64.4° N	28.2° W	11	3
Fontenelle G	59.5° N	18.3° W	4	3
Fontenelle H	64.1° N	20.1° W	6	3
Fontenelle K	69.6° N	15.6° W	7	3
Fontenelle L	66.5° N	16.6° W	6	3
Fontenelle M	63.1° N	28.8° W	9	11
Fontenelle N	64.0° N	29.7° W	8	11
Fontenelle P	64.1° N	17.2° W	6	3
Fontenelle R	64.3° N	18.8° W	6	3
Fontenelle S	65.3° N	26.7° W	7	3
Fontenelle T	66.3° N	25.7° W	7	3
Fontenelle X	60.5° N	27.8° W	7	11
Foster	23.7° N	141.5° W	33	52
Foster H	23.2° N	139.6° W	25	52
Foster L	21.0° N	140.5° W	32	52
Foster P	20.2° N	143.5° W	36	52
Foster S	22.0° N	143.7° W	36	52
Foucault	50.4° N	39.7° W	23	11
Fourier	30.3° S	53.0° W	51	92
Fourier A	30.2° S	49.5° W	32	93
Fourier B	30.5° S	52.0° W	11	92
Fourier C	28.5° S	51.9° W	14	92
Fourier D	31.5° S	50.4° W	21	92
Fourier E	28.7° S	50.1° W	14	92
Fourier F	28.8° S	52.7° W	14	92
Fourier G	29.4° S	51.7° W	11	92
Fourier K	30.0° S	54.2° W	10	92
Fourier L	30.2° S	52.6° W	5	92
Fourier M	30.4° S	53.1° W	4	92
Fourier N	33.5° S	56.4° W	10	110
Fourier P	31.0° S	54.9° W	9	92
Fourier R	34.2° S	51.2° W	9	110
Fowler	42.3° N	145.0° W	146	34
Fowler A	46.3° N	145.0° W	52	52
Fowler C	45.0° N	141.9° W	32	52
Fowler N	40.1° N	146.1° W	39	52
Fowler R	42.2° N	150.1° W	18	52
Fowler W	46.0° N	150.2° W	31	52
Fox	0.5° N	98.2° E	24	64
Fox A	1.5° N	98.3° E	13	64
Fra Mauro	6.1° S	17.0° W	101	76
Fra Mauro A	5.4° S	20.9° W	9	76
Fra Mauro B	4.0° S	21.7° W	7	76
Fra Mauro C	5.4° S	21.6° W	7	76
Fra Mauro D	4.8° S	17.6° W	5	76
Fra Mauro E	6.0° S	16.8° W	4	76
Fra Mauro F	6.7° S	16.9° W	3	76
Fra Mauro G	2.2° S	16.3° W	6	76
Fra Mauro H	4.1° S	15.5° W	6	76
Fra Mauro J	2.6° S	18.6° W	3	76
Fra Mauro K	2.5° S	16.7° W	6	76
Fra Mauro N	5.3° S	17.4° W	3	76
Fra Mauro P	5.4° S	16.5° W	3	76
Fra Mauro R	2.2° S	15.6° W	3	76
Fra Mauro T	2.1° S	19.3° W	3	76
Fra Mauro W	1.3° S	16.8° W	4	76
Fra Mauro X	4.5° S	17.3° W	20	76
Fra Mauro Y	4.1° S	16.7° W	4	76
Fra Mauro Z	3.8° S	14.6° W	5	76
Fracastorius	21.5° S	33.2° E	112	97
Fracastorius A	24.4° S	36.5° E	18	97
Fracastorius B	22.5° S	37.2° E	27	97
Fracastorius C	24.6° S	34.6° E	16	97
Fracastorius D	21.8° S	30.9° E	28	97
Fracastorius E	20.2° S	31.0° E	13	97
Fracastorius G	21.2° S	38.3° E	16	97
Fracastorius H	20.7° S	30.6° E	21	97
Fracastorius J	20.8° S	37.4° E	12	97
Fracastorius K	25.4° S	34.7° E	17	97
Fracastorius L	20.6° S	33.2° E	5	97
Fracastorius M	21.7° S	32.9° E	4	97
Fracastorius N	23.2° S	34.0° E	10	97
Fracastorius P	25.5° S	33.3° E	8	97
Fracastorius Q	25.1° S	33.2° E	8	97
Fracastorius R	23.8° S	33.7° E	5	97
Fracastorius S	19.0° S	31.9° E	5	97
Fracastorius T	19.8° S	37.4° E	14	97
Fracastorius W	22.6° S	35.7° E	7	97
Fracastorius X	23.0° S	31.1° E	7	97
Fracastorius Y	23.0° S	32.0° E	12	97
Fracastorius Z	24.8° S	33.6° E	9	97
Franck	22.6° N	35.5° E	12	43
Franklin	38.8° N	47.7° E	56	27
Franklin C	35.7° N	44.3° E	15	27
Franklin F	37.5° N	47.7° E	38	27
Franklin G	40.1° N	48.1° E	7	27
Franklin H	37.1° N	43.7° E	6	27
Franklin K	39.1° N	51.4° E	20	27
Franklin W	37.8° N	43.7° E	6	27
Franz	16.6° N	40.2° E	25	43
Fraunhofer	39.5° S	59.1° E	56	114
Fraunhofer A	39.6° S	61.7° E	29	115
Fraunhofer B	41.8° S	67.3° E	36	115
Fraunhofer C	42.9° S	64.7° E	38	115
Fraunhofer D	36.5° S	55.8° E	17	115
Fraunhofer E	43.4° S	61.7° E	42	115
Fraunhofer F	41.7° S	59.8° E	16	115
Fraunhofer G	38.5° S	58.3° E	11	115

Feature Name	Lat.	Long.	D	LAC
Fraunhofer H	40.8° S	61.7° E	43	115
Fraunhofer J	42.4° S	63.6° E	63	115
Fraunhofer K	42.5° S	69.3° E	16	115
Fraunhofer L	42.1° S	68.8° E	8	115
Fraunhofer M	40.9° S	65.6° E	21	115
Fraunhofer N	40.9° S	64.4° E	12	115
Fraunhofer R	43.5° S	68.7° E	11	115
Fraunhofer S	43.1° S	69.9° E	13	115
Fraunhofer T	37.9° S	55.7° E	8	115
Fraunhofer U	40.2° S	65.1° E	24	115
Fraunhofer V	39.0° S	58.0° E	24	115
Fraunhofer W	39.4° S	62.8° E	18	115
Fraunhofer X	39.7° S	60.6° E	6	115
Fraunhofer Y	40.2° S	63.0° E	13	115
Fraunhofer Z	39.9° S	63.9° E	14	115
Fredholm	**18.4° N**	**46.5° E**	**14**	**43**
Freud	**25.8° N**	**52.3° W**	**2**	**38**
Freundlich	**25.0° N**	**171.0° E**	**85**	**50**
Freundlich G	24.5° N	173.5° E	25	50
Freundlich Q	22.7° N	167.4° E	17	49
Freundlich R	23.8° N	167.8° E	20	49
Fridman (Friedmann)	**12.6° S**	**126.0° W**	**102**	**89**
Friedmann C	10.5° S	124.5° W	36	89
Froelich	**80.3° N**	**109.7° W**	**58**	**1**
Froelich M	77.6° N	109.3° W	29	9
Frost	**37.7° N**	**118.4° W**	**75**	**35**
Frost N	35.0° N	119.2° W	43	35
Fryxell (Golitsyn B)	**21.3° S**	**101.4° W**	**18**	**108**
Furnerius	**36.0° S**	**60.6° E**	**135**	**115**
Furnerius A	33.5° S	59.0° E	12	115
Furnerius B	35.5° S	59.9° E	22	115
Furnerius C	33.7° S	57.8° E	22	114
Furnerius D	37.0° S	55.9° E	16	114
Furnerius E	34.8° S	57.1° E	22	114
Furnerius F	36.2° S	64.0° E	43	115
Furnerius G	38.25	65.4° E	34	115
Furnerius H	37.6° S	69.5° E	44	115
Furnerius J	34.8° S	64.2° E	24	115
Furnerius K	38.1° S	68.1° E	36	115
Furnerius L	38.6° S	69.9° E	13	115
Furnerius N	33.6° S	61.1° E	9	115
Furnerius P	38.0° S	61.8° E	18	115
Furnerius Q	39.5° S	67.3° E	30	115
Furnerius R	39.9° S	69.1° E	17	115
Furnerius S	39.1° S	68.0° E	15	115
Furnerius T	37.8° S	63.1° E	10	115
Furnerius U	35.7° S	68.2° E	20	115
Furnerius V	35.7° S	65.6° E	58	115
Furnerius W	37.1° S	71.1° E	32	115
Furnerius X	33.9° S	63.6° E	8	115
Furnerius Y	34.3° S	65.2° E	12	115
Furnerius Z	33.5° S	63.0° E	8	115
G. Bond	**32.4° N**	**36.2° E**	**20**	**27**
G. Bond A	31.6° N	36.8° E	9	43
G. Bond B	29.9° N	34.7° E	33	43
G. Bond C	28.2° N	34.8° E	46	43
G. Bond G	32.8° N	37.3° E	31	27
G. Bond K	32.1° N	38.3° E	14	27
Gadomski	**36.4° N**	**147.3° W**	**65**	**34**
Gadomski A	38.6° N	145.9° W	32	34
Gadomski X	37.8° N	148.3° W	35	34
Gagarin	**20.2° S**	**149.2° E**	**265**	**102**
Gagarin G	20.5° S	150.5° E	14	103
Gagarin M	23.5° S	149.2° E	19	102
Gagarin T	19.4° S	144.5° E	24	102
Gagarin Z	15A° S	149.4° E	29	102
Galen	**21.9° N**	**5.0° E**	**10**	**41**
Galilaei	**10.5° N**	**62.7° W**	**15**	**56**
Galilaei A	11.7° N	62.9° W	11	56
Galilaei B	11.4° N	67.6° W	15	56
Galilaei D	8.7° N	62.7° W	1	56
Galilaei E	14.0° N	61.8° W	7	56
Galilaei F	12.3° N	66.2° W	3	56
Galilaei G	12.7° N	67.1° W	1	56
Galilaei H	11.5° N	68.7° W	7	56
Galilaei J	13.0° N	61.9° W	4	56
Galilaei K	13.0° N	62.7° W	3	56
Galilaei L	13.2° N	58.5° W	3	56
Galilaei M	13.3° N	56.8° W	3	56
Galilaei S	15.4° N	64.7° W	2	56
Galilaei T	16.2° N	61.4° W	2	38
Galilaei V	17.1° N	60.3° W	3	38
Galilaei W	17.8° N	60.5° W	4	38
Galle	**55.9° N**	**22.3° E**	**21**	**11**
Galle A	53.9° N	22.3° E	6	13
Galle B	55.4° N	17.4° E	7	13
Galle C	57.8° N	24.5° E	11	13
Galois	**14.2° S**	**151.9° W**	**222**	**87**
Galois A	14.0° S	152.5° W	54	87
Galois B	11.3° S	151.8° W	20	87
Galois C	12.4° S	150.5° W	22	87
Galois F	13.9° S	146.4° W	13	87
Galois H	15.2° S	150.9° W	19	87
Galois L	15.5° S	152.0° W	51	87
Galois M	16.1° S	152.4° W	18	87
Galois Q	15.2° S	154.7° W	132	87
Galois S	14.5° S	154.9° W	18	87
Galois U	13.2° S	154.7° W	35	87
Galvani	**49.6° N**	**84.6° W**	**80**	**9**
Galvani B	49.5° N	89.0° W	15	21
Galvani D	47.8° N	88.3° W	13	36
Gambart	**1.0° N**	**15.2° W**	**25**	**58**
Gambart A	1.0° N	18.7° W	12	58
Gambart B	2.2° N	11.5° W	11	58
Gambart C	3.3° N	11.8° W	12	58
Gambart D	3.4° N	17.7° W	6	58
Gambart E	1.0° N	17.2° W	4	58
Gambart F	0.1° N	16.9° W	5	58
Gambart G	1.9° N	12.0° W	6	58
Gambart H	3.2° N	10.6° W	4	58
Gambart J	0.7° S	18.2° W	7	76
Gambart K	3.9° N	14.2° W	4	58
Gambart L	3.3° N	15.3° W	4	58
Gambart M	5.4° N	11.7° W	4	58
Gambart N	0.5° S	14.9° W	5	76
Gambart R	0.6° S	20.8° W	4	76
Gambart S	0.1° S	13.2° W	3	76
Gamow	**65.3° N**	**145.3° E**	**129**	**7**
Gamow A	67.3° N	148.8° E	31	7
Gamow B	66.4° N	149.5° E	26	7
Gamow U	66.7° N	137.0° E	39	6
Gamow V	66.3° N	139.7° E	49	6
Gamow Y	67.8° N	143.9° E	27	6
Ganswindt	**79.6° S**	**110.3° E**	**74**	**140**
Garavito	**47.5° S**	**156.7° E**	**74**	**119**
Garavito C	45.0° S	159.0° E	25	119
Garavito D	46.6° S	158.8° E	33	119
Garavito Q	49.6° S	153.6° E	42	131
Garavito Y	45.5° S	155.6° E	52	119
Gardner	**17.7° N**	**33.8° E**	**18**	**43**
Gartner	**59.1° N**	**34.6° E**	**115**	**13**
Gartner A	60.7° N	37.8° E	14	13
Gartner C	59.4° N	31.0° E	8	13
Gartner D	58.5° N	33.9° E	8	13
Gartner E	61.5° N	43.8° E	7	14
Gartner F	57.5° N	30.1° E	14	13
Gartner G	59.5° N	39.8° E	33	13
Gartner M	55.5° N	37.0° E	11	13
Gassendi	**17.6° S**	**40.1° W**	**101**	**93**
Gassendi A	15.5° S	39.7° W	33	75
Gassendi B	14.7° S	40.6° W	26	75
Gassendi E	18.4° S	43.5° W	8	93
Gassendi F	15.0° S	45.0° W	8	75
Gassendi G	16.8° S	44.6° W	8	93
Gassendi J	21.6° S	37.0° W	9	93
Gassendi K	18.7° S	43.6° W	6	93
Gassendi L	20.4° S	41.8° W	6	93
Gassendi M	18.6° S	39.0° W	3	93
Gassendi N	18.0° S	39.2° W	3	93
Gassendi O	21.9° S	35.1° W	11	93
Gassendi P	17.2° S	40.6° W	2	93
Gassendi R	21.9° S	37.7° W	3	93
Gassendi T	19.0° S	35.4° W	10	93
Gassendi W	17.6° S	43.7° W	6	93
Gassendi Y	20.8° S	38.3° W	5	93
Gaston	**30.9° N**	**34.0° W**	**2**	**39**
Gator	**9.0° S**	**15.6° E**	**1**	**78**
Gaudibert	**10.9° S**	**37.8° E**	**34**	**79**
Gaudibert A	12.2° S	37.9° E	21	79
Gaudibert B	12.3° S	38.5° E	21	79
Gaudibert C	11.5° S	37.8° E	9	79
Gaudibert D	10.5° S	36.3° E	5	79
Gaudibert H	13.8° S	36.7° E	11	79
Gaudibert J	11.1° S	39.1° E	10	79
Gauricus	**33.8° S**	**12.6° W**	**79**	**112**
Gauricus A	35.6° S	13.4° W	38	112
Gauricus B	35.3° S	12.2° W	23	112
Gauricus C	35.2° S	10.7° W	11	112
Gauricus D	35.1° S	11.4° W	13	112
Gauricus E	32.5° S	11.8° W	7	112
Gauricus F	33.0° S	12.6° W	12	112
Gauricus G	33.9° S	11.0° W	18	112
Gauricus H	38.1° S	13.3° W	8	112
Gauricus J	32.3° S	11.9° W	10	112
Gauricus K	33.3° S	13.9° W	5	112
Gauricus L	34.0° S	13.8° W	4	112
Gauricus M	34.4° S	13.6° W	6	112
Gauricus N	32.4° S	12.7° W	7	112
Gauricus P	35.1° S	12.4° W	6	112
Gauricus R	34.8° S	13.3° W	6	112
Gauricus S	33.9° S	10.1° W	15	112
Gauss	**35.7° N**	**79.0° E**	**177**	**28**
Gauss A	36.5° N	82.7° E	18	29
Gauss B	35.9° N	81.2° E	37	28
Gauss C	39.7° N	72.1° E	29	28
Gauss D	39.3° N	73.8° E	24	28
Gauss E	35.3° N	77.6° E	8	28
Gauss F	34.8° N	78.3° E	20	28
Gauss G	34.2° N	78.6° E	18	28
Gauss H	33.2° N	77.1° E	11	28
Gauss J	40.6° N	72.6° E	14	28
Gauss W	34.5° N	80.2° E	18	28
Gavrilov	**17.4° N**	**130.9° E**	**60**	**48**
Gavrilov A	19.6° N	131.9° E	26	48
Gavrilov K	15.0° N	132.5° E	38	48
Gay-Lussac	**13.9° N**	**20.8° W**	**26**	**58**
Gay-Lussac A	13.2° N	20.4° W	15	58
Gay-Lussac B	16.2° N	21.1° W	3	40
Gay-Lussac C	15.4° N	22.5° W	5	58
Gay-Lussac D	14.6° N	21.0° W	5	58
Gay-Lussac F	14.0° N	19.6° W	5	58
Gay-Lussac G	13.8° N	18.9° W	5	58
Gay-Lussac H	13.4° N	23.2° W	5	58
Gay-Lussac J	11.7° N	21.7° W	3	58
Gay-Lussac N	12.6° N	20.9° W	2	58
Geber	**19.4° S**	**13.9° E**	**44**	**96**
Geber A	21.8° S	14.7° E	14	96
Geber B	19.0° S	13.0° E	19	96
Geber C	22.1° S	14.9° E	11	96
Geber D	19.3° S	11.9° E	5	96
Geber E	20.5° S	12.9° E	6	96
Geber F	19.9° S	13.2° E	5	96
Geber H	17.9° S	12.5° E	4	96
Geber J	20.0° S	15.9° E	4	96
Geber K	17.5° S	10.6° E	5	96
Geiger	**14.6° S**	**158.5° E**	**34**	**85**
Geiger K	16.0° S	159.9° E	11	103
Geiger L	16.3° S	159.3° E	6	103
Geiger R	15.7° S	156.5° E	40	85
Geiger Y	12.7° S	158.1° E	29	85
Geissler	**2.6° S**	**76.5° E**	**16**	**81**
Geminus	**34.5° N**	**56.7° E**	**85**	**27**
Geminus A	31.5° N	51.8° E	15	44
Geminus B	34.2° N	52.3° E	10	27
Geminus C	33.9° N	58.7° E	16	27
Geminus D	30.6° N	47.4° E	16	43
Geminus E	33.5° N	48.5° E	67	43
Geminus F	32.1° N	51.1° E	22	44
Geminus G	30.8° N	48.6° E	14	43
Geminus H	31.6° N	48.9° E	15	43
Geminus M	31.9° N	48.5° E	11	43
Geminus N	31.4° N	47.7° E	24	43
Geminus W	34.3° N	47.4° E	6	43
Geminus Z	30.7° N	46.7° E	26	43
Gemma Frisius	**34.2° S**	**13.3° E**	**87**	**113**
Gemma Frisius A	35.8° S	15.2° E	68	113
Gemma Frisius B	35.5° S	17.1° E	41	113
Gemma Frisius C	35.6° S	18.8° E	35	113
Gemma Frisius D	34.3° S	10.9° E	28	113
Gemma Frisius E	37.2° S	12.8° E	19	113
Gemma Frisius F	35.8° S	10.3° E	9	113
Gemma Frisius G	33.2° S	11.4° E	37	113
Gemma Frisius H	32.4° S	12.2° E	28	113
Gemma Frisius J	35.1° S	18.1° E	12	113
Gemma Frisius K	37.4° S	11.0° E	10	113
Gemma Frisius L	34.8° S	11.8° E	6	113
Gemma Frisius M	34.3° S	12.5° E	5	113
Gemma Frisius O	32.5° S	12.9° E	6	113
Gemma Frisius P	31.8° S	12.8° E	4	113
Gemma Frisius Q	35.8° S	14.8° E	9	113
Gemma Frisius R	37.1° S	15.3° E	5	113
Gemma Frisius S	35.2° S	15.1° E	6	113
Gemma Frisius T	34.9° S	16.4° E	8	113
Gemma Frisius U	34.5° S	16.8° E	8	113
Gemma Frisius W	36.9° S	13.3° E	15	113
Gemma Frisius X	34.7° S	15.8° E	15	113
Gemma Frisius Y	37.4° S	13.5° E	28	113
Gemma Frisius Z	35.1° S	9.6° E	10	113
Gerard	**44.5° N**	**80.0° W**	**90**	**22**
Gerard A	45.1° N	82.3° W	17	22
Gerard B	46.4° N	88.3° W	14	36
Gerard C	45.9° N	79.2° W	27	22
Gerard D	46.2° N	79.9° W	5	22
Gerard E	44.5° N	81.0° W	5	22
Gerard F	43.8° N	82.3° W	5	22
Gerard G	45.7° N	88.3° W	22	36
Gerard H	44.5° N	87.0° W	13	36
Gerard J	46.9° N	88.7° W	10	36
Gerard K	44.0° N	77.2° W	7	22
Gerard L	43.2° N	76.4° W	4	22
Gerard Q	46.7° N	84.1° W	18	22
Gerasimovich	**22.9° S**	**122.6° W**	**86**	**107**
Gerasimovich D	22.3° S	121.6° W	26	107
Gerasimovich R	24.1° S	125.9° W	55	107
Gernsback	**36.5° S**	**99.7° E**	**48**	**116**
Gernsback H	38.2° S	103.5° E	43	116
Gernsback J	37.7° S	101.9° E	18	116
Gibbs	**18.4° S**	**84.3° E**	**76**	**99**
Gibbs D	13.1° S	85.9° E	13	81
Gilbert	**3.2° S**	**76.0° E**	**112**	**81**
Gilbert D	2.6° S	76.5° E	16	81
Gilbert J	4.3° S	72.7° E	38	81
Gilbert K	5.5° S	73.2° E	38	81
Gilbert M	1.9° S	78.3° E	31	81
Gilbert N	1.3° S	77.2° E	33	81
Gilbert P	0.9° S	75.6° E	18	81
Gilbert S	1.9° S	75.6° E	19	81
Gilbert U	1.4° S	81.4° E	9	81
Gilbert V	1.5° S	79.9° E	15	81
Gilbert W	1.1° S	78.9° E	19	81
Gill	**63.9° S**	**75.9° E**	**66**	**129**
Gill A	63.6° S	72.9° E	13	129
Gill B	61.7° S	69.9° E	31	128
Gill C	62.2° S	67.4° E	30	128
Gill D	63.4° S	79.8° E	15	129
Gill E	63.3° S	70.4° E	13	129
Gill F	63.8° S	65.1° E	23	128
Gill G	63.5° S	68.2° E	32	128
Gill H	63.9° S	70.2° E	8	129
Ginzel	**14.3° N**	**97.4° E**	**55**	**64**
Ginzel G	13.7° N	100.2° E	42	64
Ginzel H	12.7° N	100.1° E	50	64
Ginzel L	13.1° N	97.8° E	28	64
Gioja	**83.3° N**	**2.0° E**	**41**	**1**
Giordano Bruno	**35.9° N**	**102.8° E**	**22**	**29**
Glaisher	**13.2° N**	**49.5° E**	**15**	**61**
Glaisher A	12.9° N	50.7° E	19	62
Glaisher B	12.6° N	50.1° E	18	62
Glaisher E	12.7° N	49.2° E	21	61
Glaisher F	13.7° N	50.0° E	7	61
Glaisher G	12.4° N	49.5° E	20	61
Glaisher H	13.8° N	49.6° E	5	61
Glaisher L	13.4° N	48.8° E	7	61
Glaisher M	13.1° N	48.6° E	5	61
Glaisher N	13.1° N	47.5° E	7	61
Glaisher V	11.1° N	49.9° E	12	61
Glaisher W	12.4° N	47.6° E	46	61
Glauber	**11.5° N**	**142.6° E**	**15**	**66**
Glazenap	**1.6° S**	**137.6° E**	**43**	**84**
Glazenap E	1.4° S	139.0° E	14	84
Glazenap F	1.5° S	139.7° E	11	84
Glazenap P	5.0° S	136.0° E	57	84
Glazenap S	21° S	134.3° E	28	84
Glazenap V	0.6° S	136.0° E	22	84
Glushko (Olbers A)	**8.4° N**	**77.6° W**	**43**	**55**
Goclenius	**10.0° S**	**45.0° E**	**72**	**79**
Goclenius A	6.9° S	50.4° E	12	80
Goclenius B	9.2° S	44.4° E	7	79
Goclenius U	9.3° S	50.1° E	22	80
Goddard	**14.8° N**	**89.0° E**	**89**	**63**
Goddard A	17.0° N	89.6° E	12	45
Goddard B	16.0° N	86.8° E	12	45
Goddard C	16.5° N	85.1° E	49	45
Godin	**1.8° N**	**10.2° E**	**34**	**60**
Godin A	2.7° N	9.7° E	9	59
Godin B	0.7° N	9.8° E	12	59
Godin C	1.5° N	8.4° E	4	59
Godin D	1.0° N	8.3° E	5	59
Godin E	1.7° N	12.4° E	4	60
Godin G	1.9° N	11.0° E	7	60
Goldschmidt	**73.2° N**	**3.8° W**	**113**	**3**
Goldschmidt A	72.5° N	2.5° W	7	3
Goldschmidt B	70.6° N	6.7° W	10	3
Goldschmidt C	71.1° N	6.0° W	7	3
Goldschmidt D	75.3° N	7.7° W	14	3
Golgi	**27.8° N**	**60.0° W**	**5**	**38**
Golitsyn	**25.1° S**	**105.0° W**	**36**	**108**
Golitsyn B	21.3° S	101.4° W	18	108
Golitsyn J	27.6° S	103.0° W	20	108
Golovin	**39.9° N**	**161.1° E**	**37**	**32**
Golovin C	40.8° N	163.1° E	16	32
Goodacre	**32.7° S**	**14.1° E**	**46**	**113**
Goodacre B	31.8° S	13.7° E	9	96
Goodacre C	32.3° S	14.2° E	5	113
Goodacre D	33.4° S	15.0° E	8	113
Goodacre E	32.9° S	15.5° E	6	113

Feature Name	Lat.	Long.	D	LAC
Goodacre F	31.9° S	14.6° E	5	96
Goodacre G	33.3° S	13.9° E	16	113
Goodacre H	32.8° S	16.1° E	4	113
Goodacre K	30.9° S	13.5° E	11	96
Goodacre P	34.0° S	16.7° E	22	113
Gould	**19.2° S**	**17.2° W**	**34**	**94**
Gould A	19.2° S	17.0° W	3	94
Gould B	20.5° S	18.4° W	3	94
Gould M	17.7° S	17.2° W	41	94
Gould N	18.4° S	17.6° W	17	94
Gould P	18.8° S	16.6° W	8	94
Gould U	18.2° S	14.9° W	2	94
Gould X	20.9° S	16.9° W	3	94
Gould Y	20.6° S	15.8° W	3	94
Gould Z	19.5° S	15.1° W	2	94
Grace	**14.2° N**	**35.9° E**	**1**	**61**
Grachev	**3.7° S**	**108.2° W**	**35**	**90**
Graff	**42.4° S**	**88.6° W**	**36**	**123**
Graff A	41.2° S	86.1° W	21	109
Graff U	42.1° S	90.7° W	20	123
Grave	**17.1° S**	**150.3° E**	**40**	**102**
Greaves	**13.2° N**	**52.7° E**	**13**	**62**
Green	**4.1° N**	**132.9° E**	**65**	**66**
Green M	0.9° N	132.9° E	37	66
Green P	1.0° N	131.8° E	21	66
Green Q	2.8° N	131.7° E	16	66
Green R	3.4° N	131.0° E	33	66
Gregory	**2.2° N**	**127.2° E**	**67**	**65**
Gregory K	0.4° S	128.5° E	26	83
Gregory Q	0.6° N	125.7° E	68	83
Grigg	**12.9° N**	**129.4° W**	**36**	**71**
Grigg P	11.4° N	131.1° W	32	70
Grimaldi	**5.5° S**	**68.3° W**	**172**	**74**
Grimaldi A	5.4° S	71.2° W	15	73
Grimaldi B	2.9° S	69.2° W	22	74
Grimaldi C	2.6° S	61.5° W	10	74
Grimaldi D	3.7° S	65.5° W	22	74
Grimaldi E	3.7° S	64.4° W	13	74
Grimaldi F	4.0° S	62.7° W	29	74
Grimaldi G	7.4° S	64.9° W	13	74
Grimaldi H	4.9° S	71.4° W	9	73
Grimaldi J	2.9° S	70.6° W	16	73
Grimaldi L	8.5° S	66.7° W	19	74
Grimaldi M	8.0° S	67.0° W	18	74
Grimaldi N	7.6° S	66.6° W	8	74
Grimaldi P	8.0° S	68.3° W	10	74
Grimaldi Q	4.8° S	64.8° W	21	74
Grimaldi R	8.5° S	71.2° W	9	73
Grimaldi S	6.4° S	65.0° W	11	74
Grimaldi T	7.7° S	70.9° W	12	73
Grimaldi X	5.8° S	72.3° W	9	73
Grissom	**47.0° S**	**147.4° W**	**58**	**121**
Grissom K	49.5° S	145.7° W	26	133
Grissom M	49.1° S	147.7° W	38	133
Grotrian	**66.5° S**	**128.3° E**	**37**	**140**
Grotrian X	64.5° S	125.5° E	20	140
Grove	**40.3° N**	**32.9° E**	**28**	**26**
Grove Y	37.4° N	31.7° E	3	26
Gruemberger	**66.9° S**	**10.0° W**	**93**	**137**
Gruemberger A	67.2° S	11.8° W	20	137
Gruemberger B	64.6° S	9.0° W	31	137
Gruemberger C	65.9° S	15.3° W	13	137
Gruemberger D	68.1° S	14.4° W	5	137
Gruemberger E	63.6° S	7.1° W	9	137
Gruemberger F	62.9° S	6.3° W	7	137
Gruithuisen	**32.9° N**	**39.7° W**	**15**	**23**
Gruithuisen B	35.6° N	38.8° W	9	23
Gruithuisen E	37.3° N	44.3° W	8	23
Gruithuisen F	36.3° N	37.9° W	4	24
Gruithuisen G	36.6° N	43.9° W	6	23
Gruithuisen H	33.3° N	38.4° W	6	23
Gruithuisen K	35.3° N	42.7° W	6	23
Gruithuisen M	36.9° N	43.2° W	7	23
Gruithuisen P	37.1° N	40.5° W	11	23
Gruithuisen R	37.1° N	45.3° W	7	23
Gruithuisen S	37.5° N	45.6° W	7	23
Guericke	**11.5° S**	**14.1° W**	**63**	**76**
Guericke A	11.1° S	17.3° W	5	76
Guericke B	14.5° S	15.3° W	16	76
Guericke C	11.5° S	11.5° W	11	76
Guericke D	12.0° S	14.6° W	8	76
Guericke E	10.0° S	12.0° W	4	76
Guericke F	12.2° S	15.3° W	21	76
Guericke G	14.0° S	15.0° W	5	76
Guericke H	12.4° S	14.2° W	6	76
Guericke J	10.6° S	13.4° W	8	76
Guericke K	15.1° S	13.3° W	3	76
Guericke M	12.9° S	12.5° W	2	76
Guericke N	12.5° S	9.9° W	3	76
Guericke P	15.0° S	14.6° W	3	76
Guericke S	10.3° S	13.3° W	11	76
Guillaume	**45.4° N**	**173.4° W**	**57**	**33**
Guillaume B	47.3° N	172.6° W	26	33
Guillaume D	46.6° N	170.5° W	26	33
Guillaume F	45.4° N	169.4° W	33	33
Guillaume J	43.7° N	170.6° W	17	33
Gullstrand	**45.2° N**	**129.3° W**	**43**	**35**
Gullstrand C	46.0° N	120.0° W	15	35
Gum	**40.4° S**	**88.6° E**	**54**	**116**
Gum S	39.8° S	85.0° E	33	116
Gutenberg	**8.6° S**	**41.2° E**	**74**	**79**
Gutenberg A	9.0° S	39.9° E	15	79
Gutenberg B	9.1° S	38.3° E	15	79
Gutenberg C	10.0° S	41.1° E	45	79
Gutenberg D	10.9° S	42.8° E	20	79
Gutenberg E	8.2° S	42.4° E	28	79
Gutenberg F	10.2° S	42.6° E	8	79
Gutenberg G	6.0° S	40.0° E	32	79
Gutenberg H	6.7° S	39.0° E	5	79
Gutenberg K	7.2° S	40.8° E	6	79
Guthnick	**47.7° S**	**93.9° W**	**36**	**123**
Guyot	**11.4° N**	**117.5° E**	**92**	**65**
Guyot J	8.3° N	119.6° E	14	65
Guyot K	8.3° N	118.7° E	14	65
Guyot W	14.0° N	115.5° E	21	65
Gylden	**5.3° S**	**0.3° E**	**47**	**77**
Gylden C	5.8° S	1.0° E	6	77
Gylden K	5.5° S	0.6° E	5	77
H. G. Wells	**40.7° N**	**122.8° E**	**114**	**30**
H.G. Wells X	43.3° N	121.3° E	25	30
Hadley A	25.0° N	6.6° E	6	41
Hadley B	27.7° N	4.8° E	9	41
Hadley C	25.5° N	2.8° E	6	41
Hagecius	**59.8° S**	**46.6° E**	**76**	**128**
Hagecius A	58.2° S	47.2° E	61	128
Hagecius B	60.4° S	48.9° E	34	128
Hagecius C	60.7° S	47.5° E	24	128
Hagecius D	57.1° S	47.0° E	17	128
Hagecius E	63.3° S	49.1° E	44	128
Hagecius F	62.3° S	44.8° E	36	128
Hagecius G	61.8° S	47.6° E	30	128
Hagecius H	60.4° S	50.7° E	13	128
Hagecius J	62.6° S	57.8° E	14	128
Hagecius K	61.2° S	52.0° E	31	128
Hagecius L	61.5° S	55.7° E	8	128
Hagecius M	60.0° S	52.0° E	10	128
Hagecius N	60.2° S	53.1° E	16	128
Hagecius P	59.8° S	53.2° E	7	128
Hagecius Q	59.2° S	53.0° E	20	128
Hagecius R	58.7° S	52.7° E	15	128
Hagecius S	59.0° S	54.6° E	10	128
Hagecius T	60.6° S	57.4° E	14	128
Hagecius V	61.9° S	58.3° E	14	128
Hagen	**48.3° S**	**135.1° E**	**55**	**131**
Hagen C	48.0° S	135.5° E	22	131
Hagen J	49.0° S	137.2° E	47	131
Hagen P	52.1° S	133.7° E	26	131
Hagen Q	50.0° S	132.7° E	20	131
Hagen S	48.3° S	133.2° E	23	131
Hagen V	47.1° S	132.2° E	12	118
Hahn	**31.3° N**	**73.6° E**	**84**	**45**
Hahn A	29.7° N	69.7° E	17	44
Hahn B	31.4° N	77.0° E	15	45
Hahn D	27.5° N	68.6° E	15	44
Hahn E	27.7° N	70.0° E	15	44
Hahn F	32.2° N	73.0° E	23	45
Haidinger	**39.2° S**	**25.0° W**	**22**	**111**
Haidinger A	38.6° S	24.6° W	9	111
Haidinger B	39.2° S	24.4° W	11	111
Haidinger C	39.0° S	22.1° W	19	111
Haidinger F	38.7° S	23.1° W	5	111
Haidinger G	39.6° S	22.6° W	11	111
Haidinger J	37.9° S	24.4° W	15	111
Haidinger M	37.4° S	22.0° W	23	111
Haidinger N	39.4° S	26.1° W	6	111
Haidinger P	38.5° S	25.6° W	4	111
Hainzel	**41.3° S**	**33.5° W**	**70**	**11**
Hainzel A	40.3° S	33.9° W	53	111
Hainzel B	38.0° S	33.4° W	15	111
Hainzel C	41.1° S	32.8° W	38	111
Hainzel G	37.5° S	33.0° W	5	111
Hainzel H	37.0° S	33.1° W	11	111
Hainzel J	37.8° S	37.8° W	13	111
Hainzel K	37.5° S	32.3° W	14	111
Hainzel L	38.1° S	34.9° W	16	111
Hainzel N	42.6° S	40.2° W	24	110
Hainzel O	38.6° S	38.6° W	14	110
Hainzel R	38.7° S	36° W	19	111
Hainzel S	41.1° S	37.7° W	8	111
Hainzel T	40.2° S	37.2° W	8	111
Hainzel V	41.3° S	38.7° W	20	110
Hainzel W	40.6° S	38.7° W	31	110
Hainzel X	36.7° S	36.8° W	5	111
Hainzel Y	40.8° S	39.9° W	22	110
Hainzel Z	37.7° S	35.4° W	5	111
Haldane	**1.7° S**	**84.1° E**	**37**	**81**
Hale	**74.2° S**	**90.8° E**	**83**	**139**
Hale Q	76.5° S	83.1° E	24	139
Halfway	**9.0° S**	**15.5° E**	**0**	**78**
Hall	**33.7° N**	**37.0° E**	**35**	**27**
Hall C	34.7° N	35.8° E	6	27
Hall J	35.4° N	36.9° E	8	27
Hall K	35.5° N	34.2° E	8	27
Hall X	35.7° N	37.8° E	4	27
Hall Y	36.4° N	36.9° E	4	27
Halley	**8.0° S**	**5.7° E**	**36**	**77**
Halley B	8.5° S	4.5° E	6	77
Halley C	9.9° S	6.6° E	5	77
Halley G	9.1° S	5.6° E	5	77
Halley K	8.6° S	5.9° E	5	77
Halo	**3.2° S**	**23.4° W**	**0**	**76**
Hamilton	**42.8° S**	**84.7° E**	**57**	**116**
Hamilton B	42.6° S	82.1° E	32	115
Hanno	**56.3° S**	**71.2° E**	**56**	**129**
Hanno A	53.4° S	63.2° E	38	128
Hanno B	52.6° S	68.6° E	36	128
Hanno C	55.9° S	68.9° E	22	128
Hanno D	59.1° S	78.3° E	18	129
Hanno E	59.3° S	73.0° E	18	129
Hanno F	52.3° S	68.2° E	9	128
Hanno G	58.0° S	70.6° E	16	129
Hanno H	57.6° S	74.4° E	57	129
Hanno K	53.5° S	76.9° E	25	129
Hanno W	54.6° S	60.1° E	10	128
Hanno X	55.3° S	67.7° E	13	128
Hanno Y	55.3° S	66.0° E	8	128
Hanno Z	55.1° S	65.1° E	10	128
Hansen	**14.0° N**	**72.5° E**	**39**	**63**
Hansen A	13.3° N	74.3° E	13	63
Hansen B	14.3° N	79.9° E	80	63
Hansky	**9.7° S**	**97.0° E**	**43**	**82**
Hansky F	9.6° S	99.0° E	9	82
Hansky H	10.7° S	99.7° E	21	82
Hansky K	12.5° S	98.4° E	13	82
Hansky M	12.0° S	97.1° E	14	82
Hansky S	10.2° S	94.7° E	22	82
Hansteen	**11.5° S**	**52.0° W**	**44**	**74**
Hansteen A	12.7° S	52.2° W	6	74
Hansteen B	12.7° S	52.4° W	6	74
Hansteen E	10.5° S	50.5° W	28	74
Hansteen K	13.9° S	53.2° W	3	74
Hansteen L	13.5° S	52.9° W	3	74
Harden	**5.5° N**	**143.5° E**	**15**	**66**
Harding	**43.5° N**	**71.7° W**	**22**	**23**
Harding A	40.4° N	75.5° W	14	22
Harding B	41.9° N	76.3° W	17	22
Harding C	42.4° N	74.7° W	8	22
Harding D	42.9° N	67.7° W	7	22
Harding H	40.8° N	64.4° W	6	22
Haret	**59.0° S**	**176.5° W**	**29**	**132**
Haret C	57.2° S	172.8° W	30	132
Haret Y	55.7° S	175.5° W	27	132
Hargreaves	**2.2° S**	**64.0° E**	**16**	**80**
Harkhebi	**39.6° N**	**98.3° E**	**237**	**29**
Harkhebi H	39.3° N	99.8° E	30	29
Harkhebi J	37.4° N	103.4° E	40	29
Harkhebi K	35.7° N	100.8° E	27	29
Harkhebi T	40.1° N	95.7° E	16	29
Harkhebi U	40.8° N	97.0° E	18	29
Harkhebi W	43.5° N	95.7° E	17	29
Harlan	**38.5° S**	**79.5° E**	**65**	**115**
Harold	**10.9° S**	**6.0° W**	**2**	**77**
Harpalus	**52.6° N**	**43.4° W**	**39**	**11**
Harpalus B	56.2° N	43.7° W	8	11
Harpalus C	55.5° N	45.1° W	10	11
Harpalus E	52.7° N	50.8° W	7	11
Harpalus G	53.6° N	52.3° W	11	11
Harpalus H	53.8° N	53.2° W	8	11
Harpalus S	51.4° N	49.9° W	5	11
Harpalus T	50.0° N	49.4° W	4	11
Harriot	**33.1° N**	**114.3° E**	**56**	**30**
Harriot A	35.6° N	114.9° E	63	30
Harriot B	33.4° N	114.5° E	37	30
Harriot W	35.0° N	111.7° E	39	30
Harriot X	35.0° N	113.0° E	24	30
Hartmann	**3.2° N**	**135.3° E**	**61**	**66**
Hartmann K	1.8° N	136.0° E	13	66
Hartwig	6.1° S	80.5° W	79	73
Hartwig A	5.7° S	79.8° W	10	73
Hartwig B	8.3° S	77.4° W	11	73
Harvey	**19.5° N**	**146.5° W**	**60**	**52**
Hase	**29.4° S**	**62.5° E**	**83**	**98**
Hase A	29.0° S	62.9° E	14	98
Hase B	31.6° S	60.3° E	17	98
Hase D	31.0° S	63.3° E	56	98
Hatanaka	**29.7° N**	**121.6° W**	**26**	**60**
Hatanaka Q	26.1° N	124.2° W	20	53
Hausen	**65.0° S**	**88.1° W**	**167**	**143**
Hausen A	61.3° S	91.1° W	54	135
Hausen B	60.3° S	86.4° W	69	135
Hayford	**12.7° N**	**176.4° W**	**27**	**68**
Hayford E	13.5° N	172.1° W	21	68
Hayford K	9.6° N	174.2° W	26	68
Hayford L	8.2° N	175.9° W	16	68
Hayford P	11.1° N	177.6° W	21	68
Hayford T	13.3° N	179.5° E	31	68
Hayford U	14.0° N	179.9° E	21	68
Hayn	**64.7° N**	**85.2° E**	**87**	**5**
Hayn A	62.9° N	70.5° E	54	15
Hayn B	65.2° N	64.1° E	25	5
Hayn C	65.0° N	88.0° E	13	5
Hayn D	65.5° N	62.0° E	20	5
Hayn E	67.1° N	66.4° E	42	5
Hayn F	68.0° N	84.0° E	59	5
Hayn G	67.2° N	85.6° E	21	6
Hayn H	63.4° N	68.5° E	14	14
Hayn J	66.7° N	64.2° E	39	5
Hayn L	64.4° N	68.0° E	27	5
Hayn M	62.9° N	66.5° E	7	14
Hayn S	68.0° N	66.1° E	10	5
Hayn T	68.4° N	74.4° E	7	5
Head	**3.0° S**	**23.4° W**	**0**	**76**
Healy	**32.8° N**	**110.5° W**	**38**	**35**
Healy J	30.2° N	108.8° W	42	54
Healy N	30.9° N	110.8° W	42	53
Heaviside	**10.4° S**	**167.1° E**	**165**	**85**
Heaviside B	5.5° S	169.3° E	23	85
Heaviside C	5.7° S	171.1° E	28	86
Heaviside D	6.7° S	171.8° E	18	86
Heaviside E	10.2° S	169.2° E	12	85
Heaviside F	10.8° S	172.8° E	14	86
Heaviside K	13.3° S	168.5° E	110	85
Heaviside N	11.8° S	166.6° E	18	85
Heaviside Z	8.8° S	166.8° E	12	99
Hecataeus	**21.8° S**	**79.4° E**	**167**	**99**
Hecataeus A	22.0° S	81.6° E	11	99
Hecataeus B	19.5° S	75.6° E	69	99
Hecataeus C	19.0° S	73.2° E	22	99
Hecataeus E	18.5° S	72.8° E	13	99
Hecataeus J	22.6° S	80.8° E	11	99
Hecataeus K	19.1° S	79.8° E	76	99
Hecataeus L	19.1° S	79.0° E	21	99
Hecataeus M	20.9° S	84.1° E	18	99
Hecataeus N	21.0° S	80.8° E	10	99
Hedervari	**81.8° S**	**84.0° E**	**69**	**144**
Hedin	**2.0° N**	**76.5° W**	**150**	**55**
Hedin A	5.5° N	78.1° W	60	55
Hedin B	4.4° N	83.7° W	20	55
Hedin C	4.4° N	84.6° W	10	55
Hedin F	4.0° N	74.4° W	19	55
Hedin G	3.8° N	73.4° W	14	55
Hedin H	3.0° N	72.2° W	11	55
Hedin K	2.9° N	73.0° W	11	55
Hedin L	5.1° N	71.3° W	10	55
Hedin N	4.9° N	71.7° W	24	55
Hedin R	5.3° N	75.9° W	7	55
Hedin S	5.7° N	75.1° W	8	55
Hedin T	4.2° N	72.8° W	7	55
Hedin V	5.2° N	73.7° W	9	55
Hedin Z	1.9° N	78.9° W	10	55
Heinrich	**24.8° N**	**15.3° W**	**6**	**40**
Heinsius	**39.5° S**	**17.7° W**	**64**	**111**
Heinsius A	39.7° S	17.6° W	20	111
Heinsius B	40.0° S	18.6° W	23	111
Heinsius C	40.6° S	17.9° W	23	111
Heinsius D	38.8° S	20.7° W	7	111
Heinsius E	37.8° S	19.5° W	17	111
Heinsius F	40.5° S	19.7° W	7	111
Heinsius G	38.3° S	14.5° W	11	111
Heinsius H	37.4° S	18.5° W	8	111
Heinsius J	39.3° S	20.4° W	8	111
Heinsius K	38.5° S	18.5° W	5	111
Heinsius L	41.2° S	18.4° W	8	111
Heinsius M	40.9° S	15.3° W	14	111
Heinsius N	37.3° S	14.7° W	7	111
Heinsius O	38.8° S	14.8° W	5	111
Heinsius P	39.4° S	13.8° W	40	112
Heinsius Q	39.9° S	14.5° W	35	112

Feature Name	Lat.	Long.	D	LAC
Heinsius R	40.2° S	20.7° W	5	111
Heinsius S	39.6° S	16.9° W	7	111
Heinsius T	39.7° S	16.5° W	7	111
Heis	**32.4° N**	**31.9° W**	**14**	**24**
Heis A	32.7° N	31.9° W	6	24
Heis D	31.7° N	31.1° W	8	39
Helberg	**22.5° N**	**102.2° W**	**62**	**54**
Helberg C	23.4° N	100.6° W	70	54
Helberg H	21.8° N	101.2° W	29	54
Helicon	**40.4° N**	**23.1° W**	**24**	**24**
Helicon B	38.0° N	21.3° W	6	24
Helicon C	40.1° N	26.2° W	1	24
Helicon E	40.5° N	24.1° W	3	24
Helicon G	41.7° N	24.9° W	2	24
Hell	**32.4° S**	**7.8° W**	**33**	**112**
Hell A	33.9° S	8.4° W	22	112
Hell B	30.0° S	5.8° W	22	95
Hell C	34.0° S	6.4° W	14	112
Hell E	34.5° S	6.1° W	10	112
Hell H	31.7° S	3.8° W	5	95
Hell J	29.7° S	6.9° W	6	95
Hell K	34.0° S	5.3° W	5	112
Hell L	30.6° S	4.7° W	6	95
Hell M	30.3° S	4.7° W	10	95
Hell N	30.0° S	5.0° W	4	95
Hell P	32.5° S	5.7° W	4	112
Hell Q	33.0° S	4.4° W	4	112
Hell R	32.7° S	6.5° W	3	112
Hell S	33.4° S	6.2° W	4	112
Hell T	33.7° S	7.0° W	5	112
Hell U	33.4° S	9.1° W	5	112
Hell V	32.8° S	8.8° W	7	112
Hell W	32.5° S	8.6° W	7	112
Hell X	32.0° S	9.1° W	4	112
Helmert	**7.6° S**	**87.6° E**	**26**	**81**
Helmholtz	**68.1° S**	**64.1° E**	**94**	**139**
Helmholtz A	64.4° S	51.5° E	16	138
Helmholtz B	67.8° S	68.4° E	10	139
Helmholtz D	66.3° S	54.3° E	46	138
Helmholtz F	64.3° S	60.1° E	53	139
Helmholtz H	64.5° S	65.2° E	18	139
Helmholtz J	64.8° S	67.8° E	22	139
Helmholtz M	65.2° S	51.1° E	21	138
Helmholtz N	64.8° S	50.1° E	13	138
Helmholtz R	63.5° S	54.7° E	12	138
Helmholtz S	64.3	56.6° E	31	139
Helmholtz T	65.7° S	59.7° E	31	139
Henderson	**4.8° N**	**152.1° E**	**47**	**67**
Henderson B	7.6° N	153.2° E	18	67
Henderson F	4.7° N	155.7° E	14	67
Henderson G	3.6° N	155.8° E	46	67
Henderson Q	3.4° N	151.0° E	17	67
Hendrix	**46.6° S**	**159.2° W**	**18**	**120**
Hendrix M	48.4° S	158.9° W	21	133
Henry	**24.0° S**	**56.8° W**	**41**	**92**
Henry A	24.5° S	57.1° W	8	92
Henry B	24.3° S	56.3° W	5	92
Henry D	24.9° S	59.1° W	7	92
Henry Freres	**23.5° S**	**58.9° W**	**42**	**92**
Henry Freres C	24.6° S	59.7° W	37	92
Henry Freres E	24.6° S	60.0° W	4	92
Henry Freres G	22.8° S	58.0° W	4	92
Henry Freres H	22.3° S	56.6° W	6	92
Henry Freres R	21.5° S	57.8° W	7	92
Henry Freres S	20.5° S	56.4° W	6	92
Henry J	22.8° S	55.4° W	5	92
Henry K	23.2° S	55.5° W	6	92
Henry L	25.5° S	57.4° W	6	92
Henry M	25.8° S	57.6° W	13	92
Henry N	26.1° S	58.3° W	9	92
Henry P	25.8° S	59.0° W	6	92
Henyey	**13.5° N**	**151.6° W**	**63**	**69**
Henyey U	14.2° N	153.0° W	45	69
Henyey V	14.7° N	153.9° W	26	69
Heraclides A	40.9° N	34.2° W	6	48
Heraclides E	42.9° N	32.7° W	4	48
Heraclides F	38.5° N	33.7° W	3	48
Heraclitus	**49.2° S**	**6.2° E**	**90**	**126**
Heraclitus A	49.3° S	4.7° E	6	126
Heraclitus C	48.8° S	6.3° E	7	126
Heraclitus D	50.4° S	5.2° E	52	126
Heraclitus E	49.7° S	6.7° E	7	126
Heraclitus K	49.5° S	3.5° E	17	126
Hercules	**46.7° N**	**39.1° E**	**69**	**27**
Hercules A	51.2° N	43.6° E	33	14
Hercules B	47.8° N	36.6° E	9	27
Hercules C	42.7° N	35.3° E	9	27
Hercules D	44.8° N	39.7° E	8	27
Hercules E	45.7° N	38.5° E	9	27
Hercules F	50.3° N	41.7° E	14	14
Hercules G	46.4° N	39.2° E	14	27
Hercules H	51.2° N	40.9° E	7	14
Hercules J	44.1° N	36.4° E	8	27
Hercules K	44.2° N	36.9° E	7	27
Herigonius	**13.3° S**	**33.9° W**	**15**	**75**
Herigonius E	13.8° S	35.6° W	7	75
Herigonius F	15.5° S	35.0° W	5	75
Herigonius G	15.3° S	32.4° W	3	75
Herigonius H	17.0° S	33.2° W	4	93
Herigonius K	12.8° S	36.4° W	3	75
Hermann	**0.9° S**	**57.0° W**	**15**	**74**
Hermann A	0.4° N	58.2° W	4	56
Hermann B	0.3° S	57.1° W	5	74
Hermann C	0.2° S	60.6° W	3	74
Hermann D	2.3° S	54.0° W	3	74
Hermann E	0.1° N	52.0° W	4	56
Hermann F	1.3° N	55.4° W	5	56
Hermann H	0.9° N	61.8° W	4	56
Hermann J	2.6° N	57.4° W	4	56
Hermann K	2.4° N	58.3° W	3	56
Hermann L	2.4° N	59.1° W	3	56
Hermann R	0.6° N	55.6° W	3	56
Hermann S	1.0° N	55.5° W	4	56
Hermite	**86.0° N**	**89.9° W**	**104**	**1**
Hermite A	87.8° N	47.1° W	20	1
Hero	**0.7° N**	**119.8° E**	**24**	**65**
Hero H	0.2° N	120.7° E	20	65
Hero Y	1.4° N	119.7° E	15	65
Herodotus	**23.2° N**	**49.7° W**	**34**	**39**
Herodotus A	21.5° N	52.0° W	10	38
Herodotus B	22.6° N	55.4° W	6	38
Herodotus C	21.9° N	55.0° W	5	38
Herodotus D	27.0° N	55.1° W	11	38
Herodotus E	29.5° N	51.8° W	48	38
Herodotus G	24.7° N	50.2° W	4	38
Herodotus H	26.8° N	50.0° W	6	38
Herodotus K	24.5° N	51.9° W	5	38
Herodotus L	26.1° N	53.2° W	4	38
Herodotus N	23.7° N	50.0° W	4	38
Herodotus R	27.3° N	53.9° W	4	38
Herodotus S	27.7° N	53.4° W	4	38
Herodotus T	27.9° N	53.8° W	5	38
Herschel	**5.7° S**	**2.1° W**	**40**	**77**
Herschel C	5.0° S	3.2° W	10	77
Herschel D	5.3° S	4.0° W	20	77
Herschel F	5.8° S	4.4° W	7	77
Herschel G	6.5° S	2.4° W	14	77
Herschel H	6.3° S	3.4° W	5	77
Herschel J	6.4° S	4.3° W	5	77
Herschel N	5.2° S	1.1° W	15	77
Herschel X	5.3° S	2.7° W	3	77
Hertz	**13.4° N**	**104.5° E**	**90**	**64**
Hertzsprung	**2.6° N**	**129.2° W**	**591**	**71**
Hertzsprung D	3.3° N	125.4° W	45	71
Hertzsprung H	1.3° S	124.4° W	21	89
Hertzsprung K	0.5° S	127.6° W	27	89
Hertzsprung L	0.4° N	127.8° W	33	71
Hertzsprung M	7.5° S	128.9° W	36	89
Hertzsprung P	0.0° N	129.3° W	22	71
Hertzsprung R	0.1° S	131.8° W	33	88
Hertzsprung S	0.6° N	132.5° W	47	70
Hertzsprung V	5.2° N	133.3° W	39	70
Hertzsprung X	3.8° N	129.1° W	24	71
Hertzsprung Y	8.8° N	131.2° W	23	71
Hesiodus	**29.4° S**	**16.3° W**	**42**	**94**
Hesiodus A	30.1° S	17.0° W	15	94
Hesiodus B	27.1° S	17.5° W	10	94
Hesiodus D	29.3° S	16.4° W	5	94
Hesiodus E	27.8° S	15.3° W	3	94
Hesiodus X	27.3° S	16.2° W	24	94
Hesiodus Y	28.3° S	17.2° W	17	94
Hesiodus Z	28.7° S	19.4° W	4	94
Hess	**54.3° S**	**174.6° E**	**88**	**132**
Hess M	55.9° S	173.7° E	27	132
Hess W	52.6° S	171.4° E	28	132
Hess Z	52.0° S	174.0° E	73	132
Hess-Apollo	**20.1° N**	**30.7° E**	**1**	**43**
Hevelius	**2.2° N**	**67.6° W**	**115**	**56**
Hevelius A	2.9° N	68.1° W	14	56
Hevelius B	1.4° N	68.8° W	14	56
Hevelius D	3.1° N	60.8° W	8	56
Hevelius F	2.9° N	65.7° W	9	56
Hevelius J	0.7° N	69.7° W	14	56
Hevelius K	1.5° N	70.0° W	6	56
Hevelius L	2.0° N	70.3° W	7	56
Heymans	**75.3° N**	**144.1° W**	**50**	**8**
Heymans D	76.8° N	132.3° W	25	8
Heymans F	75.0° N	133.6° W	50	8
Heymans T	75.2° N	155.4° W	31	8
Heyrovsky	**39.6° S**	**95.3° W**	**16**	**123**
Hilbert	**17.9° S**	**108.2° E**	**151**	**100**
Hilbert A	15.9° S	108.7° E	11	82
Hilbert E	160° S	111.8° E	49	101
Hilbert G	19.0° S	114.0° E	50	101
Hilbert H	18.2° S	109.6° E	14	100
Hilbert L	21.2° S	108.9° E	32	100
Hilbert S	18.1° S	105.8° E	12	100
Hilbert W	17.1° S	107.6° E	20	100
Hilbert Y	15.6° S	107.5° E	28	82
Hill	**20.9° N**	**40.8° E**	**16**	**43**
Hind	**7.9° S**	**7.4° E**	**29**	**77**
Hind C	8.7° S	7.4° E	7	77
Hippalus	**24.8° S**	**30.2° W**	**57**	**93**
Hippalus A	23.8° S	32.8° W	8	93
Hippalus B	25.1° S	30.1° W	5	93
Hippalus C	24.1° S	30.5° W	4	93
Hippalus D	23.6° S	31.9° W	24	93
Hipparchus	**5.1° S**	**5.2° E**	**138**	**77**
Hipparchus B	6.9° S	1.7° E	5	77
Hipparchus C	7.3° S	8.2° E	17	77
Hipparchus D	4.5° S	2.1° E	5	77
Hipparchus E	4.2° S	2.3° E	5	77
Hipparchus F	4.2° S	2.5° E	9	77
Hipparchus G	5.0° S	7.4° E	15	77
Hipparchus H	5.4° S	2.3° E	5	77
Hipparchus J	7.6° S	3.2° E	14	77
Hipparchus K	6.9° S	2.2° E	12	77
Hipparchus L	6.8° S	9.0° E	13	77
Hipparchus N	4.8° S	5.0° E	6	77
Hipparchus P	4.7° S	2.8° E	5	77
Hipparchus Q	8.5° S	2.9° E	8	77
Hipparchus T	7.1° S	3.6° E	8	77
Hipparchus U	6.7° S	3.6° E	8	77
Hipparchus W	5.0° S	7.8° E	5	77
Hipparchus X	5.7° S	4.9° E	17	77
Hipparchus Z	8.5° S	9.1° E	6	77
Hippocrates	**70.7° N**	**145.9° W**	**60**	**8**
Hippocrates Q	69.0° N	148.0° W	35	8
Hirayama	**6.1° S**	**93.5° E**	**132**	**82**
Hirayama C	4.2° S	95.4° E	23	82
Hirayama F	5.8° S	97.2° E	35	82
Hirayama G	6.4° S	96.8° E	18	82
Hirayama K	8.3° S	94.9° E	39	82
Hirayama L	9.4° S	94.4° E	24	82
Hirayama M	9.2° S	93.5° E	29	82
Hirayama N	7.2° S	93.6° E	17	82
Hirayama Q	8.0° S	91.3° E	40	82
Hirayama S	6.5° S	92.3° E	29	82
Hirayama T	6.4° S	91.5° E	18	82
Hirayama Y	4.5° S	93.2° E	50	82
Hoffmeister	**15.2° N**	**136.9° E**	**45**	**66**
Hoffmeister D	16.9° N	140.3° E	21	48
Hoffmeister F	14.7° N	141.0° E	19	66
Hoffmeister N	13.7° N	136.4° E	42	66
Hoffmeister Z	17.8° N	136.7° E	29	48
Hogg	**33.6° N**	**121.9° E**	**38**	**30**
Hogg E	34.1° N	124.9° E	21	30
Hogg K	31.1° N	123.5° E	19	47
Hogg P	32.5° N	121.4° E	26	30
Hogg T	33.9° N	119.0° E	27	30
Hohmann	**17.9° S**	**94.1° W**	**16**	**108**
Hohmann Q	21.8° S	98.1° W	15	108
Hohmann T	17.8° S	97.5° W	13	108
Holden	**19.1° S**	**62.5° E**	**47**	**98**
Holden R	20.7° S	61.1° E	18	98
Holden S	20.4° S	61.5° E	15	98
Holden T	19.0° S	64.2° E	9	98
Holden V	18.4° S	62.1° E	10	98
Holden W	19.0° S	60.1° E	12	98
Holetschek	**27.6° S**	**150.9° E**	**38**	**103**
Holetschek N	30.2° S	150.1° E	19	103
Holetschek P	30.0° S	149.5° E	16	102
Holetschek R	29.0° S	147.5° E	69	102
Holetschek Z	26.3° S	150.9° E	30	103
Hommel	**54.7° S**	**33.8° E**	**126**	**127**
Hommel A	53.7° S	34.3° E	51	127
Hommel B	55.3° S	37.0° E	33	127
Hommel C	54.8° S	29.6° E	53	127
Hommel D	55.8° S	32.5° E	28	127
Hommel E	59.0° S	31.0° E	14	127
Hommel F	58.4° S	32.0° E	21	127
Hommel G	50.1° S	27.4° E	30	127
Hommel H	52.6° S	30.9° E	43	127
Hommel Ha	52.0° S	30.5° E	8	127
Hommel J	53.5° S	27.9° E	18	127
Hommel K	55.5° S	27.0° E	16	127
Hommel L	56.1° S	27.9° E	18	127
Hommel M	59.8° S	27.5° E	7	127
Hommel N	59.3° S	28.8° E	14	127
Hommel O	58.5° S	28.2° E	6	127
Hommel P	56.9° S	31.7° E	34	127
Hommel Q	56.1° S	38.4° E	29	127
Hommel R	52.6° S	32.6° E	11	127
Hommel S	56.6° S	36.2° E	22	127
Hommel T	57.6° S	26.3° E	22	127
Hommel V	53.5° S	33.5° E	13	127
Hommel X	60.9° S	32.2° E	6	127
Hommel Y	60.4° S	30.8° E	4	127
Hommel Z	59.8° S	30.4° E	4	127
Hooke	**41.2° N**	**54.9° E**	**36**	**27**
Hooke D	40.7° N	55.8° E	19	27
Hopmann	**50.8° S**	**160.3° E**	**88**	**132**
Horatio	**20.2° N**	**30.7° E**	**0**	**43**
Hornsby	**23.8° N**	**12.5° E**	**3**	**42**
Horrebow	**58.7° N**	**40.8° W**	**24**	**11**
Horrebow A	59.2° N	40.4° W	25	11
Horrebow B	58.7° N	42.7° W	13	11
Horrebow C	56.9° N	36.0° W	5	11
Horrebow D	57.9° N	38.7° W	5	11
Horrebow G	59.7° N	41.7° W	8	11
Horrocks	**4.0° S**	**5.9° E**	**30**	**77**
Horrocks M	4.0° S	7.6° E	5	77
Horrocks U	3.2° S	4.8° E	4	77
Hortensius	**6.5° N**	**28.0° W**	**14**	**58**
Hortensius A	4.4° N	30.7° W	10	57
Hortensius B	5.3° N	29.5° W	6	58
Hortensius C	6.0° N	26.7° W	7	58
Hortensius D	5.4° N	32.3° W	6	57
Hortensius E	5.2° N	25.4° W	15	58
Hortensius F	7.1° N	25.6° W	6	58
Hortensius G	8.1° N	26.1° W	4	58
Hortensius H	5.9° N	31.1° W	6	57
Houtermans	**9.4° S**	**87.2° E**	**29**	**81**
Houzeau	**17.1° S**	**123.5° W**	**71**	**107**
Houzeau P	19.7° S	125.0° W	25	107
Houzeau Q	19.0° S	124.7° W	18	107
Hubble	**22.1° N**	**86.9° E**	**80**	**45**
Hubble C	19.6° N	85.3° E	50	45
Huggins	**41.1° S**	**1.4° W**	**65**	**112**
Huggins A	40.6° S	2.2° W	11	112
Humason	**30.7° N**	**56.6° W**	**4**	**38**
Humboldt	**27.0° S**	**80.9° E**	**189**	**99**
Humboldt B	30.9° S	83.7° E	21	99
Humboldt N	26.0° S	80.5° E	14	99
Hume	**4.7° S**	**90.4° E**	**23**	**82**
Hume A	3.8° S	90.6° E	25	82
Hume Z	3.6° S	90 4° E	14	82
Hutton	**37.3° N**	**168.7° E**	**50**	**32**
Hutton P	35.7° N	167.4° E	42	32
Hutton W	39.1° N	166.7° E	23	32
Huxley	**20.2° N**	**4.5° W**	**4**	**41**
Huygens A	19.7° N	1.9° W	6	41
Hyginus	**7.8° N**	**6.3° E**	**9**	**59**
Hyginus A	6.3° N	5.7° E	8	59
Hyginus B	7.6° N	5.1° E	6	59
Hyginus C	7.7° N	8.3° E	5	59
Hyginus D	11.4° N	4.3° E	5	59
Hyginus E	8.7° N	8.5° E	4	59
Hyginus F	8.0° N	8.6° E	4	59
Hyginus G	11.0° N	6.0° E	4	59
Hyginus H	6.0° N	7.0° E	4	59
Hyginus N	10.5° N	7.4° E	11	59
Hyginus S	6.4° N	8.0° E	29	59
Hyginus W	9.7° N	7.7° E	22	59
Hyginus Z	8.0° N	9.5° E	28	59
Hypatia	**4.3° S**	**22.6° E**	**40**	**78**
Hypatia A	4.9° S	22.2° E	16	78
Hypatia B	4.6° S	21.3° E	5	78
Hypatia C	0.9° S	20.8° E	15	78
Hypatia D	3.1° S	22.7° E	6	78
Hypatia E	0.3° S	20.4° E	6	78
Hypatia F	4.1° S	21.5° E	8	78
Hypatia G	2.7° S	23.0° E	5	78
Hypatia H	4.5° S	24.1° E	5	78
Hypatia M	5.3° S	23.4° E	28	78
Hypatia R	1.9° S	21.2° E	4	78
Ian	**25.7° N**	**0.4° W**	**1**	**41**
Ibn Battuta	**6.9° S**	**50.4° E**	**11**	**80**
Ibn Firnas	**6.8° N**	**122.3° E**	**89**	**65**
Ibn Firnas E	7.5° N	125.5° E	42	65
Ibn Firnas L	5.9° N	123.0° E	21	65
Ibn Firnas Y	8.1° N	121.8° E	15	65
Ibn Yunus	**14.1° N**	**91.1° E**	**58**	**64**
Ibn-Rushd	**11.7° S**	**21.7° E**	**32**	**78**
Icarus	**5.3° S**	**173.2° W**	**96**	**86**
Icarus D	4.3° S	171.2° W	68	86
Icarus E	5.2° S	168.8° W	21	87
Icarus H	7.8° S	169.4° W	32	87

Feature Name	Lat.	Long.	D	LAC
Icarus J	7.3° S	170.9° W	32	86
Icarus Q	7.8° S	176.2° W	41	86
Icarus V	3.9° S	176.0° W	36	86
Icarus X	2.2° S	175.5° W	43	86
Ideler	**49.2° S**	**22.3° E**	**38**	**127**
Ideler A	50.1° S	22.0° E	11	127
Ideler B	50.6° S	22.3° E	11	127
Ideler C	51.2° S	23.2° E	7	127
Ideler L	49.2° S	23.6° E	36	127
Ideler M	48.8° S	25.6° E	20	127
Idel'son	**81.5° S**	**110.9° E**	**60**	**144**
Idel'son L	84.2° S	115.8° E	28	144
Il'in	**17.8° S**	**97.5° W**	**13**	**108**
Ina	**18.6° N**	**5.3° E**	**3**	**41**
Index	**26.1° N**	**3.7° E**	**0**	**41**
Ingalls	**26.4° N**	**153.1° W**	**37**	**51**
Ingalls G	25.8° N	150.4° W	55	51
Ingalls M	24.0° N	153.0° W	27	51
Ingalls U	27.3° N	156.2° W	28	51
Ingalls V	27.4° N	155.3° W	27	51
Ingalls Y	29.7° N	154.1° W	23	51
Ingalls Z	30.3° N	153.3° W	25	51
Inghirami	**47.5° S**	**68.8° W**	**91**	**109**
Inghirami A	44.9° S	65.3° W	34	109
Inghirami C	44.1° S	74.5° W	18	109
Inghirami F	49.8° S	71.4° W	23	124
Inghirami G	51.1° S	74.1° W	29	124
Inghirami H	50.2° S	72.7° W	18	124
Inghirami K	49.6° S	73.9° W	23	124
Inghirami L	46.0° S	61.0° W	13	109
Inghirami M	45.6° S	60.3° W	14	109
Inghirami N	48.9° S	66.8° W	14	124
Inghirami Q	48.0° S	72.9° W	42	124
Inghirami S	49.3° S	68.4° W	11	124
Inghirami T	49.8° S	67.8° W	9	124
Inghirami W	44.4° S	67.4° W	68	109
Innes	**27.8° N**	**119.2° E**	**42**	**47**
Innes G	26.7° N	122.3° E	22	47
Innes S	27.6° N	117.3° E	33	47
Innes Z	29.8° N	119.2° E	33	47
Ioffe	**14.4° S**	**129.2° W**	**86**	**89**
Isabel	**28.2° N**	**34.1° W**	**1**	**39**
Isaev	**17.5° S**	**147.5° E**	**90**	**102**
Isaev N	18.7° S	147.3° E	24	102
Isidorus	**8.0° S**	**33.5° E**	**42**	**79**
Isidorus A	8.0° S	33.2° E	10	79
Isidorus B	4.5° S	33.0° E	30	79
Isidorus C	4.8° S	31.7° E	9	79
Isidorus D	4.2° S	34.1° E	15	79
Isidorus E	5.3° S	32.6° E	15	79
Isidorus F	8.7° S	34.2° E	20	79
Isidorus G	6.4° S	31.6° E	7	79
Isidorus H	3.9° S	32.6° E	7	79
Isidorus K	8.9° S	33.3° E	7	79
Isidorus U	7.9° S	31.5° E	6	79
Isidorus V	8.9° S	30.8° E	4	79
Isidorus W	9.4° S	32.3° E	4	79
Isis	**18.9° N**	**27.5° E**	**1**	**42**
Ivan	**26.9° N**	**43.3° W**	**4**	**39**
Izsak	**23.3° S**	**117.1° E**	**30**	**101**
Izsak T	23.2° S	114.8° E	14	101
J. Herschel	**62.0° N**	**42.0° W**	**165**	**11**
J. Herschel B	59.9° N	38.8° W	7	11
J. Herschel C	62.3° N	39.9° W	12	11
J. Herschel D	60.4° N	38.0° W	10	11
J. Herschel F	58.8° N	35.4° W	19	11
J. Herschel K	62.9° N	39.3° W	8	11
J. Herschel L	61.0° N	40.0° W	7	11
J. Herschel M	57.3° N	32.9° W	9	11
J. Herschel N	60.0° N	32.8° W	7	11
J. Herschel P	63.5° N	32.8° W	6	11
J. Herschel R	62.5° N	30.6° W	9	11
Jackson	**22.4° N**	**163.1° W**	**71**	**51**
Jackson Q	21.1° N	164.7° W	13	51
Jackson X	25.2° N	164.3° W	17	51
Jacobi	**56.7° S**	**11.4° E**	**68**	**127**
Jacobi A	58.5° S	16.0° E	28	127
Jacobi B	54.4° S	13.9° E	14	127
Jacobi C	59.8° S	10.6° E	35	127
Jacobi D	60.8° S	10.6° E	21	127
Jacobi E	58.5° S	11.8° E	24	127
Jacobi F	58.5° S	9.6° E	42	126
Jacobi G	58.4° S	13.9° E	42	127
Jacobi H	58.5° S	10.6° E	9	127
Jacobi J	58.0° S	10.3° E	19	127
Jacobi K	56.7° S	10.8° E	9	127
Jacobi L	55.4° S	15.4° E	9	127
Jacobi M	57.8° S	12.1° E	10	127
Jacobi N	56.3° S	11.8° E	8	127
Jacobi O	55.7° S	11.9° E	17	127
Jacobi P	57.3° S	13.8° E	15	127
Jacobi Q	55.8° S	14.0° E	4	127
Jacobi R	55.3° S	13.8° E	5	127
Jacobi S	57.5° S	14.9° E	5	127
Jacobi T	56.0° S	15.2° E	6	127
Jacobi U	55.0° S	13.2° E	7	127
Jacobi W	56.0° S	10.8° E	7	127
Jacobi Z	59.1° S	11.9° E	5	127
Jansen	**13.5° N**	**28.7° E**	**23**	**60**
Jansen B	10.7° N	26.7° E	16	60
Jansen C	16.3° N	29.2° E	8	60
Jansen D	15.7° N	28.4° E	7	60
Jansen E	14.5° N	27.8° E	7	60
Jansen F	12.6° N	31.1° E	9	61
Jansen G	9.3° N	26.0° E	6	60
Jansen H	11.4° N	28.4° E	7	60
Jansen K	11.5° N	29.7° E	6	60
Jansen L	14.7° N	30.1° E	7	61
Jansen R	15.2° N	28.8° E	25	60
Jansen T	11.4° N	33.5° E	5	61
Jansen U	11.9° N	32.3° E	4	61
Jansen W	10.2° N	29.5° E	3	60
Jansen Y	13.4° N	28.6° E	4	60
Jansky	**8.5° N**	**89.5° E**	**72**	**63**
Jansky D	9.5° N	91.2° E	20	64
Jansky F	8.8° N	92.2° E	50	64
Jansky H	7.8° N	91.3° E	11	64
Janssen	**45.4° S**	**40.3° E**	**199**	**114**
Janssen B	43.2° S	34.4° E	22	114
Janssen C	42.8° S	34.9° E	7	114
Janssen D	48.5° S	41.1° E	29	114
Janssen E	48.8° S	39.9° E	25	114
Janssen F	49.7° S	41.9° E	36	114
Janssen H	46.3° S	41.7° E	11	114
Janssen J	43.4° S	36.6° E	30	114
Janssen K	46.1° S	42.3° E	16	114
Janssen L	45.9° S	43.4° E	12	114
Janssen M	41.8° S	35.4° E	16	114
Janssen N	41.4° S	32.2° E	5	113
Janssen P	45.3° S	39.7° E	5	114
Janssen Q	46.2° S	39.4° E	5	114
Janssen R	48.1° S	38.7° E	17	114
Janssen S	50.4° S	41.9° E	8	114
Janssen T	48.8° S	42.2° E	31	114
Janssen X	42.9° S	33.3° E	24	113
Jarvis	**34.9° S**	**148.9° W**	**38**	**121**
Jeans	**55.8° S**	**91.4° E**	**79**	**129**
Jeans B	52.4° S	94.8° E	11	129
Jeans G	56.0° S	93.3° E	22	129
Jeans N	58.7° S	90.5° E	64	129
Jeans S	56.8° S	86.8° E	56	129
Jeans U	54.7° S	86.5° E	57	129
Jeans X	53.5° S	89.4° E	44	129
Jeans Y	51.2° S	90.5° E	17	129
Jehan	**20.7° N**	**31.9° W**	**5**	**39**
Jenkins	**0.3° N**	**78.1° E**	**38**	**63**
Jenner	**42.1° S**	**95.9° E**	**71**	**116**
Jenner M	46.0° S	95.5° E	11	116
Jenner X	37.4° S	93.7° E	13	116
Jenner Y	38.6° S	94.7° E	29	116
Jerik	**18.5° N**	**27.6° E**	**1**	**42**
Joliot	**25.8° N**	**93.1° E**	**164**	**46**
Joliot P	22.2° N	91.9° E	12	46
Jomo	**24.4° N**	**2.4° E**	**7**	**41**
Jose	**12.7° S**	**1.6° W**	**2**	**77**
Joule	**27.3° N**	**144.2° W**	**96**	**52**
Joule K	25.8° N	141.9° W	16	52
Joule L	26.1° N	144.1° W	69	52
Joule T	27.7° N	148.2° W	37	52
Joy	**25.0° N**	**6.6° E**	**5**	**41**
Jules Verne	**35.0° S**	**147.0° E**	**143**	**118**
Jules Verne C	33.2° S	149.7° E	30	118
Jules Verne G	35.1° S	150.0° E	42	118
Jules Verne P	38.0° S	145.1° E	62	118
Jules Verne R	36.9° S	140.9° E	49	118
Jules Verne X	32.1° S	145.2° E	15	118
Jules Verne Y	31.3° S	146.0° E	30	102
Jules Verne Z	32.5° S	146.8° E	20	118
Julienne	**26.0° N**	**3.2° E**	**2**	**41**
Julius Caesar	**9.0° N**	**15.4° E**	**90**	**60**
Julius Caesar A	7.6° N	14.4° E	13	60
Julius Caesar B	9.8° N	14.0° E	7	60
Julius Caesar C	7.3° N	15.4° E	5	60
Julius Caesar D	7.2° N	16.5° E	5	60
Julius Caesar F	11.5° N	12.9° E	19	60
Julius Caesar G	10.2° N	15.7° E	20	60
Julius Caesar H	8.8° N	13.6° E	3	60
Julius Caesar J	9.2° N	13.8° E	3	60
Julius Caesar P	11.2° N	14.1° E	37	60
Julius Caesar Q	12.9° N	14.0° E	32	60
Kaiser	**36.5° S**	**6.5° E**	**52**	**112**
Kaiser A	36.3° S	7.3° E	20	112
Kaiser B	36.6° S	5.6° E	6	112
Kaiser C	36.5° S	9.7° E	12	112
Kaiser D	37.0° S	7.4° E	5	112
Kaiser E	34.9° S	7.1° E	5	112
Kaiser R	34.3° S	7.2° E	4	112
Kamerlingh Onnes	**15.0° N**	**115.8° W**	**66**	**71**
Kane	**63.1° N**	**26.1° E**	**54**	**13**
Kane A	61.2° N	27.0° E	5	13
Kane F	59.6° N	23.1° E	7	13
Kane G	59.2° N	25.3° E	10	13
Kant	**10.6° S**	**20.1° E**	**33**	**78**
Kant B	9.7° S	18.6° E	16	78
Kant C	9.3° S	22.1° E	20	78
Kant D	11.5° S	18.7° E	52	78
Kant G	9.2° S	19.5° E	32	78
Kant H	9.1° S	20.8° E	7	78
Kant N	9.9° S	19.7° E	10	78
Kant O	12.0° S	17.2° E	7	78
Kant P	10.8° S	17.4° E	5	78
Kant Q	13.1° S	18.8° E	5	78
Kant S	11.5° S	19.7° E	5	78
Kant T	11.3° S	20.2° E	5	78
Kant Z	10.4° S	17.5° E	3	78
Kao	**6.7° S**	**87.6° E**	**34**	**81**
Kapteyn	**10.8° S**	**70.6° E**	**49**	**80**
Kapteyn A	14.2° S	71.3° E	31	81
Kapteyn B	15.6° S	71.0° E	39	81
Kapteyn C	13.3° S	70.2° E	48	81
Kapteyn D	14.5° S	70.6° E	12	81
Kapteyn E	8.8° S	69.3° E	31	80
Kapteyn F	14.5° S	70.3° E	9	81
Kapteyn K	13.1° S	71.9° E	8	81
Kapteyn Z	11.2° S	72.5° E	6	81
Karima	**25.9° S**	**103.0° E**	**3**	**100**
Karpinsky	**73.3° N**	**166.3° E**	**92**	**7**
Karpinsky J	71.5° N	175.1° E	25	7
Karrer	**52.1° S**	**141.8° W**	**51**	**142**
Kasper	**8.3° N**	**122.1° E**	**12**	**65**
Kastner	**6.8° S**	**78.5° E**	**108**	**81**
Kastner A	4.5° S	77.3° E	25	81
Kastner B	6.3° S	80.7° E	20	81
Kastner C	8.0° S	76.9° E	19	81
Kastner E	8.1° S	77.6° E	10	81
Kastner F	9.2° S	80.4° E	18	81
Kastner G	4.2° S	79.0° E	72	81
Kastner R	6.9° S	82.3° E	17	81
Kastner S	8.0° S	83.2° E	30	81
Katchalsky	**5.9° N**	**116.1° E**	**32**	**65**
Kathleen	**25.4° N**	**0.7° W**	**5**	**41**
Kearons	**11.4° S**	**112.6° W**	**23**	**89**
Kearons U	10.5° S	115.9° W	13	89
Keeler	**10.2° S**	**161.9° E**	**160**	**85**
Keeler L	13.3° S	163.2° E	71	85
Keeler S	11.4° S	158.0° E	30	85
Keeler U	9.1° S	156.9° E	29	85
Keeler V	8.9° S	158.3° E	53	85
Kekule	**16.4° N**	**138.1° W**	**94**	**52**
Kekule K	13.9° N	135.8° W	16	70
Kekule M	12.2° N	137.4° W	19	70
Kekule S	15.4° N	143.0° W	21	70
Kekule V	18.4° N	142.0° W	67	50
Keldysh	**51.2° N**	**43.6° E**	**33**	**14**
Kelvin A	27.5° S	31.5° W	8	93
Kelvin B	27.6° S	32.1° W	7	93
Kelvin C	27.6° S	32.5° W	5	93
Kelvin D	27.9° S	33.1° W	7	93
Kelvin E	26.7° S	31.7° W	4	93
Kelvin F	26.7° S	35.6° W	4	93
Kelvin G	26.2° S	33.9° W	3	93
Kepinski	**28.8° N**	**126.6° E**	**31**	**47**
Kepinski C	30.2° N	128.0° E	20	47
Kepinski N	26.6° N	126.2° E	40	47
Kepinski W	30.1° N	124.9° E	25	47
Kepler	**8.1° N**	**38.0° W**	**31**	**57**
Kepler A	7.1° N	36.1° W	11	57
Kepler B	7.8° N	35.3° W	7	57
Kepler C	10.0° N	41.8° W	11	57
Kepler D	7.4° N	41.9° W	10	57
Kepler E	7.4° N	43.9° W	6	57
Kepler F	8.3° N	39.0° W	7	57
Kepler P	12.2° N	34.0° W	4	57
Kepler T	9.0° N	34.6° W	3	57
Khvol'son	**13.8° S**	**111.4° E**	**54**	**83**
Khvol'son C	13.5° S	111.9° E	15	83
Kibal'chich	**3.0° N**	**146.5° W**	**92**	**70**
Kibal'chich H	2.0° N	144.2° W	40	70
Kibal'chich Q	0.7° S	149.0° W	25	88
Kibal'chich R	0.6° N	150.1° W	29	69
Kidinnu	**35.9° N**	**122.9° E**	**56**	**30**
Kidinnu E	36.3° N	124.5° E	60	30
Kies	**26.3° S**	**22.5° W**	**45**	**94**
Kies A	28.3° S	22.7° W	16	94
Kies B	28.7° S	21.9° W	9	94
Kies C	26.0° S	26.1° W	5	94
Kies D	24.9° S	18.5° W	0	94
Kies E	28.7° S	22.7° W	6	94
Kiess	**6.4° S**	**84.0° E**	**63**	**81**
Kimura	**57.1° S**	**118.4° E**	**28**	**130**
Kinau	**60.8° S**	**15.1° E**	**41**	**127**
Kinau A	62.1° S	20.0° E	35	127
Kinau B	61.6° S	19.2° E	8	127
Kinau C	60.6° S	20.5° E	30	127
Kinau D	60.6° S	18.5° E	27	127
Kinau E	60.1° S	20.0° E	7	127
Kinau F	62.1° S	13.5° E	10	127
Kinau G	61.5° S	12.7° E	25	127
Kinau H	59.8° S	19.7° E	6	127
Kinau J	59.6° S	16.0° E	5	127
Kinau K	58.6° S	18.1° E	10	127
Kinau L	59.3° S	18.8° E	11	127
Kinau M	60.4° S	14.3° E	12	127
Kinau N	61.4° S	15.5° E	7	127
Kinau P	61.4° S	17.4° E	5	127
Kinau Q	62.4° S	21.1° E	11	127
Kinau R	59.9° S	11.6° E	61	127
King	**5.0° N**	**120.5° E**	**76**	**65**
King J	3.2° N	121.8° E	14	65
King Y	6.5° N	119.8° E	48	65
Kira	**17.6° S**	**132.8° E**	**3**	**102**
Kirch	**39.2° N**	**5.6° W**	**11**	**25**
Kirch E	36.5° N	6.9° W	3	25
Kirch F	38.0° N	6.0° W	4	25
Kirch G	37.4° N	8.1° W	3	25
Kirch H	39.0° N	7.0° W	3	25
Kirch K	39.2° N	4.0° W	3	25
Kirch M	39.5° N	9.9° W	3	25
Kircher	**67.1° S**	**45.3° W**	**72**	**136**
Kircher A	66.1° S	42.1° W	29	136
Kircher B	65.0° S	43.1° W	12	136
Kircher C	66.9° S	37.5° W	11	136
Kircher D	67.5° S	49.8° W	39	136
Kircher E	69.1° S	50.1° W	20	136
Kircher F	66.1° S	38.9° W	10	136
Kirchhoff	**30.3° N**	**38.8° E**	**24**	**43**
Kirchhoff C	30.3° N	39.7° E	23	43
Kirchhoff E	30.7° N	40.4° E	26	43
Kirchhoff F	31.5° N	40.9° E	23	43
Kirchhoff G	29.8° N	40.2° E	22	43
Kirkwood	**68.8° N**	**156.1° W**	**67**	**8**
Kirkwood T	69.4° N	165.2° W	19	8
Kirkwood Y	72.2° N	157.5° W	19	8
Kiva	**8.6° S**	**15.5° E**	**1**	**78**
Klaproth	**69.8° S**	**26.0° W**	**119**	**137**
Klaproth A	68.2° S	21.6° W	30	137
Klaproth B	72.0° S	24.7° W	11	137
Klaproth C	69.1° S	19.5° W	8	137
Klaproth D	70.2° S	20.4° W	8	137
Klaproth G	68.6° S	31.2° W	30	137
Klaproth H	69.4° S	33.1° W	41	137
Klaproth L	70.1° S	36.5° W	11	136
Klein	**12.0° S**	**2.6° E**	**44**	**77**
Klein A	11.4° S	3.0° E	9	77
Klein B	12.5° S	1.8° E	6	77
Klein C	12.5° S	2.6° E	6	77
Kleymenov	**32.4° S**	**140.2° W**	**55**	**121**
Klute	**37.2° N**	**141.3° W**	**75**	**34**
Klute M	35.1° N	141.1° W	24	34
Klute W	38.2° N	143.0° W	31	34
Klute X	39.5° N	143.0° W	40	34
Knox-Shaw	**5.3° N**	**80.2° E**	**12**	**63**
Koch	**42.8° S**	**150.1° E**	**95**	**118**
Koch R	44.5° S	146.3° E	20	118
Koch U	42.3° S	147.4° E	25	118
Kohlschutter	**14.4° N**	**154.0° E**	**53**	**67**
Kohlschutter N	11.6° N	153.7° E	27	67
Kohlschutter Q	13.2° N	153.0° E	20	67
Kohlschutter W	16.3° N	151.2° E	32	67
Kolhorster	**11.2° N**	**114.6° W**	**97**	**71**
Komarov	**24.7° N**	**152.5° E**	**78**	**49**
Kondratyuk	**14.9° S**	**115.5° E**	**108**	**83**
Kondratyuk	15.1° S	115.1° E	106	83
Kondratyuk A	14.2° S	115.5° E	25	83
Kondratyuk Q	15.7° S	114.7° E	28	83
Konig	**24.1° S**	**24.6° W**	**23**	**94**
Konig A	24.7° S	24.0° W	3	94

Feature Name	Lat.	Long.	D	LAC
Konoplev	**28.5° S**	**125.5° W**	**25**	**107**
Konstantinov	**19.8° N**	**158.4° E**	**66**	**49**
Kopff	**17.4° S**	**89.6° W**	**41**	**91**
Kopff A (Lallemand)	14.3° S	84.1° W	18	73
Kopff B	16.9° S	86.2° W	8	91
Kopff C	18.3° S	86.1° W	14	91
Kopff D	19.9° S	89.8° W	13	91
Kopff E	16.0° S	89.8° W	12	73
Korolev	**4.0° S**	**157.4° W**	**437**	**87**
Korolev B	3.9° S	156.1° W	22	87
Korolev C	1.3° S	153.2° W	68	87
Korolev D	0.8° S	151.5° W	26	87
Korolev E	3.9° S	153.2° W	37	87
Korolev F	4.6° S	152.6° W	31	87
Korolev G	6.0° S	153.3° W	12	87
Korolev L	6.0° S	156.7° W	30	87
Korolev M	8.8° S	157.3° W	58	87
Korolev P	8.1° S	159.9° W	17	87
Korolev T	4.4° S	157.7° W	22	87
Korolev V	1.3° S	161.8° W	20	87
Korolev W	0.4° S	160.3° W	34	87
Korolev X	0.6° N	159.0° W	28	69
Korolev Y	0.7° S	158.2° W	19	87
Kosberg	**20.2° S**	**149.6° E**	**15**	**102**
Kostinsky	**14.7° N**	**118.8° E**	**75**	**65**
Kostinsky B	16.3° N	119.9° E	20	47
Kostinsky D	16.0° N	122.8° E	32	65
Kostinsky E	15.1° N	122.4° E	26	65
Kostinsky W	17.2° N	115.6° E	24	47
Kovalevskaya	**30.8° N**	**129.6° W**	**115**	**53**
Kovalevskaya D	32.7° N	124.4° W	21	35
Kovalevskaya Q	29.4° N	131.0° W	101	53
Koval'sky	**21.9° S**	**101.0° E**	**49**	**100**
Koval'sky B	20.8° S	101.5° E	28	100
Koval'sky D	20.9° S	103.0° E	19	100
Koval'sky H	22.5° S	102.6° E	37	100
Koval'sky M	23.8° S	100.8° E	18	100
Koval'sky P	22.4° S	100.3° E	25	100
Koval'sky Q	23.5° S	98.7° E	35	100
Koval'sky U	21.1° S	98.1° E	25	100
Koval'sky Y	20.8° S	100.5° E	19	100
Kozyrev	**46.8° S**	**129.3° E**	**65**	**117**
Krafft	**16.6° N**	**72.6° W**	**51**	**55**
Krafft C	16.4° N	72.3° W	13	37
Krafft D	15.1° N	73.3° W	12	55
Krafft E	15.9° N	71.7° W	10	55
Krafft H	17.0° N	77.8° W	15	37
Krafft K	16.5° N	74.5° W	11	37
Krafft L	16.0° N	76.3° W	20	37
Krafft M	17.8° N	75.5° W	10	37
Krafft U	17.2° N	64.7° W	3	37
Kramarov	**2.3° S**	**98.8° W**	**20**	**90**
Kramers	**53.6° N**	**127.6° W**	**61**	**20**
Kramers C	55.0° N	125.6° W	60	20
Kramers M	50.4° N	126.9° W	30	20
Kramers S	52.8° N	132.2° W	26	20
Kramers U	54.2° N	132.4° W	38	20
Krasnov	**29.9° S**	**79.6° W**	**40**	**91**
Krasnov A	29.9° S	80.4° W	10	91
Krasnov B	29.4° S	80.2° W	13	91
Krasnov C	26.2° S	81.4° W	12	91
Krasnov D	33.9° S	80.1° W	13	109
Krasovsky	**3.9° N**	**175.5° W**	**59**	**68**
Krasovsky C	6.1° N	173.6° W	23	68
Krasovsky F	3.7° N	172.5° W	15	68
Krasovsky H	2.7° N	171.4° W	46	68
Krasovsky J	3.2° N	174.1° W	32	68
Krasovsky L	0.4° S	174.8° W	58	86
Krasovsky N	1.0° N	176.0° W	22	68
Krasovsky P	0.8° N	177.3° W	41	68
Krasovsky T	3.6° N	177.1° W	100	68
Krasovsky Z	5.9° N	175.6° W	15	68
Kreiken	**9.0° S**	**84.6° E**	**23**	**81**
Krieger	**29.0° N**	**45.6° W**	**22**	**39**
Krieger B	28.7° N	45.6° W	10	39
Krieger C	27.7° N	44.6° W	4	39
Krieger D	28.9° N	45.0° W	5	39
Krishna	**24.5° N**	**11.3° E**	**3**	**42**
Krogh	**9.4° N**	**65.7° E**	**19**	**62**
Krusenstern	**26.2° S**	**5.9° E**	**47**	**95**
Krusenstern A	26.9° S	5.9° E	5	95
Krylov	**35.6° N**	**165.8° W**	**49**	**33**
Krylov A	38.9° N	165.1° W	63	33
Krylov B	37.3° N	163.6° W	40	33
Kugler	**53.8° S**	**103.7° E**	**65**	**130**
Kugler N	56.3° S	102.8° E	42	130
Kugler R	55.5° S	98.6° E	13	129
Kugler U	54.0° S	101.5° E	37	130
Kuiper	**9.8° S**	**22.7° W**	**6**	**76**
Kulik	**42.4° N**	**154.5° W**	**58**	**34**
Kulik J	40.6° N	151.4° W	46	34
Kulik K	39.1° N	151.6° W	42	34
Kulik L	40.8° N	153.5° W	33	34
Kundt	**11.5° S**	**11.5° W**	**10**	**76**
Kunowsky	**3.2° N**	**32.5° W**	**18**	**57**
Kunowsky C	0.2° S	32.4° W	3	75
Kunowsky D	1.5° N	28.8° W	5	58
Kunowsky G	1.7° N	30.7° W	4	58
Kunowsky H	1.1° N	30.0° W	3	57
Kuo Shou Ching	**8.4° N**	**133.7° W**	**34**	**70**
Kurchatov	**38.3° N**	**142.1° E**	**106**	**31**
Kurchatov T	38.0° N	138.0° E	27	31
Kurchatov W	40.4° N	140.4° E	33	31
Kurchatov X	41.3° N	139.9° E	17	31
Kurchatov Z	41.0° N	141.8° E	27	31
La Caille	**23.8° S**	**1.1° E**	**67**	**95**
La Caille A	22.8° S	0.4° E	8	95
La Caille B	20.9° S	1.4° E	7	95
La Caille C	21.2° S	1.4° E	15	95
La Caille D	23.6° S	2.2° E	12	95
La Caille E	23.5° S	2.8° E	27	95
La Caille F	23.6° S	3.4° E	8	95
La Caille G	20.5° S	2.0° E	11	95
La Caille H	24.7° S	0.8° E	6	95
La Caille J	22.5° S	0.9° E	5	95
La Caille K	21.0° S	0.6° E	30	95
La Caille L	24.6° S	1.4° E	5	95
La Caille M	22.3° S	1.6° E	15	95
La Caille N	21.9° S	1.3° E	10	95
La Caille P	22.5° S	0.0° E	25	95
La Condamine	**53.4° N**	**28.2° W**	**37**	**11**
La Condamine A	54.4° N	30.1° W	18	11
La Condamine B	58.8° N	31.5° W	17	11
La Condamine C	52.4° N	30.2° W	10	11
La Condamine D	53.5° N	30.8° W	10	11
La Condamine E	57.7° N	31.9° W	8	11
La Condamine F	57.3° N	31.0° W	7	11
La Condamine G	54.8° N	28.1° W	8	11
La Condamine H	53.1° N	26.6° W	6	11
La Condamine J	56.0° N	19.3° W	7	11
La Condamine K	51.9° N	25.5° W	7	11
La Condamine L	53.6° N	26.7° W	6	11
La Condamine M	54.2° N	26.6° W	7	11
La Condamine N	53.8° N	25.6° W	9	11
La Condamine O	55.1° N	25.6° W	7	11
La Condamine P	52.9° N	23.5° W	6	11
La Condamine Q	52.6° N	23.9° W	9	11
La Condamine R	55.0° N	21.3° W	7	11
La Condamine S	57.3° N	25.2° W	4	11
La Condamine T	59.2° N	29.6° W	6	11
La Condamine U	54.5° N	22.7° W	7	11
La Condamine V	54.5° N	24.1° W	6	11
La Condamine X	57.2° N	21.4° W	4	11
La Hire A	28.5° N	23.4° W	5	40
La Hire B	27.7° N	23.0° W	4	40
La Hire D	29.8° N	29.4° W	3	40
La Perouse	**10.7° S**	**76.3° E**	**77**	**81**
La Perouse A	9.3° S	74.7° E	4	81
La Perouse D	11.2° S	76.6° E	7	81
La Perouse E	10.2° S	78.5° E	34	81
Lacchini	**41.7° N**	**107.5° W**	**58**	**36**
Lacroix	**37.9° S**	**59.0° W**	**37**	**110**
Lacroix A	35.1° S	55.2° W	13	110
Lacroix B	37.0° S	60.4° W	8	110
Lacroix E	40.0° S	62.9° W	19	110
Lacroix F	40.7° S	61.6° W	15	110
Lacroix G	36.7° S	59.1° W	47	110
Lacroix H	38.6° S	57.8° W	13	110
Lacroix J	38.4° S	59.3° W	18	110
Lacroix K	35.2° S	57.7° W	45	110
Lacroix L	35.7° S	58.3° W	8	110
Lacroix M	36.0° S	56.9° W	13	110
Lacroix N	37.2° S	57.8° W	14	110
Lacroix P	35.2° S	53.7° W	9	110
Lacroix R	34.5° S	60.1° W	19	110
Lacus Aestatis	15.0° S	69.0° W	90	74
Lacus Autumni	9.9° S	83.9° W	183	73
Lacus Bonitatis	23.2° N	43.7° E	92	43
Lacus Doloris	17.1° N	9.0° E	110	41
Lacus Excellentiae	35.4° S	44.0° W	184	110
Lacus Felicitatis	19.0° N	5.0° E	90	41
Lacus Gaudii	16.2° N	12.6° E	113	42
Lacus Hiemalis	15.0° N	14.0° E	50	60
Lacus Lenitatis	14.0° N	12.0° E	80	60
Lacus Luxuriae	19.0° N	176.0° E	50	50
Lacus Mortis	45.0° N	27.2° E	151	26
Lacus Oblivionis	21.0° S	168.0° W	50	105
Lacus Odii	19.0° N	7.0° E	70	41
Lacus Perseverantiae	8.0° N	62.0° E	70	62
Lacus Solitudinis	27.8° S	104.3° E	139	100
Lacus Somniorum	38.0° N	29.2° E	384	26
Lacus Spei	43.0° N	65.0° E	80	28
Lacus Temporis	45.9° N	58.4° E	117	28
Lacus Timoris	38.8° S	27.3° W	117	111
Lacus Veris	16.5° S	86.1° W	396	91
Lade	**1.3° S**	**10.1° E**	**55**	**78**
Lade A	0.2° S	12.9° E	57	78
Lade B	0.1° N	9.8° E	24	59
Lade D	0.9° S	13.7° E	16	78
Lade E	1.9° S	13.0° E	21	78
Lade M	1.1° S	9.4° E	12	77
Lade S	1.2° S	8.3° E	24	77
Lade T	1.0° S	9.0° E	18	77
Lade U	0.1° S	9.6° E	4	77
Lade V	0.2° S	9.1° E	4	77
Lade W	0.2° N	8.6° E	4	59
Lade X	1.7° S	11.0° E	3	78
Lagalla	**44.6° S**	**22.5° W**	**85**	**111**
Lagalla F	44.6° S	25.3° W	29	111
Lagalla H	44.4° S	27.0° W	5	111
Lagalla J	46.0° S	25.1° W	22	111
Lagalla K	43.7° S	24.3° W	10	111
Lagalla M	46.6° S	25.7° W	6	111
Lagalla N	44.9° S	26.1° W	12	111
Lagalla P	45.2° S	24.4° W	11	111
Lagalla T	47.3° S	26.5° W	7	111
Lagalla V	47.0° S	24.3° W	5	111
Lagrange	**32.3° S**	**72.8° W**	**225**	**109**
Lagrange A	32.5° S	69.2° W	6	109
Lagrange B	31.4° S	61.5° W	16	92
Lagrange C	29.8° S	64.9° W	23	92
Lagrange D	34.9° S	72.5° W	11	109
Lagrange E	29.1° S	72.6° W	46	91
Lagrange F	32.8° S	67.4° W	14	109
Lagrange G	28.5° S	62.7° W	18	92
Lagrange H	29.5° S	66.2° W	11	92
Lagrange J	34.0° S	68.9° W	8	109
Lagrange K	30.7° S	70.3° W	31	91
Lagrange L	32.1° S	65.1° W	18	92
Lagrange N	32.1° S	73.8° W	31	109
Lagrange R	31.3° S	76.5° W	130	91
Lagrange S	33.9° S	74.6° W	12	109
Lagrange T	33.0° S	62.6° W	12	109
Lagrange W	33.0° S	63.7° W	56	109
Lagrange X	28.7° S	69.2° W	9	92
Lagrange Y	28.2° S	68.4° W	16	92
Lagrange Z	32.6° S	64.6° W	13	109
Lalande	**4.4° S**	**8.6° W**	**24**	**77**
Lalande A	6.6° S	9.8° W	13	77
Lalande B	3.1° S	9.0° W	8	77
Lalande C	5.6° S	6.9° W	11	77
Lalande D	6.1° S	7.5° W	8	77
Lalande E	3.4° S	10.7° W	4	76
Lalande F	2.6° S	10.0° W	3	76
Lalande G	6.2° S	7.9° W	5	77
Lalande N	5.6° S	5.7° W	6	77
Lalande R	4.7° S	7.0° W	24	77
Lalande T	5.2° S	7.5° W	4	77
Lalande U	3.2° S	8.1° W	4	77
Lalande W	6.5° S	5.6° W	11	77
Lallemand	**14.3° S**	**84.1° W**	**18**	**73**
Lamarck	**22.9° S**	**69.8° W**	**100**	**92**
Lamarck A	25.2° S	70.8° W	51	91
Lamarck B	22.8° S	69.7° W	7	92
Lamarck D	25.0° S	74.1° W	131	91
Lamarck E	26.8° S	75.7° W	9	91
Lamarck F	27.0° S	73.9° W	9	91
Lamarck G	27.1° S	72.1° W	15	91
Lamb	**42.9° S**	**100.1° E**	**106**	**117**
Lamb A	39.9° S	101.6° E	20	116
Lamb E	41.6° S	107.1° E	11	117
Lamb G	43.2° S	105.9° E	69	116
Lambert	**25.8° N**	**21.0° W**	**30**	**40**
Lambert A	26.4° N	21.5° W	4	40
Lambert B	24.3° N	20.1° W	4	40
Lambert R	23.9° N	20.6° W	55	40
Lambert T	28.5° N	20.3° W	3	40
Lambert W	24.5° N	22.6° W	2	40
Lame	**14.7° S**	**64.5° E**	**84**	**80**
Lame E	13.9° S	66.8° E	11	80
Lame F	13.9° S	66.4° E	10	80
Lame G	15.4° S	65.5° E	26	80
Lame H	15.8° S	68.2° E	12	80
Lame J	14.3° S	65.7° E	18	80
Lame K	13.3° S	64.2° E	8	80
Lame L	14.4° S	68.6° E	6	80
Lame M	15.8° S	66.5° E	13	80
Lame N	12.8° S	67.1° E	9	80
Lame T	12.5° S	66.5° E	11	80
Lame W	13.1° S	65.9° E	6	80
Lame Z	15.9° S	65.9° E	17	80
Lamech	**42.7° N**	**13.1° E**	**13**	**26**
Lamont	**4.4° N**	**23.7° E**	**106**	**60**
Lampland	**31.0° S**	**131.0° E**	**65**	**102**
Lampland A	30.4° S	131.2° E	14	102
Lampland B	29.5° S	131.6° E	12	102
Lampland K	33.0° S	132.5° E	47	118
Lampland M	33.5° S	130.8° E	38	118
Lampland Q	32.5° S	129.4° E	12	117
Lampland R	31.7° S	129.2° E	45	102
Landau	**41.6° N**	**118.1° W**	**214**	**35**
Landau Q	41.0° N	121.7° W	32	35
Lander	**15.3° S**	**131.8° E**	**40**	**84**
Lander K	16.2° S	132.2° E	23	102
Landsteiner	**31.3° N**	**14.8° W**	**6**	**40**
Lane	**9.5° S**	**132.0° E**	**55**	**84**
Lane B	7.5° S	132.9° E	13	84
Lane S	9.7° S	130.7° E	35	84
Langemak	**10.3° S**	**118.7° E**	**97**	**83**
Langemak N	12.9° S	119.0° E	126	83
Langemak X	6.6° S	117.5° E	47	83
Langemak Z	5.6° S	119.3° E	27	83
Langevin	**44.3° N**	**162.7° E**	**58**	**32**
Langevin C	46.4° N	165.5° E	19	32
Langevin K	41.6° N	163.8° E	17	32
Langley	**51.1° N**	**86.3° W**	**59**	**21**
Langley J	51.7° N	85.2° W	20	21
Langley K	52.0° N	86.3° W	20	21
Langmuir	**35.7° S**	**128.4° W**	**91**	**122**
Langrenus	**8.9° S**	**61.1° E**	**127**	**80**
Langrenus A	10.7° S	67.2° E	43	80
Langrenus B	4.6° S	57.8° E	35	80
Langrenus C	5.6° S	60.1° E	13	80
Langrenus D	10.4° S	55.8° E	8	80
Langrenus E	12.7° S	60.6° E	30	80
Langrenus F	5.8° S	56.3° E	43	80
Langrenus G	12.1° S	65.4° E	23	80
Langrenus H	8.0° S	64.3° E	23	80
Langrenus J	8.3° S	64.9° E	15	80
Langrenus K	5.8° S	57.7° E	29	80
Langrenus L	13.2° S	62.2° E	12	80
Langrenus M	9.8° S	66.4° E	17	80
Langrenus N	9.0° S	65.7° E	12	80
Langrenus P	12.1° S	63.1° E	42	80
Langrenus Q	11.9° S	60.7° E	12	80
Langrenus R	7.7° S	63.6° E	5	80
Langrenus S	6.7° S	64.7° E	9	80
Langrenus T	4.6° S	62.5° E	42	80
Langrenus U	12.6° S	57.1° E	4	80
Langrenus V	13.2° S	55.9° E	5	80
Langrenus W	8.6° S	67.3° E	23	80
Langrenus X	12.4° S	64.7° E	25	80
Langrenus Y	7.8° S	66.9° E	27	80
Langrenus Z	7.1° S	66.4° E	20	80
Lansberg	**0.3° S**	**26.6° W**	**38**	**76**
Lansberg A	0.2° N	31.1° W	9	57
Lansberg B	2.5° S	28.1° W	9	76
Lansberg C	1.5° S	29.2° W	17	76
Lansberg D	3.0° S	30.6° W	11	75
Lansberg E	1.8° S	30.3° W	6	75
Lansberg F	2.2° S	30.7° W	9	75
Lansberg G	0.6° S	29.4° W	10	76
Lansberg L	3.5° S	26.4° W	5	76
Lansberg N	1.9° S	26.4° W	4	76
Lansberg P	2.3° S	23.0° W	2	73
Lansberg X	1.2° N	27.8° W	3	58
Lansberg Y	0.7° N	28.2° W	4	58
Laplace A	43.7° N	26.8° W	9	24
Laplace B	51.3° N	19.8° W	5	12
Laplace D	47.3° N	25.5° W	11	24
Laplace E	50.3° N	19.8° W	6	12
Laplace F	45.6° N	19.8° W	6	24
Laplace L	51.7° N	21.0° W	7	11
Laplace M	52.2° N	19.9° W	6	12
Lara	**20.4° N**	**30.5° E**	**0**	**43**
Larmor	**32.1° N**	**179.7° W**	**97**	**33**
Larmor K	30.3° N	179.0° W	24	50
Larmor Q	28.6° N	176.2° E	22	50
Larmor W	33.9° N	177.6° E	27	32
Larmor Z	33.7° N	179.8° W	49	33
Lassell	**15.5° S**	**7.9° W**	**23**	**77**
Lassell A	16.8° S	6.8° W	3	95
Lassell B	16.1° S	7.7° W	4	95
Lassell C	14.7° S	9.3° W	9	77
Lassell D	14.5° S	10.5° W	2	76
Lassell E	18.2° S	10.2° W	5	94
Lassell F	17.1° S	12.5° W	5	94

Feature Name	Lat.	Long.	D	LAC
Lassell G	14.8° S	9.0° W	7	77
Lassell H	14.5° S	11.2° W	5	76
Lassell J	14.8° S	10.4° W	4	76
Lassell K	15.1° S	8.9° W	4	77
Lassell M	14.2° S	8.8° W	3	77
Lassell S	18.2° S	8.5° W	4	95
Lassell T	17.1° S	8.8° W	2	77
Last	**26.1° N**	**0.0° E**	**0**	**41**
Laue	**28.0° N**	**96.7° W**	**87**	**54**
Laue G	27.8° N	93.2° W	36	28
Laue U	28.8° N	101.4° W	56	28
Lauritsen	**27.6° S**	**96.1° E**	**52**	**100**
Lauritsen A	24.8° S	96.6° E	35	100
Lauritsen B	26.7° S	96.8° E	26	100
Lauritsen G	28.0° S	97.3° E	16	100
Lauritsen H	28.5° S	97.5° E	28	100
Lauritsen Y	27.5° S	96.1° E	14	100
Lauritsen Z	26.0° S	96.2° E	52	100
Lavoisier	**38.2° N**	**81.2° W**	**70**	**22**
Lavoisier A	36.9° N	73.2° W	28	22
Lavoisier B	39.8° N	79.7° W	25	22
Lavoisier C	35.8° N	76.7° W	35	22
Lavoisier D	41.1° N	78.1° W	62	22
Lavoisier E	40.9° N	80.4° W	49	22
Lavoisier F	37.1° N	80.5° W	33	22
Lavoisier G	37.3° N	85.7° W	19	22
Lavoisier H	38.3° N	78.8° W	29	22
Lavoisier J	37.5° N	86.5° W	22	22
Lavoisier K	39.7° N	74.4° W	7	22
Lavoisier L	39.7° N	75.0° W	6	22
Lavoisier N	41.9° N	82.4° W	24	22
Lavoisier S	39.1° N	83.1° W	24	22
Lavoisier T	36.5° N	76.6° W	19	22
Lavoisier W	36.9° N	81.8° W	16	22
Lavoisier Z	36.1° N	86.2° W	12	22
Lawrence	**7.4° N**	**43.2° E**	**24**	**61**
Le Gentil	**74.6° S**	**75.7° W**	**128**	**136**
Le Gentil A	74.6° S	52.4° W	33	136
Le Gentil B	75.0° S	73.0° W	16	136
Le Gentil C	74.4° S	75.1° W	19	136
Le Gentil D	74.6° S	63.8° W	12	136
Le Gentil G	71.8° S	58.8° W	17	136
Le Monnier	**26.6° N**	**30.6° E**	**60**	**43**
Le Monnier A	26.9° N	32.5° E	21	43
Le Monnier B	25.6° N	25.3° E	5	42
Le Monnier C	22.3° N	26.4° E	5	42
Le Monnier H	25.0° N	29.6° E	6	42
Le Monnier K	27.7° N	30.2° E	4	43
Le Monnier S	26.8° N	33.9° E	40	43
Le Monnier T	25.1° N	31.4° E	18	43
Le Monnier U	26.1° N	33.5° E	25	43
Le Monnier V	26.0° N	34.3° E	23	43
Le Verrier	**40.3° N**	**20.6° W**	**20**	**24**
Le Verrier A	38.1° N	17.3° W	4	24
Le Verrier B	40.1° N	12.9° W	5	25
Le Verrier D	39.7° N	12.3° W	9	25
Le Verrier E	42.4° N	16.9° W	7	24
Le Verrier S	38.9° N	20.6° W	3	24
Le Verrier T	39.8° N	20.7° W	4	24
Le Verrier U	37.2° N	13.1° W	4	25
Le Verrier V	37.8° N	14.2° W	3	24
Le Verrier W	39.4° N	13.9° W	3	25
Le Verrier X	41.6° N	12.1° W	3	25
Leakey	**3.2° S**	**37.4° E**	**12**	**79**
Leavitt	**44.8° S**	**139.3° W**	**66**	**121**
Leavitt Z	42.7° S	139.2° W	65	121
Lebedev	**47.3° S**	**107.8° E**	**102**	**117**
Lebedev C	45.0° S	111.0° E	34	117
Lebedev D	44.6° S	112.5° E	34	117
Lebedev F	47.5° S	110.8° E	18	117
Lebedev K	49.7° S	108.9° E	22	130
Lebedinsky	**8.3° N**	**164.3° W**	**62**	**69**
Lebedinsky A	10.9° N	163.7° W	38	69
Lebedinsky B	10.5° N	163.2° W	37	69
Lebedinsky K	6.6° N	163.3° W	29	69
Lebedinsky P	6.0° N	165.0° W	51	69
Lebesgue	**5.1° S**	**89.0° E**	**11**	**81**
Lee	**30.7° S**	**40.7° W**	**41**	**93**
Lee A	31.4° S	41.2° W	18	93
Lee H	30.9° S	38.9° W	4	93
Lee M	29.8° S	39.7° W	77	93
Lee S	30.8° S	42.8° W	6	93
Lee T	30.1° S	42.0° W	4	93
Leeuwenhoek	**29.3° S**	**178.7° W**	**125**	**104**
Leeuwenhoek E	28.2° S	176.7° W	117	104
Legendre	**28.9° S**	**70.2° E**	**78**	**99**
Legendre D	31.5° S	75.2° E	58	99
Legendre E	33.8° S	78.5° E	28	115
Legendre F	33.8° S	76.4° E	40	115
Legendre G	32.3° S	73.8° E	15	115
Legendre H	32.5° S	78.1° E	7	115
Legendre J	30.8° S	74.5° E	16	99
Legendre K	29.8° S	72.8° E	90	99
Legendre L	28.2° S	73.5° E	30	99
Legendre M	28.2° S	71.5° E	8	99
Legendre N	27.5° S	70.5° E	8	99
Legendre P	27.3° S	69.2° E	7	98
Lehmann	**40.0° S**	**56.0° W**	**53**	**110**
Lehmann A	39.5° S	54.0° W	34	110
Lehmann C	35.5° S	50.1° W	16	110
Lehmann D	39.6° S	57.3° W	14	110
Lehmann E	37.5° S	54.9° W	48	110
Lehmann H	41.0° S	58.6° W	16	110
Lehmann K	36.4° S	50.3° W	5	110
Lehmann L	36.4° S	51.9° W	6	110
Leibnitz	**38.3° S**	**179.2° E**	**245**	**120**
Leibnitz R	39.3° S	176.3° E	19	119
Leibnitz S	39.6° S	171.8° E	28	119
Leibnitz X	36.5° S	177.3° E	19	119
Lemaitre	**61.2° S**	**149.6° W**	**91**	**133**
Lemaitre C	59.4° S	145.6° W	27	133
Lemaitre F	61.4° S	148.4° W	32	133
Lemaitre S	61.6° S	156.3° W	34	133
Lenz	**2.8° N**	**102.1° W**	**21**	**72**
Lenz C	3.3° N	101.6° W	23	72
Lenz J	3.7° S	97.3° W	16	90
Lenz K	2.3° S	98.8° W	21	90
Leonov	**19.0° N**	**148.2° E**	**33**	**48**
Lepaute	**33.3° S**	**33.6° W**	**16**	**111**
Lepaute D	34.3° S	36.2° W	22	111
Lepaute E	35.7° S	35.0° W	10	111
Lepaute F	37.2° S	34.8° W	7	111
Lepaute K	34.3° S	33.9° W	12	111
Lepaute L	34.5° S	35.2° W	9	111
Letronne	**10.8° S**	**42.5° W**	**116**	**75**
Letronne A	12.1° S	39.1° W	7	75
Letronne B	11.2° S	41.2° W	5	75
Letronne C	10.7° S	38.5° W	4	75
Letronne D	9.4° S	37.8° W	5	75
Letronne F	9.2° S	46.1° W	8	75
Letronne G	12.7° S	46.5° W	10	75
Letronne H	12.6° S	46.0° W	4	75
Letronne K	14.5° S	43.6° W	5	75
Letronne L	14.3° S	44.3° W	5	75
Letronne M	12.0° S	44.1° W	3	75
Letronne N	12.3° S	39.8° W	4	75
Letronne P	10.7° S	44.4° W	18	75
Letronne T	12.5° S	42.6° W	3	75
Leucippus	**29.1° N**	**116.0° W**	**56**	**53**
Leucippus	29.1° N	116.0° W	56	53
Leucippus F	29.1° N	113.0° W	19	53
Leucippus K	27.2° N	115.0° W	14	53
Leucippus Q	25.9° N	118.8° W	84	53
Leucippus X	33.4° N	118.8° W	36	35
Leuschner	**1.8° N**	**108.8° W**	**49**	**72**
Leuschner L	1.1° S	108.8° W	18	90
Leuschner Z	5.3° N	109.3° W	18	72
Levi-Civita	**23.7° S**	**143.4° E**	**121**	**102**
Levi-Civita A	20.5° S	144.0° E	17	102
Levi-Civita F	23.4° S	145.4° E	16	102
Levi-Civita S	24.1° S	138.8° E	43	102
Lewis	**18.5° S**	**113.8° W**	**42**	**107**
Lewis R	20.3° S	116.1° W	26	107
Lexell	**35.8° S**	**4.2° W**	**62**	**112**
Lexell A	36.9° S	1.4° W	34	112
Lexell B	37.3° S	3.4° W	23	112
Lexell D	36.1° S	0.7° W	20	112
Lexell E	37.2° S	0.4° W	16	112
Lexell F	36.5° S	5.4° W	8	112
Lexell G	37.2° S	4.9° W	10	112
Lexell H	36.5° S	4.9° W	10	112
Lexell K	35.9° S	6.4° W	10	112
Lexell L	36.0° S	6.0° W	8	112
Ley	**42.2° N**	**154.9° E**	**79**	**32**
Licetus	**47.1° S**	**6.7° E**	**74**	**112**
Licetus A	47.8° S	3.2° E	8	112
Licetus B	46.5° S	4.9° E	13	112
Licetus C	47.4° S	5.6° E	10	112
Licetus D	48.0° S	4.5° E	6	112
Licetus E	44.7° S	1.9° E	19	112
Licetus F	46.09	1.0° E	32	112
Licetus G	43.8° S	1.9° E	11	112
Licetus H	45.9° S	3.1° E	10	112
Licetus J	44.2° S	3.2° E	12	112
Licetus K	45.5° S	0.0° E	6	112
Licetus L	47.2° S	1.1° E	5	112
Licetus M	46.8° S	1.9° E	9	112
Licetus N	45.5° S	2.2° E	9	112
Licetus P	47.6° S	2.4° E	21	112
Licetus Q	47.2° S	9.7° E	8	112
Licetus R	45.1° S	3.9° E	7	112
Licetus S	45.2° S	8.2° E	11	112
Licetus T	45.8° S	6.7° E	7	112
Licetus U	46.9° S	7.4° E	7	112
Licetus W	45.9° S	8.5° E	7	112
Lichtenberg	**31.8° N**	**67.7° W**	**20**	**38**
Lichtenberg A	29.0° N	60.1° W	7	38
Lichtenberg D	33.0° N	61.5° W	5	23
Lichtenberg F	33.2° N	65.3° W	5	22
Lichtenberg G	30.7° N	56.6° W	4	38
Lichtenberg H	31.5° N	58.9° W	4	38
Lichtenberg R	34.7° N	70.2° W	34	22
Lick	**12.4° N**	**52.7° E**	**31**	**62**
Lick A	11.5° N	52.8° E	23	62
Lick B	11.2° N	51.4° E	24	62
Lick C	11.5° N	52.0° E	9	62
Lick D	13.2° N	52.7° E	14	62
Lick D	13.2° N	52.7° E	14	62
Lick E	10.6° N	50.7° E	8	62
Lick F	10.1° N	50.2° E	22	62
Lick G	10.1° N	50.9° E	5	62
Lick K	10.2° N	52.8° E	6	62
Lick L	8.7° N	49.0° E	5	61
Lick N	9.7° N	47.9° E	23	61
Liebig	**24.3° S**	**48.2° W**	**37**	**93**
Liebig A	24.3° S	47.7° W	12	93
Liebig B	25.0° S	47.1° W	9	93
Liebig F	24.6° S	45.7° W	9	93
Liebig G	26.1° S	45.8° W	20	93
Liebig H	26.3° S	47.3° W	11	93
Liebig J	24.8° S	45.0° W	4	93
Light Mantle	20.2° N	30.8° E	4	43
Lilius	**54.5° S**	**6.2° E**	**61**	**126**
Lilius A	55.4° S	8.8° E	41	126
Lilius B	53.0° S	3.8° E	29	126
Lilius C	54.4° S	3.3° E	40	126
Lilius D	50.6° S	3.0° E	51	126
Lilius E	50.1° S	2.9° E	38	126
Lilius F	49.4° S	1.7° E	43	126
Lilius G	50.0° S	0.7° E.	7	126
Lilius H	50.5° S	0.8° E	9	126
Lilius J	56.3° S	1.8° E	13	126
Lilius K	53.6° S	2.2° E	23	126
Lilius L	54.9° S	2.5° E	6	126
Lilius M	56.2° S	2.9° E	11	126
Lilius N	49.0° S	2.8° E	5	126
Lilius O	55.4° S	3.6° E	7	126
Lilius P	55.9° S	3.9° E	4	126
Lilius R	54.6° S	4.4° E	9	126
Lilius S	52.8° S	5.9° E	14	126
Lilius T	55.9° S	7.5° E	5	126
Lilius U	53.5° S	7.6° E	8	126
Lilius W	53.6° S	8.3° E	9	126
Lilius X	53.5° S	9.9° E	4	126
Linda	**30.7° N**	**33.4° W**	**1**	**39**
Lindbergh	**5.4° S**	**52.9° E**	**12**	**80**
Lindblad	**70.4° N**	**98.8° W**	**66**	**9**
Lindblad F	70.6° N	94.3° W	42	9
Lindblad S	69.7° N	104.9° W	25	9
Lindblad Y	73.0° N	101.2° W	28	9
Lindenau	**32.3° S**	**24.9° E**	**53**	**113**
Lindenau D	30.4° S	24.9° E	10	9
Lindenau E	31.6° S	26.5° E	8	9
Lindenau F	32.4° S	26.4° E	10	9
Lindenau G	33.2° S	27.3° E	10	9
Lindenau H	31.3° S	26.3° E	11	9
Lindsay	**7.0° S**	**13.0° E**	**32**	**78**
Linne	**27.7° N**	**11.8° E**	**2**	**42**
Linne A	28.9° N	14.4° E	4	42
Linne B	30.5° N	14.2° E	5	42
Linne D	28.7° N	17.1° E	5	42
Linne E	26.6° N	16.4° E	5	42
Linne F	32.3° N	13.9° E	5	42
Linne G	35.9° N	13.3° E	5	42
Linne H	33.7° N	13.8° E	3	42
Liouville	**2.6° N**	**73.5° E**	**16**	**63**
Lippershey	**25.9° S**	**10.3° W**	**6**	**94**
Lippershey K	26.7° S	11.4° W	2	94
Lippershey L	25.7° S	11.7° W	3	94
Lippershey M	24.3° S	10.9° W	2	94
Lippershey N	24.5° S	9.5° W	3	95
Lippershey P	26.3° S	8.3° W	2	95
Lippershey R	26.6° S	10.1° W	4	94
Lippershey T	25.2° S	11.1° W	5	94
Lippmann	**56.0° S**	**114.9° W**	**160**	**134**
Lippmann B	52.6° S	110.9° W	29	134
Lippmann E	55.4° S	107.6° W	23	135
Lippmann J	59.0° S	106.6° W	19	135
Lippmann L	57.6° S	112.5° W	54	134
Lippmann P	56.1° S	115.0° W	29	134
Lippmann Q	57.0° S	118.7° W	27	134
Lippmann R	57.2° S	121.3° W	37	134
Lipsky	**2.2° S**	**179.5° W**	**80**	**86**
Lipsky S	2.2° S	179.9° W	23	86
Lipsky V	1.2° S	178.7° E	36	86
Lipsky X	0.4° N	178.9° E	24	68
Litke (Lutke)	**16.8° S**	**123.1° E**	**39**	**101**
Littrow	**21.5° N**	**31.4° E**	**30**	**43**
Littrow A	22.2° N	32.2° E	23	43
Littrow B	21.7° N	29.8° E	7	42
Littrow D	23.7° N	32.8° E	8	43
Littrow F	22.0° N	34.1° E	12	43
Littrow P	23.2° N	32.8° E	36	43
Lobachevsky	**9.9° N**	**112.6° E**	**84**	**47**
Lobachevsky M	8.0° N	112.8° E	41	65
Lobachevsky P	7.7° N	111.3° E	26	65
Lockyer	**46.2° S**	**36.7° E**	**34**	**114**
Lockyer A	44.0° S	31.0° E	10	113
Lockyer F	47.5° S	36.5° E	20	114
Lockyer G	45.7° S	33.3° E	24	114
Lockyer H	44.5° S	32.5° E	31	113
Lockyer J	45.0° S	32.3° E	13	113
Lodygin	**17.7° S**	**146.8° W**	**62**	**106**
Lodygin C	15.9° S	144.5° W	30	88
Lodygin F	17.6° S	142.8° W	47	106
Lodygin G	19.6° S	141.8° W	107	106
Lodygin J	18.5° S	145.1° W	25	106
Lodygin L	22.6° S	145.4° W	25	106
Lodygin M	19.2° S	146.2° W	14	106
Lodygin R	18.3° S	149.2° W	30	106
Loewy	**22.7° S**	**32.8° W**	**24**	**93**
Loewy A	22.3° S	32.5° W	7	93
Loewy B	23.2° S	32.9° W	4	93
Loewy G	23.0° S	31.9° W	5	93
Loewy H	22.8° S	31.9° W	5	93
Lohrmann	**0.5° S**	**67.2° W**	**30**	**74**
Lohrmann A	0.7° S	62.7° W	12	74
Lohrmann B	0.7° S	69.4° W	14	74
Lohrmann D	0.1° S	65.2° W	11	74
Lohrmann E	1.7° S	67.4° W	10	74
Lohrmann F	1.4° S	69.1° W	11	74
Lohrmann M	0.5° S	68.9° W	7	74
Lohrmann N	0.6° S	70.1° W	8	73
Lohse	**13.7° S**	**60.2° E**	**41**	**80**
Lomonosov	**27.3° N**	**98.0° E**	**92**	**46**
Longomontanus	**49.6° S**	**21.8° W**	**157**	**125**
Longomontanus A	52.8° S	24.0° W	29	125
Longomontanus B	52.9° S	20.7° W	48	125
Longomontanus C	53.4° S	19.0° W	31	126
Longomontanus D	54.3° S	22.9° W	29	125
Longomontanus E	51.4° S	18.0° W	8	126
Longomontanus F	48.2° S	23.5° W	19	125
Longomontanus G	48.7° S	18.5° W	15	126
Longomontanus H	52.0° S	23.2° W	7	125
Longomontanus K	47.9° S	20.9° W	15	111
Longomontanus L	49.1° S	23.6° W	16	125
Longomontanus M	48.6° S	23.2° W	10	125
Longomontanus N	50.8° S	25.7° W	12	125
Longomontanus P	48.1° S	25.3° W	7	125
Longomontanus Q	52.0° S	20.5° W	11	125
Longomontanus R	52.4° S	26.1° W	9	125
Longomontanus S	47.4° S	23.3° W	12	111
Longomontanus T	46.8° S	22.7° W	5	125
Longomontanus U	52.0° S	22.0° W	7	125
Longomontanus V	50.7° S	18.9° W	5	126
Longomontanus W	47.1° S	21.3° W	10	111
Longomontanus X	53.0° S	17.7° W	5	126
Longomontanus Y	52.3° S	28.2° W	4	125
Longomontanus Z	50.0° S	18.7° W	95	126
Lorentz	**32.6° N**	**95.3° W**	**312**	**36**
Lorentz P	31.8° N	98.5° W	38	54
Lorentz R	33.4° N	99.2° W	33	36
Lorentz T	34.6° N	100.3° W	20	36
Lorentz U	35.0° N	100.0° W	22	36
Louise	**28.5° N**	**34.2° W**	**0.8**	**39**
Louville	**44.0° N**	**46.0° W**	**36**	**23**
Louville A	43.2° N	45.3° W	8	23
Louville B	44.0° N	46.5° W	8	23
Louville D	46.9° N	52.1° W	7	23
Louville Da	46.6° N	51.7° W	11	23
Louville E	43.1° N	45.9° W	6	23
Louville K	46.8° N	55.2° W	5	23
Louville P	45.6° N	52.2° W	7	23
Love	**6.3° S**	**129.0° E**	**84**	**83**
Love G	6.5° S	131.3° E	54	84
Love H	6.9° S	130.4° E	29	84
Love T	6.0° S	126.1° E	13	83
Love U	5.9° S	127.8° E	12	83
Lovelace	**82.3° N**	**106.4° W**	**54**	**1**

Feature Name	Lat.	Long.	D	LAC
Lovelace E	82.1° N	93.3° W	23	1
Lovell	**36.8° S**	**141.9° W**	**34**	**121**
Lovell F	36.7° S	138.2° W	24	121
Lovell R	37.7° S	144.0° W	24	121
Lowell	**12.9° S**	**103.1° W**	**66**	**90**
Lowell W	10.0° S	107.0° W	18	121
Lubbock	**3.9° S**	**41.8° E**	**13**	**79**
Lubbock C	4.8° S	39.8° E	8	79
Lubbock D	4.5° S	39.1° E	13	79
Lubbock G	3.7° S	39.2° E	10	79
Lubbock H	2.6° S	41.8° E	10	79
Lubbock K	5.1° S	38.3° E	7	79
Lubbock L	4.9° S	39.3° E	7	79
Lubbock M	0.3° S	38.6° E	19	79
Lubbock N	1.5° S	39.7° E	26	79
Lubbock P	2.9° S	39.5° E	7	79
Lubbock R	0.1° S	40.4° E	24	79
Lubbock S	0.7° N	41.2° E	24	61
Lubiniezky	**17.8° S**	**23.8° W**	**43**	**94**
Lubiniezky A	16.4° S	25.6° W	30	94
Lubiniezky D	16.5° S	23.4° W	8	94
Lubiniezky E	16.6° S	27.3° W	37	94
Lubiniezky F	18.3° S	21.8° W	8	94
Lubiniezky G	15.3° S	20.2° W	4	76
Lubiniezky H	17.0° S	21.2° W	4	94
Lucian	**14.3° N**	**36.7° E**	**7**	**61**
Lucretius	**8.2° S**	**120.8° W**	**63**	**89**
Lucretius C	3.7° S	114.4° W	20	89
Lucretius U	7.7° S	123.6° W	24	89
Ludwig	**7.7° S**	**97.4° E**	**23**	**82**
Lundmark	**39.7° S**	**152.5° E**	**106**	**118**
Lundmark B	37.7° S	153.2° E	30	118
Lundmark C	35.8° S	155.6° E	25	119
Lundmark D	38.8° S	154.3° E	29	119
Lundmark F	39.4° S	157.2° E	26	119
Lundmark G	40.5° S	155.5° E	35	119
Luther	**33.2° N**	**24.1° E**	**9**	**26**
Luther H	36.0° N	22.8° E	7	26
Luther K	37.5° N	23.3° E	4	26
Luther X	36.1° N	24.3° E	4	26
Luther Y	38.1° N	24.4° E	4	26
Lyapunov	**26.3° N**	**89.3° E**	**66**	**45**
Lyell	**13.6° N**	**40.6° E**	**32**	**61**
Lyell A	14.3° N	39.6° E	7	61
Lyell B	14.4° N	38.4° E	5	61
Lyell C	15.2° N	39.4° E	5	61
Lyell D	14.7° N	41.5° E	18	61
Lyell K	15.3° N	40.9° E	5	61
Lyman	**64.8° S**	**163.6° E**	**84**	**141**
Lyman P	67.6° S	158.5° E	14	141
Lyman Q	68.6° S	156.7° E	56	141
Lyman T	64.1° S	157.7° E	59	141
Lyman V	62.6° S	154.2° E	37	131
Lyot	**49.8° S**	**84.5° E**	**132**	**129**
Lyot A	49.0° S	79.6° E	38	129
Lyot B	50.4° S	82.2° E	9	129
Lyot C	50.4° S	80.4° E	17	129
Lyot D	51.6° S	82.2° E	14	129
Lyot E	52.0° S	82.9° E	13	129
Lyot F	52.3° S	82.8° E	21	129
Lyot H	51.4° S	78.2° E	63	129
Lyot L	54.4° S	83.1° E	70	129
Lyot M	53.3° S	86.2° E	24	129
Lyot N	52.8° S	83.4° E	12	129
Lyot P	47.7° S	85.0° E	13	116
Lyot R	46.1° S	87.6° E	30	116
Lyot S	46.0° S	85.6° E	26	116
Lyot T	46.8° S	78.6° E	8	115
Mach	**18.5° N**	**149.3° W**	**180**	**52**
Mach H	14.9° N	144.1° W	40	70
Mackin	**20.1° N**	**30.7° E**	**0**	**43**
Maclaurin	**1.9° S**	**68.0° E**	**50**	**80**
Maclaurin A	3.0° S	67.6° E	29	80
Maclaurin B	3.6° S	71.4° E	43	81
Maclaurin C	1.1° S	69.6° E	26	80
Maclaurin D	7.1° S	69.9° E	10	80
Maclaurin E	3.5° S	65.7° E	20	80
Maclaurin F	7.8° S	71.8° E	39	81
Maclaurin G	7.0° S	66.9° E	12	80
Maclaurin H	1.6° S	64.1° E	41	80
Maclaurin J	2.2° S	69.4° E	16	80
Maclaurin K	0.9° S	66.9° E	34	80
Maclaurin L	1.4° S	71.7° E	30	81
Maclaurin M	4.8° S	69.4° E	42	80
Maclaurin N	3.8° S	68.4° E	29	80
Maclaurin O	0.3° S	67.9° E	37	80
Maclaurin P	6.0° S	69.4° E	29	80
Maclaurin R	2.8° S	64.6° E	14	80
Maclaurin S	2.2° S	64.0° E	16	80
Maclaurin T	1.8° S	65.4° E	35	80
Maclaurin U	3.9° S	66.2° E	19	80
Maclaurin W	0.5° N	68.1° E	21	62
Maclaurin X	0.1° S	68.7° E	24	80
Maclaurin Y	6.0° S	66.8° E	15	80
Maclear	**10.5° N**	**20.1° E**	**20**	**60**
Maclear A	11.3° N	18.0° E	5	60
Macmillan	**24.2° N**	**7.8° W**	**7**	**41**
Macrobius	**21.3° N**	**46.0° E**	**64**	**43**
Macrobius A	19.6° N	40.4° E	20	43
Macrobius B	20.9° N	40.8° E	16	43
Macrobius C	20.8° N	45.0° E	10	43
Macrobius D	18.4° N	46.5° E	15	43
Macrobius E	18.7° N	46.8° E	10	43
Macrobius F	22.5° N	48.5° E	11	43
Macrobius K	21.5° N	40.2° E	12	43
Macrobius L	21.5° N	42.1° E	16	43
Macrobius M	25.0° N	41.0° E	42	43
Macrobius N	22.8° N	40.8° E	5	43
Macrobius P	23.0° N	39.5° E	18	43
Macrobius Q	20.4° N	47.6° E	9	43
Macrobius S	23.3° N	49.6° E	26	43
Macrobius T	23.8° N	48.6° E	29	43
Macrobius U	25.0° N	42.8° E	6	43
Macrobius V	25.4° N	43.3° E	5	43
Macrobius W	24.8° N	44.6° E	26	43
Macrobius X	23.0° N	42.2° E	4	43
Macrobius Y	23.6° N	42.2° E	5	43
Macrobius Z	24.3° N	42.6° E	5	43
Madler	**11.0° S**	**29.8° E**	**27**	**78**
Madler A	9.5° S	29.8° E	5	78
Madler D	12.6° S	31.1° E	4	79
Maestlin	**4.9° N**	**40.6° W**	**7**	**57**
Maestlin G	2.0° N	42.1° W	4	57
Maestlin H	4.7° N	43.5° W	7	57
Maestlin R	3.5° N	41.5° W	61	57
Magelhaens	**11.9° S**	**44.1° E**	**40**	**79**
Magelhaens A	12.6° S	45.0° E	32	79
Maginus	**50.5° S**	**6.3° W**	**194**	**126**
Maginus A	48.8° S	4.4° W	14	126
Maginus B	52.4° S	6.2° W	12	126
Maginus C	51.7° S	9.4° W	42	126
Maginus D	47.9° S	2.2° W	40	112
Maginus E	49.0° S	1.4° W	37	126
Maginus F	48.9° S	8.2° W	18	126
Maginus G	48.0° S	7.6° W	23	126
Maginus H	52.5° S	10.0° W	15	126
Maginus J	49.9° S	2.8° W	8	126
Maginus K	47.4° S	3.9° W.	31	112
Maginus L	49.2° S	8.9° W	11	126
Maginus M	50.4° S	9.3° W	10	126
Maginus N	48.5° S	9.0° W	24	126
Maginus O	50.6° S	12.6° W	12	126
Maginus P	50.7° S	11.8° W	10	126
Maginus Q	50.8° S	2.3° W	9	126
Maginus R	48.9° S	10.4° W	9	126
Maginus S	49.7° S	1.4° W	13	126
Maginus T	52.3° S	7.1° W	6	126
Maginus U	47.4° S	8.2° W	9	112
Maginus V	49.3° S	7.3° W	9	126
Maginus W	49.3° S	7.8° W	8	126
Maginus X	51.3° S	7.6° W	7	126
Maginus Y	51.8° S	9.1° W	7	126
Maginus Z	50.2° S	3.6° W	18	126
Main	**80.8° N**	**10.1° E**	**46**	**1**
Main L	81.7° N	23.2° E	14	1
Main N	82.3° N	22.0° E	11	1
Mairan	**41.6° N**	**43.4° W**	**40**	**23**
Mairan A	38.6° N	38.8° W	16	23
Mairan C	38.6° N	46.0° W	7	23
Mairan D	40.9° N	45.4° W	10	23
Mairan E	37.8° N	37.2° W	6	24
Mairan F	40.3° N	45.1° W	9	23
Mairan G	40.9° N	50.8° W	6	23
Mairan H	39.3° N	40.0° W	5	23
Mairan K	40.8° N	41.0° W	6	23
Mairan L	39.0° N	43.2° W	6	23
Mairan N	39.2° N	45.5° W	6	23
Mairan T	41.7° N	48.3° W	3	23
Mairan Y	42.7° N	44.0° W	7	23
Maksutov	**40.5° S**	**168.7° W**	**83**	**120**
Maksutov U	40.1° S	170.9° W	21	120
Malapert	**84.9° S**	**12.9° E**	**69**	**144**
Malapert A	80.4° S	3.4° W	24	144
Malapert B	79.1° S	2.4° W	37	144
Malapert C	81.5° S	10.5° E	40	144
Malapert E	84.3° S	21.2° E	17	144
Malapert F	81.5° S	14.9° E	11	144
Malapert K	78.8° S	6.8° E	36	144
Mallet	**45.4° S**	**54.2° E**	**58**	**114**
Mallet A	45.9° S	53.8° E	28	114
Mallet B	46.6° S	52.0° E	32	114
Mallet C	44.0° S	53.8° E	28	114
Mallet D	46.0° S	57.0° E	42	114
Mallet E	45.0° S	54.3° E	5	114
Mallet J	48.7° S	55.9° E	52	114
Mallet K	47.6° S	57.0° E	43	114
Mallet L	47.7° S	55.5° E	13	114
Malyy	**21.9° N**	**105.3° E**	**41**	**46**
Malyy G	21.7° N	106.9° E	28	46
Malyy K	19.6° N	107.0° E	15	46
Malyy L	19.9° N	106.1° E	14	46
Mandel'shtam	**5.4° N**	**162.4° E**	**197**	**67**
Mandel'shtam A	5.7° N	162.4° E	64	67
Mandel'shtam F	5.2° N	166.2° E	17	67
Mandel'shtam G	4.5° N	166.4° E	29	67
Mandel'shtam N	3.3° N	161.6° E	25	67
Mandel'shtam Q	2.4° N	158.8° E	20	67
Mandel'shtam R	4.5° N	159.8° E	57	67
Mandel'shtam T	5.7° N	160.4° E	37	67
Mandel'shtam Y	9.1° N	161.8° E	32	67
Manilius	**14.5° N**	**9.1° E**	**38**	**41**
Manilius A	17.6° N	9.1° E	9	41
Manilius B	16.6° N	7.3° E	6	41
Manilius C	12.1° N	10.4° E	7	60
Manilius D	13.2° N	7.0° E	5	59
Manilius E	18.3° N	6.4° E	49	41
Manilius G	15.5° N	9.7° E	5	59
Manilius H	17.8° N	8.6° E	3	41
Manilius K	11.9° N	11.2° E	3	60
Manilius T	13.4° N	10.6° E	4	60
Manilius U	13.8° N	10.8° E	4	60
Manilius W	13.4° N	12.9° E	4	60
Manilius X	14.4° N	13.4° E	3	60
Manilius Z	16.4° N	11.7° E	3	42
Manilus F	17.0° N	4.7° E	9	41
Manners	4.6° N	20.0° E	15	60
Manners A	4.6° N	19.1° E	3	60
Manuel	**24.5° N**	**11.3° E**	**0.5**	**42**
Manzinus	**67.7° S**	**26.8° E**	**98**	**138**
Manzinus A	68.4° S	27.5° E	20	138
Manzinus B	63.7° S	21.1° E	28	138
Manzinus C	70.1° S	22.1° E	25	138
Manzinus D	69.6° S	24.7° E	34	138
Manzinus E	68.9° S	25.4° E	18	138
Manzinus F	63.9° S	19.7° E	18	138
Manzinus G	69.6° S	26.0° E	16	138
Manzinus H	68.6° S	19.2° E	13	138
Manzinus J	66.3° S	23.5° E	12	138
Manzinus K	63.3° S	20.3° E	12	138
Manzinus L	64.3° S	22.7° E	20	138
Manzinus M	63.4° S	22.8° E	6	138
Manzinus N	70.2° S	28.8° E	14	138
Manzinus O	64.9° S	25.0° E	5	138
Manzinus P	67.8° S	29.4° E	6	138
Manzinus R	65.9° S	30.0° E	16	138
Manzinus S	66.4° S	27.3° E	11	138
Manzinus T	67.5° S	32.9° E	21	138
Manzinus U	68.6° S	34.5° E	21	138
Maraldi	**19.4° N**	**34.9° E**	**39**	**43**
Maraldi A	20.0° N	36.3° E	8	43
Maraldi B	14.3° N	36.7° E	7	61
Maraldi D	16.7° N	36.1° E	67	43
Maraldi E	17.8° N	35.8° E	31	43
Maraldi F	19.2° N	35.8° E	18	43
Maraldi M	17.5° N	39.0° E	9	43
Maraldi N	18.4° N	36.8° E	5	43
Maraldi R	20.3° N	33.2° E	5	43
Maraldi W	13.2° N	36.1° E	4	61
Marci	**22.6° N**	**167.0° W**	**25**	**51**
Marci B	25.2° N	166.3° W	28	51
Marci C	24.3° N	165.4° W	26	51
Marco Polo	**15.4° N**	**2.0° W**	**28**	**59**
Marco Polo A	14.9° N	2.0° W	7	59
Marco Polo B	17.2° N	1.9° W	7	41
Marco Polo C	14.0° N	5.0° W	7	59
Marco Polo D	15.0° N	3.7° W	6	59
Marco Polo F	15.7° N	4.5° W	4	59
Marco Polo G	16.7° N	1.9° W	5	41
Marco Polo H	17.8° N	1.7° W	6	41
Marco Polo J	17.9° N	1.2° W	5	41
Marco Polo K	18.2° N	1.4° W	10	41
Marco Polo L	14.8° N	5.0° W	19	59
Marco Polo M	17.6° N	1.1° W	37	41
Marco Polo P	16.9° N	0.2° W	31	41
Marco Polo S	17.8° N	0.0° E	21	41
Marco Polo T	13.6° N	1.0° W	3	59
Marconi	**9.6° S**	**145.1° E**	**73**	**84**
Marconi C	8.4° S	146.8° E	9	84
Marconi H	11.0° S	147.5° E	41	84
Marconi L	11.7° S	145.3° E	38	84
Marconi S	10.0° S	143.1° E	14	84
Mare Anguis	22.6° N	67.7° E	150	44
Mare Australe	38.9° S	93.0° E	603	116
Mare Cognitum	10.0° S	23.1° W	376	76
Mare Crisium	17.0° N	59.1° E	418	44
Mare Fecunditatis	7.8° S	51.3° E	909	80
Mare Frigoris	56.0° N	1.4° E	1596	12
Mare Humboldtianum	56.8° N	81.5° E	273	15
Mare Humorum	24.4° S	38.6° W	389	93
Mare Imbrium	32.8° N	15.6° W	1123	24
Mare Ingenii	33.7° S	163.5° E	318	119
Mare Insularum	7.5° N	30.9° W	513	57
Mare Marginis	13.3° N	86.1° E	420	63
Mare Moscoviense	27.3° N	147.9° E	277	48
Mare Nectaris	15.2° S	35.5° E	333	79
Mare Nubium	21.3° S	16.6° W	715	94
Mare Orientale	19.4° S	92.8° W	327	108
Mare Serenitatis	28.0° N	17.5° E	707	42
Mare Smythii	1.3° N	87.5° E	373	63
Mare Spumans	1.1° N	65.1° E	139	62
Mare Tranquillitatis	8.5° N	31.4° E	873	60
Mare Undarum	6.8° N	68.4° E	243	62
Mare Vaporum	13.3° N	3.6° E	245	59
Marinus	**39.4° S**	**76.5° E**	**58**	**115**
Marinus A	39.9° S	73.2° E	27	115
Marinus B	39.6° S	74.8° E	59	115
Marinus C	38.0° S	73.5° E	37	115
Marinus D	38.3° S	79.4° E	51	115
Marinus E	36.2° S	76.7° E	17	115
Marinus F	41.3° S	74.8° E	17	115
Marinus G	40.4° S	76.6° E	21	115
Marinus H	40.2° S	77.7° E	16	115
Marinus J	39.6° S	71.0° E	10	115
Marinus M	37.5° S	80.8° E	26	115
Marinus N	37.6° S	78.4° E	16	115
Marinus R	38.0° S	75.3° E	44	115
Mariotte	**28.5° S**	**139.1° W**	**65**	**106**
Mariotte P	29.9° S	139.7° W	30	106
Mariotte R	30.1° S	141.6° W	33	106
Mariotte U	27.9° S	142.8° W	34	106
Mariotte X	25.3° S	140.0° W	20	106
Mariotte Y	23.3° S	140.3° W	46	106
Mariotte Z	22.9° S	139.0° W	47	106
Marius	**11.9° N**	**50.8° W**	**41**	**56**
Marius A	12.6° N	46.0° W	15	57
Marius B	16.3° N	47.3° W	12	39
Marius C	14.0° N	47.6° W	11	57
Marius D	11.4° N	45.0° W	9	57
Marius E	12.1° N	52.7° W	6	56
Marius F	12.1° N	45.3° W	6	57
Marius G	12.1° N	50.6° W	3	56
Marius H	11.3° N	50.3° W	5	56
Marius J	10.5° N	46.9° W	3	57
Marius K	9.4° N	50.6° W	4	56
Marius L	15.9° N	55.7° W	8	56
Marius M	17.4° N	54.9° W	6	56
Marius N	18.7° N	54.7° W	4	56
Marius P	17.9° N	51.3° W	4	56
Marius Q	16.5° N	56.2° W	5	56
Marius R	13.6° N	50.3° W	5	56
Marius S	13.9° N	47.1° W	7	57
Marius U	9.6° N	47.6° W	3	57
Marius V	9.9° N	48.3° W	2	57
Marius W	9.4° N	49.7° W	3	57
Marius X	9.7° N	54.9° W	5	56
Marius Y	9.8° N	50.7° W	2	56
Markov	**53.4° N**	**62.7° W**	**40**	**10**
Markov E	50.6° N	60.1° W	13	10
Markov F	50.0° N	61.8° W	8	10
Markov G	50.0° N	56.2° W	5	10
Markov U	51.9° N	60.2° W	29	10
Marth	**31.1° S**	**29.3° W**	**6**	**94**
Marth K	29.9° S	28.7° W	3	94
Mary	**18.9° N**	**27.4° E**	**1**	**42**
Maskelyne	**2.2° N**	**30.1° E**	**23**	**61**
Maskelyne A	0.1° N	34.0° E	29	61
Maskelyne B	2.0° N	28.9° E	9	60
Maskelyne C	1.1° N	32.7° E	9	61
Maskelyne D	2.5° N	32.5° E	33	61
Maskelyne E	6.2° N	35.1° E	22	61
Maskelyne F	4.2° N	35.3° E	21	61
Maskelyne G	2.4° N	26.7° E	6	60
Maskelyne H	4.9° N	32.3° E	6	61
Maskelyne J	3.2° N	32.7° E	4	61
Maskelyne K	3.3° N	29.6° E	5	60
Maskelyne M	7.8° N	27.9° E	8	60
Maskelyne N	5.4° N	30.3° E	5	61

Feature Name	Lat.	Long.	D	LAC
Maskelyne P	0.5° N	34.1° E	10	61
Maskelyne R	3.0° N	31.3° E	13	61
Maskelyne T	0.0° S	36.6° E	5	79
Maskelyne W	0.9° N	29.2° E	4	60
Maskelyne X	1.3° N	27.4° E	4	60
Maskelyne Y	1.8° N	28.1° E	4	60
Mason	**42.6° N**	**30.5° E**	**33**	**26**
Mason A	42.8° N	30.1° E	5	26
Mason B	41.8° N	29.6° E	10	26
Mason C	42.9° N	33.8° E	12	26
Maunder	**14.6° S**	**93.8° W**	**55**	**90**
Maunder A	3.2° S	90.5° W	15	73
Maunder B	9.0° S	90.3° W	17	73
Maunder Z	4.8° S	92.4° W	21	73
Maupertuis	**49.6° N**	**27.3° W**	**45**	**11**
Maupertuis A	50.6° N	24.7° W	14	11
Maupertuis B	51.3° N	26.7° W	6	11
Maupertuis C	50.2° N	24.0° W	11	11
Maupertuis K	49.3° N	25.0° W	6	11
Maupertuis L	51.3° N	29.2° W	6	11
Maurolycus	**42.0° S**	**14.0° E**	**114**	**113**
Maurolycus A	43.5° S	14.2° E	15	113
Maurolycus B	40.3° S	11.7° E	12	113
Maurolycus C	38.6° S	10.8° E	9	113
Maurolycus D	39.0° S	13.2° E	45	113
Maurolycus E	38.4° S	9.8° E	6	112
Maurolycus F	40.6° S	12.2° E	25	113
Maurolycus G	44.4° S	11.5° E	7	113
Maurolycus H	38.2° S	10.4° E	7	113
Maurolycus J	42.5° S	14.0° E	9	113
Maurolycus K	40.0° S	12.6° E	8	113
Maurolycus L	42.1° S	14.5° E	6	113
Maurolycus M	41.9° S	12.6° E	10	113
Maurolycus N	41.0° S	14.1° E	7	113
Maurolycus P	38.1° S	12.8° E	4	113
Maurolycus R	40.7° S	16.2° E	5	113
Maurolycus S	42.0° S	17.1° E	7	113
Maurolycus T	41.3° S	11.4° E	10	113
Maurolycus W	42.7° S	15.2° E	4	113
Maury	**37.1° N**	**39.6° E**	**17**	**27**
Maury A	36.0° N	41.8° E	21	27
Maury B	35.1° N	42.0° E	9	27
Maury C	37.0° N	38.6° E	28	27
Maury D	38.2° N	37.8° E	8	27
Maury J	39.1° N	40.1° E	6	27
Maury K	39.5° N	41.1° E	5	27
Maury L	40.3° N	42.5° E	4	27
Maury M	40.8° N	42.6° E	16	27
Maury N	40.4° N	41.9° E	17	27
Maury P	39.9° N	38.0° E	12	27
Maury T	40.0° N	43.3° E	3	27
Maury U	39.3° N	37.0° E	5	27
Mavis	**29.8° N**	**26.4° W**	**1**	**40**
Maxwell	**30.2° N**	**98.9° E**	**107**	**46**
Mcadie	**2.1° N**	**92.1° E**	**45**	**64**
Mcauliffe	**33.0° S**	**148.9° W**	**19**	**121**
Mcclure	**15.3° S**	**50.3° E**	**23**	**80**
Mcclure A	15.7° S	49.1° E	6	79
Mcclure B	15.4° S	49.3° E	9	79
Mcclure C	14.7° S	49.8° E	27	79
Mcclure D	14.8° S	51.8° E	22	80
Mcclure M	14.2° S	51.3° E	21	80
Mcclure N	14.2° S	52.7° E	9	80
Mcclure P	14.8° S	53.5° E	16	80
Mcclure S	13.8° S	53.4° E	4	80
Mcdonald	**30.4° N**	**20.9° W**	**7**	**40**
Mckellar	**15.7° S**	**170.8° W**	**51**	**86**
Mckellar B	13.1° S	169.1° W	16	87
Mckellar S	16.0° S	173.3° W	23	86
Mckellar T	15.1° S	173.0° W	45	86
Mckellar U	13.9° S	174.5° W	37	86
Mclaughlin	**47.1° N**	**92.9° W**	**79**	**36**
Mclaughlin A	51.6° N	92.4° W	35	21
Mclaughlin B	50.2° N	91.2° W	43	21
Mclaughlin C	48.5° N	91.9° W	60	21
Mclaughlin P	45.0° N	94.6° W	34	36
Mclaughlin U	47.2° N	97.0° W	30	36
Mclaughlin Z	52.6° N	92.8° W	21	21
Mcmath	**17.3° N**	**165.6° W**	**86**	**44**
Mcmath A	19.2° N	165.3° W	15	51
Mcmath J	14.8° N	163.3° W	36	69
Mcmath M	16.1° N	165.5° W	15	51
Mcmath P	13.4° N	168.6° W	28	69
Mcmath Q	14.5° N	167.7° W	20	69
Mcnair	**35.7° S**	**147.3° W**	**29**	**121**
Mcnally	**22.6° N**	**127.2° W**	**47**	**53**
Mcnally	22.6° N	127.2° W	48	53
Mcnally T	22.3° N	129.0° W	19	53
Mcnally Y	24.2° N	127.5° W	22	53
Mechnikov	**11.0° S**	**149.0° W**	**60**	**88**
Mechnikov C	9.9° S	148.0° W	35	88
Mechnikov D	10.2° S	147.2° W	53	88
Mechnikov F	11.3° S	145.0° W	30	88
Mechnikov G	11.8° S	146.6° W	17	88
Mechnikov U	10.6° S	150.9° W	30	87
Mechnikov Z	9.3° S	149.2° W	21	88
Mee	**43.7° S**	**35.3° W**	**126**	**111**
Mee A	44.1° S	30.1° W	14	111
Mee B	44.6° S	31.1° W	15	111
Mee C	45.3° S	28.7° W	13	111
Mee D	45.3° S	32.9° W	9	111
Mee E	43.0° S	35.3° W	16	111
Mee F	43.3° S	36.7° W	12	111
Mee G	45.5° S	40.7° W	23	111
Mee H	44.1° S	39.4° W	48	110
Mee J	44.5° S	40.6° W	10	110
Mee K	44.4° S	41.6° W	9	110
Mee L	44.0° S	41.5° W	8	110
Mee M	45.8° S	29.1° W	8	111
Mee N	45.2° S	42.2° W	6	110
Mee P	45.9° S	30.0° W	14	111
Mee Q	43.6° S	33.9° W	1	111
Mee R	44.0° S	43.4° W	10	110
Mee S	43.2° S	41.0° W	12	110
Mee T	42.5° S	38.2° W	9	110
Mee U	42.8° S	33.9° W	8	111
Mee V	45.5° S	42.4° W	7	110
Mee W	43.6° S	35.5° W	5	111
Mee X	41.5° S	36.0° W	7	111
Mee Y	44.3° S	36.8° W	7	111
Mee Z	44.7° S	42.6° W	12	110
Mees	**13.6° N**	**96.1° W**	**50**	**72**
Mees A	15.7° N	95.2° W	36	72
Mees J	12.3° N	94.7° W	26	72
Mees Y	15.7° N	96.6° W	85	72
Meggers	**24.3° N**	**123.0° E**	**52**	**47**
Meggers S	24.0° N	119.8° E	42	47
Meitner	**10.5° S**	**112.7° E**	**87**	**83**
Meitner A	8.1° S	113.5° E	17	83
Meitner C	9.7° S	113.7° E	19	83
Meitner H	11.9° S	116.0° E	13	83
Meitner J	12.1° S	115.1° E	15	83
Meitner R	12.0° S	109.4° E	16	82
Melissa	**8.1° N**	**121.8° E**	**18**	**65**
Mendel	**48.8° S**	**109.4° W**	**138**	**135**
Mendel B	46.5° S	107.7° W	18	123
Mendel J	51.6° S	107.4° W	58	135
Mendel V	46.7° S	116.7° W	66	122
Mendeleev	**5.7° N**	**140.9° E**	**313**	**66**
Mendeleev P	2.7° N	139.4° E	29	66
Menelaus	**16.3° N**	**16.0° E**	**26**	**42**
Menelaus A	17.1° N	13.4° E	7	42
Menelaus C	14.8° N	14.5° E	4	60
Menelaus D	13.2° N	16.3° E	4	60
Menelaus E	13.6° N	15.9° E	3	60
Menelaus F	15.7° N	14.7° E	14	60
Menzel	**3.4° N**	**36.9° E**	**3**	**61**
Mercator	**29.3° S**	**26.1° W**	**46**	**94**
Mercator A	30.6° S	27.8° W	9	94
Mercator B	29.1° S	25.1° W	8	94
Mercator C	29.1° S	26.9° W	8	94
Mercator D	29.3° S	25.3° W	7	94
Mercator E	30.0° S	26.8° W	5	94
Mercator F	29.6° S	26.8° W	4	94
Mercator G	31.1° S	25.0° W	14	94
Mercator K	30.6° S	22.7° W	4	94
Mercator L	30.7° S	23.5° W	4	94
Mercator M	30.2° S	23.6° W	4	94
Mercurius	**46.6° N**	**66.2° E**	**67**	**28**
Mercurius A	48.0° N	73.6° E	20	15
Mercurius B	47.4° N	70.0° E	13	28
Mercurius C	47.5° N	59.4° E	26	28
Mercurius D	46.1° N	68.6° E	50	28
Mercurius E	49.7° N	73.3° E	29	15
Mercurius F	45.2° N	62.9° E	17	28
Mercurius G	45.1° N	64.3° E	13	28
Mercurius H	49.2° N	63.6° E	10	14
Mercurius J	47.2° N	59.0° E	9	28
Mercurius K	47.4° N	73.2° E	21	28
Mercurius L	45.9° N	64.3° E	12	28
Mercurius M	50.9° N	73.9° E	40	15
Merrill	**75.2° N**	**116.3° W**	**57**	**9**
Merrill X	77.0° N	119.2° W	34	9
Merrill Y	76.8° N	115.4° W	35	9
Mersenius	**21.5° S**	**49.2° W**	**84**	**93**
Mersenius B	21.0° S	51.6° W	15	92
Mersenius C	19.8° S	45.9° W	14	93
Mersenius D	23.1° S	46.8° W	34	93
Mersenius E	22.5° S	46.0° W	10	93
Mersenius H	22.5° S	49.9° W	15	93
Mersenius J	21.0° S	52.8° W	5	92
Mersenius K	21.2° S	50.7° W	5	92
Mersenius L	19.9° S	48.4° W	3	93
Mersenius M	21.2° S	48.3° W	5	93
Mersenius N	22.1° S	49.2° W	3	93
Mersenius P	19.9° S	47.8° W	42	93
Mersenius R	19.3° S	47.6° W	4	93
Mersenius S	19.2° S	46.9° W	16	93
Mersenius U	23.0° S	50.0° W	4	92
Mersenius V	22.9° S	50.5° W	5	92
Mersenius W	23.0° S	50.8° W	5	92
Mersenius X	22.4° S	47.9° W	4	93
Mersenius Y	22.7° S	48.2° W	4	93
Mersenius Z	21.0° S	50.6° W	3	92
Meshchersky	**12.2° N**	**125.5° E**	**65**	**65**
Meshchersky K	9.6° N	126.8° E	17	65
Meshchersky X	16.0° N	124.2° E	39	65
Messala	**39.2° N**	**60.5° E**	**125**	**28**
Messala A	36.6° N	53.8° E	26	27
Messala B	37.4° N	59.9° E	18	28
Messala C	40.9° N	65.8° E	12	28
Messala D	40.5° N	67.8° E	28	28
Messala E	40.0° N	64.9° E	40	28
Messala F	38.9° N	64.4° E	32	28
Messala G	39.1° N	68.6° E	29	28
Messala J	41.1° N	61.2° E	15	28
Messala K	41.1° N	58.5° E	13	28
Messier	**1.9° S**	**47.6° E**	**11**	**79**
Messier A	2.0° S	47.0° E	13	79
Messier B	0.9° S	48.0° E	6	79
Messier D	3.6° S	46.3° E	8	79
Messier E	3.3° S	45.4° E	5	79
Messier G	5.4° S	52.9° E	13	80
Messier J	1.5° S	52.1° E	4	80
Messier L	1.2° S	51.8° E	6	80
Metius	**40.3° S**	**43.3° E**	**87**	**114**
Metius B	40.1° S	44.3° E	14	114
Metius C	44.2° S	49.1° E	11	114
Metius D	42.6° S	48.4° E	11	114
Metius E	39.7° S	42.8° E	6	114
Metius F	39.1° S	42.9° E	8	114
Metius G	40.3° S	45.3° E	9	114
Meton	**73.6° N**	**18.8° E**	**130**	**4**
Meton A	73.3° N	31.3° E	14	4
Meton B	71.2° N	18.0° E	6	4
Meton C	70.6° N	19.0° E	77	4
Meton D	72.2° N	24.7° E	78	4
Meton E	75.3° N	15.3° E	42	4
Meton F	72.0° N	14.2° E	51	4
Meton G	72.9° N	28.4° E	10	4
Meton W	67.4° N	17.3° E	7	4
Mezentsev	**72.1° N**	**128.7° W**	**89**	**8**
Mezentsev M	68.7° N	126.8° W	74	8
Mezentsev Q	69.4° N	135.6° W	26	8
Mezentsev S	71.5° N	136.9° W	21	8
Michael	**25.1° N**	**0.2° E**	**4**	**41**
Michelson	**7.2° N**	**120.7° W**	**123**	**71**
Michelson G	5.7° N	118.8° W	27	71
Michelson H	4.6° N	116.8° W	35	71
Michelson V	8.0° N	124.4° W	20	71
Michelson W	7.5° N	121.3° W	25	71
Middle Crescent	**3.2° S**	**23.4° W**	**0**	**76**
Milankovic	**77.2° N**	**168.8° E**	**101**	**7**
Milankovic E	78.0° N	177.2° W	46	7
Milichius	**10.0° N**	**30.2° W**	**12**	**57**
Milichius A	9.3° N	32.0° W	9	57
Milichius C	11.2° N	29.4° W	3	58
Milichius D	8.0° N	28.2° W	4	58
Milichius E	10.7° N	28.1° W	3	58
Milichius K	8.5° N	30.3° W	4	57
Miller	**39.3° S**	**0.8° E**	**61**	**112**
Miller A	37.7° S	1.8° E	39	112
Miller B	37.6° S	1.0° E	12	112
Miller C	38.2° S	0.3° W	36	112
Miller D	38.0° S	3.1° E	5	112
Miller E	38.8° S	2.8° E	6	112
Miller K	39.8° S	0.9° E	4	112
Millikan	**46.8° N**	**121.5° E**	**98**	**30**
Millikan B	49.8° N	123.5° E	21	16
Millikan J	45.8° N	124.6° E	36	30
Millikan Q	43.9° N	118.6° E	33	30
Millikan R	46.0° N	117.7° E	49	30
Mills	**8.6° N**	**156.0° E**	**32**	**67**
Mills B	10.7° N	156.9° E	24	67
Mills C	9.8° N	157.3° E	14	67
Mills K	6.8° N	157.0° E	26	67
Mills R	8.1° N	154.8° E	19	67
Mills W	10.0° N	154.2° E	18	67
Milne	**31.4° S**	**112.2° E**	**272**	**101**
Milne K	32.5° S	113.1° E	65	117
Milne L	33.7° S	112.7° E	26	117
Milne M	35.7° S	112.1° E	54	117
Milne N	35.5° S	110.8° E	37	117
Milne P	37.1° S	107.7° E	95	117
Milne Q	34.3° S	107.3° E	75	117
Mineur	**25.0° N**	**161.3° W**	**73**	**51**
Mineur D	25.9° N	159.2° W	20	51
Mineur V	26.2° N	163.1° W	26	51
Mineur X	27.1° N	162.7° W	31	51
Minkowski	**56.5° S**	**146.0° W**	**113**	**133**
Minkowski S	56.1° S	145.6° W	13	133
Minnaert	**67.8° S**	**179.6° E**	**125**	**141**
Minnaert C	64.2° S	176.0° W	15	141
Minnaert N	71.1° S	176.1° E	33	141
Minnaert W	63.4° S	174.1° E	24	132
Mitchell	**49.7° N**	**20.2° E**	**30**	**13**
Mitchell B	48.3° N	19.3° E	6	13
Mitchell E	47.6° N	21.7° E	8	13
Mitra	**18.0° N**	**154.7° W**	**92**	**51**
Mitra A	20.8° N	154.1° W	46	51
Mitra J	15.9° N	153.2° W	46	51
Mitra Y	21.5° N	155.2° W	26	51
Mobius	**15.8° N**	**101.2° E**	**50**	**64**
Mohorovicic	**19.0° S**	**165.0° W**	**51**	**51**
Mohorovicic A	16.0° S	163.1° W	20	105
Mohorovicic D	17.8° S	162.1° W	18	105
Mohorovicic F	18.9° S	163.6° W	23	105
Mohorovicic R	19.9° S	167.7° W	42	105
Mohorovicic W	17.7° S	166.5° W	21	105
Mohorovicic Z	18.6° S	165.1° W	14	105
Moigno	**66.4° N**	**28.9° E**	**36**	**4**
Moigno A	64.8° N	29.7° E	16	4
Moigno B	64.6° N	26.1° E	26	4
Moigno C	65.9° N	29.0° E	9	4
Moigno D	65.2° N	27.7° E	23	4
Moiseev	**9.5° N**	**103.3° E**	**59**	**64**
Moiseev S	8.7° N	100.7° E	29	64
Moiseev Z	11.2° N	103.4° E	80	64
Moissan	**4.8° N**	**137.4° E**	**21**	**66**
Moltke	**0.6° S**	**24.2° E**	**6**	**78**
Moltke A	1.0° S	23.2° E	4	78
Moltke B	1.0° S	25.2° E	5	78
Monge	**19.2° S**	**47.6° E**	**36**	**97**
Monira	**12.6° S**	**1.7° W**	**2**	**77**
Mons Agnes	18.6° N	5.3° E	1	41
Mons Ampere	19.0° N	4.0° W	30	41
Mons Andre	5.2° N	120.6° E	10	65
Mons Ardeshir	5.0° N	121.0° E	8	65
Mons Argaeus	19.0° N	29.0° E	50	42
Mons Bradley	22.0° N	1.0° E	30	41
Mons Delisle	29.5° N	35.8° W	30	39
Mons Dieter	5.0° N	120.2° E	20	65
Mons Dilip	5.6° N	120.8° E	2	65
Mons Esam	14.6° N	35.7° E	8	61
Mons Ganau	4.8° N	120.6° E	14	65
Mons Gruithuisen Delta	36.0° N	39.5° W	20	23
Mons Gruithuisen Gamma	36.6° N	40.5° W	20	23
Mons Hadley	26.5° N	4.7° E	25	41
Mons Hadley Delta	25.8° N	3.8° E	15	41
Mons Hansteen	12.1° S	50.0° W	30	74
Mons Herodotus	27.5° N	53.0° W	5	38
Mons Huygens	20.0° N	2.9° W	40	41
Mons La Hire	27.8° N	25.5° W	25	40
Mons Maraldi	20.3° N	35.3° E	15	43
Mons Moro	12.0° S	19.7° W	10	76
Mons Penck	10.0° S	21.6° E	30	78
Mons Pico	45.7° N	8.9° W	25	25
Mons Piton	40.6° N	1.1° W	25	25
Mons Rumker	40.8° N	58.1° W	70	23
Mons Usov	12.0° N	63.0° E	15	62
Mons Vinogradov	22.4° N	32.4° W	25	39
Mons Vitruvius	19.4° N	30.8° E	15	43
Mons Wolff	17.0° N	6.8° W	35	41
Mont Blanc	45.0° N	1.0° E	25	25
Montanari	45.8° S	20.6° W	76	111
Montanari D	45.9° S	22.1° W	24	111
Montanari W	44.8° S	18.1° W	7	111
Montes Agricola	29.1° N	54.2° W	141	38
Montes Alpes	46.4° N	0.8° W	281	25
Montes Apenninus	18.9° N	3.7° W	401	41
Montes Archimedes	25.3° N	4.6° W	163	41
Montes Carpatus	14.5° N	24.4° W	361	58
Montes Caucasus	38.4° N	10.0° E	445	25
Montes Cordillera	17.5° S	81.6° W	574	91
Montes Haemus	19.9° N	9.2° E	560	42
Montes Harbinger	27.0° N	41.0° W	90	39
Montes Jura	47.1° N	34.0° W	422	24

Feature Name	Lat.	Long.	D	LAC
Montes Pyrenaeus	15.6° S	41.2° E	164	79
Montes Recti	48.0° N	20.0° W	90	12
Montes Recti B	48.4° N	18.3° W	8	64
Montes Riphaeus	7.7° S	28.1° W	189	76
Montes Rook	20.6° S	82.5° W	791	91
Montes Secchi	3.0° N	43.0° E	50	61
Montes Spitzbergen	35.0° N	5.0° W	60	25
Montes Taurus	28.4° N	41.1° E	172	43
Montes Teneriffe	47.1° N	11.8° W	182	25
Montgolfier	**47.3° N**	**159.8° W**	**88**	**33**
Montgolfier J	46.4° N	158.2° W	28	33
Montgolfier P	46.1° N	160.9° W	36	33
Montgolfier W	49.3° N	164.4° W	37	19
Montgolfier Y	50.5° N	161.3° W	40	19
Moore	**37.4° N**	**177.5° W**	**54**	**33**
Moore F	37.4° N	175.0° W	24	33
Moore L	36.1° N	177.1° W	27	33
Moretus	**70.6° S**	**5.8° W**	**111**	**137**
Moretus A	70.4° S	13.8° W	32	137
Moretus C	72.6° S	11.2° W	17	137
Morley	**2.8° S**	**64.6° E**	**14**	**80**
Morozov	**5.0° N**	**127.4° E**	**42**	**65**
Morozov C	6.1° N	128.5° E	10	65
Morozov E	6.0° N	130.2° E	15	66
Morozov F	5.4° N	130.0° E	60	65
Morozov Y	7.3° N	127.0° E	45	65
Morse	**22.1° N**	**175.1° W**	**77**	**50**
Morse N	20.2° N	176.1° W	25	50
Morse T	22.0° N	179.5° W	34	50
Moseley	**20.9° N**	**90.1° W**	**90**	**54**
Moseley C	22.3° N	88.5° W	18	37
Moseley D	22.9° N	87.6° W	17	37
Mosting	**0.7° S**	**5.9° W**	**24**	**77**
Mosting A	3.2° S	5.2° W	13	77
Mosting B	2.7° S	7.4° W	7	77
Mosting C	1.8° S	8.0° W	4	77
Mosting D	0.3° S	5.1° W	7	77
Mosting E	0.3° N	4.6° W	44	59
Mosting K	0.7° S	7.4° W	3	77
Mosting L	0.6° S	3.4° W	3	77
Mosting M	1.3° S	4.3° W	31	77
Mosting U	3.2° S	6.6° W	18	77
Mouchez	**78.3° N**	**26.6° W**	**81**	**3**
Mouchez A	80.8° N	29.9° W	51	1
Mouchez B	78.2° N	22.8° W	8	3
Mouchez C	77.4° N	26.0° W	13	3
Mouchez J	79.4° N	38.2° W	17	3
Mouchez L	78.6° N	40.3° W	20	3
Mouchez M	80.2° N	49.3° W	17	1
Moulton	**61.1° S**	**97.2° E**	**49**	**129**
Moulton H	61.5° S	100.6° E	44	130
Moulton P	63.9° S	93.5° E	14	129
Muller	**7.6° S**	**2.1° E**	**22**	**77**
Muller A	8.2° S	2.1° E	10	77
Muller F	7.8° S	1.5° E	6	77
Muller O	7.9° S	2.4° E	11	77
Murakami	**23.3° S**	**140.5° W**	**45**	**106**
Murchison	**5.1° N**	**0.1° W**	**57**	**59**
Murchison T	4.4° N	0.1° E	3	59
Mutus	**63.6° S**	**30.1° E**	**77**	**127**
Mutus A	63.8° S	31.8° E	16	127
Mutus B	63.9° S	29.5° E	17	127
Mutus C	61.2° S	27.2° E	32	127
Mutus D	58.4° S	23.3° E	22	127
Mutus E	65.5° S	36.1° E	22	138
Mutus F	66.2° S	34.1° E	42	138
Mutus G	67.2° S	35.1° E	17	138
Mutus H	63.6° S	24.2° E	21	127
Mutus J	62.7° S	23.3° E	8	127
Mutus K	57.8° S	21.5° E	7	127
Mutus L	61.8° S	24.9° E	20	127
Mutus M	59.1° S	24.4° E	20	127
Mutus N	62.4° S	27.6° E	11	127
Mutus O	57.7° S	23.8° E	14	127
Mutus P	59.1° S	25.7° E	16	127
Mutus Q	62.2° S	30.4° E	8	127
Mutus R	60.8° S	23.9° E	27	127
Mutus S	60.5° S	22.0° E	25	127
Mutus T	59.2° S	21.2° E	34	127
Mutus V	62.9° S	31.3° E	24	127
Mutus W	66.6° S	40.0° E	21	138
Mutus X	67.1° S	36.8° E	21	138
Mutus Y	64.8° S	35.0° E	26	138
Mutus Z	64.0° S	34.5° E	30	127
Nagaoka	**19.4° N**	**154.0° E**	**46**	**49**
Nagaoka U	19.9° N	151.4° E	30	49
Nagaoka W	20.0° N	153.0° E	29	49
Nansen	**80.9° N**	**95.3° E**	**104**	**1**
Nansen A	82.8° N	63.0° E	46	1
Nansen C	83.2° N	55.5° E	34	1
Nansen D	83.8° N	64.0° E	21	1
Nansen E	83.3° N	71.0° E	15	1
Nansen F	84.7° N	60.0° E	62	1
Nansen U	81.6° N	81.4° E	16	1
Nansen-Apollo	**20.1° N**	**30.5° E**	**1**	**43**
Naonobu	**4.6° S**	**57.8° E**	**34**	**80**
Nasireddin	**41.0° S**	**0.2° E**	**52**	**112**
Nasireddin B	39.4° S	1.1° W	9	112
Nasmyth	**50.5° S**	**56.2° W**	**76**	**124**
Nasmyth D	49.2° S	55.3° W	13	124
Nasmyth E	49.9° S	57.6° W	5	124
Nasmyth F	50.0° S	53.5° W	9	124
Nasmyth G	49.6° S	53.8° W	7	124
Nassau	**24.9° S**	**177.4° E**	**76**	**104**
Nassau D	23.7° S	179.2° W	62	104
Nassau F	24.7° S	179.2° W	112	104
Nassau Y	22.5° S	176.8° E	38	104
Natasha	**20.0° N**	**31.3° W**	**12**	**39**
Naumann	**35.4° N**	**62.0° W**	**9**	**23**
Naumann B	37.4° N	60.6° W	10	23
Naumann G	33.6° N	60.7° W	6	23
Neander	**31.3° S**	**39.9° E**	**50**	**97**
Neander A	30.9° S	39.6° E	11	97
Neander B	28.2° S	40.1° E	9	97
Neander C	28.6° S	36.0° E	20	97
Neander D	26.5° S	42.4° E	11	97
Neander E	29.8° S	40.7° E	25	97
Neander F	32.1° S	37.9° E	22	114
Neander G	33.4° S	43.8° E	18	114
Neander H	33.0° S	42.4° E	13	114
Neander J	34.0° S	43.4° E	13	114
Neander K	35.0° S	39.8° E	14	114
Neander L	31.3° S	41.8° E	21	97
Neander M	34.8° S	37.7° E	11	114
Neander N	32.4° S	37.2° E	17	114
Neander O	35.6° S	39.1° E	13	114
Neander P	28.4° S	41.1° E	6	97
Neander Q	28.8° S	41.4° E	6	97
Neander R	33.2° S	38.6° E	12	114
Neander S	31.9° S	42.1° E	12	97
Neander T	29.9° S	38.4° E	10	97
Neander V	31.3° S	38.2° E	5	97
Neander W	32.3° S	38.5° E	9	114
Neander X	33.1° S	37.8° E	8	114
Neander Y	34.5° S	38.2° E	8	114
Neander Z	33.8° S	42.0° E	7	114
Nearch	**58.5° S**	**39.1° E**	**75**	**127**
Nearch A	60.1° S	40.1° E	43	128
Nearch B	60.9° S	35.8° E	43	127
Nearch C	62.2° S	35.8° E	41	127
Nearch D	57.0° S	38.0° E	10	127
Nearch E	61.4° S	33.9° E	11	127
Nearch F	62.9° S	37.9° E	8	127
Nearch G	63.3° S	39.8° E	5	127
Nearch H	57.6° S	40.6° E	9	128
Nearch J	57.6° S	37.4° E	7	127
Nearch K	57.9° S	35.3° E	13	127
Nearch L	58.4° S	35.6° E	18	127
Nearch M	58.4° S	35.0° E	7	127
Necho	**5.0° S**	**123.1° E**	**30**	**83**
Necho M	6.0° S	123.1° E	12	83
Necho P	6.8° S	122.0° E	75	83
Necho R	5.6° S	122.0° E	18	83
Necho V	4.3° S	120.6° E	16	83
Neison	**68.3° N**	**25.1° E**	**53**	**4**
Neison A	67.4° N	26.7° E	9	4
Neison B	67.4° N	25.9° E	8	4
Neison C	67.0° N	23.2° E	9	4
Neison D	68.0° N	22.6° E	6	4
Neper	**8.5° N**	**84.6° E**	**137**	**63**
Neper D	9.2° N	80.8° E	40	63
Neper G	9.8° N	83.7° E	17	63
Neper H	10.4° N	78.2° E	9	63
Neper K	4.9° N	85.8° E	40	63
Neper Q	8.0° N	83.1° E	12	63
Nernst	**35.3° N**	**94.8° W**	**116**	**36**
Nernst T	35.8° N	96.9° W	25	36
Neujmin	**27.0° S**	**125.0° E**	**101**	**101**
Neujmin P	28.5° S	124.2° E	38	101
Neujmin Q	30.0° S	121.8° E	17	101
Neujmin T	27.1° S	122.0° E	24	101
Neumayer	**71.1° S**	**70.7° E**	**76**	**129**
Neumayer A	75.0° S	73.6° E	31	139
Neumayer M	71.6° S	78.5° E	31	139
Neumayer N	70.4° S	78.7° E	36	139
Neumayer P	70.6° S	86.0° E	22	139
Newcomb	**29.9° N**	**43.8° E**	**41**	**43**
Newcomb A	29.4° N	43.5° E	19	43
Newcomb B	28.4° N	45.6° E	23	43
Newcomb C	29.1° N	45.3° E	29	43
Newcomb F	31.4° N	42.5° E	28	43
Newcomb G	28.2° N	44.6° E	16	43
Newcomb H	28.9° N	42.4° E	12	43
Newcomb J	28.7° N	44.3° E	23	43
Newcomb Q	30.3° N	42.8° E	14	43
Newton	**76.7° S**	**16.9° W**	**78**	**137**
Newton A	79.7° S	19.7° W	64	137
Newton B	81.1° S	15.4° W	44	144
Newton C	74.8° S	14.4° W	35	137
Newton D	75.9° S	14.8° W	37	137
Newton E	79.8° S	36.9° W	17	137
Newton F	72.2° S	16.1° W	7	137
Newton G	78.2° S	18.3° W	67	137
Nicholson	**26.2° S**	**85.1° W**	**38**	**91**
Nicolai	**42.4° S**	**25.9° E**	**42**	**113**
Nicolai A	42.4° S	23.6° E	13	113
Nicolai B	43.2° S	25.3° E	13	113
Nicolai C	44.0° S	29.0° E	25	113
Nicolai D	41.7° S	25.5° E	6	113
Nicolai E	40.6° S	25.3° E	13	113
Nicolai G	42.8° S	22.4° E	11	113
Nicolai H	43.5° S	26.8° E	17	113
Nicolai J	40.5° S	22.0° E	8	113
Nicolai K	42.9° S	28.2° E	25	113
Nicolai L	44.1° S	25.6° E	13	113
Nicolai M	42.4° S	29.0° E	11	113
Nicolai P	43.1° S	29.7° E	30	113
Nicolai Q	42.3° S	30.1° E	26	113
Nicolai R	41.5° S	25.9° E	6	113
Nicolai Z	40.9° S	21.5° E	24	113
Nicollet	**21.9° S**	**12.5° W**	**15**	**94**
Nicollet B	20.1° S	13.5° W	5	94
Nicollet D	23.2° S	12.2° W	2	94
Nielsen	**31.8° N**	**51.8° W**	**9**	**38**
Niepce	**72.7° N**	**119.1° W**	**57**	**9**
Niepce F	72.5° N	113.5° W	44	9
Nijland	**33.0° N**	**134.1° E**	**35**	**31**
Nijland A	36.2° N	134.4° E	26	31
Nijland V	34.5° N	131.6° E	35	31
Nikolaev	**35.2° N**	**151.3° E**	**41**	**31**
Nikolaev G	34.5° N	154.2° E	20	32
Nikolaev J	31.7° N	155.5° E	18	32
Nishina	**44.6° S**	**170.4° W**	**65**	**120**
Nishina T	43.7° S	170.4° W	28	120
Nobel	**15.0° N**	**101.3° W**	**48**	**72**
Nobel B	17.3° N	99.5° W	24	54
Nobel K	13.1° N	100.2° W	20	72
Nobel L	12.5° N	100.9° W	38	72
Nobile	**85.2° S**	**53.5° E**	**73**	**144**
Nobili	**0.2° N**	**75.9° E**	**42**	**63**
Noether	**66.6° N**	**113.5° W**	**67**	**9**
Noether A	69.3° N	112.1° W	29	9
Noether E	67.6° N	105.1° W	47	9
Noether T	66.3° N	121.5° W	44	9
Noether U	67.6° N	123.4° W	36	9
Noether V	68.9° N	122.4° W	26	9
Noether X	68.9° N	116.8° W	30	9
Noggerath	**48.8° S**	**45.7° W**	**30**	**125**
Noggerath A	47.9° S	43.4° W	7	110
Noggerath B	47.0° S	43.4° W	5	110
Noggerath C	45.8° S	43.1° W	13	110
Noggerath D	47.2° S	41.5° W	14	110
Noggerath E	45.2° S	43.9° W	5	110
Noggerath F	48.0° S	46.9° W	9	110
Noggerath G	50.3° S	45.8° W	21	125
Noggerath H	49.6° S	47.9° W	26	125
Noggerath J	48.4° S	47.9° W	17	125
Noggerath K	44.9° S	46.3° W	4	110
Noggerath L	45.2° S	47.2° W	5	110
Noggerath M	44.0° S	46.6° W	11	110
Noggerath P	47.7° S	41.8° W	10	110
Noggerath S	44.5° S	46.2° W	6	110
Nonius	**34.8° S**	**3.8° E**	**69**	**112**
Nonius A	35.4° S	5.6° E	10	112
Nonius B	35.8° S	2.0° E	21	112
Nonius C	35.4° S	1.1° E	7	112
Nonius D	35.5° S	1.8° E	6	112
Nonius F	35.9° S	3.8° E	7	112
Nonius G	34.7° S	5.7° E	6	112
Nonius K	33.7° S	3.9° E	18	112
Nonius L	33.5° S	3.5° E	31	112
Nonius Q	35.9° S	4.2° E	7	112
Nonius R	35.9° S	3.3° E	10	112
Nonius S	34.8° S	4.3° E	4	112
Norman	**11.8° S**	**30.4° W**	**10**	**75**
North Complex	26.2° N	3.6° E	2	41
North Massif	20.4° N	30.8° E	14	43
North Ray	8.8° S	15.5° E	1	78
Numerov	**70.7° S**	**160.7° W**	**113**	**142**
Numerov G	71.7° S	151.9° W	26	142
Numerov Z	68.1° S	160.0° W	44	142
Nunn	**4.6° N**	**91.1° E**	**19**	**64**
Nusl	**32.3° N**	**167.6° E**	**61**	**32**
Nusl E	32.9° N	168.9° E	29	32
Nusl S	31.2° N	164.1° E	42	49
Nusl Y	34.3° N	166.9° E	51	32
Oberth	**62.4° N**	**155.4° E**	**60**	**17**
Obruchev	**38.9° S**	**162.1° E**	**71**	**119**
Obruchev M	40.5° S	162.2° E	46	119
Obruchev T	38.5° S	157.7° E	21	119
Obruchev V	36.6° S	158.3° E	39	119
Obruchev X	34.7° S	159.5° E	18	119
Oceanus Procellarum	18.4° N	57.4° W	2568	38
O'Day	**30.6° S**	**157.5° E**	**71**	**103**
O'day B	29.1° S	158.0° E	16	103
O'day M	31.7° S	157.1° E	16	103
O'day T	30.4° S	154.4° E	24	103
Oenopides	**57.0° N**	**64.1° W**	**67**	**10**
Oenopides B	58.5° N	68.6° W	34	10
Oenopides K	55.8° N	61.2° W	6	10
Oenopides L	55.5° N	61.9° W	10	10
Oenopides M	55.5° N	61.1° W	6	10
Oenopides R	55.6° N	67.9° W	56	10
Oenopides S	58.1° N	69.9° W	7	10
Oenopides T	57.2° N	68.9° W	8	10
Oenopides X	57.5° N	62.4° W	5	10
Oenopides Y	57.0° N	63.3° W	6	10
Oenopides Z	58.9° N	67.0° W	7	10
Oersted	**43.1° N**	**47.2° E**	**42**	**27**
Oersted A	43.4° N	47.2° E	7	27
Oersted P	43.6° N	46.0° E	21	27
Oersted U	42.4° N	44.6° E	5	27
Ohm	**18.4° N**	**113.5° W**	**64**	**53**
Oken	**43.7° S**	**75.9° E**	**71**	**115**
Oken A	43.2° S	71.3° E	36	115
Oken E	46.1° S	78.9° E	12	115
Oken F	44.4° S	71.5° E	21	115
Oken L	43.1° S	78.2° E	10	115
Oken M	41.8° S	75.4° E	7	115
Oken N	42.4° S	74.5° E	40	115
Olbers	**7.4° N**	**75.9° W**	**74**	**63**
Olbers A	8.1° N	77.6° W	43	55
Olbers B	6.8° N	74.1° W	16	55
Olbers D	10.2° N	78.2° W	116	55
Olbers G	8.4° N	74.5° W	10	55
Olbers H	8.7° N	74.4° W	8	55
Olbers K	6.8° N	78.2° W	24	55
Olbers M	8.0° N	81.2° W	33	55
Olbers N	9.0° N	79.7° W	22	55
Olbers S	6.8° N	76.7° W	21	55
Olbers V	9.1° N	73.0° W	7	55
Olbers W	5.9° N	81.5° W	18	55
Olbers Y	6.5° N	83.6° W	21	55
Olcott	**20.6° N**	**117.8° E**	**81**	**47**
Olcott E	20.9° N	119.8° E	59	47
Olcott L	18.3° N	118.6° E	36	47
Olcott M	17.9° N	117.6° E	46	47
Old Nameless	**3.7° S**	**17.5° W**	**0**	**76**
Olivier	**59.1° N**	**138.5° E**	**69**	**17**
Olivier N	56.7° N	137.1° E	63	17
Olivier Y	61.9° N	136.5° E	47	17
Omar Khayyam	**58.0° N**	**102.1° W**	**70**	**21**
Onizuka	**36.2° S**	**148.9° W**	**29**	**121**
Opelt	**16.3° S**	**17.5° W**	**48**	**94**
Opelt E	17.0° S	17.8° W	8	94
Opelt F	18.1° S	18.7° W	4	94
Opelt G	16.8° S	17.2° W	4	94
Opelt H	15.8° S	17.3° W	3	76
Opelt K	13.6° S	17.1° W	5	76
Oppenheimer	**35.2° S**	**166.3° W**	**208**	**120**
Oppenheimer F	34.7° S	161.5° W	35	120
Oppenheimer H	36.5° S	163.1° W	33	120
Oppenheimer R	37.3° S	170.4° W	26	120
Oppenheimer U	34.3° S	167.9° W	38	120
Oppenheimer V	32.0° S	172.7° W	32	120
Oppenheimer W	32.1° S	169.0° W	20	120
Oppolzer	**1.5° S**	**0.5° W**	**40**	**77**
Oppolzer A	0.5° S	0.3° W	3	77
Oppolzer K	1.7° S	0.3° W	3	77
Oresme	**42.4° S**	**169.2° E**	**76**	**119**
Oresme K	43.9° S	170.0° E	24	119
Oresme Q	44.0° S	167.2° E	23	119
Oresme U	41.6° S	164.8° E	84	119
Oresme V	40.5° S	165.6° E	51	119
Orlov	**25.7° S**	**175.0° W**	**81**	**104**

Feature Name	Lat.	Long.	D	LAC
Orlov D	24.8° S	173.4° W	27	104
Orlov Y	22.8° S	175.1° W	126	104
Orontius	**40.6° S**	**4.6° W**	**105**	**112**
Orontius A	39.1° S	2.6° W	7	112
Orontius B	40.0° S	3.1° W	10	112
Orontius C	37.9° S	4.1° W	15	112
Orontius D	39.4° S	6.2° W	15	112
Orontius E	39.5° S	4.8° W	6	112
Orontius F	39.1° S	3.9° W	41	112
Osama	**18.6° N**	**5.2° E**	**0.5**	**41**
Osiris	**18.6° N**	**27.6° E**	**1**	**42**
Osman	**11.0° S**	**6.2° W**	**2**	**77**
Ostwald	**10.4° N**	**121.9° E**	**104**	**65**
Ostwald Y	13.6° N	121.0° E	24	65
Palisa	**9.4° S**	**7.2° W**	**33**	**77**
Palisa A	9.0° S	6.7° W	5	77
Palisa C	7.7° S	6.4° W	9	77
Palisa D	8.6° S	6.9° W	8	77
Palisa E	8.4° S	5.7° W	18	77
Palisa P	9.6° S	7.3° W	5	77
Palisa T	8.2° S	8.2° W	12	77
Palisa W	9.1° S	6.3° W	4	77
Palitzsch	**28.0° S**	**64.5° E**	**41**	**98**
Palitzsch A	26.9° S	65.8° E	31	98
Palitzsch B	26.4° S	68.4° E	39	98
Pallas	**5.5° N**	**1.6° W**	**46**	**59**
Pallas A	6.0° N	2.3° W	11	59
Pallas B	4.2° N	2.6° W	4	59
Pallas C	4.5° N	1.1° W	6	59
Pallas D	2.4° N	2.6° W	4	59
Pallas E	4.0° N	1.4° W	26	59
Pallas F	3.4° N	1.3° W	18	59
Pallas H	4.6° N	1.5° W	5	59
Pallas N	7.0° N	0.5° E	6	59
Pallas V	1.7° N	1.5° W	3	59
Pallas W	3.6° N	1.3° W	3	59
Pallas X	5.2° N	3.2° W	3	59
Palmetto	**8.9° S**	**15.5° E**	**0**	**78**
Palmieri	**28.6° S**	**47.7° W**	**40**	**93**
Palmieri A	32.2° S	48.4° W	21	93
Palmieri B	30.8° S	48.2° W	9	93
Palmieri E	29.2° S	48.5° W	14	93
Palmieri G	32.5° S	47.6° W	9	110
Palmieri H	31.5° S	47.7° W	19	93
Palmieri J	33.6° S	49.3° W	10	110
Palus Epidemiarum	32.0° S	28.2° W	286	94
Palus Putredinis	26.5° N	0.4° E	161	41
Palus Somni	14.1° N	45.0° E	143	43
Paneth	**63.0° N**	**94.8° W**	**65**	**21**
Paneth A	65.3° N	94.1° W	47	9
Paneth K	61.7° N	92.9° W	31	21
Paneth W	65.0° N	101.2° W	28	9
Pannekoek	**4.2° S**	**140.5° E**	**71**	**84**
Pannekoek A	0.9° S	141.0° E	28	84
Pannekoek D	2.6° S	143.5° E	28	84
Pannekoek R	5.4° S	138.3° E	71	84
Pannekoek S	4.4° S	140.1° E	18	84
Pannekoek T	4.1° S	138.2° E	25	84
Papaleksi	**10.2° N**	**164.0° E**	**97**	**67**
Papaleksi Q	9.0° N	162.7° E	14	67
Paracelsus	**23.0° S**	**163.1° E**	**83**	**103**
Paracelsus C	21.7° S	165.1° E	24	103
Paracelsus E	23.0° S	167.2° E	66	103
Paracelsus G	24.6° S	165.7° E	27	103
Paracelsus H	26.0° S	166.2° E	12	103
Paracelsus M	26.1° S	163.0° E	41	103
Paracelsus N	25.4° S	162.0° E	7	103
Paracelsus P	24.9° S	161.7° E	63	103
Paracelsus Y	21.5° S	162.7° E	26	103
Paraskevopoulos	**50.4° N**	**149.9° W**	**94**	**19**
Paraskevopoulos E	50.6° N	149.4° W	24	19
Paraskevopoulos H	49.7° N	147.2° W	48	19
Paraskevopoulos N	47.2° N	150.8° W	26	34
Paraskevopoulos Q	48.6° N	152.3° W	35	19
Paraskevopoulos R	48.6° N	154.7° W	23	19
Paraskevopoulos S	49.1° N	154.9° W	67	19
Paraskevopoulos U	50.4° N	154.7° W	30	19
Paraskevopoulos X	53.6° N	152.2° W	26	19
Paraskevopoulos Y	53.1° N	150.4° W	46	19
Parenago	**25.9° N**	**108.5° W**	**93**	**54**
Parenago T	26.0° N	110.7° W	18	53
Parenago W	27.8° N	109.7° W	49	54
Parenago Z	28.9° N	109.0° W	18	54
Parkhurst	**33.4° S**	**103.6° E**	**96**	**116**
Parkhurst B	32.0° S	104.4° E	30	110
Parkhurst D	32.8° S	105.4° E	27	116
Parkhurst K	36.3° S	105.2° E	11	116
Parkhurst Q	35.0° S	101.6° E	37	116
Parkhurst X	31.5° S	102.3° E	12	110
Parkhurst Y	29.9° S	102.8° E	49	110
Parrot	**14.5° S**	**3.3° E**	**70**	**77**
Parrot A	15.3° S	2.1° E	21	77
Parrot B	13.6° S	2.5° E	10	77
Parrot C	18.5° S	1.2° E	31	95
Parrot D	14.2° S	3.6° E	21	77
Parrot E	10.0° S	2.3° E	20	77
Parrot F	16.1° S	1.4° E	19	95
Parrot G	17.4° S	2.6° E	28	95
Parrot H	17.6° S	1.2° E	19	95
Parrot J	17.0° S	1.8° E	23	95
Parrot K	14.1° S	1.8° E	44	77
Parrot L	18.0° S	0.9° E	7	95
Parrot M	18.0° S	2.0° E	7	95
Parrot N	13.8° S	0.5° E	5	77
Parrot O	16.9° S	2.6° E	10	95
Parrot P	18.6° S	3.0° E	6	95
Parrot Q	15.1° S	1.1° E	5	77
Parrot R	13.5° S	3.2° E	10	77
Parrot S	15.9° S	3.6° E	10	77
Parrot T	15.9° S	4.2° E	8	77
Parrot U	14.1° S	4.5° E	10	77
Parrot V	13.2° S	0.8° E	24	77
Parrot W	13.2° S	1.5° E	5	77
Parrot X	14.5° S	1.9° E	4	77
Parrot Y	13.9° S	0.7° E	10	77
Parry	**7.9° S**	**15.8° W**	**47**	**76**
Parry A	9.5° S	16.0° W	13	76
Parry B	8.9° S	13.0° W	1	76
Parry C	6.8° S	12.7° W	3	76
Parry D	7.9° S	15.7° W	3	76
Parry E	8.3° S	16.3° W	6	76
Parry F	7.6° S	14.7° W	4	76
Parry L	6.3° S	14.7° W	7	76
Parry M	8.9° S	14.5° W	26	76
Parsons	**37.3° N**	**171.2° W**	**40**	**33**
Parsons D	38.5° N	168.6° W	54	33
Parsons E	37.6° N	167.8° W	26	33
Parsons L	33.6° N	170.0° W	31	33
Parsons M	33.8° N	171.7° W	23	33
Parsons N	34.2° N	173.2° W	43	33
Parsons P	35.2° N	172.8° W	28	33
Pascal	**74.6° N**	**70.3° W**	**115**	**2**
Pascal A	72.9° N	74.6° W	28	2
Pascal F	75.6° N	75.6° W	27	2
Pascal G	73.0° N	65.7° W	14	2
Pascal J	72.2° N	69.0° W	14	2
Pascal L	73.8° N	63.0° W	15	2
Paschen	**13.5° S**	**139.8° W**	**124**	**88**
Paschen G	14.3° S	135.4° W	29	88
Paschen H	16.0° S	135.6° W	27	88
Paschen K	17.9° S	138.9° W	57	106
Paschen L	16.4° S	139.5° W	38	106
Paschen M	16.1° S	140.0° W	94	106
Paschen S	14.5° S	142.0° W	48	88
Paschen U	13.2° S	143.0° W	29	88
Pasteur	**11.9° S**	**104.6° E**	**224**	**82**
Pasteur A	7.0° S	105.7° E	25	82
Pasteur B	8.2° S	105.8° E	20	82
Pasteur D	8.8° S	108.8° E	36	82
Pasteur E	10.8° S	108.5° E	19	82
Pasteur G	11.6° S	105.7° E	21	82
Pasteur H	12.1° S	106.4° E	21	82
Pasteur M	12.2° S	104.6° E	10	82
Pasteur Q	13.6° S	101.5° E	24	82
Pasteur S	12.2° S	102.0° E	29	82
Pasteur T	11.6° S	100.1° E	41	82
Pasteur U	9.8° S	101.5° E	37	82
Pasteur V	9.0° S	100.8° E	22	82
Pasteur Y	8.0° S	103.5° E	52	82
Pasteur Z	6.8° S	104.2° E	15	82
Patricia	**25.0° N**	**0.3° E**	**5**	**41**
Patsaev	**16.7° S**	**133.4° E**	**55**	**102**
Patsaev G	17.1° S	136.8° E	28	102
Patsaev K	18.8° S	134.5° E	53	102
Patsaev Q	17.8° S	132.7° E	34	102
Pauli	**44.5° S**	**137.5° E**	**84**	**119**
Pauli E	44.1° S	141.4° E	24	118
Pavlov	**28.8° S**	**142.5° E**	**148**	**102**
Pavlov G	29.1° S	145.4° E	43	102
Pavlov H	28.6° S	143.5° E	18	102
Pavlov M	32.3° S	141.8° E	74	118
Pavlov P	33.7° S	139.5° E	44	118
Pavlov T	28.0° S	138.0° E	46	102
Pavlov V	26.7° S	138.0° E	38	102
Pawsey	**44.5° N**	**145.0° E**	**60**	**31**
Peary	**88.6° N**	**33.0° E**	**73**	**1**
Pease	**12.5° N**	**106.1° W**	**38**	**72**
Peek	**2.6° N**	**86.9° E**	**12**	**63**
Peirce	**18.3° N**	**53.5° E**	**18**	**44**
Peirce B	19.3° N	53.4° E	11	44
Peirce C	18.8° N	49.9° E	19	44
Peirescius	**46.5° S**	**67.6° E**	**61**	**115**
Peirescius A	45.2° S	71.3° E	15	115
Peirescius B	45.6° S	70.5° E	18	115
Peirescius C	46.2° S	71.5° E	41	115
Peirescius D	48.1° S	71.9° E	43	129
Peirescius G	48.1° S	67.7° E	25	128
Peirescius H	45.3° S	73.1° E	8	115
Peirescius J	45.1° S	66.8° E	15	115
Pentland	**64.6° S**	**11.5° E**	**56**	**127**
Pentland A	67.4° S	13.5° E	44	138
Pentland B	66.2° S	14.1° E	30	138
Pentland C	65.0° S	16.3° E	37	138
Pentland D	63.2° S	14.1° E	35	127
Pentland Da	62.9° S	14.3° E	54	127
Pentland E	67.9° S	13.4° E	11	138
Pentland F	62.1° S	11.3° E	12	127
Pentland J	64.4° S	14.6° E	9	138
Pentland K	66.7° S	17.7° E	12	138
Pentland L	65.6° S	17.8° E	23	138
Pentland M	64.5° S	17.2° E	7	138
Pentland N	63.5° S	17.2° E	25	127
Pentland O	63.0° S	18.3° E	15	127
Pentland P	67.7° S	14.5° E	8	138
Perel'man	**24.0° S**	**106.0° E**	**46**	**100**
Perel'man E	23.9° S	107.2° E	28	100
Perel'man S	24.3° S	104.4° E	26	100
Perepelkin	**10.0° S**	**129.0° E**	**97**	**83**
Perepelkin P	12.4° S	127.3° E	25	83
Perkin	**47.2° N**	**175.9° W**	**62**	**33**
Perrine	**42.5° N**	**127.8° W**	**86**	**35**
Perrine E	42.8° N	124.9° W	40	35
Perrine G	42.1° N	124.6° W	58	35
Perrine L	39.2° N	127.2° W	37	35
Perrine S	42.5° N	128.6° W	63	35
Perrine T	42.4° N	130.2° W	34	35
Petavius	**25.1° S**	**60.4° E**	**188**	**98**
Petavius A	26.0° S	61.6° E	5	98
Petavius B	19.9° S	57.1° E	33	98
Petavius C	27.7° S	60.1° E	11	98
Petavius D	24.0° S	64.4° E	17	98
Petermann	**74.2° N**	**66.3° E**	**73**	**4**
Petermann A	75.0° N	87.1° E	17	5
Petermann B	72.8° N	63.8° E	11	5
Petermann C	71.6° N	57.7° E	13	5
Petermann D	77.1° N	65.8° E	31	5
Petermann E	72.5° N	53.7° E	13	4
Petermann R	75.0° N	56.7° E	115	5
Petermann S	75.2° N	61.9° E	8	5
Petermann X	75.1° N	73.3° E	9	5
Petermann Y	76.0° N	87.4° E	13	5
Peters	**68.1° N**	**29.5° E**	**15**	**4**
Petit	**2.3° N**	**63.5° E**	**5**	**62**
Petrie	**45.3° N**	**108.4° E**	**33**	**30**
Petrie U	45.6° N	106.3° E	20	30
Petropavlovsky	**37.2° N**	**114.8° W**	**63**	**35**
Petropavlovsky M	34.5° N	114.7° W	22	35
Petrov	**61.4° S**	**88.0° E**	**49**	**129**
Petrov A	62.5° S	88.3° E	17	129
Petrov B	62.3° S	90.5° E	31	129
Pettit	**27.5° S**	**86.6° W**	**35**	**91**
Pettit C	24.8° S	88.9° W	8	91
Pettit T	27.1° S	92.5° W	15	91
Petzval	**62.7° S**	**110.4° W**	**90**	**135**
Petzval C	60.3° S	107.8° W	52	135
Petzval D	60.2° S	105.9° W	23	135
Phillips	**26.6° S**	**75.3° E**	**122**	**99**
Phillips A	27.1° S	73.6° E	13	99
Phillips B	23.3° S	70.5° E	40	99
Phillips C	26.5° S	71.2° E	6	99
Phillips D	25.0° S	70.8° E	61	99
Phillips E	25.6° S	68.3° E	8	98
Phillips F	25.1° S	68.8° E	11	98
Phillips G	24.6° S	68.7° E	8	98
Phillips H	25.3° S	71.6° E	7	99
Phillips W	25.3° S	72.8° E	63	99
Philolaus	**72.1° N**	**32.4° W**	**70**	**3**
Philolaus B	69.6° N	24.3° W	11	3
Philolaus C	71.1° N	32.7° W	95	3
Philolaus D	73.9° N	27.8° W	91	3
Philolaus E	69.6° N	18.7° W	12	3
Philolaus F	68.1° N	18.3° W	8	3
Philolaus G	69.0° N	23.6° W	95	3
Philolaus U	75.0° N	33.0° W	13	3
Philolaus W	75.6° N	35.9° W	17	2
Phocylides	**52.7° S**	**57.0° W**	**121**	**124**
Phocylides A	54.6° S	51.6° W	19	124
Phocylides B	53.8° S	51.7° W	8	124
Phocylides C	51.0° S	52.6° W	46	124
Phocylides D	53.2° S	51.6° W	7	124
Phocylides E	55.5° S	57.7° W	32	124
Phocylides F	54.8° S	57.4° W	23	124
Phocylides G	51.2° S	50.8° W	14	124
Phocylides J	54.1° S	62.7° W	22	124
Phocylides K	52.2° S	48.9° W	14	125
Phocylides Ka	52.0° S	48.9° W	12	125
Phocylides Kb	51.7° S	48.8° W	14	125
Phocylides L	56.9° S	62.7° W	9	124
Phocylides M	55.5° S	60.5° W	9	124
Phocylides N	52.1° S	55.5° W	15	124
Phocylides S	55.9° S	59.8° W	10	124
Phocylides V	56.6° S	60.6° W	8	124
Phocylides X	50.5° S	50.6° W	7	124
Phocylides Z	50.0° S	50.8° W	8	124
Piazzi	**36.6° S**	**67.9° W**	**134**	**109**
Piazzi A	39.5° S	66.7° W	13	109
Piazzi B	37.5° S	66.2° W	8	109
Piazzi C	37.1° S	62.6° W	28	109
Piazzi F	35.7° S	61.1° W	11	110
Piazzi G	40.2° S	64.6° W	10	109
Piazzi H	40.2° S	65.7° W	8	109
Piazzi K	37.5° S	68.0° W	8	109
Piazzi M	35.9° S	67.4° W	6	109
Piazzi N	35.4° S	66.0° W	16	109
Piazzi P	38.8° S	67.3° W	20	109
Piazzi Smyth	**41.9° N**	**3.2° W**	**13**	**25**
Piazzi Smyth B	40.5° N	3.4° W	4	25
Piazzi Smyth M	45.0° N	4.2° W	2	25
Piazzi Smyth U	40.8° N	2.7° W	3	25
Piazzi Smyth V	40.9° N	4.7° W	7	25
Piazzi Smyth W	42.2° N	1.9° W	3	25
Piazzi Smyth Y	42.8° N	3.4° W	4	25
Piazzi Smyth Z	42.1° N	4.6° W	3	25
Picard	**14.6° N**	**54.7° E**	**22**	**62**
Picard G	9.6° N	53.6° E	32	62
Picard H	9.4° N	56.9° E	23	62
Picard K	9.7° N	54.5° E	8	62
Picard L	10.3° N	54.3° E	8	62
Picard M	10.3° N	54.0° E	9	62
Picard N	10.5° N	53.6° E	20	62
Picard P	8.9° N	53.7° E	7	62
Picard X	13.1° N	61.7° E	6	62
Picard Y	13.2° N	60.1° E	6	62
Picard Z	14.6° N	56.6° E	3	62
Piccolomini	**29.7° S**	**32.2° E**	**87**	**97**
Piccolomini A	26.4° S	30.4° E	16	97
Piccolomini B	25.8° S	30.5° E	12	97
Piccolomini C	27.6° S	31.1° E	26	97
Piccolomini D	26.9° S	32.2° E	17	97
Piccolomini E	26.1° S	31.8° E	18	97
Piccolomini F	26.3° S	31.8° E	72	97
Piccolomini G	27.2° S	34.7° E	18	97
Piccolomini H	27.9° S	27.6° E	9	96
Piccolomini J	25.0° S	30.1° E	28	97
Piccolomini K	25.7° S	29.7° E	8	96
Piccolomini L	26.1° S	33.7° E	12	97
Piccolomini M	27.8° S	31.8° E	23	97
Piccolomini N	27.3° S	26.2° E	9	96
Piccolomini O	26.6° S	30.5° E	11	97
Piccolomini P	30.4° S	35.9° E	12	97
Piccolomini Q	30.8° S	36.4° E	14	97
Piccolomini R	29.3° S	35.3° E	16	97
Piccolomini S	31.6° S	34.1° E	21	97
Piccolomini T	28.5° S	29.0° E	8	96
Piccolomini W	26.8° S	29.2° E	6	96
Piccolomini X	26.9° S	31.5° E	8	97
Pickering	**2.9° S**	**7.0° E**	**15**	**77**
Pickering A	1.5° S	7.1° E	5	77
Pickering B	2.1° S	7.4° E	6	77
Pickering C	1.5° S	6.1° E	4	77
Pico B	46.5° N	15.3° W	12	24
Pico C	47.2° N	6.6° W	5	25
Pico D	43.4° N	11.3° W	7	25
Pico E	43.0° N	10.3° W	9	25
Pico F	42.2° N	10.2° W	4	25
Pico G	46.6° N	10.4° W	4	25
Pico K	44.6° N	7.5° W	3	25
Pictet	**43.6° S**	**7.4° W**	**62**	**112**
Pictet A	45.0° S	7.1° W	34	112
Pictet C	42.7° S	7.7° W	7	112
Pictet D	46.0° S	9 .0° W	21	112
Pictet E	41.3° S	7.7° W	70	112
Pictet F	42.8° S	6.3° W	11	112
Pictet N	41.5° S	8.1° W	7	112
Pikel'ner	**47.9° S**	**123.3° E**	**47**	**117**
Pikel'ner F	48.0° S	127.6° E	30	130
Pikel'ner G	49.1° S	128.3° E	24	130

Feature Name	Lat.	Long.	D	LAC
Pikel'ner K	50.3° S	124.8° E	36	130
Pikel'ner S	48.7° S	120.2° E	62	130
Pikel'ner Y	47.4° S	123.1° E	52	117
Pilatre	**60.2° S**	**86.9° W**	**50**	**135**
Pingre	**58.7° S**	**73.7° W**	**88**	**136**
Pingre B	57.6° S	65.3° W	19	124
Pingre C	58.4° S	68.3° W	23	124
Pingre D	56.6° S	84.1° W	16	135
Pingre E	56.5° S	78.9° W	14	124
Pingre F	59.9° S	71.0° W	16	124
Pingre G	57.9° S	68.9° W	13	124
Pingre H	54.5° S	78.8° W	37	124
Pingre J	59.1° S	68.8° W	18	124
Pingre K	55.2° S	77.7° W	13	124
Pingre L	53.8° S	85.8° W	17	135
Pingre M	53.5° S	83.6° W	19	135
Pingre N	58.1° S	83.7° W	19	135
Pingre P	54.0° S	69.5° W	16	124
Pingre S	60.3° S	82.0° W	70	135
Pingre U	56.3° S	66.0° W	12	124
Pingre W	56.4° S	70.9° W	9	124
Pingre X	58.9° S	79.3° W	9	124
Pingre Y	58.4° S	78.0° W	13	124
Pingre Z	55.1° S	82.7° W	12	135
Pirquet	**20.3° S**	**139.6° E**	**65**	**102**
Pirquet	20.3° S	139.6° E	65	102
Pirquet S	20.6° S	137.7° E	30	102
Pirquet X	17.2° S	138.5° E	17	102
Pitatus	**29.9° S**	**13.5° W**	**106**	**94**
Pitatus A	31.4° S	13.2° W	7	94
Pitatus B	32.3° S	10.4° W	16	94
Pitatus C	28.4° S	12.4° W	12	94
Pitatus D	30.9° S	12.0° W	10	94
Pitatus E	28.9° S	10.1° W	6	94
Pitatus G	29.8° S	11.4° W	18	94
Pitatus H	30.5° S	15.7° W	15	94
Pitatus J	26.5° S	13.5° W	5	94
Pitatus K	30.4° S	8.9° W	6	95
Pitatus L	29.1° S	8.6° W	5	95
Pitatus M	32.1° S	11.0° W	14	94
Pitatus N	31.2° S	10.9° W	12	94
Pitatus P	31.0° S	10.9° W	16	94
Pitatus Q	30.5° S	10.8° W	12	94
Pitatus R	31.1° S	14.6° W	7	94
Pitatus S	27.3° S	14.0° W	12	94
Pitatus T	29.4° S	11.2° W	5	94
Pitatus V	28.9° S	11.7° W	5	94
Pitatus W	27.9° S	11.2° W	13	94
Pitatus X	28.4° S	11.6° W	19	94
Pitatus Z	28.3° S	10.3° W	25	94
Pitiscus	**50.4° S**	**30.9° E**	**82**	**127**
Pitiscus A	50.3° S	30.9° E	10	127
Pitiscus B	47.7° S	30.5° E	25	113
Pitiscus C	47.1° S	28.3° E	17	113
Pitiscus D	49.0° S	26.5° E	22	127
Pitiscus E	50.9° S	29.3° E	13	127
Pitiscus F	46.9° S	29.5° E	13	113
Pitiscus G	47.6° S	25.2° E	15	113
Pitiscus J	48.2° S	26.5° E	7	127
Pitiscus K	46.3° S	29.9° E	16	113
Pitiscus L	51.2° S	33.6° E	9	127
Pitiscus R	48.6° S	28.3° E	25	127
Pitiscus S	47.7° S	27.6° E	28	113
Pitiscus T	46.9° S	27.9° E	8	113
Pitiscus U	48.9° S	33.3° E	6	127
Pitiscus V	49.3° S	34.3° E	5	127
Pitiscus W	50.3° S	27.7° E	24	127
Piton A	39.8° N	1.0° W	6	25
Piton B	39.3° N	0.1° W	5	25
Pizzetti	**34.9° S**	**118.8° E**	**44**	**117**
Pizzetti C	33.1° S	121.1° E	10	117
Pizzetti W	33.8° S	117.7° E	14	117
Plain	**26.2° N**	**3.6° E**	**2**	**41**
Plana	**42.2° N**	**28.2° E**	**44**	**26**
Plana C	42.7° N	27.1° E	14	26
Plana D	41.7° N	26.2° E	7	26
Plana E	40.5° N	23.6° E	6	26
Plana F	39.8° N	24.0° E	5	26
Plana G	39.1° N	22.9° E	9	26
Planck	**57.9° S**	**136.8° E**	**314**	**131**
Planck A	54.7° S	137.3° E	19	131
Planck B	56.0° S	137.4° E	46	131
Planck C	53.4° S	141.3° E	43	131
Planck J	62.9° S	145.3° E	26	131
Planck K	65.0° S	146.2° E	23	131
Planck L	66.9° S	141.8° E	23	131
Planck W	56.0° S	131.2° E	17	131
Planck X	54.3° S	129.5° E	25	130
Planck Y	55.0° S	132.0° E	40	131
Planck Z	56.4° S	135.2° E	72	131
Planitia Descensus	**7.1° N**	**64.4° W**	**1**	**56**
Plante	**10.2° S**	**163.3° E**	**37**	**85**
Plaskett	**82.1° N**	**174.3° E**	**109**	**1**
Plaskett H	80.2° N	165.1° W	20	1
Plaskett S	81.6° N	148.7° E	17	1
Plaskett U	83.0° N	160.2° E	14	1
Plaskett V	82.5° N	118.5° E	49	1
Plato	**51.6° N**	**9.4° W**	**109**	**12**
Plato A	53.0° N	13.7° W	22	12
Plato B	53.0° N	17.2° W	13	12
Plato C	53.2° N	19.4° W	10	12
Plato D	49.6° N	14.5° W	10	12
Plato E	49.7° N	16.2° W	7	12
Plato F	51.7° N	17.4° W	7	12
Plato G	52.1° N	6.3° W	8	12
Plato H	55.1° N	2.0° W	11	12
Plato J	49.0° N	4.6° W	8	12
Plato K	46.8° N	3.3° W	6	25
Plato Ka	46.8° N	3.6° W	6	25
Plato L	51.6° N	4.3° W	10	12
Plato M	53.1° N	15.4° W	8	12
Plato O	52.3° N	15.4° W	9	12
Plato P	51.5° N	15.2° W	8	12
Plato Q	54.5° N	4.8° W	8	12
Plato R	53.8° N	18.3° W	6	12
Plato S	53.8° N	14.9° W	6	12
Plato T	54.5° N	11.2° W	8	12
Plato U	49.6° N	7.4° W	6	12
Plato V	55.8° N	7.4° W	6	12
Plato W	57.2° N	17.8° W	4	12
Plato X	50.1° N	13.8° W	5	12
Plato Y	53.1° N	16.3° W	10	12
Playfair	**23.5° S**	**8.4° E**	**47**	**95**
Playfair A	22.3° S	6.9° E	21	95
Playfair B	23.2° S	7.6° E	6	95
Playfair C	24.3° S	8.0° E	5	95
Playfair D	24.3° S	8.8° E	5	95
Playfair E	21.7° S	8.9° E	6	95
Playfair F	21.9° S	8.1° E	5	95
Playfair G	24.2° S	6.7° E	94	95
Playfair H	23.3° S	8.5° E	4	95
Playfair J	24.3° S	9.3° E	4	95
Playfair K	23.3° S	9.8° E	4	95
Plinius	**15.4° N**	**23.7° E**	**43**	**60**
Plinius A	13.0° N	24.2° E	4	60
Plinius B	14.1° N	26.2° E	5	60
Plum	**9.0° S**	**15.5° E**	**0**	**78**
Plummer	**25.0° S**	**155.0° W**	**73**	**105**
Plummer C	23.7° S	153.1° W	29	105
Plummer M	26.8° S	154.9° W	41	105
Plummer N	27.7° S	156.3° W	42	105
Plummer R	26.0° S	157.7° W	22	105
Plummer W	23.9° S	156.2° W	33	105
Plutarch	**24.1° N**	**79.0° E**	**68**	**45**
Plutarch C	23.1° N	71.0° E	11	45
Plutarch D	24.3° N	75.7° E	15	45
Plutarch F	23.5° N	73.5° E	12	45
Plutarch G	23.0° N	75.2° E	11	45
Plutarch H	24.4° N	72.7° E	11	45
Plutarch K	25.1° N	72.8° E	11	45
Plutarch L	25.8° N	71.6° E	8	45
Plutarch M	23.8° N	77.6° E	11	45
Plutarch N	23.8° N	77.1° E	12	45
Poczobutt	**57.1° N**	**98.8° W**	**195**	**21**
Poczobutt J	56.6° N	96.8° W	24	21
Poczobutt R	56.0° N	103.5° W	39	21
Pogson	**42.2° S**	**110.5° E**	**50**	**117**
Pogson C	41.5° S	111.5° E	20	117
Pogson F	42.0° S	114.6° E	35	117
Pogson G	42.7° S	112.7° E	39	117
Poincare	**56.7° S**	**163.6° E**	**319**	**132**
Poincare C	54.4° S	169.0° E	20	132
Poincare J	59.4° S	168.7° E	20	132
Poincare Q	59.3° S	160.9° E	26	132
Poincare R	60.2° S	155.0° E	52	131
Poincare X	53.8° S	161.9° E	19	132
Poincare Z	53.7° S	164.9° E	35	132
Poinsot	**79.5° N**	**145.7° W**	**68**	**8**
Poinsot E	80.2° N	129.8° W	25	1
Poinsot K	77.6° N	141.3° W	16	8
Poinsot P	77.2° N	149.7° W	27	8
Poisson	**30.4° S**	**10.6° E**	**42**	**96**
Poisson A	29.6° S	9.1° E	17	95
Poisson B	30.8° S	10.9° E	11	96
Poisson C	33.1° S	8.6° E	26	112
Poisson D	31.4° S	7.7° E	12	95
Poisson E	34.2° S	8.6° E	14	112
Poisson F	33.7° S	8.0° E	14	112
Poisson G	31.7° S	7.4° E	16	95
Poisson H	33.0° S	7.4° E	19	112
Poisson J	35.0° S	8.3° E	27	112
Poisson K	32.7° S	9.6° E	13	112
Poisson L	32.7° S	8.2° E	16	112
Poisson M	33.9° S	7.6° E	7	112
Poisson N	30.7° S	8.4° E	4	95
Poisson O	35.0° S	9.1° E	4	112
Poisson P	31.9° S	8.9° E	7	95
Poisson Q	32.6° S	10.2° E	28	113
Poisson R	30.0° S	8.4° E	5	95
Poisson S	29.9° S	11.4° E	4	96
Poisson T	31.1° S	9.2° E	25	95
Poisson U	31.6° S	10.3° E	25	96
Poisson V	32.0° S	10.6° E	16	113
Poisson W	29.6° S	11.9° E	3	96
Poisson X	29.0° S	12.3° E	5	96
Poisson Z	29.6° S	10.5° E	5	96
Polybius	**22.4° S**	**25.6° E**	**41**	**96**
Polybius A	23.0° S	28.0° E	17	96
Polybius B	25.5° S	25.5° E	12	96
Polybius C	22.0° S	23.6° E	29	96
Polybius D	26.9° S	27.9° E	9	96
Polybius E	24.4° S	26.2° E	9	96
Polybius F	22.2° S	23.0° E	21	96
Polybius G	22.5° S	22.7° E	5	96
Polybius H	21.1° S	22.7° E	8	96
Polybius J	22.7° S	23.5° E	9	96
Polybius K	24.3° S	24.3° E	14	96
Polybius L	22.0° S	28.2° E	7	96
Polybius M	21.3° S	22.1° E	6	96
Polybius N	23.4° S	26.8° E	13	96
Polybius P	21.5° S	22.9° E	17	96
Polybius Q	25.1° S	27.5° E	6	96
Polybius R	25.6° S	27.3° E	7	96
Polybius T	26.1° S	25.5° E	12	96
Polybius V	25.2° S	29.1° E	6	96
Polzunov	**25.3° N**	**114.6° E**	**67**	**47**
Polzunov J	23.6° N	117.4° E	30	47
Polzunov N	23.7° N	113.8° E	35	47
Pomortsev	**0.7° N**	**66.9° E**	**23**	**62**
Poncelet	**75.8° N**	**54.1° W**	**69**	**2**
Poncelet A	79.5° N	74.7° W	31	2
Poncelet B	78.6° N	62.3° W	32	2
Poncelet C	77.4° N	73.7° W	67	2
Poncelet D	77.7° N	70.0° W	23	2
Poncelet H	75.7° N	55.2° W	7	2
Poncelet P	80.6° N	61.1° W	15	1
Poncelet Q	79.9° N	59.9° W	14	2
Poncelet R	79.3° N	57.3° W	10	2
Poncelet S	78.7° N	56.2° W	10	2
Pons	**25.3° S**	**21.5° E**	**41**	**96**
Pons A	27.3° S	20.0° E	12	96
Pons B	28.7° S	20.7° E	13	96
Pons C	27.9° S	22.3° E	18	96
Pons D	25.5° S	22.1° E	15	96
Pons E	25.8° S	23.8° E	18	96
Pons F	23.7° S	21.2° E	12	96
Pons G	28.3° S	21.4° E	6	96
Pons H	26.9° S	22.3° E	10	96
Pons J	24.9° S	22.2° E	5	96
Pons K	27.4° S	22.8° E	7	96
Pons L	27.5° S	20.9° E	8	96
Pons M	27.1° S	24.1° E	11	96
Pons N	26.0° S	23.0° E	6	96
Pons P	25.0° S	23.1° E	5	96
Pontanus	**28.4° S**	**14.4° E**	**57**	**96**
Pontanus A	31.1° S	15.3° E	10	96
Pontanus B	30.9° S	15.9° E	12	96
Pontanus C	30.0° S	15.5° E	23	96
Pontanus D	25.9° S	13.2° E	20	96
Pontanus E	25.2° S	13.2° E	13	96
Pontanus F	27.8° S	11.6° E	10	96
Pontanus G	30.6° S	15.3° E	21	96
Pontanus H	31.4° S	16.1° E	30	96
Pontanus J	30.0° S	13.1° E	9	96
Pontanus K	25.7° S	12.7° E	9	96
Pontanus L	28.6° S	13.4° E	6	96
Pontanus M	29.7° S	14.1° E	5	96
Pontanus N	24.6° S	13.8° E	10	96
Pontanus O	26.0° S	14.1° E	10	96
Pontanus P	29.9° S	14.8° E	3	96
Pontanus Q	27.4° S	14.5° E	5	96
Pontanus R	28.1° S	15.6° E	6	96
Pontanus S	31.4° S	16.8° E	7	96
Pontanus T	29.2° S	16.6° E	8	96
Pontanus U	29.5° S	17.5° E	5	96
Pontanus V	29.2° S	13.2° E	33	96
Pontanus W	29.1° S	17.6° E	7	96
Pontanus X	28.5° S	15.8° E	13	96
Pontanus Y	28.7° S	17.2° E	23	96
Pontanus Z	27.9° S	12.9° E	5	96
Pontecoulant	**58.7° S**	**66.0° E**	**91**	**128**
Pontecoulant A	57.7° S	62.9° E	19	128
Pontecoulant B	57.9° S	58.5° E	39	128
Pontecoulant C	55.6° S	59.1° E	30	128
Pontecoulant D	60.2° S	71.9° E	10	129
Pontecoulant E	60.5° S	64.5° E	44	128
Pontecoulant F	57.4° S	67.7° E	60	128
Pontecoulant G	57.2° S	60.1° E	36	128
Pontecoulant H	58.4° S	65.2° E	9	128
Pontecoulant J	61.6° S	64.3° E	39	128
Pontecoulant K	61.5° S	61.0° E	13	128
Pontecoulant L	59.0° S	59.7° E	17	128
Pontecoulant M	60.8° S	74.1° E	10	129
Popov	**17.2° N**	**99.7° E**	**65**	**46**
Popov D	17.8° N	102.6° E	15	46
Popov W	19.1° N	97.8° E	25	46
Porter	**56.1° S**	**10.1° W**	**51**	**126**
Porter B	54.4° S	8.6° W	12	126
Porter C	54.8° S	10.3° W	12	126
Posidonius	**31.8° N**	**29.9° E**	**95**	**26**
Posidonius A	31.7° N	29.5° E	11	42
Posidonius B	33.1° N	30.9° E	14	26
Posidonius C	31.1° N	29.6° E	3	42
Posidonius E	30.5° N	19.7° E	3	42
Posidonius F	32.8° N	27.1° E	6	26
Posidonius G	34.8° N	27.2° E	5	26
Posidonius J	33.8° N	30.7° E	22	26
Posidonius M	34.3° N	30.0° E	10	26
Posidonius N	29.7° N	21.0° E	6	42
Posidonius P	33.6° N	27.5° E	15	26
Posidonius W	31.6° N	20.1° E	3	42
Posidonius Y	30.0° N	24.9° E	2	42
Posidonius Z	30.7° N	22.9° E	6	42
Powell	**20.2° N**	**30.8° E**	**1**	**43**
Poynting	**18.1° N**	**133.4° W**	**128**	**52**
Poynting X	23.3° N	136.2° W	22	52
Prager	**3.9° S**	**130.5° E**	**60**	**84**
Prager C	1.4° S	132.4° E	40	84
Prager E	3.0° S	133.1° E	14	84
Prager G	4.6° S	134.0° E	76	84
Prandtl	**60.1° S**	**141.8° E**	**91**	**131**
Priestley	**57.3° S**	**108.4° E**	**52**	**130**
Priestley K	59.0° S	110.5° E	35	130
Priestley X	56.5° S	107.8° E	14	130
Prinz	**25.5° N**	**44.1° W**	**46**	**39**
Prinz A	26.3° N	43.6° W	4	39
Prinz B	26.8° N	43.2° W	4	39
Priscilla	**10.9° S**	**6.2° W**	**1.8**	**77**
Proclus	**16.1° N**	**46.8° E**	**28**	**43**
Proclus A	13.4° N	42.3° E	15	61
Proclus C	12.9° N	43.6° E	10	61
Proclus D	17.5° N	41.0° E	13	43
Proclus E	16.6° N	40.9° E	12	43
Proclus F	14.2° N	46.0° E	9	61
Proclus G	12.7° N	42.7° E	33	61
Proclus J	17.1° N	44.0° E	6	43
Proclus K	16.5° N	46.2° E	16	43
Proclus L	17.1° N	46.4° E	9	43
Proclus M	16.4° N	45.2° E	8	43
Proclus P	15.3° N	48.7° E	30	61
Proclus R	15.8° N	45.5° E	28	61
Proclus S	15.7° N	47.9° E	18	61
Proclus T	15.4° N	46.7° E	21	61
Proclus U	15.2° N	48.0° E	13	61
Proclus V	14.8° N	48.3° E	19	61
Proclus W	17.5° N	46.2° E	7	43
Proclus X	17.7° N	45.1° E	6	43
Proclus Y	17.5° N	44.9° E	8	43
Proclus Z	17.9° N	44.7° E	6	43
Proctor	**46.4° S**	**5.1° W**	**52**	**112**
Proctor A	47.0° S	6.7° W	8	112
Proctor B	46.4° S	6.7° W	8	112
Proctor C	47.7° S	6.6° W	5	112
Proctor D	46.1° S	6.0° W	12	112
Proctor E	45.4° S	5.1° W	8	112
Proctor F	47.7° S	5.2° W	7	112
Proctor G	47.7° S	4.8° W	7	112
Proctor H	45.7° S	2.5° W	5	112
Promontorium Agarum	14.0° N	66.0° E	70	62
Promontorium Agassiz	42.0° N	1.8° E	20	25
Promontorium Archerusia	16.7° N	22.0° E	10	42
Promontorium Deville	43.2° N	1.0° E	20	25
Promontorium Fresnel	29.0° N	4.7° E	20	41

Feature Name	Lat.	Long.	D	LAC
Promontorium Heraclides	40.3° N	33.2° W	50	24
Promontorium Kelvin	27.0° S	33.0° W	50	93
Promontorium Laplace	46.0° N	25.8° W	50	24
Promontorium Taenarium	19.0° S	8.0° W	70	95
Protagoras	**56.0° N**	**7.3° E**	**21**	**12**
Protagoras B	56.3° N	5.7° E	4	12
Protagoras E	49.5° N	0.5° E	6	12
Ptolemaeus	**9.3° S**	**1.9° W**	**164**	**77**
Ptolemaeus A	8.5° S	0.8° W	9	77
Ptolemaeus B	7.9° S	0.7° W	17	77
Ptolemaeus C	10.1° S	3.3° W	3	77
Ptolemaeus D	8.2° S	2.5° W	4	77
Ptolemaeus E	10.2° S	4.5° W	32	77
Ptolemaeus G	7.1° S	0.1° E	7	77
Ptolemaeus H	7.1° S	5.4° W	7	77
Ptolemaeus J	9.6° S	5.4° W	5	77
Ptolemaeus K	8.2° S	4.6° W	8	77
Ptolemaeus L	8.8° S	4.0° W	4	77
Ptolemaeus M	9.4° S	3.4° W	3	77
Ptolemaeus O	7.2° S	3.6° W	5	77
Ptolemaeus P	11.4° S	3.2° W	4	77
Ptolemaeus R	6.7° S	1.2° W	6	77
Ptolemaeus S	10.5° S	0.5° W	4	77
Ptolemaeus T	7.5° S	0.0° E	7	77
Ptolemaeus W	9.1° S	1.4° E	4	77
Ptolemaeus X	10.9° S	0.3° E	4	77
Ptolemaeus Y	9.3° S	0.7° E	6	77
Puiseux	**27.8° S**	**39.0° W**	**24**	**93**
Puiseux A	26.5° S	39.7° W	3	93
Puiseux B	25.7° S	38.8° W	4	93
Puiseux C	24.7° S	37.8° W	3	93
Puiseux D	25.7° S	36.1° W	7	93
Puiseux F	23.4° S	38.8° W	4	93
Puiseux G	28.2° S	37.8° W	3	93
Puiseux H	27.4° S	37.0° W	3	93
Pupin	**23.8° N**	**11.0° W**	**2**	**40**
Purbach	**25.5° S**	**2.3° W**	**115**	**95**
Purbach A	26.1° S	1.9° W	8	95
Purbach B	26.9° S	4.2° W	16	95
Purbach C	27.7° S	4.6° W	18	95
Purbach D	22.8° S	1.6° W	12	95
Purbach E	21.7° S	0.7° W	23	95
Purbach F	24.6° S	0.0° W	9	95
Purbach G	23.9° S	2.8° W	27	95
Purbach H	25.5° S	5.6° W	29	95
Purbach J	27.5° S	3.9° W	12	95
Purbach K	25.2° S	4.6° W	8	95
Purbach L	25.1° S	5.0° W	17	95
Purbach M	24.8° S	4.4° W	17	95
Purbach N	26.2° S	5.4° W	7	95
Purbach O	24.7° S	3.8° W	5	95
Purbach P	26.4° S	3.7° W	5	95
Purbach Q	25.9° S	0.0° W	4	95
Purbach R	26.5° S	3.2° W	4	95
Purbach S	27.3° S	2.3° W	9	5
Purbach T	24.6° S	0.9° W	5	95
Purbach U	27.0° S	2.0° W	15	95
Purbach V	26.7° S	0.3° W	6	95
Purbach W	25.5° S	2.3° W	20	95
Purbach X	25.4° S	1.1° W	4	95
Purbach Y	25.8° S	6.8° W	16	95
Purkyne	**1.6° S**	**94.9° E**	**48**	**82**
Purkyne D	1.0° S	96.0° E	13	82
Purkyne K	2.7° S	95.4° E	21	82
Purkyne S	1.8° S	90.6° E	34	82
Purkyne U	0.7° S	91.9° E	51	82
Purkyne V	0.8° S	92.7° E	24	82
Pythagoras	**63.5° N**	**63.0° W**	**142**	**10**
Pythagoras B	66.1° N	73.0° W	17	2
Pythagoras D	64.5° N	72.0° W	30	2
Pythagoras G	67.8° N	75.3° W	16	2
Pythagoras H	67.1° N	73.3° W	18	2
Pythagoras K	67.3° N	75.4° W	12	2
Pythagoras L	67.3° N	77.6° W	12	2
Pythagoras M	67.5° N	81.1° W	10	9
Pythagoras N	66.6° N	78.1° W	14	2
Pythagoras P	65.3° N	75.2° W	10	2
Pythagoras S	67.7° N	64.7° W	8	2
Pythagoras T	62.5° N	51.4° W	6	10
Pythagoras W	63.1° N	48.9° W	4	11
Pytheas	**20.5° N**	**20.6° W**	**20**	**40**
Pytheas A	20.5° N	21.7° W	6	40
Pytheas B	17.5° N	19.4° W	4	40
Pytheas C	18.8° N	19.1° W	4	40
Pytheas D	21.1° N	20.5° W	5	40
Pytheas E	18.1° N	19.0° W	4	40
Pytheas F	16.5° N	19.1° W	5	40
Pytheas G	21.6° N	17.7° W	4	40
Pytheas H	20.5° N	16.5° W	3	40
Pytheas J	21.6° N	21.1° W	3	40
Pytheas K	19.9° N	16.2° W	2	40
Pytheas L	18.6° N	16.9° W	3	40
Pytheas M	19.9° N	17.7° W	3	40
Pytheas N	22.5° N	20.5° W	3	40
Pytheas U	21.7° N	19.4° W	3	40
Pytheas W	21.7° N	23.7° W	3	40
Quetelet	**43.1° N**	**134.9° W**	**55**	**34**
Quetelet T	42.8° N	137.6° W	46	34
Rabbi Levi	**34.7° S**	**23.6° E**	**81**	**113**
Rabbi Levi A	34.3° S	22.7° E	12	113
Rabbi Levi B	34.5° S	24.8° E	13	113
Rabbi Levi C	34.3° S	27.0° E	20	113
Rabbi Levi D	35.4° S	22.8° E	10	113
Rabbi Levi E	36.7° S	22.1° E	35	113
Rabbi Levi F	36.0° S	20.5° E	12	113
Rabbi Levi G	36.9° S	22.0° E	12	113
Rabbi Levi H	36.4° S	20.2° E	8	113
Rabbi Levi J	37.6° S	22.7° E	7	113
Rabbi Levi L	34.7° S	23.0° E	13	113
Rabbi Levi M	35.2° S	23.2° E	11	113
Rabbi Levi N	36.4° S	23.7° E	8	113
Rabbi Levi O	35.7° S	25.1° E	7	113
Rabbi Levi P	34.5° S	25.8° E	15	113
Rabbi Levi Q	33.7° S	25.8° E	6	113
Rabbi Levi R	33.6° S	28.2° E	12	113
Rabbi Levi S	34.2° S	27.5° E	14	113
Rabbi Levi T	36.2° S	22.4° E	10	113
Rabbi Levi U	35.6° S	21.9° E	14	113
Racah	**13.8° S**	**179.8° W**	**63**	**86**
Racah B	10.5° S	178.4° W	27	86
Racah J	16.5° S	177.4° W	37	104
Racah K	16.8° S	178.6° W	52	104
Racah N	17.0° S	179.0° E	35	104
Racah T	13.8° S	177.5° E	21	86
Racah U	13.2° S	177.2° E	25	86
Racah W	12.5° S	178.9° E	39	86
Racah X	10.2° S	179.0° E	14	86
Raimond	**14.6° N**	**159.3° W**	**70**	**69**
Raimond K	13.3° N	158.2° W	34	69
Raimond Q	11.6° N	161.7° W	32	69
Raman	**27.0° N**	**55.1° W**	**10**	**38**
Ramsay	**40.2° S**	**144.5° E**	**81**	**118**
Ramsay U	40.0° S	142.4° E	23	118
Ramsden	**32.9° S**	**31.8° W**	**24**	**111**
Ramsden A	33.4° S	31.3° W	5	111
Ramsden G	35.3° S	31.6° W	11	111
Ramsden H	35.7° S	32.4° W	11	111
Rankine	**3.9° S**	**71.5° E**	**8**	**81**
Raspletin	**22.5° S**	**151.8° E**	**48**	**103**
Ravi	**22.5° S**	**151.8° E**	**2.5**	**103**
Ravine	**8.9° S**	**15.6° E**	**1**	**78**
Rayet	**44.7° N**	**114.5° E**	**27**	**30**
Rayet H	43.4° N	116.7° E	16	30
Rayet P	43.3° N	114.0° E	17	30
Rayet Y	47.2° N	113.0° E	14	30
Rayleigh	**29.3° N**	**89.6° E**	**114**	**45**
Rayleigh A	27.9° N	87.4° E	38	45
Rayleigh B	28.9° N	88.4° E	14	45
Rayleigh C	31.4° N	85.7° E	22	45
Rayleigh D	28.9° N	89.7° E	22	45
Razumov	**39.1° N**	**114.3° W**	**70**	**35**
Razumov C	40.8° N	112.4° W	48	35
Reaumur	**2.4° S**	**0.7° E**	**52**	**77**
Reaumur A	4.3° S	0.2° E	16	77
Reaumur B	4.2° S	0.9° E	5	77
Reaumur C	3.4° S	0.2° E	5	77
Reaumur D	0.2° S	2.8° E	4	77
Reaumur K	3.8° S	1.0° E	7	77
Reaumur R	3.5° S	2.1° E	14	77
Reaumur W	3.2° S	2.8° E	3	77
Reaumur X	2.9° S	0.6° W	5	77
Reaumur Y	1.3° S	0.6° E	3	77
Recht	**9.8° N**	**124.0° E**	**20**	**65**
Regiomontanus	**28.3° S**	**1.0° W**	**108**	**95**
Regiomontanus A	28.0° S	0.6° W	6	95
Regiomontanus B	29.0° S	3.7° W	10	95
Regiomontanus C	28.7° S	5.2° W	8	95
Regiomontanus E	28.2° S	6.2° W	6	95
Regiomontanus F	27.8° S	1.9° W	11	95
Regiomontanus G	28.2° S	3.6° W	5	95
Regiomontanus H	28.6° S	4.0° W	6	95
Regiomontanus J	29.4° S	1.9° W	8	95
Regiomontanus K	30.3° S	0.0° W	6	95
Regiomontanus L	29.7° S	1.1° E	6	95
Regiomontanus M	29.6° S	2.1° W	5	95
Regiomontanus N	28.9° S	0.1° E	3	95
Regiomontanus R	28.4° S	0.0° W	3	95
Regiomontanus S	28.6° S	2.0° W	4	95
Regiomontanus T	28.1° S	2.9° W	5	95
Regiomontanus U	27.9° S	3.5° W	11	95
Regiomontanus W	29.5° S	1.4° W	3	95
Regiomontanus Y	30.1° S	1.6° W	5	95
Regiomontanus Z	27.5° S	3.0° W	6	95
Regnault	**54.1° N**	**88.0° W**	**46**	**21**
Regnault C	55.2° N	89.2° W	14	21
Regnault W	53.5° N	89.9° W	15	21
Reichenbach	**30.3° S**	**48.0° E**	**71**	**97**
Reichenbach A	28.3° S	49.0° E	34	97
Reichenbach B	28.4° S	48.0° E	44	97
Reichenbach C	29.3° S	43.9° E	27	97
Reichenbach D	28.1° S	44.7° E	35	97
Reichenbach F	31.4° S	48.4° E	15	97
Reichenbach G	31.7° S	49.4° E	15	97
Reichenbach H	28.9° S	49.7° E	10	97
Reichenbach J	30.7° S	49.4° E	15	97
Reichenbach K	28.8° S	42.4° E	11	97
Reichenbach L	30.5° S	46.7° E	8	97
Reichenbach M	33.0° S	46.5° E	13	114
Reichenbach N	30.5° S	43.9° E	14	97
Reichenbach P	32.0° S	49.9° E	12	97
Reichenbach Q	32.4° S	50.2° E	10	114
Reichenbach R	26.9° S	42.9° E	7	97
Reichenbach S	27.1° S	43.1° E	9	97
Reichenbach T	29.3° S	45.7° E	64	97
Reichenbach U	32.7° S	49.5° E	14	114
Reichenbach W	30.7° S	43.1° E	18	97
Reichenbach X	30.9° S	43.9° E	11	97
Reichenbach Y	31.2° S	43.6° E	16	97
Reichenbach Z	31.9° S	46.0° E	15	97
Reimarus	**47.7° S**	**60.3° E**	**48**	**128**
Reimarus A	48.8° S	59.9° E	29	128
Reimarus B	49.5° S	60.6° E	16	128
Reimarus C	50.2° S	59.5° E	11	128
Reimarus F	49.5° S	58.7° E	7	128
Reimarus H	49.3° S	62.3° E	10	128
Reimarus R	47.7° S	63.9° E	35	115
Reimarus S	47.8° S	62.8° E	9	115
Reimarus T	48.4° S	63.5° E	24	128
Reimarus U	48.5° S	62.2° E	20	128
Reiner	**7.0° N**	**54.9° W**	**29**	**56**
Reiner A	5.2° N	51.4° W	10	56
Reiner C	3.5° N	51.5° W	7	56
Reiner E	1.9° N	49.6° W	4	56
Reiner G	3.3° N	54.3° W	3	56
Reiner Gamma	**7.5° N**	**59.0° W**	**70**	**56**
Reiner H	9.1° N	54.7° W	8	56
Reiner K	8.1° N	53.9° W	3	56
Reiner L	8.0° N	54.6° W	6	56
Reiner M	8.6° N	56.1° W	3	56
Reiner N	5.4° N	57.5° W	4	56
Reiner Q	1.4° N	50.9° W	3	56
Reiner R	3.7° N	55.5° W	45	56
Reiner S	2.2° N	50.7° W	4	56
Reiner T	3.7° N	52.2° W	2	56
Reiner U	4.1° N	52.5° W	3	56
Reinhold	**3.3° N**	**22.8° W**	**42**	**58**
Reinhold A	4.1° N	21.7° W	4	58
Reinhold B	4.3° N	21.7° W	26	58
Reinhold C	4.4° N	24.5° W	4	58
Reinhold D	2.6° N	24.5° W	2	58
Reinhold F	3.4° N	21.4° W	5	58
Reinhold G	4.8° N	19.8° W	3	58
Reinhold H	4.2° N	20.9° W	4	58
Reinhold N	1.6° N	25.4° W	4	58
Repsold	**51.3° N**	**78.6° W**	**109**	**10**
Repsold A	51.8° N	77.0° W	9	10
Repsold B	53.2° N	75.8° W	38	10
Repsold C	48.9° N	73.6° W	133	10
Repsold G	50.5° N	80.6° W	44	21
Repsold H	51.7° N	81.6° W	12	21
Repsold N	49.0° N	78.2° W	14	10
Repsold R	49.8° N	72.2° W	13	10
Repsold S	47.8° N	75.2° W	9	10
Repsold T	47.7° N	79.9° W	13	10
Repsold V	50.8° N	75.4° W	7	10
Repsold W	52.6° N	79.8° W	10	10
Resnik	**33.8° S**	**150.1° W**	**20**	**121**
Respighi	**2.8° N**	**71.9° E**	**18**	**63**
Rhaeticus	**0.0° N**	**4.9° E**	**45**	**59**
Rhaeticus A	1.8° N	5.2° E	11	59
Rhaeticus B	1.7° N	6.8° E	6	59
Rhaeticus D	0.9° N	6.2° E	7	59
Rhaeticus E	0.1° S	6.0° E	5	77
Rhaeticus F	0.1° S	6.5° E	18	77
Rhaeticus G	1.0° N	6.4° E	6	79
Rhaeticus H	1.0° S	5.4° E	6	59
Rhaeticus J	0.7° S	3.2° E	4	77
Rhaeticus L	0.2° N	3.6° E	14	59
Rhaeticus M	1.0° N	3.8° E	7	59
Rhaeticus N	1.2° N	4.2° E	12	59
Rheita	**37.1° S**	**47.2° E**	**70**	**114**
Rheita A	38.0° S	50.0° E	11	114
Rheita B	39.1° S	52.8° E	21	114
Rheita C	35.1° S	44.2° E	8	114
Rheita D	39.1° S	50.1° E	6	114
Rheita E	34.2° S	49.1° E	66	114
Rheita F	35.4° S	48.4° E	14	114
Rheita G	40.5° S	54.3° E	15	114
Rheita H	39.8° S	51.7° E	7	114
Rheita L	37.7° S	52.9° E	10	114
Rheita M	35.3° S	50.1° E	25	114
Rheita N	35.1° S	49.5° E	8	114
Rheita P	37.9° S	44.4° E	11	114
Rhysling	**26.1° N**	**3.7° E**	**0**	**41**
Riccioli	**3.3° S**	**74.6° W**	**139**	**73**
Riccioli C	0.6° N	73.0° W	31	55
Riccioli Ca	0.6° N	73.0° W	14	55
Riccioli F	8.6° S	73.9° W	28	73
Riccioli G	1.3° S	71.0° W	15	73
Riccioli H	1.1° N	74.9° W	18	55
Riccioli K	2.2° S	77.5° W	43	73
Riccioli U	5.7° S	72.8° W	9	73
Riccioli Y	3.0° S	73.2° W	7	73
Riccius	**36.9° S**	**26.5° E**	**71**	**113**
Riccius A	35.9° S	27.4° E	24	113
Riccius B	37.5° S	27.8° E	19	113
Riccius C	36.2° S	28.8° E	24	113
Riccius D	40.3° S	28.9° E	17	113
Riccius E	39.9° S	26.4° E	22	113
Riccius G	38.5° S	24.4° E	13	113
Riccius H	35.4° S	26.1° E	20	113
Riccius J	40.7° S	26.0° E	13	113
Riccius K	39.1° S	25.7° E	6	113
Riccius L	41.5° S	26.8° E	8	113
Riccius M	37.8° S	26.4° E	14	113
Riccius N	41.1° S	27.6° E	13	113
Riccius O	36.2° S	27.8° E	9	113
Riccius P	35.7° S	28.1° E	11	113
Riccius R	41.4° S	30.7° E	7	113
Riccius S	37.0° S	26.5° E	11	113
Riccius T	36.3° S	25.0° E	7	113
Riccius W	38.9° S	25.2° E	19	113
Riccius X	38.8° S	26.7° E	11	113
Riccius Y	35.8° S	29.1° E	10	113
Ricco	**75.6° N**	**176.3° E**	**65**	**7**
Richards	**7.7° N**	**140.1° E**	**16**	**66**
Richardson	**31.1° N**	**100.5° E**	**141**	**46**
Richardson E	31.9° N	103.6° E	22	46
Richardson W	33.5° N	98.3° E	23	29
Riedel	**48.9° S**	**139.6° W**	**47**	**134**
Riedel G	49.2° S	133.6° W	26	134
Riedel Q	49.9° S	141.7° W	25	134
Riedel Z	47.4° S	139.7° W	30	134
Riemann	**38.9° N**	**86.8° E**	**163**	**29**
Riemann A	37.3° N	86.5° E	48	29
Riemann B	41.6° N	85.2° E	24	29
Riemann J	37.4° N	90.2° E	39	29
Rima Agatharchides	20.0° S	28.0° W	50	94
Rima Agricola	29.0° N	53.0° W	110	38
Rima Archytas	53.0° N	3.0° E	90	12
Rima Ariadaeus	6.4° N	14.0° E	250	60
Rima Artsimovich	27.0° N	39.0° W	70	39
Rima Billy	15.0° S	48.0° W	70	75
Rima Birt	21.0° S	9.0° W	50	95
Rima Bradley	23.8° N	1.2° W	161	41
Rima Brayley	21.4° N	37.5° W	311	39
Rima Calippus	37.0° N	13.0° E	40	26
Rima Cardanus	11.4° N	71.5° W	175	55
Rima Carmen	19.8° N	29.3° E	10	42
Rima Cauchy	10.5° N	38.0° E	140	61
Rima Cleomedes	27.0° N	57.0° E	80	44
Rima Cleopatra	30.0° N	53.8° W	14	38
Rima Conon	18.6° N	2.0° E	30	41
Rima Dawes	17.5° N	26.6° E	15	42
Rima Delisle	31.0° N	32.0° W	60	39
Rima Diophantus	29.0° N	33.0° W	150	39
Rima Draper	18.0° N	25.0° W	160	40
Rima Euler	21.0° N	31.0° W	90	39
Rima Flammarion	2.8° S	5.6° W	80	77
Rima Furnerius	35.0° S	61.0° E	50	115
Rima G. Bond	33.3° N	35.5° E	168	27
Rima Gärtner	59.0° N	36.0° E	30	13

Feature Name	Lat.	Long.	D	LAC
Rima Galilaei	11.9° N	58.5° W	89	56
Rima Gay-Lussac	13.0° N	22.0° W	40	58
Rima Hadley	25.0° N	3.0° E	80	41
Rima Hansteen	12.0° S	53.0° W	25	74
Rima Hesiodus	30.0° S	20.0° W	256	94
Rima Hyginus	7.4° N	7.8° E	219	59
Rima Jansen	14.5° N	29.0° E	35	60
Rima Krieger	29.0° N	45.6° W	22	39
Rima Mairan	38.0° N	47.0° W	90	23
Rima Marcello	18.6° N	27.7° E	2	42
Rima Marius	16.5° N	48.9° W	121	39
Rima Messier	1.0° S	45.0° E	100	79
Rima Milichius	8.0° N	33.0° W	100	57
Rima Oppolzer	1.7° S	1.0° E	94	77
Rima Reaumur	3.0° S	3.0° E	30	77
Rima Reiko	18.6° N	27.7° E	2	42
Rima Rudolf	19.6° N	29.6° E	8	42
Rima Schroter	1.0° N	6.0° W	40	59
Rima Sharp	46.7° N	50.5° W	107	23
Rima Sheepshanks	58.0° N	24.0° E	200	13
Rima Siegfried	25.9° S	103.0° E	14	100
Rima Suess	6.7° N	48.2° W	165	57
Rima Sung-Mei	24.6° N	11.3° E	4	42
Rima T. Mayer	13.0° N	31.0° W	50	57
Rima Vladimir	25.2° N	0.7° W	14	41
Rima Wan-Yu	20.0° N	31.5° W	12	39
Rima Yangel'	16.7° N	4.6° E	30	41
Rima Zahia	25.0° N	29.5° W	16	39
Rimae Alphonsus	14.0° S	2.0° W	80	77
Rimae Apollonius	5.0° N	53.0° E	230	62
Rimae Archimedes	26.6° N	4.1° W	169	41
Rimae Aristarchus	26.9° N	47.5° W	121	39
Rimae Arzachel	18.0° S	2.0° W	50	95
Rimae Atlas	47.5° N	43.6° E	60	27
Rimae Bode	10.0° N	4.0° W	70	59
Rimae Boscovich	9.8° N	11.1° E	40	60
Rimae Burg	44.5° N	23.8° E	147	26
Rimae Chacornac	29.0° N	32.0° E	120	43
Rimae Daniell	37.0° N	26.0° E	200	26
Rimae Darwin	19.3° S	69.5° W	143	92
Rimae De Gasparis	24.6° S	51.1° W	93	92
Rimae Doppelmayer	25.9° S	45.1° W	162	93
Rimae Focas	28.0° S	98.0° W	100	108
Rimae Fresnel	28.0° N	4.0° E	90	41
Rimae Gassendi	18.0° S	40.0° W	70	93
Rimae Gerard	46.0° N	84.0° W	100	22
Rimae Goclenius	8.0° S	43.0° E	240	79
Rimae Grimaldi	9.0° S	64.0° W	230	74
Rimae Gutenberg	5.0° S	38.0° E	330	79
Rimae Herigonius	13.0° S	37.0° W	100	75
Rimae Hevelius	1.0° N	68.0° W	182	56
Rimae Hippalus	25.5° S	29.2° W	191	94
Rimae Hypatia	0.4° S	22.4° E	206	78
Rimae Janssen	45.6° S	40.0° E	114	114
Rimae Kopff	17.4° S	89.6° W	41	108
Rimae Liebig	20.0° S	45.0° W	140	93
Rimae Littrow	22.1° N	29.9° E	115	43
Rimae Maclear	13.0° N	20.0° E	110	60
Rimae Maestlin	2.0° N	40.0° W	80	57
Rimae Maupertuis	52.0° N	23.0° W	60	11
Rimae Menelaus	17.2° N	17.9° E	131	42
Rimae Mersenius	21.5° S	49.2° W	84	93
Rimae Opelt	13.0° S	18.0° W	70	76
Rimae Palmieri	28.0° S	47.0° W	150	73
Rimae Parry	6.1° S	16.8° W	82	76
Rimae Petavius	25.9° S	58.9° E	80	98
Rimae Pettit	23.0° S	92.0° W	450	108
Rimae Pitatus	28.5° S	13.8° W	94	94
Rimae Plato	52.9° N	3.2° W	87	12
Rimae Plinius	17.9° N	23.6° E	124	42
Rimae Posidonius	32.0° N	28.7° E	70	42
Rimae Prinz	27.0° N	43.0° W	80	39
Rimae Ramsden	33.9° S	31.4° W	108	111
Rimae Repsold	50.6° N	81.7° W	166	21
Rimae Riccioli	2.0° S	74.0° W	400	73
Rimae Ritter	3.0° N	18.0° E	100	60
Rimae Romer	27.0° N	35.0° E	110	43
Rimae Secchi	1.0° N	44.0° E	35	61
Rimae Sirsalis	15.7° S	61.7° W	426	92
Rimae Sosigenes	8.6° N	18.7° E	190	60
Rimae Sulpicius Gallus	21.0° N	10.0° E	90	42
Rimae Taruntius	5.5° N	46.5° E	25	61
Rimae Theaetetus	33.0° N	6.0° E	50	25
Rimae Triesnecker	4.3° N	4.6° E	215	59
Rimae Vasco Da Gama	10.0° N	82.0° W	60	55
Rimae Zupus	15.0° S	53.0° W	120	74
Ritchey	**11.1° S**	**8.5° E**	**24**	**77**
Ritchey A	11.3° S	7.7° E	6	77
Ritchey B	11.9° S	8.9° E	7	77
Ritchey C	10.9° S	9.2° E	6	77
Ritchey D	10.2° S	9.2° E	6	77
Ritchey E	10.7° S	8.4° E	14	77
Ritchey F	10.5° S	7.6° E	4	77
Ritchey J	12.3° S	9.9° E	17	77
Ritchey M	12.4° S	9.5° E	8	77
Ritchey N	11.1° S	10.0° E	17	77
Rittenhouse	**74.5° S**	**106.5° E**	**26**	**140**
Ritter	**2.0° N**	**19.2° E**	**29**	**60**
Ritter B	3.3° N	18.9° E	14	60
Ritter C	2.8° N	18.9° E	14	60
Ritter D	3.7° N	18.8° E	7	60
Ritz	**15.1° S**	**92.2° E**	**51**	**82**
Ritz B	13.7° S	92.8° E	26	82
Ritz J	16.0° S	92.9° E	11	82
Robert	**19.0° N**	**27.4° E**	**1**	**42**
Roberts	**71.1° N**	**174.5° W**	**89**	**7**
Roberts M	68.2° N	174.3° W	46	7
Roberts N	69.0° N	176.3° W	49	7
Roberts P	67.4° N	178.7° E	30	7
Roberts Q	68.9° N	177.3° E	19	7
Roberts R	69.6° N	178.4° E	59	7
Robertson	**21.8° N**	**105.2° W**	**88**	**54**
Robertson	21.8° N	105.2° W	88	54
Robinson	**59.0° N**	**45.9° W**	**24**	**11**
Rocca	**12.7° S**	**72.8° W**	**89**	**73**
Rocca A	13.8° S	70.0° W	63	74
Rocca B	12.6° S	67.4° W	25	74
Rocca C	10.7° S	70.2° W	19	73
Rocca D	11.0° S	68.0° W	24	74
Rocca E	11.8° S	69.4° W	43	74
Rocca F	13.6° S	66.6° W	27	74
Rocca G	13.3° S	64.9° W	23	74
Rocca H	12.9° S	65.4° W	26	74
Rocca J	14.9° S	73.9° W	13	73
Rocca L	13.9° S	72.6° W	17	74
Rocca M	14.5° S	70.7° W	42	73
Rocca N	11.6° S	70.3° W	24	73
Rocca P	11.2° S	71.7° W	32	73
Rocca Q	15.3° S	69.0° W	59	74
Rocca R	11.4° S	72.9° W	46	73
Rocca S	10.3° S	71.5° W	10	73
Rocca T	9.7° S	71.0° W	16	73
Rocca W	10.3° S	67.0° W	102	74
Rocca Z	16.0° S	75.4° W	55	73
Rocco	**28.9° N**	**45.0° W**	**4**	**39**
Roche	**42.3° S**	**136.5° E**	**160**	**118**
Roche B	40.1° S	137.2° E	24	118
Roche C	39.0° S	139.2° E	18	118
Roche U	40.3° S	130.0° E	73	118
Roche V	38.5° S	129.3° E	30	117
Roche W	39.0° S	130.5° E	20	118
Romeo	**7.5° N**	**122.6° E**	**8**	**65**
Romer	**25.4° N**	**36.4° E**	**39**	**43**
Romer A	28.1° N	37.1° E	35	43
Romer B	28.6° N	38.2° E	20	43
Romer C	27.7° N	37.0° E	8	43
Romer D	24.5° N	35.8° E	13	43
Romer E	28.5° N	39.2° E	31	43
Romer F	27.1° N	37.2° E	22	43
Romer G	26.8° N	36.2° E	14	43
Romer H	25.9° N	35.7° E	6	43
Romer J	22.4° N	37.9° E	8	43
Romer K	22.6° N	35.5° E	12	43
Romer L	23.3° N	34.7° E	11	43
Romer M	25.3° N	34.6° E	10	43
Romer N	25.3° N	38.0° E	26	43
Romer P	26.5° N	39.6° E	61	43
Romer R	24.2° N	34.6° E	42	43
Romer S	24.9° N	36.8° E	44	43
Romer T	23.6° N	36.1° E	47	43
Romer U	24.3° N	39.1° E	28	43
Romer V	24.5° N	38.6° E	28	43
Romer W	26.4° N	40.4° E	7	43
Romer X	24.3° N	40.1° E	22	43
Romer Y	25.7° N	36.3° E	7	43
Romer Z	24.1° N	36.9° E	12	43
Rontgen	**33.0° N**	**91.4° W**	**126**	**36**
Rontgen A	36.9° N	88.1° W	18	36
Rontgen B	35.7° N	88.1° W	16	36
Rosa	**20.3° N**	**32.3° W**	**1**	**39**
Rosenberger	**55.4° S**	**43.1° E**	**95**	**128**
Rosenberger A	53.5° S	47.0° E	49	128
Rosenberger B	51.9° S	46.1° E	33	128
Rosenberger C	52.1° S	42.1° E	47	128
Rosenberger D	57.5° S	42.9° E	50	128
Rosenberger E	59.3° S	43.2° E	11	128
Rosenberger F	56.0° S	40.6° E	6	128
Rosenberger G	53.9° S	41.4° E	9	128
Rosenberger H	55.0° S	46.5° E	12	128
Rosenberger J	52.9° S	43.3° E	22	128
Rosenberger K	54.5° S	47.7° E	18	128
Rosenberger L	52.6° S	44.6° E	9	128
Rosenberger N	54.3° S	44.1° E	8	128
Rosenberger S	55.8° S	42.6° E	14	128
Rosenberger T	56.5° S	43.1° E	8	128
Rosenberger W	58.7° S	42.4° E	32	128
Ross	**11.7° N**	**21.7° E**	**24**	**60**
Ross B	11.4° N	20.2° E	6	60
Ross C	11.7° N	19.0° E	5	60
Ross D	12.6° N	23.3° E	9	60
Ross E	11.1° N	23.4° E	4	60
Ross F	10.9° N	24.2° E	5	60
Ross G	10.7° N	24.9° E	5	60
Ross H	10.2° N	21.8° E	5	60
Rosse	**17.9° S**	**35.0° E**	**11**	**97**
Rosse C	18.5° S	34.4° E	5	97
Rosseland	**41.0° S**	**131.0° E**	**75**	**118**
Rost	**56.4° S**	**33.7° W**	**48**	**125**
Rost A	56.5° S	36.7° W	39	125
Rost B	54.6° S	36.0° W	21	125
Rost D	56.6° S	30.9° W	29	125
Rost M	55.5° S	31.4° W	26	125
Rost N	57.2° S	33.0° W	6	125
Rothmann	**30.8° S**	**27.7° E**	**42**	**96**
Rothmann A	29.4° S	27.6° E	8	96
Rothmann B	31.8° S	28.4° E	21	96
Rothmann C	28.6° S	25.1° E	19	96
Rothmann D	28.9° S	22.8° E	14	96
Rothmann E	32.9° S	29.2° E	10	113
Rothmann F	29.1° S	28.0° E	7	96
Rothmann G	28.4° S	24.3° E	92	96
Rothmann H	29.1° S	25.4° E	11	96
Rothmann J	29.3° S	25.7° E	8	96
Rothmann K	28.8° S	24.4° E	6	96
Rothmann L	29.2° S	28.7° E	14	96
Rothmann M	31.2° S	29.8° E	16	96
Rothmann W	30.8° S	26.6° E	11	96
Rowland	**57.4° N**	**162.5° W**	**171**	**19**
Rowland G	57.0° N	159.4° W	18	19
Rowland J	53.1° N	155.5° W	49	19
Rowland K	51.4° N	157.1° W	25	19
Rowland M	51.9° N	162.4° W	58	19
Rowland N	55.4° N	163.7° W	30	19
Rowland R	53.7° N	169.5° W	24	19
Rowland Y	59.1° N	163.0° W	54	19
Rozhdestvensky	**85.2° N**	**155.4° W**	**177**	**1**
Rozhdestvensky H	83.6° N	131.0° W	21	1
Rozhdestvensky K	82.7° N	144.6° W	42	1
Rozhdestvensky U	85.3° N	151.9° E	44	1
Rozhdestvensky W	84.8° N	137.2° E	75	1
Rumford	**28.8° S**	**169.8° W**	**61**	**105**
Rumford A	25.2° S	169.2° W	30	105
Rumford B	25.2° S	168.1° W	25	105
Rumford C	27.4° S	168.1° W	26	105
Rumford F	28.9° S	165.3° W	13	105
Rumford Q	30.7° S	171.6° W	29	104
Rumford T	28.6° S	172.1° W	108	104
Rumker C	41.6° N	58.1° W	4	23
Rumker E	38.7° N	57.1° W	7	23
Rumker F	37.3° N	57.2° W	5	23
Rumker H	40.3° N	52.6° W	4	23
Rumker K	42.3° N	56.0° W	3	23
Rumker L	43.6° N	57.3° W	3	23
Rumker S	42.6° N	63.0° W	3	22
Rumker T	42.5° N	64.8° W	3	22
Runge	**2.5° S**	**86.7° E**	**38**	**81**
Rupes Altai	24.3° S	22.6° E	427	96
Rupes Boris	30.5° N	33.5° W	4	39
Rupes Cauchy	9.0° N	37.0° E	120	61
Rupes Kelvin	27.3° S	33.1° W	78	93
Rupes Liebig	25.0° S	46.0° W	180	93
Rupes Mercator	31.0° S	22.3° W	93	94
Rupes Recta	22.1° S	7.8° W	134	95
Rupes Toscanelli	27.4° N	47.5° W	70	39
Russell	**26.5° N**	**75.4° W**	**103**	**37**
Russell B	26.4° N	78.2° W	19	37
Russell E	28.6° N	74.5° W	9	37
Russell F	28.0° N	76.4° W	9	37
Russell R	28.7° N	75.3° W	45	37
Russell S	29.4° N	77.1° W	25	37
Ruth	**28.7° N**	**45.1° W**	**3**	**39**
Rutherford	**10.7° N**	**137.0° E**	**13**	**66**
Rutherfurd	**60.9° S**	**12.1° W**	**48**	**126**
Rutherfurd A	62.2° S	11.9° W	10	126
Rutherfurd B	62.6° S	11.4° W	6	126
Rutherfurd C	62.5° S	10.7° W	14	126
Rutherfurd D	63.2° S	8.8° W	8	126
Rutherfurd E	62.8° S	8.3° W	9	126
Rydberg	**46.5° S**	**96.3° W**	**49**	**123**
Rynin	**47.0° N**	**103.5° W**	**75**	**36**
Sabatier	**13.2° N**	**79.0° E**	**10**	**63**
Sabine	**1.4° N**	**20.1° E**	**30**	**60**
Sabine A	1.3° N	19.5° E	4	60
Sabine C	1.0° N	23.0° E	3	60
Sacrobosco	**23.7° S**	**16.7° E**	**98**	**96**
Sacrobosco A	24.0° S	16.2° E	17	96
Sacrobosco B	23.9° S	16.9° E	14	96
Sacrobosco C	23.0° S	15.8° E	13	96
Sacrobosco D	21.6° S	17.7° E	24	96
Sacrobosco E	26.1° S	17.7° E	13	96
Sacrobosco F	21.1° S	16.7° E	19	96
Sacrobosco G	20.7° S	16.2° E	20	96
Sacrobosco H	23.7° S	18.7° E	13	96
Sacrobosco J	23.6° S	14.6° E	5	96
Sacrobosco K	22.9° S	14.7° E	6	96
Sacrobosco L	25.6° S	15.1° E	9	96
Sacrobosco M	25.3° S	16.3° E	8	96
Sacrobosco N	27.0° S	16.5° E	6	96
Sacrobosco O	21.1° S	16.0° E	6	96
Sacrobosco P	20.6° S	17.3° E	5	96
Sacrobosco Q	21.6° S	17.5° E	42	96
Sacrobosco R	22.3° S	15.7° E	21	96
Sacrobosco S	26.5° S	18.0° E	19	96
Sacrobosco T	24.9° S	16.8° E	12	96
Sacrobosco U	24.0° S	14.3° E	5	96
Sacrobosco V	24.5° S	16.1° E	4	96
Sacrobosco W	24.3° S	17.3° E	2	96
Sacrobosco X	26.5° S	16.3° E	23	96
Saenger	**4.3° N**	**102.4° E**	**75**	**64**
Saenger B	5.6° N	103.1° E	64	64
Saenger C	6 1° N	103 9° E	20	64
Saenger D	4.9° N	103.0° E	23	64
Saenger P	2.7° N	101.7° E	41	64
Saenger Q	3.4° N	101.5° E	14	64
Saenger R	3.3° N	100.3° E	14	64
Saenger V	5.2° N	101.5° E	21	64
Saenger X	6.3° N	101.8° E	18	64
Safarik	**10.6° N**	**176.9° E**	**27**	**68**
Safarik A	12.6° N	177.2° E	19	68
Safarik H	9.7° N	179.3° E	16	68
Safarik S	10.0° N	174.4° E	14	68
Saha	**1.6° S**	**102.7° E**	**99**	**64**
Saha B	1.5° N	104.5° E	34	64
Saha C	1.4° N	107.8° E	64	64
Saha D	0.1° N	107.5° E	35	64
Saha E	0.2° S	107.6° E	28	82
Saha J	4.0° S	105.3° E	52	82
Saha M	2.2° S	102.6° E	18	82
Saha N	4.1° S	101.5° E	49	82
Saha W	0.6° S	101.4° E	34	82
Samir	**28.5° N**	**34.3° W**	**2**	**39**
Sampson	**29.7° N**	**16.5° W**	**1**	**40**
Sanford	**32.6° N**	**138.9° W**	**55**	**34**
Sanford C	34.1° N	137.0° W	18	34
Sanford T	32.7° N	143.3° W	43	34
Sanford W	33.7° N	140.2° W	38	34
Sanford Y	33.7° N	139.2° W	22	34
Santbech	**20.9° S**	**44.0° E**	**64**	**97**
Santbech A	24.2° S	42.3° E	25	97
Santbech B	24.7° S	41.6° E	16	97
Santbech C	22.3° S	39.5° E	18	97
Santbech D	21.0° S	45.2° E	8	97
Santbech E	22.3° S	44.8° E	12	97
Santbech F	25.5° S	41.9° E	13	97
Santbech G	22.9° S	44.5° E	5	97
Santbech H	20.4° S	42.8° E	10	97
Santbech J	19.7° S	43.3° E	14	97
Santbech K	19.1° S	43.1° E	10	97
Santbech L	21.3° S	39.4° E	8	97
Santbech M	20.4° S	39.3° E	13	97
Santbech N	20.8° S	39.6° E	13	97
Santbech P	21.3° S	40.0° E	9	97
Santbech Q	23.2° S	39.0° E	12	97
Santbech R	23.3° S	38.9° E	5	97
Santbech S	23.5° S	39.1° E	10	97
Santbech T	24.1° S	38.1° E	5	97
Santbech U	24.0° S	38.8° E	9	97
Santbech V	24.6° S	39.3° E	7	97
Santbech W	24.3° S	40.7° E	13	97
Santbech X	25.2° S	42.5° E	7	97
Santbech Y	25.2° S	42.9° E	8	97
Santbech Z	25.8° S	43.1° E	5	97
Santos-Dumont	**27.7° N**	**4.8° E**	**8**	**41**
Sarabhai	**24.7° N**	**21.0° E**	**7**	**42**
Sarton	**49.3° N**	**121.1° W**	**69**	**20**

Feature Name	Lat.	Long.	D	LAC
Sarton L	47.0° N	120.0° W	48	35
Sarton Y	51.5° N	121.3° W	26	20
Sarton Z	51.6° N	120.6° W	29	20
Sasserides	**39.1° S**	**9.3° W**	**90**	**112**
Sasserides A	39.9° S	7.0° W	48	112
Sasserides B	39.5° S	11.2° W	9	112
Sasserides D	36.7° S	6.5° W	11	112
Sasserides E	38.9° S	7.7° W	8	112
Sasserides F	40.5° S	9.9° W	16	112
Sasserides H	39.2° S	10.9° W	12	112
Sasserides K	39.0° S	7.4° W	8	112
Sasserides L	40.0° S	6.6° W	5	112
Sasserides M	37.9° S	7.1° W	11	112
Sasserides N	38.7° S	7.0° W	7	112
Sasserides P	38.0° S	10.7° W	21	112
Sasserides S	38.7° S	8.0° W	15	112
Saunder	**4.2° S**	**8.8° E**	**44**	**77**
Saunder A	4.0° S	12.3° E	8	78
Saunder B	3.9° S	9.8° E	6	77
Saunder C	2.7° S	10.5° E	4	78
Saunder S	2.3° S	9.7° E	4	77
Saunder T	4.0° S	10.4° E	6	78
Saussure	**43.4° S**	**3.8° W**	**54**	**112**
Saussure A	43.8° S	0.5° W	19	112
Saussure B	42.2° S	3.9° W	5	112
Saussure C	44.8° S	0.6° W	16	112
Saussure Ca	45.2° S	0.5° W	16	112
Saussure D	46.9° S	0.2° E	20	112
Saussure E	44.7° S	2.1° W	12	112
Saussure F	44.3° S	4.6° W	4	112
Scaliger	**27.1° S**	**108.9° E**	**84**	**100**
Scaliger U	26.6° S	106.5° E	11	100
Scarp	**20.3° N**	**30.6° E**	**8**	**43**
Schaeberle	**26.2° S**	**117.2° E**	**62**	**101**
Schaeberle S	26.4° S	114.3° E	15	101
Schaeberle U	25.5° S	113.9° E	24	101
Scheele	**9.4° S**	**37.8° W**	**4**	**75**
Scheiner	**60.5° S**	**27.5° W**	**110**	**125**
Scheiner A	60.4° S	28.2° W	12	125
Scheiner B	59.5° S	33.3° W	29	125
Scheiner C	60.0° S	30.7° W	13	125
Scheiner D	60.7° S	32.1° W	17	125
Scheiner E	63.4° S	29.3° W	24	125
Scheiner F	56.7° S	25.0° W	6	125
Scheiner G	62.5° S	28.2° W	14	125
Scheiner H	56.2° S	27.2° W	9	125
Scheiner J	59.5° S	28.4° W	12	125
Scheiner K	58.0° S	25.9° W	7	125
Scheiner L	65.8° S	35.1° W	9	125
Scheiner M	65.8° S	33.4° W	10	125
Scheiner P	62.6° S	31.0° W	11	125
Scheiner Q	58.7° S	29.4° W	8	125
Scheiner R	58.0° S	24.2° W	8	125
Scheiner S	58.4° S	25.3° W	7	125
Scheiner T	60.9° S	34.8° W	12	125
Scheiner U	60.9° S	36.0° W	7	125
Scheiner V	60.6° S	36.7° W	5	125
Scheiner W	60.3° S	37.5° W	6	125
Scheiner X	59.6° S	24.8° W	7	125
Scheiner Y	59.1° S	25.2° W	9	125
Schiaparelli	**23.4° N**	**58.8° W**	**24**	**38**
Schiaparelli A	23.0° N	62.0° W	7	38
Schiaparelli B	26.6° N	58.8° W	4	38
Schiaparelli C	25.8° N	62.2° W	6	38
Schiaparelli D	27.8° N	60.0° W	5	38
Schiaparelli E	27.1° N	62.0° W	5	38
Schickard	**44.3° S**	**55.3° W**	**206**	**110**
Schickard A	46.9° S	53.6° W	14	110
Schickard B	43.6° S	51.9° W	13	110
Schickard C	45.8° S	55.8° W	13	110
Schickard D	45.7° S	57.4° W	9	110
Schickard E	47.2° S	51.6° W	32	110
Schickard F	48.1° S	53.6° W	17	124
Schickard G	43.0° S	58.9° W	12	110
Schickard H	43.5° S	62.2° W	16	109
Schickard J	45.0° S	62.1° W	11	109
Schickard K	43.9° S	63.8° W	16	109
Schickard L	44.1° S	59.6° W	7	110
Schickard M	44.2° S	58.9° W	7	110
Schickard N	41.3° S	54.6° W	6	110
Schickard P	42.9° S	48.3° W	92	110
Schickard Q	42.7° S	52.9° W	5	110
Schickard R	44.1° S	53.6° W	5	110
Schickard S	46.6° S	56.7° W	15	110
Schickard T	44.8° S	50.2° W	4	110
Schickard W	45.0° S	57.8° W	7	110
Schickard X	43.6° S	51.1° W	8	110
Schickard Y	47.3° S	57.2° W	5	110
Schiller	**51.9° S**	**39.0° W**	**180**	**125**
Schiller A	47.2° S	37.6° W	11	111
Schiller B	48.9° S	39.0° W	17	125
Schiller C	55.3° S	48.8° W	49	125
Schiller D	55.0° S	49.2° W	8	125
Schiller E	54.6° S	48.8° W	7	125
Schiller F	50.6° S	42.8° W	12	125
Schiller G	51.3° S	38.3° W	10	125
Schiller H	50.8° S	37.7° W	66	125
Schiller J	[illegible]	[illegible]	9	125
Schiller K	46.7° S	38.7° W	11	110
Schiller L	47.1° S	40.2° W	11	110
Schiller M	48.2° S	41.1° W	9	125
Schiller N	53.6° S	42.0° W	6	125
Schiller P	53.4° S	43.4° W	7	125
Schiller R	52.5° S	45.3° W	6	125
Schiller S	55.0° S	40.3° W	17	125
Schiller T	50.7° S	41.4° W	6	125
Schiller W	54.3° S	40.8° W	16	125
Schjellerup	**69.7° N**	**157.1° E**	**62**	**7**
Schjellerup H	68.5° N	167.4° E	21	7
Schjellerup J	68.1° N	161.4° E	37	7
Schjellerup N	66.6° N	154.3° E	38	7
Schjellerup R	68.7° N	152.2° E	54	7
Schlesinger	**47.4° N**	**138.6° W**	**97**	**34**
Schlesinger A	50.1° N	137.2° W	32	20
Schlesinger B	51.4° N	134.9° W	66	20
Schlesinger M	45.2° N	138.5° W	45	34
Schliemann	**2.1° S**	**155.2° E**	**80**	**67**
Schliemann A	1.2° N	155.4° E	64	67
Schliemann B	2.1° N	156.2° E	32	67
Schliemann G	2.4° S	156.8° E	19	85
Schliemann T	2.0° S	152.8° E	21	85
Schliemann W	0.2° N	152.4° E	19	67
Schluter	**5.9° S**	**83.3° W**	**89**	**73**
Schluter A	9.2° S	82.4° W	37	73
Schluter P	0.1° N	85.1° W	20	73
Schluter S	7.9° S	89.9° W	13	73
Schluter U	5.0° S	89.9° W	10	73
Schluter V	4.4° S	86.8° W	12	73
Schluter X	1.2° N	88.2° W	13	73
Schluter Z	2.8° S	83.7° W	11	73
Schmidt	**1.0° N**	**18.8° E**	**11**	**60**
Schneller	**41.8° N**	**163.6° W**	**54**	**33**
Schneller G	40.8° N	159.8° W	20	33
Schneller H	39.9° N	160.2° W	35	33
Schneller L	39.5° N	162.7° W	25	33
Schneller S	40.8° N	166.3° W	37	33
Schomberger	**76.7° S**	**24.9° E**	**85**	**138**
Schomberger A	78.8° S	24.4° E	31	138
Schomberger C	77.2° S	15.7° E	43	138
Schomberger D	73.5° S	24.6° E	24	138
Schomberger F	80.1° S	20.8° E	11	144
Schomberger G	77.1° S	7.7° E	17	137
Schomberger H	77.4° S	4.0° E	17	137
Schomberger J	78.8° S	19.6° E	9	138
Schomberger K	79.7° S	14.3° E	9	138
Schomberger L	80.6° S	17.5° E	17	144
Schomberger X	75.2° S	34.9° E	8	138
Schomberger Y	74.6° S	29.0° E	17	138
Schomberger Z	73.5° S	27.3° E	5	138
Schonfeld	**44.8° N**	**98.1° W**	**25**	**36**
Schorr	**19.5° S**	**89.7° E**	**53**	**100**
Schorr A	20.5° S	88.4° E	64	99
Schorr B	16.5° S	88.5° E	26	99
Schorr C	13.5° S	88.2° E	13	99
Schorr D	18.6° S	91.2° E	21	100
Schrodinger	**75.0° S**	**132.4° E**	**312**	**140**
Schrodinger B	68.4° S	141.3° E	25	140
Schrodinger G	75.4° S	137.2° E	8	140
Schrodinger J	78.4° S	154.6° E	16	141
Schrodinger W	68.5° S	115.6° E	12	140
Schroter	**2.6° N**	**7.0° W**	**35**	**59**
Schroter A	4.8° N	7.8° W	4	59
Schroter C	8.3° N	9.8° W	8	59
Schroter D	4.5° N	9.5° W	5	59
Schroter E	2.4° N	6.8° W	3	59
Schroter F	7.4° N	5.9° W	34	59
Schroter G	3.2° N	9.4° W	5	59
Schroter H	3.2° N	8.6° W	4	59
Schroter J	8.5° N	6.1° W	6	59
Schroter K	3.1° N	7.9° W	5	59
Schroter L	1.8° N	7.4° W	4	59
Schroter M	7.0° N	11.6° W	5	58
Schroter S	7.1° N	9.2° W	3	59
Schroter T	7.0° N	8.0° W	4	59
Schroter U	4.1° N	6.6° W	4	59
Schroter W	4.8° N	7.7° W	10	59
Schubert	**2.8° N**	**81.0° E**	**54**	**63**
Schubert A	2.1° N	79.3° E	2	63
Schubert B	1.1° N	80.7° E	35	63
Schubert C	1.8° N	84.6° E	31	63
Schubert E	4.0° N	78.6° E	27	63
Schubert F	3.2° N	77.9° E	35	63
Schubert G	4.1° N	75.2° E	56	63
Schubert H	1.4° N	76.1° E	31	63
Schubert J	0.1° S	78.9° E	20	81
Schubert K	2.3° N	75.9° E	29	63
Schubert N	1.8° N	72.7° E	75	63
Schubert X	0.3° N	76.8° E	51	63
Schubert Y	0.2° N	75.9° E	42	63
Schubert Z	0.3° N	78.1° E	38	63
Schumacher	**42.4° N**	**60.7° E**	**60**	**28**
Schumacher B	42.1° N	59.4° E	24	28
Schuster	**4.2° N**	**146.5° E**	**108**	**66**
Schuster J	1.8° N	149.6° E	14	66
Schuster K	1.3° N	147.7° E	17	66
Schuster N	3.4° N	145.8° E	27	66
Schuster P	1.9° N	144.4° E	16	66
Schuster Q	1.0° N	143.4° E	45	66
Schuster R	3.5° N	144.8° E	40	66
Schuster Y	6.7° N	145.5° E	17	66
Schwabe	**65.1° N**	**45.6° E**	**25**	**4**
Schwabe C	67.8° N	46.9° E	29	4
Schwabe D	64.5° N	44.6° E	17	4
Schwabe E	64.0° N	43.4° E	19	4
Schwabe F	66.4° N	50.0° E	20	4
Schwabe G	65.5° N	42.2° E	15	4
Schwabe K	67.5° N	48.8° E	9	4
Schwabe U	66.5° N	57.1° E	17	5
Schwabe W	69.6° N	52.2° E	9	4
Schwabe X	68.3° N	56.6° E	8	4
Schwarzschild	**70.1° N**	**121.2° E**	**212**	**6**
Schwarzschild A	78.7° N	124.0° E	50	6
Schwarzschild D	71.9° N	132.4° E	24	6
Schwarzschild K	67.5° N	125.0° E	45	6
Schwarzschild L	69.3° N	122.1° E	45	6
Schwarzschild Q	66.3° N	108.9° E	19	6
Schwarzschild S	67.8° N	104.7° E	17	6
Schwarzschild T	69.9° N	107.7° E	16	6
Scobee	**31.1° S**	**148.9° W**	**40**	**121**
Scoresby	**77.7° N**	**14.1° E**	**55**	**4**
Scoresby K	76.3° N	2.9° E	23	3
Scoresby M	75.6° N	8.1° E	54	3
Scoresby P	75.8° N	13.0° E	26	4
Scoresby Q	77.4° N	8.7° E	40	3
Scoresby W	74.5° N	11.2° E	10	4
Scott	**82.1° S**	**48.5° E**	**103**	**144**
Scott A	85.1° S	50.2° E	71	144
Scott E	81.1° S	35.5° E	28	144
Scott M	84.3° S	39.7° E	16	144
Sculptured Hills	20.3° N	31.0° E	8	43
Seares	**73.5° N**	**145.8° E**	**110**	**7**
Seares B	75.7° N	149.7° E	26	7
Seares Y	77.9° N	139.5° E	37	6
Secchi	**2.4° N**	**43.5° E**	**22**	**61**
Secchi A	3.3° N	41.5° E	5	61
Secchi B	3.7° N	41.5° E	5	61
Secchi G	4.0° N	44.6° E	8	61
Secchi K	0.2° S	45.4° E	3	79
Secchi U	1.1° N	42.2° E	6	61
Secchi X	0.7° S	43.6° E	6	79
Sechenov	**7.1° S**	**142.6° W**	**62**	**88**
Sechenov C	5.2° S	141.3° W	19	88
Sechenov P	9.8° S	143.8° W	23	88
Seeliger	**2.2° S**	**3.0° E**	**8**	**77**
Seeliger A	1.8° S	3.0° E	4	77
Seeliger S	2.1° S	2.1° E	4	77
Seeliger T	2.2° S	4.4° E	4	77
Segers	**47.1° N**	**127.7° E**	**17**	**30**
Segers H	46.7° N	129.0° E	29	30
Segers M	44.5° N	127.6° E	54	30
Segers N	44.0° N	127.5° E	27	30
Segner	**58.9° S**	**48.3° W**	**67**	**125**
Segner A	57.2° S	47.0° W	9	125
Segner B	57.8° S	56.0° W	35	124
Segner C	57.7° S	45.9° W	19	125
Segner E	57.6° S	56.9° W	13	124
Segner G	56.4° S	55.3° W	12	124
Segner H	58.4° S	48.0° W	7	125
Segner K	56.1° S	54.1° W	10	124
Segner L	58.7° S	47.0° W	5	125
Segner M	59.8° S	45.3° W	5	125
Segner N	59.2° S	44.2° W	5	125
Seidel	**32.8° S**	**152.2° E**	**62**	**118**
Seidel J	33.5° S	155.5° E	19	119
Seidel M	35.3° S	152.0° E	28	118
Seidel U	32.5° S	150.2° E	33	118
Seleucus	**21.0° N**	**66.6° W**	**43**	**38**
Seleucus A	22.0° N	60.5° W	6	38
Seleucus E	22.4° N	63.9° W	4	38
Seneca	**26.6° N**	**80.2° E**	**46**	**45**
Seneca A	26.4° N	75.7° E	17	45
Seneca B	27.2° N	77.4° E	28	45
Seneca C	26.3° N	75.1° E	22	45
Seneca D	26.6° N	81.3° E	18	45
Seneca E	29.2° N	79.6° E	16	45
Seneca F	29.5° N	81.9° E	15	45
Seneca G	29.4° N	83.2° E	19	45
Seyfert	**29.1° N**	**114.6° E**	**110**	**47**
Seyfert A	30.5° N	114.9° E	53	47
Shackleton	**89.9° S**	**0.0° E**	**19**	**144**
Shahinaz	**7.5° N**	**122.4° E**	**15**	**65**
Shakespeare	**20.2° N**	**30.8° E**	**1**	**43**
Shaler	**32.9° S**	**85.2° W**	**48**	**109**
Shapley	**9.4° N**	**56.9° E**	**23**	**62**
Sharonov	**12.4° N**	**173.3° E**	**74**	**68**
Sharonov D	13.5° N	175.4° E	17	68
Sharonov F	12.3° N	176.2° E	14	68
Sharonov X	14.1° N	172.7° E	36	68
Sharp	**45.7° N**	**40.2° W**	**39**	**23**
Sharp A	47.6° N	42.6° W	17	23
Sharp B	47.0° N	45.3° W	21	23
Sharp D	44.8° N	42.1° W	8	23
Sharp J	46.9° N	37.9° W	6	23
Sharp K	47.4° N	38.5° W	5	23
Sharp L	45.8° N	38.2° W	6	23
Sharp M	47.3° N	41.4° W	4	23
Sharp U	47.4° N	48.6° W	6	11
Sharp V	46.2° N	46.9° W	7	23
Sharp W	50.2° N	45.3° W	4	11
Sharp-Apollo	**3.2° S**	**23.4° W**	**0**	**76**
Shatalov	**24.3° N**	**141.5° E**	**21**	**48**
Shayn	**32.6° N**	**172.5° E**	**93**	**50**
Shayn B	34.5° N	173.5° E	35	32
Shayn F	33.0° N	175.5° E	38	32
Shayn H	31.4° N	175.5° E	38	32
Shayn Y	35.9° N	171.7° E	23	50
Sheepshanks	**59.2° N**	**16.9° E**	**25**	**13**
Sheepshanks A	60.0° N	19.0° E	7	13
Sheepshanks B	60.3° N	21.1° E	5	13
Sheepshanks C	57.0° N	18.1° E	11	13
Sherlock	**20.2° N**	**30.8° E**	**0**	**43**
Sherrington	**11.1° S**	**118.0° E**	**18**	**83**
Shi Shen	**76.0° N**	**104.1° E**	**43**	**6**
Shi Shen P	71.7° N	97.0° E	22	5
Shi Shen Q	74.2° N	96.3° E	45	5
Shirakatsi	**12.1° S**	**128.6° E**	**51**	**83**
Shoemaker	**88.1° S**	**44.9° E**	**50.9**	**144**
Short	**74.6° S**	**7.3° W**	**70**	**137**
Short A	76.9° S	0.5° W	34	137
Short B	75.5° S	5.0° W	71	137
Shorty	**20.2° N**	**30.6° E**	**0**	**43**
Shternberg	**19.5° N**	**116.3° W**	**70**	**53**
Shternberg C	20.9° N	114.3° W	29	53
Shuckburgh	**42.6° N**	**52.8° E**	**38**	**27**
Shuckburgh A	43.1° N	55.5° E	19	27
Shuckburgh C	43.5° N	52.7° E	12	27
Shuckburgh E	44.1° N	56.9° E	9	27
Shuleykin	**27.1° S**	**92.5° W**	**15**	**108**
Siedentopf	**22.0° N**	**135.5° E**	**61**	**48**
Siedentopf F	22.1° N	138.5° E	42	48
Siedentopf G	20.5° N	138.4° E	61	48
Siedentopf H	20.9° N	137.2° E	42	48
Siedentopf M	19.0° N	135.5° E	31	48
Siedentopf Q	20.7° N	133.7° E	42	48
Sierpinski	**27.2° S**	**154.5° E**	**69**	**103**
Sierpinski Q	28.3° S	153.6° E	15	103
Sikorsky	**66.1° S**	**103.2° E**	**98**	**140**
Sikorsky Q	66.0° S	103.1° E	15	103
Silberschlag	**6.2° N**	**12.5° E**	**13**	**60**
Silberschlag A	6.9° N	13.2° E	7	60
Silberschlag D	7.5° N	11.2° E	4	60
Silberschlag E	5.2° N	12.8° E	4	60
Silberschlag G	5.7° N	13.8° E	3	60
Silberschlag P	6.7° N	12.0° E	25	60
Silberschlag S	8.0° N	12.1° E	34	60
Simpelius	**73.0° S**	**15.2° E**	**70**	**138**
Simpelius A	70.1° S	16.5° E	60	138
Simpelius B	75.2° S	10.2° E	50	138
Simpelius C	72.6° S	5.9° E	49	137
Simpelius D	71.6° S	8.6° E	54	137
Simpelius E	70.1° S	11.0° E	45	138
Simpelius F	68.7° S	16.8° E	29	138
Simpelius G	71.8° S	23.0° E	24	138
Simpelius H	68.0° S	15.5° E	29	138
Simpelius J	76.1° S	8.4° E	17	137
Simpelius K	74.8° S	15.7° E	23	138
Simpelius L	70.4° S	6.7° E	16	137
Simpelius M	70.4° S	16.4° E	7	138
Simpelius N	71.3° S	24.3° E	8	138

Feature Name	Lat.	Long.	D	LAC
Simpelius P	75.5° S	5.0° E	8	137
Sinas	**8.8° N**	**31.6° E**	**11**	**61**
Sinas A	7.8° N	32.6° E	6	61
Sinas E	9.7° N	31.0° E	9	61
Sinas G	9.6° N	34.3° E	5	61
Sinas H	10.0° N	33.5° E	6	61
Sinas J	10.3° N	33.7° E	6	61
Sinas K	6.8° N	33.1° E	5	61
Sinus Aestuum	10.9° N	8.8° W	290	59
Sinus Amoris	18.1° N	39.1° E	130	43
Sinus Asperitatis	3.8° S	27.4° E	206	78
Sinus Concordiae	10.8° N	43.2° E	142	61
Sinus Fidei	18.0° N	2.0° E	70	41
Sinus Honoris	11.7° N	18.1° E	109	60
Sinus Iridum	44.1° N	31.5° W	236	24
Sinus Lunicus	31.8° N	1.4° W	126	25
Sinus Medii	2.4° N	1.7° E	335	59
Sinus Roris	54.0° N	56.6° W	202	10
Sinus Successus	0.9° N	59.0° E	132	62
Sirsalis	**12.5° S**	**60.4° W**	**42**	**74**
Sirsalis A	12.7° S	61.3° W	49	74
Sirsalis B	11.1° S	63.7° W	16	74
Sirsalis C	10.3° S	63.8° W	22	74
Sirsalis D	9.9° S	58.6° W	35	74
Sirsalis E	8.1° S	56.5° W	72	74
Sirsalis F	13.5° S	60.1° W	13	74
Sirsalis G	13.7° S	61.7° W	30	74
Sirsalis H	14.0° S	62.4° W	26	74
Sirsalis J	13.4° S	59.8° W	12	74
Sirsalis K	10.4° S	57.3° W	7	74
Sirsalis T	9.2° S	53.4° W	16	74
Sirsalis Z	10.7° S	61.9° W	91	74
Sisakyan	**41.2° N**	**109.0° E**	**34**	**30**
Sisakyan C	42.1° N	110.9° E	17	30
Sisakyan D	42.0° N	111.0° E	52	30
Sisakyan E	41.4° N	110.7° E	19	30
Sita	**4.6° N**	**120.8° E**	**2**	**65**
Sklodowska	**18.2° S**	**95.5° E**	**127**	**100**
Sklodowska A	14.7° S	96.5° E	44	82
Sklodowska D	13.7° S	99.0° E	16	82
Sklodowska J	19.3° S	97.7° E	16	100
Sklodowska R	18.9° S	92.2° E	17	100
Sklodowska Y	13.2° S	95.4° E	17	82
Slipher	**49.5° N**	**160.1° E**	**69**	**18**
Slipher S	49.2° N	158.7° E	26	17
Slocum	**3.0° S**	**89.0° E**	**13**	**81**
Smith	**31.6° S**	**150.2° W**	**34**	**121**
Smithson	**2.4° N**	**53.6° E**	**5**	**62**
Smoky Mountains	8.8° S	15.6° E	3	78
Smoluchowski	**60.3° N**	**96.8° W**	**83**	**21**
Smoluchowski F	60.1° N	90.9° W	35	21
Smoluchowski H	59.5° N	92.7° W	41	21
Snellius	**29.3° S**	**55.7° E**	**82**	**98**
Snellius A	27.4° S	53.8° E	37	98
Snellius B	30.1° S	53.1° E	29	98
Snellius C	29.0° S	51.5° E	9	98
Snellius D	28.7° S	51.5° E	9	98
Snellius E	28.0° S	51.5° E	12	98
Snellius X	27.4° S	55.1° E	7	98
Snellius Y	25.7° S	52.2° E	10	98
Sniadecki	**22.5° S**	**168.9° W**	**43**	**105**
Sniadecki F	22.4° S	166.9° W	12	105
Sniadecki J	24.7° S	166.9° W	27	105
Sniadecki Q	23.0° S	170.1° W	77	104
Sniadecki Y	21.2° S	169.3° W	35	105
Snowman	**3.2° S**	**23.4° W**	**1**	**76**
Soddy	**0.4° N**	**121.8° E**	**42**	**65**
Soddy E	0.8° N	123.4° E	16	65
Soddy G	0.5° N	123.5° E	13	65
Soddy P	0.4° S	120.9° E	8	83
Soddy Q	0.5° S	120.2° E	24	83
Somerville	**8.3° S**	**64.9° E**	**15**	**80**
Sommerfeld	**65.2° N**	**162.4° W**	**169**	**8**
Sommerfeld N	62.3° N	162.2° W	39	19
Sommerfeld V	66.9° N	170.3° W	32	19
Sommering	**0.1° N**	**7.5° W**	**28**	**59**
Sommering A	1.1° N	11.1° W	3	58
Sommering P	2.2° N	10.3° W	6	58
Sommering R	1.9° N	9.8° W	17	59
Soraya	**12.9° S**	**1.6° W**	**2**	**77**
Sosigenes	**8.7° N**	**17.6° E**	**17**	**60**
Sosigenes A	7.8° N	18.5° E	12	60
Sosigenes B	8.3° N	17.2° E	4	60
Sosigenes C	7.2° N	18.9° E	3	60
South	**58.0° N**	**50.8° W**	**104**	**10**
South A	57.1° N	49.9° W	6	11
South B	57.5° N	44.9° W	14	11
South C	55.8° N	49.4° W	7	11
South Cluster	**26.0° N**	**3.7° E**	**2**	**41**
South D	55.2° N	48.8° W	5	11
South E	56.7° N	52.8° W	8	10
South F	57.2° N	53.9° W	7	10
South G	55.1° N	53.3° W	6	10
South H	57.2° N	47.8° W	4	11
South K	59.1° N	49.9° W	3	11
South M	55.4° N	51.0° W	6	10
South Massif	**20.0° N**	**30.4° E**	**16**	**43**
South Ray	**9.2° S**	**15.4° E**	**1**	**78**
Spallanzani	**46.3° S**	**24.7° E**	**32**	**113**
Spallanzani A	46.2° S	25.6° E	6	113
Spallanzani D	46.1° S	28.6° E	6	113
Spallanzani F	45.6° S	28.0° E	22	113
Spallanzani G	45.3° S	28.6° E	15	113
Spencer Jones	**13.3° N**	**165.6° E**	**85**	**67**
Spencer Jones H	12.1° N	167.9° E	17	67
Spencer Jones J	9.7° N	168.0° E	12	67
Spencer Jones K	10.4° N	167.0° E	29	67
Spencer Jones Q	12.0° N	164.4° E	17	67
Spencer Jones W	15.2° N	163.3° E	50	67
Spitzbergen A	32.7° N	7.1° W	7	25
Spitzbergen C	32.8° N	8.8° W	7	25
Spitzbergen D	33.3° N	8.7° W	3	25
Spook	**9.0° S**	**15.5° E**	**0**	**78**
Sporer	**4.3° S**	**1.8° W**	**27**	**77**
Sporer A	3.4° S	2.1° W	5	77
Spot	**9.0° S**	**15.5° E**	**0**	**78**
Spur	**25.9° N**	**3.7° E**	**0.1**	**41**
Spurr	**27.9° N**	**1.2° W**	**13**	**41**
St. George	**26.0° N**	**3.5° E**	**2**	**41**
St. John	**10.2° N**	**150.2° E**	**68**	**66**
St. John A	12.4° N	150.5° E	16	67
St. John M	7.5° N	150.1° E	16	67
St. John W	12.6° N	147.0° E	18	66
St. John X	13.9° N	147.4° E	30	66
St. John Y	13.8° N	149.0° E	21	66
Stadius	**10.5° N**	**13.7° W**	**69**	**58**
Stadius A	10.4° N	14.8° W	5	58
Stadius B	11.8° N	13.6° W	6	58
Stadius C	9.7° N	12.8° W	3	58
Stadius D	10.3° N	15.3° W	4	58
Stadius E	12.6° N	15.6° W	5	58
Stadius F	13.0° N	15.7° W	5	58
Stadius G	11.2° N	14.8° W	5	58
Stadius H	11.6° N	13.9° W	4	58
Stadius J	13.8° N	16.1° W	4	58
Stadius K	9.7° N	13.6° W	4	58
Stadius L	10.1° N	12.9° W	3	58
Stadius M	14.7° N	16.5° W	7	58
Stadius N	9.4° N	15.7° W	5	58
Stadius P	11.8° N	15.2° W	6	58
Stadius Q	11.5° N	14.8° W	4	58
Stadius R	12.2° N	15.2° W	6	58
Stadius S	12.9° N	15.5° W	5	58
Stadius T	13.2° N	15.7° W	7	58
Stadius U	13.9° N	16.4° W	5	58
Stadius W	14.1° N	16.4° W	5	58
Stark	**25.5° S**	**134.6° E**	**49**	**102**
Stark R	26.3° S	133.2° E	21	102
Stark V	25.1° S	133.3° E	25	102
Stark Y	24.4° S	134.0° E	31	102
Statio Tranquillitatis	0.8° N	23.5° E	0	60
Stearns	**34.8° N**	**162.6° E**	**36**	**32**
Stebbins	**64.8° N**	**141.8° W**	**131**	**8**
Stebbins C	67.7° N	133.6° W	39	8
Stebbins U	65.4° N	147.6° W	44	8
Stefan	**46.0° N**	**108.3° W**	**125**	**36**
Stefan L	44.6° N	107.7° W	26	36
Stein	**7.2° N**	**179.0° E**	**33**	**68**
Stein C	8.9° N	178.8° W	27	68
Stein K	5.2° N	180.0° W	20	68
Stein L	4.6° N	179.8° W	15	68
Stein M	3.8° N	178.8° E	28	68
Stein N	2.2° N	178.5° E	16	68
Steinheil	**48.6° S**	**46.5° E**	**67**	**128**
Steinheil E	44.9° S	47.6° E	16	114
Steinheil F	45.3° S	48.4° E	21	128
Steinheil G	45.6° S	49.9° E	19	128
Steinheil H	45.7° S	46.9° E	20	114
Steinheil K	48.6° S	51.9° E	5	128
Steinheil X	47.6° S	45.8° E	17	114
Steinheil Y	47.3° S	45.1° E	16	114
Steinheil Z	46.4° S	45.4° E	23	114
Steklov	**36.7° S**	**104.9° W**	**36**	**36**
Stella	**19.9° N**	**29.8° E**	**1**	**42**
Steno	**32.8° N**	**161.8° E**	**31**	**32**
Steno N	31.3° N	161.4° E	20	32
Steno Q	29.3° N	157.8° E	29	32
Steno R	31.3° N	158.9° E	17	32
Steno T	32.7° N	159.7° E	37	49
Steno U	33.1° N	158.3° E	27	49
Steno-Apollo	**20.1° N**	**30.8° E**	**1**	**43**
Sternfeld	**19.6° S**	**141.2° W**	**100**	**106**
Stetson	**39.6° S**	**118.3° W**	**64**	**35**
Stetson E	39.4° S	117.0° W	38	122
Stetson G	39.9° S	117.2° W	23	122
Stetson N	43.2° S	120.2° W	18	122
Stetson P	41.8° S	119.8° W	24	122
Stevinus	**32.5° S**	**54.2° E**	**74**	**114**
Stevinus A	31.8° S	51.6° E	8	98
Stevinus B	31.1° S	52.6° E	20	98
Stevinus C	33.4° S	52.8° E	19	114
Stevinus D	34.8° S	50.9° E	22	114
Stevinus E	35.3° S	52.5° E	16	114
Stevinus F	30.6° S	52.7° E	10	98
Stevinus G	33.7° S	50.4° E	13	114
Stevinus H	33.2° S	50.6° E	15	114
Stevinus J	36.1° S	52.4° E	13	114
Stevinus K	34.3° S	55.4° E	8	114
Stevinus L	33.8° S	56.1° E	14	114
Stevinus R	31.6° S	50.9° E	26	98
Stevinus S	30.7° S	51.2° E	7	98
Stewart	**2.2° N**	**67.0° E**	**13**	**62**
Stiborius	**34.4° S**	**32.0° E**	**43**	**113**
Stiborius A	36.9° S	35.5° E	32	114
Stiborius B	37.3° S	33.5° E	9	113
Stiborius C	33.9° S	33.3° E	22	113
Stiborius D	33.4° S	35.7° E	18	114
Stiborius E	34.8° S	34.1° E	15	114
Stiborius F	35.7° S	32.4° E	8	113
Stiborius G	37.3° S	35.7° E	10	114
Stiborius J	36.1° S	35.6° E	10	114
Stiborius K	35.5° S	34.6° E	16	114
Stiborius L	35.0° S	33.5° E	10	113
Stiborius M	35.5° S	32.8° E	7	113
Stiborius N	36.3° S	32.9° E	9	113
Stiborius P	33.2° S	34.0° E	6	114
Stofler	**41.1° S**	**6.0° E**	**126**	**112**
Stofler D	43.8° S	4.3° E	54	112
Stofler E	43.8° S	5.8° E	16	112
Stofler F	42.7° S	4.9° E	18	112
Stofler G	46.5° S	10.1° E		113
Stofler H	40.3° S	1.7° E	27	112
Stofler J	42.2° S	2.4° E	76	112
Stofler K	39.4° S	4.2° E	19	112
Stofler L	39.1° S	7.8° E	17	112
Stofler M	41.0° S	8.1° E	9	112
Stofler N	41.9° S	6.6° E	14	112
Stofler O	43.3° S	1.3° E	9	112
Stofler O	43.4° S	2.0° E	20	112
Stofler P	43.2° S	7.3° E	33	112
Stofler R	42.2° S	1.8° E	6	112
Stofler S	44.9° S	5.8° E	9	112
Stofler T	39.7° S	8.2° E	5	112
Stofler U	40.1° S	9.6° E	5	112
Stofler X	40.5° S	5.5° E	3	112
Stofler Y	39.9° S	5.5° E	3	112
Stofler Z	40.3° S	3.2° E	4	112
Stokes	**52.5° N**	**88.1° W**	**51**	**21**
Stoletov	**45.1° N**	**155.2° W**	**42**	**34**
Stoletov	45.1° N	155.2° W	42	34
Stoletov C	46.3° N	153.6° W	36	34
Stoletov Y	46.5° N	155.6° W	22	34
Stone Mountain	9.1° S	15.6° E	5	78
Stoney	**55.3° S**	**156.1° W**	**45**	**133**
Stormer	**57.3° N**	**146.3° E**	**69**	**17**
Stormer C	58.3° N	150.6° E	61	17
Stormer H	54.8° N	150.2° E	32	17
Stormer P	56.1° N	145.3° E	22	17
Stormer T	56.8° N	141.7° E	27	17
Stormer Y	60.3° N	144.8° E	26	17
Strabo	**61.9° N**	**54.3° E**	**55**	**14**
Strabo B	64.6° N	55.5° E	23	5
Strabo C	67.1° N	59.3° E	17	5
Strabo L	64.2° N	53.4° E	26	5
Strabo N	64.8° N	57.8° E	25	5
Stratton	**5.8° S**	**164.6° E**	**70**	**85**
Stratton F	5.5° S	166.9° E	22	85
Stratton K	7.4° S	165.8° E	41	85
Stratton L	7.2° S	165.1° E	13	85
Stratton Q	6.3° S	163.8° E	13	85
Stratton R	6.7° S	163.0° E	14	85
Stratton U	5.3° S	162.5° E	12	85
Street	**46.5° S**	**10.5° W**	**57**	**112**
Street A	47.0° S	9.0° W	17	112
Street B	47.1° S	12.1° W	14	112
Street C	48.3° S	15.4° W	15	126
Street D	48.9° S	12.6° W	11	126
Street E	47.5° S	11.8° W	12	112
Street F	48.3° S	16.6° W	8	126
Street G	46.6° S	15.0° W	11	111
Street H	48.3° S	12.2° W	29	126
Street J	48.7° S	13.7° W	7	126
Street K	47.6° S	13.1° W	9	112
Street L	50.7° S	13.5° W	8	126
Street M	47.7° S	14.6° W	49	111
Street N	48.1° S	10.4° W	5	126
Street P	45.7° S	11.9° W	6	112
Street R	49.1° S	14.5° W	5	126
Street S	49.0° S	14.7° W	4	126
Street T	49.2° S	15.1° W	9	126
Stromgren	**21.7° S**	**132.4° W**	**61**	**106**
Stromgren A	17.8° S	131.7° W	51	106
Stromgren X	17.4° S	134.6° W	42	106
Struve	**22.4° N**	**77.1° W**	**164**	**37**
Struve B	19.0° N	77.0° W	14	37
Struve C	22.9° N	75.3° W	11	37
Struve D	25.3° N	73.6° W	10	37
Struve F	22.5° N	73.6° W	9	37
Struve G	23.9° N	73.9° W	14	37
Struve H	25.2° N	83.3° W	21	37
Struve K	23.5° N	73.0° W	6	37
Struve L	20.7° N	76.0° W	15	37
Struve M	23.3° N	75.2° W	15	37
Stubby	**9.1° S**	**15.5° E**	**1**	**78**
Subbotin	**29.2° S**	**135.3° E**	**67**	**102**
Subbotin J	32.0° S	138.1° E	16	102
Subbotin Q	30.8° S	134.3° E	17	102
Subbotin R	31.3° S	133.7° E	16	102
Suess	**4.4° N**	**47.6° W**	**8**	**57**
Suess B	5.7° N	47.3° W	8	57
Suess D	4.7° N	46.5° W	7	57
Suess F	1.1° N	44.6° W	7	57
Suess G	3.4° N	48.4° W	4	57
Suess H	4.0° N	45.7° W	4	57
Suess J	6.9° N	48.5° W	3	57
Suess K	6.5° N	50.0° W	3	57
Suess L	6.1° N	50.5° W	5	56
Sulpicius Gallus	**19.6° N**	**11.6° E**	**12**	**42**
Sulpicius Gallus A	22.1° N	8.9° E	4	41
Sulpicius Gallus B	18.0° N	13.0° E	7	42
Sulpicius Gallus G	19.8° N	6.3° E	6	41
Sulpicius Gallus H	20.6° N	5.7° E	5	41
Sulpicius Gallus M	20.4° N	8.7° E	5	41
Sumner	**37.5° N**	**108.7° E**	**50**	**30**
Sumner G	37.2° N	110.2° E	18	30
Sundman	**10.8° N**	**91.6° W**	**40**	**72**
Sundman J	8.9° N	90.2° W	10	72
Sundman V	11.9° N	93.5° W	19	72
Sung-Mei	**24.6° N**	**11.3° E**	**5**	**42**
Surveyor	**3.2° S**	**23.4° W**	**0**	**76**
Susan	**11.0° S**	**6.3° W**	**1**	**77**
Sverdrup	**88.5° S**	**152.0° W**	**35**	**144**
Swann	**52.0° N**	**112.7° E**	**42**	**16**
Swann A	52.9° N	113.3° E	15	16
Swann C	52.8° N	114.4° E	19	16
Swasey	**5.5° S**	**89.7° E**	**23**	**81**
Swift	**19.3° N**	**53.4° E**	**10**	**44**
Sylvester	**82.7° N**	**79.6° W**	**58**	**1**
Sylvester N	82.4° N	67.3° W	20	1
Szilard	**34.0° N**	**105.7° E**	**122**	**29**
Szilard H	32.5° N	108.4° E	50	30
Szilard M	31.1° N	106.6° E	23	46
T. Mayer	**15.6° N**	**29.1° W**	**33**	**58**
T. Mayer A	15.3° N	28.3° W	16	58
T. Mayer B	15.4° N	30.9° W	13	57
T. Mayer C	12.2° N	26.0° W	15	58
T. Mayer D	12.2° N	26.8° W	8	58
T. Mayer E	16.1° N	26.2° W	9	40
T. Mayer F	12.9° N	28.9° W	6	58
T. Mayer G	17.3° N	27.1° W	7	40
T. Mayer H	11.7° N	25.5° W	3	58
T. Mayer K	18.1° N	27.6° W	5	40
T. Mayer L	13.2° N	24.7° W	4	58
T. Mayer M	14.9° N	25.6° W	5	58
T. Mayer N	13.5° N	25.6° W	5	58
T. Mayer P	14.0° N	29.5° W	35	58
T. Mayer R	11.6° N	26.4° W	5	58
T. Mayer S	11.7° N	28.3° W	3	58
T. Mayer W	17.5° N	34.9° W	34	39
T. Mayer Z	14.2° N	26.1° W	4	58
Tacchini	**4.9° N**	**85.8° E**	**40**	**63**
Tacitus	**16.2° S**	**19.0° E**	**39**	**96**
Tacitus A	17.4° S	20.5° E	11	96
Tacitus B	14.0° S	20.4° E	13	78
Tacitus C	13.6° S	19.8° E	9	78
Tacitus D	13.5° S	21.0° E	15	78
Tacitus E	13.9° S	20.1° E	9	78
Tacitus F	17.1° S	17.6° E	10	96

Tacitus G – Vega B

Feature Name	Lat.	Long.	D	LAC
Tacitus G	17.4° S	18.2° E	6	96
Tacitus H	17.8° S	18.5° E	7	96
Tacitus J	14.9° S	19.7° E	3	78
Tacitus K	13.1° S	20.1° E	3	78
Tacitus L	14.4° S	20.9° E	6	78
Tacitus M	13.9° S	21.5° E	6	78
Tacitus N	16.9° S	19.4° E	7	96
Tacitus O	14.0° S	21.9° E	5	78
Tacitus Q	18.0° S	20.5° E	5	96
Tacitus R	16.7° S	19.7° E	5	96
Tacitus S	14.5° S	19.1° E	10	78
Tacitus X	15.8° S	18.2° E	4	60
Tacquet	**16.6° N**	**19.2° E**	**7**	**42**
Tacquet A	14.3° N	20.2° E	12	60
Tacquet B	15.8° N	20.0° E	14	60
Tacquet C	13.5° N	21.1° E	6	60
Taizo	**24.7° N**	**2.2° E**	**6**	**41**
Talbot	**2.5° S**	**85.3° E**	**11**	**81**
Tamm	**4.4° S**	**146.4° E**	**38**	**84**
Tamm X	2.7° S	145.5° E	13	84
Tannerus	**56.4° S**	**22.0° E**	**28**	**127**
Tannerus A	57.5° S	18.2° E	5	127
Tannerus B	57.7° S	19.7° E	14	127
Tannerus C	55.3° S	22.7° E	16	127
Tannerus D	55.8° S	18.0° E	32	127
Tannerus E	56.1° S	19.6° E	26	127
Tannerus F	55.0° S	22.1° E	36	127
Tannerus G	55.1° S	16.2° E	22	127
Tannerus H	54.2° S	22.7° E	20	127
Tannerus J	57.2° S	24.6° E	12	127
Tannerus K	55.5° S	20.7° E	8	127
Tannerus L	57.5° S	22.3° E	7	127
Tannerus M	54.9° S	20.9° E	6	127
Tannerus N	55.9° S	24.1° E	10	127
Tannerus P	55.6° S	21.9° E	20	127
Taruntius	**5.6° N**	**46.5° E**	**56**	**61**
Taruntius A	7.3° N	49.9° E	12	127
Taruntius B	3.3° N	46.6° E	7	127
Taruntius C	6.2° N	45.9° E	11	127
Taruntius D	8.9° N	46.3° E	15	127
Taruntius E	5.6° N	40.2° E	11	127
Taruntius F	4.0° N	40.5° E	11	127
Taruntius G	1.9° N	49.5° E	11	127
Taruntius H	0.3° N	49.9° E	8	127
Taruntius K	0.6° N	51.6° E	5	127
Taruntius L	5.5° N	44.4° E	14	127
Taruntius M	7.4° N	43.2° E	24	127
Taruntius N	2.4° N	53.6° E	6	127
Taruntius O	2.2° N	54.3° E	7	127
Taruntius P	0.1° N	51.6° E	7	127
Taruntius R	6.1° N	47.9° E	5	127
Taruntius S	4.9° N	42.4° E	5	127
Taruntius T	3.4° N	47.5° E	10	127
Taruntius U	5.6° N	50.1° E	12	127
Taruntius V	4.5° N	49.8° E	21	127
Taruntius W	5.5° N	48.9° E	15	127
Taruntius X	7.7° N	53.0° E	23	127
Taruntius Z	7.6° N	44.9° E	17	127
Taurus-Littrow Valley	20.0° N	31.0° E	30	43
Taylor	**5.3° S**	**16.7° E**	**42**	**78**
Taylor A	4.2° S	15.4° E	38	78
Taylor Ab	3.1° S	14.6° E	23	78
Taylor B	4.3° S	14.3° E	29	78
Taylor C	5.6° S	14.8° E	5	78
Taylor D	5.3° S	15.7° E	8	78
Taylor E	6.0° S	17.1° E	14	78
Tebbutt	**9.6° N**	**53.6° E**	**31**	**62**
Teisserenc	**32.2° N**	**135.9° W**	**62**	**34**
Teisserenc C	33.1° N	134.7° W	47	34
Teisserenc P	30.1° N	137.1° W	25	52
Teisserenc Q	31.1° N	137.3° W	30	52
Tempel	**3.9° N**	**11.9° E**	**45**	**60**
Ten Bruggencate	**9.5° S**	**134.4° E**	**59**	**84**
Ten Bruggencate C	7.9° S	136.1° E	19	84
Ten Bruggencate D	8.1° S	136.9° E	43	84
Ten Bruggencate H	10.0° S	135.6° E	33	84
Ten Bruggencate Y	6.7° S	134.0° E	57	84
Tereshkova	**28.4° N**	**144.3° E**	**31**	**48**
Tereshkova U	28.7° N	142.8° E	23	48
Terrace	**26.1° N**	**3.7° E**	**0**	**41**
Tesla	**38.5° N**	**124.7° E**	**43**	**30**
Tesla J	37.2° N	126.7° E	18	30
Thales	**61.8° N**	**50.3° E**	**31**	**14**
Thales A	58.5° N	40.8° E	12	14
Thales E	57.2° N	43.2° E	29	14
Thales F	59.4° N	42.1° E	37	14
Thales G	61.6° N	45.3° E	12	14
Thales H	60.3° N	48.0° E	10	14
Thales W	58.5° N	39.8° E	6	13
Theaetetus	**37.0° N**	**6.0° E**	**24**	**25**
Thebit	**22.0° S**	**4.0° W**	**56**	**95**
Thebit A	21.5° S	4.9° W	20	95
Thebit B	22.3° S	6.2° W	4	95
Thebit C	21.2° S	4.1° W	6	95
Thebit D	19.8° S	8.3° W	5	95
Thebit E	23.1° S	4.6° W	7	95
Thebit F	20.0° S	3.3° W	4	95
Thebit J	22.5° S	5.5° W	10	95
Thebit K	23.1° S	3.7° W	5	95
Thebit L	21.5° S	5.4° W	12	95
Thebit P	24.0° S	5.7° W	78	95
Thebit Q	20.1° S	4.2° W	16	95
Thebit R	20.2° S	4.8° W	9	95
Thebit S	24.8° S	7.2° W	16	95
Thebit T	20.7° S	6.0° W	3	95
Thebit U	20.3° S	5.8° W	4	95
Theiler	**13.4° N**	**83.3° E**	**7**	**63**
Theon Junior	**2.3° S**	**15.8° E**	**17**	**78**
Theon Junior B	2.1° S	13.3° E	8	78
Theon Junior C	2.3° S	14.7° E	4	78
Theon Senior	**0.8° S**	**15.4° E**	**18**	**78**
Theon Senior A	0.2° S	15.4° E	5	78
Theon Senior B	0.2° N	14.1° E	6	60
Theon Senior C	1.4° S	14.5° E	6	78
Theophilus	**11.4° S**	**26.4° E**	**110**	**78**
Theophilus B	10.5° S	25.2° E	8	78
Theophilus E	6.8° S	24.0° E	21	78
Theophilus F	8.0° S	26.0° E	13	78
Theophilus G	7.2° S	25.7° E	19	78
Theophilus K	12.5° S	26.3° E	6	78
Theophilus W	7.8° S	28.6° E	4	78
Theophrastus	**17.5° N**	**39.0° E**	**9**	**43**
Thiel	**40.7° N**	**134.5° W**	**32**	**34**
Thiel T	40.4° N	136.6° W	31	34
Thiessen	**75.4° N**	**169.0° W**	**66**	**8**
Thiessen Q	73.9° N	174.6° W	39	7
Thiessen W	76.3° N	173.2° W	24	7
Thomson	**32.7° S**	**166.2° E**	**117**	**103**
Thomson J	35.9° S	169.6° E	44	119
Thomson M	35.7° S	166.0° E	119	119
Thomson V	30.7° S	162.2° E	13	103
Thomson W	30.2° S	163.3° E	17	103
Tikhomirov	**25.2° N**	**162.0° E**	**65**	**49**
Tikhomirov J	20.9° N	165.7° E	29	49
Tikhomirov K	21.3° N	163.9° E	23	49
Tikhomirov N	21.1° N	161.4° E	18	49
Tikhomirov R	24.1° N	160.3° E	21	49
Tikhomirov T	25.4° N	158.8° E	26	49
Tikhomirov X	27.3° N	160.6° E	24	49
Tikhomirov Y	28.3° N	160.3° E	20	49
Tikhov	**62.3° N**	**171.7° E**	**83**	**18**
Tiling	**53.1° S**	**132.6° W**	**38**	**134**
Tiling C	50.4° S	129.7° W	21	134
Tiling D	52.0° S	131.2° W	34	134
Tiling F	52.3° S	129.0° W	17	134
Tiling G	53.0° S	128.6° W	14	134
Timaeus	62.8° N	0.5° W	32	12
Timiryazev	**5.5° S**	**147.0° W**	**53**	**88**
Timiryazev B	2.3° S	145.7° W	23	88
Timiryazev L	8.2° S	146.4° W	18	88
Timiryazev P	7.9° S	148.0° W	21	88
Timiryazev S	6.0° S	149.4° W	53	88
Timiryazev W	3.0° S	150.0° W	32	88
Timocharis	**26.7° N**	**13.1° W**	**33**	**40**
Timocharis A	24.8° N	15.3° W	7	40
Timocharis B	27.9° N	12.1° W	5	40
Timocharis C	24.8° N	14.2° W	4	40
Timocharis D	23.8° N	15.1° W	3	40
Timocharis E	24.6° N	17.1° W	4	40
Timocharis F	31.3° N	14.8° W	6	40
Timocharis H	23.6° N	16.6° W	2	40
Timocharis K	23.8° N	11.0° W	2	40
Tiselius	**7.0° N**	**176.5° E**	**53**	**68**
Tiselius E	7.3° N	177.7° E	17	68
Tiselius L	4.6° N	177.4° E	12	68
Tisserand	**21.4° N**	**48.2° E**	**36**	**43**
Tisserand A	20.4° N	49.4° E	24	43
Tisserand B	20.7° N	51.3° E	8	44
Tisserand D	21.7° N	49.4° E	7	43
Tisserand K	19.8° N	50.4° E	11	44
Titius	**26.8° S**	**100.7° E**	**73**	**100**
Titius J	27.6° S	101.6° E	24	100
Titius N	28.1° S	100.0° E	20	100
Titius Q	28.0° S	98.6° E	46	100
Titius R	27.1° S	99.9° E	14	100
Titov	**28.6° N**	**150.5° E**	**31**	**49**
Titov E	29.1° N	153.9° E	22	49
Tolansky	**9.5° S**	**16.0° W**	**13**	**76**
Torricelli	**4.6° S**	**28.5° E**	**22**	**78**
Torricelli A	4.5° S	29.8° E	11	78
Torricelli B	2.6° S	29.1° E	7	78
Torricelli C	2.7° S	26.0° E	11	78
Torricelli F	4.2° S	29.4° E	7	78
Torricelli G	1.4° S	27.0° E	4	78
Torricelli H	3.3° S	25.3° E	7	78
Torricelli J	3.6° S	26.1° E	5	78
Torricelli K	4.0° S	25.2° E	6	78
Torricelli L	3.5° S	24.3° E	4	78
Torricelli M	3.6° S	31.2° E	14	79
Torricelli N	6.1° S	29.2° E	4	78
Torricelli P	6.5° S	29.9° E	4	78
Torricelli R	5.2° S	28.1° E	87	78
Torricelli T	4.2° S	27.5° E	3	78
Tortilla Flat	**20.2° N**	**30.7° E**	**1**	**43**
Toscanelli	**27.4° N**	**47.5° W**	**7**	**39**
Townley	**3.4° N**	**63.3° E**	**18**	**62**
Tralles	**28.4° N**	**52.8° E**	**43**	**44**
Tralles A	27.5° N	47.0° E	18	43
Tralles B	27.3° N	50.6° E	11	44
Tralles C	27.8° N	49.4° E	7	43
Trap	**9.1° S**	**15.4° E**	**1**	**78**
Trident	**20.2° N**	**30.8° E**	**0**	**43**
Triesnecker	**4.2° N**	**3.6° E**	**26**	**59**
Triesnecker D	3.5° N	6.0° E	6	59
Triesnecker E	5.6° N	2.5° E	5	59
Triesnecker F	4.1° N	4.8° E	4	59
Triesnecker G	3.7° N	5.2° E	3	59
Triesnecker H	3.3° N	2.8° E	3	59
Triesnecker J	3.3° N	2.5° E	3	59
Triplet	**3.7° S**	**17.5° W**	**0**	**76**
Trouvelot	**49.3° N**	**5.8° E**	**9**	**12**
Trouvelot G	47.5° N	0.4° E	5	25
Trouvelot H	49.8° N	4.5° E	5	25
Trumpler	**29.3° N**	**167.1° E**	**77**	**49**
Trumpler V	29.8° N	164.0° E	36	49
Tsander	**6.2° N**	**149.3° W**	**181**	**69**
Tsander B	9.6° N	147.0° W	55	70
Tsander R	3.4° N	152.2° W	36	69
Tsander S	5.7° N	149.4° W	20	70
Tsander V	7.9° N	153.5° W	37	69
Tsinger	**56.7° N**	**175.6° E**	**44**	**18**
Tsinger W	58.1° N	173.8° E	53	18
Tsinger Y	58.1° N	175.1° E	31	18
Tsiolkovsky	**21.2° S**	**128.9° E**	**185**	**101**
Tsiolkovsky W	16.0° S	126.9° E	13	83
Tsiolkovsky X	14.7° S	126.5° E	12	83
Tsu Chung-Chi	**17.3° N**	**145.1° E**	**28**	**48**
Tsu Chung-Chi W	18.5° N	143.3° E	24	48
Tucker	**5.6° S**	**88.2° E**	**7**	**81**
Turner	**1.4° S**	**13.2° W**	**11**	**76**
Turner A	1.1° S	14.7° W	6	76
Turner B	0.9° S	10.6° W	5	76
Turner C	2.4° S	12.3° W	5	76
Turner F	1.6° S	14.1° W	7	76
Turner H	2.8° S	13.0° W	4	76
Turner K	3.8° S	13.4° W	4	76
Turner L	3.4° S	12.5° W	5	76
Turner M	4.2° S	11.8° W	4	76
Turner N	2.9° S	12.0° W	4	76
Turner Q	1.0° S	12.4° W	3	76
Tycho	**43.4° S**	**11.1° W**	**102**	**112**
Tycho A	39.9° S	12.0° W	31	111
Tycho B	43.9° S	13.9° W	13	111
Tycho C	44.3° S	13.7° W	7	111
Tycho D	45.6° S	14.0° W	27	112
Tycho E	42.2° S	13.5° W	14	111
Tycho F	40.9° S	13.1° W	16	111
Tycho H	45.2° S	15.8° W	8	112
Tycho J	42.5° S	15.3° W	11	112
Tycho K	45.1° S	14.3° W	6	112
Tycho P	45.3° S	13.0° W	8	111
Tycho Q	42.5° S	15.9° W	21	112
Tycho R	41.8° S	13.6° W	5	111
Tycho S	43.4° S	16.1° W	3	112
Tycho T	41.2° S	12.5° W	14	111
Tycho U	41.0° S	13.8° W	19	111
Tycho V	41.7° S	15.3° W	4	112
Tycho W	43.2° S	15.3° W	19	112
Tycho X	43.8° S	15.2° W	13	112
Tycho Y	44.1° S	15.8° W	19	112
Tycho Z	43.1° S	16.2° W	24	112
Tyndall	**34.9° S**	**117.0° E**	**18**	**117**
Tyndall S	35.1° S	115.7° E	18	112
Ukert	**7.8° N**	**1.4° E**	**23**	**59**
Ukert A	8.7° N	1.3° E	9	59
Ukert B	8.3° N	1.3° E	21	59
Ukert E	9.0° N	0.4° E	5	59
Ukert J	11.1° N	0.6° W	3	59
Ukert K	6.5° N	3.7° E	4	59
Ukert M	7.9° N	2.3° E	26	59
Ukert N	7.6° N	2.0° E	17	59
Ukert P	7.8° N	2.9° E	5	59
Ukert R	8.2° N	0.7° E	18	59
Ukert V	8.7° N	3.2° E	3	60
Ukert W	9.5° N	2.3° E	3	59
Ukert X	9.2° N	1.9° E	3	59
Ukert Y	10.1° N	0.2° E	4	59
Ulugh Beigh	**32.7° N**	**81.9° W**	**54**	**22**
Ulugh Beigh A	34.1° N	79.3° W	41	22
Ulugh Beigh B	32.8° N	79.3° W	8	22
Ulugh Beigh C	31.4° N	79.1° W	31	37
Ulugh Beigh D	31.6° N	82.4° W	21	37
Ulugh Beigh M	35.7° N	83.4° W	7	22
Urey	**27.9° N**	**87.4° E**	**38**	**45**
Vaisala	**25.9° N**	**47.8° W**	**8**	**39**
Valier	**6.8° N**	**174.5° E**	**67**	**68**
Valier J	6.3° N	174.9° E	26	68
Valier P	4.8° N	173.3° E	8	68
Vallis Alpes	48.5° N	3.2° E	166	12
Vallis Baade	45.9° S	76.2° W	203	124
Vallis Bohr	12.4° N	86.6° W	80	55
Vallis Bouvard	38.3° S	83.1° W	284	109
Vallis Capella	7.6° S	34.9° E	49	79
Vallis Inghirami	43.8° S	72.2° W	148	109
Vallis Palitzsch	26.4° S	64.3° E	132	98
Vallis Planck	58.4° S	126.1° E	451	130
Vallis Rheita	42.5° S	51.5° E	445	114
Vallis Schrodinger	67.0° S	105.0° E	310	140
Vallis Schroteri	26.2° N	50.8° W	168	38
Vallis Snellius	31.1° S	56.0° E	592	98
Van Albada	**9.4° N**	**64.3° E**	**21**	**62**
Van Biesbroeck	**28.7° N**	**45.6° W**	**9**	**39**
Van De Graaff	**27.4° S**	**172.2° E**	**233**	**104**
Van De Graaff C	26.6° S	172.8° E	20	104
Van De Graaff F	26.8° S	174.6° E	20	104
Van De Graaff J	28.5° S	174.1° E	25	104
Van De Graaff M	30.6° S	171.5° E	19	104
Van De Graaff Q	27.6° S	171.3° E	15	104
Van Den Bergh	**31.3° N**	**159.1° W**	**42**	**51**
Van Den Bergh F	31.0° N	155.0° W	29	51
Van Den Bergh M	30.7° N	159.2° W	15	51
Van Den Bergh P	29.5° N	160.1° W	15	51
Van Den Bergh Y	33.1° N	159.7° W	43	33
Van Den Bos	**5.3° S**	**146.0° E**	**22**	**84**
Van Der Waals	43.3° S	119.5° E	101	117
Van Der Waals	**43.9° S**	**119.9° E**	**104**	**117**
Van Der Waals B	41.0° S	121.0° E	17	117
Van Der Waals C	40.5° S	123.6° E	24	117
Van Der Waals H	44.3° S	121.7° E	31	117
Van Der Waals K	45.8° S	122.0° E	55	117
Van Der Waals W	41.3° S	117.1° E	46	117
Van Gent	**15.4° N**	**160.4° E**	**43**	**67**
Van Gent D	16.3° N	161.7° E	35	49
Van Gent N	13.5° N	160.0° E	32	67
Van Gent P	12.6° N	159.4° E	47	67
Van Gent T	15.5° N	157.2° E	16	67
Van Gent U	17.0° N	157.1° E	20	49
Van Gent X	16.4° N	159.7° E	38	49
Van Maanen	**35.7° N**	**128.0° E**	**60**	**30**
Van Maanen K	33.2° N	129.1° E	23	30
Van Rhijn	**52.6° N**	**146.4° E**	**46**	**17**
Van Rhijn T	52.2° N	140.0° E	35	17
Van Serg	**20.2° N**	**30.8° E**	**0**	**43**
Van Vleck	**1.9° S**	**78.3° E**	**31**	**81**
Van Wijk	**62.8° S**	**118.8° E**	**32**	**130**
Van't Hoff	**62.1° N**	**131.8° W**	**92**	**20**
Van't Hoff F	61.5° N	126.2° W	41	20
Van't Hoff M	56.8° N	132.1° W	36	20
Van't Hoff N	57.9° N	132.3° W	46	20
Vasco Da Gama	**13.6° N**	**83.9° W**	**83**	**55**
Vasco Da Gama A	12.7° N	80.0° W	23	55
Vasco Da Gama B	15.7° N	83.0° W	27	55
Vasco Da Gama C	11.4° N	84.9° W	44	55
Vasco Da Gama F	14.0° N	80.6° W	53	55
Vasco Da Gama P	12.0° N	80.4° W	91	55
Vasco Da Gama R	10.0° N	83.4° W	59	55
Vasco Da Gama S	12.6° N	82.8° W	28	55
Vasco Da Gama T	11.8° N	83.3° W	20	55
Vashakidze	**43.6° N**	**93.3° E**	**44**	**29**
Vavilov	**0.8° S**	**137.9° W**	**98**	**88**
Vavilov D	0.1° S	137.1° W	102	88
Vavilov K	5.2° S	135.5° W	30	88
Vavilov P	3.4° S	139.6° W	23	88
Vega	**45.4° S**	**63.4° E**	**75**	**115**
Vega A	47.2° S	65.3° E	12	115
Vega B	46.2° S	63.5° E	30	115

Feature Name	Lat.	Long.	D	LAC
Vega C	45.2° S	64.8° E	21	115
Vega D	44.7° S	64.3° E	25	115
Vega G	44.4° S	62.4° E	11	115
Vega H	44.5° S	60.1° E	6	115
Vega J	45.6° S	59.9° E	19	115
Vendelinus	**16.4° S**	**61.6° E**	**131**	**80**
Vendelinus D	19.0° S	58.2° E	10	98
Vendelinus E	17.9° S	61.0° E	21	98
Vendelinus F	18.5° S	65.0° E	32	98
Vendelinus H	15.3° S	61.4° E	7	80
Vendelinus K	13.8° S	62.5° E	9	80
Vendelinus L	17.6° S	61.7° E	17	98
Vendelinus N	16.8° S	65.9° E	18	98
Vendelinus P	17.6° S	66.3° E	16	98
Vendelinus S	15.4° S	57.9° E	5	80
Vendelinus T	13.5° S	62.8° E	5	80
Vendelinus U	16.0° S	58.7° E	5	80
Vendelinus V	15.5° S	55.8° E	5	80
Vendelinus W	14.6° S	58.7° E	5	80
Vendelinus Y	17.5° S	62.2° E	10	98
Vendelinus Z	17.2° S	62.3° E	7	98
Vening Meinesz	**0.3° S**	**162.6° E**	**87**	**85**
Vening Meinesz C	1.2° N	163.8° E	46	67
Vening Meinesz Q	2.6° S	161.0° E	17	85
Vening Meinesz T	0.4° S	159.3° E	15	85
Vening Meinesz W	1.5° N	161.0° E	39	67
Vening Meinesz Z	0.8° N	162.5° E	25	67
Ventris	**4.9° S**	**158.0° E**	**95**	**85**
Ventris A	4.4° S	158.2° E	26	85
Ventris B	2.4° S	158.2° E	18	85
Ventris C	3.2° S	158.9° E	48	85
Ventris D	3.4° S	160.3° E	21	85
Ventris M	6.0° S	157.9° E	18	85
Ventris N	7.1° S	157.6° E	63	85
Ventris R	6.3° S	155.1° E	13	85
Vera	**26.3° N**	**43.7° W**	**2**	**39**
Vernadsky	**23.2° N**	**130.5° E**	**91**	**48**
Vernadsky B	25.2° N	131.7° E	71	48
Vernadsky U	23.7° N	126.5° E	37	47
Vernadsky X	25.9° N	129.0° E	64	47
Verne	**24.9° N**	**25.3° W**	**2**	**40**
Vertregt	**19.8° S**	**171.1° E**	**187**	**104**
Vertregt J	21.5° S	174.3° E	17	104
Vertregt K	20.1° S	172.0° E	27	104
Vertregt L	21.1° S	171.5° E	38	104
Vertregt P	23.6° S	170.0° E	24	103
Vertregt R	21.8° S	167.1° E	25	103
Very	**25.6° N**	**25.3° E**	**5**	**42**
Vesalius	**3.1° S**	**114.5° E**	**61**	**83**
Vesalius C	0.8° S	116.7° E	22	83
Vesalius D	2.2° S	116.9° E	50	83
Vesalius G	3.7° S	117.3° E	14	83
Vesalius H	3.9° S	119.0° E	36	83
Vesalius J	4.8° S	119.1° E	25	83
Vesalius M	5.7° S	114.5° E	31	83
Vestine	**33.9° N**	**93.9° E**	**96**	**29**
Vestine A	36.2° N	94.8° E	17	29
Vestine T	33.9° N	91.1° E	49	29
Vetchinkin	**10.2° N**	**131.3° E**	**98**	**66**
Vetchinkin F	10.0° N	134.0° E	30	66
Vetchinkin K	9.6° N	132.3° E	22	66
Vetchinkin P	7.7° N	130.3° E	17	66
Vetchinkin Q	9.6° N	130.7° E	23	66
Victory	**20.2° N**	**30.7° E**	**1**	**43**
Vieta	**29.2° S**	**56.3° W**	**87**	**92**
Vieta A	30.3° S	59.3° W	34	92
Vieta B	30.5° S	60.2° W	40	92
Vieta C	28.7° S	58.4° W	12	92
Vieta D	27.8° S	54.2° W	8	92
Vieta E	27.0° S	58.1° W	11	92
Vieta F	26.8° S	57.7° W	6	92
Vieta G	29.4° S	57.0° W	6	92
Vieta H	29.1° S	56.2° W	5	92
Vieta J	28.9° S	55.9° W	6	92
Vieta K	28.0° S	55.0° W	5	92
Vieta L	29.5° S	60.2° W	8	92
Vieta M	29.8° S	60.6° W	5	92
Vieta P	27.5° S	57.9° W	8	92
Vieta R	26.6° S	57.5° W	3	92
Vieta T	32.4° S	57.8° W	28	110
Vieta Y	30.5° S	55.8° W	11	92
Vil'ev	**6.1° S**	**144.4° E**	**45**	**84**
Vil'ev B	4.5° S	144.7° E	13	84
Vil'ev J	6.6° S	145.3° E	17	84
Vil'ev V	5.3° S	142.9° E	44	84
Virchow	**9.8° N**	**83.7° E**	**16**	**63**
Virtanen	**15.5° N**	**176.7° E**	**44**	**68**
Virtanen B	17.8° N	177.8° E	24	50
Virtanen C	17.3° N	178.2° E	20	50
Virtanen J	14.0° N	177.9° E	21	50
Virtanen Z	16.5° N	176.6° E	31	68
Vitello	**30.4° S**	**37.5° W**	**42**	**93**
Vitello A	34.1° S	41.9° W	21	110
Vitello B	31.1° S	35.4° W	11	93
Vitello C	32.4° S	42.5° W	14	110
Vitello D	33.2° S	41.0° W	18	110
Vitello E	29.2° S	35.8° W	7	93
Vitello G	32.3° S	37.6° W	10	111
Vitello H	32.8° S	43.0° W	12	110
Vitello K	31.9° S	37.6° W	13	93
Vitello L	31.6° S	35.3° W	7	93
Vitello M	32.4° S	36.0° W	7	111
Vitello N	32.1° S	36.1° W	5	93
Vitello P	31.2° S	38.4° W	9	93
Vitello R	33.0° S	37.0° W	3	111
Vitello S	30.8° S	35.2° W	6	93
Vitello T	33.8° S	39.6° W	9	110
Vitello X	32.2° S	40.6° W	8	110
Vitruvius	**17.6° N**	**31.3° E**	**29**	**43**
Vitruvius A	17.7° N	33.8° E	18	43
Vitruvius B	16.4° N	33.0° E	18	43
Vitruvius E	18.7° N	29.2° E	11	42
Vitruvius G	13.9° N	34.6° E	6	61
Vitruvius H	16.7° N	33.9° E	22	43
Vitruvius L	19.0° N	30.7° E	6	43
Vitruvius M	16.1° N	31.5° E	5	43
Vitruvius T	17.1° N	33.2° E	15	43
Viviani	**5.2° N**	**117.1° E**	**26**	**65**
Viviani N	3.5° N	116.5° E	16	65
Viviani P	4.1° N	116.5° E	15	65
Vlacq	**53.3° S**	**38.8° E**	**89**	**127**
Vlacq A	51.2° S	38.9° E	17	127
Vlacq B	51.0° S	39.7° E	18	127
Vlacq C	50.3° S	39.4° E	19	127
Vlacq D	48.7° S	36.2° E	34	127
Vlacq E	52.0° S	36.2° E	11	127
Vlacq G	54.9° S	38.1° E	27	127
Vlacq H	47.9° S	34.9° E	11	127
Vlacq K	51.2° S	36.6° E	12	127
Vogel	**15.1° S**	**5.9° E**	**26**	**77**
Vogel A	14.1° S	5.6° E	9	77
Vogel B	14.4° S	5.7° E	22	77
Vogel C	14.1° S	5.3° E	10	77
Volkov	**13.6° S**	**131.7° E**	**40**	**84**
Volkov F	13.5° S	134.0° E	10	84
Volkov J	14.4° S	132.4° E	32	84
Volta	**53.9° N**	**84.4° W**	**123**	**21**
Volta B	54.6° N	83.5° W	9	21
Volta D	52.5° N	83.3° W	20	21
Volterra	**56.8° N**	**132.2° E**	**52**	**17**
Volterra R	56.2° N	129.6° E	31	16
Von Behring	**7.8° S**	**71.8° E**	**38**	**81**
Von Bekesy	**51.9° N**	**126.8° E**	**96**	**16**
Von Bekesy F	52.9° N	137.3° E	18	17
Von Bekesy T	52.2° N	121.9° E	29	17
Von Braun	**41.1° N**	**78.0° W**	**60**	**22**
Von Der Pahlen	**24.8° S**	**132.7° W**	**56**	**106**
Von Der Pahlen E	24.5° S	128.8° W	32	107
Von Der Pahlen H	27.1° S	127.5° W	35	107
Von Der Pahlen V	23.8° S	135.6° W	19	106
Von Karman	**44.8° S**	**175.9° E**	**180**	**119**
Von Karman L	47.7° S	177.9° E	29	119
Von Karman M	47.2° S	176.2° E	225	119
Von Karman R	45.8° S	170.8° E	28	119
Von Neumann	**40.4° N**	**153.2° E**	**78**	**31**
Von Zeipel	**42.6° N**	**141.6° W**	**83**	**34**
Von Zeipel J	40.8° N	139.3° W	39	34
Voskresensky	**28.0° N**	**88.1° W**	**49**	**37**
Voskresensky K	28.8° N	84.1° W	34	37
W. Bond	**65.4° N**	**4.5° W**	**156**	**3**
W. Bond B	64.9° N	7.6° E	15	3
W. Bond C	65.6° N	8.2° E	7	3
W. Bond D	63.5° N	3.2° E	7	3
W. Bond E	63.8° N	9.1° E	25	3
W. Bond F	64.5° N	9.6° E	9	3
W. Bond G	63.0° N	7.0° E	4	3
Walker	**26.0° S**	**162.2° W**	**32**	**105**
Walker A	24.9° S	162.0° W	20	105
Walker G	26.9° S	158.8° W	20	105
Walker N	29.0° S	162.6° W	17	105
Walker R	26.5° S	163.8° W	17	105
Walker W	24.6° S	164.3° W	44	105
Walker Z	22.4° S	161.9° W	16	105
Wallace	**20.3° N**	**8.7° W**	**26**	**41**
Wallace A	19.2° N	5.6° W	4	41
Wallace B	20.2° N	4.5° W	4	41
Wallace C	17.6° N	6.4° W	5	41
Wallace D	17.9° N	5.7° W	4	41
Wallace H	21.3° N	9.1° W	2	41
Wallace K	19.3° N	6.8° W	3	41
Wallace T	21.9° N	5.1° W	2	41
Wallach	**4.9° N**	**32.3° E**	**6**	**61**
Walter	**28.0° N**	**33.8° W**	**1**	**39**
Walter A	32.4° S	0.7° E	12	112
Walter B	30.5° S	1.4° W	9	95
Walter C	31.2° S	0.8° W	14	95
Walter D	32.0° S	2.8° E	18	112
Walter E	33.3° S	1.2° W	13	112
Walter F	33.1° S	2.1° E	6	112
Walter G	32.5° S	3.9° W	8	112
Walter J	34.4° S	1.5° W	7	112
Walter K	34.1° S	1.4° W	7	112
Walter L	31.9° S	0.9° W	5	112
Walter M	34.0° S	0.3° W	5	112
Walter N	33.7° S	0.2° W	6	112
Walter O	35.6° S	0.1° W	6	112
Walter P	35.4° S	0.2° E	9	112
Walter Q	33.5° S	0.3° E	4	112
Walter R	35.8° S	0.4° E	8	112
Walter S	36.4° S	0.6° E	12	112
Walter T	33.4° S	1.8° E	8	112
Walter U	33.4° S	2.7° E	4	112
Walter W	32.8° S	2.5° W	36	112
Walter X	32.1° S	1.9° W	10	112
Walther	**33.1° S**	**1.0° E**	**128**	**112**
Wan-Hoo	**9.8° S**	**138.8° W**	**52**	**88**
Wan-Hoo T	10.0° S	140.4° W	21	88
Wargentin	**49.6° S**	**60.2° W**	**84**	**124**
Wargentin A	47.1° S	59.1° W	21	110
Wargentin B	51.4° S	67.6° W	18	124
Wargentin C	47.4° S	61.2° W	12	110
Wargentin D	51.0° S	65.1° W	16	124
Wargentin E	50.9° S	66.9° W	16	124
Wargentin F	51.5° S	66.1° W	20	124
Wargentin H	47.4° S	60.1° W	9	110
Wargentin K	48.3° S	57.8° W	7	124
Wargentin L	48.1° S	58.2° W	11	124
Wargentin M	48.1° S	58.9° W	7	124
Wargentin P	48.7° S	56.6° W	9	124
Warner	**4.0° S**	**87.3° E**	**35**	**81**
Waterman	**25.9° S**	**128.0° E**	**76**	**101**
Watson	**62.6° S**	**124.5° W**	**62**	**134**
Watson G	63.3° S	120.3° W	34	134
Watt	**49.5° S**	**48.6° E**	**66**	**128**
Watt A	50.3° S	46.4° E	10	128
Watt B	50.1° S	48.0° E	6	128
Watt C	50.0° S	51.5° E	24	128
Watt D	50.3° S	55.2° E	32	128
Watt E	49.7° S	55.3° E	10	128
Watt F	50.5° S	54.3° E	16	128
Watt G	50.9° S	58.7° E	13	128
Watt H	51.2° S	57.2° E	16	128
Watt J	51.6° S	58.3° E	18	128
Watt K	51.4° S	55.9° E	8	128
Watt L	52.6° S	57.6° E	32	128
Watt M	53.1° S	59.9° E	42	128
Watt N	53.6° S	58.7° E	11	128
Watt R	51.0° S	47.5° E	12	128
Watt S	52.2° S	47.8° E	6	128
Watt T	51.6° S	51.0° E	4	128
Watt U	52.0° S	51.7° E	5	128
Watt W	51.1° S	51.9° E	7	128
Watts	**8.9° N**	**46.3° E**	**15**	**61**
Webb	**0.9° S**	**60.0° E**	**21**	**80**
Webb B	0.8° S	58.4° E	6	80
Webb C	0.3° N	63.8° E	34	62
Webb D	2.3° S	57.6° E	7	80
Webb E	1.0° N	61.1° E	7	62
Webb F	1.5° N	61.0° E	9	62
Webb G	1.7° N	61.2° E	9	62
Webb H	2.1° S	59.5° E	10	80
Webb J	0.6° S	64.0° E	24	80
Webb K	0.7° S	62.9° E	21	80
Webb L	0.1° N	62.7° E	7	62
Webb M	0.2° S	63.8° E	5	80
Webb N	0.3° S	63.6° E	4	80
Webb P	2.3° N	57.8° E	36	62
Webb Q	1.0° S	61.2° E	5	80
Webb R	1.9° N	60.4° E	35	62
Webb U	1.8° N	56.3° E	6	62
Webb W	3.0° N	58.2° E	8	62
Webb X	3.2° N	58.3° E	8	62
Weber	**50.4° N**	**123.4° W**	**42**	**20**
Weber N	49.2° N	123.6° W	21	20
Wegener	**45.2° N**	**113.3° W**	**88**	**122**
Wegener K	43.3° N	111.9° W	32	35
Wegener W	47.5° N	116.1° W	53	35
Weierstrass	**1.3° S**	**77.2° E**	**33**	**81**
Weigel	**58.2° S**	**38.8° W**	**35**	**125**
Weigel A	58.6° S	37.8° W	17	125
Weigel B	58.8° S	41.1° W	37	125
Weigel C	59.5° S	41.9° W	10	125
Weigel D	58.0° S	41.6° W	16	125
Weigel E	56.9° S	42.3° W	11	125
Weigel F	57.5° S	40.9° W	7	125
Weigel G	57.7° S	35.3° W	7	125
Weigel H	58.2° S	40.6° W	15	125
Weinek	**27.5° S**	**37.0° E**	**32**	**97**
Weinek A	26.9° S	35.5° E	10	125
Weinek B	26.9° S	38.2° E	11	125
Weinek D	26.0° S	36.6° E	9	125
Weinek E	25.3° S	37.5° E	9	125
Weinek F	25.1° S	38.2° E	4	125
Weinek G	26.9° S	39.0° E	15	125
Weinek H	28.6° S	38.5° E	6	125
Weinek K	28.9° S	38.4° E	17	125
Weinek L	26.1° S	39.7° E	9	125
Weinek M	25.8° S	40.0° E	6	125
Weird	**3.7° S**	**17.5° W**	**0**	**76**
Weiss	**31.8° S**	**19.5° W**	**66**	**94**
Weiss A	30.5° S	18.6° W	4	94
Weiss B	31.2° S	18.4° W	10	94
Weiss D	30.7° S	20.3° W	9	94
Weiss E	31.1° S	19.2° W	17	94
Werner	**28.0° S**	**3.3° E**	**70**	**95**
Werner A	27.2° S	1.1° E	15	95
Werner B	26.2° S	0.7° E	13	95
Werner D	27.1° S	3.2° E	2	95
Werner E	27.4° S	0.8° E	7	95
Werner F	25.8° S	0.8° E	10	95
Werner G	27.6° S	1.3° E	9	95
Werner H	26.6° S	1.5° E	16	95
Wessex Cleft	**20.3° N**	**30.9° E**	**4**	**43**
West	**0.8° N**	**23.5° E**	**0**	**60**
Wexler	**69.1° S**	**90.2° E**	**51**	**139**
Wexler E	68.8° S	95.5° E	23	139
Wexler H	70.5° S	96.7° E	14	139
Wexler U	68.2° S	82.0° E	51	139
Wexler V	68.0° S	83.9° E	21	139
Weyl	**17.5° N**	**120.2° W**	**108**	**107**
Whewell	**4.2° N**	**13.7° E**	**13**	**60**
Whewell A	4.7° N	14.1° E	4	60
Whewell B	5.0° N	14.5° E	3	60
White	**44.6° S**	**158.3° W**	**39**	**120**
White W	42.1° S	162.7° W	24	120
Wichmann	**7.5° S**	**38.1° W**	**10**	**75**
Wichmann A	7.4° S	36.9° W	4	75
Wichmann B	7.1° S	39.1° W	4	75
Wichmann C	4.7° S	37.4° W	3	75
Wichmann D	5.4° S	36.0° W	3	75
Wichmann R	6.6° S	39.0° W	62	75
Widmannstatten	**6.1° S**	**85.5° E**	**46**	**81**
Wiechert	**84.5° S**	**165.0° E**	**41**	**144**
Wiechert A	82.5° S	167.1° E	26	144
Wiechert E	83.8° S	175.8° E	18	144
Wiechert J	85.6° S	177.0° W	34	144
Wiechert P	85.5° S	150.5° E	37	144
Wiechert U	83.8° S	147.5° E	30	144
Wiener	**40.8° N**	**146.6° E**	**120**	**31**
Wiener F	41.2° N	150.0° E	47	31
Wiener H	39.8° N	149.9° E	17	31
Wiener K	39.3° N	147.8° E	101	31
Wiener Q	39.5° N	145.0° E	30	31
Wildt	**9.0° N**	**75.8° E**	**11**	**63**
Wilhelm	**43.4° S**	**20.4° W**	**106**	**111**
Wilhelm A	44.6° S	22.0° W	20	111
Wilhelm B	43.5° S	22.8° W	19	111
Wilhelm C	41.6° S	19.5° W	15	111
Wilhelm D	41.8° S	17.7° W	32	111
Wilhelm E	44.1° S	17.9° W	14	111
Wilhelm F	42.4° S	23.1° W	9	111
Wilhelm G	42.5° S	25.9° W	17	111
Wilhelm H	42.5° S	23.8° W	7	111
Wilhelm J	41.5° S	26.2° W	19	111
Wilhelm K	44.1° S	21.7° W	21	111
Wilhelm L	40.4° S	22.1° W	9	111
Wilhelm M	44.0° S	17.3° W	9	111
Wilhelm N	43.7° S	18.5° W	7	111
Wilhelm O	43.1° S	17.2° W	17	111
Wilhelm P	40.9° S	20.5° W	12	111
Wilhelm Q	43.2° S	18.4° W	8	111
Wilhelm R	41.3° S	21.9° W	7	111
Wilhelm S	41.7° S	21.7° W	10	111
Wilhelm T	41.3° S	20.9° W	8	111
Wilhelm U	41.4° S	20.4° W	5	111
Wilhelm V	43.9° S	19.5° W	8	111
Wilhelm W	42.5° S	20.3° W	5	111
Wilhelm X	40.9° S	19.9° W	12	111

Wilhelm Y – Zwicky S

Feature Name	Lat.	Long.	D	LAC
Wilhelm Y	44.5° S	20.9° W	5	111
Wilhelm Z	44.8° S	20.3° W	8	111
Wilkins	**29.4° S**	**19.6° E**	**57**	**96**
Wilkins A	29.1° S	18.9° E	13	96
Wilkins B	29.5° S	18.9° E	8	96
Wilkins C	30.8° S	20.1° E	20	96
Wilkins D	28.0° S	17.7° E	34	96
Wilkins E	28.3° S	19.5° E	9	96
Wilkins F	30.3° S	20.4° E	7	96
Wilkins G	30.0° S	18.4° E	6	96
Wilkins H	28.6° S	18.5° E	6	96
Williams	**42.0° N**	**37.2° E**	**36**	**27**
Williams F	43.5° N	38.2° E	7	27
Williams M	41.2° N	38.8° E	5	27
Williams N	42.1° N	38.3° E	5	27
Williams R	42.5° N	38.3° E	4	27
Wilsing	**21.5° S**	**155.2° W**	**73**	**105**
Wilsing C	19.0° S	153.0° W	33	105
Wilsing D	20.0° S	152.6° W	15	105
Wilsing R	22.5° S	157.5° W	24	105
Wilsing T	21.3° S	159.9° W	19	105
Wilsing U	20.6° S	158.9° W	26	105
Wilsing V	20.5° S	158.2° W	51	105
Wilsing W	18.5° S	159.8° W	36	105
Wilsing X	17.4° S	157.4° W	23	105
Wilsing Z	20.9° S	155.2° W	30	105
Wilson	**69.2° S**	**42.4° W**	**69**	**136**
Wilson A	71.3° S	53.5° W	15	136
Wilson C	71.9° S	45.1° W	26	136
Wilson E	72.5° S	55.0° W	24	136
Wilson F	70.4° S	39.3° W	13	136
Winkler	**42.2° N**	**179.0° W**	**22**	**33**
Winkler A	43.8° N	178.4° W	14	33
Winkler E	42.7° N	177.1° W	18	32
Winkler L	40.0° N	178.4° W	31	33
Winlock	**35.6° N**	**105.6° W**	**64**	**36**
Winlock M	32.3° N	106.0° W	68	36
Winlock W	37.2° N	107.4° W	21	36
Winthrop	**10.7° S**	**44.4° W**	**17**	**75**
Wohler	**38.2° S**	**31.4° E**	**27**	**113**
Wohler A	37.7° S	30.3° E	8	113
Wohler B	37.2° S	30.8° E	11	113
Wohler C	36.7° S	30.6° E	12	113
Wohler D	36.2° S	31.2° E	7	113
Wohler E	38.9° S	30.2° E	7	113
Wohler F	40.1° S	33.8° E	8	113
Wohler G	40.1° S	35.6° E	7	114
Wolf	**22.7° S**	**16.6° W**	**25**	**94**
Wolf A	22.2° S	18.4° W	6	94
Wolf B	23.1° S	16.4° W	17	94
Wolf C	24.1° S	14.5° W	3	94
Wolf E	23.9° S	16.3° W	2	94
Wolf F	22.0° S	14.9° W	3	94
Wolf G	22.5° S	16.8° W	7	94
Wolf H	23.0° S	14.7° W	8	94
Wolf S	21.2° S	16.5° W	35	94
Wolf T	23.4° S	18.8° W	27	94
Wolff A	15.8° N	7.7° W	7	59
Wolff B	16.0° N	8.7° W	8	59
Wollaston	**30.6° N**	**46.9° W**	**10**	**39**
Wollaston C	31.8° N	51.8° W	10	38
Wollaston D	33.1° N	48.7° W	5	23
Wollaston N	28.3° N	48.1° W	6	39
Wollaston P	29.3° N	49.9° W	5	39
Wollaston R	29.5° N	50.8° W	6	38
Wollaston U	31.0° N	52.9° W	3	38
Wollaston V	30.9° N	54.0° W	4	38
Woltjer	**45.2° N**	**159.6° W**	**46**	**33**
Woltjer P	43.4° N	161.5° W	33	33
Woltjer T	45.1° N	164.7° W	15	33
Wood	**43.0° N**	**120.8° W**	**78**	**35**
Wood S	43.8° N	123.6° W	35	35
Wreck	**9.1° S**	**15.5° E**	**1**	**78**
Wright	**31.6° S**	**86.6° W**	**39**	**91**
Wright A	32.8° S	87.2° W	11	123
Wroblewski	**24.0° S**	**152.8° E**	**21**	**103**
Wrottesley	**23.9° S**	**56.8° E**	**57**	**98**
Wrottesley A	23.5° S	54.9° E	10	98
Wrottesley B	24.8° S	56.7° E	10	98
Wurzelbauer	**33.9° S**	**15.9° W**	**88**	**111**
Wurzelbauer A	35.7° S	15.4° W	17	111
Wurzelbauer B	34.9° S	14.5° W	25	111
Wurzelbauer C	35.0° S	15.1° W	10	111
Wurzelbauer D	36.3° S	17.6° W	38	111
Wurzelbauer E	35.7° S	17.2° W	11	111
Wurzelbauer F	35.9° S	18.1° W	9	111
Wurzelbauer G	34.6° S	18.6° W	11	111
Wurzelbauer H	35.3° S	17.2° W	7	111
Wurzelbauer L	34.8° S	17.8° W	7	111
Wurzelbauer M	32.1° S	16.0° W	5	111
Wurzelbauer N	32.5° S	14.8° W	13	111
Wurzelbauer O	35.9° S	14.6° W	9	111
Wurzelbauer P	35.1° S	14.2° W	9	111
Wurzelbauer S	37.5° S	19.3° W	12	111
Wurzelbauer W	32.7° S	15.1° W	8	111
Wurzelbauer X	33.6° S	14.4° W	7	111
Wurzelbauer Y	33.2° S	17.7° W	9	111
Wurzelbauer Z	32.2° S	14.9° W	12	111
Wyld	**1.4° S**	**98.1° E**	**93**	**64**
Wyld C	0.7° N	100.5° E	28	64
Wyld J	3.8° S	99.4° E	24	82
Xenophanes	**57.5° N**	**82.0° W**	**125**	**21**
Xenophanes A	60.1° N	84.8° W	42	21
Xenophanes B	59.4° N	80.5° W	15	21
Xenophanes C	59.6° N	78.7° W	8	10
Xenophanes D	58.6° N	77.4° W	12	10
Xenophanes E	58.1° N	85.8° W	12	21
Xenophanes F	56.7° N	73.2° W	24	10
Xenophanes G	56.9° N	75.7° W	7	10
Xenophanes K	58.7° N	84.5° W	13	21
Xenophanes L	54.8° N	78.6° W	21	10
Xenophanes M	54.8° N	79.6° W	9	10
Xenophon	**22.8° S**	**122.1° E**	**25**	**101**
Yablochkov	**60.9° N**	**128.3° E**	**99**	**16**
Yablochkov U	61.9° N	120.8° E	30	16
Yakovkin	**54.5° S**	**78.8° W**	**37**	**124**
Yamamoto	**58.1° N**	**160.9° E**	**76**	**18**
Yamamoto W	62.6° N	155.5° E	50	17
Yangel'	**17.0° N**	**4.7° E**	**8**	**41**
Yerkes	**14.6° N**	**51.7° E**	**36**	**62**
Yerkes E	15.9° N	50.6° E	10	62
Yoshi	**24.6° N**	**11.0° E**	**1**	**42**
Young	**41.5° S**	**50.9° E**	**71**	**114**
Young A	41.1° S	51.2° E	13	114
Young B	40.9° S	50.6° E	7	114
Young C	41.5° S	48.2° E	30	114
Young D	43.5° S	51.8° E	46	114
Young E	44.8° S	51.8° E	23	114
Young F	42.4° S	55.4° E	9	114
Young S	43.3° S	53.9° E	11	114
Zach	**60.9° S**	**5.3° E**	**70**	**126**
Zach A	62.5° S	5.1° E	36	126
Zach B	58.6° S	3.0° E	32	126
Zach C	58.5° S	1.3° E	13	126
Zach D	62.1° S	7.9° E	32	126
Zach E	59.4° S	6.3° E	24	126
Zach F	60.0° S	3.2° E	28	126
Zach G	58.4° S	0.5° E	6	126
Zach H	59.0° S	2.9° E	7	126
Zach J	57.4° S	4.7° E	11	126
Zach K	57.4° S	6.2° E	9	126
Zach L	58.1° S	6.9° E	16	126
Zach M	57.1° S	7.0° E	5	126
Zagut	**32.0° S**	**22.1° E**	**84**	**113**
Zagut A	32.0° S	21.6° E	11	96
Zagut B	32.1° S	18.7° E	32	113
Zagut C	30.8° S	18.5° E	24	96
Zagut D	31.4° S	19.7° E	7	126
Zagut E	31.7° S	23.1° E	35	96
Zagut F	30.2° S	17.5° E	8	96
Zagut H	29.9° S	20.7° E	8	96
Zagut K	31.7° S	22.2° E	7	96
Zagut L	30.3° S	22.1° E	12	96
Zagut M	30.8° S	22.9° E	6	96
Zagut N	31.2° S	23.5° E	9	96
Zagut O	33.0° S	16.7° E	11	113
Zagut P	32.4° S	17.4° E	14	113
Zagut R	30.8° S	20.7° E	4	96
Zagut S	33.3° S	22.6° E	7	113
Zahringer	**5.6° N**	**40.2° E**	**11**	**61**
Zanstra	**2.9° N**	**124.7° E**	**42**	**65**
Zanstra A	4.5° N	125.2° E	36	65
Zanstra K	2.0° N	125.2° E	14	65
Zanstra M	1.1° N	125.0° E	23	65
Zasyadko	**3.9° N**	**94.2° E**	**11**	**64**
Zeeman	**75.2° S**	**133.6° W**	**190**	**142**
Zeeman E	74.2° S	123.9° W	29	143
Zeeman G	74.3° S	107.4° W	45	143
Zeeman U	73.8° S	148.2° W	26	142
Zeeman X	71.5° S	138.1° W	26	142
Zeeman Y	72.8° S	137.6° W	33	142
Zelinsky	**28.9° S**	**166.8° E**	**53**	**103**
Zelinsky Y	28.5° S	166.6° E	13	103
Zeno	**45.2° N**	**72.9° E**	**65**	**28**
Zeno A	44.5° N	70.0° E	44	28
Zeno B	44.0° N	71.0° E	37	28
Zeno D	45.0° N	71.2° E	29	28
Zeno E	41.7° N	70.8° E	18	28
Zeno F	42.4° N	80.0° E	17	28
Zeno G	43.9° N	73.1° E	11	28
Zeno H	41.4° N	74.4° E	17	28
Zeno J	44.2° N	76.3° E	13	28
Zeno K	42.8° N	66.6° E	18	28
Zeno P	43.4° N	66.1° E	11	28
Zeno U	42.5° N	68.8° E	16	28
Zeno V	43.0° N	69.3° E	22	28
Zeno W	43.3° N	67.6° E	10	28
Zeno X	43.6° N	76.9° E	17	28
Zernike	**18.4° N**	**168.2° E**	**48**	**49**
Zernike T	18.5° N	166.9° E	17	49
Zernike W	19.6° N	166.8° E	27	49
Zernike Z	20.9° N	168.0° E	30	49
Zhiritsky	**24.8° S**	**120.3° E**	**35**	**101**
Zhiritsky F	24.9° S	121.6° E	75	101
Zhiritsky Z	23.2° S	120.4° E	22	101
Zhukovsky	**7.8° N**	**167.0° W**	**81**	**69**
Zhukovsky Q	6.2° N	168.8° W	23	69
Zhukovsky T	7.9° N	172.3° W	23	68
Zhukovsky U	8.5° N	173.2° W	29	68
Zhukovsky W	9.8° N	170.3° W	31	68
Zhukovsky X	10.5° N	171.1° W	30	68
Zhukovsky Z	10.0° N	166.8° W	34	69
Zinner	**26.6° N**	**58.8° W**	**4**	**38**
Zollner	**8.0° S**	**18.9° E**	**47**	**78**
Zollner A	7.1° S	21.5° E	7	78
Zollner D	8.3° S	17.7° E	24	78
Zollner E	8.9° S	18.3° E	6	78
Zollner F	7.5° S	21.9° E	25	78
Zollner G	7.3° S	20.8° E	10	78
Zollner H	7.1° S	19.2° E	8	78
Zollner J	6.2° S	20.7° E	11	78
Zollner K	6.5° S	20.8° E	7	78
Zsigmondy	**59.7° N**	**104.7° W**	**65**	**21**
Zsigmondy A	62.8° N	102.6° W	63	21
Zsigmondy S	59.7° N	106.7° W	64	21
Zsigmondy Z	62.1° N	104.9° W	23	21
Zucchius	**61.4° S**	**50.3° W**	**64**	**124**
Zucchius A	61.8° S	56.0° W	28	124
Zucchius B	61.8° S	54.3° W	25	124
Zucchius C	60.8° S	45.2° W	22	124
Zucchius D	61.4° S	58.7° W	26	124
Zucchius E	61.3° S	60.6° W	21	124
Zucchius F	60.1° S	56.5° W	8	124
Zucchius G	60.5° S	57.2° W	25	124
Zucchius H	61.0° S	59.7° W	14	124
Zucchius K	64.3° S	58.0° W	10	124
Zupus	**17.2° S**	**52.3° W**	**38**	**92**
Zupus A	17.2° S	53.5° W	6	92
Zupus B	17.6° S	54.3° W	6	92
Zupus C	17.3° S	55.1° W	19	92
Zupus D	19.7° S	53.4° W	17	92
Zupus F	17.3° S	54.0° W	4	92
Zupus K	15.7° S	52.1° W	17	92
Zupus S	17.0° S	51.3° W	24	92
Zupus V	18.2° S	56.3° W	4	92
Zupus X	18.9° S	54.9° W	5	92
Zupus Y	17.4° S	49.6° W	2	92
Zupus Z	18.2° S	50.1° W	3	92
Zwicky	**15.4° S**	**168.1° E**	**150**	**103**
Zwicky N	16.1° S	167.4° E	30	103
Zwicky R	18.3° S	163.4° E	28	103
Zwicky S	16.3° S	162.6° E	44	103